2023年

四川省生态环境质量报告

SICHUAN ECOLOGICAL AND ENVIRONMENT QUALITY REPORT

四川省生态环境厅 · 编

四川大学出版社
SICHUAN UNIVERSITY PRESS

图书在版编目（CIP）数据

2023年四川省生态环境质量报告 / 四川省生态环境厅编. -- 成都 : 四川大学出版社, 2025. 1. -- ISBN 978-7-5690-7644-8

Ⅰ. X321.271

中国国家版本馆CIP数据核字第2025CQ5987号

书　　名：2023年四川省生态环境质量报告
2023 Nian Sichuan Sheng Shengtai Huanjing Zhiliang Baogao
编　　者：四川省生态环境厅

选题策划：王　睿
责任编辑：王　睿
责任校对：周维彬
装帧设计：墨创文化
责任印制：李金兰

出版发行：四川大学出版社有限责任公司
地址：成都市一环路南一段24号（610065）
电话：(028) 85408311（发行部）、85400276（总编室）
电子邮箱：scupress@vip.163.com
网址：https://press.scu.edu.cn
审 图 号：川S【2025】00007号
印前制作：四川胜翔数码印务设计有限公司
印刷装订：四川省平轩印务有限公司

成品尺寸：210mm×285mm
印　　张：26
字　　数：779千字

版　　次：2025年3月 第1版
印　　次：2025年3月 第1次印刷
定　　价：268.00元

扫码获取数字资源

四川大学出版社
微信公众号

《2023年四川省生态环境质量报告》编委会名单

主　任　钟承林

副主任　雷　毅　罗秀兵

委　员　陈　权　陈　波　陈　立　何吉明　史　箴　倖　强

主　编　何吉明　张　丹　李　纳

副主编　李道远　易　灵　全　利　胡　婷　向秋实

编　委　（以姓氏笔画为序）

于　飞　万　旭　王宇星　王丽娟　王若男　王英英
王晓波　王海燕　甘　欣　付淑惠　孙　谦　李　波
李贵芝　李海霞　李　曦　杨长军　杨　警　吴艳娟
何文君　张一澜　张　倩　张　菁　张　蕾　张　巍
陈雨艳　陈　勇　陈燕梅　苟　鹏　范　力　范潇月
欧发刚　易　丹　罗小靖　罗洪艳　周春兰　周　淼
周　鹏　胡圆园　柳　强　饶芝菡　胥　倩　徐　亮
唐　瑜　曹　攀　蒋华英　蒋　燕　程　欢　谢永洪
廖　翀　廖　敏　熊　杰　潘　倩　薛雨婷

审　核　陈　权　何吉明

审　定　钟承林　雷　毅

驻市（州）生态环境监测中心站参与编写人员

四川省成都生态环境监测中心站	张　琰
四川省自贡生态环境监测中心站	吕敏燕
四川省攀枝花生态环境监测中心站	杨　玖
四川省泸州生态环境监测中心站	胡丽梅
四川省德阳生态环境监测中心站	陈思洁
四川省绵阳生态环境监测中心站	梁帮强
四川省广元生态环境监测中心站	王长发
四川省遂宁生态环境监测中心站	王　媛
四川省内江生态环境监测中心站	丁雪卿
四川省乐山生态环境监测中心站	赵　颖
四川省南充生态环境监测中心站	舒　丽
四川省宜宾生态环境监测中心站	周书华
四川省广安生态环境监测中心站	白　波
四川省达州生态环境监测中心站	周礼川
四川省巴中生态环境监测中心站	唐樱殷
四川省雅安生态环境监测中心站	曾庆丰
四川省眉山生态环境监测中心站	彭　东
四川省资阳生态环境监测中心站	易　蕾
四川省阿坝生态环境监测中心站	兰　翔
四川省甘孜生态环境监测中心站	王清艳
四川省凉山生态环境监测中心站	苏永洁

主编单位	四川省生态环境监测总站
参加编写单位	四川省辐射环境管理监测中心站
	四川省生态环境科学研究院
	四川省环境政策研究与规划院
发布单位	四川省生态环境厅
资料提供单位	四川省自然资源厅
	四川省住房和城乡建设厅
	四川省交通运输厅
	四川省水利厅
	四川省农业农村厅
	四川省卫生健康委员会
	四川省应急管理厅
	四川省林业和草原局
	四川省地震局
	四川省气象局

四川是长江上游重要的水源涵养地、黄河上游重要的水源补给区，也是全球生物多样性保护重点地区，要把生态文明建设这篇大文章做好……要以更高标准打好蓝天、碧水、净土保卫战，积极探索生态产品价值实现机制，完善生态保护补偿机制，提升生态环境治理现代化水平。

——习近平总书记在四川考察时的讲话

2023年四川省生态环境质量报告图解

01 环境空气

城市优良天数比例

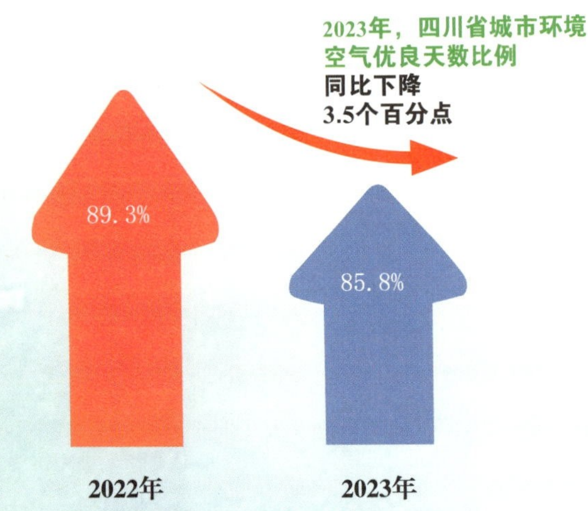

县（市、区）优良天数比例

2023年，四川省县（市、区）级环境空气质量总体优良天数率为89.4%，同比下降2.7个百分点。

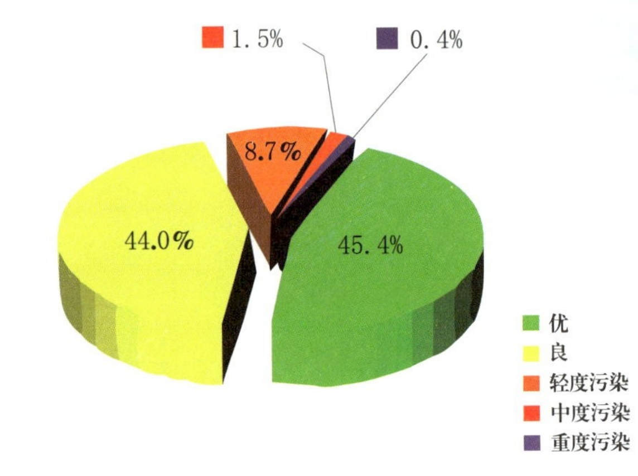

2023年四川省县（市、区）级环境空气质量级别分布

主要污染物

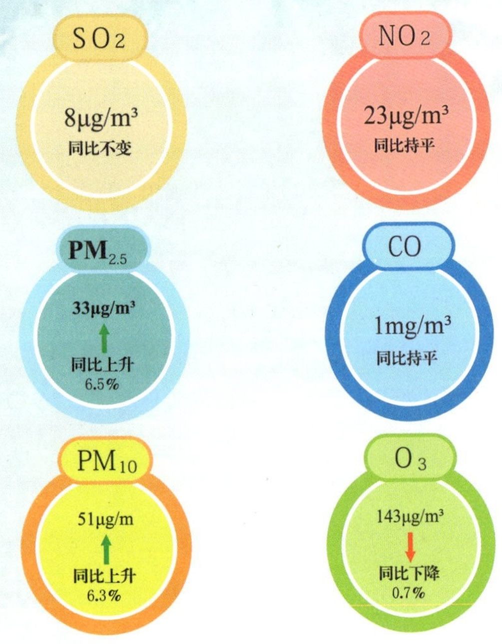

空气质量综合指数

2023年，四川省空气质量综合指数为3.52，21个市（州）城市的空气质量综合指数在1.77~4.20之间。

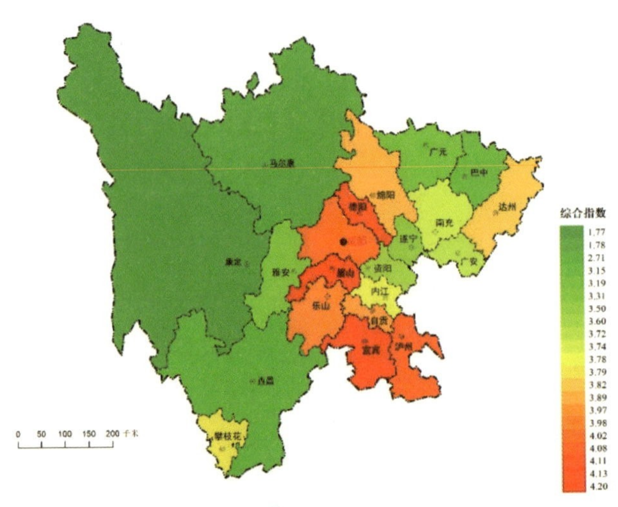

2023年四川省21个市（州）城市空气质量综合指数分布

主要污染物负荷占比

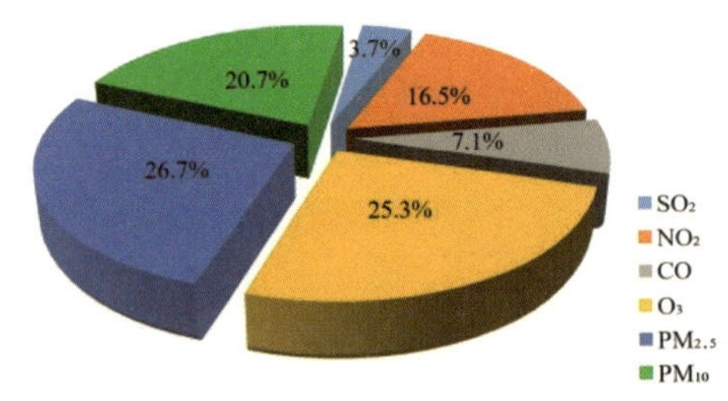

2023年四川省城市环境空气主要污染物负荷占比

2023年四川省生态环境质量报告图解

02 地表水

地表水水质

2023年四川省地表水水质总体优，水质优良率达100%，水环境质量跃居全国第一。

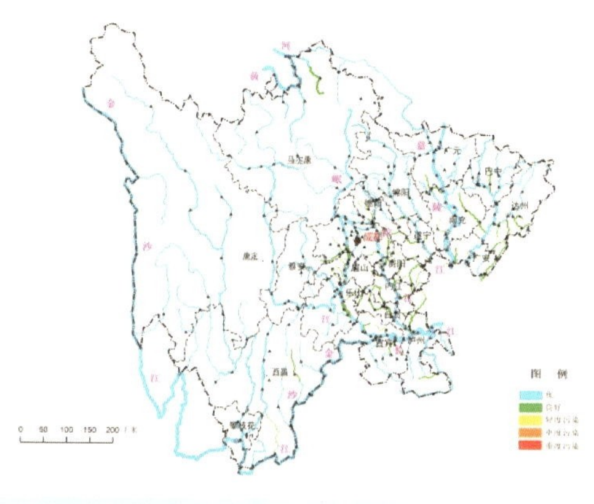

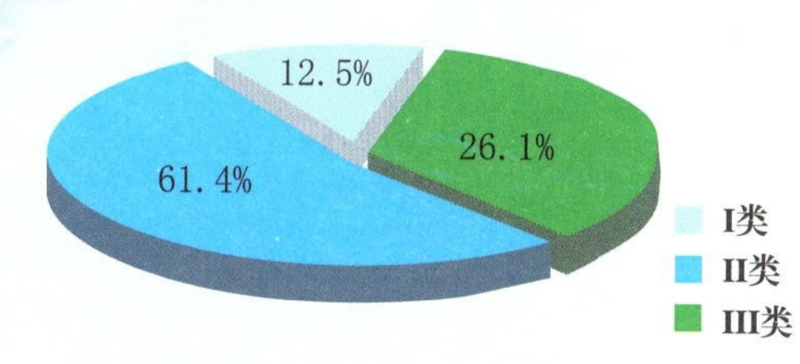

2023年四川省河流水质状况

十三大流域

全省十三条重点流域水质均为优。雅砻江、安宁河、赤水河、岷江、大渡河、青衣江、沱江、嘉陵江、渠江、琼江、黄河、涪江、长江（金沙江）流域水质优良率为100%。

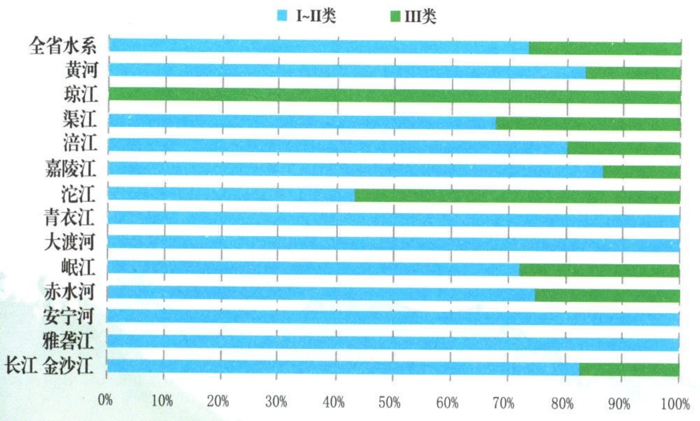

2023年四川省十三条重点流域断面水质类别比例图

湖库

2023年四川省共监测14个湖库，泸沽湖、二滩水库的水质为Ⅰ类；邛海、黑龙滩水库、紫坪铺水库、瀑布沟水库、三岔湖、双溪水库、沉抗水库、升钟水库、白龙湖、葫芦口水库的水质为Ⅱ类，水质优；老鹰水库、鲁班水库的水质为Ⅲ类，水质良好。

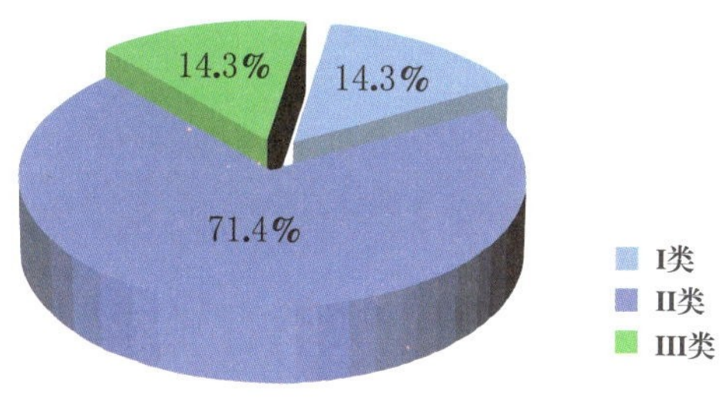

2023年四川省湖库水质状况

14个湖库中，泸沽湖、二滩水库、紫坪铺水库、白龙湖为贫营养，邛海、黑龙滩水库、瀑布沟水库、老鹰水库、三岔湖、双溪水库、沉抗水库、鲁班水库、升钟水库、葫芦口水库为中营养。

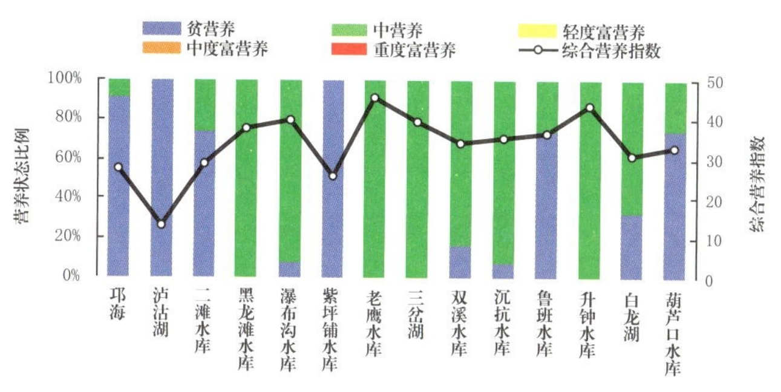

2023年四川省重点湖库营养状况

水源地水质

2023年，四川省县级及以上城市集中式饮用水水源地所有监测断面（点位）所测项目全部达标，断面达标率100%。

2023年四川省县级及以上城市水源地水质达标率为100%

2023年四川省生态环境质量报告图解

地下水水质

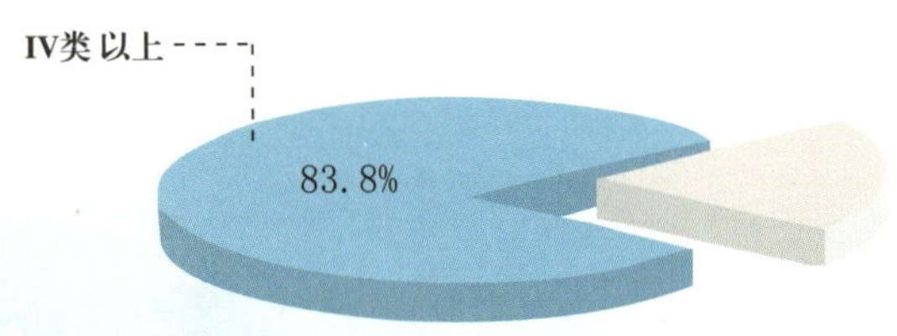

国考点位水质总体保持稳定，水质达标率同比略有上升。

水生态

重点流域水生生物多样性总体评价为良好

四川省重点河流共监测到浮游植物7门111属（种），10个重点湖库中共监测到浮游植物7门102属（种）和浮游动物3大类34属（种），根据多样性指数和均匀度指数评价标准，四川省重点河流总体评价为良好，10个重点湖库总体评价为优秀—良好。

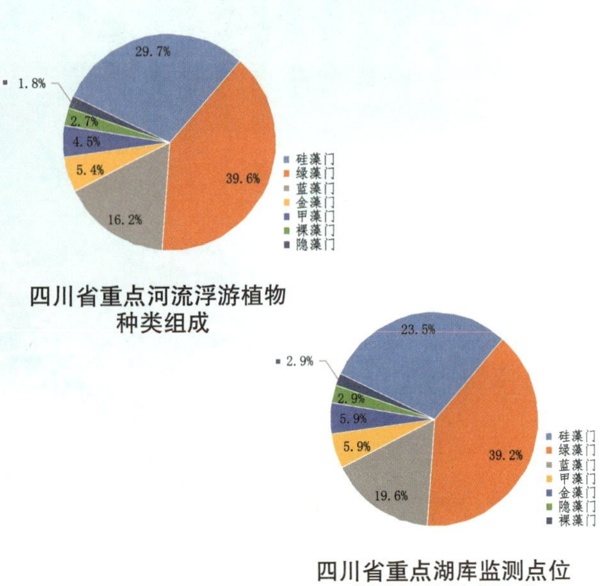

四川省重点河流浮游植物种类组成

四川省重点湖库监测点位浮游植物种类组成

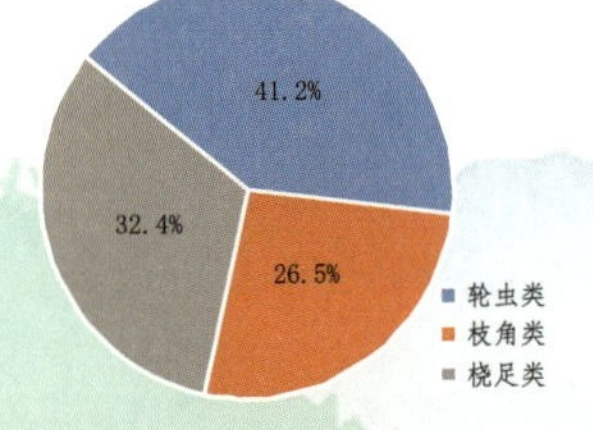

四川省重点湖库浮游动物种类组成

03 城市声环境

2023年四川省城市声环境质量总体保持稳定，昼间城市区域声环境质量总体为“较好”，夜间城市区域声环境质量总体为“一般”；昼间城市道路交通声环境质量总体为“好”，夜间城市道路交通声环境质量总体为“一般”。

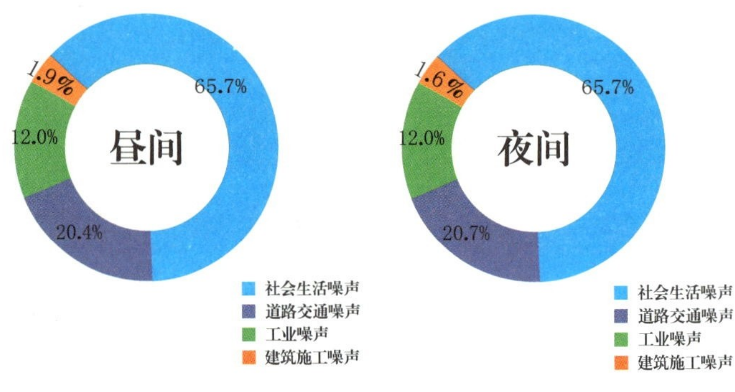

2023年四川省城市区域声环境质量测点声源构成

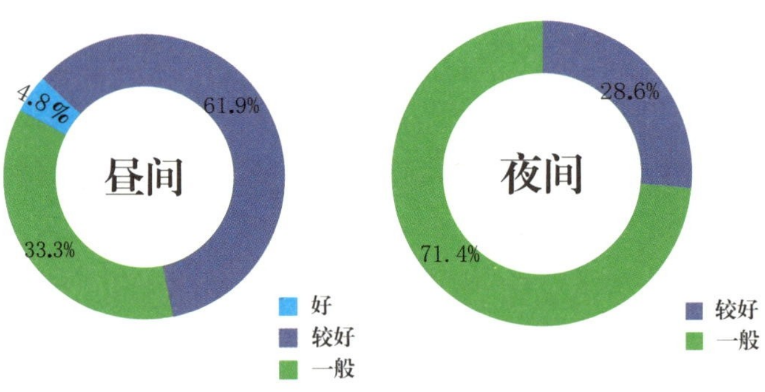

2023年四川省城市区域声环境质量城市等级分布

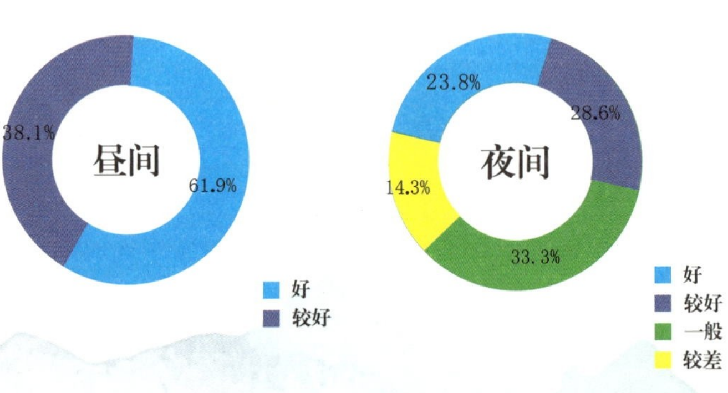

2023年四川省城市道路交通声环境质量等级分布

一图读懂 》

2023年四川省生态环境质量报告图解

04 城市降水

四川省城市降水pH年均值逐年上升，由2016年的5.68上升至2023年的6.28，降水酸度逐年下降，城市酸雨污染状况呈现向好趋势。

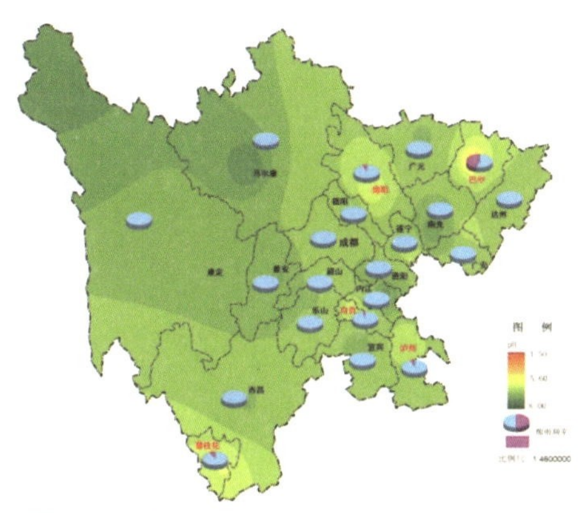

2023年四川省城市酸雨区域分布

05 生态环境

2023年四川省生态质量类型以“一类”为主

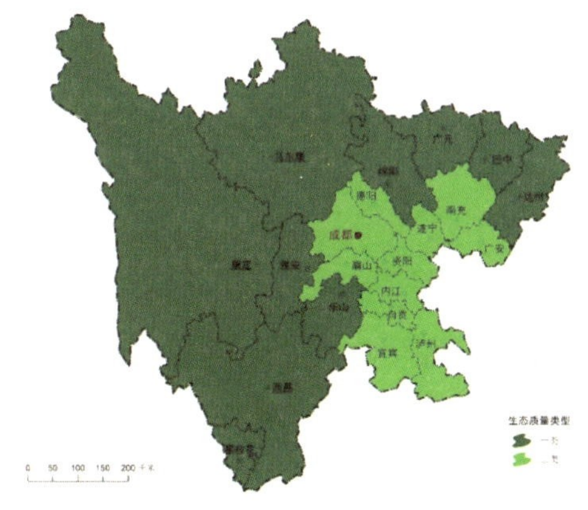

2023年四川省21个市（州）生态质量类型分布

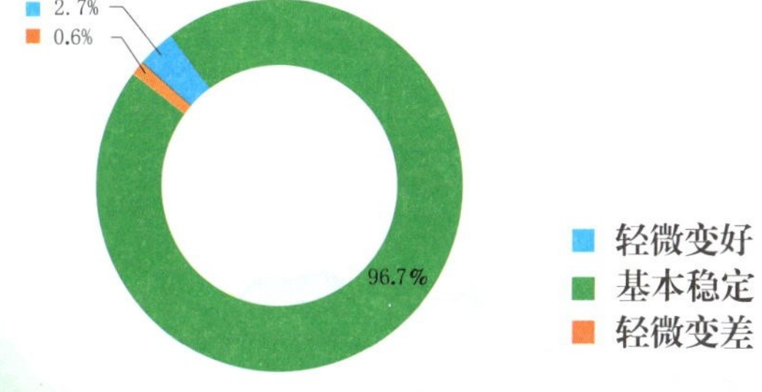

2022—2023年四川省183个县（市、区）生态质量变化情况

06 农村环境

四川省农村环境质量总体持续改善

2023年四川省县域农村环境状况指数以“优”为主，除了农村空气质量外，各要素均有不同程度改善。县域地表水、千吨万人饮用水、生活污水处理设施、农田灌溉水、农业面源污染五要素在监测点位逐年增加的情况下，达标率稳步上升，农村环境质量总体呈持续改善趋势。

07 土壤环境

土壤环境质量总体未出现明显变化，重点风险监控点土壤环境污染风险有所下降。

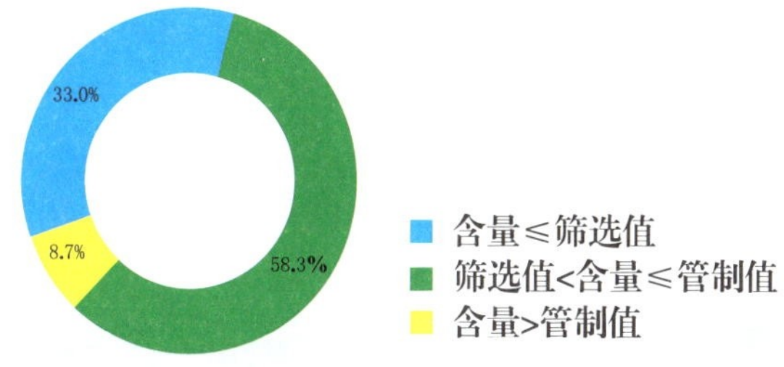

2023年四川省土壤风险点环境质量评价结果占比

前　言

2023年，四川省以习近平新时代中国特色社会主义思想为指导，全面贯彻党的二十大精神，坚定践行习近平生态文明思想，认真落实习近平总书记对四川工作系列重要指示精神和全国生态环境保护大会部署要求，持续深入打好污染防治攻坚战，切实筑牢长江黄河上游生态屏障。

为全面分析和总结2023年四川省生态环境质量状况及变化趋势，继续为环境管理提供决策依据，根据《环境监测报告制度》（环监〔1996〕914号），按照《环境质量报告书编写技术规范》（HJ 641—2012）和《2024年国家生态环境监测方案》（环办监测函〔2024〕138号）的要求，四川省生态环境厅组织四川省生态环境监测总站等有关部门编写了《2023年四川省生态环境质量报告》。本报告分为五篇，概述了四川省自然环境、社会环境、生态环境保护和监测工作状况；详细描述了污染物排放状况；以生态环境监测网监测数据为基础，全面科学地评价了2023年四川省环境空气、水环境、地下水、城市声环境、生态、农村、土壤和辐射等环境质量现状及变化趋势；梳理了存在的主要环境问题，并深入分析了环境质量现状及变化的原因，针对性地提出了持续改善环境质量的对策建议。此外，专题介绍了四川省在大气、水环境、污染源监测、生态、新污染物等方面的前瞻性研究，利用数学模型对“十三五”以来社会经济发展与空气、地表水、声环境质量的相关性进行了分析，并对生态环境质量进行了预测。另外报告中行政区名称后面带“市”，表示该行政区主城区范围；行政区名称后面不带“市”，表示该行政区辖区内的中心城区和所辖县（市、区）。

本书在编写过程中得到了各级领导、相关部门和单位的大力支持，特此致谢！

受编写水平的限制，不妥之处敬请批评指正。

编　者

二〇二四年六月

目　录

第一篇　概况

第二篇　污染排放

第三篇　生态环境质量状况

第四篇　关联性分析及预测

第五篇　专题分析

第六篇 结论及对策建议

概况

第一篇

2023

第一章 自然环境概况

一、地理位置

四川简称川或蜀，位于中国西南部，地处长江上游，素有“天府之国”的美誉。四川省介于东经92°21′～108°12′和北纬26°03′～34°19′之间，东西长1075余千米，南北宽900余千米。东连渝，南邻滇、黔，西接西藏自治区，北接青、甘、陕三省。面积48.6万平方千米，次于新疆维吾尔自治区、西藏自治区、内蒙古自治区和青海省，居全国第五位。

二、地形地貌

四川省地貌东西差异大，地形复杂多样，位于我国大陆地势三大阶梯中的第一级青藏高原和第二级长江中下游平原的过渡带，高差悬殊，西高东低的特点明显。西部为高原、山地，海拔多在4000米以上，东部为盆地、丘陵，海拔多在1000～3000米。境内最高点在西部大雪山主峰贡嘎山，海拔7556米；最低点在东部邻水县幺滩镇御临河出境处，海拔187米。山地和高原占四川省面积的81.4%，可分为四川盆地、川西北高原和川西南山地三大部分。四川省地形地貌如图1.1-1所示。

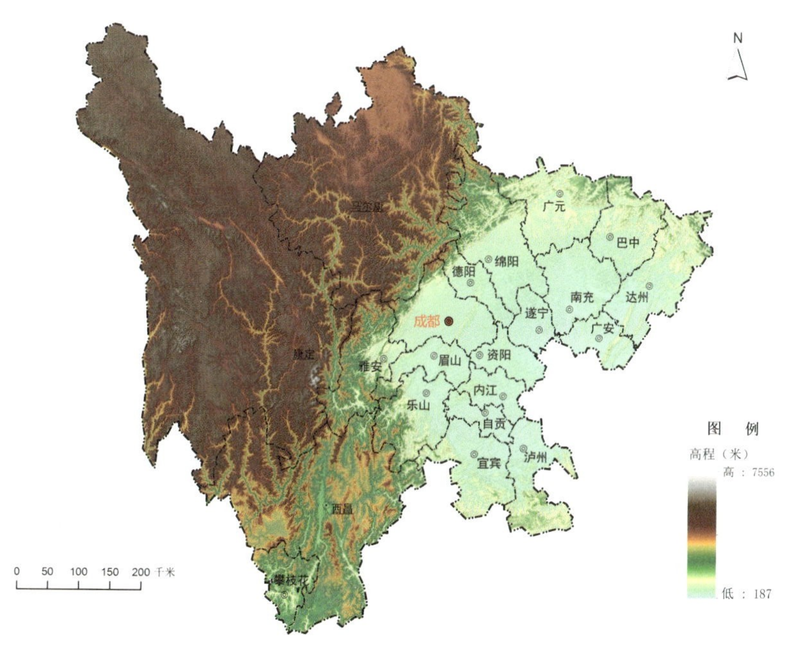

图1.1-1 四川省地形地貌

三、气候水文

（一）气候

四川省气候复杂多样，且地带性和垂直变化明显；季风气候明显，雨热同期；区域间差异显著，东部冬暖、春早、夏热、秋雨、多云雾、少日照、生长季长，西部则寒冷、冬长、基本无夏、日照充足、降水集中、干雨季分明；气候垂直变化大，气候类型多；气象灾害种类多，发生频率高且范围大，主要有干旱，其余为暴雨、洪涝和低温等。

2023年四川省年平均气温16.1摄氏度，比常年偏高0.9摄氏度，创1961年以来历史新高，刷新2022年15.9摄氏度历史记录，已连续11年高于常年平均值，其中盆地中东部、攀西地区明显偏高1～2.6摄氏度。年平均降水量846.8毫米，较常年偏少12%，与常年同期相比，大部分地方降水偏少，宜宾、成都、广元三市偏少30%～50%。2016—2023年四川省年均气温及降水量见表1.1-1。

表1.1-1　2016—2023年四川省年均气温及降水量

年份	2016年	2017年	2018年	2019年	2020年	2021年	2022年	2023年
年均气温（℃）	15.7	15.6	15.4	15.4	15.4	15.6	15.9	16.1
年均降水量（mm）	982.1	947.5	1156.8	1034.4	1132.2	1070.5	844.7	846.8

（二）水文

四川省河流众多，有“千河之省”之称，流域面积在100平方千米以上的河流有1368条，长江和黄河流域面积分别占四川省面积的96.2%和3.8%。长江干流上游青海巴塘河口至四川宜宾岷江口段称为金沙江，位于四川省和西藏自治区、云南省边界，主要流经四川省西部、南部；支流遍布，较大的有雅砻江、岷江、大渡河、沱江、嘉陵江、青衣江、涪江、渠江、安宁河、赤水河、琼江等。黄河流经四川省西北部，位于四川省和青海省交界，支流包括黑河和白河。境内遍布湖泊，主要湖泊有邛海、泸沽湖等。四川省地表河流分布如图1.1-2所示。

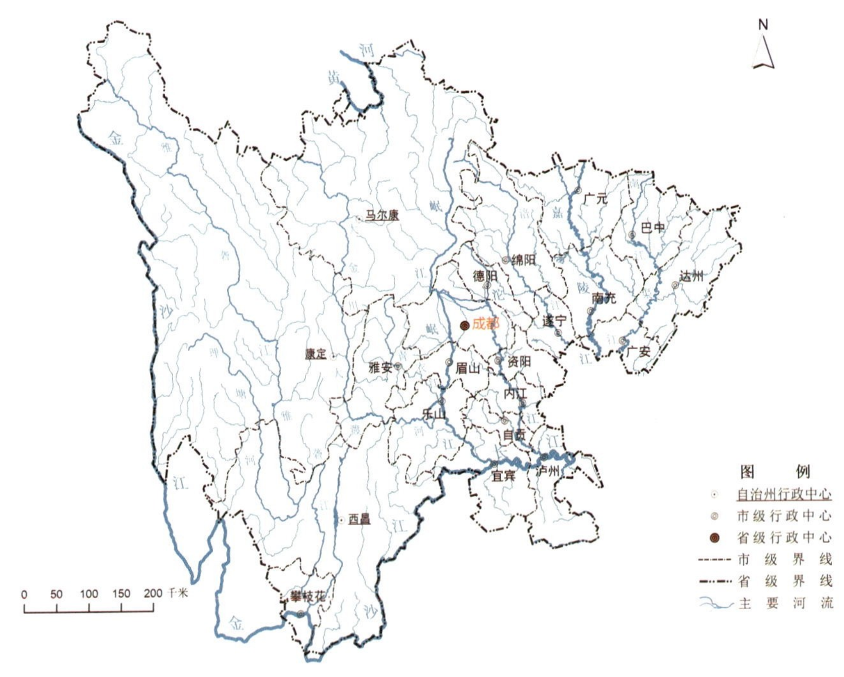

图1.1-2　四川省地表河流分布

1. 长江（金沙江）

长江在四川省境内称为长江（金沙江），主要包含金沙江四川段、长江干流宜宾—泸州合江县段，干流由西北向东南流经甘孜州、凉山州、攀枝花市、宜宾市、泸州市，干流长1788千米，流域面积96021平方千米。长江（金沙江）流域（包含赤水河流域）在四川省涉及9个市（州）51个县（市、区），流域内常住人口约1876.3万人。

2. **黄河**

黄河干流在四川省内由西向东流经阿坝州阿坝县、若尔盖县后，于玛曲县黑河口出境进入甘肃境内，干流长174千米，流域面积18686平方千米。黄河流域在四川省涉及2个市（州）5个县（市、区），流域内常住人口约38.2万人。

3. **沱江**

沱江是长江的一级支流，是四川省腹部地区的重要河流之一，发源于九顶山南麓绵竹市清平乡断岩头下的大黑湾，自北向南流经德阳、成都、资阳、内江、自贡、泸州六市，于泸州汇入长江。河流干流全长640千米，流域面积27604平方千米，其中四川省境内干流长638千米，流域面积25576平方千米。主要支流有石亭江、湔江、金河等。沱江流域涉及四川省、重庆市，四川省涉及10个市（州）44个县（市、区），流域内常住人口约2639.3万人。

4. **岷江**

岷江是长江上游的一级支流，发源于四川省与甘肃省接壤的岷山南麓，分东西两源汇合于松潘县的川主寺，自北向南流经阿坝、成都、眉山、乐山、宜宾五市（州），于宜宾市区与金沙江交汇。岷江干流全长753千米，流域面积45324平方千米（不含大渡河、青衣江），主要支流有黑水河、杂谷脑河、大渡河、马边河等。岷江流域在四川省涉及9个市（州）50个县（市、区），流域内常住人口约2486.1万人。

5. **雅砻江**

雅砻江为金沙江左岸一级支流，发源于青海省称多县巴颜喀拉山南麓，流经青海省、四川省，于四川省攀枝花东区银江镇沙坝村汇于金沙江。河流干流全长1633千米，流域面积128120平方千米。四川省内干流自北向南流经甘孜、凉山、攀枝花，干流长1445千米，流域面积106779平方千米。主要支流有鲜水河、理塘河、安宁河等。雅砻江流域地跨青海省、云南省、四川省，其中四川省涉及3个市（州）24个县（市、区），流域内常住人口约403.7万人。

6. **安宁河**

安宁河为雅砻江左岸一级支流，发源于四川省冕宁县拖乌乡东小相岭记牌山，流经凉山、攀枝花，于攀枝花市大坪地汇入雅砻江。干流全长328千米，流域面积11066平方千米。其主要支流有瓦里洛沟（孙水河）、海河、茨达河、锦川河和摩挲河等。安宁河流域涉及四川省2个市（州）9个县（市、区），流域内常住人口约291.7万人。

7. **大渡河**

大渡河为岷江右岸一级支流，发源于青海省久治县哇尔依乡，自北向南流经青海省、四川省，在四川省乐山市草鞋渡左纳青衣江，至萧公嘴汇入岷江。干流全长1074千米，流域面积为77153平方千米（不含青衣江）。四川省内干流流经阿坝、甘孜、雅安、凉山、乐山，干流长876千米，流域面积67920平方千米。其主要支流有南桠河、尼日河、绰斯甲河、梭磨河、革什扎河、小金川等。大渡河流域地跨青海省、四川省，其中四川省涉及5个市（州）28个县（市、区），流域内常住人口约498.9万人。

8. **嘉陵江**

嘉陵江为长江干流上游左岸主要支流，发源于陕西省秦岭南麓，流经陕西省、甘肃省、四川省、重庆市，于重庆汇于长江。河流干流全长1132千米，流域面积158958平方千米。四川省内干流流经广元、南充、广安，干流长641千米，流域面积35819平方千米。主要支流有白龙江、东河、西河、渠江、涪江等。嘉陵江流域涉及陕西省、甘肃省、四川省、重庆市，其中四川省涉及7个市（州）29个县（市、区），流域内常住人口约1411.6万人。

9. **涪江**

涪江是长江支流嘉陵江右岸最大支流，发源于四川省松潘县黄龙乡岷山雪宝顶峰西北之雪山

梁子，流经四川省、重庆市，于重庆市合川区汇于嘉陵江。河流干流全长668千米，流域面积35881平方千米。四川省内干流流经阿坝、绵阳、遂宁，干流长545千米，流域面积31558平方千米。主要支流有西河、虎牙河、土城河、火溪河、白草河等。涪江流域（包含琼江流域）涉及四川省、重庆市，其中四川省涉及8个市（州）29个县（市、区），流域内常住人口约1568.4万人。

10. 渠江

渠江为嘉陵江左岸一级支流，发源于四川省南江县关坝乡大坝林场，流经四川省、重庆市，于重庆市合川区钓鱼城街道汇于嘉陵江。河流干流全长676千米，流域面积38913平方千米。四川省内干流流经巴中、达州、广安，于岳池县罗渡镇出境进入重庆市合川区，其中四川境内干流长602千米，流域面积34020平方千米。主要支流有神潭河、恩阳河、通江、州河、流江河等。渠江流域地跨陕西省、四川省、重庆市，其中四川省涉及5个市（州）28个县（市、区），流域内常住人口约1718.5万人。

11. 青衣江

青衣江为大渡河左岸一级支流，发源于四川省宝兴县硗碛藏族乡，流经雅安、眉山、乐山，于四川省乐山市中区汇于大渡河。河流干流全长287千米，流域面积12850平方千米。其主要支流有西河、玉溪河、荥经河、天全河、周公河等。青衣江流域四川省涉及5个市（州）15个县（市、区），流域内常住人口约462.3万人。

12. 赤水河

赤水河属长江干流上游右岸的一级支流，古称赤虺河，因水赤红故名赤水河。发源于云南省镇雄县赤水源镇银厂村，干流流经云南省、贵州省、四川省，干流全长442千米，全流域面积18807平方千米。四川省内干流流经泸州，干流长229千米，流域面积5544平方千米。赤水河流域四川省涉及1个市（州）5个县（市、区），流域内常住人口约307.8万人。

13. 琼江

琼江是涪江右岸一级支流，发源于资阳市乐至县龙门镇，干流流经四川省和重庆市，在重庆市潼南区汇入涪江，干流全长233千米，全流域面积4311平方千米。四川省内干流流经资阳和遂宁，干流长141千米，流域面积3082平方千米。琼江流域四川省涉及2个市（州）4个县（市、区），流域内常住人口约269.5万人。

四、土壤及国土利用状况

四川土壤资源有25个土类、63个亚类、137个土属、380个土种，区域分布特征十分明显。东部盆地丘陵为紫色土区域，东部盆周山地为黄壤区域，川西南山地河谷为红壤区域，川西北高山为森林土区域，川西北高原为草甸土区域。四川省土壤类型分布如图1.1–3所示。

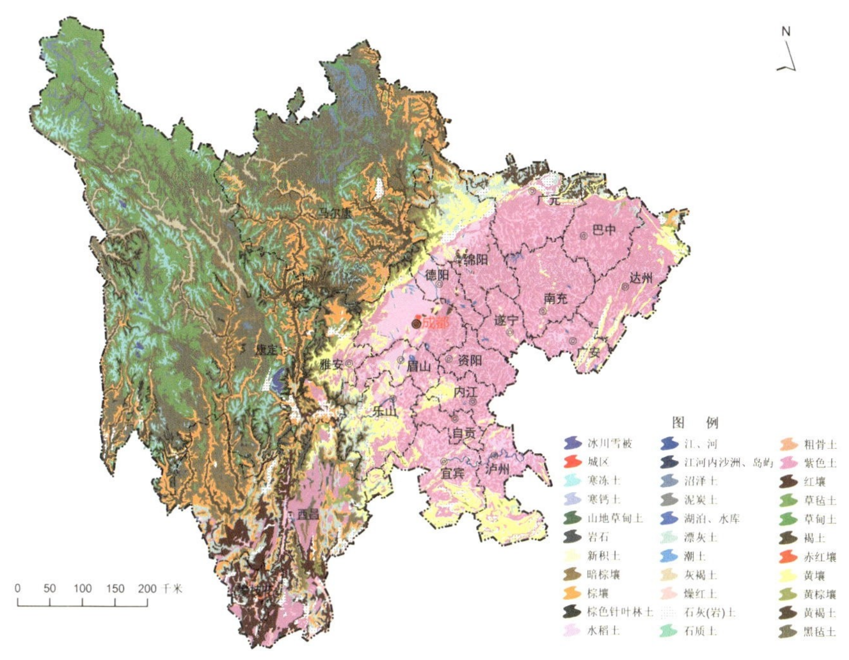

图1.1-3　四川省土壤类型分布

根据四川省第三次全国国土调查主要数据公报，主要地类面积构成为：耕地52272平方千米，以水田、旱地为主，凉山州、南充、达州面积较大；园地12032平方千米，以果林、茶园为主，主要分布在凉山州、成都、眉山；林地254196平方千米、草地96878平方千米、湿地12308平方千米，这三类主要分布在三州地区。此外，还有城镇村及工矿用地18412平方千米，交通运输用地4739平方千米，水域及水利设施用地10532平方千米。四川省各类型土地面积构成比例如图1.1-4所示。

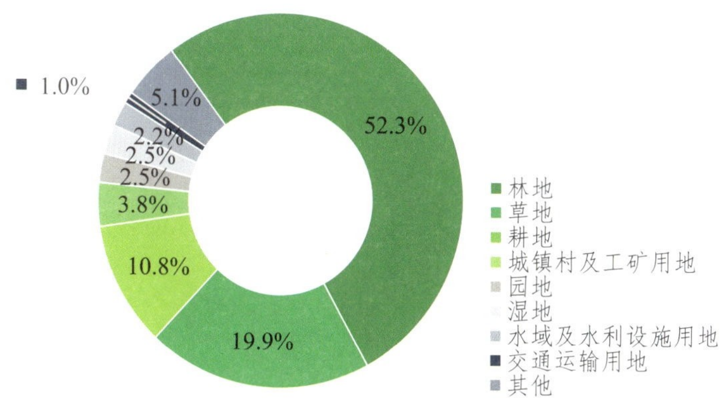

图1.1-4　四川省各类型土地面积构成比例

五、自然资源

（一）水资源

四川省水资源丰富，多年平均水资源总量为2564.8亿立方米，多年平均径流系数为0.55。水资源以河川径流最为丰富，但径流量的季节分布不均，大多集中在6—10月，洪旱灾害时有发生；河道迂回曲折，利于农业灌溉；天然水质良好，但部分地区也有污染。人均水资源量高于全国，但时空分布不均，形成区域性缺水和季节性缺水。

2023年，四川省水资源总量为2166.8亿立方米，同比减少1.9%，比多年平均偏少15.5%；径流系数为0.50，低于多年平均径流系数，每平方千米产水量44.6万立方米。2016—2023年四川省水资源量见表1.1-2。

表1.1-2　2016—2023年四川省水资源量

年份	降水量（亿立方米）	水资源总量（亿立方米）	地表水资源（亿立方米）	地下水资源（亿立方米）	地下水与地表水资源不重复量（亿立方米）
2016年	4461.45	2340.85	2339.70	593.33	1.15
2017年	4558.49	2467.15	2466.00	607.54	1.15
2018年	5093.93	2953.79	2952.64	636.86	1.15
2019年	4615.90	2748.87	2747.73	616.24	1.14
2020年	5109.06	3237.26	3236.12	649.11	1.14
2021年	4882.24	2924.50	2923.36	625.94	1.14
2022年	4095.20	2209.20	2207.80	547.20	1.40
2023年	4363.50	2166.80	2165.40	540.00	1.40

1. 地表水资源

2023年，四川省地表水资源量2165.4亿立方米，折合年径流深445.6毫米，同比减少1.9%，比多年平均偏少15.5%。

从行政区看，与多年平均比较，遂宁市、广安市、达州市、巴中市、资阳市地表水资源量偏多，最多偏多35.4%；其余16个市（州）的降水量有不同程度偏少，其中偏少最多的是攀枝花市，偏少51.0%。

2. 地下水资源

2023年，四川省地下水资源量540.0亿立方米，比多年平均值偏少6.9%。其中，成都平原地下水资源量为24.0亿立方米，山丘区为520.0亿立方米，重复计算量为4.0亿立方米。

（二）矿产资源

四川省地质单元多样，成矿条件较好，矿产资源种类丰富。截至目前已发现矿产136种，查明资源储量的矿产98种，128个亚矿种。能源矿产、黑色金属矿产、有色金属矿产、稀有（含稀散）及稀土金属矿产、贵金属矿产、化工原料非金属矿产、冶金辅助原料非金属矿产、建材及其他矿产均有分布。矿产资源分布相对集中，区域特色明显，部分能源资源类矿产在全国处于优势地位。

1. 能源矿产

能源矿产主要分布在川东和川南地区，具有查明资源储量的能源矿产6种：煤炭、石油、天然气、页岩气、煤层气、天然沥青。其中，以天然气、页岩气和煤炭为主。

天然气和页岩气为四川省优势矿产，探明地质储量均排名全国第一。四川省天然气资源丰富，基本覆盖四川盆地，累计探明地质储量占全国总量的20.7%；页岩气资源储量巨大，主要分布在川南地区的宜宾、内江、自贡等地，累计探明地质储量占全国总量的65.5%；煤炭矿区572个，主要分布在宜宾、泸州、达州、攀枝花等地，煤炭资源储量排名全国第十四位。

2. 金属矿产

金属矿产主要集中于川西和攀西地区。查明资源储量的黑色金属矿产5种、有色金属矿产13

种、贵金属矿产4种、稀有金属矿产15种。

黑色金属矿产中，四川省主要的优势矿产为钒钛磁铁矿，集中分布于攀枝花和凉山州，现有矿区36个，铁矿查明资源储量排名全国第三，钒、钛查明资源储量位居全国第一。

有色金属矿产、稀有金属矿产、贵金属矿产主要分布在川西高原和凉山州的会理、会东地区。主要的有色金属矿产为铜、铅、锌、铝等，查明资源储量均在全国前十，主要分布于凉山州、甘孜州、雅安和乐山等地；稀有金属矿产中，锂矿资源优势巨大，现有矿区16个，主要分布于甘孜州和阿坝州，查明资源储量全国第一；贵金属矿产以岩金为主，主要分布于阿坝州和甘孜州。

3. 非金属矿产

非金属矿产中，查明资源储量的冶金辅助原料非金属矿产12种、化工原料非金属矿产16种、建材及其他非金属矿产54种。化工原料非金属矿产中，硫铁矿、芒硝、岩盐资源储量巨大，查明资源储量排名全国第一，其中硫铁矿主要分布在泸州和宜宾等地；芒硝主要分布在成都、雅安和眉山；岩盐主要分布在乐山、自贡和宜宾等地。磷矿查明资源储量全国第六，主要分布在德阳、凉山州和乐山等地。建材及其他非金属矿产中，石墨（晶质）为重要战略性矿产，资源储量排名全国第四，主要分布在攀枝花和巴中。

（三）森林及动植物资源

四川省森林面积19.6亿平方千米，森林蓄积量19.4亿立方米，均居全国第四位；草地面积9.7万平方千米，居全国第六位；湿地面积1.2万平方千米，居全国第六位，若尔盖湿地是我国面积最大的高寒泥炭沼泽湿地。

据调查统计，四川省境内中国特有种目前记录的数量为6656种，其中，植物特有种为6245种，包括裸子植物64种，被子植物6181种，包含国家Ⅰ级、Ⅱ级重点保护野生植物73种。动物特有种403种，包括哺乳类79种，鸟类43种，两栖类69种，爬行类66种，鱼类146种，其中国家Ⅰ级、Ⅱ级重点保护动物142种。

（四）旅游资源

四川省是旅游资源大省，拥有美丽的自然风景、悠久的历史文化和独特的民族风情，旅游资源具有数量多、类型全、分布广、品位高的特点，其资源数量和品位均在全国名列前茅。

四川省拥有世界遗产5处，其中世界自然遗产3处（九寨沟、黄龙、大熊猫栖息地），世界文化与自然遗产1处（峨眉山—乐山大佛），世界文化遗产1处（青城山—都江堰）。被列入世界“人与生物圈保护网络”的保护区有4处（九寨沟、黄龙、卧龙、稻城亚丁）。有“中国旅游胜地40佳”5处（峨眉山、九寨沟—黄龙、蜀南竹海、乐山大佛、自贡恐龙博物馆）。四川省建立了国家级风景名胜区15处，省级风景名胜区增至79处。有5A级景区12个，在全国排名第四；有中国优秀旅游城市21座。四川省自然保护区共有167个，面积8.3万平方千米，占土地面积的17.1%，其中国家级自然保护区31个。共有湿地公园64个，其中国家级湿地公园29个、省级湿地公园35个。森林公园137处，总面积23248平方千米，占国土面积的4.78%，其中国家级森林公园44处，森林公园总数位列全国前十。发现地质遗迹220余处，有世界级地质公园3处、国家级地质公园18处，数量居全国前列。有国家历史文化名城8座。四川省共有博物馆252个，有全国重点文物保护单位230处、省级文物保护单位969处，有国家级非物质文化遗产名录139项、省级非物质文化遗产名录522项。

六、自然灾害

（一）气象灾害

2023年，四川省区域性暴雨过程共发生5次，接近常年，暴雨站次数偏少，属暴雨偏弱年。2023年，四川省有137县站出现暴雨天气，位列历史同期第19少位，其中大暴雨35站次，特大暴雨1站次。

四川省春旱与伏旱强度一般，夏旱范围广、强度大，总体为重旱年。春旱发生范围小，重旱以上主要集中在甘孜州西南部和攀西地区。夏旱发生范围广、强度大，重旱以上县站主要出现在盆地中西部和攀西大部。伏旱范围接近常年，局部出现重旱、特旱。

全年平均高温日数17.9天，较常年偏多8.5天，位列历史同期第4位，主要分布于盆东北、盆中、盆南和攀西地区南部。

（二）暴雨洪涝灾害

因暴雨引发的洪涝灾害造成四川省21个市（州）168个县（市、区）487.7万人次受灾，直接经济损失63.4亿元。经济损失排名前3位依次为：巴中、南充、资阳。2023年暴雨洪涝灾害经济损失分布如图1.1–5所示。

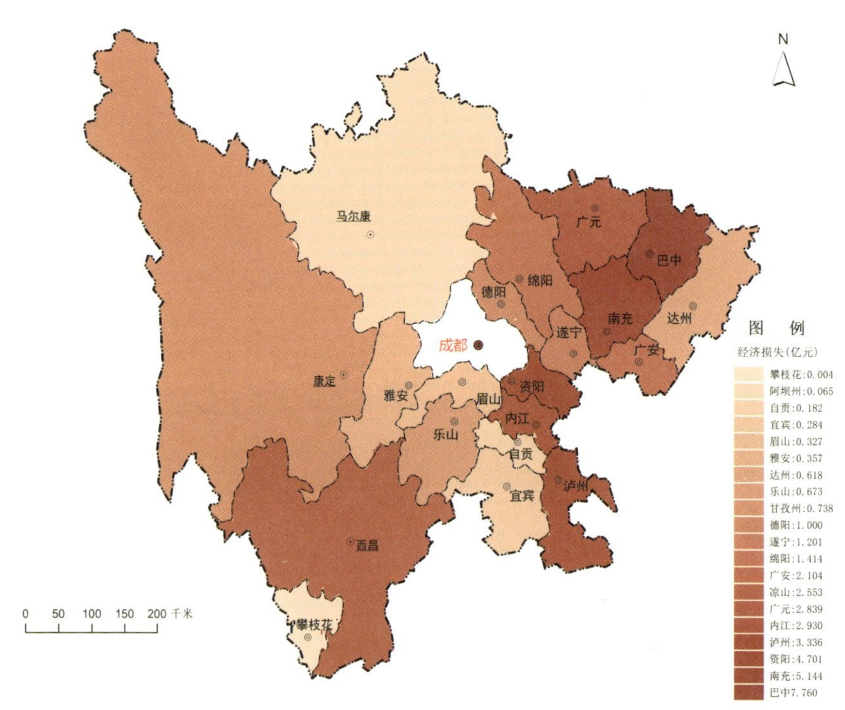

图1.1–5 2023年暴雨洪涝灾害经济损失分布

（三）地震灾害

2023年，四川省发生3.0级以上地震78次，最大地震为2023年“1·26”泸定5.6级地震，此次地震震中位于鲜水河断裂带南东段磨西断裂附近，是2022年“9·5”泸定6.8级地震的一次余震。

（四）森林草原火灾

2023年，共发生森林火灾10起，同比下降33.3%，人为引发火灾起数同比下降37.5%。未发生草原火灾，未发生重特大火灾。

第二章　社会经济概况

2023年，面对复杂严峻的外部环境和艰巨繁重的改革发展稳定任务，四川省上下坚决贯彻落实党中央、国务院和省委、省政府决策部署，坚持稳中求进工作总基调，完整、准确、全面贯彻新发展理念，积极服务和融入新发展格局，全力以赴拼经济、搞建设，经济运行回升向好，现代化产业体系建设取得积极进展，民生保障有力有效，经济总量迈上新台阶，高质量发展取得新成效。

一、行政区划

四川省辖21个地级行政区，其中18个地级市、3个自治州；共55个市辖区、19个县级市、105个县、4个自治县，合计183个县级区划；街道459个、镇2016个、乡626个，合计3101个乡级区划。

（一）五大经济区

四川省21个地级行政区分为五大经济区，各经济区的区域范围分别如下：

成都平原经济区：成都市、德阳市、绵阳市、遂宁市、资阳市、眉山市、乐山市、雅安市。

川南经济区：内江市、自贡市、宜宾市、泸州市。

川东北经济区：广元市、巴中市、达州市、广安市、南充市。

攀西经济区：攀枝花市、凉山州。

川西北生态示范区：甘孜州、阿坝州。

四川省五大经济区区域范围及地理位置如图1.2-1所示。

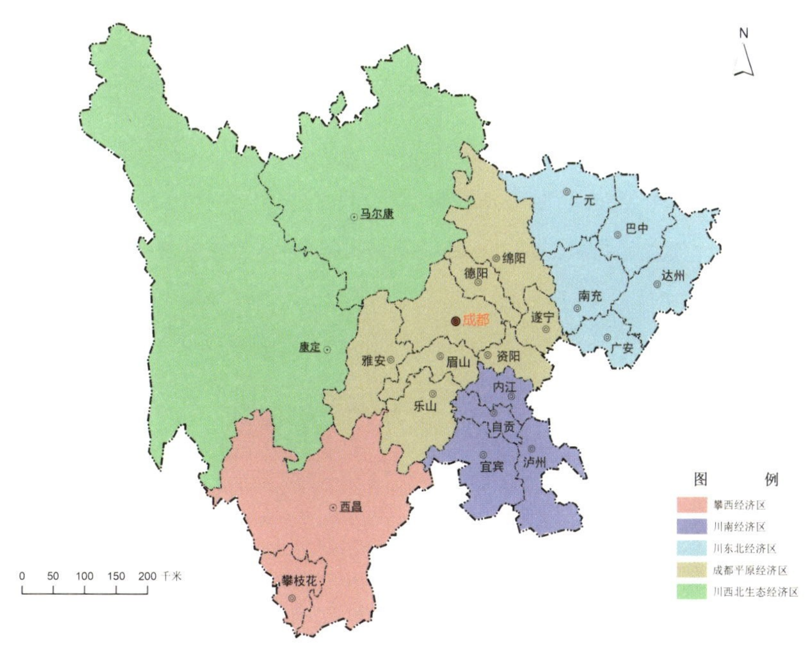

图1.2-1　四川省五大经济区区域范围及地理位置

（二）成渝双城经济圈

2021年10月，中共中央、国务院印发了《成渝地区双城经济圈建设规划纲要》。规划范围包括四川省成都、自贡、泸州、德阳、绵阳（除平武县、北川县）、遂宁、内江、乐山、南充、眉山、宜宾、广安、达州（除万源市）、雅安（除天全县、宝兴县）、资阳等15个市与重庆市区及其27个区（县）和开州、云阳的部分地区，总面积18.5万平方千米，2019年常住人口9600万人，地区生产总值近6.3万亿元。成渝地区双城经济圈位于“一带一路”和长江经济带交汇处，是西部陆海新通道的起点，具有连接西南西北，沟通东亚与东南亚、南亚的独特优势。区域内生态禀赋优良、能源矿产丰富、城镇密布、风物多样，是我国西部人口最密集、产业基础最雄厚、创新能力最强、市场空间最广阔、开放程度最高的区域，在国家发展大局中具有独特而重要的战略地位。

预计到2025年，中小城市和县城发展提速，大中小城市和小城镇优势互补，成渝地区双城经济圈城镇化率将达到66%左右。

二、人口状况

根据2023年全国人口变动情况抽样调查资料测算，四川省全年出生人口52.9万人，人口出生率6.32‰；死亡人口79万人，人口死亡率9.44‰；人口自然增长率−3.12‰。年末常住人口8368万人，同比减少6万人，其中城镇人口4978.1万人，乡村人口3389.9万人，常住人口城镇化率59.49%，同比提高1.14个百分点。年末四川省户籍人口9071.4万人，同比增加3.9万人。2016—2023年年末四川省常住人口及城镇化率如图1.2−2所示。

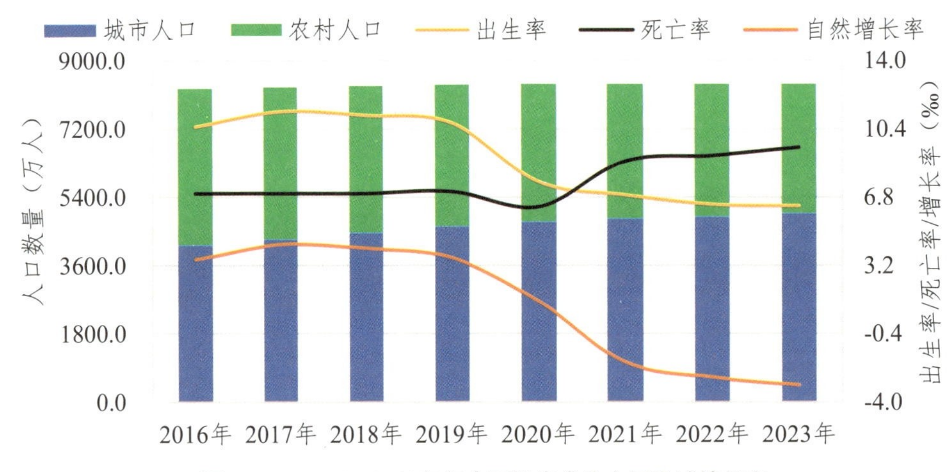

图1.2−2　2016—2023年年末四川省常住人口及城镇化率

三、经济状况

根据地区生产总值统一核算结果，2023年四川省实现地区生产总值60132.9亿元，按可比价格计算，同比增长6.0%。其中，第一产业增加值为6056.6亿元，同比增长4.0%；第二产业增加值为21306.7亿元，同比增长5.0%；第三产业增加值为32769.5亿元，同比增长7.1%。2016—2023年四川省GDP及产业结构变化趋势如图1.2−3所示。

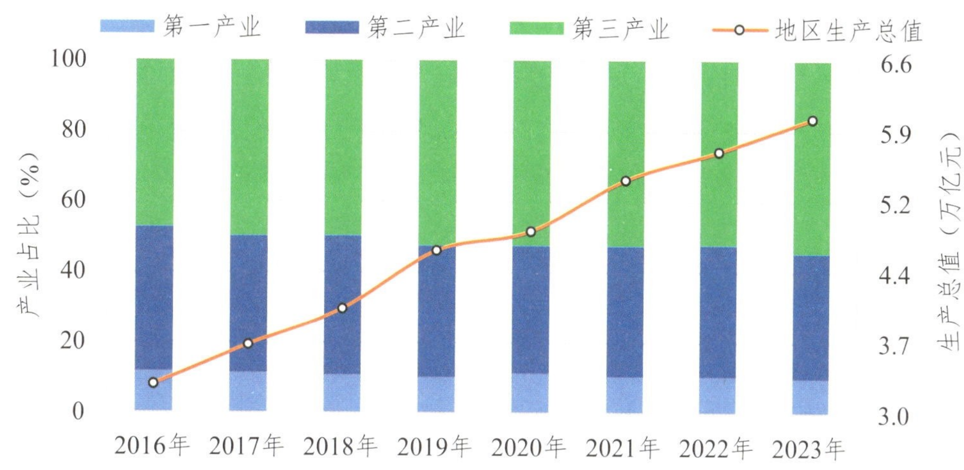

图1.2-3 2016—2023年四川省GDP及产业结构变化趋势

（一）农业

2023年，四川省农业生产平稳运行。全年粮食总产量3593.8万吨，连续四年稳定在3500万吨以上，同比增长2.4%。全年蔬菜及食用菌产量同比增长6.1%，茶叶产量增长7.9%，中草药材产量增长11.1%，水果产量增长11.5%。全年生猪出栏6662.7万头，同比增长1.7%；牛出栏316.4万头，增长3.4%；羊出栏1767.3万只，下降1.4%；家禽出栏7.7亿只，下降2.0%。

（二）工业和建筑业

2023年，四川省工业生产回升向好。全年规模以上工业增加值同比增长6.1%，规模以上工业企业产品销售率为95.2%。

分经济类型看，国有企业增加值同比增长11.1%，集体企业增长24.0%，股份制企业增长5.9%，外商及港澳台商投资企业增长8.3%。

分行业看，41个大类行业中有25个行业增加值实现增长。其中，电气机械和器材制造业同比增长19.7%，化学原料和化学制品制造业增长13.4%，非金属矿物制品业增长10.7%，黑色金属冶炼和压延加工业增长10.0%，石油和天然气开采业增长7.9%，酒、饮料和精制茶制造业增长7.1%。

从主要工业产品产量看，天然气产量同比增长7.9%，发电量增长1.0%，单晶硅增长113.2%，多晶硅增长104.0%，新能源汽车增长87.2%，汽车用锂离子动力电池增长30.4%，发电机组增长21.7%，钢材增长15.7%，彩色电视机增长15.4%。

高技术产业稳定增长。规模以上高技术制造业增加值同比增长5.4%。其中，航空、航天器及设备制造业增长12.4%，电子及通信设备制造业增长7.3%，医药制造业增长5.5%。

（三）服务业

2023年，四川省服务业加快增长。全年第三产业增加值同比增长7.1%。其中，批发和零售业增加值增长8.5%，交通运输、仓储和邮政业增长12.8%，住宿和餐饮业增长12.2%，金融业增长6.2%，信息传输、软件和信息技术服务业增长6.9%，租赁和商务服务业增长11.4%。

（四）固定资产投资

2023年，四川省固定资产投资总体稳定。全年全社会固定资产投资同比增长4.4%。

分产业看，第一产业投资同比增长11.6%；第二产业投资增长21.6%，其中工业投资增长22.3%；第三产业投资下降3.4%。

从房地产开发看，房地产开发投资比上年下降23.3%。商品房施工面积下降8.2%；商品房销售面积下降4.9%。

四、基础设施

（一）污水处理

截至2023年底，四川省累计建成城市（县城）生活污水处理厂338座，处理能力1273.8万吨/日，污水处理率达96.6%。建制镇生活污水处理设施1921座，处理能力181.24万吨/日，建制镇生活污水集中处理率达76%。

（二）垃圾处理

截至2023年底，四川省累计建成城市（县城）生活垃圾无害化处理厂（场）144座（其中焚烧发电厂57座）、处理能力6.83万吨/日（其中焚烧发电处理能力5.1万吨/日）；城市、县城生活垃圾无害化处理率分类达到99.95%、99.91%；厨余垃圾处理能力8574吨/日。农村生活垃圾收转运处置体系覆盖四川省98.2%的行政村。

（三）交通

截至2023年底，四川省在营公交车总数31970辆，其中新能源车21377辆，占比66.9%。在营出租车（不含网约出租车）总数46833辆，其中新能源车18915辆，占比40.0%。客运枢纽总数55个，其中配备充换电基础设施24个，占比44.0%。四川省交通（海事）登记有效船舶共计5573艘，四川省港口码头具备岸电供电能力泊位155个，同比增长14.8%；四川省新能源船舶50艘，同比增长72.4%；具备岸电受电设施船舶383艘（含新能源船舶50艘），同比增长62.3%。四川省高速公路服务区165对，均建有充换电基础设施，已实现100%覆盖。

第三章　生态环境保护工作概况

2023年，四川省各级各部门以习近平新时代中国特色社会主义思想为指导，全面贯彻党的二十大精神，坚定践行习近平生态文明思想，认真落实习近平总书记对四川省工作系列重要指示精神和全国生态环境保护大会部署要求，持续深入打好污染防治攻坚战，切实筑牢长江黄河上游生态屏障。

一、生态环境保护重要措施

（一）认真落实党中央、国务院关于污染防治攻坚战的决策部署

坚定践行习近平生态文明思想。四川省省委、省政府将贯彻落实习近平总书记关于生态文明建设、生态环境保护和美丽中国建设的重要讲话和重要指示批示精神作为拥护“两个确立”、做到“两个维护”的具体行动。省委十二届三次、四次全会对推进产业绿色化发展、城乡生态保护相互融合和协同发展作出部署。

坚决扛牢维护国家生态安全政治责任。王晓晖书记主持召开省委常委会会议、四川省生态环境保护大会、省生态环境保护委员会第四次会议、省田长制林长制暨省总河长全体会议等，系统安排部署生态环境保护工作，推动“美丽中国先行区”“维护国家生态安全先行区”“绿色发展先行区”建设。黄强省长多次主持召开省政府常务会议、四川省生态环境保护工作电视电话会议等，安排部署大气污染防治和突出生态环境问题整改等工作。印发实施《2023年四川省推动长江经济带发展工作要点》《2023年推动四川黄河流域生态保护和高质量发展重点工作安排》《成渝地区双城经济圈“六江”生态廊道建设规划（2022—2035年）》等文件，推动国家重大战略部署落地落实。

及时立法强化监督管理。省人大着力强化立法监督，加快推进生态环境保护地方立法，颁布实施《四川省土壤污染防治条例》《四川省大熊猫国家公园管理条例》《四川省泸沽湖保护条例》《四川省人民代表大会常务委员会关于加强大熊猫国家公园协同保护管理的决定》，并报全国人大常委会备案。依法对有关政府规章和市（州）地方性法规开展备案审查。省人大常委会听取并审议省政府《关于2022年度环境状况和环境保护目标完成情况的报告》，及时对《中华人民共和国湿地保护法》《四川省湿地保护条例》的实施情况开展执法检查。

坚决扛起长江黄河上游生态保护政治责任。省政协紧扣黄河流域生态保护和高质量发展，举办沿黄九省（区）政协协商研讨会议。省政协主要领导参加全国政协有关推进黄河流域水资源节约集约利用重点提案办理协商，积极争取支持。运用长江经济带省（市）政协流域协商研讨平台，围绕共抓长江生态保护反映四川省情况、提出协商建议。聚焦土壤污染源头防控、长江上游生态环境保护、生活垃圾分类处理等开展界别协商和民主监督。加强与重庆等兄弟省（区、市）政协协同履职，就濑溪河流域、涪江流域生态保护开展协商研讨。

（二）坚持先行先试，推动美丽四川建设扎实起步

高位谋划，统筹推进。省委、省政府召开四川省生态环境保护大会和省生态环境保护委员会第四次全体会议，系统部署全面推进美丽四川建设。印发《美丽四川建设战略规划纲要（2022—2035年）责任分工方案》和《美丽四川建设2023年度实施方案》，压实省直部门和市（州）党委、政府责任。省委组织部连续2年举办美丽四川党政干部研讨班。

先行试点，压茬推进。按照“以点带面、分层分类、梯次推进”的原则，确定崇州市等15个先行试点县（市）和7个培育县，高标准开展美丽四川建设先行试点，主动谋划开展“美丽四川”系列创建。21个市（州）加快编制美丽四川建设地方规划，美丽雅安、美丽内江等规划已出台。各先

行县（市）同步启动美丽县建设实施方案编制，探索各美其美的建设路径。

多方参与，集智蓄力。省政府举办3场美丽四川建设系列新闻发布会。生态环境厅发挥牵头作用，成立美丽四川建设工作专班，与省直部门协同配合，全面推动美丽四川建设。高质量举办“美丽中国建设之美丽四川研讨会”“中国式现代化引领美丽四川建设座谈会”。美丽中国百人论坛2023年年会及四川省若尔盖花湖如图1.3–1，图1.3–2所示。

图1.3–1　美丽中国百人论坛2023年年会

图1.3–2　四川省若尔盖花湖

（三）持续深入打好碧水保卫战，水环境质量实现历史性突破

水环境质量跃居全国第一。四川省203个国考断面、142个省考断面、285个水功能区首次实现全面达标，国考断面水质优良率超过全国平均水平10.6个百分点；Ⅱ类及以上断面占比达76.4%，较“十四五”初期提升7.9个百分点；长江、黄河干流水质连续7年保持在Ⅱ类及以上，嘉陵江、涪江、岷江等重点流域水质总体稳定在Ⅱ类及以上；水污染物总量减排成效明显，提前完成“十四五”目标任务。

强力推进流域水质达标提质。开展长江保护修复、黄河生态保护和重点小流域水质达标攻坚，建立流域规划任务清单调度机制，对推进滞后地方“发点球”督促整改。协同开展工业、城市、农业面源污染综合治理，深入开展总磷污染治理、入河排污口整治专项行动。西昌邛海、阿坝花湖、宜宾江之头入选国家级美丽河湖，入选数量西部领先。探索入河排污口整治及信息化建设、工业园区规范管理、总磷污染防治等工作，形成“四川模式”，在全国会议上作典型经验交流。

全面强化河湖长制。两位省总河长多次深入河湖一线检查调研，省级河湖长开展巡河巡湖38次，多次召开责任流域河湖长制工作推进会，及时协调解决具体问题。四川省近5万名河湖长开展巡河问河176万余次，推动整改问题6万余个。探索创新基层河湖管护“解放模式”，建立河长工作室2.4万个、河湖管护队伍5.6万支、“乡风文明生态超市”10463个，基本实现有管护任务的行政村全覆盖，切实解决河湖管护“最后一公里”问题。

加强水资源管理保护。四川省开展监测的285个县级及以上集中式饮用水水源水质达标率100%；2244个农村集中式饮用水水源保护区划定率100%，提前完成国家“十四五”保护区划定任务。划定、调整、撤销16个县级及以上饮用水水源保护区，开展农村供水水质提升专项行动。巩固长江经济带小水电清理整改成果，四川省5131座小水电，整改保留3424座，已退出1566座，剩余141座按大熊猫国家公园、赤水河流域专项方案继续推进。查办各类涉渔违法违规案件4121件。

持续治理农村生活污水。实施1040个行政村“千村示范工程”。累计完成136个纳入国家监管清单的农村黑臭水体整治，超额完成目标任务。印发《四川省农村生活污水治理典型技术模式汇编》。四川省69.9%的农村生活污水得到有效治理，居全国前列，农村生活污水就地就近资源化利用模式在全国推广应用。

完善地下水污染防治体系。印发《四川省地下水生态环境保护规划（2023—2025年）》，在全国率先建成省级地下水环境信息管理决策平台。完成4个全国第一批地下水污染防治试点项目、广元市地下水污染防治试验区年度建设任务、21个市（州）地下水污染防治重点区划定，有序推进重点源地下水环境调查评估及一类化工园区地下水风险管控。

（四）持续深入打好蓝天保卫战，空气质量综合排名晋级升位

强化统筹联动。省委、省政府高度重视大气污染防治工作，省委、省政府主要领导多次研究部署，作出重要指示批示，分管省领导专题研究并多次现场督导大气污染防治工作，邀请生态环境部大气司多次帮扶指导。省政府组织开展大气环境突出问题专项整治，全面推进工业源、移动源、扬尘源等六大专项行动。省政府向5个重点城市发出警示函，对7个空气质量改善不力的城市进行约谈。成功保障大运会空气质量，大运会期间成都空气质量实现全优良，参与保障的15个重点城市空气质量均创历史同期最优。成都大运会期间，省市联合专班工作现场如图1.3-3所示。

图1.3-3　成都大运会期间，省市联合专班工作现场

强化工程减排。印发《四川省大气污染物工程减量三年指导意见（2023—2025）》，挖掘减排潜力项目6400余个。争取中央资金7.99亿元，推动重点行业实施工程减排。其中四川省30万千瓦及以上火电机组全部完成超低排放改造，钢铁、水泥行业企业76家完成超低或深度治理，综合整治工业窑炉105台。累计削减氮氧化物、挥发性有机物排放量10.85万吨、2.68万吨，提前完成“十四五”总量减排任务。

强化管理减排。强化分析研判调度、应急处置和区域帮扶工作，常态化开展重点城市“一城一策”驻点指导。动态更新污染源清单，实施重大项目、民生工程保障“白名单”制度，精准实施差异化管控。49个重点行业污染治理绩效评级全覆盖，新增国家级、省级标杆企业146家。

强化应急处置。加强预测分析和会商研判，将21566家企业、5855个工地纳入应急减排清单，发挥省直部门包片督导、片区帮扶组跟踪指导、应急处置组现场检查的“闭环”快速处置作用，实施“一厂一策”管控，15个重点城市联防联控、狠抓措施落实。全年共抢回182个优良天，消除46个重度污染天，环境空气质量综合指数排全国第13位，同比前进3位。15个重点城市中14个进入全国168个重点城市前100名。

（五）持续深入打好净土保卫战，土壤污染防治亮点突出

加强农业面源污染治理。推动10个县实施重点流域农业面源污染综合治理。实施化肥农药减量增效行动，在42个县开展化肥减量增效示范，集成推广科学施肥新技术、新产品、新机具210万亩次。持续开展化肥农药减量化工作，据统计，2022年四川省化肥使用量204.37万吨，农药使用量4.02万吨，持续保持负增长，单位农作物播种面积化肥施用量13.32千克/亩，农药施用量0.26千克/亩，远低于全国平均水平，分别位列全国第25位，22位。

推进农业废弃物资源化利用。支持5个畜禽粪污资源化利用整县推进项目建设。在24个县推广绿色种养循环，建设绿色种养循环示范区240万亩。四川省畜禽粪污综合利用率在78%以上，规模场设施装备配套率在97%以上，秸秆综合利用率在93%，农膜回收率稳定在84%，农药包装废弃物回收利用率达74%以上。稳步有序实施2140个行政村、51.2万户整村推进改厕项目，农村卫生厕所普及率达93%。

加强土壤污染源头防控。第四批140家涉镉等重金属问题企业全部完成整治并销号。9个纳入国家"102重大工程"的土壤源头管控项目，4个已完成竣工验收，1个完成主体工程，其余4个按时序推进。持续更新《四川省建设用地土壤污染风险管控和修复名录》，名录内现有地块130个，完成风险管控修复退出名录地块48个。480个四川省第一批优先监管地块，226个地块完成土壤污染风险污染管控，达到国家进度要求。442个用途变更为"一住两公"地块，均依法落实土壤污染风险管控和修复措施，重点建设用地安全利用得到有效保障。

（六）强化环境风险防控，切实守牢生态环境安全底线

提升固体废弃物监管处置能力。持续推进危险废物规划项目建设，四川省危险废物综合经营单位达88家，同比增加9家；利用处置能力621.44万吨/年，同比增加19.24%；危险废物集中收集试点单位24家，同比增加13家，能力达12万吨/年，同比增加118.18%。持续优化医疗废物集中、协同、应急、跨区域"四位一体"处置体系，现有集中处置单位60家，协同处置单位25家，综合处置能力达到1251吨/天。联合重庆制定"无废小区"等15类"无废城市细胞"建设评估细则、规程和指南，建成800余个"无废城市细胞"。出台《四川省"十四五"尾矿库环境监管实施方案》，开展第四轮尾矿库环境隐患问题排查治理。

加强新污染物治理。出台省级化学物质环境风险优先评估清单，编印新污染物风险评估手册。联合重庆市建立新污染物环境风险区域联防联控机制，启动跨省域联合调查。抗生素环境风险筛查与危害评估工作纳入国家首批新污染物治理试点备选范畴。在全国率先建成化学物质环境信息统计"预填报"系统，精准筛查2214家"涉新"企业并将数据推送至国家系统。探索开展新污染物工业企业环境风险分类分级管控。

强化环境风险防控。组织开展四川省环境隐患排查，联合甘、陕、渝开展毗邻地区隐患问题治理，整治环境问题5000余个。开展综合性环境应急演练81次、核与辐射事故环境应急监测演习22次。将四川省9000余家核技术利用单位、6100余枚放射源、2.1万余台射线装置全部纳入有效监管，废旧放射源安全收贮达100%。

完善环境应急准备。编制571条河流"一河一策一图"和186条重点河流应急响应方案，完成3.8万余家风险企业预案备案。统筹1989万元省级资金，补强7个省级重点库和30个重点县（市、区）应急物资。成功争取国家西南核与辐射应急监测物资储备库、西南区域危险废物环境风险防控技术中心落户四川省。四川省妥善应对4起一般突发环境事件，突发环境事件数量连续4年下降。

（七）加强生态系统保护修复，不断提升生态系统稳定性

高质量建设国家公园。国家林业和草原局发布《大熊猫国家公园总体规划（2023—2030年）》。完成大熊猫国家公园四川省片区自然资源确权登记，修复大熊猫栖息地44平方千米。实施科研项目48个，大熊猫国家公园获评首批国家林草科普基地。实施若尔盖"山水工程"林草项目80个，基本完成若尔盖国家公园创建任务。

深入推进林长制。两位省总林长高度重视生态环境保护工作，多次开展调研督导，签发总林长令2个。各省级林长积极履职，带头开展巡林督导46次，对林长制及林草工作作出批示89次。四川省近9万名林长累计巡林420万余人次，发现解决问题8万余个。实施"林长制+林草重点工作"行动计划，推行林长巡林"三单一函"工作机制。组织开展四川省林长制创新试点工作，确定成都、绵阳、广元等首批7个省级创新试点市（州），鼓励各地探索创新可复制可推广的制度机制，公布一批典型案例。深化村级"一长两员"机制，设立监管员3.7万余人、各类护林护草员9.6万余人，基本建立起全覆盖的网格化管理体系。

加强自然保护地和生态保护红线监管。完成《四川省自然保护地整合优化方案》，上报国家部委审查。持续推进"绿盾"自然保护地强化监督和卫星遥感问题核实整改，完成大熊猫国家公园、国家级自然保护区、国家湿地公园、省级自然保护区、国家级风景名胜区、生态保护红线内1099个疑似生态破坏问题的核实，有关问题正在有序整改之中。完成首批30个县（市、区）生态系统保护成效评估。

强化生态保护修复。扎实开展若尔盖山水林田湖草沙生态修复工程建设，生态保护修复面积1920平方千米。深入开展长江、黄河、青藏高原等历史遗留矿山“清零行动”。全面完成四川省1226宗生态红线内矿业权退出任务。启动全国首批科学绿化试点示范省建设，全年实施营造林3320平方千米，16.3万平方千米天然林得到有效保护，1.07万平方千米退耕还林成果得到巩固。加强退化草原修复，实施人工种草358平方千米、天然草原改良1528平方千米，治理草原鼠害3493平方千米、虫害1127平方千米。治理沙化土地399.3平方千米、干旱河谷12.7平方千米。

推进生态文明示范创建。推动建成7个国家生态文明建设示范区、2个“绿水青山就是金山银山”实践创新基地，创建数量与浙江省、山东省并列全国第一，省政府审议命名第三批13个省级生态县。将生态文明示范创建纳入省委、省政府对市（州）生态环境保护党政同责目标考核、污染防治攻坚战成效考核。持续推进川西北生态示范区建设，着力筑牢长江黄河上游生态屏障，组织开展2023年度川西北生态示范区建设水平评价考核。

加强生物多样性保护。印发了《四川省生物多样性保护优先区域规划（2022—2030年）》。“五县两山两湖一线”（黄河流域5县，青藏高原贡嘎山、海子山、泸沽湖、邛海自然保护地，川藏铁路沿线）地方政府启动生物多样性调查，在一些重点地区已形成初步成果。18个市（州）建立了55个生物多样性保护科普宣教基地。

（八）加强环境要素保障，积极服务高质量发展

深入实施生态环境分区管控。完成国家统一组织的动态更新及与国土空间规划衔接、减污降碳协同管控试点任务。指导成都市引导产业集聚发展和宜宾市推进动力电池、光伏、数字经济扩链成圈。大力推进数据分析系统及移动APP应用，充分发挥智能辅助研判作用，对理文纸业、紫金矿业等105个重点项目、5415个拟签约项目进行环评预审，为17.9万人次提供规划和项目选址选线、空间准入等技术支撑服务。与重庆市共同探索建立成渝地区双城经济圈生态环境分区协同管控制度，以川渝高竹新区为试点，积极探索协调跨省相邻区域生态环境分区管控。

优质高效做好环评服务保障。分层级建立国家、省级、市（州）环评服务保障台账，实行专人跟踪服务。创新推进抽水蓄能电站等行业领域“清单式”环评服务，采取提前介入、环评服务提示函等措施，推动四川省环评审批较法定时限普遍压缩60%以上。国家层面，米市水库、大渡河老鹰岩二级水电站等5个重大项目和成都轨道交通第五期建设规划、引大济岷工程规划环评全部顺利通过生态环境部审批；省级层面，开辟环评审批“绿色通道”，快速完成道孚抽水蓄能电站、成德S11线等20个重点项目审批和马边飞地产业园等14个规划环评审查。2023年，四川省完成4920个非辐射类项目环评审批，涉及总投资约1.01万亿元；完成520个辐射类建设项目环评审批，涉及总投资约958亿元。完成39个区域开发、产业园区规划环评以及20个市（州）国土空间规划环评审查；全面完成20个拟新认定、8个拟扩区化工园区环保审核。

全面实行排污许可制。四川省13.7万余家固定污染源纳入排污许可管理，共核发排污许可证1.77万张，实现动态“全覆盖”。着力健全质量监管体系，构建“企业自查、市（州）局排查、省厅抽查、环保督察”质量监管机制和“调度考核、三监联动、协同增效、宣贯帮扶、智能应用”工作保障机制，将核发质量纳入党政同责考评和污染防治攻坚战成效考核。建立排污许可数据智能分析平台实行智能筛查、智能纠错，按期完成“双百”任务目标和限期整改“清零”。鼓励市（州）开展环评与排污许可衔接。

积极应对气候变化。在全国率先发布省级适应气候变化十大行动方案、碳市场能力提升“一企一策”方案，实现全国碳市场配额100%清缴履约，3次受邀作国际经验交流。区域温室气体自愿减排交易市场全年成交量214.3万吨，单边成交金额1.58亿元，居全国第三。遂宁市成功申报全国城市

和产业园区减污降碳协同创新试点，巴中市建立四川省首个生态产品价值GEP核算体系，实现四川省首例跨省碳汇交易。

积极服务市场主体。创新开展组建一个专家团队、定点联系一个园区、帮扶一个生产企业、指导一个重点项目的“四个一”执法帮扶，开展“送法入企”活动。累计帮扶园区75个、企业1164家、重点项目260个，发放宣传手册3000余份，开展普法培训近200场，指导整改问题733个、免予行政处罚37件，初步构建起政企同向发力推动营商环境优化的新型执法帮扶模式，推动形成平等有序、充满活力的法治化营商环境。优化实施正面清单制度，推广非现场执法监管，对1448家正面清单企业非现场指导帮扶2187次，减免环境行政处罚15次，持续助力企业“松绑减负”。

（九）健全完善督察体制机制，切实抓好突出环境问题整改

扎实抓好突出问题整改。编制2022年国家移交长江、黄河问题整改方案。对中央督察等重点任务，建立健全风险预警会商机制，全过程全覆盖盯办，共预警、督办重点问题45个。健全生态环境问题现场核查机制，采取明察与暗访相结合的方式，对整改时限即将到期的任务，逐项开展省级现场核查；对已销号问题，不定期开展“回头看”，动态掌握整改真实进展。目前，224项两轮中央督察及“回头看”整改任务已完成213项，84个国家移交长江黄河问题已完成68个。

深入推进省级环保督察。完成第三轮第一批“4市1企”省级督察意见反馈、典型案例曝光、追责线索移交等后续工作。对泸州、达州、资阳、凉山和四川发展（控股）公司进行第三轮第二批省级督察，曝光典型案例9个。持之以恒推进省级督察存量问题整改，8924个第一轮督察发现问题已完成8921个；689项第二轮督察整改任务已完成668项，5038个第二轮督察移交信访问题已办结5037个；175项第三轮督察整改任务已完成129项，911个第三轮督察移交信访问题已办结889个。

认真开展问题排查整治。持续优化问题发现机制，运用卫星遥感解析等新技术，“四不两直”下沉一线暗查、暗访、暗拍，省级新增发现突出问题64个。按照“地方自查、部门核查、省级抽查”的模式，开展集中排查，新增发现突出问题833个。深入推进2023年度川渝联合督察，动真碰硬推进秋冬季大气攻坚帮扶、夏季臭氧攻坚帮服等专项行动，圆满完成大运会环境质量保障目标任务。会同地方制作自贡张化渣场整治、甘孜比特币挖矿清退、南充嘉陵江岸线整治、若尔盖湿地治理4个国家长江、黄河警示片正面典型案例。

健全完善督察体制机制。省生态环境保护委员会印发《贯彻落实〈关于推动职能部门做好生态环境保护工作的意见〉的通知》，被中央生态环境保护督察协调局作为先进宣传。修订四川省督察问题整改销号办法，进一步明确销号标准、流程等要求。深入开展生态环境领域形式主义、官僚主义问题专项纠治，发现的10个突出问题，移送省纪委监委追责问责。落实《四川省环境质量改善不力约谈办法》，由分管副省长约谈环境空气质量改善不力市（州）。完成2022年度生态环境保护“党政同责”考评工作，优化制定2023年度考评细则。

（十）深入推进生态文明体制改革，提升生态环境治理能力水平

拓宽投融资渠道。2023年，投入中、省专项资金56.6亿元用于四川省生态环境污染治理，同比增长6%；推动新增绿色贷款692亿元。优化污染防治成效巩固财政贴息政策，投入贴息资金2.82亿元，撬动社会资金约1417亿元投入污染防治和绿色产业发展。德阳市、凉山州等5个EOD项目通过国家评审，总投资160.68亿元。阿坝州获国务院落实有关重大政策措施真抓实干成效明显地方督查激励。

健全法治标准体系。累计启动生态环境损害赔偿案件2500余件，涉及赔偿金额3.08亿元，其中2023年新增启动案件1570件，同比增长248%，四川省办案数量在全国排名第五。发布建设用地土壤污染风险管控、水产养殖业水污染物排放、集中式饮用水水源保护区勘界定标技术指南等地方标准。出台《四川省地方生态环境标准实施评估工作指南》，联合重庆出台《成渝地区双城经济圈生态环境标准编制技术规范》。

强化企业环境信用监管。深入推进企业环境信用评价，省级参评企业2988家，四川省参评企业累计1.5万余家，评价结果在“信用中国”网站向社会公布。加大环境信用评价结果运用，在协助行业协会商会负责人联审、省重点项目考评、中国质量奖评选等领域，全年累计审查企业6600余家，提供环境信用核查信息2800余条。

（十一）深入学习宣传贯彻习近平生态文明思想，激发全社会共同呵护生态环境内生动力

开展习近平生态文明思想普及宣传。将习近平生态文明思想普及宣传纳入省委、省政府对市（州）生态环境保护“党政同责”考核，持续开展习近平生态文明思想进农村、进学校活动，开展最美乡村生态环保推介员评选、生态环保小标兵评选等活动，初步形成了普及宣传习近平生态文明思想的四川路径。

完善新闻发布机制。先行探索“现场+会场”重大主题发布模式，继续坚持“一把手”亲自审定发布方案，多主体、多层级参与，全年有11家省直部门、10个市县联合发布。全年省、市两级共举行新闻发布会120余场，仅省本级新闻发布会发稿达1.5万余条。四川省新闻发布工作在全国作经验交流。

加强新闻策划。围绕贯彻落实习近平总书记来川视察重要指示精神开展新闻宣传策划，在四川卫视推出“绿动天府”书记、市长访谈节目，内江、广元、宜宾等8市党政“一把手”谈地方实践，获得良好社会反响。组织中央媒体“沱江行”“川江千里行”主题采风采访活动，推出500余篇重点报道，生动反映长江流域治理的重大举措成效。

构建宣传大格局。举办规格更高、影响力更大、参与度更广的六五环境日四川省主场活动。深入实施“美丽中国，我是行动者”提升公民生态文明意识行动计划，评选第六届四川省“绿色先锋”“最美基层环保人”，推动21市（州）100余个环保设施向公众开放，推进生态环境志愿服务和公众参与。拍摄制作黄河生态环境保护主题微电影，生动呈现中央生态环境保护督察成效。

二、生态环境保护成效

2023年，四川省203个国考断面、142个省考断面、285个水功能区水质首次实现“三个百分之百”达标，其中国考断面优良率居全国第一，创历史最好水平。宜宾江之头、阿坝花湖入选全国美丽河湖。经过全省人民共同努力，四川省成功抢回182个优良天。四川省环境空气质量综合指数排全国第13位，同比前进3位。15个重点城市中14个进入全国168个重点城市前100名，其中成都市、资阳市分别前进24个、19个名次。成都大运会期间成都实现全优良、细颗粒物浓度达到个位数6微克/立方米，参与联防联控的15个重点城市优良天数比例、细颗粒物浓度在全国排名均创历史最优。

丨专栏一丨

2023年四川省生态环境领域新法规、标准和重要政策

2023年，四川省生态环境系统接续奋斗、砥砺前行，发布了地方法规2个、地方标准3个、规划4个、重要政策文件10个、行政规范性文件7个，持续完善支撑污染防治攻坚战的生态环境标准体系，形成了一批体现地方特点、符合地方发展规律的立法成果。

一、地方法规

（一）《四川省土壤污染防治条例》

2023年3月，四川省首部土壤污染防治地方性法规《四川省土壤污染防治条例》发布，自2023年7月1日起施行，旨在防治土壤污染，保障公众健康，推动土壤资源永续利用。

（二）《四川省泸沽湖保护条例》

2023年9月，《四川省泸沽湖保护条例》发布，自2023年12月1日起施行，川滇两省协同立法，将依法助力泸沽湖保护实现从“两治”到“共治”，从“分治”到“合治”的跃升，推动泸沽湖保护治理达到最佳效果。

二、地方标准

（一）《四川省建设用地土壤污染风险管控标准》（DB51 2978—2023）

2023年1月，《四川省建设用地土壤污染风险管控标准》发布，自2023年2月1日起施行，旨在加强土壤环境监管，管控污染地块对人体健康的风险，保障人居环境安全。

（二）《四川省水产养殖业水污染物排放标准》（DB51 3061—2023）

2023年6月，《四川省水产养殖业水污染物排放标准》发布，自2023年10月1日起施行，旨在进一步改善四川省流域水环境质量，全面推进水产健康养殖，切实加强水产养殖尾水排放管控。

（三）《四川省集中式饮用水水源保护区勘界定标技术指南》（DB51/T 3163—2023）

2023年12月，《四川省集中式饮用水水源保护区勘界定标技术指南》发布，自2024年1月29日起施行，旨在提升饮用水水源保护区信息化管理水平，强化制度保障，确保集中式饮用水水源地环境安全得到有效保障。

三、规划

（一）《四川省“十四五”生态环境监测规划》

2023年2月，生态环境厅印发《四川省“十四五”生态环境监测规划》，为环境管理提供更加科学、全面、精准、及时的决策支撑。

（二）《四川省“十四五”核与辐射安全及放射性污染防治规划》

2023年4月，生态环境厅印发《四川省“十四五”核与辐射安全及放射性污染防治规划》，全面统筹四川省核技术发展与安全，持续推进放射性污染防治，提升核与辐射安全水平。

（三）《四川省生物多样性保护优先区域规划（2022—2030年）》

2023年6月，生态环境厅印发《四川省生物多样性保护优先区域规划（2022—2030年）》，为四川省可持续发展战略与国土生态安全奠定良好的生物资源基础。

（四）《四川省地下水生态环境保护规划（2023—2025年）》

2023年8月，生态环境厅等7部门联合印发《四川省地下水生态环境保护规划（2023—2025年）》，统筹谋划地下水生态环境保护目标和任务，加快推进地下水污染防治。

四、重要政策文件

（一）《四川省碳达峰实施方案》

2023年1月，省政府印发《四川省碳达峰实施方案》，有力有序推进碳达峰、碳中和，确保实现碳达峰目标，打牢碳中和工作基础。

（二）《四川省饮用水水源保护区管理规定（试行）》

2023年12月，省政府印发《四川省饮用水水源保护区管理规定（试行）》，自2024年1月1日起施行，旨在进一步强化饮用水水源保护区管理。

（三）《四川省长江流域总磷污染控制方案》

2023年7月，省政府办公厅印发《四川省长江流域总磷污染控制方案》，全面提升总磷污染治理水平，推进长江流域水生态环境提质升级。

（四）《四川省深入打好重污染天气消除、臭氧污染防治和柴油货车污染治理攻坚战实施方案》

2023年3月，生态环境厅等15部门联合印发《四川省深入打好重污染天气消除、臭氧污染防治和柴油货车污染治理攻坚战实施方案》，旨在解决人民群众关心的突出大气环境问题，持续改善空气质量。

（五）《四川省打好长江保护修复攻坚战实施方案》

2023年3月，生态环境厅、省发展改革委、水利厅等16部门和单位联合印发《四川省打好长江保护修复攻坚战实施方案》，旨在深入打好长江保护修复攻坚战。

（六）《四川省适应气候变化行动方案》

2023年4月，生态环境厅等17部门（单位）联合印发《四川省适应气候变化行动方案》，旨在防范和化解气候变化重大风险，高效统筹减缓与适应、发展与安全。

（七）《四川省噪声污染防治行动计划实施方案（2023—2025年）》

2023年5月，生态环境厅联合省精神文明办等15部门正式印发《四川省噪声污染防治行动计划实施方案（2023—2025年）》，将系统指导未来三年四川省噪声污染防治工作。

（八）《深入打好土壤污染整治攻坚战实施方案》

2023年6月，生态环境厅等10部门联合印发《深入打好土壤污染整治攻坚战实施方案》，旨在深入打好净土保卫战，认真做好土壤污染源头防控，推进土壤污染整治。

（九）《四川省减污降碳协同增效行动方案》

2023年7月，生态环境厅等7部门联合印发《四川省减污降碳协同增效行动方案》，该方案是当前和未来一段时间四川省协同推进减污降碳的行动指南，也是四川省碳达峰碳中和“1+N”政策体系的重要组成部分。

（十）《关于加强入河排污口设置审批管理的通知》

2023年10月，生态环境厅、水利厅联合印发《关于加强入河排污口设置审批管理的通知》，进一步规范四川省江河、湖泊新建、改建或者扩大排污口审批工作。

五、行政规范性文件

（一）《四川省生态环境违法行为举报奖励办法》

2023年4月，生态环境厅、财政厅联合印发《四川省生态环境违法行为举报奖励办法》，自

2023年5月8日起施行。

（二）《四川省生态环境厅厅管社会组织管理暂行办法》

2023年9月，生态环境厅印发《四川省生态环境厅厅管社会组织管理暂行办法》，自2023年11月1日起施行，旨在加强对厅管社会组织的管理、监督和指导。

（三）《四川省生态环境行政处罚信息公开办法》

2023年9月，生态环境厅印发《四川省生态环境行政处罚信息公开办法》，自2023年11月1日起施行。

（四）《四川省生态环境损害赔偿工作程序规定》《四川省生态环境损害赔偿磋商办法》《四川省生态环境损害修复管理办法》《四川省生态环境损害赔偿资金管理办法》《四川省环境损害司法鉴定机构登记评审实施办法》等5个配套文件

2023年11月，生态环境厅等14部门联合印发《四川省生态环境损害赔偿工作程序规定》《四川省生态环境损害赔偿磋商办法》《四川省生态环境损害修复管理办法》《四川省生态环境损害赔偿资金管理办法》《四川省环境损害司法鉴定机构登记评审实施办法》等5个生态环境损害赔偿相关配套文件，自2023年12月15日起施行，旨在加强生态环境保护与修复，规范生态环境损害赔偿工作程序、生态环境损害赔偿磋商工作、生态环境损害修复管理工作、四川省生态环境损害赔偿资金管理、环境损害司法鉴定机构的登记评审工作。

（五）《四川省建设用地土壤环境管理办法》

2023年12月，生态环境厅、自然资源厅、住房城乡建设厅联合印发《四川省建设用地土壤环境管理办法》，自2024年2月1日起施行，旨在加强四川省建设用地土壤环境管理，防控建设用地土壤环境风险，保障人居环境安全。

（六）《四川省农用地土壤环境管理办法》

2023年12月，生态环境厅、自然资源厅、农业农村厅、省林草局联合印发《四川省农用地土壤环境管理办法》，自2024年2月1日起施行，旨在加强四川省农用地土壤生态环境监督管理，保护农用地土壤环境，管控农用地土壤环境风险。

（七）《四川省工矿用地土壤环境管理办法》

2023年12月，生态环境厅、经济和信息化厅、自然资源厅、住房城乡建设厅联合印发《四川省工矿用地土壤环境管理办法》，自2024年2月1日起施行，旨在加强四川省工矿用地土壤和地下水生态环境监督管理，防治工矿用地土壤和地下水污染。

第四章　生态环境监测工作概况

2023年，四川省生态环境监测系统坚持以习近平新时代中国特色社会主义思想为指导，认真践行习近平生态文明思想，全面贯彻国、省生态环境保护大会精神，坚持监测先行、监测灵敏、监测准确，加快构建现代化监测体系，为客观评价环境质量状况，反映污染治理成效，实施环境管理决策提供了有力支撑。

一、机构和人员

四川省现有监测机构201个，包括省级监测机构22个（四川省生态环境监测总站，驻21市州生态环境监测中心站），县级监测机构179个。核定编制4774个，目前在编4174人，在岗3128人。现有仪器设备1.8万余台（套），折合人民币约18.3亿元。

（一）四川省生态环境监测总站情况

主要负责开展环境质量监测、重点污染源监测、环境纠纷技术仲裁监测、授权发布四川省环境质量及污染公告、指导四川省各级环境监测站建设、研究环境监测技术规范标准等工作，现有编制128个，实际在编118人、在岗163人，持证项目数1258项。现有仪器设备2850余台（套），折合人民币约2.3亿，实验用房建筑面积7811平方米。

（二）四川省21个驻市（州）监测站基本情况

主要负责开展辖区内生态环境质量监测工作；承担辖区内突发环境事件应急监测，为辖区内生态环境监测的质量管理提供技术支撑等工作，核定编制1365个，实际在编1185人、在岗1250人，各监测站持证项目数从57项至450项不等。其中，成都、攀枝花、宜宾、泸州、德阳、绵阳等监测站持证项目较多。现有监测仪器设备5600余台（套），折合人民币近8亿元。实验用房面积为4.6万平方米。

（三）四川省179个县级监测机构基本情况

四川省县级监测站共核定编制3281个，在编2871人、在岗1715人。其中，有119个县级监测站取得监测资质。现有监测仪器设备9800余台（套），折合人民币约8亿余元，其中，有142个县级监测站的仪器设备配置达到国家三级站标准。现有147个有实验室，其中，达到国家三级监测站标准的有71个。

二、生态环境监测工作开展情况

（一）监测支撑打了“漂亮仗”

圆满完成成都大运会保障任务。成都大运会期间，组织省市监测骨干200余人，开展成都大运会空气质量保障分析研判工作，有力确保了大运会保障期间成都及周边区域空气质量的明显改善，四川省空气质量为全优良，主要污染物浓度均为历史同期最好水平，圆满完成赛事期间空气质量保障目标，得到生态环境部通报表扬。

预警预报能力达到全国领先水平。开发大气、水质预警预报系统，具备7天精细化预报、30天及以上中长期趋势化预报能力，实现百米级大气污染物综合溯源和水污染成因综合分析，达到全国领先水平。

（二）监测网络有了“新提升”

功能区声环境质量自动监测全覆盖。完成292个功能区声环境质量自动监测站（其中，成都市26个站点已全部与国家联网）建设，提前实现功能区声环境质量自动监测全覆盖。

环境质量自动站联网稳步开展。在15个重点城市建设大气颗粒物和光化学组分自动监测站，成都市、自贡市、泸州市、德阳市、乐山市、南充市、宜宾市、广安市、达州市、内江市、绵阳市、眉山市12个城市的颗粒物组分监测站与国家总站平台联网；成都市、自贡市、德阳市、眉山市、宜宾市5个城市的挥发性有机物组分监测站与国家总站联网；21个市（州）非甲烷总烃自动监测站与国家总站联网；40余个省控以下环境质量自动监测站按照计划与国家总站联网。

生态质量自动监测有序推进。成都龙门山、雅安大熊猫国家公园、阿坝九寨沟3个生态质量综合观测站建设有序推进。

水生态监测网初步形成。以国家网为基础布设了92个水生态监测点位，实现13个重点流域和21市（州）全覆盖，初步建立水生态监测网。

污染源监测网进一步夯实。完成第二批固定污染源监测监控体系建设，在近500个国省控环境质量自动站、20个工业园区、606个秸秆焚烧点位建设1642套高空视频，为防止人为干扰自动站，提升精准执法检查能力提供支撑。

（三）监测能力上了“新台阶”

设施设备全面改善。省级财政投入2.3亿余元为省总站和21个驻市（州）站配置仪器设备和业务用车400余台（套），并改善实验条件；经过连续3年的投入，各驻市（州）站配齐了饮用水和地下水水质全分析设备，臭氧和细颗粒物超标城市驻市站配齐了挥发性有机物和颗粒物组分手工分析设备；应急监测设备均能满足需要，且能同时应对辖区两起突发环境应急事件的监测。

资质能力全面提升。资质扩项1100余个，新增分析方法184个；15个驻市（州）站具备饮用水109项全分析能力，9个驻市（州）站具备地下水93项全分析能力，4个驻市（州）站具备水生态监测能力。

监测试点取得好成绩。深入推进碳监测试点，初步建立温室气体立体监测能力，积极构建同化反演模型；积极开展智慧监测试点，3个智慧监测项目入选国家推荐案例，其中1个项目入选第六届数字中国建设峰数字生态文明分论坛数据管理主题优秀案例；在48个市级集中式饮用水水源地和88个重点区域开展新污染物试点监测，逐步形成新污染物监测能力。

科研能力进一步强化。参与空气质量全域时空计算推断等200项科研项目研究，制修订《水质4种硝基酚类化合物的测定液相色谱—三重四级杆质谱法》等8项国家监测标准，发表科研论文140余篇，其中SCI或北大核心20余篇，取得发明专利3个，实用新型专利10个。

（四）监测管理有了“大变化”

规章制度不断健全。在全国率先与省财政厅联合印发了《四川省生态环境监测事业单位专用设备配置标准》，还印发了《四川省生态环境厅派驻市（州）生态环境监测中心站管理工作规范（暂行）》《关于进一步规范省级生态环境监测仪器设备政府采购工作的通知》。

帮扶协作更加高效。继续开展市（州）站之间一对一结对帮扶，7个驻市站开展专题培训，3个驻市站赴成都市环科院开展组分站技术跟岗培训。

督导考核严格规范。出台《驻市（州）生态环境监测中心站监测业务考核管理办法（试行）》，考核结果作为驻市（州）站绩效考核、领导班子年度考核、评优评先、科研课题申报、能力建设等的重要依据。

三、质量管理与质量控制

（一）积极开展各类质量管理活动

提升水质自动监测运维质量。对四川省水质自动监测站开展现场监督核查工作，现场运维和质控体系检查；按照四川省水站月考核模式，每月开展氨氮、总磷、总氮、高锰酸盐指数标样考核。每日对自动监测数据进行人工审核，全年复审数据55万条，为四川省水环境质量综合分析报告提供了充实可靠的数据支撑。开展192个水站的运维质量检查，累计发现问题1407个，并督促地方及时完成整改。

健全量值溯源和全流程质控体系。建立健全四川省统一运维质量考核制度，加强空气自动站的运维质量监管和监督检查，开展常态化数据监视工作，对数据存在异常波动、与周边趋势不符、系统性偏低等疑似异常站点采取“不通知时间、不通知地点”的方式进行重点抽查，累计组织开展现场检查79次。顺利完成臭氧量值溯源与传递工作。协助调度国控、省控空气站电力、基础配套设施、运维条件等593次，人为干预干扰暗访暗查29次。

开展环境类检验检测机构监测质量专项检查。四川省生态环境厅联合省市场监督管理部门对29家机构开展了环境监测机构“双随机、一公开”抽查。检查结束后及时组织技术专家对现场检查初步结果进行分析，研判违法违规行为，并联合七个部门发布监督抽查通报。

积极参加实验室能力验证。鼓励四川省各级监测站参加能力验证、实验室间比对、能力考核等活动，均取得较满意的成绩。2023年，共组织143个监测站参加五日生化需氧量、阴离子表面活性剂、石油类（红外法）、土壤有机质四个项目的实验室间比对考核活动，结果合格率分别为82.6%、91.2%、87.3%、100%。参加中国环境监测总站组织的四轮能力考核活动，省总站和各驻市（州）站均取得满意成绩。

有序开展环境监测人员持证上岗考核。2023年，四川省生态环境监测总站组织对四川省102个机构的1071名技术人员开展集中理论考试，共出具理论考题5350份；通过组织资料审核，有78家机构的631名技术人员通过直接换证模式快速取证；并以创新方式组织4个市（州）采用异地“交叉”考核模式对9个区县监测站开展现场考核工作。

（二）发挥西南区域质控中心作用

采用自查和与华东区域质控中心联合检查的方式，完成西南区域内（西藏除外）4.5%的国控城市空气自动站、华东区域两省（市）5个国控城市空气自动站二氧化硫、氮氧化物、一氧化碳、臭氧、可吸入颗粒物和细颗粒物运维规范性和数据准确度检查；选择重点点位、典型季节对西南四省（市）各1个国控空气自动站开展颗粒物自动监测手工比对。开展了实验室自动分析仪器的调研和质量评估研究，推动出台相关技术规范。

四、应急监测

（一）夯实应急监测设备基础保障

按照四川省生态系统“三年行动计划”统一部署，继续大力强化应急设备的装备，逐年提升应急建设装备水平，新增应急监测设备53台（套），设备资产520万元。加强应急监测技能培训，提升四川省应急人员监测业务水平和能力，总计组织培训4次，参训人员累计1000余人。加强与兄弟省市应急监测技术交流和研讨。定期开展应急事故的复盘和推演，及时总结经验，同时进行现场点评。

（二）构建“1+21”应急监测格局

四川省生态环境监测总站和21个驻市（州）监测中心站，严格落实应急备勤制度，明确各个层级应急人员和联络员，健全纵向贯通、责任明晰、高效运转的应急监测网络。在四川省实现应急监测工作“五统一”：统一方法、统一设备、统一质控、统一渠道、统一数据报送。对四川省突发环境事件应急监测工作进行科学规范的管理，大大提高了工作效率，为进一步落实属地管理、统一指挥、分级负责、快速反应、协调联动的应急监测要求起到了积极的促进作用。

（三）建立“平战结合”应急响应机制

在数据整合、业务集成、现场互通等方面加大工作力度，进一步提升监测总站和事发现场的互动，强化了对现场信息和监测数据的分析和研判，增加了事后的现场展示、过程模拟、结果推演

和复盘，推动在应急监测工作中的智慧化和可视化，在四川省建立起“平站结合”应急响应机制。2023年7月20日，四川省生态环境监测总站组织成都、德阳、绵阳、广元、遂宁、乐山、雅安、凉山等8个驻市（州）生态环境监测中心站，创新组织形式，最大程度贴近实战开展应急监测“云演练”，这是四川省组织的第一次大规模四川省应急监测云演练。

| 专栏二 |

厉兵秣马，“云”上联动应急演练

为认真贯彻落实习近平生态文明思想，进一步提升四川省应对突发环境事件的应急监测能力，四川省生态环境厅统一部署，由四川省生态环境监测总站牵头，成功举办了四川省突发环境应急监测“云演练”活动，以此全面检验四川省应急监测工作在不同区域、不同事件、不同场景下的响应、技术、数据等应急支撑能力，培养能够应对复杂环境风险挑战的监测队伍，全力构筑适应四川省生态安全监管需要的新型应急监测体系（图1）。

图1　四川省突发环境应急监测“云演练”现场

一、创新组织形式，最大程度贴近实战

2023年7月20日，四川省生态环境监测总站组织成都、德阳、绵阳、广元、遂宁、乐山、雅安、凉山等8个驻市（州）生态环境监测中心站开展应急监测“云演练”，这是四川省组织的第一次大规模四川省应急监测云演练。“云演练”雅安现场如图2所示。

根据统一发布的预设场景和响应指令，参演的9支应急监测队伍分别在不同地市、不同事件、不同场景下开展针对水环境突发环境事件的应急监测云演练。事件场景包括模拟第31届世界大学生夏季运动会赛中环境突发事件、危化品运输泄漏事件、企业安全生产事故等，设置的特征污染物包括大气挥发性有机物、氨气、水质有机污染物、油类、重金属和常规理化等应急常见指标，涵盖了8个驻地主要产业结构和重点风险源，最大程度贴近实战。

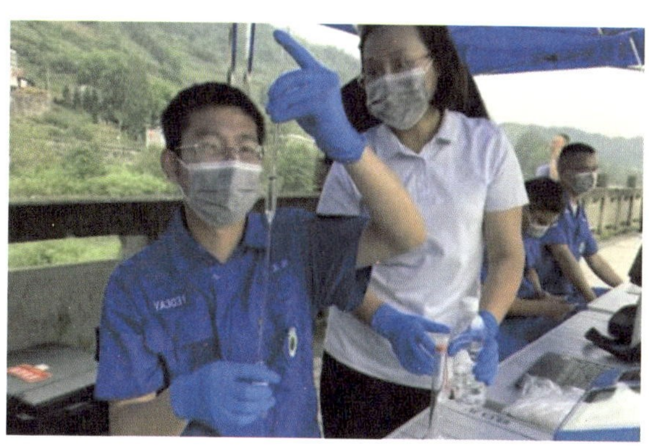

图2　“云演练”雅安现场

二、远程信息化指挥，实现“云演练”

本次“云演练”8个事件在“云”上同时发生、同时部署、同时响应，首次包含组织机构、监测内容、监测分析方法、质量控制、数据报送等各环节全流程。此次演练是对四川省突发环境事件应急监测工作进行科学规范管理的示范，大大提高工作的效率，为进一步落实属地管理、统一指挥、分级负责、快速反应、协调联动的应急监测要求起到了积极的促进作用。“云演练”成都、广元现场如图3所示。

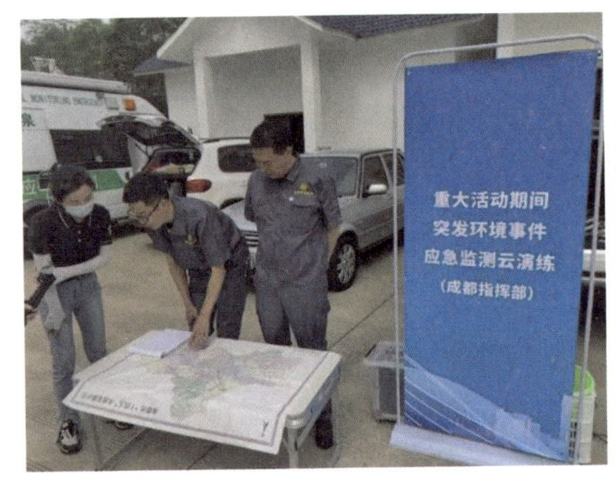

图3　“云演练”成都、广元现场

三、多维度历练，开启智慧应急新模式

演练现场的9支参演队伍充分考虑极端条件和灾害、事故链式反应，把准重大风险、重点领域、关键环节，聚焦ICP—MS移动实验室、便携式气质联用仪、便携式石油类分析仪、便携式有毒有害气体分析仪等应急监测设施设备的现场演练，自行设计演练模拟场景、编制演练实施方案，重点检验现有应急监测技术手段运用能力，做到以练代训、以练为战、以练促用。

本次“云演练”圆满完成，有力锤炼并提升了四川省监测队伍在复杂环境下的应急监测能力，下一步，四川省生态环境监测总站将全面评估总结，完善应急监测机制和程序，锤炼应急监测队伍，为科学、精准、迅即、高效处置各类突发生态环境事件提供支撑。也将全力构筑适应四川省生态安全监管需要的新型应急监测体系，为守护巴山蜀水的生态环境安全，贡献新型监测“智慧”力量。

污染排放

第二篇

2023

第一章 废气污染物

一、排放现状

1. 二氧化硫

2023年，四川省废气中二氧化硫排放总量10.90万吨①。其中，工业源排放量8.64万吨，占比79.3%；生活源排放量2.25万吨，占比20.6%；集中式污染治理设施排放量61.74吨，占比0.06%②。2023年四川省废气二氧化硫排放构成如图2.1-1所示。

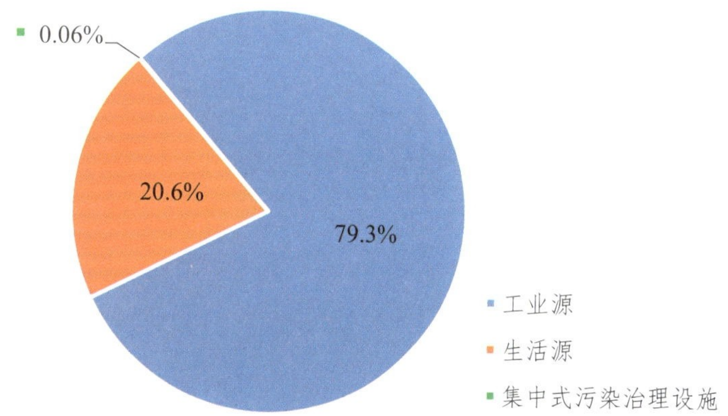

图2.1-1 2023年四川省废气二氧化硫排放构成

2. 氮氧化物

2023年，四川省废气中氮氧化物②排放总量46.89万吨。其中，工业源排放量12.75万吨，占比27.2%；生活源排放量1.88万吨，占比4.0%；集中式污染治理设施排放量171.35吨，占比0.04%；移动源排放量32.24万吨，占比68.8%。2023年四川省废气氮氧化物排放构成如图2.1-2所示。

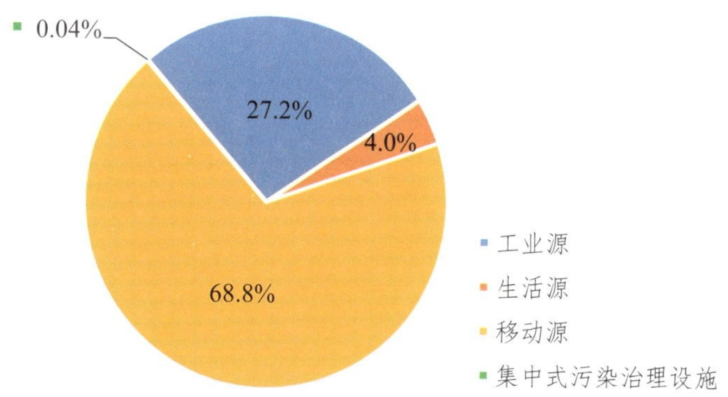

图2.1-2 2023年四川省废气氮氧化物排放构成

① 本篇涉及环境统计数据采用2023年初步审核数据。

② 本报告中所有类别、级别比例计算，均为某项目的数量除以总数，结果按照《数值修约规则与极限数值的表示和判定》（GB/T8170—2008）进行数值修约，可能出现两个或两个以上类别的综合比例不等于各项类别比例加和的情况，也可能出现所有类别比例加和不等于100%的情况。下同。

3. 颗粒物

2023年，四川省废气中颗粒物排放总量15.30万吨。其中，工业源排放量9.98万吨，占比65.2%；生活源排放量6.80万吨，占比23.5%；集中式污染治理设施排放量13.24吨，占比0.01%；移动源排放量1.73万吨，占比11.3%。2023年四川省废气颗粒物排放构成如图2.1-3所示。

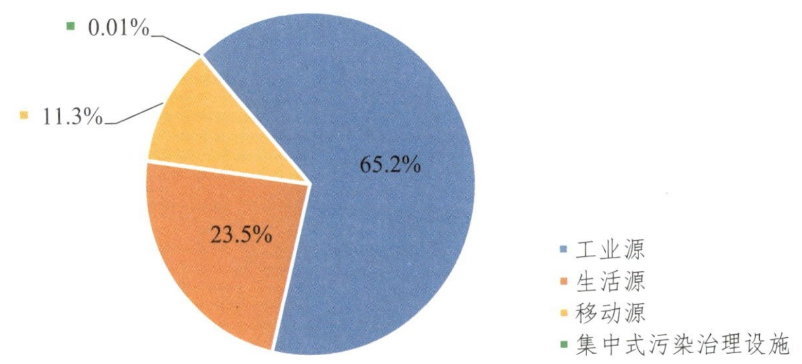

图2.1-3　2023年四川省废气颗粒物排放构成

4. 挥发性有机物

2023年，四川省废气中挥发性有机物排放总量30.75万吨。其中，工业源排放量8.75万吨，占比28.5%；城镇生活源排放量10.00万吨，占比32.5%；移动源排放量12.00万吨，占比39.0%。2023年四川省废气挥发性有机物排放构成如图2.1-4所示。

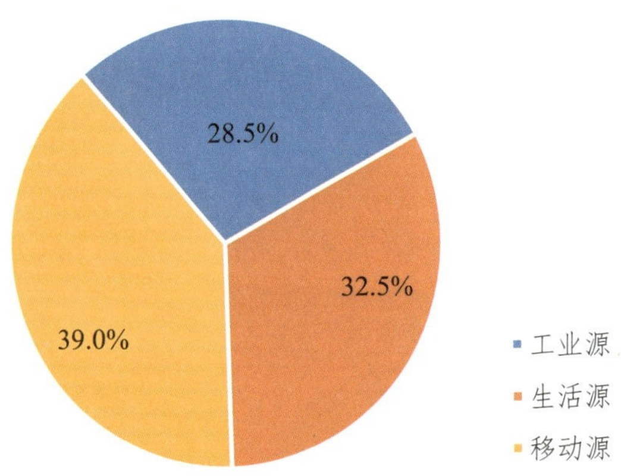

图2.1-4　2023年四川省废气挥发性有机物排放构成

二、区域分布

1. 二氧化硫

攀枝花、乐山、凉山州、内江和阿坝州的废气二氧化硫排放量居四川省前5位，合计6.17万吨，占全省的56.6%；资阳、自贡和甘孜州排放量较小。2023年四川省各市（州）废气二氧化硫排放量对比如图2.1-5所示。

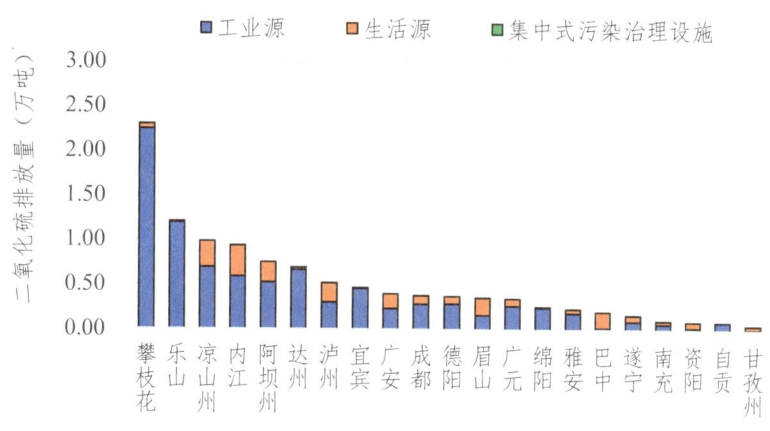

图2.1-5 2023年四川省各市（州）废气二氧化硫排放量对比

从排放结构来看，自贡、攀枝花、绵阳、乐山和宜宾的废气二氧化硫主要贡献源是工业源，巴中、眉山、资阳和甘孜州则是生活源。2023年四川省各市（州）废气二氧化硫排放结构如图2.1-6所示。

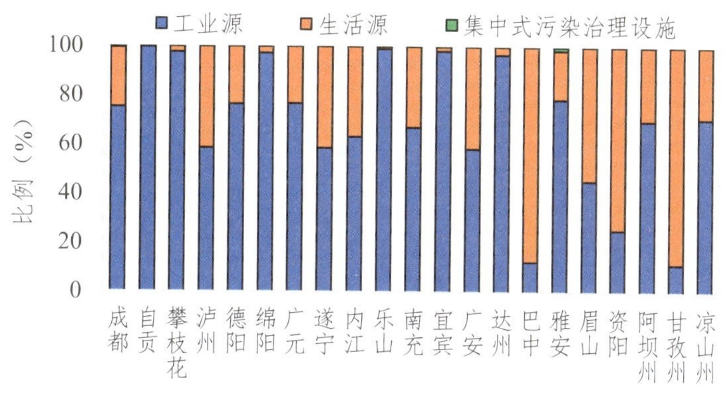

图2.1-6 2023年四川省各市（州）废气二氧化硫排放结构

2. 氮氧化物

成都、乐山、凉山州、内江和达州的废气氮氧化物①排放量居四川省前5位，合计15.49万吨，占全省的54.4%；巴中、资阳和甘孜州排放量较小。2023年四川省各市（州）废气氮氧化物排放量对比如图2.1-7所示。

① 本章节四川省氮氧化物、颗粒物和挥发性有机物排放总量包括非道路移动机械排放和沥青路面铺设排放，21个市（州）上述三项指标排放总量未包括非道路移动机械排放和沥青路面铺设排放。

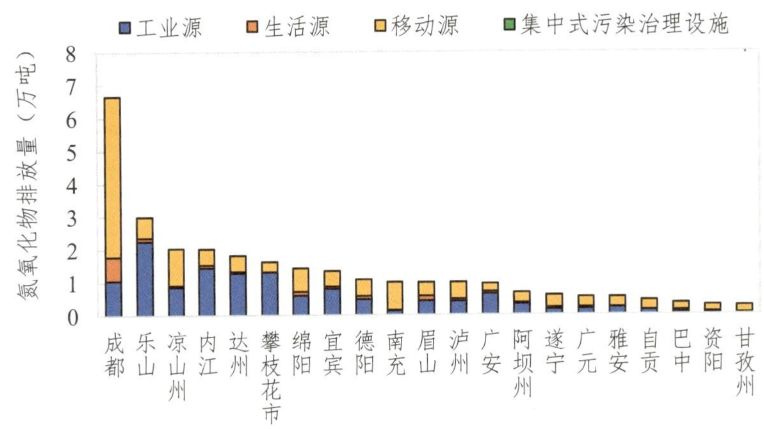

图2.1-7　2023年四川省各市（州）废气氮氧化物排放量对比

从排放结构来看，攀枝花、内江、乐山、广安和达州的废气氮氧化物主要贡献源是工业源，其他地区主要为移动源；成都、遂宁、巴中、眉山和资阳的生活源排放量占比超过10%。2023年四川省各市（州）废气氮氧化物排放结构如图2.1-8所示。

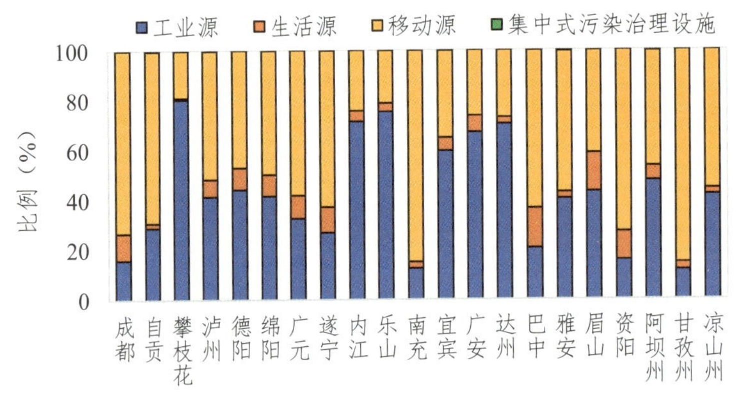

图2.1-8　2023年四川省各市（州）废气氮氧化物排放结构

3. 颗粒物

攀枝花、凉山州、达州、乐山和内江的废气颗粒物排放量居四川省前5位，合计7.47万吨，占全省的54.5%；南充、资阳和自贡排放量较小。2023年四川省各市（州）废气颗粒物排放量对比如图2.1-9所示。

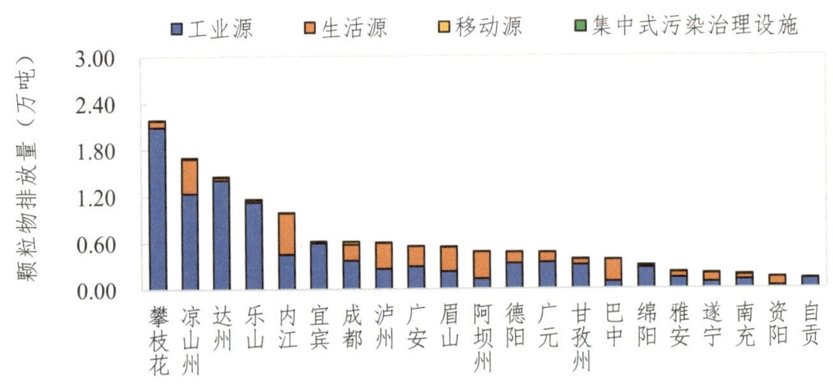

图2.1-9　2023年四川省各市（州）废气颗粒物排放量对比

从排放结构来看遂宁、巴中、眉山、资阳和阿坝州颗粒物排放的主要贡献源是生活源，其他地区主要为工业源。2023年四川省各市（州）废气颗粒物排放结构如图2.1-10所示。

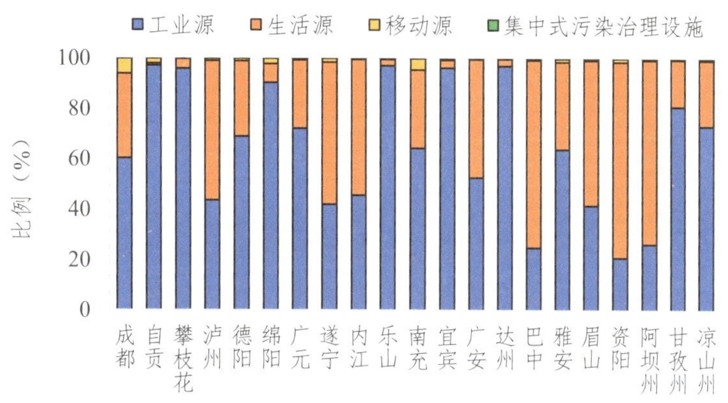

图2.1-10　2023年四川省各市（州）废气颗粒物排放结构

4. 挥发性有机物

成都、乐山、绵阳、泸州和凉山州的挥发性有机物排放量居四川省前5位，合计16.20万吨，占全省的59.5%；雅安、阿坝州和甘孜州排放量较小。2023年四川省各市（州）废气挥发性有机物排放量对比如图2.1-11所示。

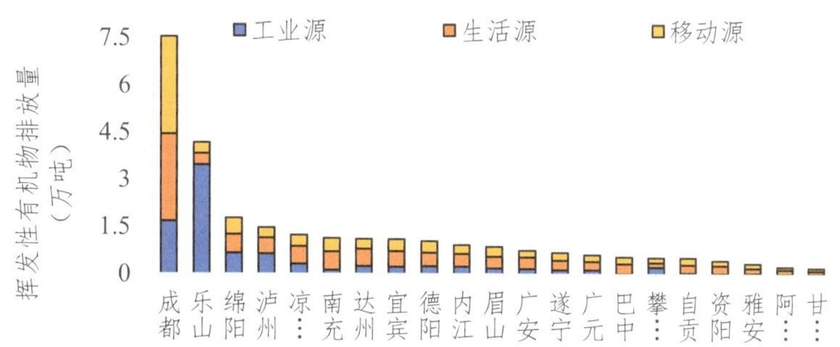

图2.1-11　2023年四川省各市（州）废气挥发性有机物排放量对比

从排放结构来看，大部分市（州）工业源、生活源与移动源对挥发性有机物排放贡献相对较平均，仅自贡、巴中、资阳、阿坝州和甘孜州工业源排放贡献较少，不足10%。2023年四川省各市（州）废气挥发性有机物排放结构如图2.1-12所示。

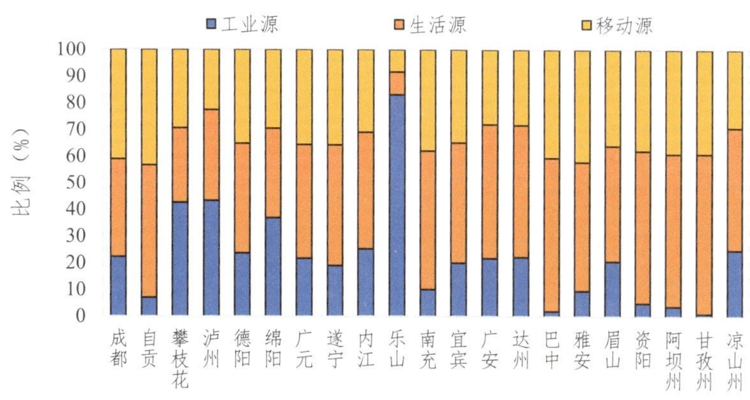

图2.1-12　2023年四川省各市（州）废气挥发性有机物排放结构

三、行业分布

1. 工业废气排放量

2023年，四川省重点调查工业废气排放量为3.36万亿立方米，同比上升17.5%。黑色金属冶炼和压延加工业，非金属矿物制品业，电力、热力生产和供应业，化学原料和化学制品制造业，电气机械和器材制造业的排放量居前五位，累计占重点调查工业的72.3%。2023年四川省重点调查工业废气排放量结构如图2.1-13所示。

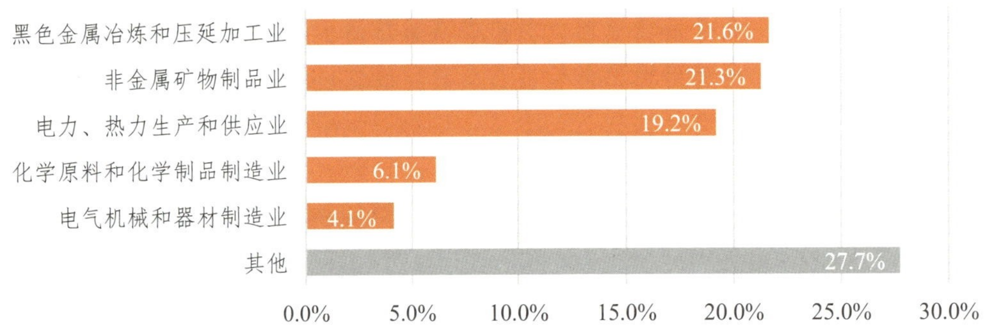

图2.1-13 2023年四川省重点调查工业废气排放量结构

2. 工业二氧化硫

2023年，四川省重点调查工业二氧化硫排放量为8.64万吨，同比下降5.7%。黑色金属冶炼和压延加工业，非金属矿物制品业，电力、热力生产和供应业，有色金属冶炼和压延加工业，化学原料和化学制品制造业的排放量居前五位，累计占重点调查工业的93.2%。2023年四川省重点调查工业二氧化硫排放结构如图2.1-14所示。

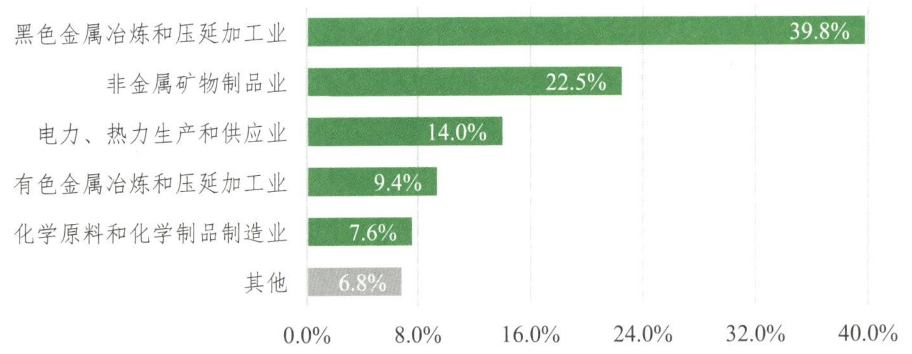

图2.1-14 2023年四川省重点调查工业二氧化硫排放结构

3. 工业氮氧化物

2023年，四川省重点调查工业氮氧化物排放量为12.75万吨，同比下降4.7%。非金属矿物制品业，黑色金属冶炼和压延加工业，电力、热力生产和供应业，化学原料和化学制品制造业，石油、煤炭及其他燃料加工业的排放量居前五位，累计占重点调查工业的93.1%。2023年四川省重点调查工业氮氧化物排放结构如图2.1-15所示。

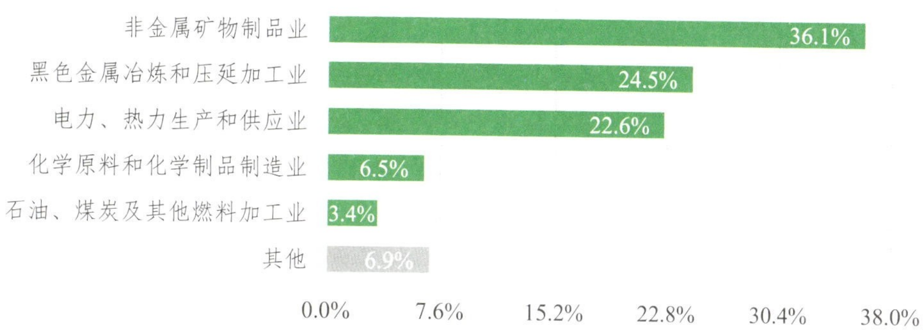

图2.1-15 2023年四川省重点调查工业氮氧化物排放结构

4. 工业颗粒物

2023年，四川省重点调查工业颗粒物排放量为9.98万吨，同比下降2.2%。非金属矿物制品业，黑色金属冶炼和压延加工业，石油、煤炭及其他燃料加工业，有色金属矿采选业，化学原料和化学制品制造业的排放量居前五位，累计占重点调查工业的81.8%。2023年四川省重点调查工业颗粒物排放结构如图2.1-16所示。

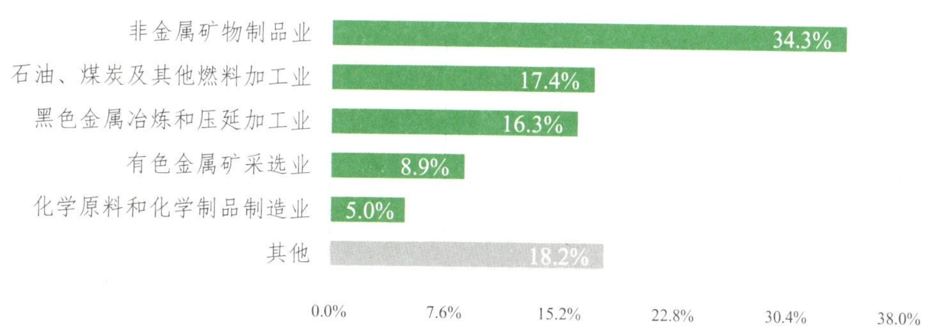

图2.1-16 2023年四川省重点调查工业颗粒物排放结构

5. 工业挥发性有机物

2023年，四川省重点调查工业挥发性有机物排放量为8.75万吨，同比上升4.2%。化学原料和化学制品制造业，石油、煤炭及其他燃料加工业，非金属矿物制品业，橡胶和塑料制品业，医药制造业的排放量居前五位，累计占重点调查工业的76.5%。2023年四川省重点调查工业挥发性有机物排放结构如图2.1-17所示。

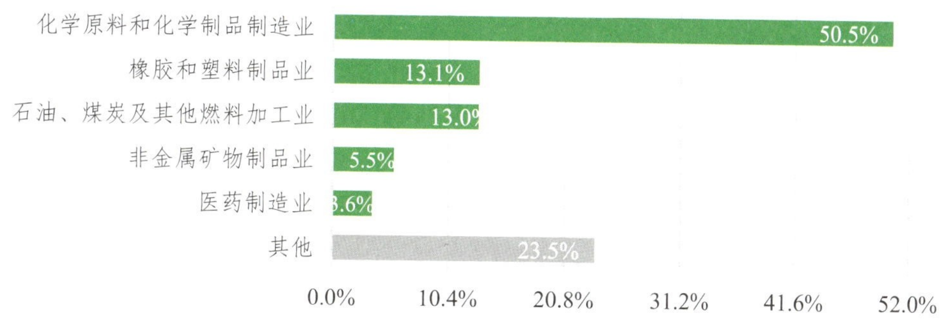

图2.1-17 2023年四川省重点调查工业挥发性有机物排放结构

四、年度变化趋势

1. 二氧化硫

2023年，四川省废气二氧化硫排放总量同比下降10.8%，主要是工业源下降5.7%。自贡、德阳、绵阳、广元、广安、雅安、阿坝州、甘孜州和凉山州呈上升趋势，其他市（州）均有所下降。

2. 氮氧化物

2023年，四川省废气氮氧化物排放总量同比上升50.9%，工业源下降4.7%，移动源上升107.1%，生活源下降10.5%。除了内江和凉山州同比分别上升2.8%、25.6%，其他市（州）均有所下降，其中排放量较大的成都、乐山、攀枝花分别下降8.5%、10.3%和36.0%。

3. 颗粒物

2023年，四川省废气颗粒物排放总量同比上升0.7%，其中工业源下降2.2%，生活源上升40.2%。自贡、攀枝花、绵阳、乐山和宜宾呈下降趋势，其他市（州）均有所上升，其中排放量最大的攀枝花下降11.9%。

4. 挥发性有机物

2023年，四川省废气挥发性有机物排放总量同比上升17.8%，其中工业源上升4.2%，生活源上升1.0%，移动源上升53.1%。攀枝花、泸州、南充、资阳、阿坝州和甘孜州呈下降趋势，其他市（州）均有所上升，其中排放量最大的成都上升2.8%。

第二章　废水污染物

一、排放现状

1. 化学需氧量

2023年，四川省废水化学需氧量排放总量为161.04万吨，其中，工业源排放量为1.32万吨，占比0.8%；农业源排放量为94.80万吨，占比58.9%；生活源排放量为64.92万吨，占比40.3%；集中式污染治理设施排放量为9.76吨，占比不到0.1%。2023年四川省废水化学需氧量排放构成如图2.2-1所示。

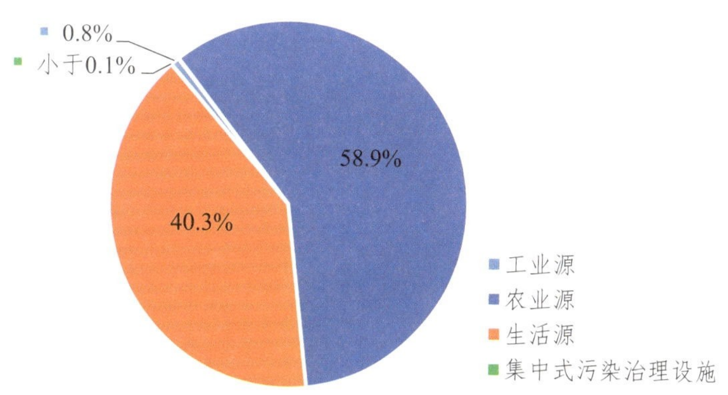

图2.2-1　2023年四川省废水化学需氧量排放构成

2. 氨氮

2023年，四川省废水氨氮排放总量为7.51万吨，其中，工业源排放量为0.05万吨，占比0.7%；农业源排放量为1.26万吨，占比16.8%；生活源排放量为6.20万吨，占比82.6%；集中式污染治理设施排放量为0.64吨，占比不到0.1%。2023年四川省废水氨氮排放构成如图2.2-2所示。

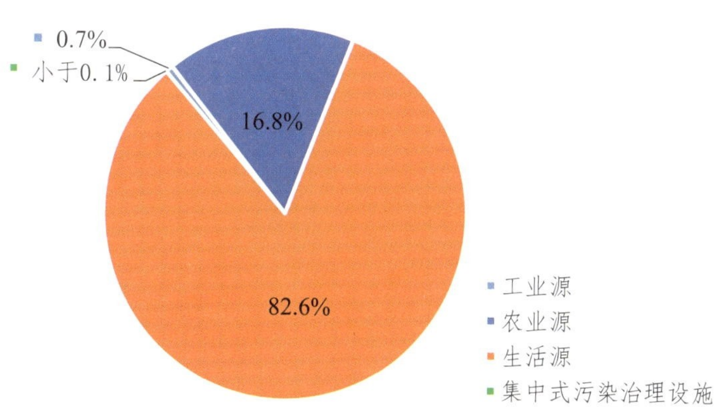

图2.2-2　2023年四川省废水氨氮排放构成

3. 总氮

2023年，四川省废水总氮排放总量为20.70万吨，其中，工业源排放量为0.33万吨，占比1.6%；农业源排放量为10.04万吨，占比48.5%；生活源排放量为10.33万吨，占比49.9%；集中式污染治理设施排放量为1.33吨，占比不到0.1%。2023年四川省废水总氮排放构成如图2.2-3所示。

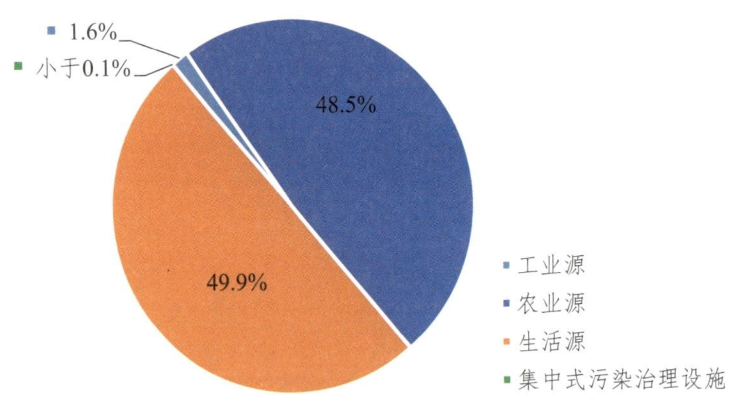

图2.2-3　2023年四川省废水总氮排放构成

4. 总磷

2023年，四川省废水总磷排放总量为2.26万吨，其中，工业源排放量为0.01万吨，占比0.5%；农业源排放量为1.47万吨，占比65.2%；生活源排放量为0.77万吨，占比34.3%；集中式污染治理设施排放量为0.067吨，占比不到0.1%。2023年四川省废水总磷排放构成如图2.2-4所示。

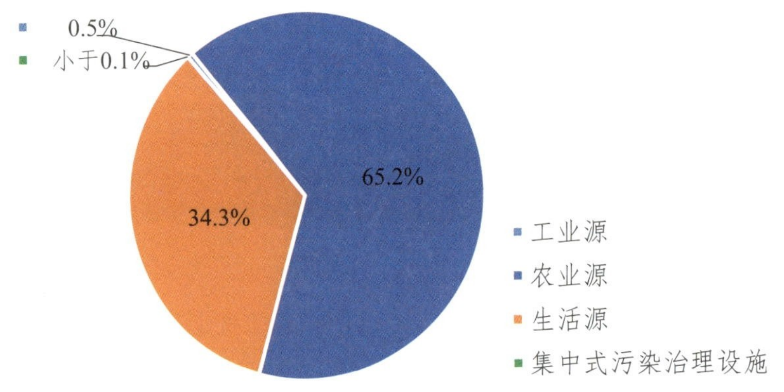

图2.2-4　2023年四川省废水总磷排放构成

二、区域分布

1. 化学需氧量

成都、宜宾、绵阳的化学需氧量排放量居四川省前3位，合计28.92万吨，占四川省的43.7%①。2023年四川省各市（州）废水化学需氧量排放量对比如图2.2-5所示。

① 因废水中农业源排放量仅统计到省级，各市（州）的化学需氧量、氨氮、总氮和总磷的排放量排名统计时均扣除农业源排放量。

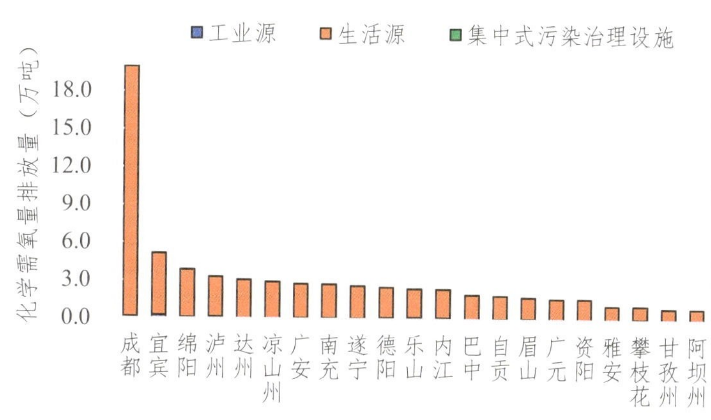

图2.2-5 2023年四川省各市（州）废水化学需氧量排放量对比

从排放结构来看，各市（州）化学需氧量排放量以生活源为主；集中式污染治理设施占比极低；宜宾、泸州、德阳、乐山、内江和攀枝花是工业源排放较大的市（州）。2023年四川省各市（州）废水化学需氧量排放结构如图2.2-6所示。

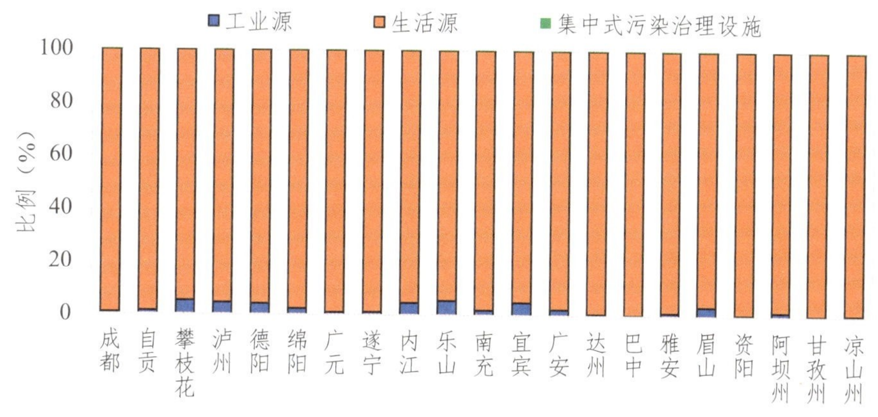

图2.2-6 2023年四川省各市（州）废水化学需氧量排放结构

2. 氨氮

2023年，成都、宜宾、绵阳的氨氮排放量居四川省前3位，合计为2.93万吨，占四川省的46.9%。2023年四川省各市（州）废水氨氮排放量对比如图2.2-7所示。

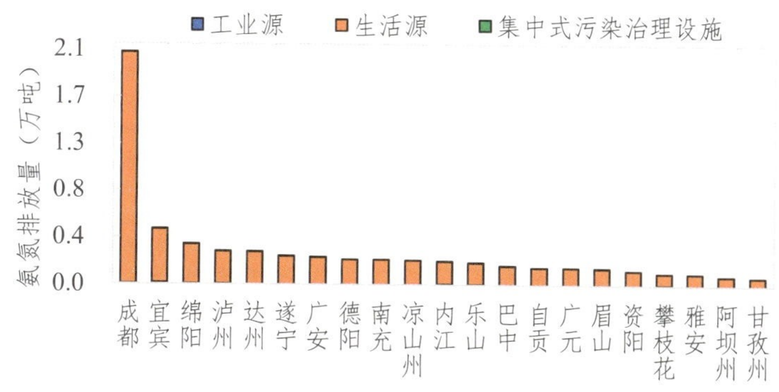

图2.2-7 2023年四川省各市（州）废水氨氮排放量对比

从排放结构来看，各市（州）氨氮排放量以生活源为主；集中式污染治理设施排放量占比极低；仅攀枝花、宜宾和内江的工业源排放量占比超过2%，其他市（州）均在2%以下。2023年四川省各市（州）废水氨氮排放结构如图2.2-8所示。

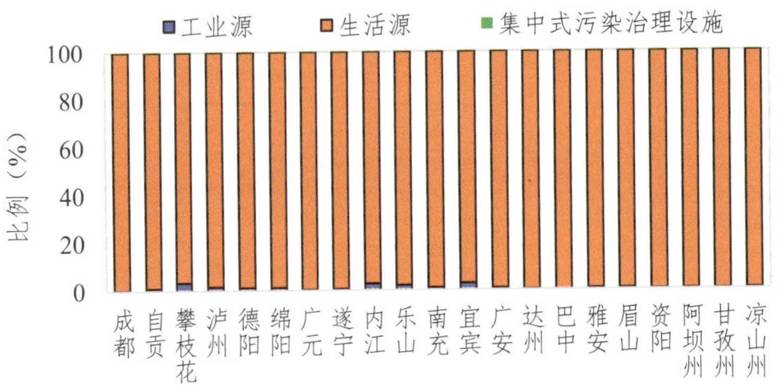

图2.2-8　2023年四川省各市（州）废水氨氮排放结构

3. 总氮

成都、宜宾、绵阳的总氮排放量居四川省前3位，合计为5.00万吨，占四川省的46.9%。2023年四川省各市（州）废水总氮排放量对比如图2.2-9所示。

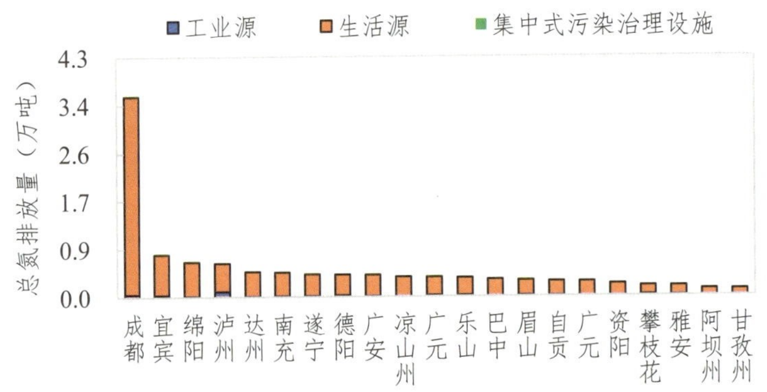

图2.2-9　2023年四川省各市（州）废水总氮排放量对比

从排放结构来看，各市（州）总氮排放量以生活源为主；集中式污染治理设施排放量占比均未达到1%；仅泸州和攀枝花工业源排放量占比超过9%，其他市（州）均在9%以下。2023年四川省各市（州）废水总氮排放结构如图2.2-10所示。

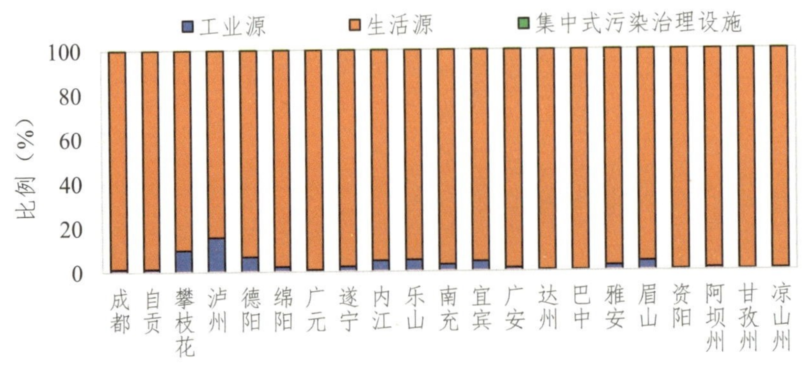

图2.2-10　2023年四川省各市（州）废水总氮排放结构

4. 总磷

成都、宜宾、绵阳总磷排放量居四川省前3位，合计为0.36万吨，占四川省的45.4%。2023年四川省各市（州）废水总磷排放量对比如图2.2-11所示。

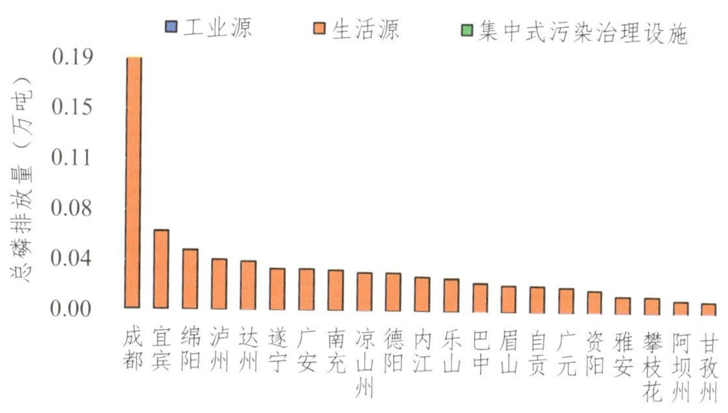

图2.2-11 2023年四川省各市（州）废水总磷排放量对比

从排放结构来看，各市（州）总磷排放量以生活源为主；集中式污染治理设施排放量占比均未达到1%；仅宜宾和达州工业源排放量超过3%，其他市（州）均不足3%。2023年四川省各市（州）废水总磷排放结构如图2.2-12所示。

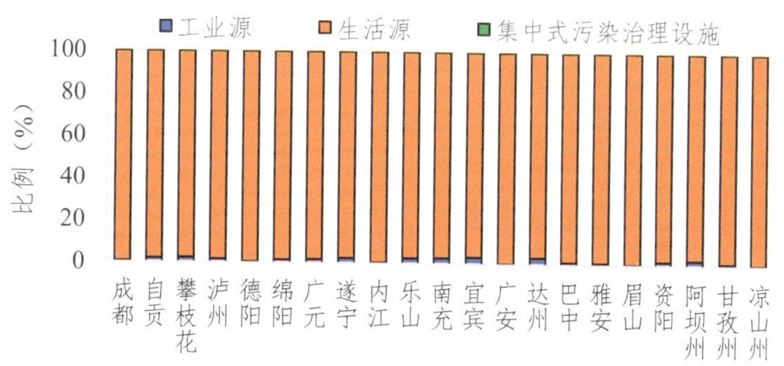

图2.2-12 2023年四川省各市（州）废水总磷排放结构

三、行业分布

1. 工业废水排放量

2023年，四川省重点调查工业废水排放量为4.59亿吨，同比上升4.3%。化学原料和化学制品制造业，造纸和纸制品业，计算机、通信和其他电子设备制造业，水的生产和供应业，煤炭开采和洗选业，酒、饮料和精制茶制造业的排放量居前6位。2023年四川省重点调查工业废水排放结构如图2.2-13所示。

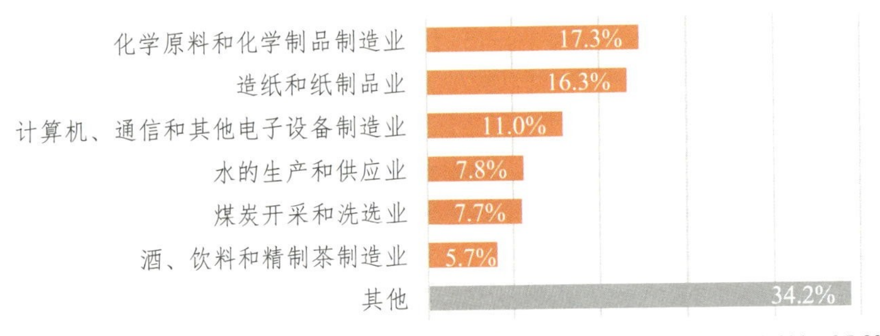

图2.2-13 2023年四川省重点调查工业废水排放结构

2. 工业化学需氧量

2023年，四川省重点调查工业化学需氧量排放量为1.32万吨，同比下降11.4%。造纸和纸制品业，化学原料和化学制品制造业，酒、饮料和精制茶制造业，农副食品加工业，计算机、通信和其他电子设备制造业，化学纤维制造业的排放量位于前6位，累计占重点调查工业的72.5%。其中造纸和纸制品业贡献最大，占比18.9%；其次是化学原料和化学制品制造业，占比16.5%。2023年四川省重点调查工业化学需氧量排放结构如图2.2-14所示。

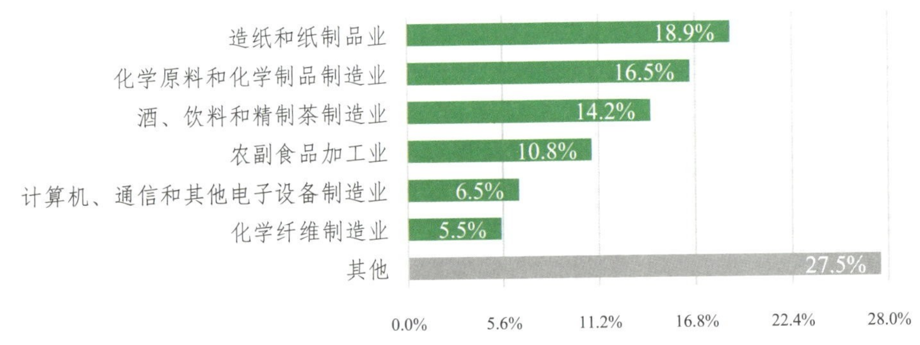

图2.2-14 2023年四川省重点调查工业化学需氧量排放结构

3. 工业氨氮

2023年，四川省重点调查工业氨氮排放量为537.98吨，同比下降40.0%。化学原料和化学制品制造业，化学纤维制造业，造纸和纸制品业，酒、饮料和精制茶制造业，农副食品加工业，计算机、通信和其他电子设备制造业的排放量居前6位，累计占重点调查工业的80.5%。其中化学原料和化学制品制造业贡献最大，占比17.0%。2023年四川省重点调查工业氨氮排放结构如图2.2-15所示。

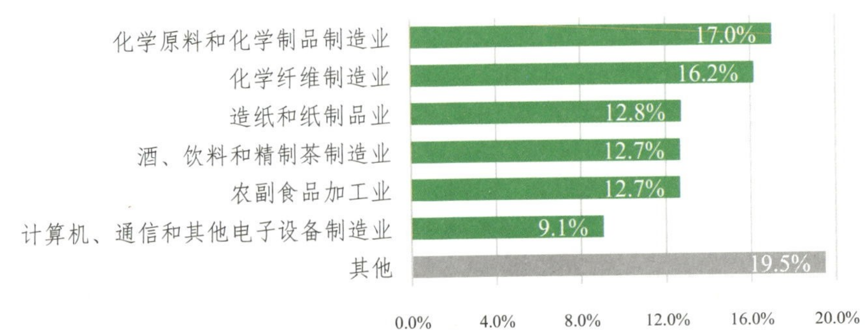

图2.2-15 2023年四川省重点调查工业氨氮排放结构

4. 工业总氮

2023年，四川省重点调查工业总氮排放量为3297.16吨，同比下降6.1%。化学原料和化学制品制造业，计算机、通信和其他电子设备制造业，酒、饮料和精制茶制造业，农副食品加工业，造纸和纸制品业，水的生产和供应业的排放量位于前6位，累计占重点调查工业的77.3%。其中化学原料和化学制品制造业贡献最大，占比38.2%。2023年四川省重点调查工业总氮排放结构如图2.2-16所示。

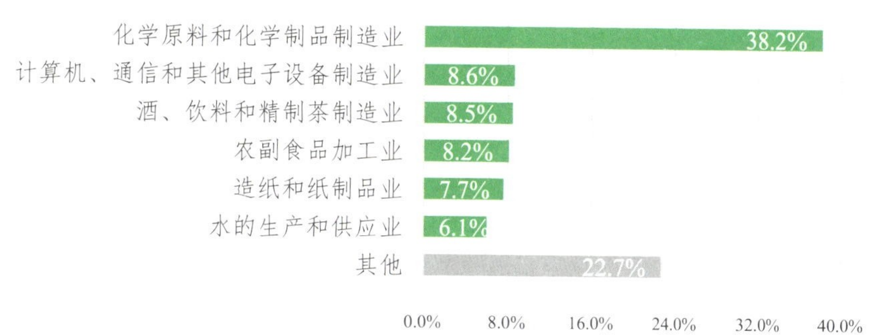

图2.2-16　2023年四川省重点调查工业总氮排放结构

5. 工业总磷

2023年，四川省重点调查工业总磷排放量为110.63吨，同比下降11.0%。农副食品加工业，酒、饮料和精制茶制造业，化学原料和化学制品制造业，计算机、通信和其他电子设备制造业，水的生产和供应业，造纸和纸制品业的排放量位于前6位，累计占重点调查工业的76.7%。其中农副食品加工业贡献最大，占比29.0%。2023年四川省重点调查工业总磷排放结构如图2.2-17所示。

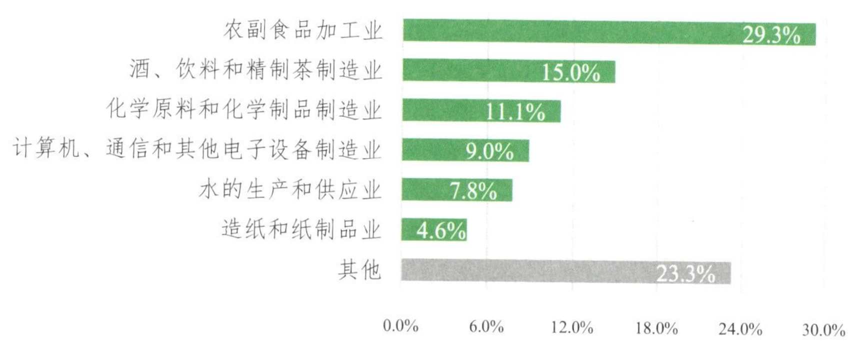

图2.2-17　2023年四川省重点调查工业总磷排放结构

四、年度变化趋势分析

1. 化学需氧量

2023年，四川省废水化学需氧量排放总量同比上升26.9%，其中工业源下降11.4%，农业源上升23.9%，生活源上升18.0%。广元、乐山、眉山、阿坝州、凉山州化学需氧量排放总量呈下降趋势，其他各市（州）均有所上升。

2. 氨氮

2023年，四川省废水氨氮排放总量同比上升29.5%，其中工业源下降40%，农业源上升13.5%，生活源上升25.3%。成都、广元、乐山、阿坝州氨氮排放总量呈下降趋势，其他各市（州）均有所上升。

3. 总氮

2023年，四川省废水总氮排放总量同比上升10.2%，其中工业源下降6.1%，农业源下上升12.5%，生活源上升6.8%。成都、广元、乐山、宜宾、凉山州总氮排放总量呈下降趋势，其他各市（州）均有所上升。

4. 总磷

2023年，四川省废水总磷排放总量同比上升23.9%，其中工业源同比持平，农业源上升17.0%，生活源上升36.4%。成都、广元、乐山、宜宾、达州、凉山州总磷排放总量呈下降趋势，其他各市（州）均有所上升。

第三章 固体废弃物产生、处置和综合利用

一、一般工业固体废物

1. 总体状况

2023年，四川省一般工业固体废物产生量为15229.05万吨。综合利用量为7448.88万吨，综合利用率为48.9%，其中综合利用往年贮存量为227.89万吨；处置量为3806.77万吨，处置率为25.0%，其中处置往年贮存量为39.00万吨；贮存量为4240.29万吨。

2. 区域分布状况

攀枝花和凉山州的一般工业固体废物产生量比较大，占四川省产生量的63.4%。这两个地区的采矿企业较多，尾矿贮存量占比较大，综合利用率和处置率均不高。2023年四川省重点地区一般工业固体废物综合利用率和处置率详见表2.3-1。

表2.3-1 2023年四川省重点地区一般工业固体废物综合利用率和处置率

类别	地区名称	产生量（万吨）	综合利用率（%）	处置率（%）
一般工业固体废物	攀枝花	7031.46	19.7	41.3
	凉山州	2623.92	42.9	16.6
	四川省	15229.05	48.9	25.0

3. 行业分布状况

2023年，四川省一般工业固体废物产生量排名前5位的分别是黑色金属矿采选业，化学原料和化学制品制造业，黑色金属冶炼和压延加工业，电力、热力生产和供应业，有色金属矿采选业，5个行业排放量累计占全省的86.4%。其中，黑色金属矿采选业和有色金属矿采选业的综合利用率仅为13.4%和33.6%，低于四川省重点调查工业的平均水平；黑色金属冶炼和压延加工业和电力、热力生产和供应业综合利用率较高，分别为94.5%、86.2%。2023年四川省一般工业固体废物主要产生行业综合利用率和处置率详见表2.3-2。

表2.3-2 2023年四川省一般工业固体废物主要产生行业综合利用率和处置率

类别	行业名称	产生量（万吨）	综合利用率（%）	处置率（%）
一般工业固体废物	黑色金属矿采选业	6658.60	13.4	38.7
	化学原料和化学制品制造业	2129.96	71.0	29.8
	黑色金属冶炼和压延加工业	1750.48	94.5	4.8
	电力、热力生产和供应业	1512.17	86.2	5.8
	有色金属矿采选业	1100.40	33.6	9.0
	四川省	15229.05	48.9	25.0

4. 年度变化趋势

2023年，四川省一般工业固体废物产生量为15229.05万吨，同比上升0.7%，其中产生量最大的攀枝花上升0.1%，凉山州下降10.2%；综合利用率同比上升4个百分点，攀枝花下降2.9个百分点，

凉山州上升14.0个百分点；处置率同比上升8.4个百分点，其中攀枝花上升19.6%；贮存量同比下降30.7%。

二、工业危险废物

1. 总体状况

2023年，四川省工业危险废物产生量为603.39万吨，利用处置量为607.96万吨，其中利用处置往年贮存量为19.37万吨，送持证单位危险废物利用处置量为176.58万吨；危险废物贮存量为34.45万吨。

2. 区域分布状况

四川省工业危险废物产生量较大的地区是攀枝花、德阳、雅安和成都，产生量占全省的71.3%；其中攀枝花、德阳和成都的工业危险废物利用处置率高于全省平均水平，雅安低于全省平均水平。2023年四川省重点地区工业危险废物利用处置率详见表2.3-3。

表2.3-3　2023年四川省重点地区工业危险废物利用处置率

类别	地区名称	产生量（万吨）	处置率（%）
工业危险废物（危险废物利用处置率）	攀枝花	231.18	100
	德阳	108.56	99.6
	雅安	48.09	82.0
	成都	42.16	98.3
	四川省	603.39	97.5

3. 行业分布状况

工业危险废物产生量主要集中在化学原料和化学制品制造业，有色金属冶炼和压延加工业，电力、热力生产和供应业，黑色金属冶炼和压延加工业，四个行业产生量累计占四川省的84.9%。其中化学原料和化学制品制造业，电力、热力生产和供应业和黑色金属冶炼和压延加工业危险废物处置率高于97.5%，超过四川省平均水平；有色金属冶炼和压延加工业处置率低于四川省平均水平。2023年四川省工业危险废物主要产生行业处置率详见表2.3-4。

表2.3-4　2023年四川省工业危险废物主要产生行业处置率

类别	行业名称	产生量（万吨）	处置率（%）
工业危险废物（危险废物处置率）	化学原料和化学制品制造业	372.64	99.8
	有色金属冶炼和压延加工业	55.09	80.1
	电力、热力生产和供应业	47.31	98.3
	黑色金属冶炼和压延加工业	37.32	98.4
	四川省	603.39	97.5

4. 年度变化趋势

2023年四川省工业危险废物产生量为603.39万吨，同比上升14.0%。其中产生量较大的德阳和雅安分别上升22.6%和20.3%，成都和攀枝花分别上升9.7%和4.2%。四川省工业危险废物处置率为97.5%，同比上升0.5个百分点，其中送持证单位处置的量同比上升33.3%；本年末贮存量同比下降20.4%。

三、生活垃圾

1. 总体状况

2023年，四川省生活垃圾总产生量为1801.78万吨，同比增加5.2%；人均生活垃圾产生量为215.32千克，同比上升5.2%；生活垃圾处理率为100%，其中无害化处理率达99.96%，同比持平。

2. 区域分布

2023年，成都、绵阳和阿坝3个市（州）的生活垃圾无害化处理率在99.63～99.92%之间，且低于四川省平均值99.96%，其他18个市（州）的生活垃圾无害化处理率均达到100%。2023年四川省21个市（州）生活垃圾无害化处理率如图2.3–1所示。

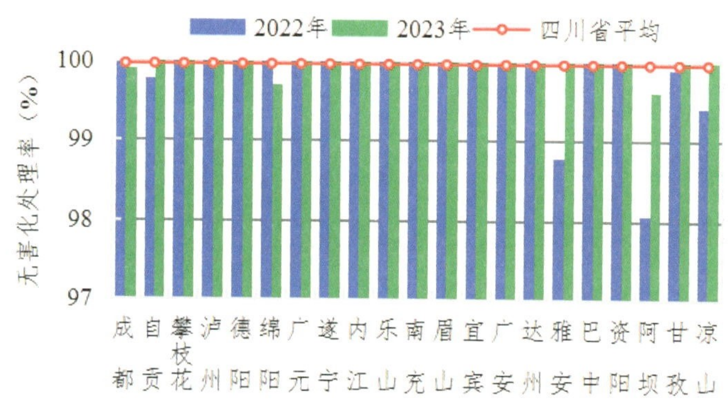

图2.3–1 2023年四川省21个市（州）生活垃圾无害化处理率

3. 变化趋势

四川省生活垃圾产生量不断增加，2016年产生量为1299.29万吨，2023年增加到1801.78万吨。生活垃圾的处理方式也在逐步发生改变，从2016到2023年，卫生填埋占比逐年降低，从64.3%降低为22.0%；无害化焚烧占比则逐年增加，从26.2%增加至75.0%；堆肥占比一直较低；此外，简易处理方式逐渐被淘汰，到2023年占比为3.0%。2016—2023年四川省生活垃圾处理方式变化情况如图2.3–2所示。

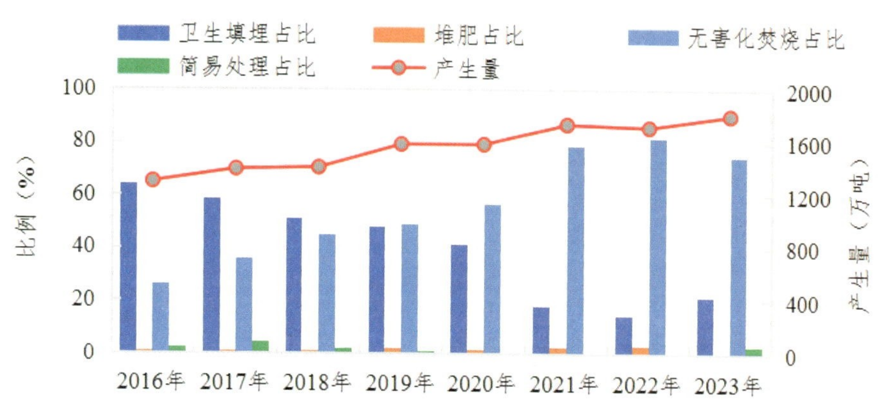

图2.3–2 2016—2023年四川省生活垃圾处理方式变化情况

第四章　重点排污单位执法监测

一、重点排污单位达标情况

根据《关于印发〈2023年四川省生态环境监测方案〉的通知》（川环办函〔2023〕156号）要求，按照任务分工和属地化管理的原则，2023年四川省各级市（州）生态环境局对辖区内重点排污单位开展了执法监测，其中《2023年四川省环境监管重点单位名录》内水和大气重点排污单位至少完成了一次监测，其他执法监测对象监测频次由各地根据管理需要确定。

（一）水环境重点排污单位

2023年，四川省21个市（州）应测水环境重点排污单位1417家，实际监测1226家，其中1208家达标，达标率为98.5%。不达标企业分布在成都、广元、眉山、遂宁、雅安、宜宾，共计18家。超标指标为五日生化需氧量、总磷、总氮、化学需氧量、磷酸盐、粪大肠菌群数、悬浮物、总铜、石油类、氟化物。2023年四川省21个市（州）水环境重点排污单位监测情况见表2.4-1。

表2.4-1　2023年四川省21个市（州）水环境重点排污单位监测情况

市（州）	重点名录企业数（家）	年度应监测企业数（家）	实测企业数（家）	不达标企业数（家）	监测完成率（%）	监测达标率（%）
成都	500	500	412	4	82.4	99.0
自贡	47	47	43	0	91.5	100
攀枝花	55	55	38	0	69.1	100
泸州	44	44	41	0	93.2	100
德阳	59	59	57	0	96.6	100
绵阳	61	61	60	0	98.4	100
广元	59	59	58	5	98.3	91.4
遂宁	31	31	30	1	96.8	96.7
内江	40	40	35	0	87.5	100
乐山	37	37	36	0	97.3	100
南充	79	79	67	0	84.8	100
宜宾	72	72	64	1	88.9	98.4
广安	58	58	57	0	98.3	100
达州	68	68	67	0	98.5	100
巴中	30	30	30	0	100	100
雅安	30	30	29	6	96.7	79.3
眉山	38	38	38	1	100	97.4
资阳	32	32	27	0	84.4	100
阿坝	13	13	13	0	100	100
甘孜	11	11	2	0	18.2	100

续表

市（州）	重点名录企业数（家）	年度应监测企业数（家）	实测企业数（家）	不达标企业数（家）	监测完成率（%）	监测达标率（%）
凉山	53	53	22	0	41.5	100
四川省	1417	1417	1226	18	86.5	98.5

2023年，四川省水环境重点排污单位超标企业行业主要为污水处理及其再生利用、综合医院。2023年四川省水环境重点排污单位超标企业行业分布情况如图2.4–1所示。

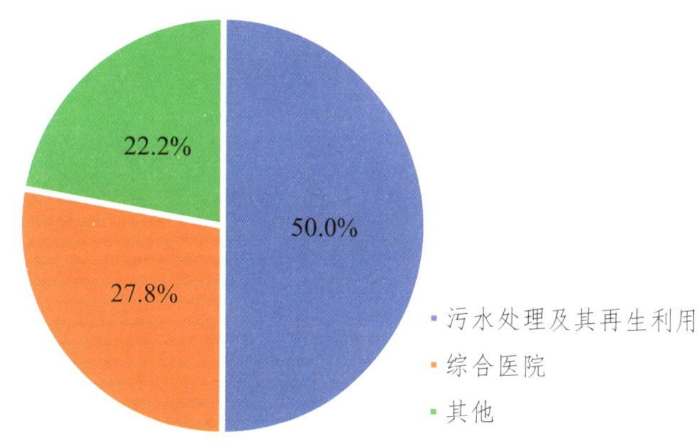

图2.4–1　2023年四川省水环境重点排污单位超标企业行业分布情况

（二）大气环境重点排污单位

2023年，四川省21个市（州）应测大气环境重点排污单位1873家，实际监测1366家，其中1351家达标，达标率为98.9%。不达标企业分布在阿坝、达州、广安、凉山、眉山、南充、宜宾，共计15家，超标指标为氟化物、颗粒物、二噁英、氮氧化物、氨、甲醛、一氧化碳、非甲烷总烃、汞及其化合物、二氧化硫。2023年四川省21个市（州）大气环境重点排污单位监测情况见表2.4–2。

表2.4–2　2023年四川省21个市（州）大气环境重点排污单位监测情况

市（州）	重点名录企业数（家）	年度应监测企业数（家）	实测企业数（家）	不达标企业数（家）	监测完成率（%）	监测达标率（%）
成都	525	525	413	0	78.7	100
自贡	23	23	19	0	82.6	100
攀枝花	79	79	46	0	58.2	100
泸州	48	48	45	0	93.8	100
德阳	78	78	64	0	82.1	100
绵阳	48	48	43	0	89.6	100
广元	61	61	57	0	93.4	100
遂宁	20	20	17	0	85.0	100
内江	131	131	117	0	89.3	100

续表

市（州）	重点名录企业数（家）	年度应监测企业数（家）	实测企业数（家）	不达标企业数（家）	监测完成率（%）	监测达标率（%）
乐山	103	103	96	0	93.2	100
南充	135	135	93	3	68.9	96.8
宜宾	94	94	70	1	74.5	98.6
广安	98	98	40	4	40.8	90.0
达州	36	36	33	1	91.7	97.0
巴中	10	10	9	0	90.0	100
雅安	83	83	20	0	24.1	100
眉山	74	74	62	1	83.8	98.4
资阳	77	77	53	0	68.8	100
阿坝	31	31	31	4	100	87.1
甘孜	15	15	1	0	6.7	100
凉山	104	104	37	1	35.6	97.3
四川省	1873	1873	1366	15	72.9	98.9

2023年，四川省大气环境重点排污单位超标企业行业主要为黏土砖瓦及建筑砌块制造、化学农药制造、垃圾焚烧。2023年四川省大气环境重点排污单位超标企业行业分布情况如图2.4–2所示。

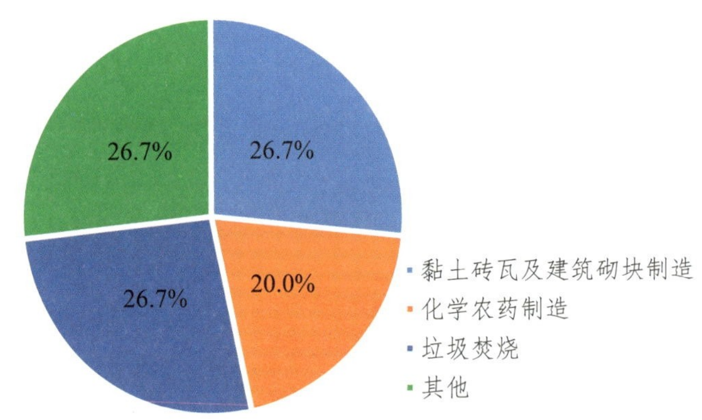

图2.4–2　2023年四川省大气环境重点排污单位超标企业行业分布情况

（三）土壤污染重点监管单位

2023年，四川省21个市（州）实际监测土壤污染重点监管单位241家，其中219家满足风险筛选值，占比为90.9%。超过风险筛选值的企业分布在阿坝、达州、德阳、凉山，共计22家，超风险筛选值指标为砷、苯并[a]芘、二苯并[a,h]蒽、茚并[1,2,3–cd]芘、镉、铅、锌、汞、钴。2023年四川省21个市（州）土壤污染重点监管单位监测情况见表2.4–3。

表2.4-3 2023年四川省21个市（州）土壤污染重点监管单位监测情况

市（州）	重点名录企业数（家）	年度计划监测企业数（家）	实测企业数（家）	超过风险筛选值企业数（家）	实际监测占重点名录比例（%）	实际监测占计划监测率（%）	实际监测未超风险筛选值率（%）
成都	288	47	47	0	16.3	100	100
自贡	19	0	0	0	0	—	—
攀枝花	79	0	0	0	0	—	—
泸州	48	0	0	0	0	—	—
德阳	92	55	55	15	59.8	100	72.7
绵阳	58	34	34	0	58.6	100	100
广元	30	15	15	0	50.0	100	100
遂宁	40	0	0	0	0	—	—
内江	25	0	0	0	0	—	—
乐山	46	0	0	0	0	—	—
南充	18	8	8	0	44.4	100	100
宜宾	34	1	1	0	2.9	100	100
广安	25	0	0	0	0	—	—
达州	24	24	24	4	100	100	83.3
巴中	10	7	7	0	70.0	100	100
雅安	55	6	6	0	10.9	100	100
眉山	46	0	0	0	0	—	—
资阳	12	7	7	0	58.3	100	100
阿坝	15	15	15	1	100	100	93.3
甘孜	12	5	5	0	41.7	100	100
凉山	85	17	17	2	20.0	100	88.2
四川省	1061	241	241	22	22.7	100	90.9

（四）噪声重点监管单位

2023年，四川省共有噪声重点监管单位17家，实际监测14家，达标率为100%。2023年四川省噪声重点监管单位监测情况见表2.4-4。

表2.4-4 2023年四川省噪声重点监管单位监测情况

市（州）	重点名录企业数（家）	年度计划监测企业数（家）	实测企业数（家）	不达标企业数（家）	实际监测占重点名录比例（%）	实际监测占计划监测率（%）	监测达标率（%）
成都	10	8	8	0	80	100	100
攀枝花	3	3	3	0	100	100	100
绵阳	2	2	2	0	100	100	100
达州	1	0	0	0	0	0	—

续表

市（州）	重点名录企业数（家）	年度计划监测企业数（家）	实测企业数（家）	不达标企业数（家）	实际监测占重点名录比例（%）	实际监测占计划监测率（%）	监测达标率（%）
资阳	1	1	1	0	100	100	100
四川省	17	14	14	0	82.4	100	100

（五）地下水污染防治重点排污单位

2023年，四川省21个市（州）实际监测地下水污染防治重点排污单位31家，其中26家达标，达标率为83.9%。不达标企业分布在成都、广元、攀枝花，共计5家，超标指标为耗氧量、氨氮、氯化物、砷、铁、锰、铅、硫酸盐、菌落总数、总大肠菌群。2023年四川省21个市（州）地下水污染防治重点排污单位监测情况见表2.4-5。

表2.4-5　2023年四川省21个市（州）地下水污染防治重点排污单位监测情况

市（州）	重点名录企业数（家）	年度计划监测企业数（家）	实测企业数（家）	不达标企业数（家）	实际监测占重点名录比例（%）	实际监测占计划监测率（%）	监测达标率（%）
成都	9	3	3	1	33.3	100	66.7
自贡	0	0	0	0	—	—	—
攀枝花	9	7	7	2	77.8	100	71.4
泸州	1	1	1	0	100	100	100
德阳	7	1	1	0	14.3	100	100
绵阳	2	0	0	0	0	—	—
广元	14	7	7	2	50.0	100	71.4
遂宁	0	0	0	0	—	—	—
内江	0	0	0	0	—	—	—
乐山	2	1	1	0	50.0	100	100
南充	0	0	0	0	—	—	—
宜宾	0	0	0	0	—	—	—
广安	1	0	0	0	0	—	—
达州	1	0	0	0	0	—	—
巴中	5	5	5	0	100	100	100
雅安	2	0	0	0	0	—	—
眉山	2	0	0	0	0	—	—
资阳	1	1	1	0	100	100	100
阿坝	0	0	0	0	—	—	—
甘孜	0	0	0	0	—	—	—
凉山	21	5	5	0	23.8	100	100
四川省	77	31	31	5	40.3	100	83.9

（六）环境风险重点管控单位

2023年，四川省21个市（州）实际监测环境风险重点管控单位395家，其中有386家达标，达标率为97.7%。不达标企业分布在阿坝、成都、广元，共计9家。超标因子为耗氧量、氨氮、氯化物、砷、铁、锰、铅、颗粒物、一氧化碳、二噁英、镉、铊及其化合物、锑、砷、铅、铬、钴、铜、锰、镍及其化合物、硫酸盐、总大肠菌群、菌落总数。2023年四川省21个市（州）环境风险重点管控单位监测情况见表2.4-6。

表2.4-6　2023年四川省21个市（州）环境风险重点管控单位监测情况

市（州）	重点名录企业数（家）	年度计划监测企业数（家）	实测企业数（家）	不达标企业数（家）	实际监测占重点名录比例（%）	实际监测占计划监测率（%）	监测达标率（%）
成都	441	198	198	1	44.9	100	99.5
自贡	19	6	6	0	31.6	100	100
攀枝花	62	0	0	0	0	—	—
泸州	42	13	13	0	31.0	100	100
德阳	45	5	5	0	11.1	100	100
绵阳	26	14	14	0	53.8	100	100
广元	26	23	23	2	88.5	100	91.3
遂宁	17	4	4	0	23.5	100	100
内江	30	5	5	0	16.7	100	100
乐山	35	32	32	0	91.4	100	100
南充	24	24	24	0	100	100	100
宜宾	37	19	19	0	51.4	100	100
广安	31	0	0	0	0	—	—
达州	11	10	10	0	90.9	100	100
巴中	15	11	11	0	73.3	100	100
雅安	11	0	0	0	0	—	—
眉山	27	0	0	0	0	—	—
资阳	8	7	7	0	87.5	100	100
阿坝	14	14	14	6	100	100	57.1
甘孜	9	6	6	0	66.7	100	100
凉山	18	4	4	0	22.2	100	100
四川省	948	395	395	9	41.7	100	97.7

二、主要污染物达标情况

（一）化学需氧量

2023年，四川省废水污染源化学需氧量外排达标率为99.8%，其中，水环境重点排污单位化学需氧量外排达标率为99.8%；地下水污染防治重点排污单位达标率为100%；环境风险重点管控单位达标率为100%。

除成都、广元外，其他19个市（州）达标率为100%。

（二）氨氮

2023年，四川省废水污染源氨氮外排达标率为100%。其中，水环境重点排污单位氨氮外排达标率为100%；地下水污染防治重点排污单位达标率为100%；环境风险重点管控单位达标率为100%。

四川省21个市（州）达标率均为100%。

（三）二氧化硫

2023年，四川省工业废气污染源二氧化硫外排达标率为99.7%。其中，大气环境重点排污单位二氧化硫外排达标率为99.7%；环境风险重点管控单位二氧化硫外排达标率为100%。

除阿坝、南充外，其他19个市（州）达标率为100%。

（四）氮氧化物

2023年，四川省工业废气污染源氮氧化物外排达标率为99.7%。其中，大气环境重点排污单位氮氧化物外排达标率为99.8%；环境风险重点管控单位氮氧化物外排达标率为99.2%。

除阿坝、达州、南充外，其他18个市（州）达标率为100%。

| 专栏三 |

重点管控区域工业污染源有组织排放量调查测算

利用“空天地”一体化溯源技术锁定大气污染防治重点管控区域后，下垫面工业污染源可以通过源头替代、过程控制、工程治理、生产工艺水平提升等方式实现污染物减排。摸清下垫面工业污染源排放量，建立排放大户“靶向”清单，是落实精准治污、科学治污，实现大气污染防治精细化管控的重要基础。

污染源源强核算可采用实测法、物料衡算法、产污系数法、排污系数法、类比法、实验法等方法。《污染源源强核算技术指南 准则》（HJ 884—2018）明确，现有工程污染源源强的核算应优先采用实测法。采用实测法核算时，对于排污单位自行监测技术指南及排污许可证等要求采用自动监测的污染因子，仅可采用有效的自动监测数据进行核算；对于排污单位自行监测技术指南及排污许可证等未要求采用自动监测的污染因子，核算源强时优先采用自动监测数据，其次采用手工监测数据。

通常主要排放口安装有自动监测设备，一般排放口仅有手工监测数据。根据《污染源源强核算技术指南 准则》，未安装自动监测系统的污染源、污染物，可采用监督监测、排污单位自行监测等手工监测数据，核算污染物源强。但是，此方法在应用过程中存在以下几个难点，一是手工监测数据量有限，二是不同监测时段生产负荷存在差异，三是部分排气筒不具备监测条件。

2023年，眉山市生态环境局联合四川省生态环境监测总站，对辖区大气污染防治重点管控范围内近百家排污单位进行了调查及抽测，并就基于实测法、类比法的有组织排放量测算方式进行了摸索。

一、排污单位调查

对大气污染防治重点管控区域下垫面排污单位基本情况进行调研，调研内容包括但不限于：原辅材料及燃料，全厂生产能力，涉二氧化硫、氮氧化物和颗粒物有组织排放的生产工艺、污染治理设施及控制措施、排气筒基本情况信息；全厂二氧化硫、氮氧化物、颗粒物一年的自动监测数据。

二、自动监测数据评估

针对安装有二氧化硫、氮氧化物、颗粒物在线监测设备的排污单位，采用有证标准物质对二氧化硫、氮氧化物在线监测数据进行评估；采用手工监测法对排污单位外排烟气中颗粒物进行监测，对颗粒物在线监测数据进行评估。通过评估的排污单位，调取其一年的在线数据，按照污染源源强核算技术指南核算有组织排放量。

三、有组织源强测算

针对未安装二氧化硫、氮氧化物、颗粒物在线监测设备的排污单位，以及未通过在线监测数据评估的排污单位，采用手工监测法对排污单位外排烟气中上述污染物进行监测。监测期间，协调排污单位生产负荷≥75%。以实测数据为基础，按照《污染源源强核算技术指南 准则》核算废气污染物源强。

若同类工序、同类排污单位原辅材料及燃料类型相同且与污染物排放相关的成分相似，生产工艺相同，污染控制措施相似，生产线设计生产能力相似，则在同类工序、同类排污单位已采用实测法核算废气污染物源强的基础上，采用类比法推算该排污单位上述排气筒二氧化硫、氮氧化物、颗粒物的排放量。

四、工作成果

本项目历时9个月，对大气污染防治重点管控区域下垫面工业污染源进行了调查、抽测及有组织排放量测算（图1），共涉及97家排污单位，439根排气筒，包含砖瓦陶瓷、铝冶炼、氮肥制造、石墨碳素及食品制造等多个行业。

图1　现场监测

形成以下“三清单”。

（一）年度实际排放量清单

基于排污单位实际生产情况，利用自动监测数据、抽查监测数据、类比数据等测算了二氧化硫、氮氧化物、颗粒物年度实际排放量。

（二）最大日排放量清单

对安装有自动监测设备的排气筒，按排放量进行从大到小的排序，取前5%的数据测算最大日排放量；对没有安装安装有自动监测设备的排气筒，基于高生产负荷（生产负荷≥75%）下的排放水平，利用手工抽测数据测算其最大日排放量。将各排气筒测算结果进行累加，形成该排污单位最大日排放量。

（三）最大年排放量清单

根据最大日排放量、年度设计运行时长，测算排污单位最大年排放量。此外，根据“三清单”，对各行业颗粒物、二氧化硫、氮氧化物贡献率进行了分析（图2），结果表明占被调查排污单位数量30%的砖瓦陶瓷行业，贡献了近50%的排放量；结合调查、测算结果，从大气污染管控措施、治理能力提升等方面入手，编制了排污单位、重点行业评估报告。

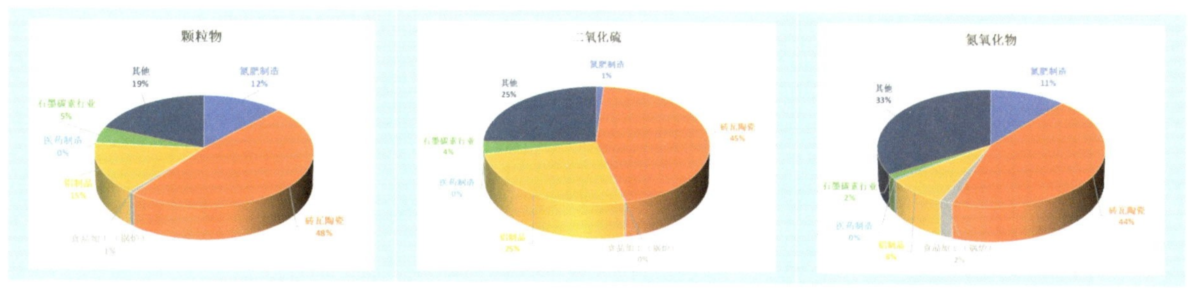

图2　各行业污染物贡献率

五、下一步应用

结合排污单位抽测数据，探索基于行业、工序排放量的排污单位二氧化硫、氮氧化物、颗粒物排放“指纹图谱”。

进一步梳理执法抽测、排查问题、整改问题、督促指导等环节，建立健全长效机制，助力污染排放精细化管理。

推广基于实测法的测算经验，摸清四川省固定污染源主要排放口排放情况。

生态环境质量状况

第三篇

第一章　生态环境质量监测及评价方法

一、环境空气

（一）监测点位

2023年，四川省21个市（州）政府所在地城市共布设国控城市环境空气质量监测点位104个，其中城市评价点位89个，清洁对照点15个；在155个县（市、区）布设省控城市环境空气质量监测点位168个。2023年四川省国控城市环境空气质量监测点位分布如图3.1-1所示。

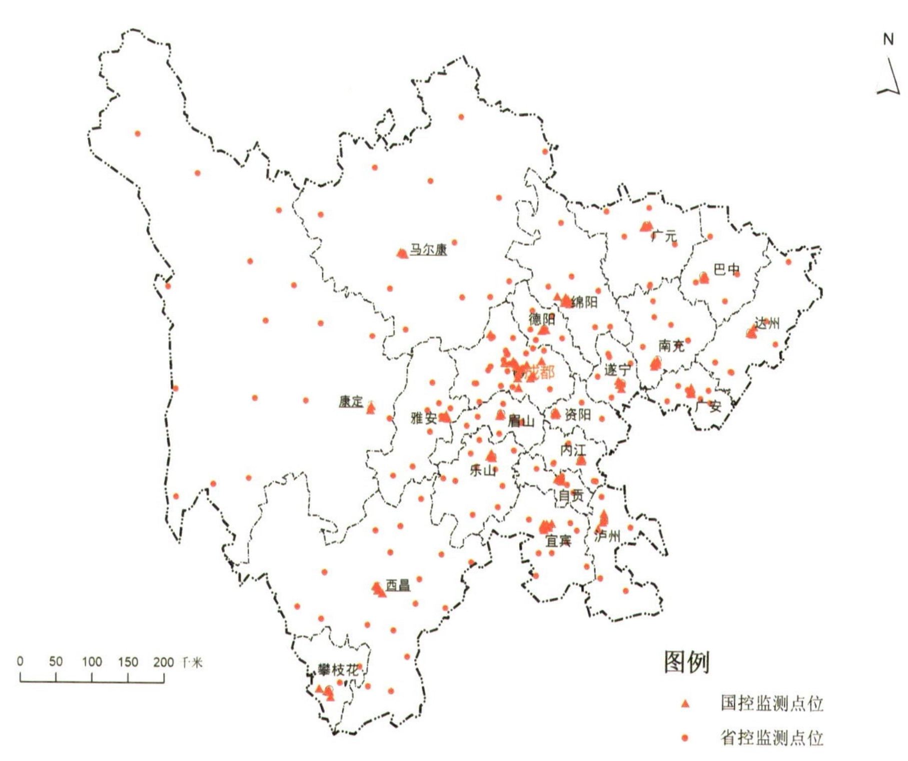

图3.1-1　2023年四川省国控城市环境空气质量监测点位分布

（二）监测指标及频次

监测指标为二氧化硫（SO_2）、二氧化氮（NO_2）、一氧化碳（CO）、臭氧（O_3）、可吸入颗粒物（PM_{10}）、细颗粒物（$PM_{2.5}$）以及气象五参数（温度、湿度、气压、风向、风速）。监测频次为每天24小时连续监测。

（三）评价标准和评价方法

评价标准为《环境空气质量标准》（GB 3095—2012）及修改单、《环境空气质量指数（AQI）技术规定（试行）》（HJ 633—2012）、《环境空气质量评价技术规范（试行）》（HJ 663—2013）、《城市环境空气质量排名技术规定》（环办监测〔2018〕19号）。评价方法采用空气质量指数，对二氧化硫、二氧化氮、一氧化碳、臭氧、可吸入颗粒物和细颗粒物的实况浓度数据进行评价。空气质量指数（AQI）范围及相应的空气质量级别见表3.1-1。

表3.1-1　空气质量指数（AQI）范围及相应的空气质量级别

AQI	空气质量级别	表征颜色	对健康影响情况
0～50	一级（优）	绿色	空气质量令人满意，基本无空气污染
51～100	二级（良）	黄色	空气质量可接受，但某些污染物可能对极少数异常敏感人群健康有较弱影响
101～150	三级（轻度污染）	橙色	易感人群症状有轻度加剧，健康人群出现刺激症状
151～200	四级（中度污染）	红色	进一步加剧易感人群症状，可能对健康人群心脏、呼吸系统有影响
201～300	五级（重度污染）	紫色	心脏病和肺病患者症状显著加剧，运动耐受力降低，健康人群普遍出现症状
>300	六级（严重污染）	褐红色	健康人群运动耐受力降低，有明显强烈症状，提前出现某些疾病

（四）评价范围

地级城市环境空气质量评价范围：21个市（州）政府所在地城市的国控监测点位89个，均采用实况数据进行评价，15个清洁对照点不参与评价。

县级城市环境空气质量评价范围：55个市辖区、10个经济技术开发区和128个县级城市辖区内的89个国控监测点位和168个省控监测点位，均采用实况数据进行评价。

二、降水

（一）监测点位

四川省21个市（州）政府所在地城市共布设降水监测点位67个，具体分布如图3.1-2所示。

（二）监测指标及频次

监测指标为降水量、电导率、pH、硫酸根离子（SO_4^{2-}）、硝酸根离子（NO_3^-）、氟离子（F^-）、氯离子（Cl^-）、铵离子（NH_4^+）、钙离子（Ca^{2+}）、镁离子（Mg^{2+}）、钾离子（K^+）和钠离子（Na^+）。监测频次为逢雨必测。

（三）评价标准和评价方法

评级方法以pH<5.6作为判断酸雨的依据，pH<4.50为重酸雨区，4.50≤pH<5.00为中酸雨区，5.00≤pH<5.60为轻酸雨区，pH≥5.60为非酸雨区。酸雨频率范围、频段分布按照（0，0～20%，20%～40%，40%～60%，60%～80%，80%～100%）6个范围评价。

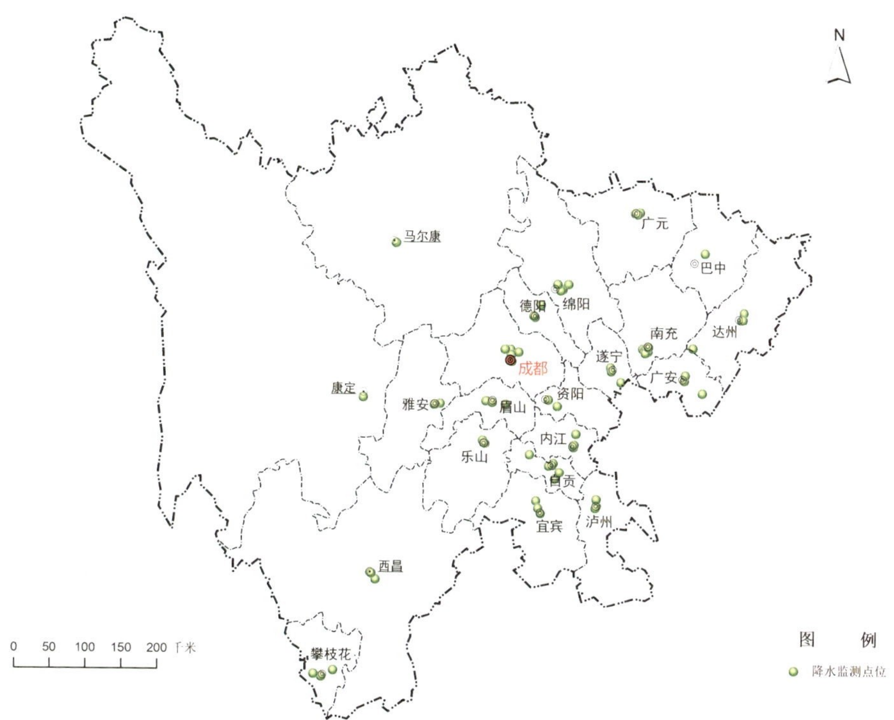

图3.1-2 2023年四川省城市降水监测点位分布

三、地表水

(一)水质监测

1. 监测点位

四川省共布设345个地表水考核监测断面(国控断面203个,省控断面142个),包括在长江(金沙江)、雅砻江、安宁河、赤水河、岷江、大渡河、青衣江、沱江、嘉陵江、涪江、渠江、琼江、黄河流域布设的331个河流监测断面和在14个重点湖库布设的14个湖库监测断面。出、入川断面共计76个,其中入川断面34个、共界断面10个、出川断面32个。2023年四川省地表水监测断面分布如图3.1-3所示。

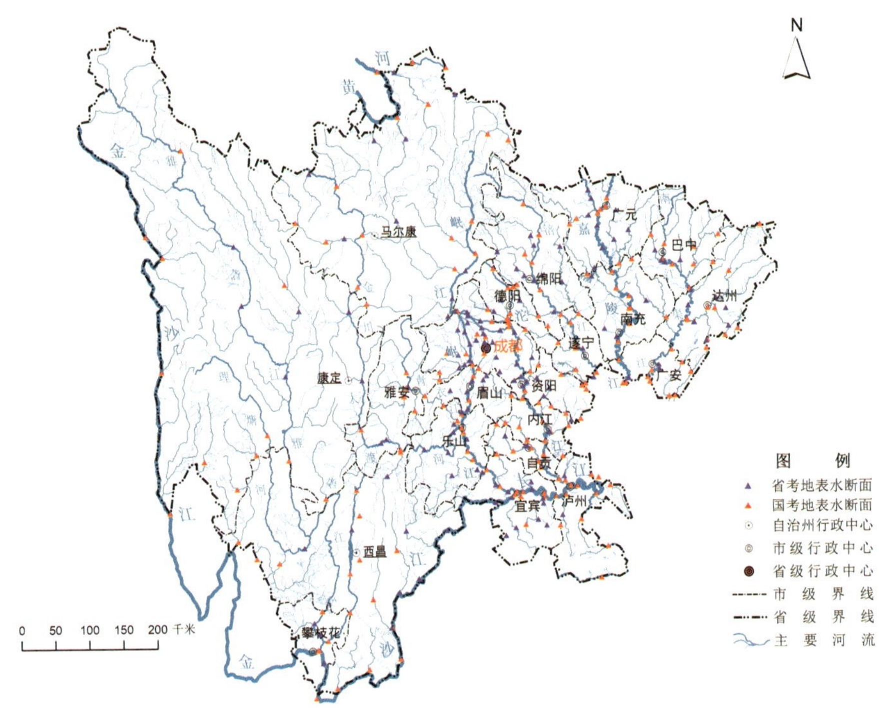

图3.1-3　2023年四川省地表水监测断面分布

2. 监测指标及频次

监测指标为水温、pH、溶解氧、高锰酸盐指数、化学需氧量、五日生化需氧量、氨氮、总磷、总氮、铜、锌、氟化物、硒、砷、汞、镉、六价铬、铅、氰化物、挥发酚、石油类、阴离子表面活性剂、硫化物、粪大肠菌群24项，湖库增加透明度、叶绿素a。每月监测1次，一年监测12次。

3. 评价标准和评价方法

评价标准为《地表水环境质量标准》（GB 3838—2002）、《地表水环境质量评价办法（试行）》。

水质评价指标：水温、总氮、粪大肠菌群以外的21项指标，湖库总氮、粪大肠菌群单独评价。

湖库营养状态评价指标：高锰酸盐指数、总磷、总氮、叶绿素a、透明度。

河流断面水质定性评价见表3.1-2，河流、流域（水系）水质定性评价见表3.1-3。湖泊富营养状态综合营养状态指数（TLI）分级标准见表3.1-4。

表3.1-2　河流断面水质定性评价

水质类别	水质状况	表征颜色	水质功能
Ⅰ、Ⅱ类水质	优	蓝色	饮用水源一级保护区、珍稀水生生物栖息地、鱼虾类产卵场、仔稚幼鱼的索饵场等
Ⅲ类水质	良好	绿色	饮用水源二级保护区、鱼虾类越冬场、洄游通道、水产养殖区、游泳区
Ⅳ类水质	轻度污染	黄色	一般工业用水和人体非直接接触的娱乐用水
Ⅴ类水质	中度污染	橙色	农业用水及一般景观用水
劣Ⅴ类水质	重度污染	红色	除调节局部气候外，几乎无使用功能

表3.1-3 河流、流域（水系）水质定性评价

水质类别比例	水质状况	表征颜色
Ⅰ～Ⅲ类水质比例≥90%	优	蓝色
75%≤Ⅰ～Ⅲ类水质比例<90%	良好	绿色
Ⅰ～Ⅲ类水质比例<75%，且劣Ⅴ类比例<20%	轻度污染	黄色
Ⅰ～Ⅲ类水质比例<75%，且20%≤劣Ⅴ类比例<40%	中度污染	橙色
Ⅰ～Ⅲ类水质比例<60%，且劣Ⅴ类比例≥40%	重度污染	红色

表3.1-4 湖泊富营养状态综合营养状态指数（TLI）分级标准

分级	贫营养	中营养	富营养		
			轻度	中度	重度
TLI（∑）值范围	TLI（∑）<30	30≤TLI（∑）≤50	50<TLI（∑）≤60	60<TLI（∑）≤70	TLI（∑）>70

（二）重点流域水生生态调查监测

为初步掌握四川省重点流域水生态环境状况，建立有效的生物评价指标，2023年9—11月，在四川省重点流域和重点湖库开展水生生物调查监测。

1. 监测点位

四川省重点流域和10个重点湖库共布设43个点位，包括25个国控点位、16个省控点位和2个其他点位。四川省重点流域水生生物调查监测点位信息见表3.1-5。

表3.1-5 四川省重点流域水生生物调查监测点位信息

序号	点位名称	经度	纬度	市（州）	所在流域	点位属性	河流/湖库
1	切拉塘	102.6139	33.1470	阿坝	黄河	省控	河流
2	红原	102.5800	32.8435	阿坝	黄河	省控	河流
3	大水	102.3583	33.9724	阿坝	黄河	省控	河流
4	若尔盖	102.9333	33.6001	阿坝	黄河	国控	河流
5	唐克	102.4579	33.4119	阿坝	黄河	国控	河流
6	黑河上游	103.0659	33.1404	阿坝	黄河	其他	河流
7	花湖	102.8307	33.9103	阿坝	黄河	其他	湖库
8	手傍岩	106.7468	31.7845	巴中	渠江	国控	河流
9	大河	106.9358	32.2100	巴中	渠江	省控	河流
10	三岔湖	104.2848	30.2857	成都	沱江	省控	湖库
11	江陵	107.1733	31.4349	达州	渠江	国控	河流
12	大蹬沟	107.1426	31.0443	达州	渠江	国控	河流
13	团堡岭	106.9176	30.6534	达州	渠江	国控	河流
14	清平	104.1096	31.5828	德阳	沱江	国控	河流
15	红岩寺	104.3533	31.3512	德阳	沱江	国控	河流

续表

序号	点位名称	经度	纬度	市（州）	所在流域	点位属性	河流/湖库
16	八角	104.4058	31.0275	德阳	沱江	国控	河流
17	聂呷乡佛爷岩	101.8894	30.9186	甘孜	大渡河	省控	河流
18	鸳鸯坝	102.1767	30.0654	甘孜	大渡河	省控	河流
19	码头	106.5631	30.2914	广安	渠江	省控	河流
20	金银渡	105.7893	31.9004	广元	嘉陵江	省控	河流
21	大渡河宜坪	103.1900	29.2481	乐山	大渡河	省控	河流
22	李码头	103.7494	29.5574	乐山	大渡河	国控	河流
23	姜公堰	103.6794	29.6347	乐山	青衣江	国控	河流
24	邛海湖心	102.3220	27.7958	凉山	安宁河	国控	湖库
25	大桥水库	102.2059	28.6738	凉山	安宁河	国控	河流
26	泸沽湖	100.7770	27.7010	凉山	雅砻江	国控	湖库
27	太平渡	106.0325	28.1398	泸州	赤水河	国控	河流
28	黑龙滩水库	104.0425	30.0575	眉山	岷江	省控	湖库
29	平武水文站	104.5253	32.4146	绵阳	涪江	国控	河流
30	福田坝	104.7032	31.6815	绵阳	涪江	国控	河流
31	百顷	105.1929	31.0462	绵阳	涪江	国控	河流
32	升钟水库	105.6469	31.5403	南充	嘉陵江	省控	湖库
33	葫芦口水库	104.6163	29.6021	内江	沱江	国控	湖库
34	湾滩电站	101.9278	26.7328	攀枝花	安宁河	国控	河流
35	二滩水库	101.7044	26.9514	攀枝花	雅砻江	省控	湖库
36	玉溪	105.7708	30.3257	遂宁	涪江	国控	河流
37	大安（光辉）	105.6133	30.1869	遂宁	琼江	国控	河流
38	跑马滩（新）	105.4593	30.3547	遂宁	琼江	国控	河流
39	大岗山	102.2147	29.4453	雅安	大渡河	国控	河流
40	多营	102.8975	30.0257	雅安	青衣江	省控	河流
41	龟都府	103.1540	29.9270	雅安	青衣江	国控	河流
42	老鹰水库	104.5121	30.1839	资阳	沱江	省控	湖库
43	双溪水库	104.4109	29.4765	自贡	沱江	省控	湖库

2. 监测指标及频次内容

水生生物指标：浮游植物、浮游动物（仅在重点湖库监测）、底栖动物（仅在黄河监测）和着生藻类（仅在黄河监测）的种类组成、数量分布、优势种类和生物多样性等。监测频次为1次/年。

3. 评价方法

依据《水生态监测技术指南 河流水生生物监测与评价（试行）》（HJ 1295—2023）和《水生态监测技术指南 湖泊和水库水生生物监测与评价（试行）》（HJ 1296—2023）对监测结果进

行评价。其中，浮游植物、浮游动物和着生藻类采用香农—维纳多样性指数（H）和均匀度指数（J）进行评价，底栖动物采用生物监测工作组记分（$BMWP$）进行评价。水生生物分级评价标准见表3.1–6。

表3.1–6　水生生物评价分级标准

分级	优秀	良好	中等	较差	很差
H	H>3.0	2.0<H≤3.0	1.0<H≤2.0	0<H≤1.0	H=0
J	0.8<H≤1	0.5<H≤0.8	0.3<H≤0.5	0<H≤0.3	J=0
$BMWP$	$BMWP$≥86	65<$BMWP$≤86	43≤$BMWP$<65	22≤$BMWP$<43	$BMWP$<22

四、集中式饮用水水源地

（一）监测点位

四川省在21个市（州）政府所在地城市的50个市级集中式饮用水水源地（地表水型48个，地下水型2个）布设50个监测断面（点位）。在县（市，区）政府所在地城市的235个集中式饮用水水源地（地表水型205个，地下水型30个）布设240个监测断面（点位）。在2087个乡镇集中式饮用水水源地（地表水型1370个，地下水型717个）布设2104个监测断面（点位）。2023年四川省21个市（州）集中式饮用水水源地监测数量统计见表3.1–7，县级及以上城市集中式饮用水水源地空间分布如图3.1–4所示。

表3.1–7　2023年四川省21个市（州）集中式饮用水水源地监测数量统计

市（州）	市级集中式饮用水水源地数（个）		县级集中式饮用水水源地数（个）		乡镇集中式饮用水水源地数（个）	
	地表水型	地下水型	地表水型	地下水型	地表水型	地下水型
成都	3	0	17	3	7	15
自贡	1	0	2	0	12	6
攀枝花	1	0	3	0	14	3
泸州	5	0	6	0	72	14
德阳	1	1	7	2	18	47
绵阳	2	0	6	2	98	36
广元	2	1	9	0	128	36
遂宁	3	0	5	0	7	3
内江	3	0	2	0	20	0
乐山	2	0	14	0	68	49
南充	2	0	7	0	59	44
宜宾	2	0	10	2	81	44
广安	1	0	7	0	40	21
达州	1	0	7	1	121	35
巴中	2	0	5	0	144	4
雅安	1	0	10	4	97	14

续表

市（州）	市级集中式饮用水水源地数（个）		县级集中式饮用水水源地数（个）		乡镇集中式饮用水水源地数（个）	
	地表水型	地下水型	地表水型	地下水型	地表水型	地下水型
眉山	2	0	4	0	8	4
资阳	1	0	5	0	16	0
阿坝	7	0	23	1	160	10
甘孜	4	0	37	0	64	4
凉山	2	0	19	15	136	328
四川省	48	2	205	30	1370	717

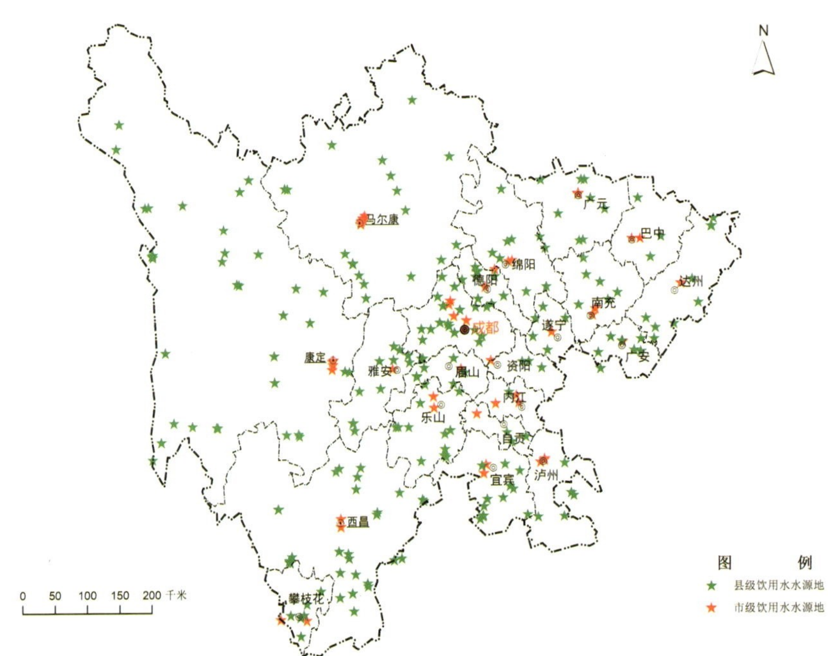

图3.1-4 2023年四川省县级及以上城市集中式饮用水水源地空间分布

（二）监测指标及频次

县级及以上城市集中式地表水型水源地监测指标为《地表水环境质量标准》（GB 3838—2002）中基本项目28项（表1中除水温以外的23项及表2中5项）和表3中优选特定项目33项，总计61项，并统计取水量；全分析监测指标为GB 3838—2002中全部109项并统计取水量。地下水型监测指标为《地下水质量标准》（GB/T 14848—2017）表1中39项，并统计取水量；全分析监测指标为GB/T 14848—2017中93项，并统计取水量。

乡镇集中式地表水型水源地监测指标为《地表水环境质量标准》（GB 3838—2002）中基本项目28项，并统计取水量。地下水型饮用水水源地监测指标为《地下水质量标准》（GB/T 14848—2017）表1中37项常规指标（总α放射性和总β放射性指标为选测项目），并统计取水量。

不同类型集中式饮用水水源地监测频次见表3.1-8。

表3.1-8 不同类型集中式饮用水水源地监测频次

水源地类型		监测频次
市级集中式饮用水水源地	地表水型	每月1次，全年12次
	地下水型	每月1次，全年12次
	全分析	全年1次
县级集中式饮用水水源地	地表水型	每季度1次，全年4次
	地下水型	每半年1次，全年2次
乡镇集中式饮用水水源地	地表水型	每半年1次，全年2次
	地下水型	每半年1次，全年2次

（三）评价标准和评价方法

评价标准为《地表水环境质量标准》（GB 3838—2002）和《地下水质量标准》（GB/T 14848—2017）中Ⅲ类标准限值。评价方法采用单因子评价法。

五、地下水

（一）监测点位

1. 国家地下水环境质量考核点位

四川省21个市（州）共布设“十四五”国家地下水环境质量考核点位83个（区域点位30个、饮用水水源地点位21个、污染风险监控点位32个）。2023年实际监测80个点位，3个点位未开展监测（成都和南充各有1个点位不具备采样条件；南充1个点位干涸无水）。2023年四川省国家地下水环境质量考核点位分布如图3.1-5所示。

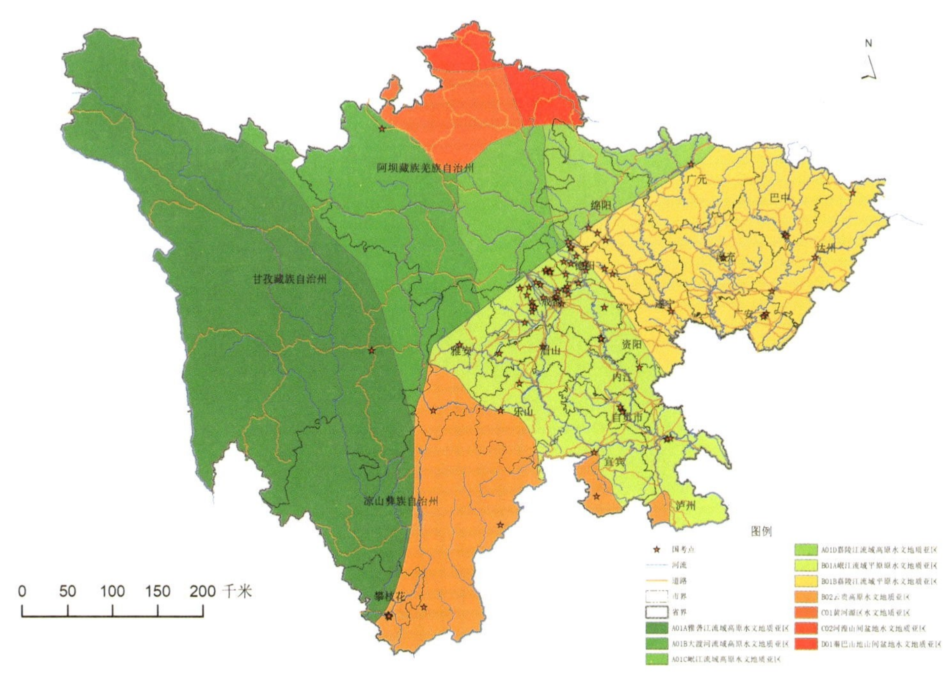

图3.1-5 2023年四川省国家地下水环境质量考核点位分布

2. 省级地下水环境质量监测点位

2023年，省级地下水环境质量监测点位为四川省地下水环境调查评估与能力建设项目建成的3050个地下水环境监测井。受点位周边情况所限，丰水期实际监测点位2581个，枯水期监测点位2652个。2023年省级地下水环境质量监测点位分布情况见表3.1-9。

表3.1-9 2023年省级地下水环境质量监测点位分布情况

序号	市（州）	污染源类点位数（个）	饮用水源类点位数（个）	合计（个）
1	成都	442	43	485
2	自贡	101	0	101
3	攀枝花	130	13	143
4	泸州	116	0	116
5	德阳	101	40	141
6	绵阳	191	19	210
7	广元	104	22	126
8	遂宁	83	17	100
9	内江	106	0	106
10	乐山	120	10	130
11	南充	90	12	102
12	宜宾	136	20	156
13	广安	90	6	96
14	达州	108	6	114
15	巴中	68	0	68
16	雅安	132	13	145
17	眉山	178	15	193
18	资阳	84	22	106
19	阿坝	78	5	83
20	甘孜	96	7	103
21	凉山	220	6	226
四川省		2774	276	3050

（二）监测项目及频次

1. 国家地下水环境质量考核点位监测项目及频次

监测项目：《地下水质量标准》（GB/T 14848—2017）表1中除总大肠杆菌、菌落总数、总α放射性及总β放射性等4项指标外的35项基本指标以及重碳酸根、碳酸根、游离二氧化碳、钾、钙、镁、总氮7项辅助指标；16个污染风险监控点位增加监测特征指标，见表3.1-10。

监测频次：丰水期和枯水期各监测1次。

表3.1-10 2023年四川省地下水污染风险监控点位增测特征指标

序号	市	点位编号	点位名称	特征指标
1	成都	SC-14-15	彭州市成都石油化学工业园区1号	镍、氯苯、乙苯、二甲苯（总量）、苯并[a]芘
2	成都	SC-14-16	彭州市成都石油化学工业园区2号	
3	成都	SC-14-17	彭州市成都石油化学工业园区3号	
4	成都	SC-14-19	成都崇州经济开发区1号	镍、银
5	成都	SC-14-22	成都崇州经济开发区2号	
6	成都	SC-14-23	成都崇州经济开发区3号	
7	攀枝花	SC-14-28	东区攀钢集团矿业有限公司选矿厂马家田1号	铍、镍、银
8	攀枝花	SC-14-29	东区攀钢集团矿业有限公司选矿厂马家田2号	
9	攀枝花	SC-14-30	东区攀钢集团矿业有限公司选矿厂马家田3号	
10	攀枝花	SC-14-31	东区攀钢集团矿业有限公司选矿厂马家田4号	
11	南充	SC-14-58	仪陇县新政镇石佛岩村武家湾1号	铍、镍
12	南充	SC-14-59	仪陇县新政镇石佛岩村武家湾3号	
13	南充	SC-14-60	仪陇县新政镇石佛岩村武家湾4号	
14	广安	SC-14-66	前锋区经济技术开发区新桥工业园区1号	二氯甲烷、氯乙烯、乙苯、二甲苯、苯乙烯
15	广安	SC-14-67	前锋区经济技术开发区新桥工业园区2号	
16	广安	SC-14-68	前锋区经济技术开发区新桥工业园区3号	

2. 省级地下水环境质量监测点位监测项目及频次

监测项目：《地下水质量标准》（GB/T 14848—2017）表1常规指标中的29项，包括pH、硫酸盐、氯化物、铁、锰、铜、锌、铝、挥发性酚类、阴离子表面活性剂、耗氧量（COD_{Mn}法，以O_2计）、氨氮、硫化物、钠、亚硝酸盐（以N计）、硝酸盐（以N计）、氰化物、氟化物、碘化物、汞、砷、硒、镉、铬（六价）、铅、三氯甲烷、四氯化碳、苯和甲苯。污染风险监控点位根据所在区域污染源特征，增测相应特征指标。

监测频次：丰水期和枯水期各监测1次。

（三）评价标准和评价方法

按照《“十四五”国家地下水环境质量考核点位监测与评价方案》（环办监测〔2021〕15号）文件要求，饮用水水源地点位监测结果评价标准执行《地下水质量标准》（GB/T 14848—2017）表1和表2中Ⅲ类标准，区域点位和污染风险监控点位监测结果评价标准执行（GB/T 14848—2017）表1和表2中Ⅳ类标准。色、嗅和味、浑浊度、肉眼可见物、总硬度和溶解性总固体等6项指标不参与评价。

水质类别评价均采用《地下水质量标准》（GB/T 14848—2017）综合评价方法，即根据该点位参评指标中结果最差的一项来确定水质类别。区域点位按年度算术平均值进行评价；饮用水水源地点位和污染风险监控点位按单次监测值评价，以同一年度内多次评价结果中最差的类别作为该点位全年的水质类别。

六、城市声环境

（一）监测点位和频次

四川省21个市（州）政府所在地城市共布设声环境质量监测点位3992个。其中，区域声环境质量监测点位2739个，道路交通干线声环境质量监测点位1025个，全年昼、夜间各监测1次；功能区声环境质量监测点位228个，每季度监测1次。2023年四川省城市声环境质量监测点位分布如图3.1-6所示。

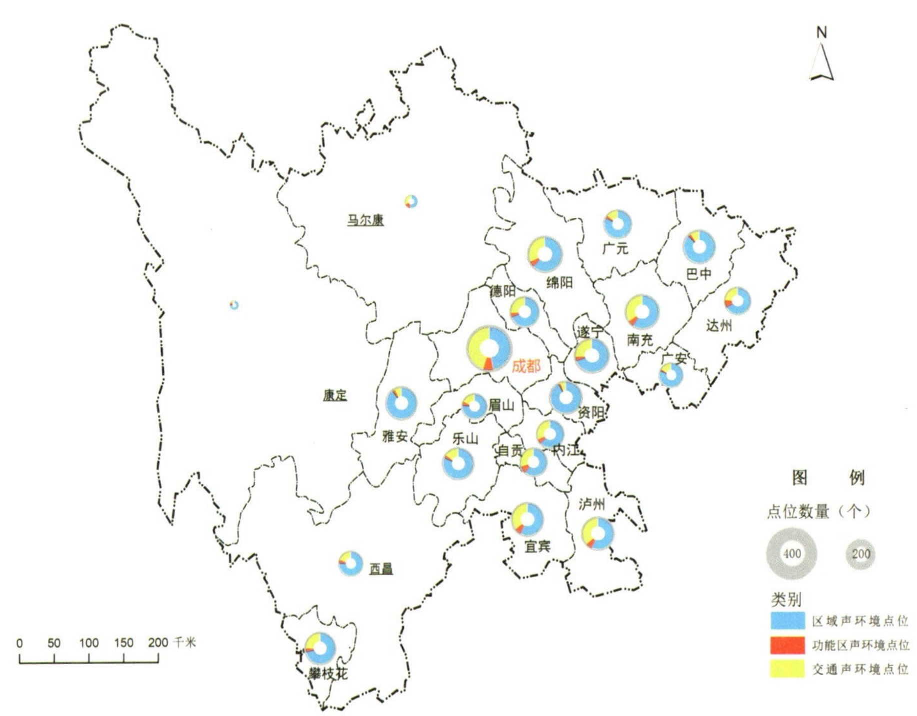

图3.1-6　2023年四川省城市声环境质量监测点位分布

（二）评价标准和评价方法

依据《声环境质量标准》（GB 3096—2008）和《环境噪声监测技术规范 城市声环境常规监测》（HJ 640—2012）进行达标与等级评价。

七、生态环境

（一）监测范围

覆盖四川省21个市（州）、183个县（市、区），总面积48.6万平方千米。遥感监测项目为土地利用/植被覆盖数据6大类、26小项，其他监测项目为归一化植被指数、生物物种数据、建成区绿地面积、建成区公园绿地可达指数、自然灾害受灾面积、生态保护红线面积等。

（二）监测指标体系

生态质量评价利用生态质量指数（EQI）反映评价区域的生态质量，数值范围为0～100。指标体系包括生态格局、生态功能、生物多样性和生态胁迫4个一级指标，下设11个二级指标、18个三级指标。

（三）评价标准和评价方法

评价方法为《区域生态质量评价办法（试行）》。各项监测指标在生态质量评价中的权重见表3.1-11。

表3.1-11 各项监测指标在生态质量评价中的权重

指标	生态格局指数	生态功能指数	生物多样性指数	生态胁迫指数
权重	0.36	0.35	0.19	0.10

生态质量指数计算方法：

生态质量指数=0.36×生态格局＋0.35×生态功能＋0.19×生物多样性＋0.10×（100-生态胁迫）

生态质量分类：共分为5类，即一类、二类、三类、四类和五类，见表3.1-12。

表3.1-12 生态质量分类

类别	一类	二类	三类	四类	五类
指数	EQI≥70	55≤EQI<70	40≤EQI<55	30≤EQI<40	EQI<30
描述	自然生态系统覆盖比例高、人类干扰强度低、生物多样性丰富、生态结构完整、系统稳定、生态功能完善	自然生态系统覆盖比例较高、人类干扰强度较低、生物多样性较丰富、生态结构较完整、系统较稳定、生态功能较完善	自然生态系统覆盖比例一般、受到一定程度的人类活动干扰、生物多样性丰富度一般、生态结构完整性和稳定性一般、生态功能基本完善	自然生态本底条件较差和人类干扰强度较大，自然生态系统较脆弱，生态功能较低	自然生态本底条件差或人类干扰强度大，自然生态系统脆弱，生态功能低

生态质量变化幅度分级：根据生态质量指数与基准值的变化情况，将生态质量变化幅度分为三级七类。三级为“变好”“基本稳定”“变差”；其中“变好”包括“轻微变好”“一般变好”和“明显变好”，变差包括“轻微变差”“一般变差”和“明显变差”。生态质量变化幅度分级见表3.1-13。

表3.1-13 生态质量变化幅度分级

变化等级	变好			基本稳定	变差		
	轻微变好	一般变好	明显变好		轻微变差	一般变差	明显变差
ΔEQI阈值	1≤ΔEQI<2	2≤ΔEQI<4	ΔEQI≥4	-1<ΔEQI<1	-2<ΔEQI≤-1	-4<ΔEQI≤-2	ΔEQI≤-4

八、农村环境

（一）监测点位

农村环境质量监测点位：101个村庄（重点监控村庄15个、一般监控村庄86个）共布设环境空气点位101个，土壤点位291个，分布在21个市（州）的101个县。2023年四川省农村环境质量监控村庄分布如图3.1-7所示。

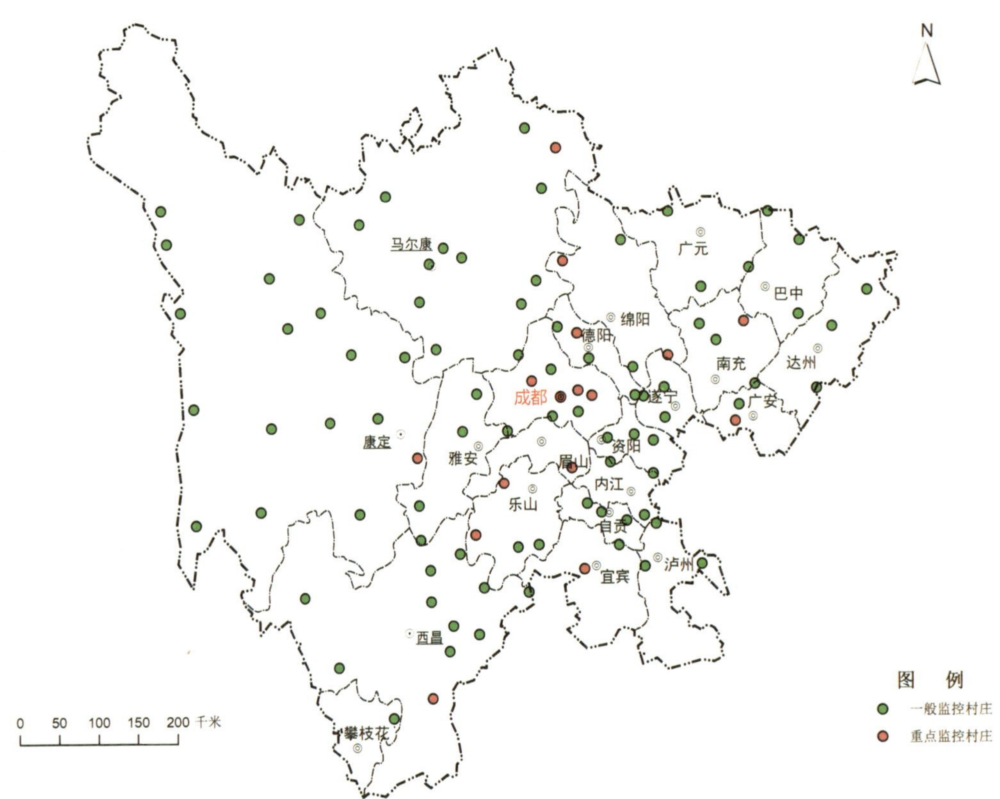

图3.1-7　2023年四川省农村环境质量监控村庄分布

县域地表水监测断面（点位）：河流断面198个，湖库点位22个，共计220个断面（点位），分布在21个市（州）101个县（市、区）。

农村千吨万人饮用水水源地水质监测点位：共布设断面（点位）445个，包括地表水型断面（点位）395个（河流型220个、湖库型175个），地下水型点位50个。2023年实际监测地表水断面（点位）394个，地下水点位49个，有2个断面（点位）因小河沟或水库自然干枯蓄水量不足全年未监测。

灌溉面积10万亩及以上的农田灌溉水水质监测点位：36个灌区共134个点位，分布在16个市（州）的44个县（市、区）。

日处理能力20吨及以上农村生活污水处理设施出水水质点位：监督性监测抽查1001个农村生活污水处理设施，分布在21个市（州）的156个县（市、区）。

农业面源监测断面：103个监测断面，分布在18个市（州）的48个区（县）。

农村黑臭水体监测断面：2023年纳入国家监管清单并已完成整治的农村黑臭水体共计99个，分布在12个市（州）的42个县（市、区）。全年实际监测88个，其余11个黑臭水体中，有10个（无裸露水面，不具备采样条件）未监测，1个未在规定时间监测。

（二）监测指标及频次

2023年四川省农村环境质量监测指标及监测频次见表3.1-14。

表3.1-14 2023年四川省农村环境质量监测指标及监测频次

环境质量要素	监测指标	监测频次
环境空气	二氧化硫、二氧化氮、可吸入颗粒物、细颗粒物、一氧化碳、臭氧	手工监测为每季度1次，连续监测5天；自动监测为连续24小时监测
县域地表水	《地表水环境质量标准》（GB 3838—2002）表1中24项指标	每季度监测1次
土壤	pH、阳离子交换量，镉、汞、砷、铅、铬、铜、镍、锌等元素的全量，以及自选特征污染物	5年监测1次
农村千吨万人饮用水水源地	《地表水环境质量标准》（GB 3838—2002）表1、表2共28项指标；《地下水质量标准》（GB/T 14848—2017）中表1共37项常规指标（总α放射性和总β放射性为选测指标）	地表水每季度监测1次；地下水上下半年各监测1次
灌溉规模在10万亩及以上的灌溉水	《农田灌溉水质标准》（GB 5084—2021）表1的基本控制项目16项，表2中选择性控制项目为选测指标	上下半年各监测1次
日处理能力20吨及以上农村生活污水处理设施出水	必测项目：化学需氧量和氨氮 选测项目：pH、五日生化需氧量、悬浮物、总磷、粪大肠菌群、动植物油	上下半年各监测1次
面源污染地表水	流量、总氮、总磷、氨氮、硝酸盐氮（以N计）、高锰酸盐指数、化学需氧量	每季度监测1次
农村黑臭水体水质	透明度、溶解氧、氨氮	第三季度监测1次

（三）评价标准和评价方法

农村环境质量评价标准和评价方法执行《农村环境质量综合评价技术规定》（修订征求意见稿），以县域为基本单元进行综合评价。环境空气质量评价采用实况数据。2021—2022年土壤监测结果纳入2023年评价。

空气、土壤、县域地表水、千吨万人饮用水水源地、农田灌溉水、生活污水处理设施等要素均按照现行有效的评价方式评价后计算指数，并按照权重计算农村环境状况指数（I_{env}）。根据农村环境状况指数，将农村环境状况分为五级，见表3.1-15。

表3.1-15 农村环境状况分级

级别	优	良	一般	较差	差
农村环境状况指数（I_{env}）	I_{env}≥90	75≤I_{env}<90	55≤I_{env}<75	40≤I_{env}<55	I_{env}<40

农业面源污染评价采用内梅罗指数综合评价法。根据县域的内梅罗综合指数值，将农业面源污染状况分为五级，见表3.1-16。

表3.1-16 内梅罗指数综合评价分级标准

水质等级	清洁	轻度污染	中度污染	重污染	严重污染
内梅罗指数	0～1.0	1.0～2.0	2.0～3.0	3.0～5.0	≥5.0

黑臭水体水质的评价参照《农村黑臭水体治理工作指南（试行）》（环办土壤函〔2019〕826号）中农村黑臭水质监测判定方法，即透明度、溶解氧、氨氮3项指标中任意1项不达标即为黑臭水体。农村黑臭水体水质监测指标阈值见表3.1-17。

表3.1-17　农村黑臭水体水质监测指标阈值

监测指标（单位）	指标阈值
透明度（cm）	<25*
溶解氧（mg/L）	<2
氨氮（mg/L）	>15

注：*水深不足25cm时，透明度按水深的40%取值。

九、土壤环境

（一）监测点位

2023年监测重点风险点位195个（包括国家点位95个、省级点位100个），一般风险点位579个（包括国家点位253个、省级点位326个）。2023年四川省土壤环境质量监测点位空间分布如图3.1-8所示。

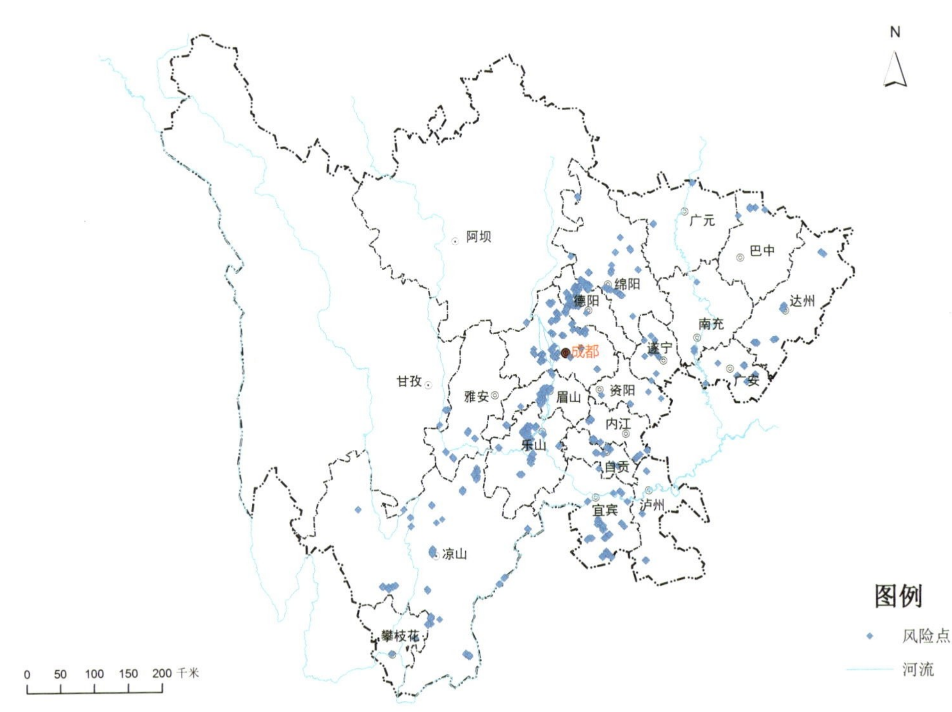

图3.1-8　2023年四川省土壤环境质量监测点位空间分布

（二）监测指标及监测频次

监测指标分为三大类，分别为理化指标土壤pH、阳离子交换量、有机质含量，无机指标砷、镉、铬、铜、铅、镍、汞、锌的全量，有机指标六六六总量（α-六六六、β-六六六、γ-六六六、δ-六六六）、滴滴涕总量（p,p′-滴滴伊、p,p′-滴滴滴、o,p′-滴滴涕、p,p′-滴滴涕）和多环芳烃（苊烯、苊、芴、菲、蒽、荧蒽、芘、苯并[a]蒽、䓛、苯并[b]荧蒽、苯并[k]荧蒽、苯并[a]芘、二苯并[a,h]蒽、苯并[g,h,i]苝、茚并[1,2,3-c,d]芘）。

监测频次：重点风险点位每年完成1次监测，一般风险点位每五年完成2次监测。

（三）评价标准

监测结果依据《土壤环境质量农用地土壤污染风险管控标准（试行）》（GB 15618—2018）进行评价。评价指标为砷、镉、铬、铜、铅、镍、汞、锌、六六六总量、滴滴涕总量和苯并[a]芘。

当土壤中污染物含量等于或者低于风险筛选值时，农用地土壤污染风险低，一般情况下可以忽略；高于风险筛选值时，可能存在农用地土壤污染风险，应加强土壤环境监测和农产品协同监测。

当土壤中镉、汞、砷、铅、铬的含量高于风险筛选值、等于或者低于风险管制值时，可能存在食用农产品不符合质量安全标准等土壤污染风险，原则上应当采取农艺调控、替代种植等安全利用措施。

当土壤中镉、汞、砷、铅、铬的含量高于风险管制值时，食用农产品不符合质量安全标准等农用地土壤污染风险高，且难以通过安全利用措施降低食用农产品不符合质量安全标准等农用地土壤污染风险，原则上应当采取禁止种植食用农产品、退耕还林等严格管控措施。

十、辐射环境

（一）监测内容

2023年四川省辐射环境质量监测内容包括大气、水体、土壤、生物等各种环境介质监测工作，详见表3.1−18。

表3.1−18 2023年四川省辐射环境质量监测内容统计

监测对象	监测项目	监测频次	国控点位（个）	省控点位数（个）
环境γ辐射	空气吸收剂量率	连续	27	15
	累积剂量（TLD）	1次/季度	12	12
	瞬时剂量	1次/年	—	21
空气	氡累积剂量	1次/季度（连续）	1	—
		1次/季度	1	1
	^{3}H	1次/季度	1	—
		1次/年	—	1
	^{14}C	1次/年（连续）	1	—
气溶胶	γ能谱分析（^{7}Be、^{228}Ra、^{210}Pb、^{40}K、^{137}Cs、^{134}Cs、^{140}Ba、^{131}I）、^{210}Po	1次/季度（连续）	23	6
		1次/月		
		1次/季度		
	^{90}Sr、^{137}Cs	1次/年		
气态碘	^{131}I	1次/季度	1	—
		1次/年	22	—
沉降物	γ能谱分析（^{228}Ra、^{210}Pb、^{40}K、^{137}Cs、^{134}Cs、^{140}Ba）、^{90}Sr、^{137}Cs	1次/年	23	1
降水	^{3}H	1次/季	1	—
地表水	U、Th、^{226}Ra、^{90}Sr、^{137}Cs、总α、总β	2次/年	6	20
地下水	U、Th、^{226}Ra、^{210}Pb、^{210}Po、总α、总β	1次/年	1	—

续表

监测对象	监测项目	监测频次	国控点位（个）	省控点位数（个）
饮用水	^{90}Sr、^{137}Cs、总α、总β	2次/年	21	21
		1次/年		
土壤	^{238}U、^{232}Th、^{226}Ra、^{40}K、^{137}Cs	1次/年	21	—
环境电磁辐射	综合场强、工频电场、工频磁场	连续	—	18
		1次/年	2	17

（二）评价标准和评价方法

依据《电离辐射防护与辐射源安全基本标准》（GB 18871—2002）、《电磁环境控制限值》（GB 8702—2014）、《生活饮用水卫生标准》（GB 5749—2022）和《地下水质量标准》（GB/T 14848—2017）进行评价。

第二章 环境空气质量

一、现状评价

（一）地级及以上城市

1. 主要监测指标

2023年，四川省21个市（州）政府所在地城市环境空气二氧化硫、二氧化氮、可吸入颗粒物、细颗粒物的年均值及一氧化碳日均值第95百分位数浓度值、臭氧日最大8小时滑动平均值第90百分位数浓度值均达到《环境空气质量标准》（GB 3095—2012）二级标准。攀枝花市、广元市、遂宁市、达州市、巴中市、雅安市、资阳市、阿坝州、甘孜州、凉山州共10个市（州）城市环境空气质量均达标。2023年四川省城市环境空气主要监测指标年均浓度及达标情况如图3.2–1所示。

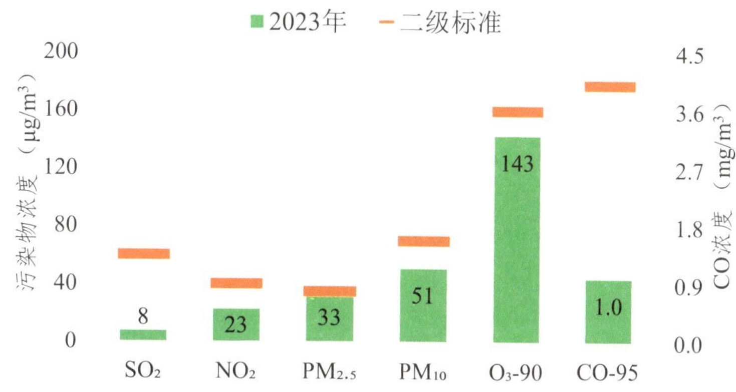

图3.2–1 2023年四川省城市环境空气主要监测指标年均浓度及达标情况

（1）二氧化硫。

2023年，四川省二氧化硫年均浓度为8微克/立方米，同比持平。21个市（州）城市年均浓度均达到《环境空气质量标准》（GB 3095—2012）二级标准，浓度范围为3～19微克/立方米。共19个市（州）城市年均浓度值达到个位数，浓度较高的城市依次为攀枝花市（19微克/立方米）、凉山州（11微克/立方米）。共有11个市（州）年均浓度同比下降，降幅较大的依次为阿坝州（55.6%）、德阳市（50.0%）、成都市（25.0%）；有5个市同比上升，升幅较大的依次为南充市（50.0%），巴中市（25.0%），眉山市、达州市和广安市（3市均为12.5%）；绵阳市、乐山市、资阳市、宜宾市、凉山州5个市（州）同比保持不变。2023年四川省21个市（州）城市二氧化硫年均浓度及同比变化空间分布如图3.2–2所示。

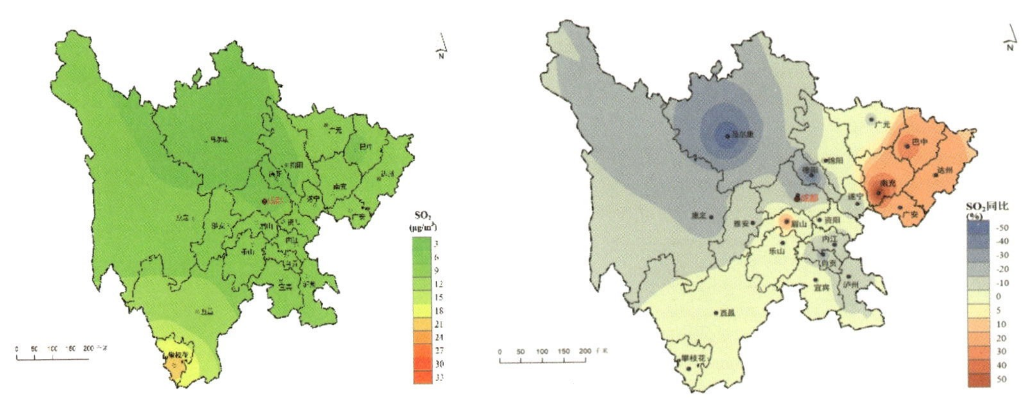

图3.2-2　2023年四川省21个市（州）城市二氧化硫年均浓度及同比变化空间分布

（2）二氧化氮。

2023年，四川省二氧化氮年均浓度为23微克/立方米，同比持平。21个市（州）城市年均浓度均达到《环境空气质量标准》（GB 3095—2012）二级标准，浓度范围为10～35微克/立方米。浓度较高的城市依次为达州市（35微克/立方米）、眉山市（32微克/立方米）、成都市（28微克/立方米）。共有12个城市年均浓度同比下降，降幅较大的依次为甘孜州（15.8%）、德阳市（13.8%）、资阳市（13.6%）；7个市同比上升，升幅较大的依次为南充市（41.2%）、遂宁市（25.0%）、眉山市（6.7%）；雅安市、达州市2个市同比持平。2023年四川省21个市（州）城市二氧化氮年均浓度及同比变化空间分布如图3.2-3所示。

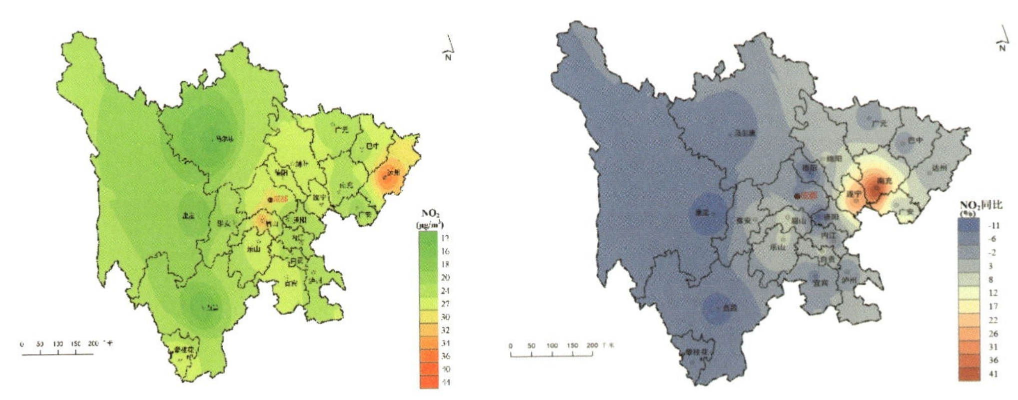

图3.2-3　2023年四川省21个市（州）城市二氧化氮年均浓度及同比变化空间分布

（3）可吸入颗粒物。

2023年，四川省可吸入颗粒物年均浓度为51微克/立方米，同比上升6.3%。21个市（州）城市年均浓度均达到《环境空气质量标准》（GB 3095—2012）二级标准，浓度范围为17～66微克/立方米，浓度较高的城市依次为德阳市和泸州市（均为66微克/立方米）、宜宾市（64微克/立方米）。3个城市年均浓度同比下降，降幅较大的依次为甘孜州（19.0%）、凉山州（5.6%）、遂宁市（3.7%）；17个城市同比上升，升幅较大的依次为眉山市（18.4%），阿坝州（17.6%），达州市、雅安市和广元市（3市均为12.2%）；资阳市同比保持不变。2023年四川省21个市（州）城市可吸入颗粒物年均浓度及同比变化空间分布如图3.2-4所示。

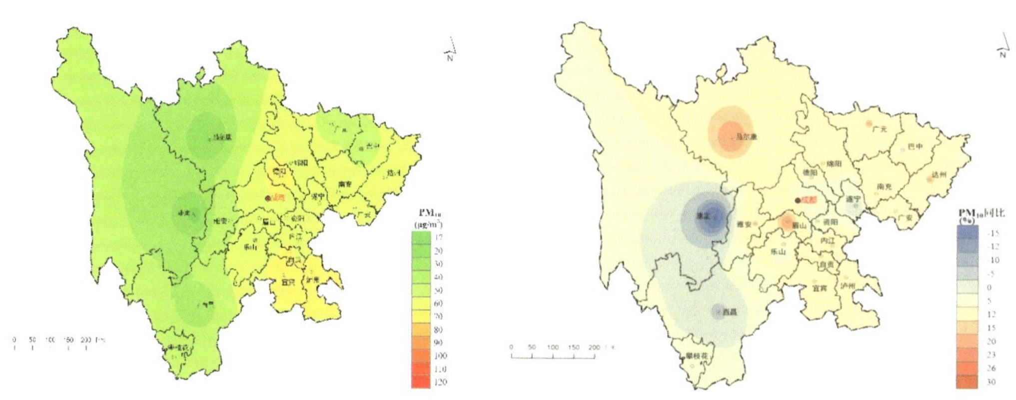

图3.2-4 2023年四川省21个市（州）城市可吸入颗粒物年均浓度及同比变化空间分布

（4）细颗粒物。

2023年，四川省细颗粒物年均浓度为33微克/立方米，同比上升6.5%。有10个城市年均浓度达到《环境空气质量标准》（GB 3095—2012）二级标准，占比为47.6%；成都市、自贡市、泸州市、德阳市、绵阳市、内江市、乐山市、南充市、宜宾市、广安市、眉山市11个城市超标，占比为52.4%，超标倍数为0.03～0.26倍。21个市（州）年均浓度范围为7～44微克/立方米，浓度较高的依次为宜宾市和泸州市（44微克/立方米）、自贡市（43微克/立方米）。2个城市年均浓度同比下降，分别为甘孜州（12.5%）、攀枝花市（3.6%）；15个城市同比上升，升幅较大的依次为阿坝州（30.0%）、内江市（25.0%）、德阳市（20.0%）；成都市、遂宁市、眉山市、凉山州4个市（州）同比保持不变。2023年四川省21个市（州）城市细颗粒物年均浓度及同比变化空间分布如图3.2-5所示。

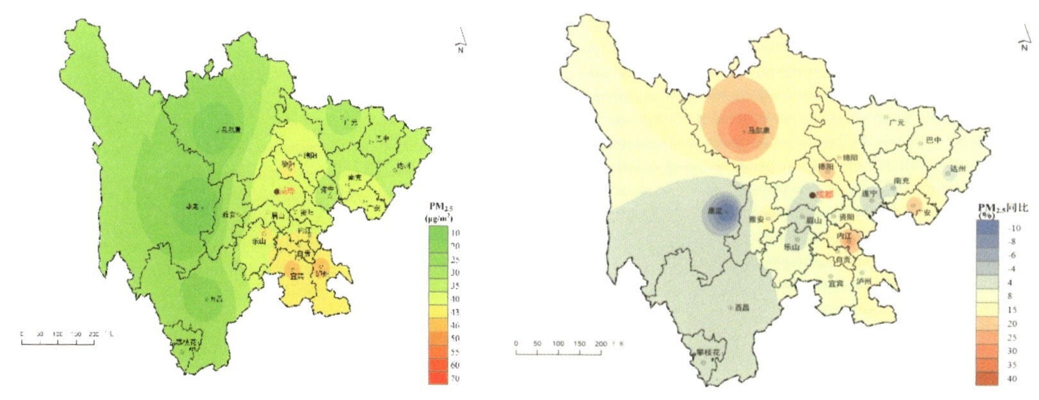

图3.2-5 2023年四川省21个市（州）城市细颗粒物年均浓度及同比变化空间分布

（5）一氧化碳。

2023年，四川省一氧化碳日均值第95百分位数浓度为1.0毫克/立方米，同比持平。21个市（州）城市日均值第95百分位数浓度均达到《环境空气质量标准》（GB 3095—2012）二级标准，浓度范围为0.6～2.0毫克/立方米，浓度较高的城市依次为攀枝花市（2.0毫克/立方米）、达州市（1.4毫克/立方米）、广元市（1.2毫克/立方米）。6个市（州）日均值第95百分位浓度同比下降，降幅较大的城市为阿坝州（33.3%）、眉山市（16.7%）、自贡市（11.1%）；8个城市同比上升，升幅较大的为达州市（16.7%），成都市、德阳市、遂宁市、雅安市、泸州市、南充市（6市均为11.1%）；绵阳市、广元市、宜宾市、巴中市、资阳市、甘孜州、凉山州7个市（州）同比保持不变。2023年四川省21个市（州）城市一氧化碳日均值第95百分位数浓度及同比变化空间分布如图3.2-6所示。

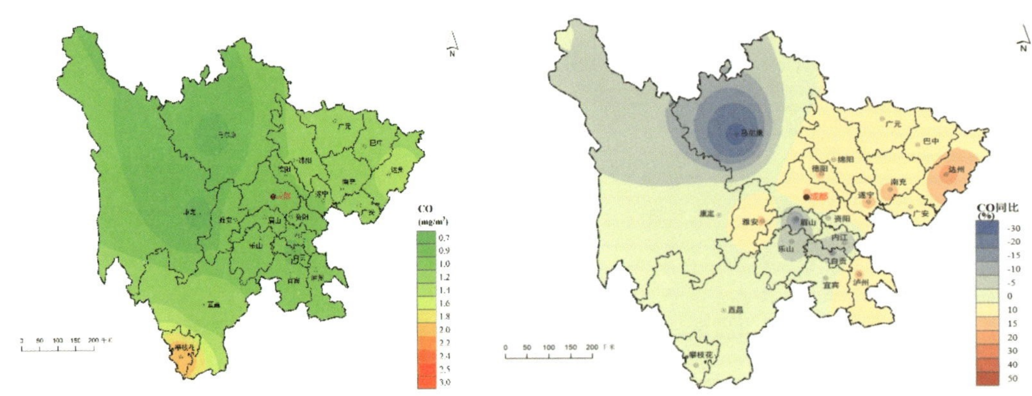

图3.2-6　2023年四川省21个市（州）城市一氧化碳日均值第95百分位数浓度及同比变化空间分布

（6）臭氧。

2023年，四川省臭氧日最大8小时滑动平均值第90百分位数浓度为143微克/立方米，同比下降0.7%。21个市（州）中17个城市日最大8小时滑动平均值第90百分位数浓度达到《环境空气质量标准》（GB 3095—2012）二级标准，占比为81.0%，成都市、德阳市、眉山市、宜宾市4个城市超标，占比为19.0%，超标倍数为0.01～0.05倍。21个市（州）浓度范围为104～168微克/立方米，浓度较高的城市依次为成都市和德阳市（168微克/立方米）、宜宾市（162微克/立方米）。12个市（州）浓度同比下降，降幅较大的依次为成都市（7.2%）、眉山市（6.9%）、阿坝州（6.3%）；8个市（州）浓度同比上升，升幅较大的依次为攀枝花市（11.9%）、南充市（6.1%）、凉山州（5.5%）；广安市保持不变。2023年四川省21个市（州）城市臭氧日最大8小时滑动平均值第90百分位数浓度及同比变化空间分布如图3.2-7所示。

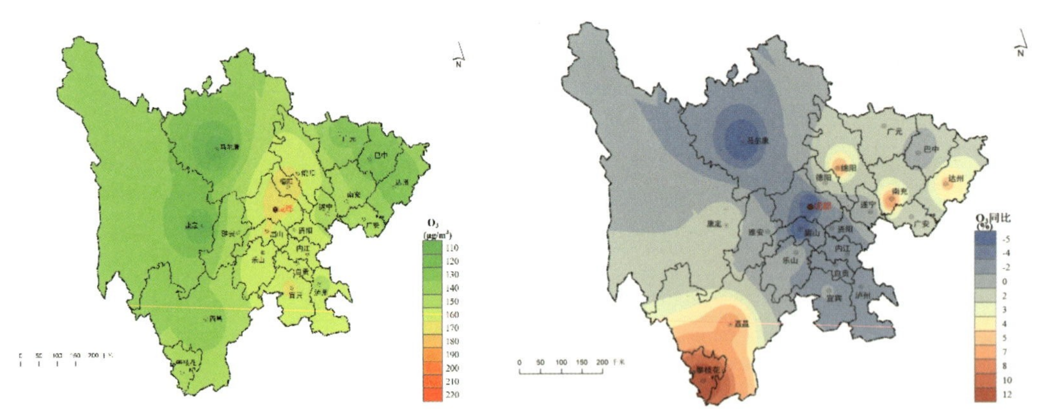

图3.2-7　2023年四川省21个市（州）城市臭氧日最大8小时滑动平均值第90百分位数浓度及同比变化空间分布

2. 优良天数比例

2023年，四川省城市环境空气质量总体优良天数比例为85.8%，同比下降3.5个百分点，其中优为36.5%，良为49.2%；总体污染天数率为14.2%，其中轻度污染为11.4%，中度污染为2.1%，重度污染为0.7%。21个市（州）优良天数比例范围为74.5%～100%，空气污染天数率较多的城市依次为德阳市、宜宾市、眉山市。2023年四川省城市环境空气质量级别分布如图3.2-8所示。

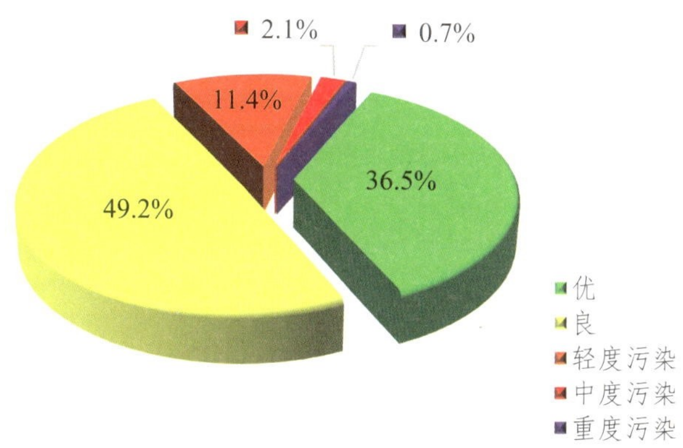

图3.2-8 2023年四川省城市环境空气质量级别分布

2023年，四川省五大经济区中，川西北生态示范区城市环境空气质量最好，优良天数比例为100%；攀西经济区次之，优良天数比例为97.2%；川东北经济区优良天数比例为89.8%；成都平原经济区优良天数比例为80.7%；川南经济区优良天数比例为78.0%。2023年四川省五大经济区城市环境空气质量状况如图3.2-9所示。

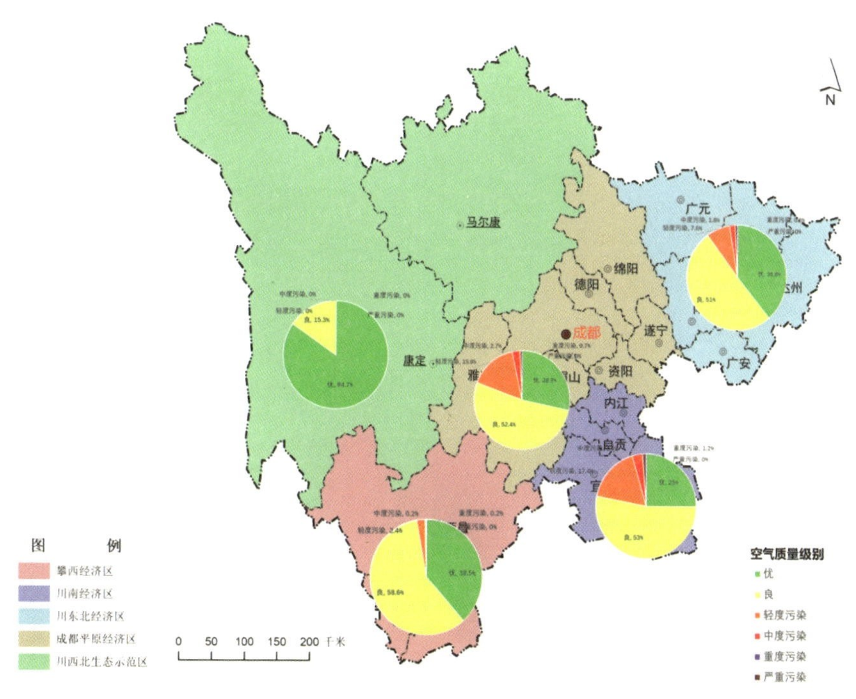

图3.2-9 2023年四川省五大经济区城市环境空气质量状况

3. 超标天数及污染指标

2023年，四川省21个市（州）城市累积超标天数为1092天，同比增加273天，污染主要由颗粒物和臭氧造成，其中细颗粒物污染652天、臭氧污染428天、可吸入颗粒物污染167天，同比分别增加257天、减少9天、增加128天。污染越严重，细颗粒物为首要污染物的占比越大，污染天气时四川省首要污染指标为细颗粒物、臭氧、可吸入颗粒物，占比分别为59.7%、39.2%、1.1%。2023年四川省城市环境空气各污染指标占比如图3.2-10所示。

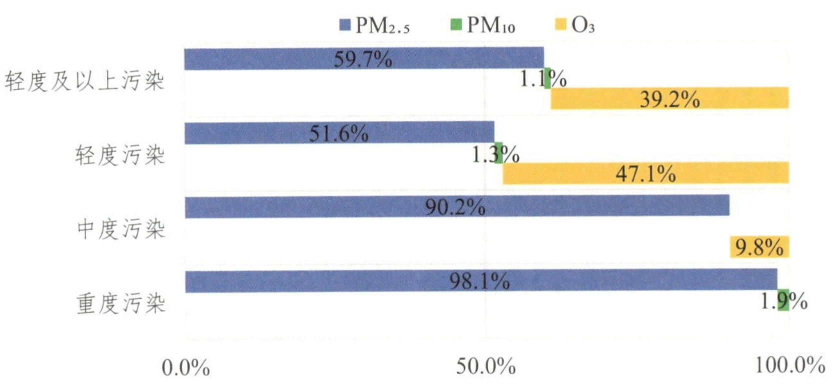

图3.2-10　2023年四川省城市环境空气各污染指标占比

4. 空气质量综合指数

2023年，四川省空气质量综合指数为3.52，21个市（州）城市的空气质量综合指数为1.77～4.20；甘孜州、阿坝州、凉山州城市空气质量相对较好，宜宾市、眉山市、德阳市相对较差。2023年四川省21个市（州）城市空气质量综合指数分布如图3.2-11所示。

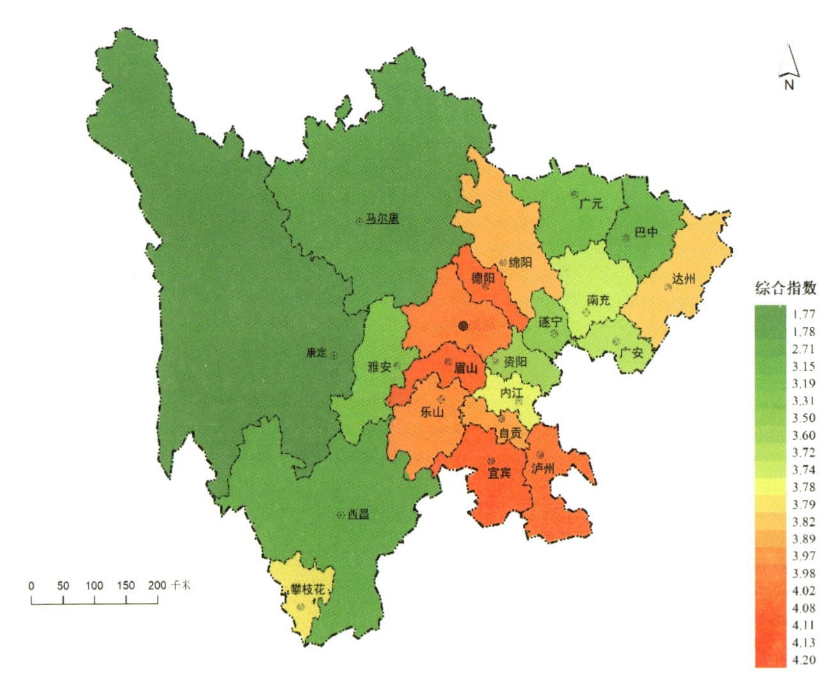

图3.2-11　2023年四川省21个市（州）城市空气质量综合指数分布

六项指标分指数中，二氧化硫分指数最大的城市为攀枝花市；二氧化氮分指数最大的城市为达州市；臭氧分指数最大的城市为成都市和德阳市（并列）；细颗粒物分指数最大的城市为泸州市和宜宾市（并列）；可吸入颗粒物分指数最大的城市为泸州市和德阳市（并列）。2023年四川省21个市（州）城市空气质量综合指数构成如图3.2-12所示。

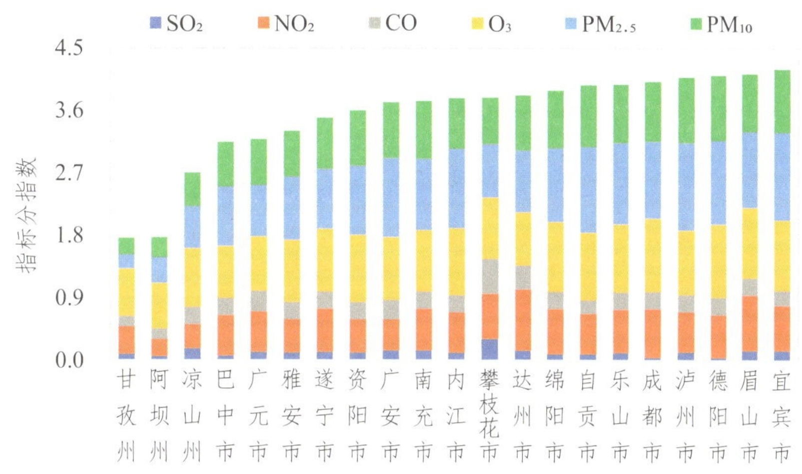

图3.2-12 2023年四川省21个市（州）城市空气质量综合指数构成

2023年，四川省城市环境空气中细颗粒物污染负荷最大，为26.7%；其次是臭氧和可吸入颗粒物，分别为25.3%、20.7%；二氧化氮污染负荷为16.5%；一氧化碳污染负荷为7.1%；二氧化硫污染负荷最低，为3.7%。2023年四川省城市环境空气主要污染物负荷情况如图3.2-13所示。

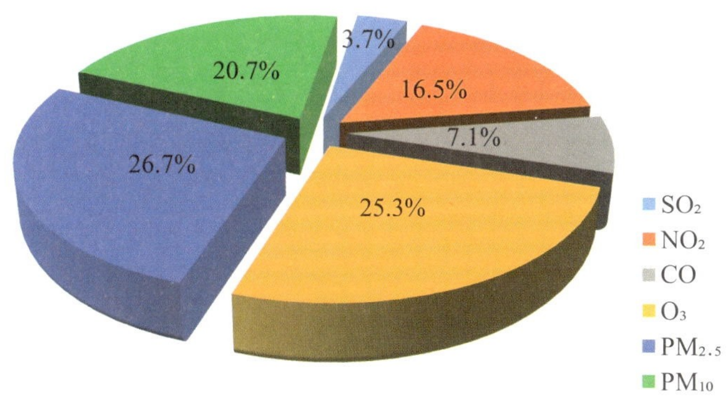

图3.2-13 2023年四川省城市环境空气主要污染物负荷情况

5. 重污染天数

2023年，四川省21个市（州）城市累积重度及以上污染天数共54天，占累积污染天数的0.7%，同比增加47天。重污染共涉及18个城市（泸州市9天，广安市7天，德阳市、乐山市、眉山市、自贡市、宜宾市、达州市各4天，绵阳市、雅安市、资阳市、巴中市各2天，成都市、遂宁市、内江市、广元市、南充市、凉山州各1天）。重污染主要由细颗粒物造成，其中53天为细颗粒物，1天为可吸入颗粒物。2023年四川省21市（州）城市重污染天数及同比变化如图3.2-14所示。

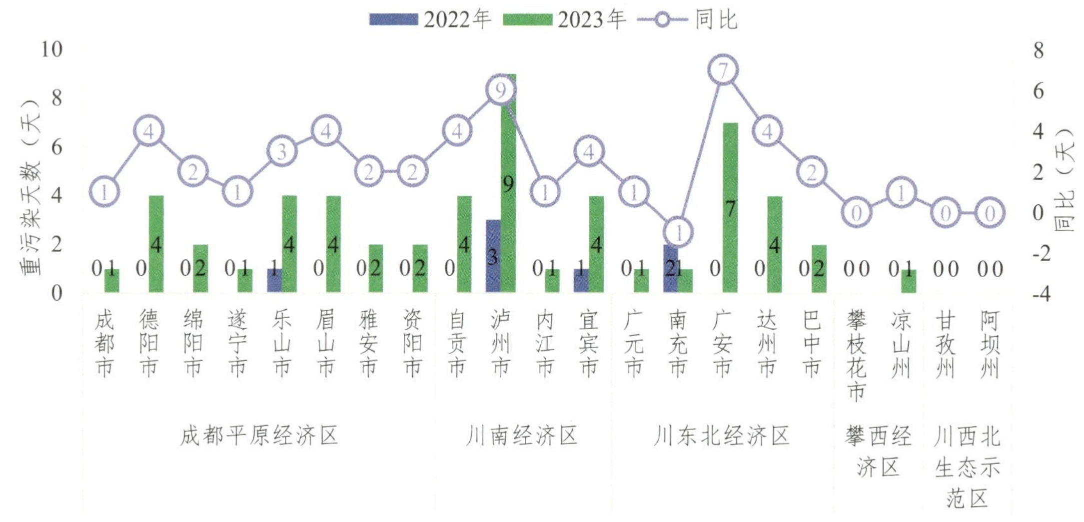

图3.2-14　2023年四川省21市（州）城市重污染天数及同比变化

（二）县级城市

1. 主要监测指标

2023年，四川省县（市、区）级环境空气二氧化硫、二氧化氮、可吸入颗粒物、细颗粒物的年均值及一氧化碳日均值第95百分位数浓度值、臭氧日最大8小时滑动平均值第90百分位数浓度值均达到《环境空气质量标准》（GB 3095—2012）二级标准。四川省共有55个市辖区及10个经济开发区和128个县级城市，共计193个县（市、区）。193个县（市、区）中成都市15个、自贡市1个、泸州市1个、德阳市2个、眉山市1个、宜宾市3个、绵阳市1个县（市、区）的细颗粒物年均值和臭氧日最大8小时滑动平均值第90百分位数浓度值均未达标；成都市3个、自贡市1个、德阳市1个、绵阳市1个、眉山市1个县（市、区）臭氧日最大8小时滑动平均值第90百分位数浓度值未达标；成都市2个、自贡市5个、泸州市4个、绵阳市2个、内江市5个、乐山市9个、宜宾市4个、广安市3个、达州市1个县（市、区）细颗粒物年均值未达标；其余127个县（市、区）环境空气质量均达标。2023年四川省县（市、区）级环境空气主要监测指标年均浓度及达标情况如图3.2-15所示。

图3.2-15　2023年四川省县（市、区）级环境空气主要监测指标年均浓度及达标情况

（1）二氧化硫。

2023年，四川省193个县（市、区）二氧化硫年均浓度为6微克/立方米，同比下降6.2%。193个县（市、区）二氧化硫年均浓度均达到《环境空气质量标准》（GB 3095—2012）二级标准，浓度

范围为2～21微克/立方米，共178个县（市、区）二氧化硫年均浓度值达到个位数，浓度较高的县（市、区）依次为攀枝花市东区（21微克/立方米）、攀枝花市西区（18微克/立方米）、攀枝花市盐边县（15微克/立方米）。共有100个县（市、区）二氧化硫年均浓度同比下降，降幅较大的依次为雅安市汉源县（58.3%）、德阳市德阳经济技术开发区（57.1%）；有43个县（市、区）同比上升，升幅较大的依次为甘孜州道孚县（133.3%），乐山市沙湾区、攀枝花市盐边县、甘孜州白玉县、甘孜州稻城县和广元市青川县5县（区）并列（50.0%）；有50个县（市、区）同比保持不变。2023年四川省193个县（市、区）二氧化硫年均浓度及同比变化空间分布如图3.2-16所示。

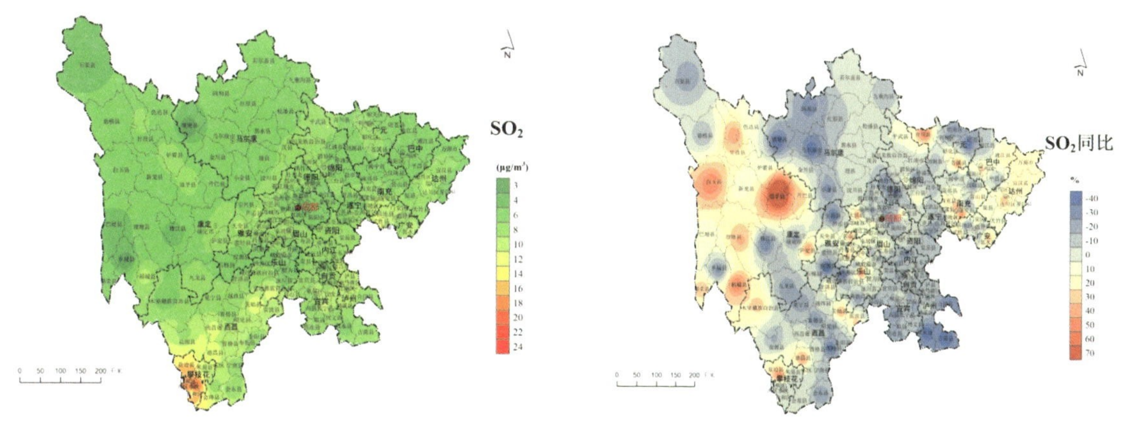

图3.2-16 2023年四川省193个县（市、区）二氧化硫年均浓度及同比变化空间分布

（2）二氧化氮。

2023年，四川省193个县（市、区）二氧化氮年均浓度为18微克/立方米，同比下降0.4%。193个县（市、区）二氧化氮年均浓度均达到《环境空气质量标准》（GB 3095—2012）二级标准，浓度范围为3～35微克/立方米，浓度较高的县（市、区）依次为达州市达川区（35微克/立方米）、乐山市金口河区（34微克/立方米）。共有80个县（市、区）二氧化氮年均浓度同比下降，降幅较大的城市依次为乐山市马边彝族自治县（57.1%）、甘孜州巴塘县（50.0%）、甘孜州理塘县（40.0%）；有71个县（市、区）同比上升，升幅较大的县（市、区）依次为甘孜州新龙县（66.7%）、甘孜州稻城县（50.0%）、广元市青川县（42.9%）；有42个县（市、区）同比保持不变。2023年四川省193个县（市、区）二氧化氮年均浓度及同比变化空间分布如图3.2-17所示。

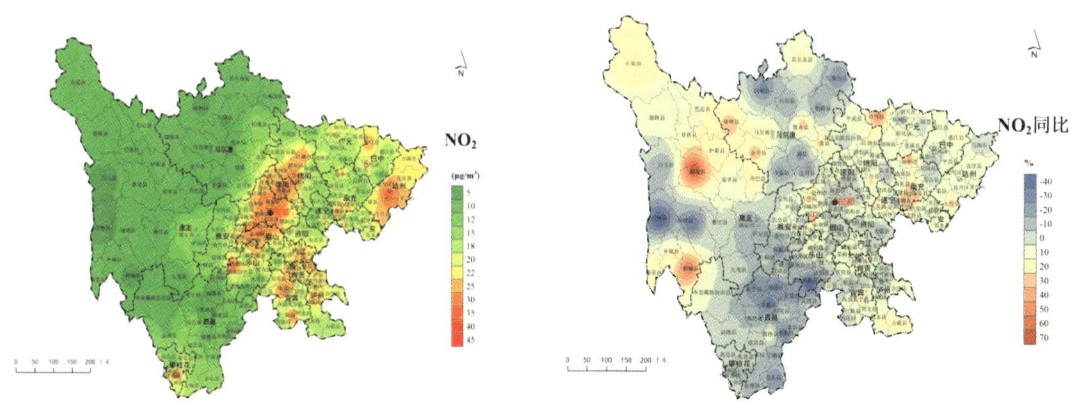

图3.2-17 2023年四川省193个县（市、区）二氧化氮年均浓度及同比变化空间分布

（3）可吸入颗粒物。

2023年，四川省193个县（市、区）可吸入颗粒物年均浓度为46微克/立方米，同比上升5.1%。193个县（市、区）可吸入颗粒物年均浓度均达到《环境空气质量标准》（GB 3095—2012）二级标准，浓度范围为6～69微克/立方米，浓度较高的县（市、区）依次为泸州市龙马潭区（69微克/立方米）、德阳市德阳经济技术开发区（68微克/立方米）、成都市青羊区（67微克/立方米）。共有34个县（市、区）可吸入颗粒物年均浓度同比下降，降幅较大的县（市、区）依次为甘孜州炉霍县（36.4%）、阿坝州小金县（35.3%）、甘孜州稻城县（33.3%）；有141县（市、区）同比上升，升幅较大的县（市、区）依次为甘孜州理塘县（43.8%）、阿坝州茂县（38.5%）、凉山州布拖县（28.0%）；有18个县（市、区）同比保持不变。2023年四川省193个县（市、区）可吸入颗粒物年均浓度及同比变化空间分布如图3.2-18所示。

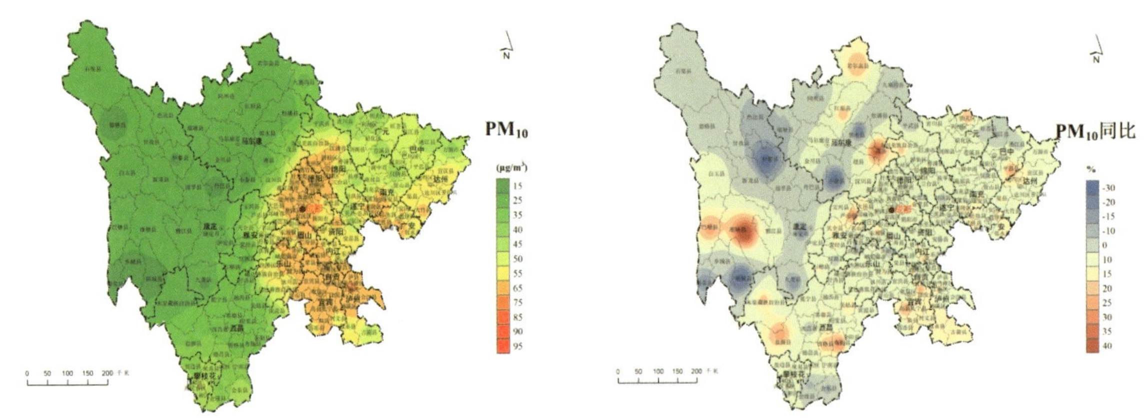

图3.2-18　2023年四川省193个县（市、区）可吸入颗粒物年均浓度及同比变化空间分布

（4）细颗粒物。

2023年，四川省193个县（市、区）细颗粒物年均浓度为28微克/立方米，同比上升6.0%。193个县（市、区）中有134个县（市、区）细颗粒物年均浓度均达到《环境空气质量标准》（GB 3095—2012）二级标准，占比为69.4%；有59个县（市、区）超标，占比为30.6%，超标倍数为0.03～0.31倍。193个县（市、区）细颗粒物年均浓度范围为5～46微克/立方米，浓度较高的县（市、区）依次为自贡市贡井区（46微克/立方米），自贡市自流井区、泸州市龙马潭区、宜宾市翠屏区和泸州市纳溪区4区并列（44微克/立方米）。有34个县（市、区）细颗粒物年均浓度同比下降，降幅较大的县（市、区）依次为阿坝州小金县（36.4%），阿坝州理县、甘孜州得荣县和甘孜州稻城县3县并列（28.6%）；有130个县（市、区）同比上升，升幅较大的县（市、区）依次为凉山州布拖县（80.0%）、凉山州会东县（46.2%）、内江市内江高新技术产业开发区（41.4%）；有29个县（市、区）同比保持不变。2023年四川省193个县（市、区）细颗粒物年均浓度及同比变化空间分布如图3.2-19所示。

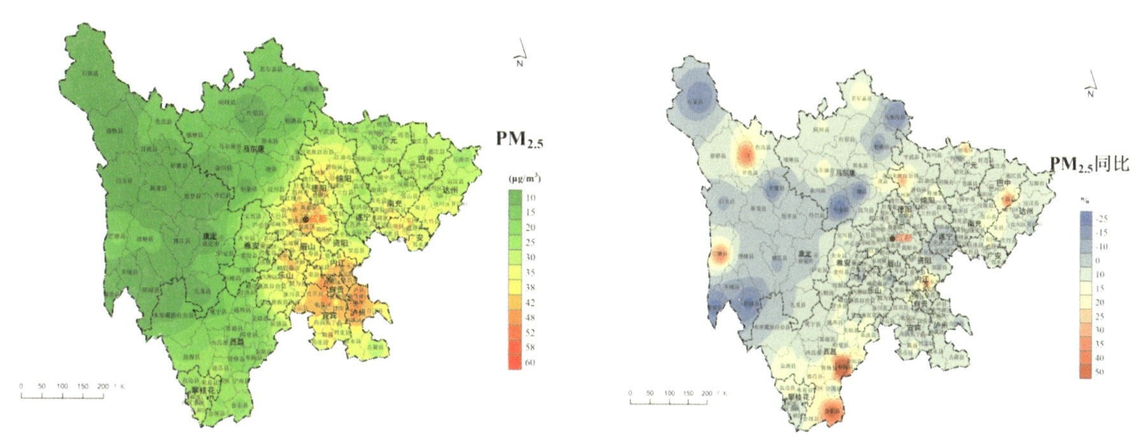

图3.2-19　2023年四川省193个县（市、区）细颗粒物年均浓度及同比变化空间分布

（5）一氧化碳。

2023年，四川省193个县（市、区）一氧化碳日均值第95百分位数浓度为1.0毫克/立方米，同比上升0.8%。193个县（市、区）一氧化碳日均值第95百分位数浓度均达到《环境空气质量标准》（GB 3095—2012）二级标准，浓度范围为0.3～2.4毫克/立方米，浓度较高的县（市、区）依次为攀枝花市东区（2.4毫克/立方米），攀枝花市西区和攀枝花市仁和区并列（均为1.9毫克/立方米）。有65个县（市、区）一氧化碳日均值第95百分位浓度同比下降，降幅较大的县（市、区）依次为阿坝州金川县（57.1%）、甘孜州丹巴县（53.8%）、阿坝州阿坝县（45.5%）；有70个县（市、区）同比上升，升幅较大的县（市、区）依次为甘孜州道孚县（100%）、甘孜州理塘县（83.3%）、绵阳市北川县（80.0%）；有58个县（市、区）同比保持不变。2023年四川省193个县（市、区）一氧化碳日均值第95百分位数浓度及同比变化空间分布如图3.2-20所示。

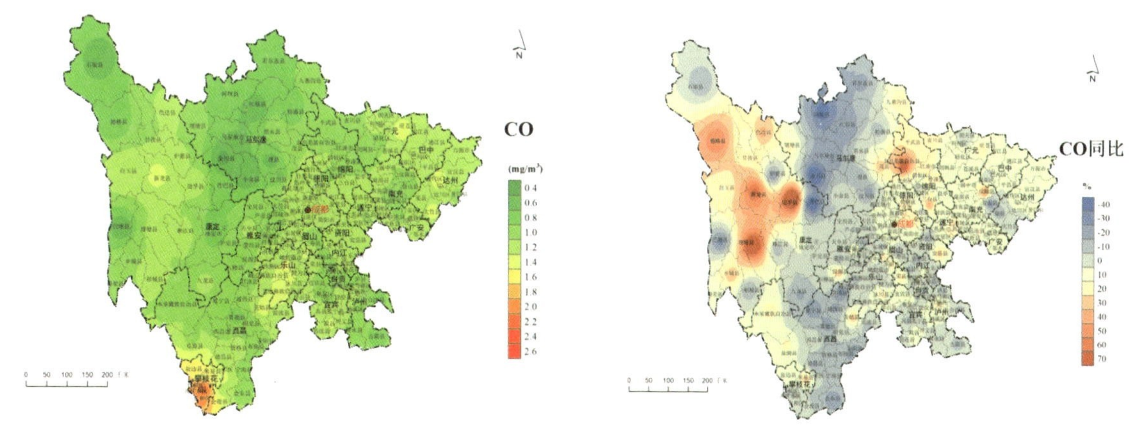

图3.2-20　2023年四川省193个县（市、区）一氧化碳日均值第95百分位数浓度及同比变化空间分布

（6）臭氧。

2023年，四川省193个县（市、区）臭氧日最大8小时滑动平均值第90百分位数浓度为136微克/立方米，同比上升2.3%。193个县（市、区）中162个县（市、区）臭氧日最大8小时滑动平均值第90百分位数浓度达到《环境空气质量标准》（GB 3095—2012）二级标准，占比为83.9%；共有31个县（市、区）超标，占比为16.1%，超标倍数为0.01～0.18倍。193个县（市、区）臭氧日最大8小时滑动平均值第90百分位数浓度范围为80～189微克/立方米，浓度较高的县（市、区）依

次为成都市武侯区（189微克/立方米）、成都市彭州市（181微克/立方米）、德阳市罗江区（179微克/立方米）。有87个县（市、区）臭氧日最大8小时滑动平均值第90百分位数浓度同比下降，下降幅度较大的县（市、区）依次为甘孜州新龙县和甘孜州巴塘县并列（17.5%），阿坝州马尔康市（17.1%）；有93个县（市、区）同比上升，升幅较大的县（市、区）依次为甘孜州九龙县（32.2%）、凉山州布拖县（30.5%）、凉山州普格县（28.4%）；有13个县（市、区）同比保持不变。2023年四川省193个县（市、区）臭氧日最大8小时滑动平均值第90百分位数浓度及同比变化空间分布如图3.2-21所示。

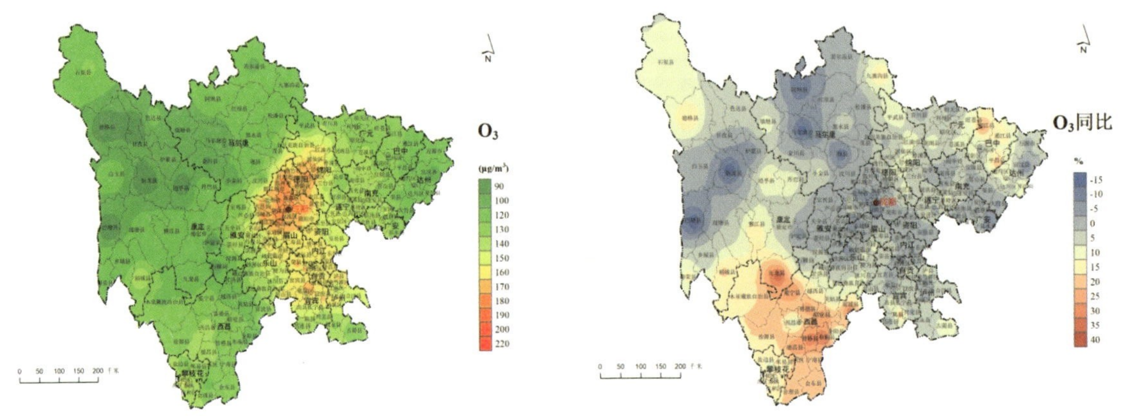

图3.2-21　2023年四川省193个县（市、区）臭氧日最大8小时滑动平均值第90百分位数浓度及同比变化空间分布

2. 优良天数比例

2023年，四川省县（市、区）级环境空气质量总体优良天数比例为89.4%，同比下降2.7个百分点，其中优为45.4%，良为44.0%；总体污染天数比例为10.6%，其中轻度污染天数比例为8.7%，中度污染天数比例为1.5%，重度污染天数比例为0.4%。193个县（市、区）优良天数比例范围为71.1%～100%，空气污染天数比例较高的县（市、区）依次为：自贡市贡井区、泸州市泸县、成都市武侯区、德阳市德阳经济技术开发区、成都市彭州市、自贡市自流井区、宜宾市三江新区、成都市新津区、成都市温江区、宜宾市翠屏区。2023年四川省县（市、区）级环境空气质量级别分布如图3.2-22所示。

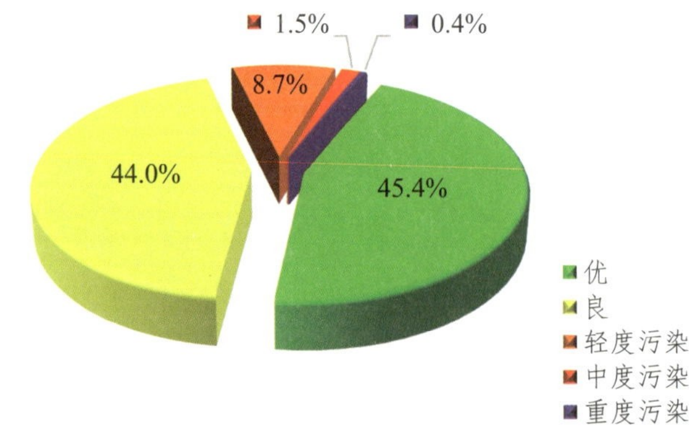

图3.2-22　2023年四川省县（市、区）级环境空气质量级别分布

2023年，四川省五大经济区中，川西北生态示范区县（市、区）级环境空气质量最好，优良天数比例为99.9%；攀西经济区次之，优良天数比例为98.5%；川东北经济区优良天数比例为92.0%；

成都平原经济区优良天数比例为84.6%；川南经济区优良天数比例为81.3%。2023年四川省五大经济区县（市、区）级空气质量状况如图3.2-23所示。

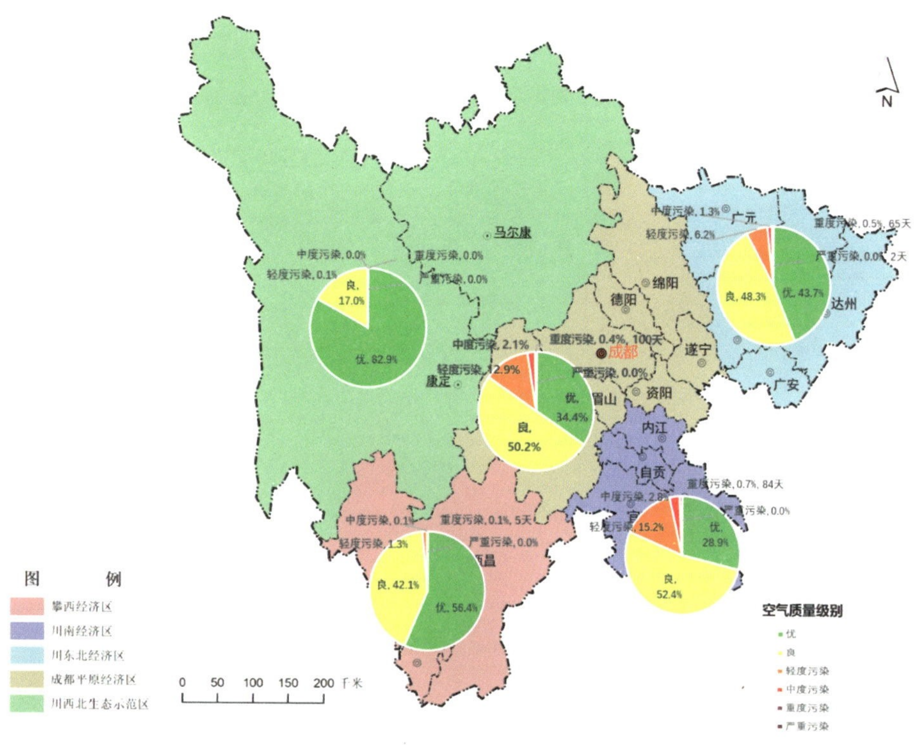

图3.2-23　2023年四川省五大经济区县（市、区）级空气质量状况

3. 超标天数及污染指标

2023年，四川省193个县（市、区）累积超标天数为7406天，同比增加5910天，污染主要由臭氧、颗粒物和二氧化氮造成，其中臭氧污染3092天、细颗粒物污染4214天、可吸入颗粒物污染99天、二氧化氮污染1天，同比分别增加2492天、3321天、96天、1天。污染越严重，细颗粒物为首要污染物的占比越大，污染天气时四川省首要污染指标主要为臭氧、细颗粒物和可吸入颗粒物，占比分别为38.9%、58.7%、2.4%。2023年污染天气时四川省县（市、区）级各污染指标占比如图3.2-24所示。

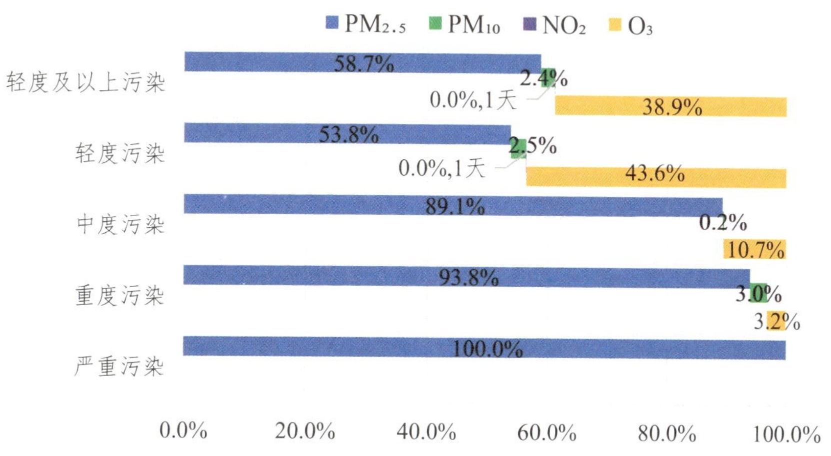

图3.2-24　2023年污染天气时四川省县（市、区）级各污染指标占比

4. 空气质量综合指数

2023年，四川省县（市、区）级空气质量综合指数为3.10，193个县（市、区）的空气质量综合指数为1.17～4.41；阿坝州小金县、甘孜州德格县、阿坝州金川县环境空气质量相对较好，成都市青羊区、宜宾市翠屏区、泸州市纳溪区和成都市新津区环境空气质量相对较差。2023年四川省193个县（市、区）空气质量综合指数分布如图3.2–25所示。

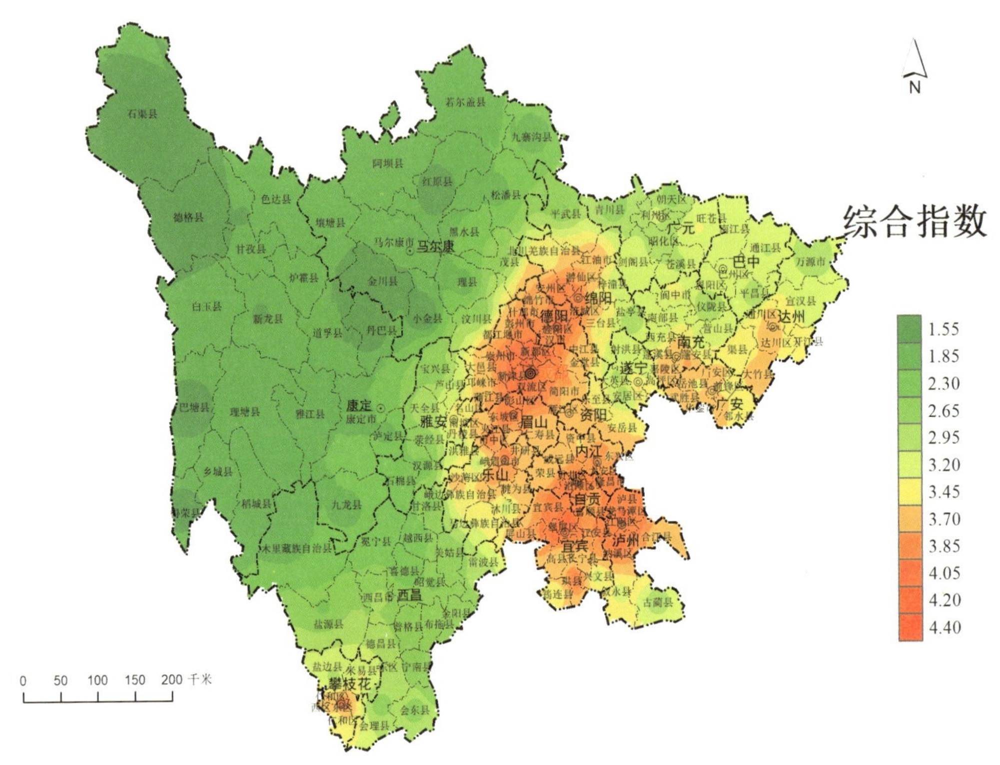

图3.2–25 2023年四川省193个县（市、区）空气质量综合指数分布

六项指标分指数中，二氧化硫和一氧化碳分指数最大的县（区、市）为攀枝花市东区，二氧化氮分指数最大的县（区、市）为达州市达川区，臭氧分指数最大的县（区、市）为成都市武侯区，细颗粒物分指数最大的县（区、市）为自贡市贡井区；可吸入颗粒物分指数最大的县（区、市）为泸州市龙马潭区。2023年四川省五大经济区县（市、区）级空气质量综合指数构成如图3.2–26至图3.2–30所示。

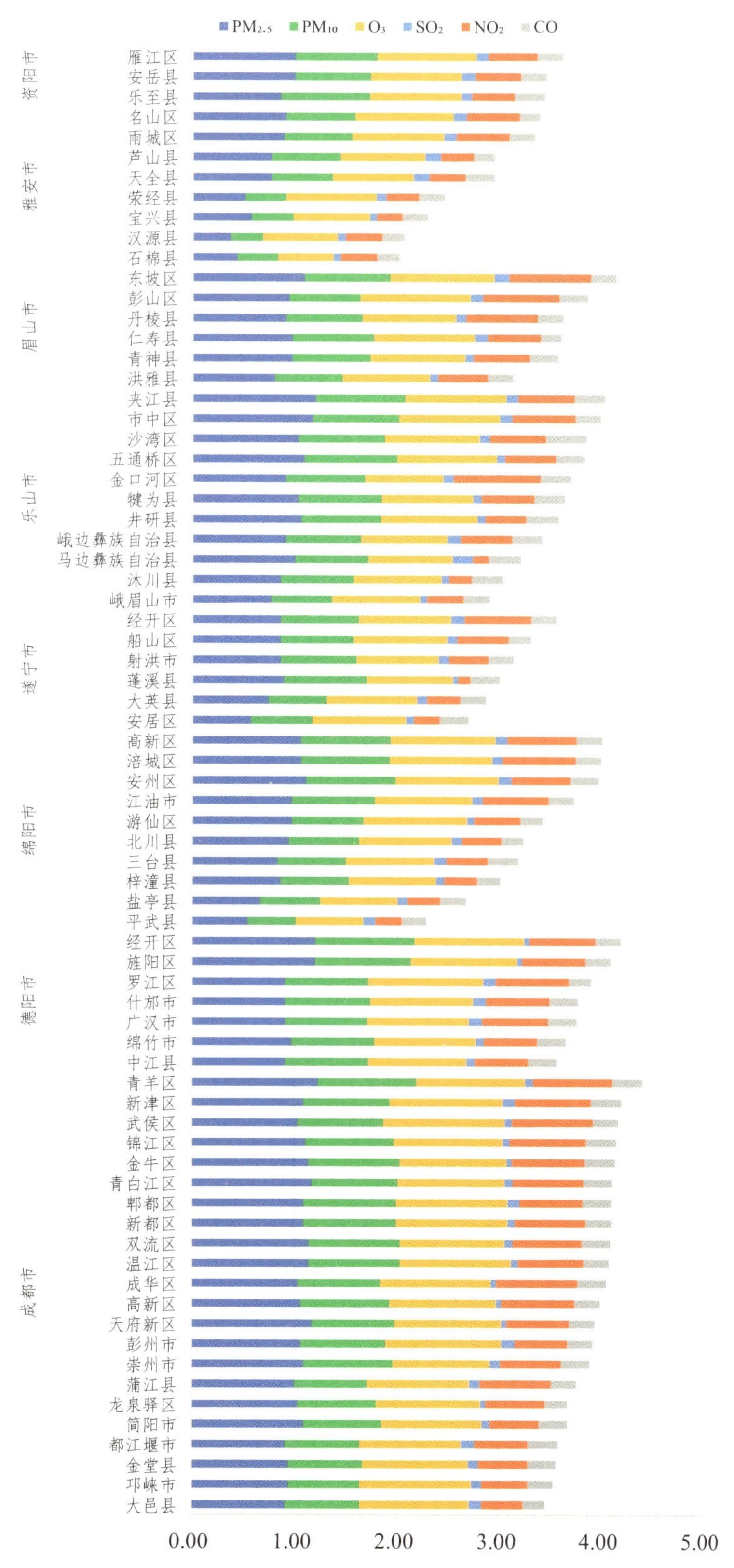

图3.2–26 2023年四川省成都平原经济区73个县（市、区）级空气质量综合指数构成

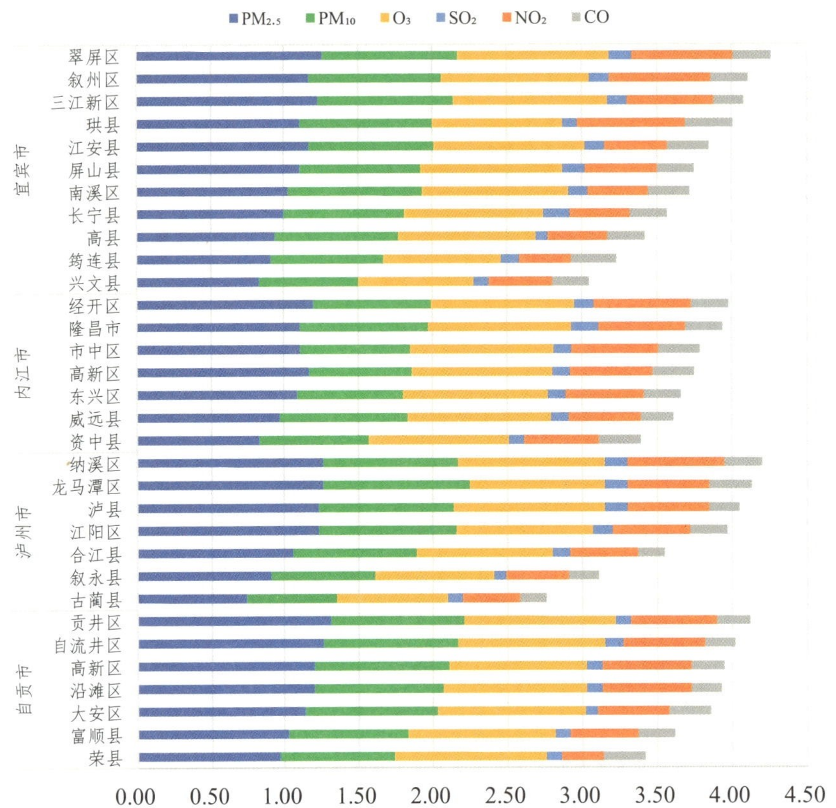

图3.2-27 2023年四川省川南经济区32个县（市、区）级空气质量综合指数构成

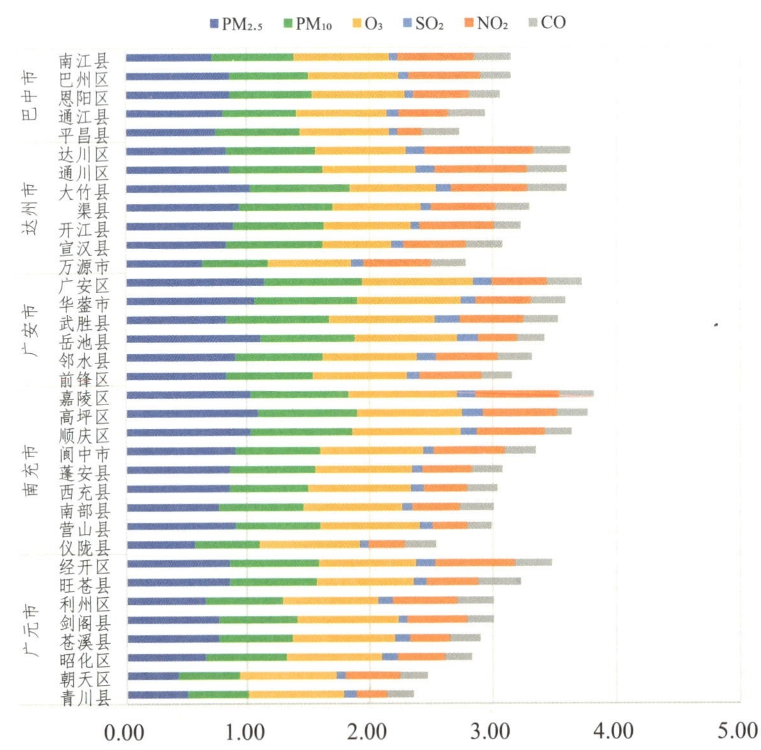

图3.2-28 2023年四川省川东北经济区35个县（市、区）级空气质量综合指数构成

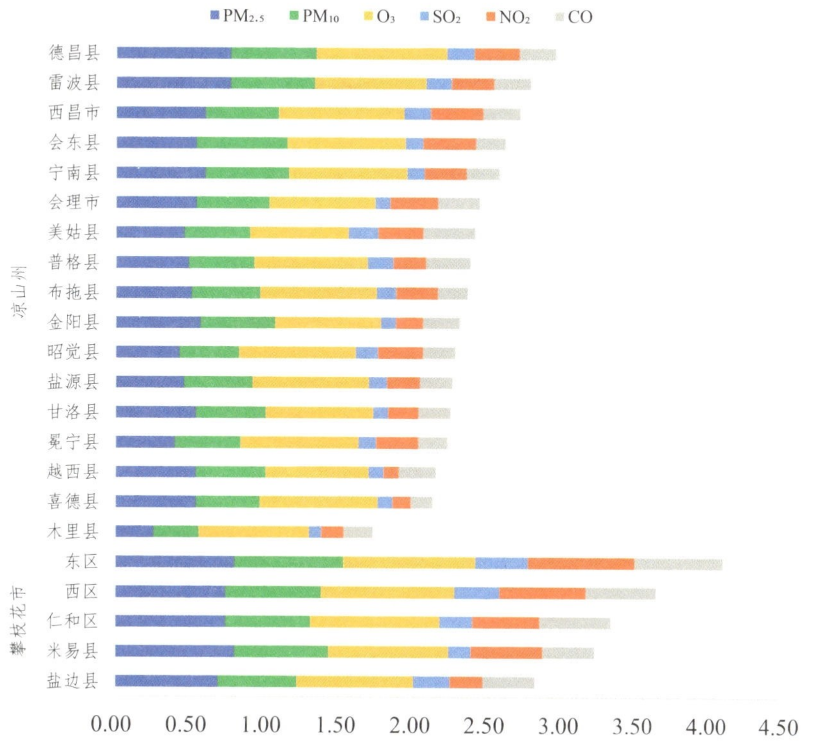

图3.2-29 2023年四川省攀西经济区22个县（市、区）级空气质量综合指数构成

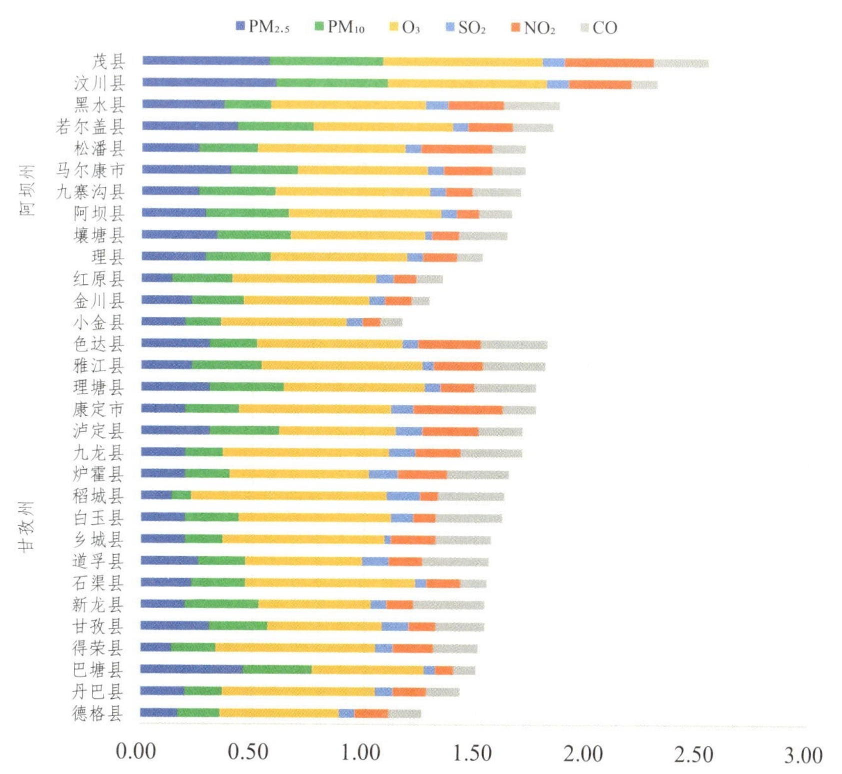

图3.2-30 2023年四川省川西北生态示范区31个县（市、区）级空气质量综合指数构成

2023年，四川省县（市、区）级环境空气中臭氧污染负荷最大，为27.3%；细颗粒物和可吸入颗粒物污染负荷分别为25.7%、21.2%；二氧化氮污染负荷为14.5%；一氧化碳污染负荷为8.0%；二氧化硫污染负荷最低，为3.2%。2023年四川省县（市、区）级环境空气主要污染物负荷情况如图3.2-31所示。

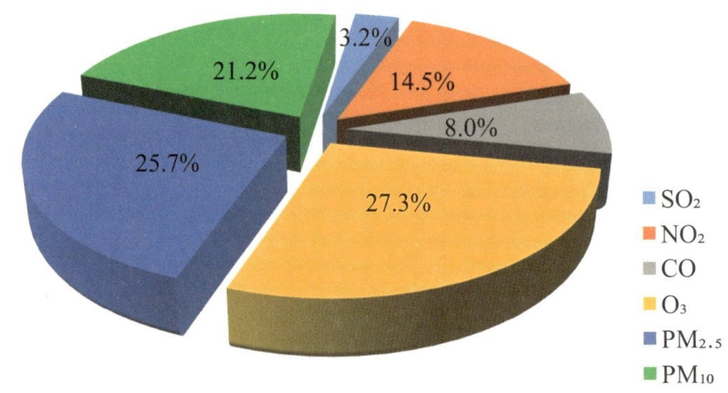

图3.2-31　2023年四川省县（市、区）级环境空气主要污染物负荷情况

5. 重污染天数

2023年，四川省193个县（市、区）累积重度及以上污染天数共256天，占累积污染天数的3.4%，同比增加217天。重度及以上污染共涉及102个县（市、区），其中南充市南部县和广安市岳池县均出现了1天的严重污染。重度及以上污染天数较多的县（市、区）依次为泸州市江阳区（9天），泸州市纳溪区（8天），泸州市龙马潭区、成都市温江区和广安市广安区3区并列（7天）。共有5个县（市、区）的重度及以上污染天数同比下降，分别是成都市彭州市（2天）、内江市隆昌市（2天）、凉山州西昌市（1天）、凉山州德昌市（1天）、德阳市什邡市（1天）；共有98个县（市、区）同比上升，上升幅度较大的县（市、区）依次为广安市广安区（7天），成都市温江区、泸州市纳溪区和泸州市江阳区3区并列（6天）；共有90个县（市、区）同比保持不变。2023年四川省193个县（市、区）重污染天数及同比变化如图3.2-32所示。

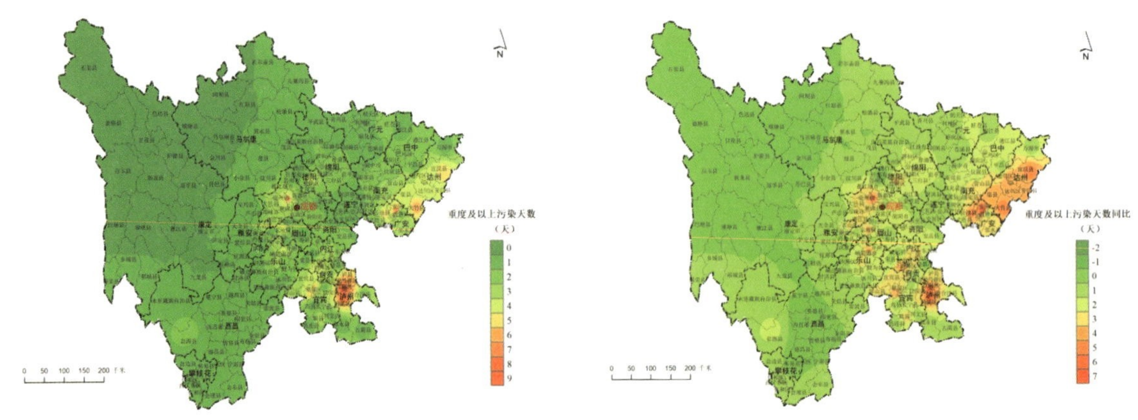

图3.2-32　2023年四川省193个县（市、区）重污染天数及同比变化

二、年内时空变化分布规律分析

（一）地级及以上城市

1. 空间分布规律

四川省城市环境空气质量呈现明显区域性特征。细颗粒物高浓度中心依旧为川南经济区，浓度为43微克/立方米（平均浓度，下同），其次是成都平原经济区、川东北经济区，其中川南经济区受工业排放和不利气象条件协同影响，污染最为明显，较其余经济区高出15%以上；臭氧高浓度中心依旧为成都平原经济区和川南经济区，浓度分别为157微克/立方米、155微克/立方米；二氧化硫和一氧化碳高值均出现在攀西经济区，其中二氧化硫浓度较其他区域高出1倍及以上，一氧化碳浓度较其他区域高出30%以上；二氧化氮浓度仅川西北生态示范区较低，攀西经济区居中，其余区域浓度相差不大，在24～25微克/立方米范围内波动；可吸入颗粒物浓度分布与细颗粒物一致，川南经济区最高，其次为成都平原经济区、川东北经济区。

从同比情况分析，细颗粒物浓度除攀西经济区持平外，其余区域均有不同程度上升，其中川南经济区上升最多，为13.2%；臭氧浓度在攀西经济区、川东北经济区有所上升，分别为9.5%、2.4%，其余区域略有下降；二氧化硫、二氧化氮浓度仅川东北经济区出现上升，分别为14.3%、8.7%；五大区域一氧化碳浓度均未出现上升；可吸入颗粒物浓度川东北经济区上升最多，为10.6%。2023年四川省五大经济区环境空气主要监测指标空间分布如图3.2–33所示。

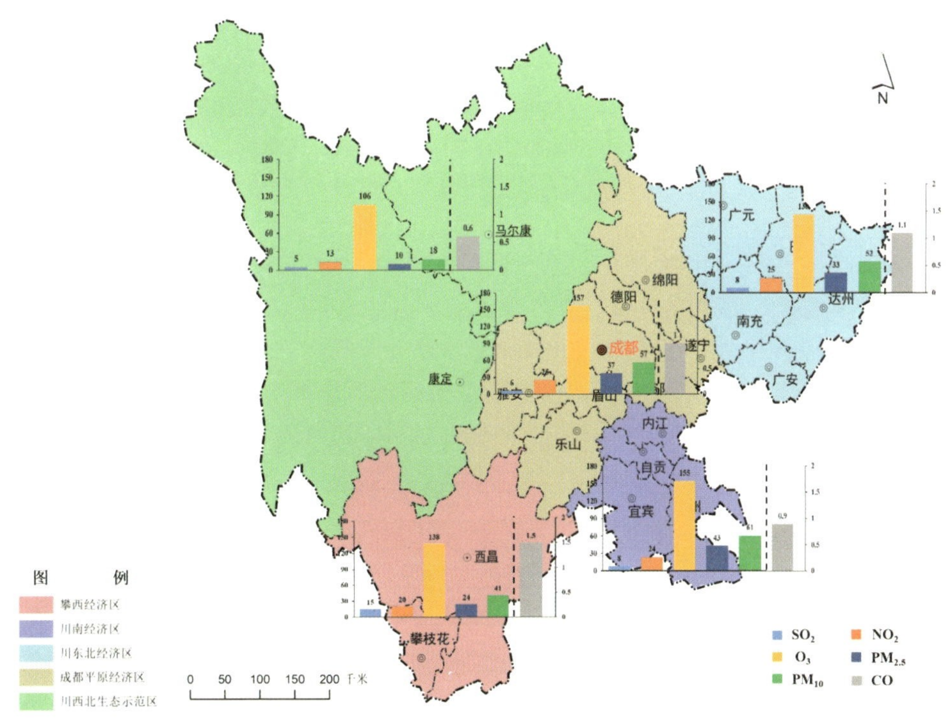

图3.2–33　2023年四川省五大经济区环境空气主要监测指标空间分布

2. 时间分布规律（月变化规律）

（1）优良天数比例。

四川省城市环境空气质量时间变化呈明显季节性特征。优良天数比例春秋季最高，夏季次之、冬季最低。冬季中度污染天数比例明显高于春夏秋季，且有重度污染发生，1月、2月、12月重度污染天数比例分别为3.1%、1.5%、3.7%。逐月来看，2023年四川省优良天数比例呈现“双峰”分布，

双峰出现在3月、10月，优良天数比例分别为97.5%、97.9%，主要与大气排放活动及气象条件有关；1月、2月、12月优良天数比例均在80%以下，尤其是1月仅为58.8%，主要受长时间、大范围的细颗粒物区域污染过程影响；受臭氧区域污染过程影响，6月、7月优良天数比例相对较低，但在大运会期间对空气质量进行管控，8月优良天数比例达到95.5%，同比上升10.9个百分点。2023年四川省环境空气质量优良天数比例时间变化如图3.2-34所示。

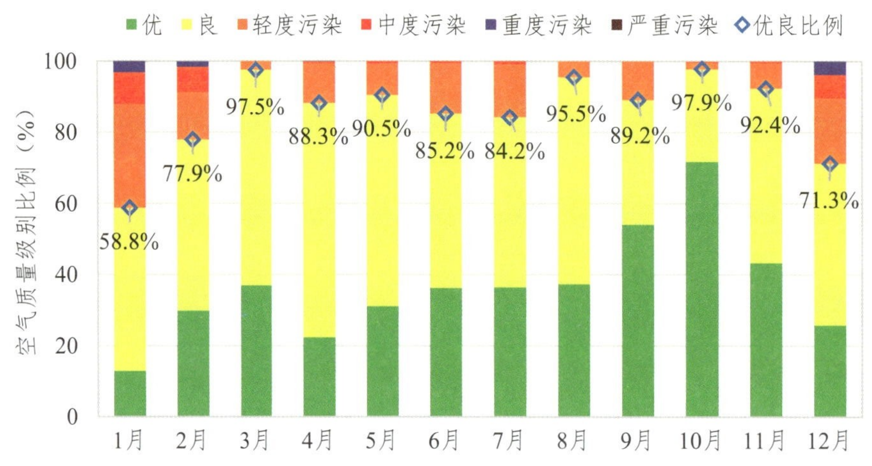

图3.2-34　2023年四川省环境空气质量优良天数比例时间变化

（2）主要污染物。

四川省城市环境空气主要监测指标浓度时间变化呈明显季节性特征。颗粒物浓度呈现冬季最高，春、秋季次之，夏季最低的特征。冬季细颗粒物污染较重，浓度高达61微克/立方米，高出夏季2.5倍左右，易受污染物排放叠加逆温、静稳等不利气象条件的综合影响，造成污染物累积，加重污染。臭氧高浓度主要发生在春夏两季，其中夏季浓度高达115微克/立方米，较冬季高出90%左右，春、夏季温度回升，太阳光线增强，为臭氧的生成提供外部条件，加之挥发性有机物和氮氧化物的排放，易造成臭氧污染。二氧化硫浓度季节变化不大，各季节均在7～8微克/立方米范围波动。二氧化氮浓度春、秋两季变化不大，冬季略有升高，夏季略有下降。一氧化碳浓度冬季略高，其余三季较为一致。可吸入颗粒物季节分布与细颗粒物基本相似，冬季浓度高达83微克/立方米，高出夏季1.7倍左右。2023年四川省城市环境空气主要监测指标时间变化趋势如图3.2-35所示。

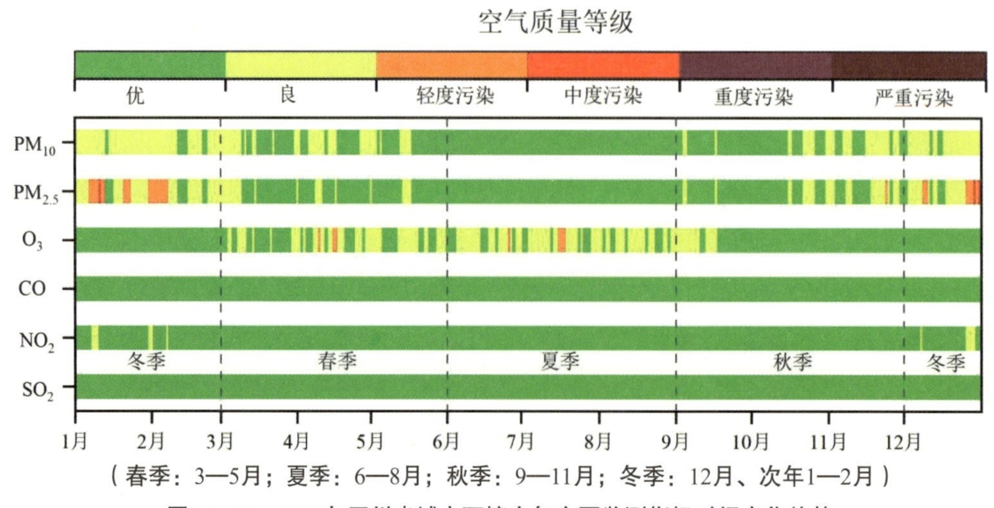

图3.2-35　2023年四川省城市环境空气主要监测指标时间变化趋势

（二）县级城市

1. 空间分布规律

四川省县（市、区）环境空气质量呈现明显区域性特征，且各区域细颗粒物、臭氧、二氧化硫、二氧化氮、可吸入颗粒物五项指标平均浓度均低于各区域城市平均浓度，但受城市与区县不同的排放活动影响，成都平原经济区、川南经济区、川西北生态示范区区县一氧化碳平均浓度高于城市。细颗粒物高浓度中心依旧为川南经济区，浓度为38微克/立方米，较其余经济区高出15%以上，其次是成都平原经济区、川东北经济区；臭氧高浓度中心为成都平原经济区和川南经济区，浓度分别为152微克/立方米、150微克/立方米；二氧化硫浓度攀西经济区最高；一氧化碳浓度川西北生态示范区略低，其余区域浓度水平相当；二氧化氮浓度成都平原经济区和川南经济区最高，均为21微克/立方米，其次为川东北经济区；可吸入颗粒物浓度分布与细颗粒物一致，川南经济区最高，其次为成都平原经济区、川东北经济区。

从同比情况分析，细颗粒物浓度除川西北生态示范区略有下降外，其余区域均有不同程度上升，其中攀西经济区上升最多，为11.2%；臭氧浓度攀西经济区上升最多，为15.8%；二氧化硫浓度仅川东北经济区略有上升；二氧化氮浓度川东北经济区、川南经济区同比分别上升6.3%、1.7%；一氧化碳浓度成都平原经济区、川东北经济区同比上升分别为3.4%、1.9%；可吸入颗粒物浓度仅川西北生态示范区有所下降，其余区域上升幅度为5%～9%。2023年四川省五大经济区县（市、区）环境空气主要监测指标空间分布如图3.2-36所示。

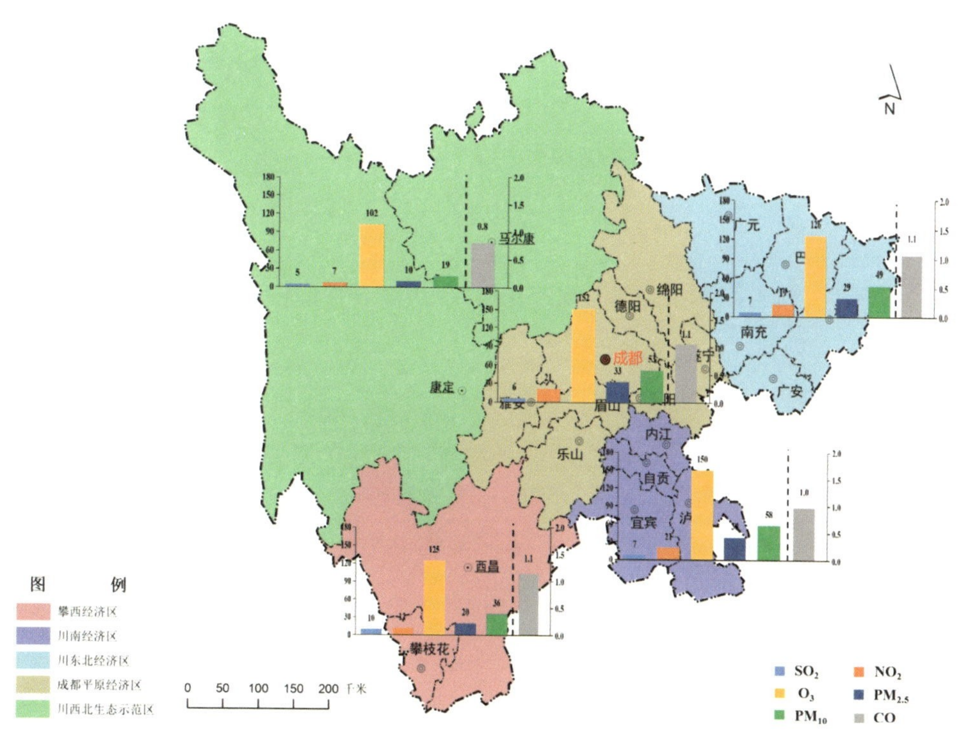

图3.2-36　2023年四川省五大经济区县（市、区）环境空气主要监测指标空间分布

2. 时间分布规律

四川省县（市、区）环境空气主要监测指标浓度时间变化呈明显季节性特征。颗粒物浓度呈现冬季最高，春秋季次之，夏季最低的特征。冬季细颗粒物污染较重，浓度高达51微克/立方米，高出春夏秋季1～2倍，但整体低于城市环境空气细颗粒物浓度，冬季污染程度以轻度为主，未出现中度

污染。臭氧浓度在春、夏两季较高，尤其夏季浓度为106微克/立方米，较冬季高出70%左右，但与城市环境空气臭氧浓度相比偏低，未出现臭氧污染天气。二氧化硫浓度季节变化不大，各季节均在6～7微克/立方米范围波动。二氧化氮浓度春、秋两季变化不大，冬季略有升高，夏季略有下降。一氧化碳浓度冬季略高，其余三季较为接近。可吸入颗粒物浓度季节分布与细颗粒物基本相似，冬季浓度高达74微克/立方米，高出夏季1.7倍左右。2023年四川省县（市、区）环境空气主要监测指标时间变化趋势如图3.2-37所示。

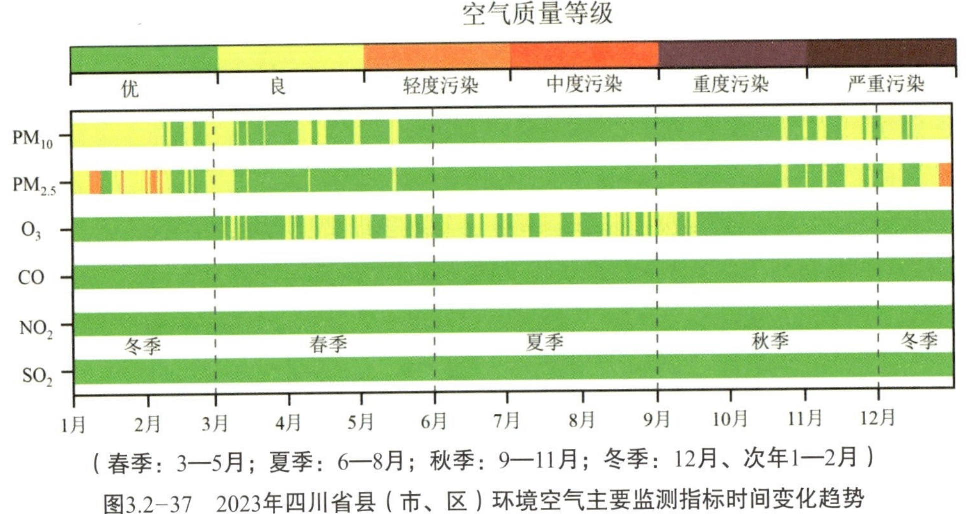

（春季：3—5月；夏季：6—8月；秋季：9—11月；冬季：12月、次年1—2月）

图3.2-37　2023年四川省县（市、区）环境空气主要监测指标时间变化趋势

三、2016—2023年变化趋势分析

（一）地级及以上城市

1. 主要监测指标

2016—2023年，四川省城市环境空气细颗粒物、可吸入颗粒物、二氧化硫、二氧化氮、一氧化碳浓度整体均呈逐年下降趋势，臭氧浓度波动上升。

（1）细颗粒物。

整体来看，2016—2023年细颗粒物浓度呈波动下降趋势，由2016年的42微克/立方米下降至2023年的33微克/立方米，下降21.4%。逐年来看，2016年和2017年细颗粒物浓度超过国家二级标准，2018年开始浓度达到国家二级标准。从逐年降幅分析，2017年、2018年、2020年细颗粒物浓度降幅较大，分别为9.5%、10.5%、8.8%；2020—2022年在31～32微克/立方米波动变化，2023年略微反弹6.5%。

（2）可吸入颗粒物。

整体来看，2016—2023年可吸入颗粒物浓度呈逐年下降趋势，由2016年的66微克/立方米下降至2023年的51微克/立方米，下降22.7%。逐年来看，可吸入颗粒物年均浓度均低于国家二级标准。从逐年降幅分析，可吸入颗粒物浓度2017年降幅最大，同比下降9.1%，其次是2020年，同比下降7.5%，2023年开始反弹，同比上升6.3%。

（3）臭氧。

整体来看，2016—2023年臭氧浓度呈逐年上升趋势（2021年除外），由2016年的121微克/立方米上升至2023年的143微克/立方米，上升18.2%。逐年来看，臭氧浓度均低于国家二级标准。从逐年升幅分析，臭氧浓度2022年升幅最大，同比上升13.4%，2023年略微下降0.7%。

（4）二氧化硫。

整体来看，2016—2023年二氧化硫浓度先下降后持平，由2016年的15微克/立方米下降至2023年的8微克/立方米，下降46.7%。逐年来看，二氧化硫年均浓度均远低于国家二级标准。从逐年降幅分析，二氧化硫浓度2019年降幅最大，同比下降18.2%，其次是2018年，同比下降15.4%。2019年二氧化硫浓度首次降至个位数，2020—2023年维持在8微克/立方米。

（5）二氧化氮。

整体来看，2016—2023年二氧化氮浓度呈先升后降趋势，由2016年的28微克/立方米下降至2023年的23微克/立方米，下降17.9%。逐年来看，二氧化氮年均浓度均低于国家二级标准。2017年二氧化氮浓度最高，为29微克/立方米，同比上升3.6%，2018年开始下降，2020年降幅最大，同比下降10.7%，2022—2023年维持在23微克/立方米。

（6）一氧化碳。

整体来看，2016—2023年一氧化碳浓度先下降后持平再下降，由2016年的1.4毫克/立方米下降至2023年的1.0毫克/立方米，下降28.6%。逐年来看，一氧化碳年均浓度均远低于国家二级标准。从逐年降幅分析，一氧化碳浓度2018年降幅最大，同比下降15.4%，其次是2022年，同比下降9.1%，2016—2023年维持在1.0毫克/立方米。

2016—2023年四川省城市环境空气主要监测指标浓度变化如图3.2-38所示。

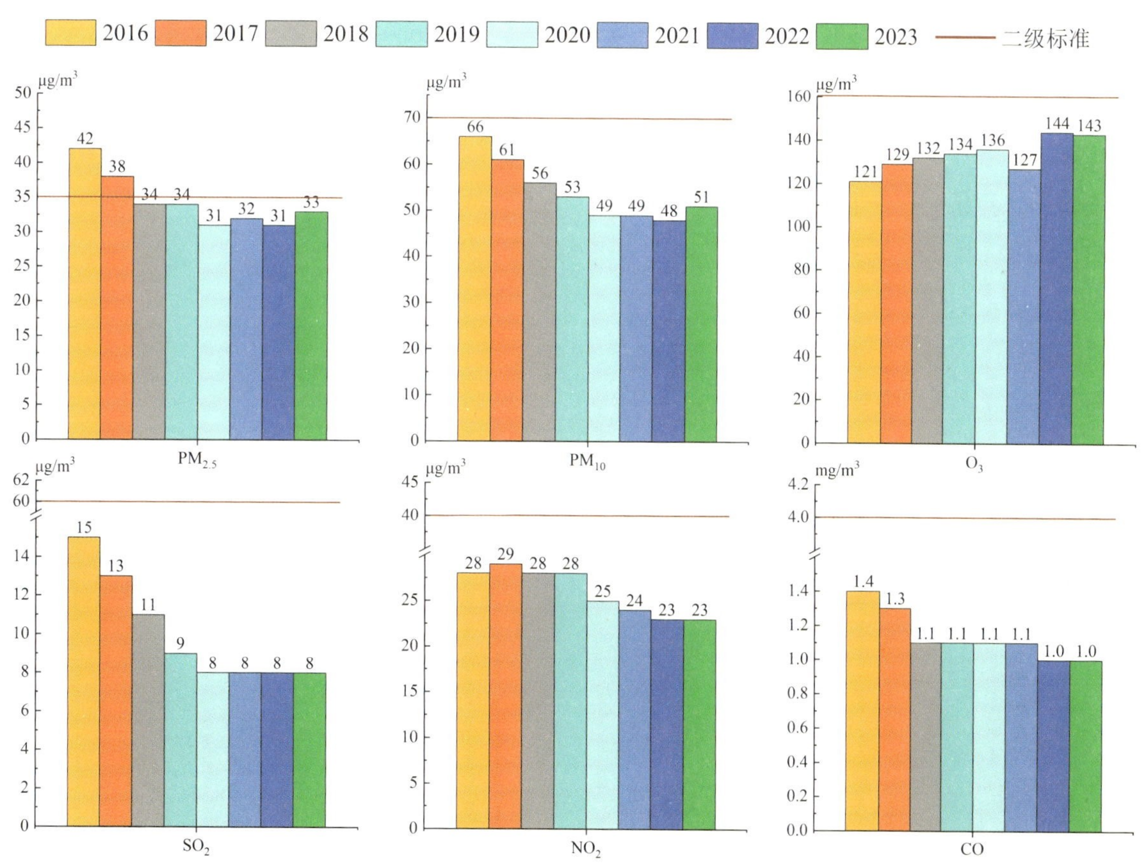

图3.2-38 2016—2023年四川省城市环境空气主要监测指标浓度变化

2. 优良天数比例

整体来看，2016—2023年四川省城市环境空气优良天数比例呈先升后降趋势，由2016年的83.8%上升至2023年的85.8%，上升2.0个百分点，其中优天数比例由2016年的34.4%上升至36.5%，良天数比例由2016年的49.4%略降至49.2%，轻度污染、中度污染天数比例分别由2016年的12.9%、2.7%下降至11.4%、2.1%，重度污染天数比例由2016年的0.5%上升至0.7%，轻度污染天数比例下降最为明显。

逐年来看，2016—2020年优良天数比例持续上升，2021年开始持续下降。其中2017年、2018年升幅最大，同比分别上升2.4%、2.2%；2020年优良天数比例最高，为90.7%；2021年、2022年、2023年优良天数比例同比分别下降1.2%、0.2%、3.5%。2016—2023年四川省城市环境空气质量级别比例变化情况如图3.2-39所示，级别对比见表3.2-1。

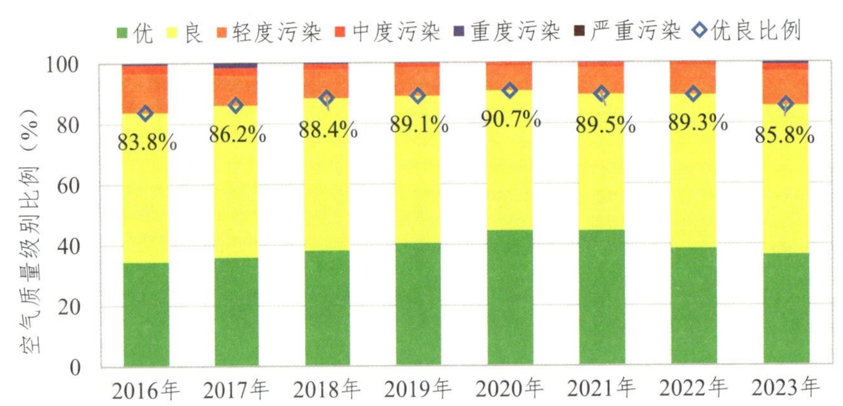

图3.2-39　2016—2023年四川省城市环境空气质量级别比例变化情况

表3.2-1　2016—2023年四川省城市环境空气质量级别对比

年度	优（%）	良（%）	轻度污染（%）	中度污染（%）	重度污染（%）	严重污染（%）	优良天数比例（%）
2016年	34.4	49.4	12.9	2.7	0.5	0	83.8
2017年	35.9	50.2	9.8	2.6	1.4	0.1	86.2
2018年	38.1	50.3	9.7	1.5	0.4	0	88.4
2019年	40.4	48.7	9.5	1.2	0.2	0	89.1
2020年	44.6	46.2	8.1	1.1	0.1	0	90.7
2021年	44.5	45.0	8.9	1.4	0.2	0	89.5
2022年	38.6	50.7	9.7	0.9	0.1	0	89.3
2023年	36.5	49.2	11.4	2.1	0.7	0	85.8
2023年与2016年相比	2.1	−0.2	−1.5	−0.6	0.2	0	2.0

3. 超标天数及污染指标占比

2016—2023年，四川省城市环境空气超标天数呈先下降后上升趋势，由2016年的1242天降至2023年的1092天，2020年降至最低，为713天。污染物由2016—2021年的细颗粒物、可吸入颗粒物、二氧化氮、臭氧四项减少至2022—2023年的细颗粒物、可吸入颗粒物、臭氧三项，其中细颗粒物超标天数由2016年的1065天降至2023年的652天，2020年降至最低，为384天；可吸入颗粒物超标天数由2016年的388天降至2023年的167天，2022年降至最低，为39天；二氧化氮超标天数由2016年的17天降至2022年、2023年的0天；臭氧超标天数由2016年的154天升至2023年的428天，2022年升至最高，为437天。2016—2023年四川省城市环境空气污染物超标天数如图3.2-40所示。

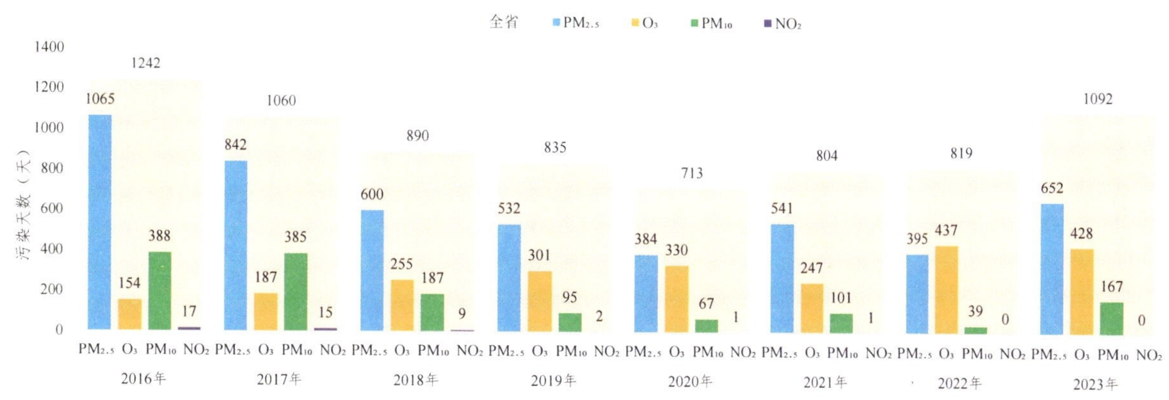

图3.2-40　2016—2023年四川省城市环境空气污染物超标天数

2016—2023年，四川省城市环境空气污染天气时首要污染物占比主要为细颗粒物和臭氧。总体来看，细颗粒物占比呈下降趋势，臭氧占比呈上升趋势，2022年臭氧占比超过细颗粒物，2023年细颗粒物占比再次超过臭氧。细颗粒物占比由2016年的85.0%下降至2023年的60.0%，2022年降至最低，为47.0%。臭氧占比由2016年的11.0%上升至2023年的39.0%，2022年升至最高，为52.0%。2016—2023年四川省城市环境空气首要污染物占比如图3.2-41所示。

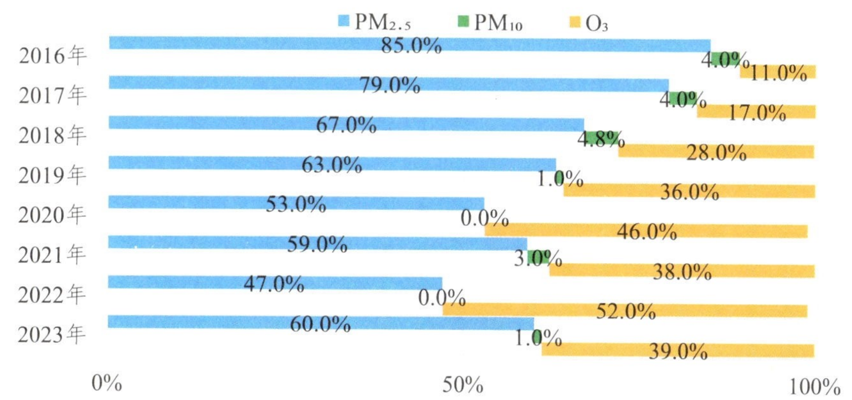

图3.2-41　2016—2023年四川省城市环境空气首要污染物占比

4. 重污染天数

2016—2023年，四川省城市重污染天数呈先升后降再升的趋势，由2016年的44天上升至2023年的54天，较2016年增加10天，其中2017年升至最高110天，2018—2022年逐年下降，2022年降至最低，为7天。其中2017年、2023年反弹较为明显，同比分别上升66天、47天。

从区域来看，重污染主要发生在成都平原经济区、川南经济区、川东北经济区。2016—2023年，成都平原经济区重污染天数呈先升后降再升趋势，从2016年的12天上升至2023年的20天，2017年升至最高，为53天，2018—2022年逐年下降，2022年降至最低，为1天；川南经济区呈先升后波动下降再上升，从2016年的17天升至2023年的18天，2017年升至最高，为47天，2020年降至最低，为3天；川东北经济区呈先降后升趋势，2016—2022年逐年下降，2022年消除重污染，2023年反弹至2016年的15天。2016—2023年四川省城市环境空气重污染天数如图3.2-42所示，五大经济区重污染天数如图3.2-43所示。

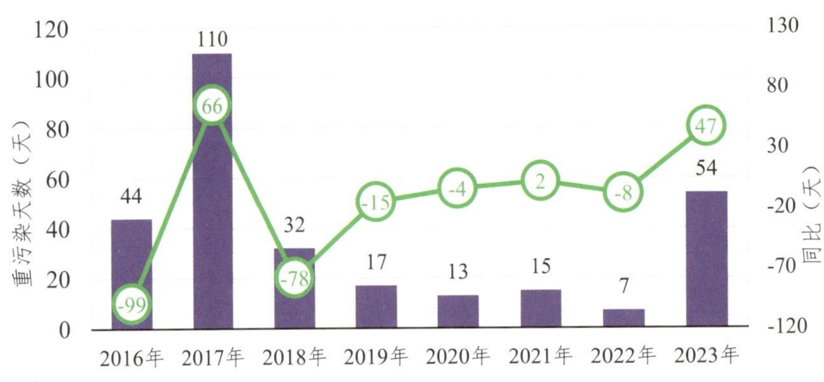

图3.2-42　2016—2023年四川省城市环境空气重污染天数

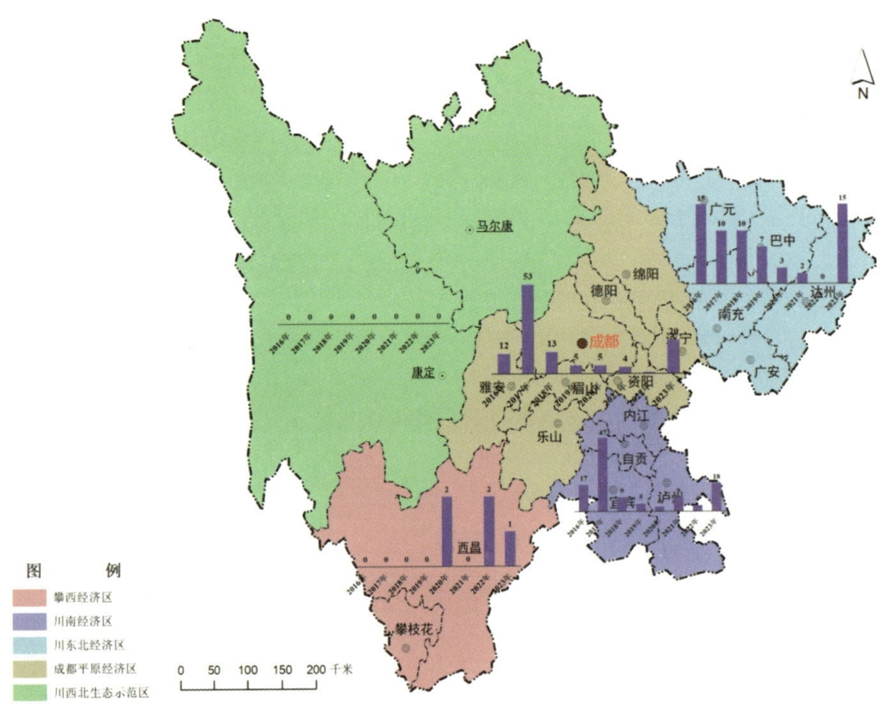

图3.2-43　2016—2023年四川省五大经济区重污染天数

（二）县级城市

1. 主要监测指标变化趋势

2016—2023年，四川省县（市、区）环境空气细颗粒物、可吸入颗粒物、二氧化硫、二氧化氮、一氧化碳浓度整体均呈波动下降趋势，臭氧浓度波动上升。具体情况如下：

（1）细颗粒物。

整体来看，2016—2023年细颗粒物浓度呈波动下降趋势，由2016年的44微克/立方米下降至2023年的28微克/立方米，下降36.7%。逐年来看，2016年和2017年细颗粒物浓度超过国家二级标准，2018年开始浓度达到国家二级标准。从降幅分析，2018年细颗粒物浓度降幅最大，同比下降30.6%，其次是2017年，同比下降18.2%。

（2）可吸入颗粒物。

整体来看，2016—2023年可吸入颗粒物浓度呈波动下降趋势，由2016年的70微克/立方米下降至2023年的46微克/立方米，下降34.3%。逐年来看，年均可吸入颗粒物浓度均低于国家二级标准。从降幅分析，2017年降幅最大，可吸入颗粒物浓度同比下降17.1%，其次是2019年，同比下降18.6%。

（3）臭氧。

整体来看，2016—2023年臭氧浓度呈波动上升趋势，由2016年的128微克/立方米上升至2023年的136微克/立方米，上升6.3%。逐年来看，臭氧第九十百分位数浓度均低于国家二级标准。从升幅分析，2018年和2022年臭氧浓度升幅最大，同比均上升11.7%。

（4）二氧化硫。

整体来看，2016—2023年二氧化硫浓度呈波动下降趋势，由2016年的15微克/立方米下降至2023年的6微克/立方米，下降60%。逐年来看，年均二氧化硫浓度均远低于国家二级标准。从降幅分析，2019年二氧化硫浓度降幅最大，同比下降41.7%，且自2019年起，二氧化硫浓度降至个位数。

（5）二氧化氮。

整体来看，2016—2023年二氧化氮浓度逐年下降，由2016年的23微克/立方米下降至2023年的17微克/立方米，下降26.1%。逐年来看，年均二氧化氮浓度均低于国家二级标准。从降幅分析，2017年二氧化氮浓度降幅最大，同比下降9.1%，其次是2023年，同比下降5.6%。

（6）一氧化碳。

整体来看，2016—2023年一氧化碳浓度呈波动下降趋势，由2016年的2.0毫克/立方米下降至2023年的1.0毫克/立方米，下降50%。逐年来看，一氧化碳年均浓度均远低于国家二级标准。从降幅分析，2017年一氧化碳浓度降幅最大，同比下降30%，其次是2019年，同比下降20%。

2016—2023年四川省县（市、区）环境空气主要监测指标浓度变化如图3.2-44所示。

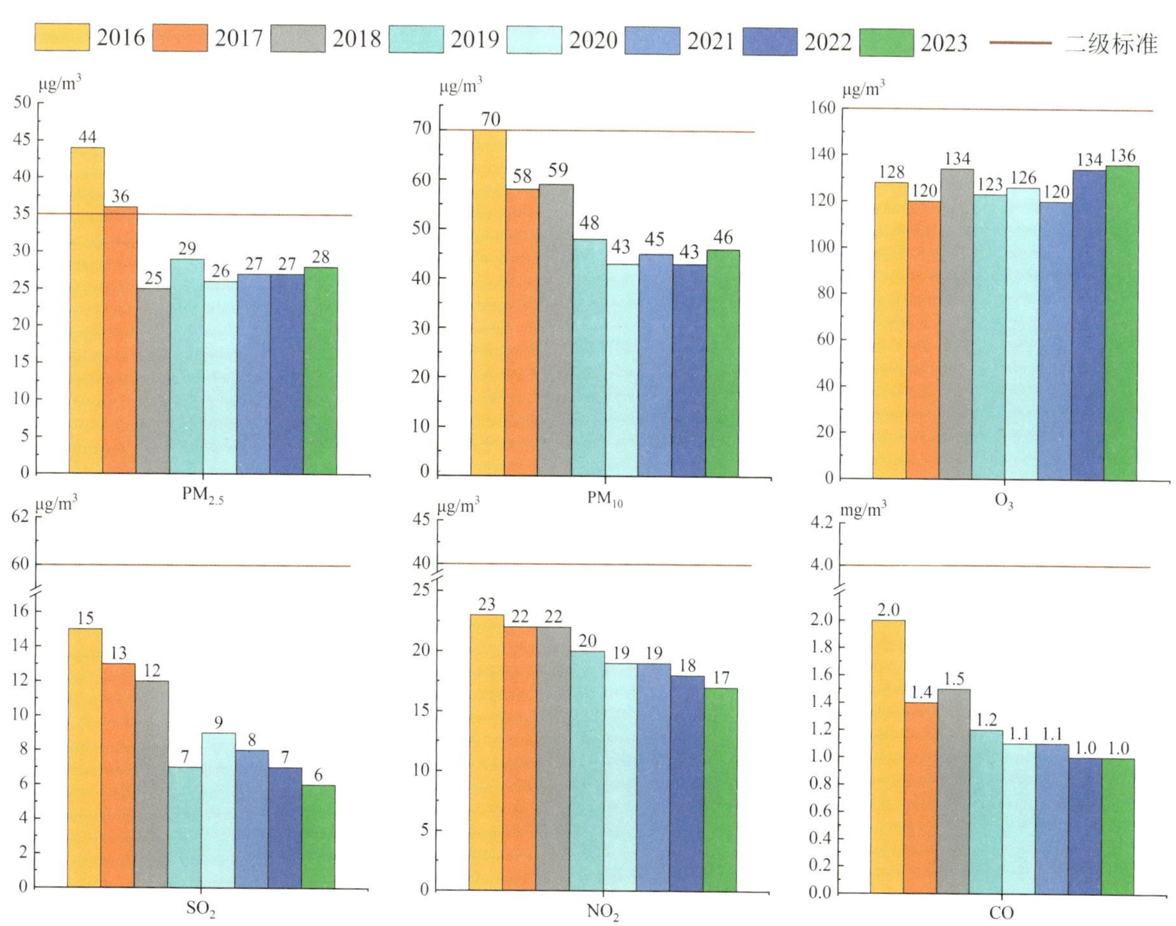

图3.2-44　2016—2023年四川省县（市、区）环境空气主要监测指标浓度变化

2. 优良天数比例

整体来看，2016—2023年四川省县（市、区）环境空气优良天数比例呈先升后降趋势，由2016年的79%上升至2023年的89.5%，上升10.5%，其中优天数比例由2016年的28.5%上升至45.5%，良、轻度污染、中度污染、重度污染天数比例分别由2016年的50.5%、15.1%、3.8%、1.8%下降至44.0%、8.7%、1.5%、0.4%，轻度污染天数比例下降最为明显。

逐年来看，2016—2020年优良天数比例持续上升，2021年与2022年基本持平，2023年有所下降。其中2017年、2019年升幅最大，与上年相比分别上升6.6%、5.1%；2020年优良天数比例最高，为92.7%；2021年、2023年优良天数比例与上年相比分别下降0.7%、2.6%。2016—2023年四川省县（市、区）环境空气质量级别比例及变化情况如表3.2-2、图3.2-45所示。

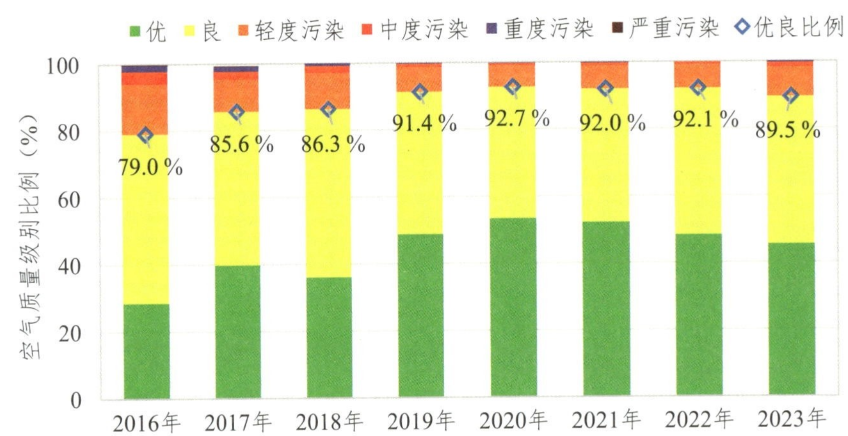

图3.2-45　2016—2023年四川省县（市、区）环境空气质量级别比例变化

表3.2-2　2016—2023年四川省县（市、区）环境空气质量级别比例

年度	优（%）	良（%）	轻度污染（%）	中度污染（%）	重度污染（%）	严重污染（%）	优良天数比例（%）
2016年	28.5	50.5	15.1	3.8	1.8	0.2	79.0
2017年	39.8	45.8	9.8	2.4	1.5	0.1	85.6
2018年	36.1	50.2	10.9	2.1	0.8	0	86.0
2019年	48.0	42.5	7.3	1.1	0.2	0	91.4
2020年	53.4	39.3	6.3	0.8	0.1	0	92.7
2021年	52.2	39.0	6.0	1.0	0.2	0	92.0
2022年	48.4	43.7	7.1	0.7	0	0	92.1
2023年	45.5	44.0	8.7	1.5	0.4	0	89.5
2023年与2016年相比	17.0	−6.5	−6.4	−2.3	−1.4	−0.2	10.5

3. 超标天污染指标占比

2016—2023年，四川省县（市、区）环境空气以细颗粒物和臭氧污染为主，其中细颗粒物为首要污染物的占比波动下降，由2016年的64.7%下降至2023年的58.7%；以臭氧为首要污染物的占比波动上升，由2016年的23.7%上升至2023年的38.9%。2016—2023年四川省县（市、区）环境空气污染天气主要污染指标占比如图3.2-46所示。

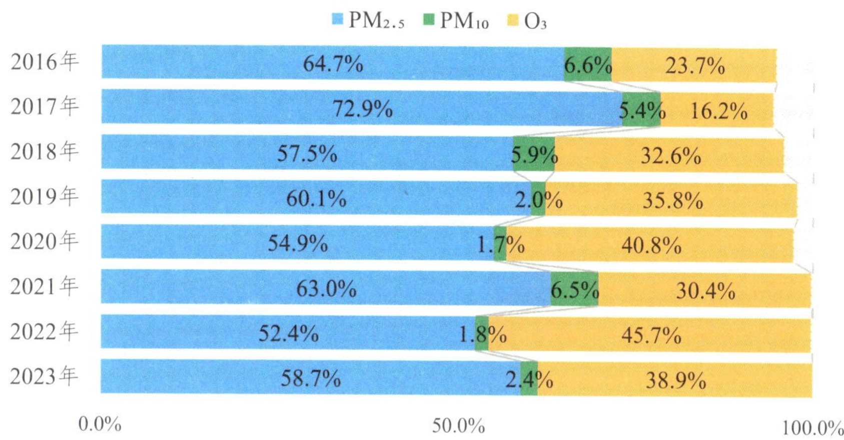

图3.2-46 2016—2023年四川省县（市、区）环境空气污染天气主要污染指标占比

4. 重污染天数

2016—2023年，四川省县（市、区）环境空气重污染天数明显下降，由2016年的868天减少至2023年的256天，下降了612天。其中，2022年的重污染天数最少，仅有39天；2017年的重污染天数最多，达980天。2016—2023年四川省县（市、区）环境空气重污染天数如图3.2-47所示。

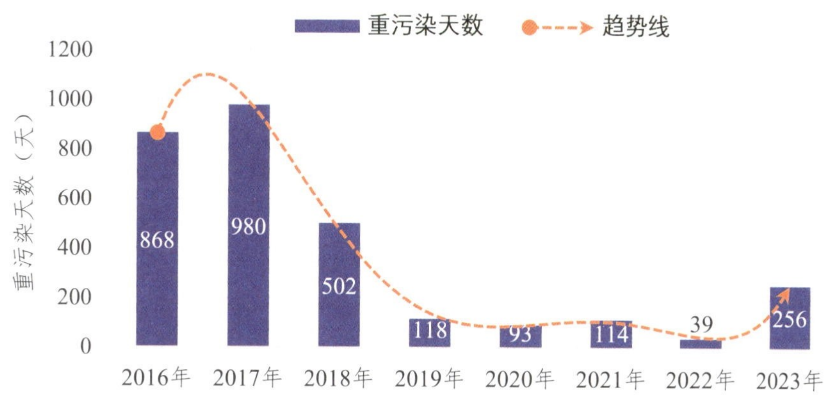

图3.2-47 2016—2023年四川省县（市、区）环境空气重污染天数

四、小结

（一）2023年，四川省城市环境空气质量略有反弹，优良天数比例同比下降

四川省六项监测指标年均浓度均达到国家二级标准，二氧化硫、二氧化氮年均浓度同比不变，细颗粒物、可吸入颗粒物年均浓度同比分别上升6.5%、6.3%，臭氧日最大8小时滑动平均值第90百分位数同比下降0.7%。重度及以上污染天数54天，同比增加47天。细颗粒物达标城市10个，同比减少5个；臭氧达标城市17个，同比增加1个；空气质量达标城市10个，同比减少4个。总体优良天数比例为85.8%，同比下降3.5%。

细颗粒物污染问题较为突出。2023年细颗粒物年均浓度为33微克/每立方米，同比上升6.5%；21个市（州）城市累积超标天数为1092天，同比增加273天；细颗粒物污染652天，同比增加257天，占全年污染天数的59.7%。15个市（州）城市细颗粒物年均浓度同比上升，11个城市超标。

四川省环境空气质量呈现明显区域性、季节性特征。细颗粒物高浓度中心依旧为川南经济区，较其余区域高出15%以上；季节上呈现冬季最高，春秋季次之，夏季最低的特征，冬季细颗粒物污染较重，浓度较夏季高出2.5倍左右。臭氧高浓度中心依旧为成都平原经济区和川南经济区，春、夏两季浓度较高，其中夏季浓度较冬季高出90%左右。

（二）2016—2023年四川省城市环境空气质量明显改善，2023年受冬季较长颗粒物重污染过程影响略有反弹

四川省六项监测指标自2020年起均达到国家二级标准，除臭氧年均浓度呈波动上升外，其余五项污染物浓度呈明显下降趋势。细颗粒物浓度由2016年的42微克/立方米下降至2023年的33微克/立方米，下降21.4%。优良天数比例呈先升后降趋势，由2016年的83.8%上升至2023年的85.8%，较2016年上升2.0个百分点。重度污染天数呈先升后降再升的趋势，由2016年的44天上升至2023年的54天，较2016年增加10天。首要污染物主要为细颗粒物和臭氧，细颗粒物占比呈下降趋势，臭氧占比呈上升趋势，2022年臭氧占比达52.0%，首次超过细颗粒物。

五、原因分析

（一）细颗粒物污染的主要原因

四川省城市环境空气质量呈明显季节性、区域性特征。颗粒物呈现秋、冬季偏高，春、夏季偏低的特征。冬季细颗粒物浓度高达61微克/立方米，高出夏季2.6倍左右。冬季易受污染物排放叠加逆温、静稳等不利气象条件的综合影响，造成污染物累积，加重污染。春季初期和秋季后期，气象条件波动，部分城市出现零星细颗粒物污染。从区域分布来看，盆地污染明显重于攀西经济区和川西北生态示范区，凉山州在冬季部分时段受计划烧除影响，会出现细颗粒物浓度陡然升高的情形。盆地内，川南经济区污染程度偏重，全年细颗粒物浓度为43微克/立方米，分别高出成都平原经济区和川东北经济区16.0%和30.0%。成都平原、川南和川东北三大经济区在2023年分别出现20天、18天和15天的重度污染天气，均较2022年明显反弹。2023年四川省五大经济区城市细颗粒物分指数变化如图3.2-48所示。

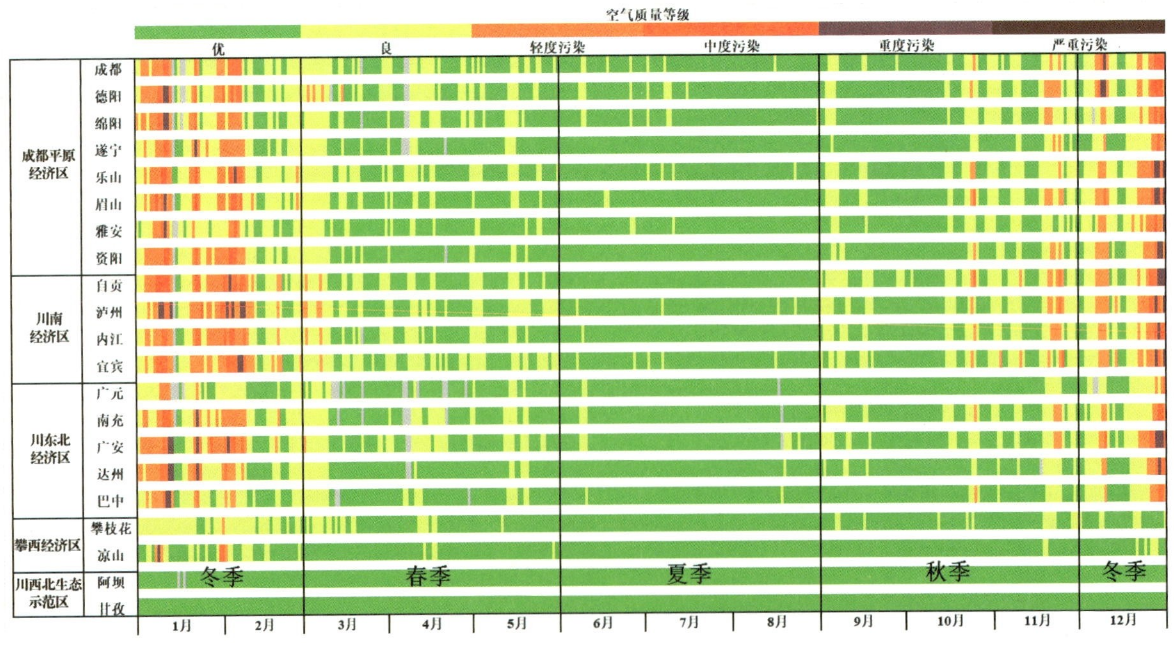

图3.2-48　2023年四川省五大经济区城市细颗粒物分指数变化

1. 地形、地貌因素分析

四川省地貌东西差异大，地形复杂多样，其中囊括了我国四大盆地之一四川盆地，其面积约26万多平方千米，占四川省面积的46%。盆地西依青藏高原和横断山脉，北近秦巴山脉，东面有巫山、方斗山、大娄山，南面有大凉山。众多山脉将四川盆地包围起来，形成相对封闭的地理环境，在享受夏季降雨的同时，又因为地形的保护，使四川盆地冬季较少受到强冷空气的侵袭。

进入冬季后，四川盆地的地形和气象条件在空气质量的保障方面不占优势，成霾的气象门槛相对较低。一方面，盆地北部的秦岭、大巴山、米仓山等高大山脉足以抵挡冬季南下的冷空气，导致盆地内风速小，长期处于静稳状态，在同样空间、同样污染排放量的情况下，水平方向的搬运速度变慢，不利于污染物的稀释扩散。另外，冷空气进入盆地后，盆地周边气温上升得更快，相应地，盆地上空的空气气温也会上升，形成逆温，使得污染物在垂直方向的扩散能力受阻。于是四川盆地在秋、冬季时，大气污染物横向、竖向都无路可走，只好“原地不动”，浓度越积越高，影响大气环境。

2. 气象因素分析

气象条件转差是四川省出现细颗粒物浓度反弹的重要外因。2023年四川省平均气温16.1摄氏度，较常年偏高0.9摄氏度，创1961年以来历史新高，刷新2022年15.9摄氏度历史纪录；四川省平均降水量846.8毫米，位列历史第6少位。气温偏高、降水偏少，导致秋、冬季早晚逆温增强，细颗粒物易累积，且湿沉降条件不充分。

2023年12月，持续少雨，暖干天气不断发展，尤其在12月下旬，四川盆地持续静稳天气，气象扩散条件逐渐转差，不利气象条件对污染物浓度影响极大。自12月29日起，盆地出现了区域性大雾天气，并持续发展，助推了颗粒物吸湿增长，大部分城市空气质量恶化，仅一次污染过程便导致四川省增加了21个重污染天，是2023年来气象条件不利引起细颗粒物污染最直接、最严重的过程。2023年12月20—31日四川盆地三大经济区优良天数比例见表3.2-3。

表3.2-3　2023年12月20—31日四川盆地三大经济区优良天数比例

区域	优		良		轻度污染		中度污染		重度污染		优良天数比例		重度及以上	
	天数	百分比	天数	百分比	天数	百分比	天数	百分比	天数	百分比	百分比	同比变化率	天数	同比天数
成都平原经济区	0	0%	31	32.3%	38	39.6%	18	18.7%	9	9.4%	32.3%	-36.5%	9	9
川南经济区	0	0%	13	27.1%	17	35.4%	10	20.8%	8	16.7%	27.1%	-33.3%	8	5
川东北经济区	0	0%	29	48.3%	16	26.7%	11	18.3%	4	6.7%	48.3%	-18.4%	4	4

（二）臭氧污染的主要原因

2023年四川省臭氧污染在全年时间跨度较长，主要出现在春、夏、秋三季，夏季最为集中，程度以轻度污染为主。2023年四川省臭氧污染最早出现在4月9日，最晚出现在9月16日，全年共出现了428天臭氧污染，占全年污染天数的39.2%。从区域上来看，成都平原经济区和川南经济区臭氧污染较为严重，其次是川东北经济区，攀西经济区有个别时段污染，川西北生态示范区无污染。2023年四川省五大经济区城市臭氧污染日历如图3.2-49所示。

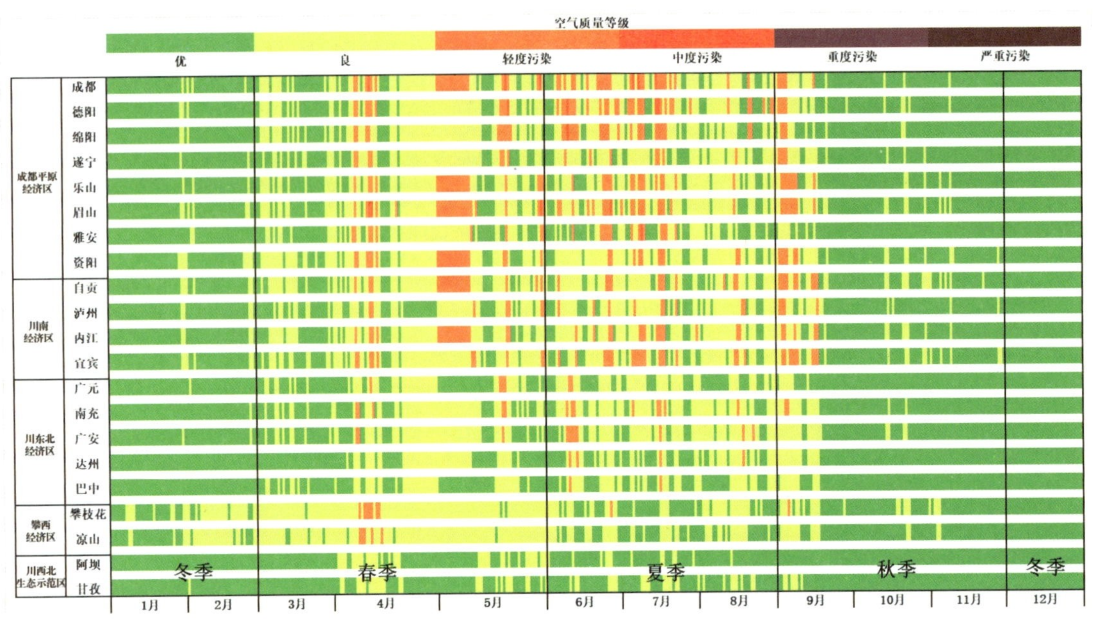

图3.2-49　2023年四川省五大经济区城市臭氧污染日历

1. 地形地貌因素分析

四川盆地由西向东依次为成都平原、川中丘陵、川东平行岭谷，其中成都平原占9%、川中丘陵占61%、川东平行岭谷占30%。从整体地势来看，四川盆地的底部是倾斜的，由西北向东南微微倾斜，与之相对的是，夏季气温也呈现出西北低、东南高的特点。同时降水也存在空间分布不均的特征，四川盆地东北部和西部尤为明显，被称为大巴山多雨带和华西雨屏带，这一分布主要受地形影响，当暖湿气流遭遇高大地形阻挡时，被迫抬升，形成地形雨。四川盆地地形复杂，增加了臭氧污染的频率。

2. 气象因素分析

高温强辐射是造成臭氧污染的重要外因。2023年夏季，四川省气候总体特征是“温高雨少”，四川省平均气温23.8摄氏度，较常年同期偏高0.7摄氏度，位列历史同期第5高位，季内各月持续偏高。四川省平均降水量462.3毫米，较常年同期偏少12个百分点，位列历史同期第10少位。

（三）空气质量改善的主要措施

一是省委省政府高度重视，多部门联动治理。省委省政府对生态环境问题高度重视。生态环境厅按照省委省政府部署要求，密切联动相关部门和单位，突出主要领域、关键环节和重点区域，制定分阶段行动计划，加快推动产业结构、能源结构、交通运输结构和用地结构调整，将能效提升和可再生能源应用作为环境污染治理的重要导向，打造一批环境和气候友好型示范场景，差异化创新区域减污降碳协同路径，逐步将控制温室气体排放工作纳入生态环境治理体系，助力四川省绿色低碳高质量发展。经省政府同意，生态环境厅、省发展改革委、经济和信息化厅、住房城乡建设厅、交通运输厅、农业农村厅、省能源局于2023年7月19日印发《四川省减污降碳协同增效行动方案》，该方案既是当前和未来一段时间四川省协同推进减污降碳的行动指南，也是四川省碳达峰碳中和“1+N”政策体系的重要组成部分。

二是强化科技支撑，实现大气由“治理”到“智理”。天空地一体化监测平台被四川省生态环境监测总站誉为“千里眼”。该平台覆盖了卫星遥感（天基）、颗粒物激光雷达（空基）、空气子站常规监测+精细化挂片监测+走航监测（地基）等多种监测网络，集成多种空气质量模型和轨迹模型，为大气精细化的管理和污染防治提供科学决策的数据支撑。天空地一体化监测网络是“千里眼”，督察执法是“治污铁拳”。“千里眼”的数据汇聚到“超级大脑”，分析研判后由“铁拳”实施精准治污，通过高效协同开展工作，共同撑起“天府蓝”。“握指成拳”多方联动精准开展攻坚帮扶，实现大气由“治理”到“智理”。天空地一体化监测加上科学的数据分析，实现了大气污染源精确化锁定，大气环境质量监测从城市近地面常规监测向区域三维立体尺度的污染诊断监测转变、从污染物浓度监测向污染全过程监控转变，最终形成区域、城市、区（县）三级“污染溯源—污染防控—效果评估”全链条防控体系，真正用“数智力量”守护绿水青山。

丨专栏四丨

四川省非甲烷总烃污染特征分析

一、四川省非甲烷总烃变化趋势

2022—2023年，四川省21个市（州）开展了非甲烷总烃的自动监测工作。2022年，四川省非甲烷总烃的年平均浓度为445.1ppbv。2023年，四川省非甲烷总烃的年平均浓度为408.9ppbv，同比下降8.1%。2022年各区域非甲烷总烃的年均浓度从大到小依次为：川南经济区（584.4ppbv）>川东北经济区（456.0ppbv）>成都平原经济区（438.3ppbv）>攀西经济区（427.4ppbv）>川西北生态示范区（250.2ppbv）。2023年各区域非甲烷总烃的年均浓度从大到小依次为：成都平原经济区（459.5ppbv）>川东北经济区（412.6ppbv）>攀西经济区（380.6ppbv）>川南经济区（375.7ppbv）>川西北生态示范区（291.2ppbv）。川西北生态示范区、成都平原经济区同比分别升高16.4%、4.8%，川南经济区、攀西经济区、川东北经济区同比分别下降35.7%、11.0%、9.5%。四川省非甲烷总烃监测点位分布如图1所示，2023年四川省非甲烷总烃区域浓度及同比变化分布如图2所示。

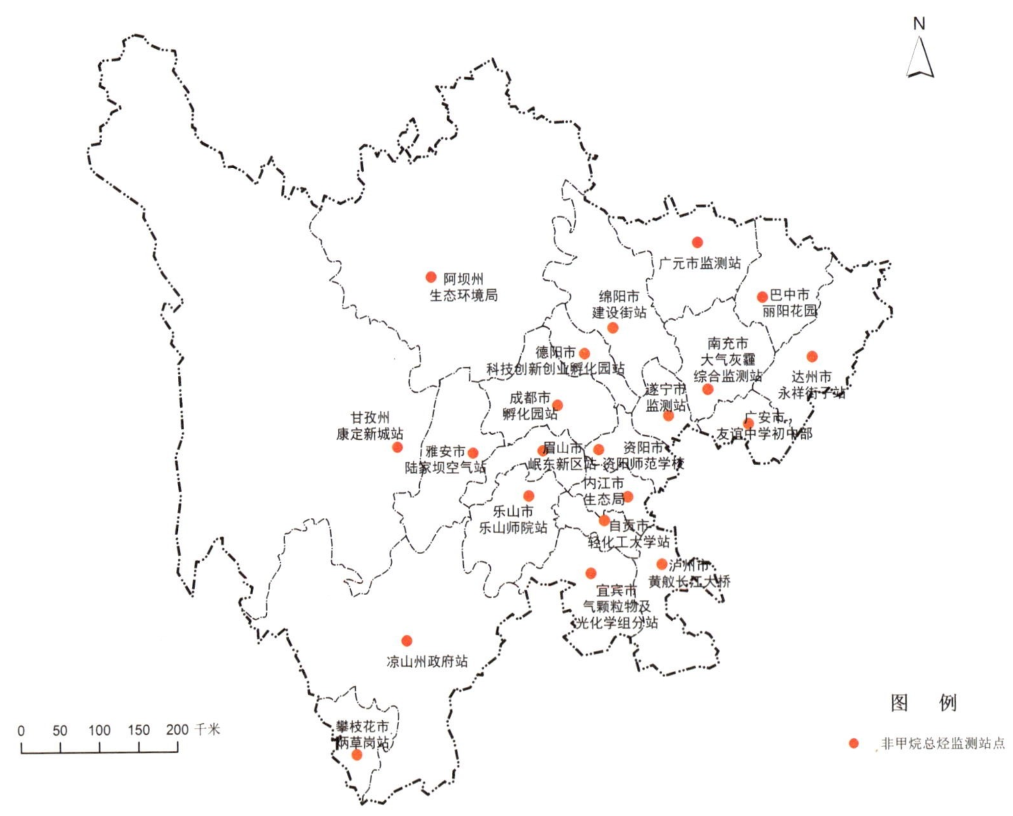

图1　四川省非甲烷总烃监测点位分布

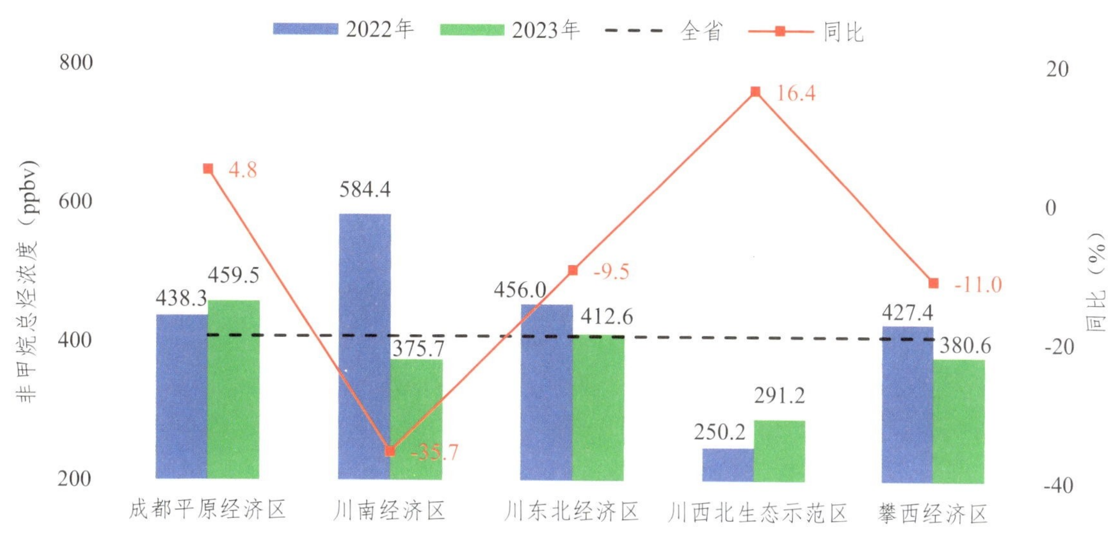

图2 2023年四川省非甲烷总烃区域浓度及同比变化分布

从市（州）年均浓度来看，2022年非甲烷总烃平均浓度排名前三的城市为自贡市、内江市和德阳市，浓度分别为694ppbv、639.5ppbv、594.5ppbv；2023年非甲烷总烃平均浓度排名前三的城市为德阳市、资阳市和达州市，浓度分别为620.1ppbv、605.8ppbv、531.9ppbv。2023年四川省非甲烷总烃城市浓度及同比变化分布如图3所示。

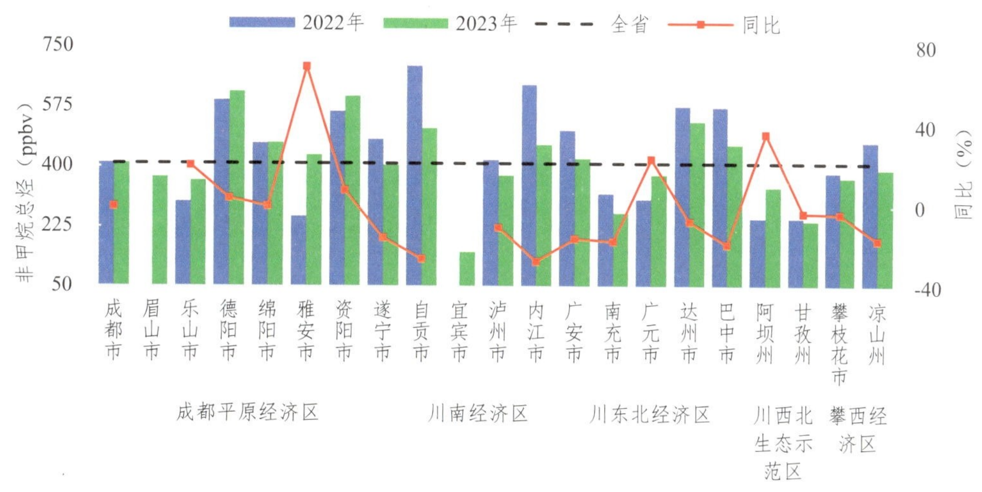

图3 2023年四川省非甲烷总烃城市浓度及同比变化分布

二、小结

2022—2023年，四川省21个市（州）均开展了非甲烷总烃的自动监测工作。2023年，四川省非甲烷总烃的年平均浓度为408.9ppbv，同比下降8.1%。各区域非甲烷总烃的年均浓度从大到小依次为：成都平原经济区>川东北经济区>攀西经济区>川南经济区>川西北生态示范区。川西北生态示范区、成都平原经济区同比分别上升16.4%、4.8%，川南经济区、攀西经济区、川东北经济区同比分别下降35.7%、11.0%、9.5%。

第三章 城市降水水质

一、现状评价

（一）降水酸度

2023年，四川省21个市（州）政府所在城市降水pH值范围为5.62（巴中市）～7.14（马尔康市），降水pH年均值为6.28，同比上升0.01；酸雨pH年均值为5.30，同比上升0.22；降水酸度和酸雨酸度基本持平。所有城市均为非酸雨城市，酸雨城市比例同比下降4.8个百分点。2023年四川省21个市（州）城市降水pH年均值及同比变化如图3.3-1所示。

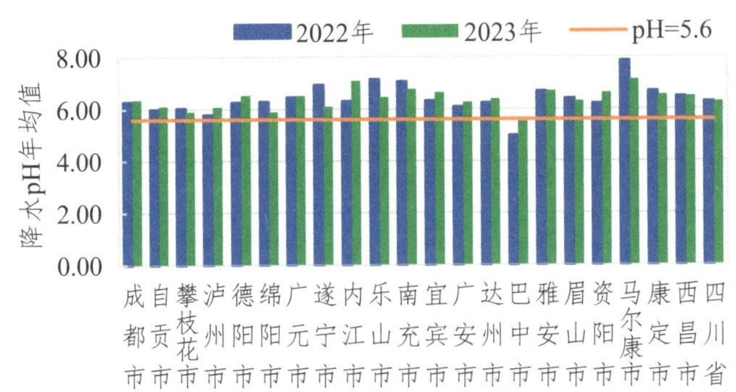

图3.3-1　2023年四川省21个市（州）城市降水pH年均值及同比变化

（二）酸雨频率

2023年，四川省21个市（州）城市共监测降水2702次，其中酸性降水60次，酸雨频率为2.2%，同比下降0.4个百分点；总雨量为38295.1毫米，酸雨量为938.2毫米，酸雨量占总雨量的2.4%，同比上升0.6个百分点。巴中市、攀枝花市、泸州市、绵阳市、自贡市5个城市出现过酸雨，酸雨频率在0～20%、40%～60%之间。其中，酸雨频率在0～20%的城市比例同比下降14.3个百分点，在40%～60%的城市比例上升4.8个百分点。2023年四川省城市酸雨频率分段统计见表3.3-1，四川省城市酸雨频率及同比变化如图3.3-2所示。

表3.3-1　2023年四川省城市酸雨频率分段统计

酸雨频率（%）	0	0～20	20～40	40～60	60～80	80～100
市（州）个数	16	4	0	1	0	0
所占比例（%）	76.2	19.0	0	4.8	0	0

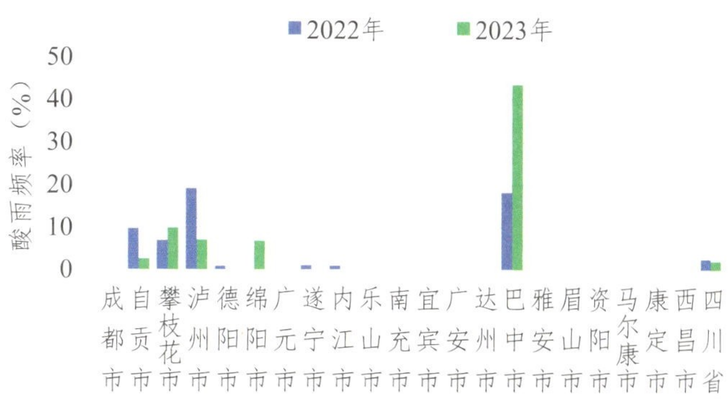

图3.3-2 2023年四川省城市酸雨频率及同比变化

（三）降水化学成分

2023年，四川省21个市（州）城市的降水离子组成中，主要阴离子为硫酸根和硝酸根，分别占离子总当量的16.4%和12.8%；主要阳离子为铵离子和钙离子，分别占离子总当量的33.3%和21.6%。硫酸根和硝酸根的当量浓度比为1.3，同比有所下降，硫酸盐为降水中的主要致酸物质。

硫酸根离子和钙离子当量浓度比同比有所下降，其他离子当量浓度比同比均略有上升。2023年四川省城市降水中主要离子当量浓度比及同比变化如图3.3-3所示，主要阴、阳离子当量分担率如图3.3-4、图3.3-5所示。

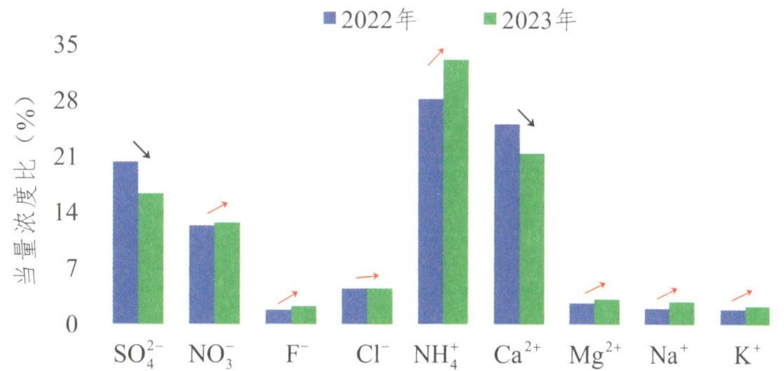

图3.3-3 2023年四川省城市降水中主要离子当量浓度比及同比变化

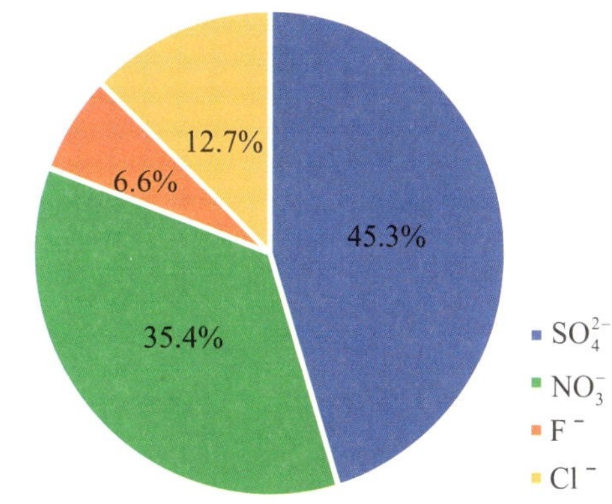

图3.3-4 2023年四川省城市降水中主要阴离子当量分担率

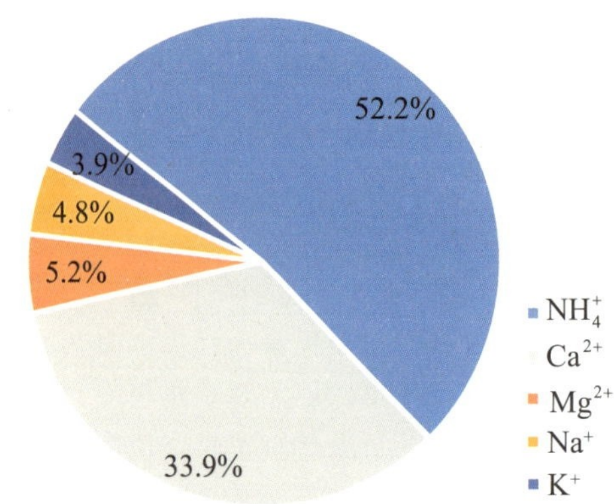

图3.3-5　2023年四川省城市降水中主要阳离子当量分担率

二、年内时空变化分布规律分析

（一）时间分布规律

1. 降水pH和酸雨频率

2023年，21个市（州）城市降水pH月均值范围在5.57～6.55之间（1月无有效降水），仅12月的pH月均值小于5.6，呈现酸雨污染。2月和11月未出现酸雨，其他月份酸雨频率在0.9%～15.4%之间波动；12月最高，为15.4%；其他月份均低于10%。酸雨城市比例12月最高，为20%；3月、6月、10月均在10%以下，其他月份均为0。2023年1—12月四川省城市降水pH、酸雨频率和酸雨城市比例变化如图3.3-6所示。

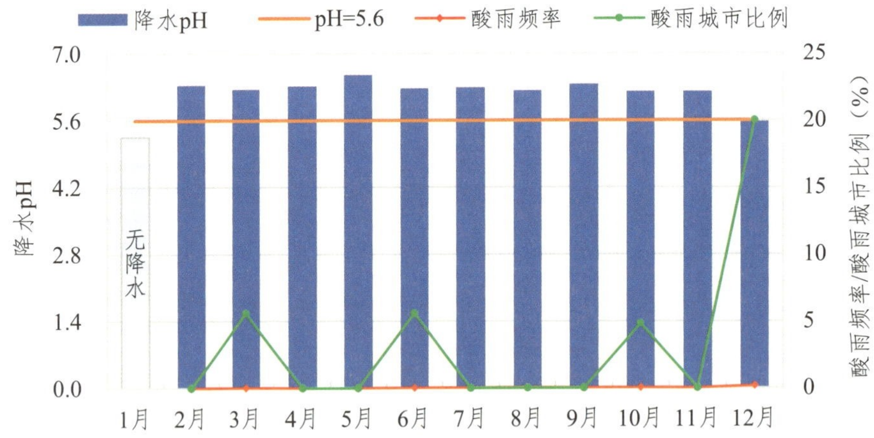

图3.3-6　2023年1—12月四川省城市降水pH、酸雨频率和酸雨城市比例变化

2. 降水化学成分

2023年，四川省城市降水中主要阴、阳离子当量浓度比均呈波动变化，硫酸根和硝酸根离子当量浓度比总体呈上升趋势，铵离子和钙离子当量浓度比总体呈下降趋势。2023年1—12月四川省城市降水中主要阴、阳离子当量浓度比变化如图3.3-7、图3.3-8所示。

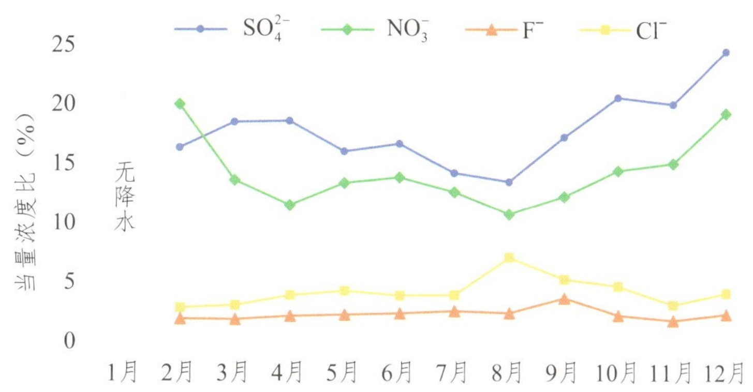

图3.3-7　2023年1—12月四川省城市降水中主要阴离子当量浓度比变化

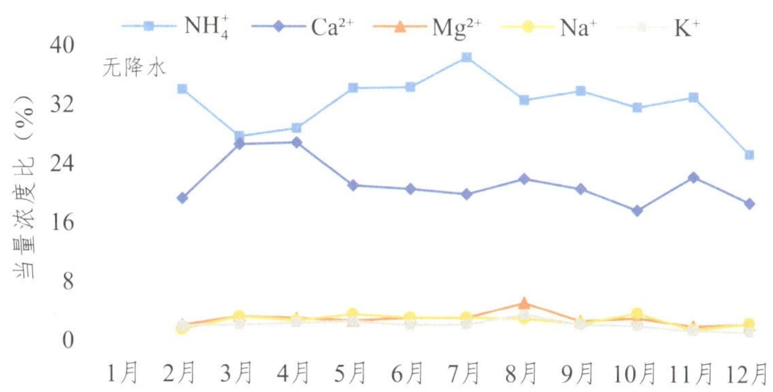

图3.3-8　2023年1—12月四川省城市降水中主要阳离子当量浓度比变化

（二）空间分布规律

2023年，四川省5个城市出现过酸雨，分别为川南经济区的泸州市、自贡市，川东北经济区的巴中市，攀西经济区的攀枝花市，成都平原经济区的绵阳市。酸雨频率在2.7%～43.5%之间，巴中市最高，为43.5%。四川省所有城市均为非酸雨城市。2023年四川省城市酸雨区域分布如图3.3-9所示。

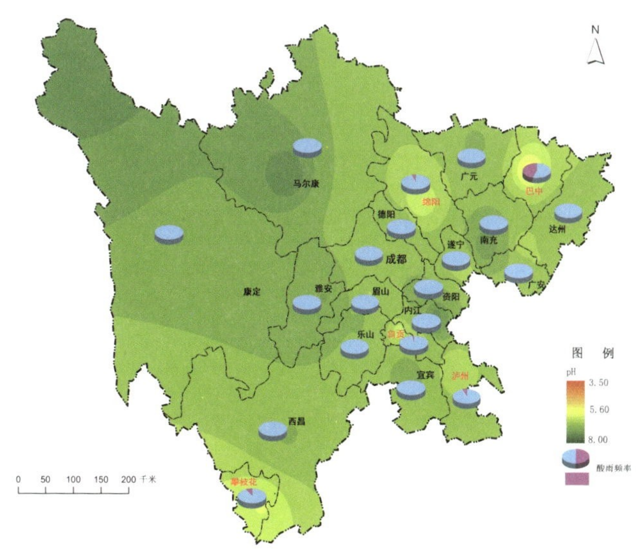

图3.3-9　2023年四川省城市酸雨区域分布

三、2016—2023年变化趋势分析

（一）降水酸度与酸雨频率

2016—2023年，四川省降水pH年均值在5.68～6.28之间，年平均酸雨频率在11.3%～2.2%之间。秩相关分析表明，2016—2023年降水pH年均值呈显著上升趋势，降水酸度逐年下降。酸雨频率在2018年有所波动，总体呈显著下降趋势，从2016年的11.3%下降至2023年的2.2%，累计下降9.1个百分点。2016—2023年四川省降水pH年均值及酸雨频率变化趋势如图3.3-10所示，2016—2023年降水pH年均值与酸雨频率变化趋势秩相关分析见表3.3-2。

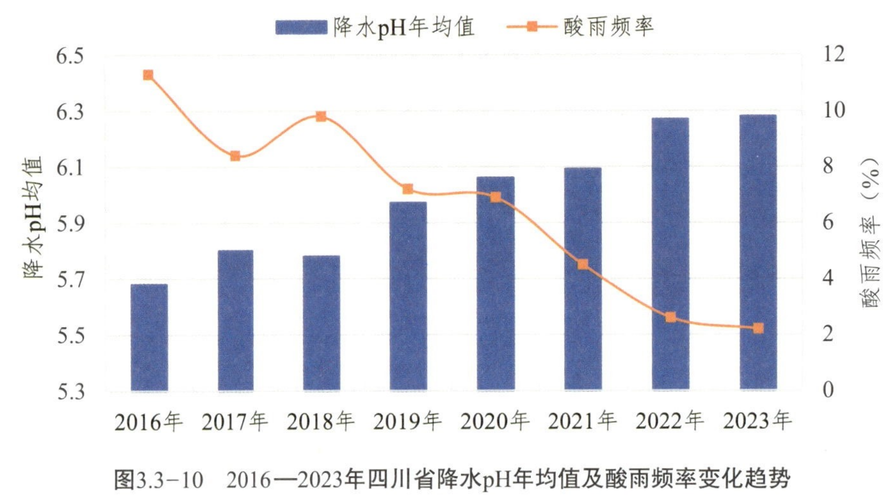

图3.3-10　2016—2023年四川省降水pH年均值及酸雨频率变化趋势

表3.3-2　2016—2023年四川省降水pH年均值与酸雨频率变化趋势秩相关分析

指标	2016年	2017年	2018年	2019年	2020年	2021年	2022年	2023年	秩相关系数（r）	变化趋势
降水pH年均值	5.68	5.80	5.78	5.97	6.06	6.09	6.27	6.28	0.98	显著上升
酸雨频率（%）	11.3	8.4	9.8	7.2	6.9	4.5	2.6	2.2	−0.98	显著下降

（二）酸雨城市比例

2016—2023年，四川省21个市（州）城市均未出现重酸雨城市，中、轻酸雨城市比例均保持在20.0%以下，非酸雨城市比例由2016年的86.0%上升至2023年的100%。2016—2023年四川省城市不同降水pH值占比如图3.3-11所示。

图3.3-11 2016—2023年四川省城市不同降水pH值占比

（三）降水化学组成

2016—2023年，四川省城市降水中，硫酸根离子当量浓度比下降幅度较为明显，由2016年的29.9%下降至2023年的16.5%，硝酸根离子当量浓度比基本保持稳定。铵离子、钙离子当量浓度比呈现波动变化，铵离子当量浓度比近两年有所上升，钙离子当量浓度比有所下降。硫酸根离子和硝酸根离子当量浓度的比值在1.3～2.7之间，总体呈下降趋势，说明酸雨类型正在逐步由硫酸型向硫酸硝酸混合型过渡。2016—2023年四川省降水中主要阴、阳离子当量浓度比变化趋势如图3.3-12所示，2016—2023年四川省降水中硫酸根和硝酸根当量浓度比变化趋势如图3.3-13所示，硫酸根和硝酸根当量浓度比变化趋势、秩相关系数分析见表3.3-3。

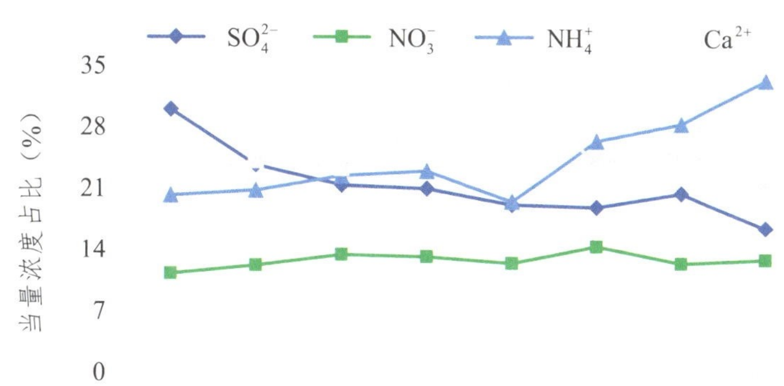

图3.3-12 2016—2023年四川省降水中主要阴、阳离子当量浓度比变化趋势

表3.3-3 2016—2023年四川省降水中硫酸根和硝酸根当量浓度比变化趋势、秩相关系数分析

指标	2016年	2017年	2018年	2019年	2020年	2021年	2022年	2023年	秩相关系数（r）	变化趋势
硫酸根（μeq/L）	156.00	109.00	78.00	80.00	69.00	50.00	56.00	43.00	-0.90	显著下降
硝酸根（μeq/L）	58.00	56.00	49.00	50.00	44.00	38.00	34.00	33.00	-0.98	显著下降

图3.3-13 2016—2023年四川省降水中硫酸根和硝酸根当量浓度比变化趋势

四、小结

（一）2023年四川省城市酸雨污染状况稳中向好

四川省21个市（州）城市降水pH年均值为6.27，同比上升0.01；酸雨pH值为5.08，同比上升0.22；酸雨频率为2.6%，同比下降0.4个百分点；酸雨量占总雨量比例为1.8%，同比上升0.6个百分点。酸雨城市比例为4.8%，同比下降4.8个百分点；所有城市均为非酸雨城市。硫酸根和硝酸根的当量浓度比为1.3，同比下降0.3个百分点，硫酸盐仍为降水中的主要致酸物质。

四川省21个市（州）城市仅12月出现过酸雨，酸雨频率和酸雨城市比例最高；有5个城市出现过酸雨，酸雨频率在2.7%～43.5%之间，巴中市最高。

（二）2016—2023年四川省城市酸雨污染状况呈现向好趋势

四川省21个市（州）城市降水pH年均值逐年上升，由2016年的5.68上升至2023年的6.28，降水酸度逐年下降；酸雨频率总体呈下降趋势，下降9.1个百分点。四川省21个市（州）城市未出现重酸雨城市，酸雨城市比例总体呈下降趋势，由2016年的14.3%下降至2022年的9.5%，2023年所有城市均为非酸雨城市。

第四章　地表水环境质量

一、现状评价

（一）总体状况

2023年，四川省地表水水质总体优。345个地表水监测断面中，Ⅰ～Ⅱ类水质优断面255个，占比为73.9%；Ⅲ类水质断面90个，占比为26.1%，无Ⅳ类及以下水质断面。2023年四川省地表水水质状况如图3.4-1所示。

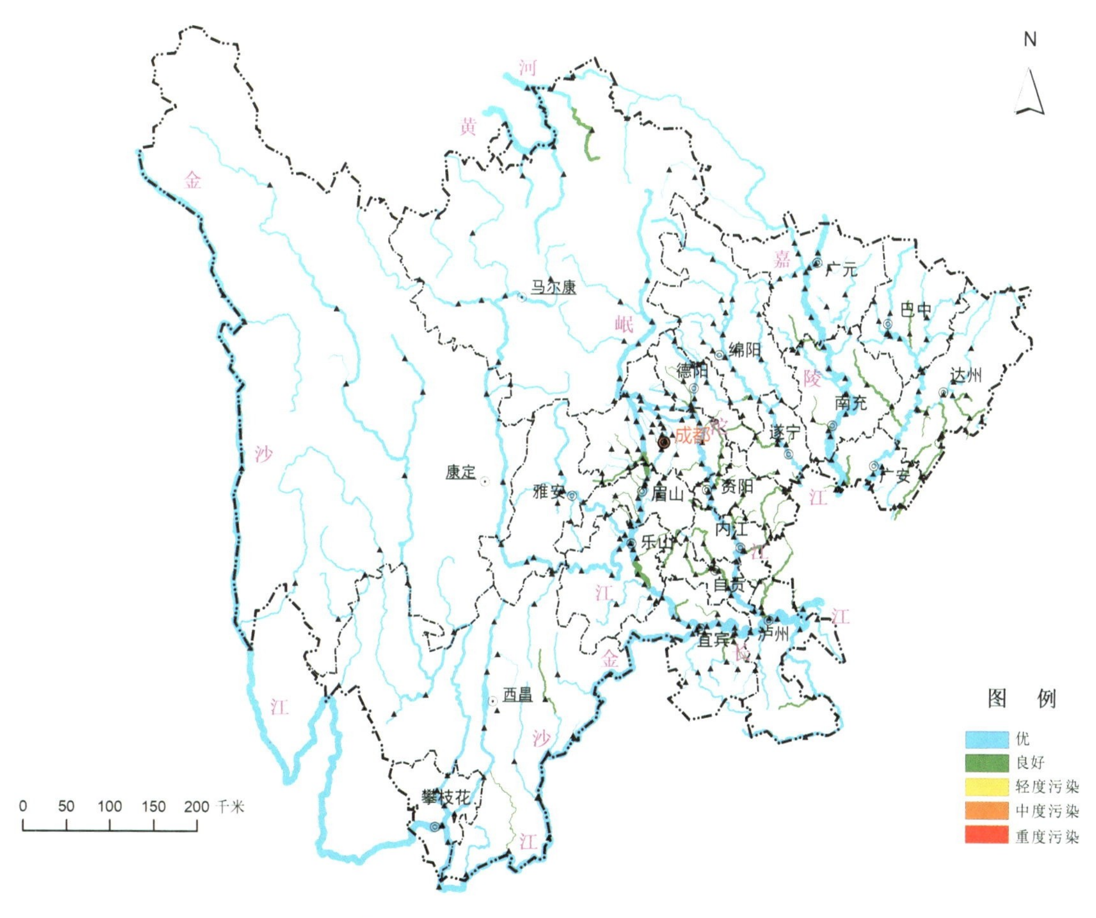

图3.4-1　2023年四川省地表水水质状况

Ⅰ～Ⅱ类水质断面同比上升1.6个百分点；Ⅲ类、Ⅳ类水质断面同比分别下降1.0、0.6个百分点。2023年四川省地表水水质断面类别同比情况如图3.4-2所示。

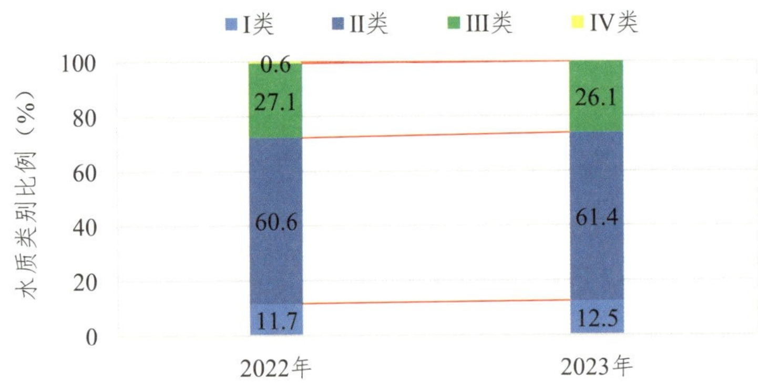

图3.4-2 四川省地表水水质断面类别同比情况

（二）重点流域断面水质状况

2023年，四川省十三条重点流域断面水质均为优。雅砻江、安宁河、赤水河、岷江、大渡河、青衣江、沱江、嘉陵江、渠江、琼江、黄河、涪江、长江（金沙江）流域断面水质优良率为100%。2023年十三条重点流域断面水质类别占比如图3.4-3所示。

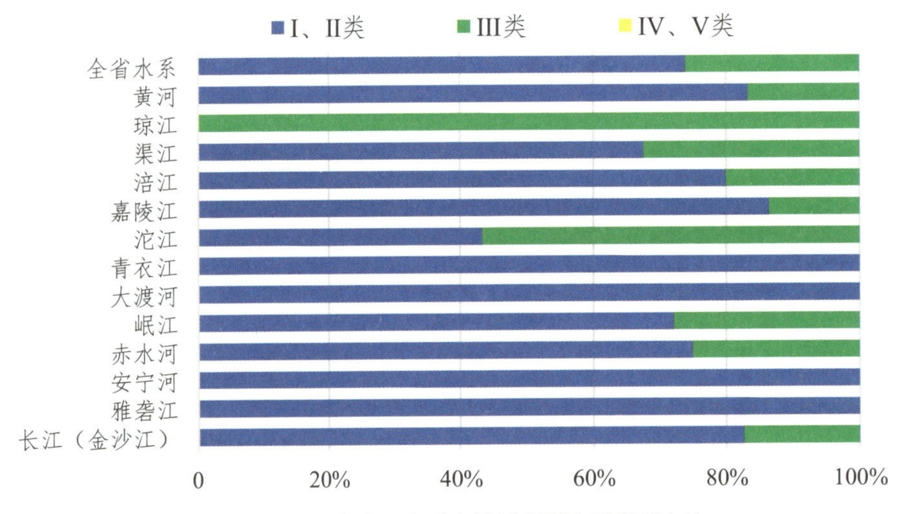

图3.4-3 2023年十三条重点流域断面水质类别占比

十三条流域中，沱江、涪江、岷江、渠江4条流域Ⅰ～Ⅱ类水质优断面占比同比上升，升幅分别为8.3、0.7、2.1、2.7个百分点；雅砻江、安宁河、青衣江水质优断面占比同比保持100%；嘉陵江、赤水河、琼江水质优断面占比同比保持不变；长江（金沙江）流域水质优断面占比同比下降，降幅为1.9个百分点。2023年四川省重点流域水质类别占比变化情况如图3.4-4所示。

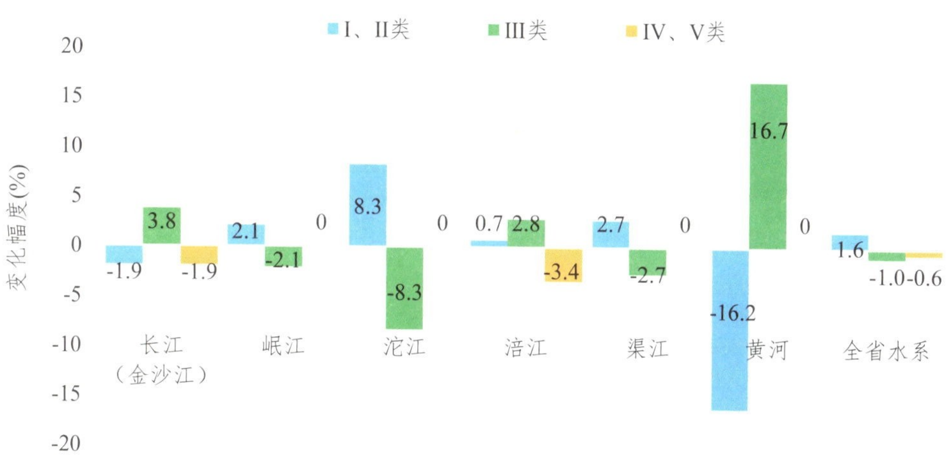

图3.4-4 2023年四川省重点流域水质类别占比变化情况

长江(金沙江)流域 水质总体优。52个断面中,Ⅰ～Ⅱ类水质优断面43个,占82.7%;Ⅲ类水质良好断面9个,占17.3%;无Ⅳ类及以下水质断面。

雅砻江流域 水质总体优。16个断面均为Ⅰ～Ⅱ类水质优,占100%。

安宁河流域 水质总体优。7个断面均为Ⅱ类水质优,占100%。

赤水河流域 水质总体优。4个断面中,Ⅰ～Ⅱ类水质优断面3个,占75.0%;Ⅲ类水质良好断面1个,占25.0%;无Ⅳ类及以下水质断面。

2023年长江(金沙江)、雅砻江、安宁河、赤水河流域水质状况如图3.4-5所示。

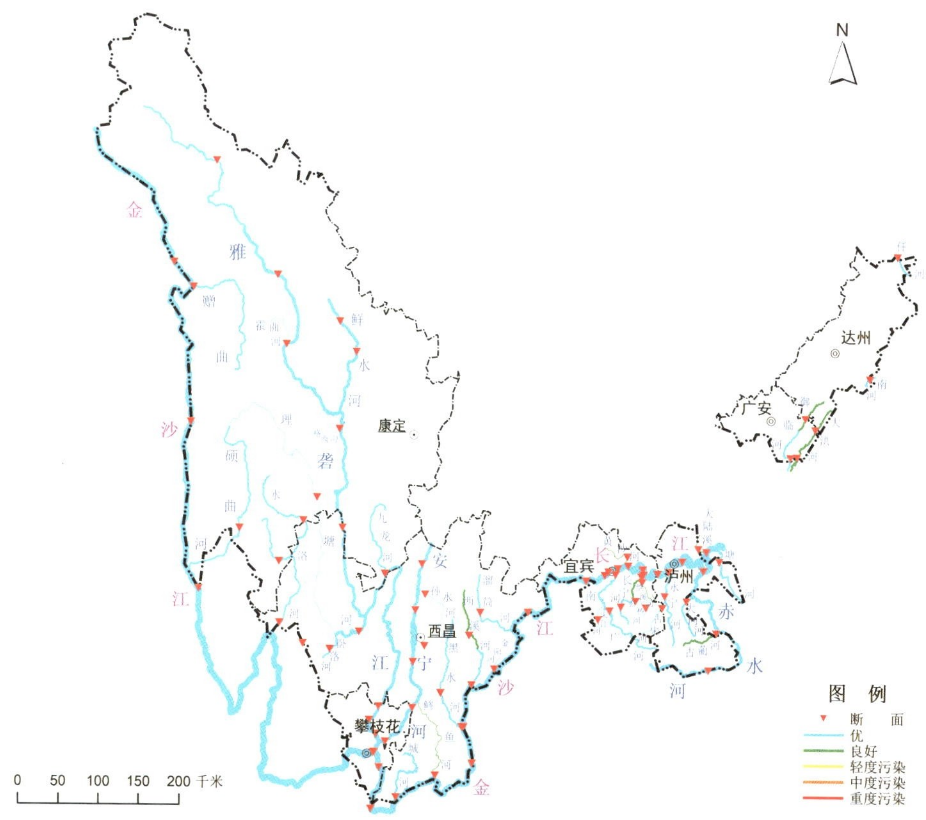

图3.4-5 2023年长江(金沙江)、雅砻江、安宁河、赤水河流域水质状况

岷江流域　水质总体优。61个监测断面中，Ⅰ～Ⅱ类水质优断面44个，占72.1%；Ⅲ类水质良好断面17个，占27.9%；无Ⅳ类及以下水质断面。

干流：水质优，18个断面中，Ⅰ～Ⅱ类水质优断面16个，占88.9%；Ⅲ类水质良好断面2个，占11.1%；无Ⅳ类及以下水质断面。

支流：水质优，43个断面中中，Ⅰ～Ⅱ类水质优断面28个，占65.1%；Ⅲ类水质良好断面15个，占34.9%；无Ⅳ类及以下水质断面。

大渡河流域　水质总体优。22个断面均为Ⅰ～Ⅱ类水质优，占100%。

青衣江流域　水质总体优。8个断面均为Ⅱ类水质，占100%。

2023年岷江、大渡河、青衣江流域水质状况如图3.4-6所示。

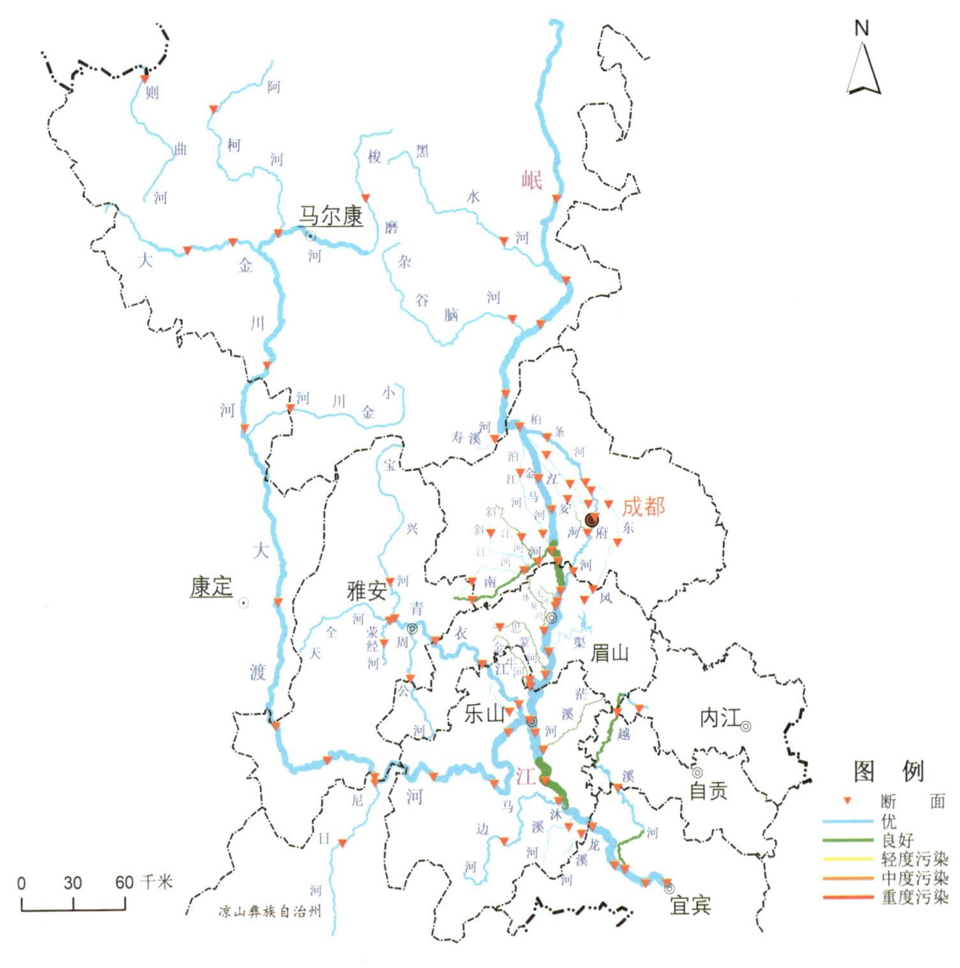

图3.4-6　2023年岷江、大渡河、青衣江流域水质状况

沱江流域　水质总体优。60个监测断面中，Ⅰ～Ⅱ类水质优断面26个，占43.3%；Ⅲ类水质良好断面34个，占56.7%；无Ⅳ类及以下水质断面。2023年沱江流域水质状况如图3.4-7所示。

干流：水质优，12个断面中，Ⅰ～Ⅱ类水质优断面11个，占91.7%；Ⅲ类水质良好断面1个，占8.3%；无Ⅳ类及以下水质断面。

支流：水质优，48个断面中，Ⅰ～Ⅱ类水质优断面15个，占31.2%；Ⅲ类水质良好断面33个，占68.8%；无Ⅳ类及以下水质断面。

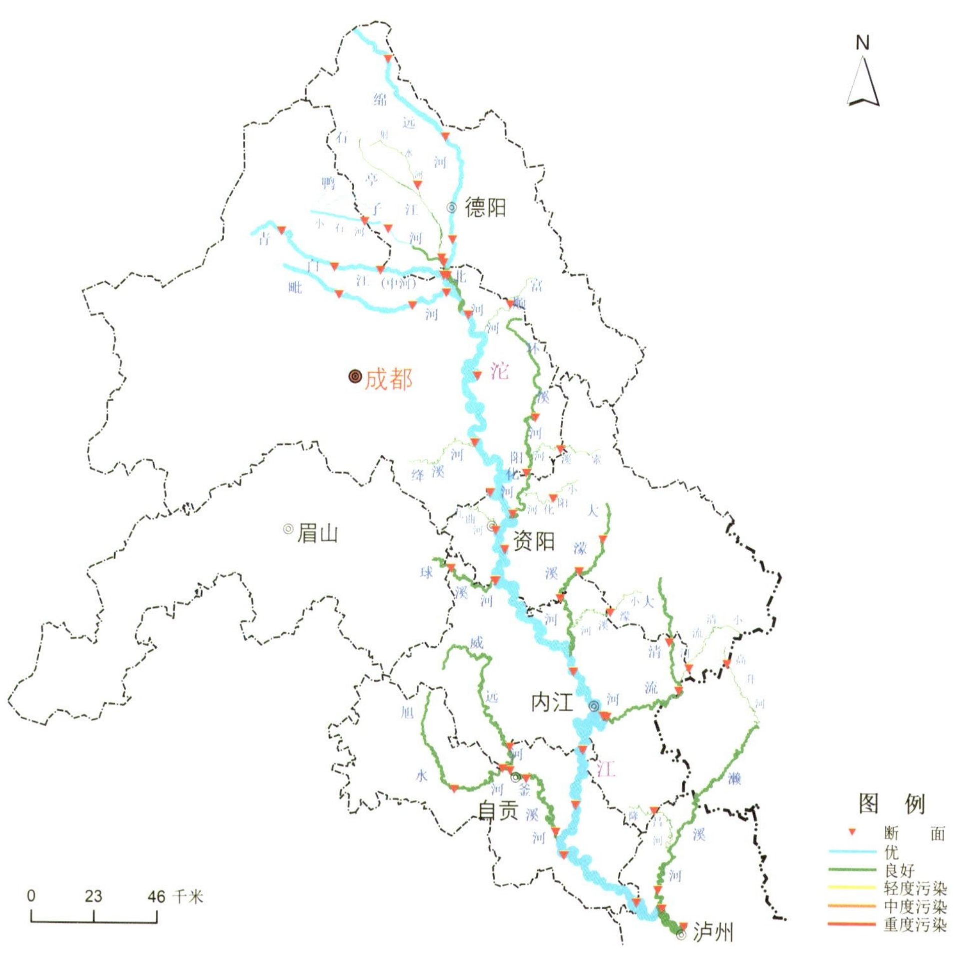

图3.4-7　2023年沱江流域水质状况

嘉陵江流域　水质总体优。37个断面中，Ⅰ～Ⅱ类水质优断面32个，占86.5%；Ⅲ类水质良好断面5个，占13.5%；无Ⅳ类及以下水质断面。

涪江流域　水质总体优。30个断面中，Ⅰ～Ⅱ类水质优断面24个，占80.0%；Ⅲ类水质良好断面6个，占20.0%；无Ⅳ类及以下水质断面。

渠江流域　水质总体优。37个断面中，Ⅱ类水质优断面25个，占67.6%；Ⅲ类水质良好断面12个，占32.4%；无Ⅳ类及以下水质断面。

琼江流域　水质总体优。5个断面均为Ⅲ类水质，占100%；无Ⅳ类及以下水质断面。

黄河流域　水质总体优。5个断面为Ⅰ～Ⅱ类水质，占83.3%；1个断面为Ⅲ类水质，占16.7%。

2023年嘉陵江、涪江、渠江、琼江流域及黄河流域水质状况如图3.4-8所示。

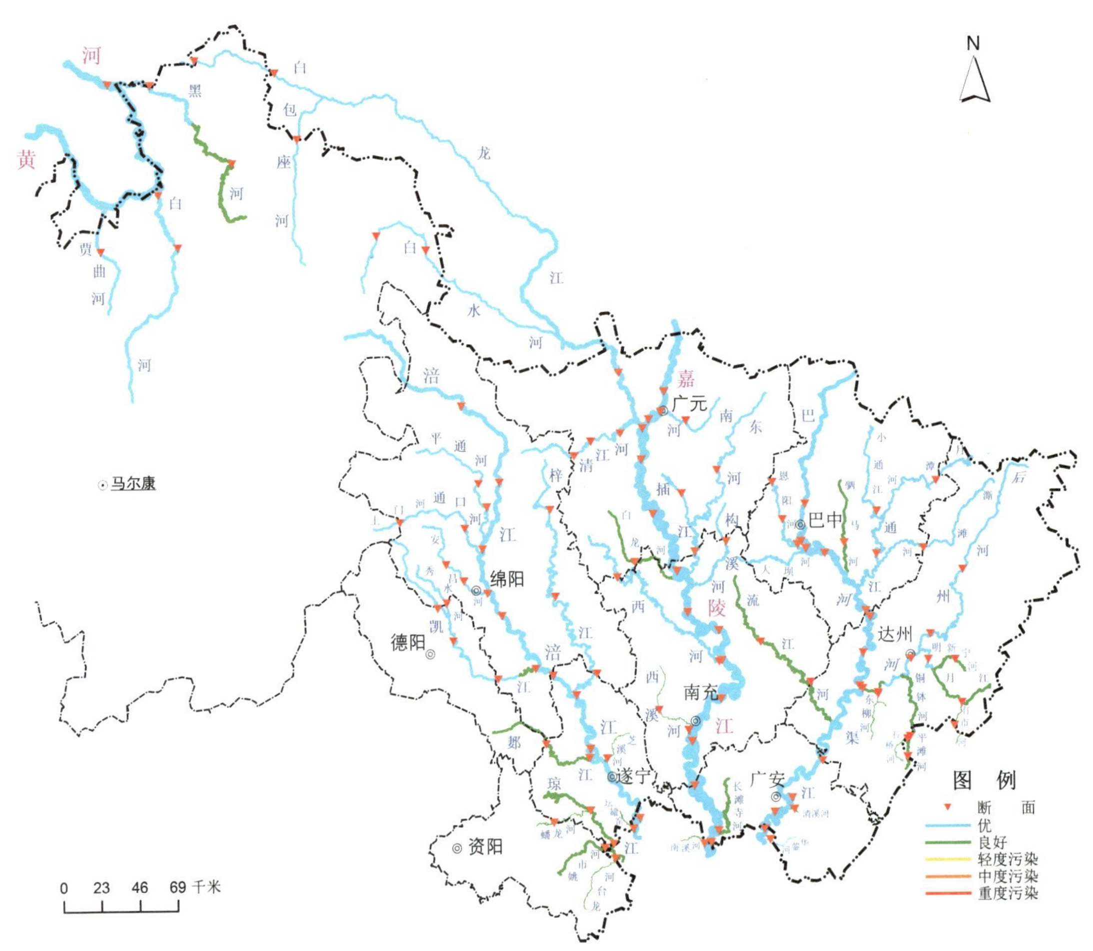

图3.4-8　2023年嘉陵江、涪江、渠江、琼江流域及黄河流域水质状况

（三）出川、入川断面水质状况

1. 入川断面

2023年，四川省34个入川断面中，Ⅰ～Ⅱ类水质优断面31个，占91.2%，同比无变化；Ⅲ类水质断面3个，占8.8%，同比上升2.9个百分点。2023年四川省地表水入川断面水质类别见表3.4-1。

表3.4-1　2023年四川省地表水入川断面水质类别

序号	断面名称	河流名称	所在流域	跨界区域	水质类别
1	洛须镇温托村	金沙江	长江（金沙江）	昌都—甘孜	Ⅱ
2	龙洞	金沙江	长江（金沙江）	丽江—攀枝花	Ⅰ
3	老火房	金沙江	长江（金沙江）	丽江—凉山	Ⅱ
4	三块石	金沙江	长江（金沙江）	昭通—宜宾	Ⅰ
5	黄沙坡	金沙江	长江（金沙江）	昭通—宜宾	Ⅰ
6	直门达	通天河	长江（金沙江）	玉树—甘孜	Ⅰ
7	湾凼	大陆溪	长江（金沙江）	重庆—泸州	Ⅲ
8	灰窝村	鳡鱼河	长江（金沙江）	丽江—凉山	Ⅱ

续表

序号	断面名称	河流名称	所在流域	跨界区域	水质类别
9	红海子	宁蒗河	长江（金沙江）	丽江—凉山	Ⅱ
10	前所河云南出境	前所河	长江（金沙江）	丽江—凉山	Ⅱ
11	观音岩	新庄河	长江（金沙江）	丽江—攀枝花	Ⅱ
12	横江桥	横江	长江（金沙江）	昭通—宜宾	Ⅱ
13	邓家河	罗布河	长江（金沙江）	昭通—宜宾	Ⅱ
14	洛亥	南广河	长江（金沙江）	昭通—宜宾	Ⅱ
15	永宁河云南出境	永宁河	长江（金沙江）	昭通—宜宾	Ⅱ
16	水寨子	任何	长江（金沙江）	城口—达州	Ⅱ
17	竹节寺	雅砻江	雅砻江	玉树—甘孜	Ⅰ
18	鲢鱼溪	赤水河	赤水河	遵义—泸州	Ⅱ
19	茅台	赤水河	赤水河	遵义—泸州	Ⅱ
20	长沙	习水河	赤水河	遵义—泸州	Ⅱ
21	阿坝	阿柯河	大渡河	果洛—阿坝	Ⅱ
22	友谊桥	大渡河	大渡河	果洛—阿坝	Ⅱ
23	大埂	大清流河	沱江	重庆—内江	Ⅲ
24	高洞电站	濑溪河	沱江	荣昌—泸州	Ⅲ
25	朱家坝	碑坝河	渠江	汉中—巴中	Ⅱ
26	通江陕西出境	通江	渠江	汉中—巴中	Ⅱ
27	福成	小通江	渠江	汉中—巴中	Ⅱ
28	溪口镇平桥村	浑水河	渠江	重庆—广安	Ⅱ
29	土堡寨	前河	渠江	城口—达州	Ⅱ
30	大通江陕西出境	尹家河	渠江	汉中—巴中	Ⅱ
31	赤南	月滩河	渠江	汉中—广元	Ⅱ
32	姚渡	白龙江	嘉陵江流域	陇南—广元	Ⅱ
33	八庙沟	嘉陵江	嘉陵江	汉中—广元	Ⅰ
34	盐井河陕西出境	盐井河	嘉陵江	汉中—广元	Ⅱ

2. 共界断面

2023年，四川省10个共界断面中，Ⅰ～Ⅱ类水质优断面7个，占70.0%，同比降低10个百分点；Ⅲ类水质良好断面3个，占30.0%，同比增加10个百分点；铜钵河上河坝由Ⅱ类水质降为Ⅲ类水质。2023年四川省地表水共界断面水质类别见表3.4–2。

表3.4–2　2023年四川省地表水共界断面水质类别

序号	断面名称	河流名称	所在流域	跨界区域	水质类别
1	金沙江岗托桥	金沙江	长江（金沙江）	甘孜—昌都	Ⅰ
2	贺龙桥	金沙江	长江（金沙江）	甘孜—迪庆	Ⅰ

续表

序号	断面名称	河流名称	所在流域	跨界区域	水质类别
3	蒙姑	金沙江	长江（金沙江）	凉山—昆明	Ⅰ
4	泸沽湖湖心	泸沽湖	雅砻江	宁蒗—凉山	Ⅰ
5	清池	赤水河	赤水河	毕节—泸州	Ⅱ
6	郎木寺	白龙江	嘉陵江	阿坝—甘南	Ⅱ
7	摇金	南溪河	嘉陵江	合川—广安	Ⅲ
8	联盟桥	任市河	渠江	梁平—达州	Ⅲ
9	上河坝	铜钵河	渠江	梁平—达州	Ⅲ
10	玛曲	黄河	黄河	阿坝—甘南	Ⅰ

3. 出川断面

2023年，四川省32个出川断面中，Ⅰ～Ⅱ类水质优断面21个，占65.6%，同比增加3.1个百分点；Ⅲ类水质良好断面11个，占34.4%，同比增加3.1个百分点；Ⅳ类水质断面同比降低6.2个百分点，大陆溪的四明水厂、坛罐窑河的白鹤桥由Ⅳ类水质好转为Ⅲ类水质。2023年四川省地表水出川断面水质类别见表3.4-3。

表3.4-3　2023年四川省地表水出川断面水质类别

序号	断面名称	河流名称	所在流域	跨界区域	水质类别
1	水磨沟村	金沙江	长江（金沙江）	甘孜—昌都	Ⅱ
2	大湾子	金沙江	长江（金沙江）	攀枝花—楚雄	Ⅱ
3	葫芦口	金沙江	长江（金沙江）	凉山—昭通	Ⅱ
4	雷波县金沙镇	金沙江	长江（金沙江）	凉山—昭通	Ⅰ
5	宝宁村	金沙江	长江（金沙江）	宜宾—昭通	Ⅱ
6	朱沱	长江	长江（金沙江）	泸州—永川	Ⅱ
7	油米	水洛河	长江（金沙江）	凉山—丽江	Ⅰ
8	四明水厂	大陆溪	长江（金沙江）	泸州—永川	Ⅲ
9	白杨溪	塘河	长江（金沙江）	泸州—永川	Ⅱ
10	巫山乡	南河	长江（金沙江）	达州—城口	Ⅱ
11	幺滩	御临河	长江（金沙江）	广安—长寿	Ⅱ
12	黎家乡崔家岩村	大洪河	长江（金沙江）	广安—长寿	Ⅲ
13	白杨溪电站	任河	长江（金沙江）	达州—城口	Ⅱ
14	太平渡	古蔺河	赤水河	泸州—永川	Ⅲ
15	两汇水	大同河	赤水河	泸州—永川	Ⅱ
16	李家碥	大清流河	沱江	内江—荣昌	Ⅲ
17	红光村	高升河	沱江	资阳—大足	Ⅲ
18	金子	嘉陵江	嘉陵江	广安—合川	Ⅱ
19	迭部	白龙江	嘉陵江	阿坝—甘南	Ⅱ

续表

序号	断面名称	河流名称	所在流域	跨界区域	水质类别
20	县城马踏石点	白水江	嘉陵江	阿坝—陇南	Ⅰ
21	川甘交界	包座河	嘉陵江	阿坝—甘南	Ⅰ
22	玉溪	涪江	涪江	遂宁—潼南	Ⅱ
23	白鹤桥	坛罐窑河	琼江	遂宁—潼南	Ⅲ
24	码头	渠江	渠江	广安—合川	Ⅱ
25	黄桷	华蓥河	渠江	广安—合川	Ⅱ
26	牛角滩	平滩河	渠江	达州—梁平	Ⅲ
27	凌家桥	石桥河	渠江	达州—梁平	Ⅲ
28	大安	琼江	琼江	遂宁—潼南	Ⅲ
29	白沙	姚市河	琼江	资阳—潼南	Ⅲ
30	两河	龙台河	琼江	资阳—潼南	Ⅲ
31	唐克	白河	黄河	阿坝—甘南	Ⅱ
32	贾柯牧场	贾曲河	黄河	阿坝—甘南	Ⅱ

（四）湖库水质及营养状况

2023年，四川省共监测14个湖库，泸沽湖、二滩水库为Ⅰ类水质，邛海、黑龙滩水库、紫坪铺水库、瀑布沟、三岔湖、双溪水库、沉抗水库、升钟水库、白龙湖、葫芦口水库为Ⅱ类水质，水质优；老鹰水库、鲁班水库为Ⅲ类水质，水质良好。2023年四川省湖库水质状况如图3.4–9所示。

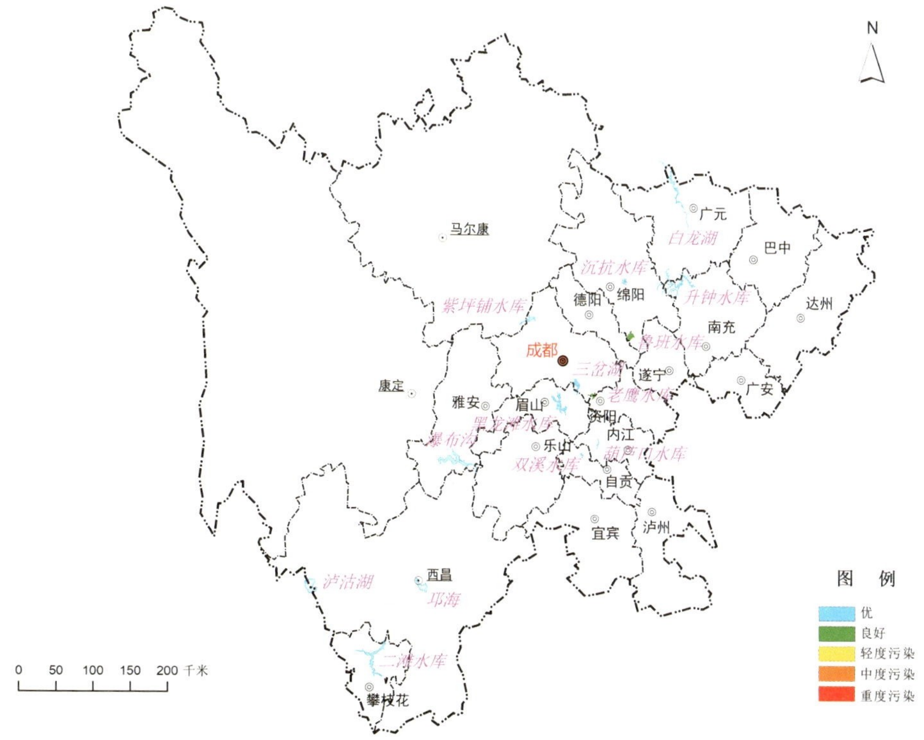

图3.4–9　2023年四川省湖库水质状况

14个湖库中，泸沽湖、二滩水库、紫坪铺水库、白龙湖为贫营养，邛海、黑龙滩水库、瀑布沟、老鹰水库、三岔湖、双溪水库、沉抗水库、鲁班水库、升钟水库、葫芦口水库为中营养。与上年相比，白龙湖由中营养转变为贫营养。2023年四川省重点湖库营养状况如图3.4-10所示。

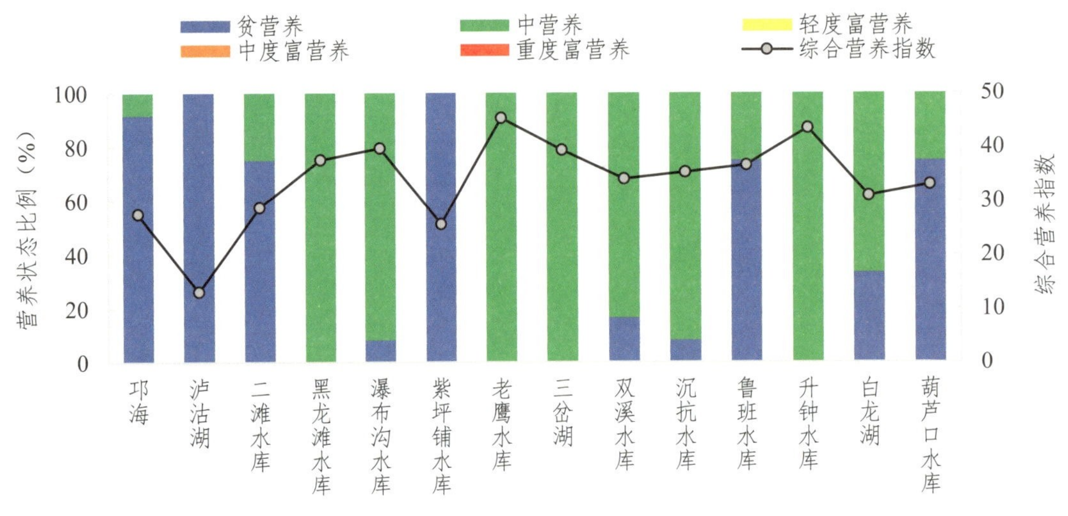

图3.4-10　2023年四川省重点湖库营养状况

二、年内时空变化分布规律分析

（一）空间变化规律

1. 总体情况

2023年，攀西经济区和川西北生态示范区河流水质总体稳定保持优，主要涉及黄河、长江（金沙江）、雅砻江、安宁河、赤水河、大渡河、青衣江流域；成都平原经济区、川南经济区、川东北经济区是岷江、沱江、嘉陵江、涪江、渠江、琼江主要流经区域，人口、工业、社会发展相对集中，部分支流在枯水期、桃花水、汛期初期，呈短时间受到污染态势，但水质总体为优。

四川省十三大流域中，雅砻江、赤水河、大渡河、青衣江四大流域水质常年稳定优良，沱江、岷江、长江（金沙江）、涪江、渠江、琼江、嘉陵江、黄河、安宁河九大流域中有47条河流出现了超Ⅲ类水质标准情况，水质未稳定达优良。其中7条河流的9个断面部分月份为Ⅴ类水质，主要分布情况为沱江流域4个，长江（金沙江）流域2个，岷江流域、黄河流域各1个；西溪河的三湾河大桥6月为劣Ⅴ类水质。2023年地表水未稳定达优良断面水质变化情况见表3.4-4。

表3.4-4　2023年地表水未稳定达优良断面水质变化情况

流域	序号	河流名称	断面名称	1月	2月	3月	4月	5月	6月	7月	8月	9月	10月	11月	12月
沱江流域	1	北河	201医院	Ⅲ	Ⅲ	Ⅳ	Ⅳ	Ⅲ	Ⅲ	Ⅲ	Ⅲ	Ⅲ	Ⅲ	Ⅲ	Ⅲ
	2	富顺河	碾子湾村	Ⅱ	Ⅲ	Ⅱ	Ⅲ	Ⅲ	Ⅳ	Ⅳ	Ⅲ	Ⅲ	Ⅲ	Ⅲ	Ⅲ
	3	阳化河	红日大桥	Ⅲ	Ⅲ	Ⅲ	Ⅲ	Ⅲ	Ⅳ	Ⅲ	Ⅲ	Ⅳ	Ⅳ	Ⅳ	Ⅲ
	4	阳化河	巷子口	Ⅲ	Ⅲ	Ⅲ	Ⅲ	Ⅲ	Ⅲ	Ⅲ	Ⅲ	Ⅳ	Ⅲ	Ⅲ	Ⅲ
	5	索溪河	谢家桥	Ⅲ	Ⅱ	Ⅲ	Ⅲ	Ⅱ	Ⅲ	Ⅲ	Ⅳ	Ⅳ	Ⅳ	Ⅳ	Ⅱ
	6	小阳化河	万安桥	Ⅲ	Ⅲ	Ⅲ	Ⅲ	Ⅲ	Ⅲ	Ⅳ	Ⅲ	Ⅲ	Ⅳ	Ⅲ	Ⅲ
	7	球溪河	发轮河口	Ⅲ	Ⅲ	Ⅲ	Ⅲ	Ⅳ	Ⅲ	Ⅲ	Ⅲ	Ⅲ	Ⅳ	Ⅲ	Ⅲ

续表

流域	序号	河流名称	断面名称	1月	2月	3月	4月	5月	6月	7月	8月	9月	10月	11月	12月
沱江流域	8	球溪河	球溪河口	Ⅳ	Ⅲ	Ⅲ	Ⅲ	Ⅲ	Ⅲ	Ⅲ	Ⅲ	Ⅲ	Ⅲ	Ⅲ	Ⅲ
	9	大濛溪河	肖家鼓堰码头	Ⅲ	Ⅲ	Ⅲ	Ⅲ	Ⅲ	Ⅲ	Ⅲ	Ⅲ	Ⅳ	Ⅲ	Ⅲ	Ⅲ
	10	小濛溪河	资安桥	Ⅲ	Ⅳ	Ⅳ	Ⅲ	Ⅳ	Ⅲ	Ⅳ	Ⅳ	Ⅲ	Ⅲ	Ⅳ	Ⅱ
	11	大清流河	永福	Ⅲ	Ⅲ	Ⅲ	Ⅲ	Ⅲ	Ⅲ	Ⅳ	Ⅳ	Ⅳ	Ⅲ	Ⅲ	Ⅲ
	12	大清流河	李家碥	Ⅲ	Ⅲ	Ⅳ	Ⅳ	Ⅲ	Ⅲ	Ⅳ	Ⅳ	Ⅳ	Ⅲ	Ⅲ	Ⅲ
	13	大清流河	小河口大桥	Ⅲ	Ⅲ	Ⅳ	Ⅲ	Ⅲ	Ⅱ	Ⅲ	Ⅲ	Ⅳ	Ⅲ	Ⅲ	Ⅲ
	14	小清流河	韦家湾	Ⅲ	Ⅲ	Ⅲ	Ⅲ	Ⅳ	Ⅳ	Ⅴ	Ⅲ	Ⅲ	Ⅲ	Ⅲ	Ⅲ
	15	釜溪河	双河口	Ⅲ	Ⅲ	Ⅳ	Ⅲ	Ⅳ	Ⅲ	Ⅲ	Ⅳ	Ⅳ	Ⅲ	Ⅲ	Ⅲ
	16	釜溪河	碳研所	Ⅲ	Ⅴ	Ⅲ	Ⅲ	Ⅲ	Ⅳ	Ⅲ	Ⅳ	Ⅳ	Ⅳ	Ⅲ	Ⅲ
	17	釜溪河	宋渡大桥	Ⅲ	Ⅴ	Ⅱ	Ⅳ	Ⅴ	Ⅲ	Ⅲ	Ⅲ	Ⅲ	Ⅲ	Ⅲ	Ⅲ
	18	威远河	廖家堰	Ⅳ	Ⅳ	Ⅱ	Ⅲ	Ⅲ	Ⅲ	Ⅲ	Ⅲ	Ⅲ	Ⅲ	Ⅲ	Ⅲ
	19	旭水河	叶家滩	Ⅲ	Ⅲ	Ⅲ	Ⅳ	Ⅱ	Ⅲ	Ⅲ	Ⅳ	Ⅳ	Ⅲ	Ⅲ	Ⅲ
	20	旭水河	雷公滩	Ⅲ	Ⅲ	Ⅳ	Ⅳ	Ⅳ	Ⅲ	Ⅲ	Ⅳ	Ⅲ	Ⅲ	Ⅲ	Ⅲ
	21	濑溪河	官渡大桥	Ⅱ	Ⅲ	Ⅲ	Ⅲ	Ⅳ	Ⅳ	Ⅲ	Ⅲ	Ⅲ	Ⅲ	Ⅲ	Ⅲ
	22	濑溪河	胡市大桥	Ⅲ	Ⅲ	Ⅲ	Ⅲ	Ⅲ	Ⅲ	Ⅴ	Ⅲ	Ⅲ	Ⅳ	Ⅲ	Ⅲ
	23	高升河	红光村	Ⅲ	Ⅲ	Ⅲ	Ⅲ	Ⅲ	Ⅳ	Ⅳ	Ⅳ	Ⅲ	Ⅲ	Ⅲ	Ⅲ
	24	隆昌河	九曲河	Ⅱ	Ⅱ	Ⅲ	Ⅳ	Ⅲ	Ⅲ	Ⅲ	Ⅳ	Ⅲ	Ⅲ	Ⅳ	Ⅲ
岷江流域	1	江安河	二江寺	Ⅱ	Ⅱ	Ⅲ	Ⅲ	Ⅱ	Ⅱ	Ⅲ	Ⅲ	Ⅲ	Ⅴ	Ⅲ	Ⅱ
	2	蒲江河	两合水	Ⅱ	Ⅱ	Ⅲ	Ⅲ	Ⅲ	Ⅱ	Ⅳ	Ⅲ	Ⅱ	Ⅲ	Ⅲ	Ⅱ
	3	毛河	桥江桥	Ⅲ	Ⅲ	Ⅲ	Ⅲ	Ⅲ	Ⅳ	Ⅳ	Ⅳ	Ⅲ	Ⅳ	Ⅲ	Ⅲ
	4	体泉河	体泉河口	Ⅲ	Ⅳ	Ⅲ	Ⅲ	Ⅳ	Ⅳ	Ⅳ	Ⅲ	Ⅲ	Ⅳ	Ⅳ	Ⅲ
	5	思蒙河	思蒙河口	Ⅲ	Ⅲ	Ⅲ	Ⅲ	Ⅳ	Ⅲ	Ⅳ	Ⅲ	Ⅲ	Ⅲ	Ⅲ	Ⅲ
	6	金牛河	金牛河口	Ⅲ	Ⅱ	Ⅲ	Ⅲ	Ⅳ	Ⅳ	Ⅳ	Ⅲ	Ⅲ	Ⅲ	Ⅲ	Ⅲ
	7	茫溪河	茫溪大桥	Ⅲ	Ⅲ	Ⅲ	Ⅲ	Ⅲ	Ⅲ	Ⅲ	Ⅳ	Ⅳ	Ⅲ	Ⅲ	Ⅲ
	8	越溪河	于佳乡黄龙桥	Ⅲ	Ⅲ	Ⅳ	Ⅲ	Ⅳ	Ⅲ	Ⅲ	Ⅲ	Ⅲ	Ⅲ	Ⅱ	Ⅲ
	9	越溪河	箩筐坝	Ⅲ	Ⅲ	Ⅲ	Ⅳ	Ⅲ	Ⅲ	Ⅲ	Ⅲ	Ⅲ	Ⅲ	Ⅲ	Ⅱ
	10	越溪河	越溪河两河口	Ⅱ	Ⅱ	Ⅱ	Ⅱ	Ⅱ	Ⅱ	Ⅲ	Ⅳ	Ⅲ	Ⅳ	Ⅲ	Ⅲ
长江（金沙江）流域	1	鲹鱼河	鲹鱼河入境	Ⅱ	Ⅱ	Ⅱ	Ⅲ	Ⅲ	Ⅲ	Ⅲ	Ⅲ	Ⅱ	Ⅱ	Ⅱ	Ⅴ
	2	西溪河	三湾河大桥	Ⅱ	Ⅳ	Ⅴ	Ⅳ	Ⅲ	劣Ⅴ	Ⅲ	Ⅱ	Ⅲ	Ⅱ	Ⅱ	Ⅱ
	3	黄沙河	高店	Ⅱ	Ⅱ	Ⅱ	Ⅱ	Ⅲ	Ⅳ	Ⅲ	Ⅲ	Ⅲ	Ⅲ	Ⅲ	Ⅱ
	4	大陆溪	四明水厂	Ⅲ	Ⅲ	Ⅲ	Ⅲ	Ⅲ	Ⅳ	Ⅲ	Ⅳ	Ⅳ	Ⅳ	Ⅲ	Ⅲ
	5	御临河	双河口大桥	—	Ⅲ	Ⅲ	Ⅳ	Ⅲ	Ⅱ	Ⅲ	Ⅲ	Ⅲ	Ⅱ	Ⅲ	Ⅱ
	6	大洪河	黎家乡崔家岩村	Ⅱ	Ⅱ	Ⅲ	Ⅲ	Ⅳ	Ⅴ	Ⅲ	Ⅲ	Ⅳ	Ⅲ	Ⅲ	Ⅲ

续表

流域	序号	河流名称	断面名称	1月	2月	3月	4月	5月	6月	7月	8月	9月	10月	11月	12月
涪江流域	1	凯江	西平镇	Ⅱ	Ⅲ	Ⅲ	Ⅳ	Ⅲ	Ⅲ	Ⅲ	Ⅲ	Ⅱ	Ⅱ	Ⅱ	Ⅳ
	2	凯江	老南桥	Ⅱ	Ⅲ	Ⅲ	Ⅳ	Ⅲ	Ⅲ	Ⅲ	Ⅲ	Ⅱ	Ⅱ	Ⅱ	Ⅱ
	3	郪江	郪江口	Ⅱ	Ⅲ	Ⅲ	Ⅳ	Ⅲ	Ⅲ	Ⅲ	Ⅲ	Ⅲ	Ⅲ	Ⅱ	Ⅱ
	4	芝溪河	涪山坝	Ⅲ	Ⅲ	Ⅳ	Ⅲ	Ⅲ	Ⅲ	Ⅳ	Ⅲ	Ⅲ	Ⅲ	Ⅲ	Ⅲ
	5	坛罐窑河	白鹤桥	Ⅲ	Ⅳ	Ⅲ	Ⅲ	Ⅲ	Ⅲ	Ⅳ	Ⅲ	Ⅲ	Ⅲ	Ⅲ	Ⅲ
渠江流域	1	任市河	联盟桥	Ⅲ	Ⅲ	Ⅳ	Ⅳ	Ⅲ	Ⅲ	Ⅱ	Ⅲ	Ⅲ	Ⅲ	Ⅱ	Ⅱ
	2	平滩河	牛角滩	—	Ⅲ	Ⅲ	Ⅳ	Ⅲ	Ⅲ	Ⅱ	Ⅲ	Ⅱ	Ⅱ	Ⅱ	Ⅱ
	3	东柳河	墩子河	Ⅲ	Ⅳ	Ⅲ	Ⅲ	Ⅲ	Ⅲ	Ⅲ	Ⅲ	Ⅲ	Ⅲ	Ⅲ	Ⅲ
	4	流江河	开源村	Ⅲ	Ⅲ	Ⅲ	Ⅲ	Ⅳ	Ⅲ	Ⅲ	Ⅲ	Ⅲ	Ⅲ	Ⅲ	Ⅲ
	5	流江河	白兔乡	Ⅳ	Ⅳ	Ⅲ	Ⅲ	Ⅲ	Ⅲ	Ⅲ	Ⅲ	Ⅲ	Ⅲ	Ⅱ	Ⅱ
琼江流域	1	干流	跑马滩	Ⅲ	Ⅲ	Ⅳ	Ⅲ	Ⅲ	Ⅲ	Ⅳ	Ⅲ	Ⅲ	Ⅳ	Ⅳ	Ⅲ
	2	干流	大安	Ⅲ	Ⅲ	Ⅳ	Ⅳ	Ⅳ	Ⅳ	Ⅳ	Ⅲ	Ⅲ	Ⅲ	Ⅲ	Ⅲ
	3	蟠龙河	元坝子	Ⅲ	Ⅲ	Ⅲ	Ⅳ	Ⅳ	Ⅲ	Ⅳ	Ⅲ	Ⅲ	Ⅲ	Ⅲ	Ⅱ
	4	姚市河	白沙	Ⅳ	Ⅲ	Ⅲ	Ⅳ	Ⅳ	Ⅳ	Ⅳ	Ⅳ	Ⅲ	Ⅲ	Ⅲ	Ⅲ
	5	龙台河	两河	Ⅲ	Ⅲ	Ⅲ	Ⅳ	Ⅳ	Ⅳ	Ⅳ	Ⅲ	Ⅳ	Ⅲ	Ⅲ	Ⅲ
嘉陵江流域	1	西充河	彩虹桥（拉拉渡）	Ⅲ	Ⅲ	Ⅳ	Ⅲ	Ⅳ	Ⅲ	Ⅲ	Ⅲ	Ⅳ	Ⅲ	Ⅲ	Ⅲ
	2	西溪河	西阳寺	Ⅲ	Ⅲ	Ⅲ	Ⅲ	Ⅳ	Ⅲ	Ⅲ	Ⅲ	Ⅳ	Ⅳ	Ⅲ	Ⅱ
	3	长滩寺河	郭家坝	Ⅲ	Ⅲ	Ⅳ	Ⅲ	Ⅳ	Ⅳ	Ⅳ	Ⅲ	Ⅲ	Ⅲ	Ⅲ	Ⅲ
	4	南溪河	摇金	Ⅲ	Ⅲ	Ⅲ	Ⅲ	Ⅲ	Ⅲ	Ⅲ	Ⅳ	Ⅳ	Ⅲ	Ⅲ	Ⅲ
黄河流域	1	黑河	若尔盖	Ⅱ	Ⅱ	Ⅱ	Ⅳ	Ⅲ	Ⅲ	Ⅲ	Ⅲ	Ⅲ	Ⅲ	Ⅲ	Ⅲ
	2	黑河	大水	Ⅱ	Ⅱ	Ⅱ	Ⅲ	Ⅴ	Ⅲ	Ⅱ	Ⅲ	Ⅱ	Ⅱ	Ⅲ	Ⅱ
安宁河流域	1	安宁河	黄土坡吊桥	Ⅱ	Ⅱ	Ⅱ	Ⅱ	Ⅱ	Ⅳ	Ⅳ	Ⅱ	Ⅱ	Ⅱ	Ⅱ	Ⅱ

2. 重点流域干流污染指标沿程变化情况

2023年，岷江干流全流域水质优良，18个断面中，镇平乡、渭门桥为Ⅰ类水质，岳店子下、岷江沙咀为Ⅲ类水质，其余断面均为Ⅱ类水质。高锰酸盐指数、化学需氧量两个指标变化规律在上游阿坝境内趋势相背，高锰酸盐指数波动下降，化学需氧量波动上升；进入成都后的中下游区域变化规律趋势基本一致，在成都出境岳店子下至眉山出境悦来渡口段处于较高的浓度水平，高锰酸盐指数最高浓度为彭东交界、东青交界段，化学需氧量最高浓度为悦来渡口段；进入乐山至宜宾汇入长江段呈明显下降趋势。氨氮指标全流域波动抬升，浓度范围为0.02～0.55毫克/升，峰值出现在岷江沙咀段。总磷指标全程缓慢抬升，浓度范围为0.007～0.104毫克/升，峰值出现在岷江沙咀段。2023年岷江干流主要污染指标沿程变化情况如图3.4-11所示。

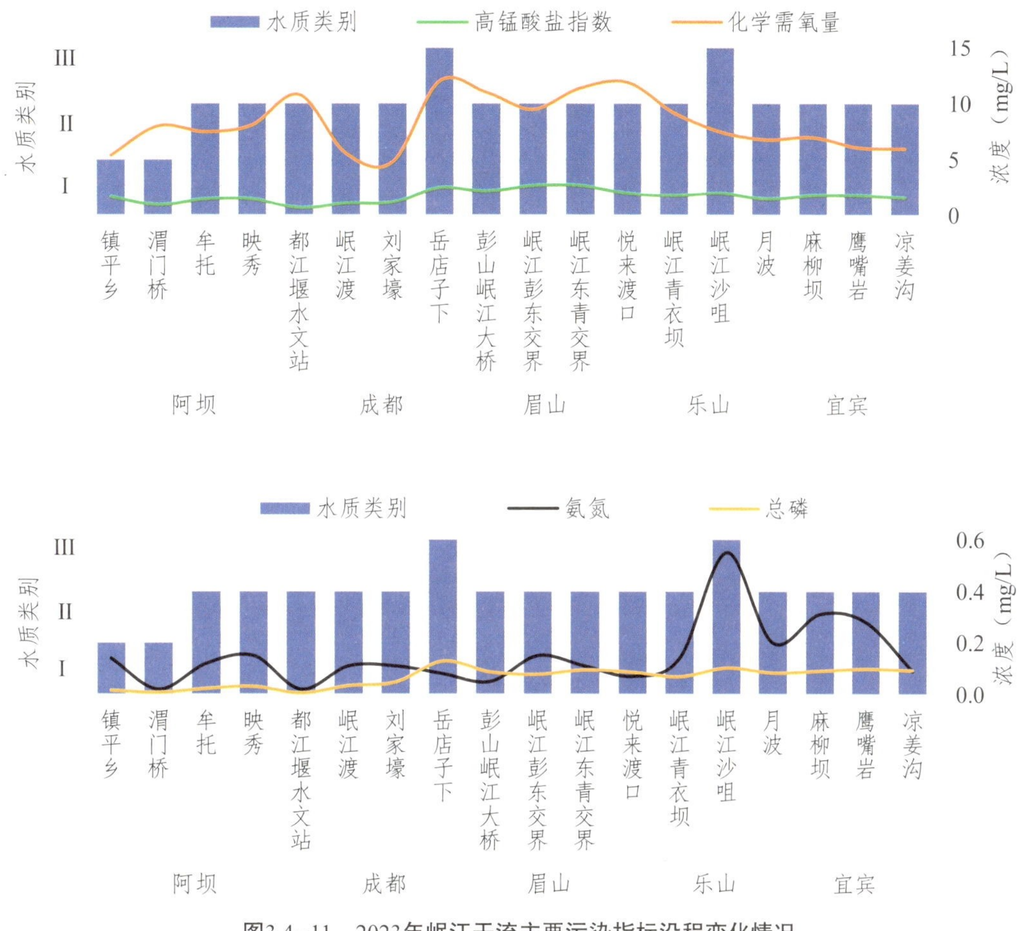

图3.4-11　2023年岷江干流主要污染指标沿程变化情况

2023年，沱江干流全流域水质优良，12个断面中，沱江大桥为Ⅲ类水质，其余断面均为Ⅱ类水质。高锰酸盐指数、化学需氧量两个指标全流域波动幅度较小；高锰酸盐指数浓度范围为1.4～2.3毫克/升，峰值出现在高寺渡口段；化学需氧量浓度范围为8.2～13.9毫克/升，峰值出现在拱城铺渡口段。氨氮指标全流域震荡下降，浓度范围为0.02～0.13毫克/升，峰值出现在三皇庙、高寺渡口两个断面。总磷指标全程保持平稳，浓度范围为0.082～0.105毫克/升，峰值出现在沱江大桥段。2023年沱江干流主要污染指标沿程变化情况如图3.4-12所示。

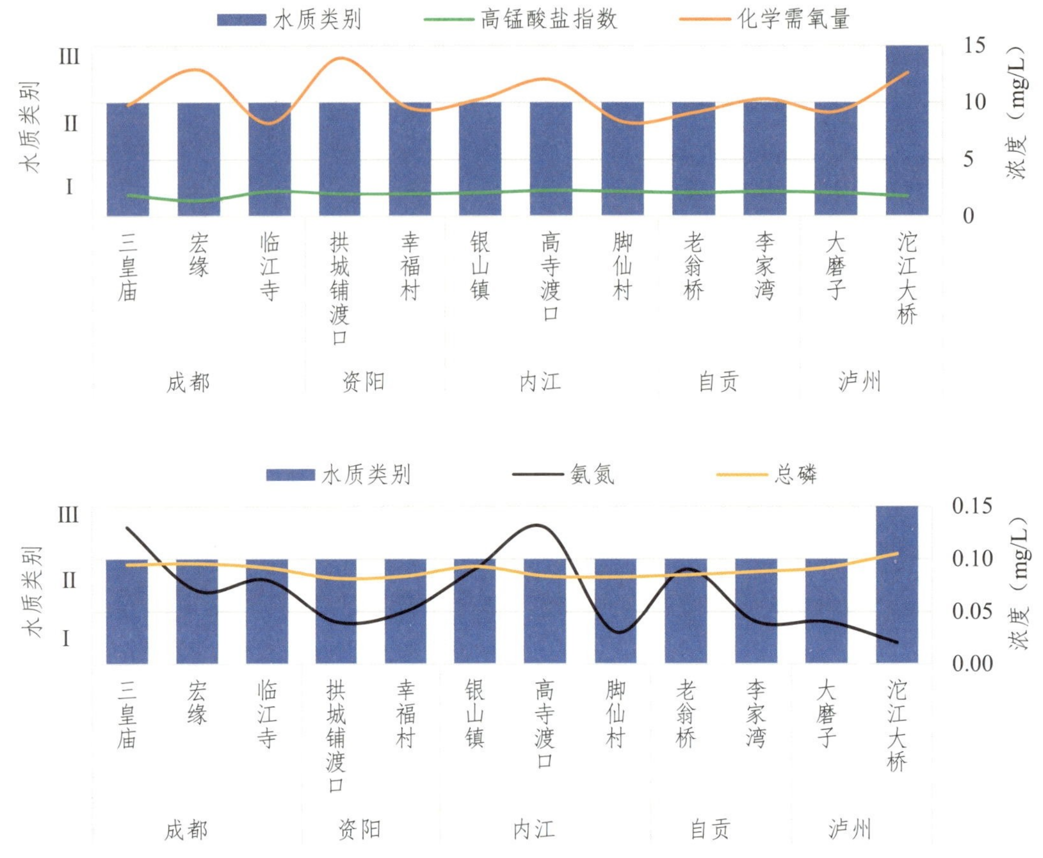

图3.4-12　2023年沱江干流主要污染指标沿程变化情况

2023年，嘉陵江干流全流域水质优，12个断面中，广元红岩至沙溪段为Ⅰ类水质，其余江段均为Ⅱ类水质。高锰酸盐指数、化学需氧量全程较稳定；高锰酸盐指数浓度范围为1.0～2.1毫克/升，峰值出现在小渡口段；化学需氧量浓度范围为6.9～10.0毫克/升，峰值出现在金子段。氨氮指标全程波动较大，浓度范围为0.02～0.18毫克/升，峰值出现在新政电站段。总磷指标全程较平稳，浓度范围为0.010～0.047毫克/升，峰值出现在新政电站段。2023年嘉陵江干流主要污染指标沿程变化情况如图3.4-13所示。

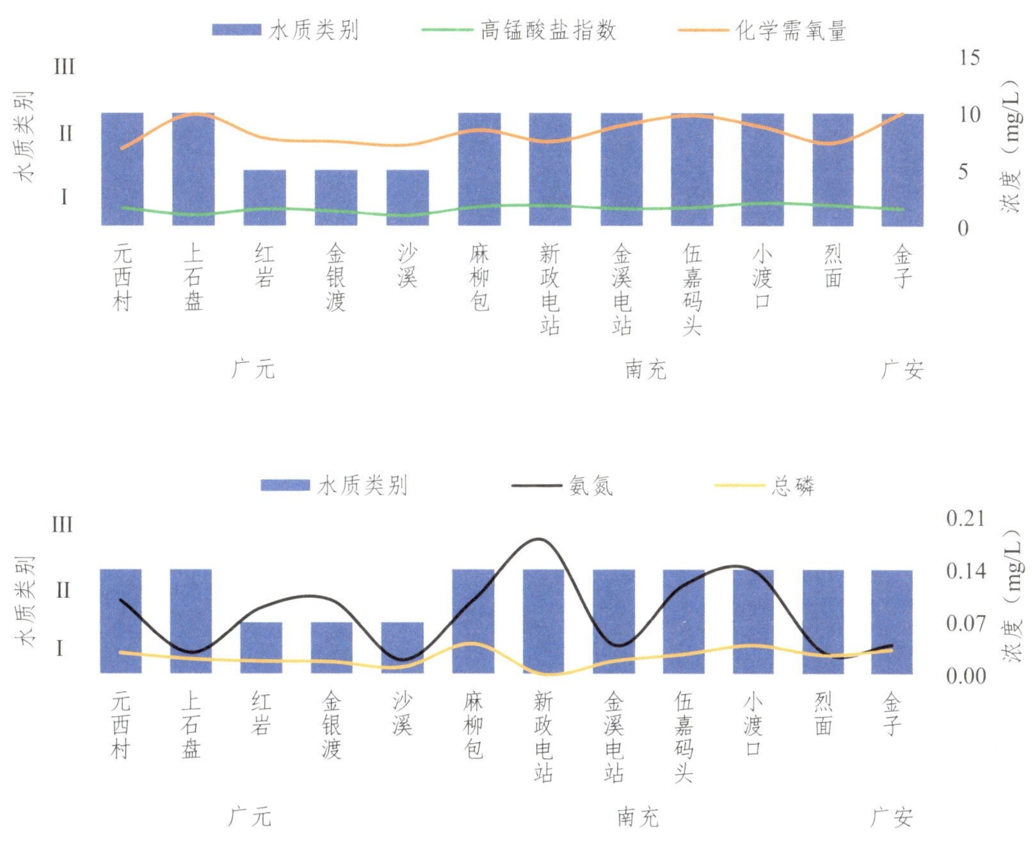

图3.4-13 2023年嘉陵江干流主要污染指标沿程变化情况

（二）时间变化规律

2023年，四川省河流水质受面源污染影响突出，呈现明显的季节性特征，水质总体呈上半年稳步下滑，下半年稳步回升的趋势。1—7月，随着降水逐步增加，面源污染受雨水冲刷带入地表径流，Ⅰ、Ⅱ类优水质占比稳步下降，从79.4%降至57.7%；Ⅳ类及以下水质占比稳步上升，从1.2%升至6.1%。8—12月，随降水量减少，Ⅰ、Ⅱ类优水质占比稳步回升，从64.9%升至77.0%；Ⅳ类及以下水质占比从4.6%降至0.6%。2023年1—12月四川省地表水水质类别占比如图3.4-14所示。

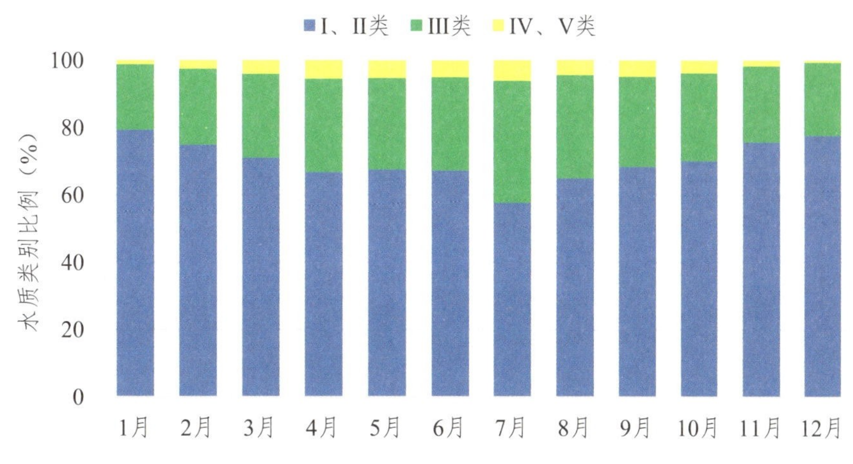

图3.4-14 2023年1—12月四川省地表水水质类别占比

三、2016—2023年变化趋势分析

（一）总体状况

四川省地表水环境质量监测网络自2016年起经过持续调整，已优化至345个。地表水水质持续好转，总体水质从2016年、2017年的轻度污染，好转为2018年的良好，继续好转为2019年的优，2020—2023年连续四年水质稳定达优。Ⅰ～Ⅲ类水质断面占比从2016年的63.2%逐年上升至2023年的100%，提高36.8个百分点；劣Ⅴ类水质断面占比从2016年的10.9%下降为0，下降10.9个百分点。2016—2023年四川省地表水总体水质变化趋势如图3.4-15所示。

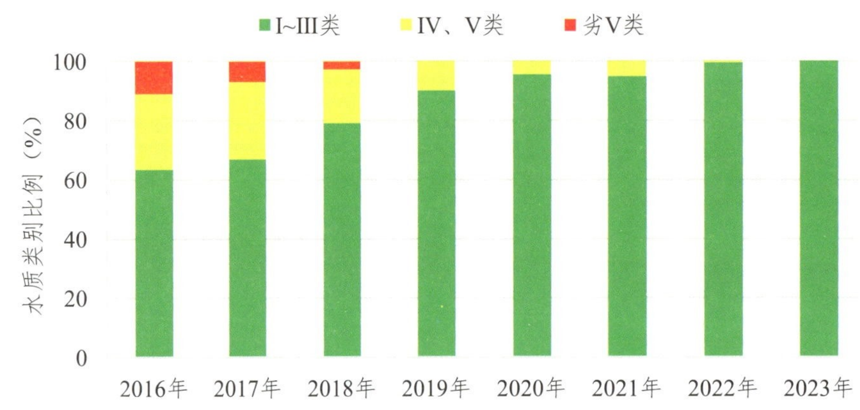

图3.4-15　2016—2023年四川省地表水总体水质变化趋势

（二）重点流域

2016—2023年，雅砻江、安宁河、赤水河、大渡河、青衣江、嘉陵江、黄河7大流域优良水质断面占比均保持100%。长江（金沙江）、岷江、沱江、涪江、渠江、琼江六大流域优良水质断面占比逐年增加，2023年达到100%。2016—2023年六大流域优良水质断面占比变化趋势如图3.4-16所示。

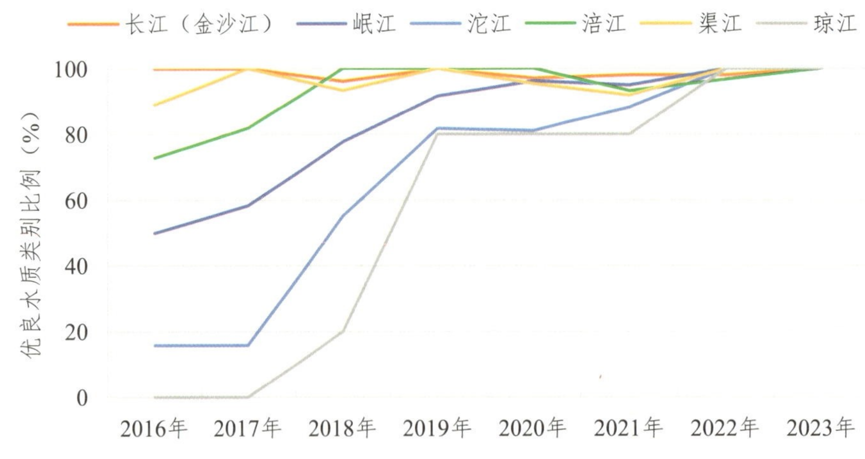

图3.4-16　2016—2023年六大流域优良水质断面占比变化趋势

（三）主要污染指标

2016—2023年，四川省十三大重点流域干流的主要污染指标浓度基本呈下降趋势。斯皮尔秩相关系数分析显示，岷江、沱江、琼江、大渡河干流的高锰酸盐指数、化学需氧量、氨氮、总磷均呈

显著降低趋势。2016—2023年重点流域干流污染指标变化趋势见表3.4-5。

表3.4-5 2016—2023年重点流域干流污染指标变化趋势

重点干流	高锰酸盐指数		化学需氧量		氨氮		总磷	
	相关系数	趋势	相关系数	趋势	相关系数	趋势	相关系数	趋势
长江（金沙江）	−0.917	显著下降	−0.558	—	−0.847	显著下降	−0.985	显著下降
雅砻江	−0.923	显著下降	−0.683	显著下降	0.309	—	−0.821	显著下降
安宁河	−0.914	显著下降	−0.628	—	−0.406	—	−0.821	显著下降
赤水河	−0.364	—	0.744	显著上升	−0.658	显著下降	−0.297	—
岷江	−0.692	显著下降	−0.714	显著下降	−0.968	显著下降	−0.950	显著下降
大渡河	−0.682	显著下降	−0.649	显著下降	−0.927	显著下降	−0.845	显著下降
青衣江	−0.777	显著下降	−0.685	显著下降	−0.940	显著下降	−0.829	显著下降
沱江	−0.936	显著下降	−0.910	显著下降	−0.969	显著下降	−0.955	显著下降
嘉陵江	−0.863	显著下降	−0.560	—	−0.873	显著下降	−0.714	显著下降
涪江	−0.886	显著下降	−0.689	显著下降	−0.873	显著下降	−0.931	显著下降
渠江	0.100	—	−0.845	显著下降	−0.833	显著下降	−0.818	显著下降
琼江	−0.568	—	−0.761	显著下降	−0.878	显著下降	−0.896	显著下降
黄河	0.534	—	0.362	—	−0.843	显著下降	−0.779	显著下降

注：显著水平为0.050。

高锰酸盐指数呈显著下降趋势的有沱江、雅砻江、长江（金沙江）、安宁河、涪江、嘉陵江、青衣江、岷江、大渡河。

化学需氧量呈显著下降趋势的有沱江、渠江、琼江、岷江、涪江、青衣江、雅砻江、大渡河；赤水河干流化学需氧量呈显著上升趋势。

氨氮呈显著下降趋势的有沱江、岷江、青衣江、大渡河、琼江、嘉陵江、涪江、长江（金沙江）、黄河、渠江、赤水河。

总磷呈显著下降趋势的有长江（金沙江）、沱江、岷江、涪江、琼江、大渡河、青衣江、雅砻江、安宁河、渠江、黄河、嘉陵江。

2016—2023年浓度显著下降的污染指标流域分布如图3.4-17所示。

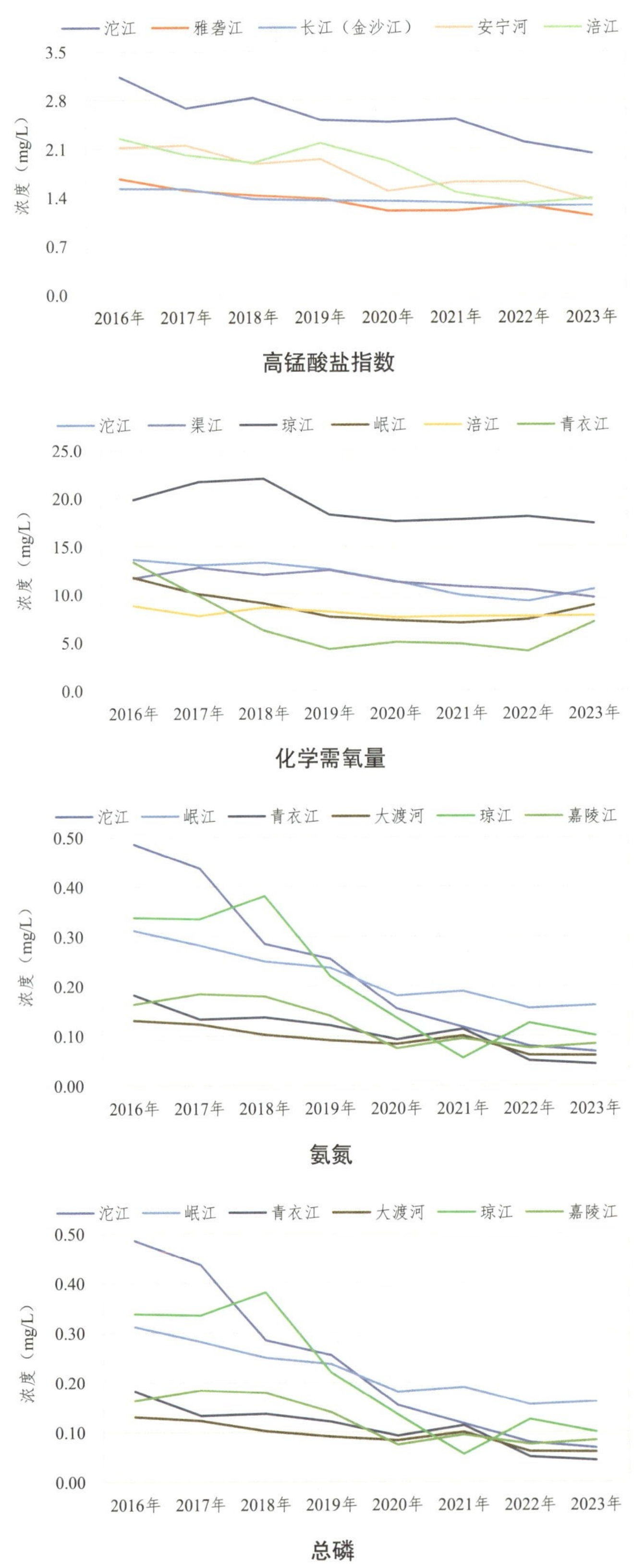

图3.4-17　2016—2023年浓度显著下降的污染指标流域分布

（四）湖库

2016—2023年，四川省14个重点湖库中，泸沽湖、邛海、二滩水库、升钟水库、白龙湖保持Ⅰ～Ⅱ类水质，水质优；葫芦口水库、沉抗水库2020—2023年也保持在Ⅱ类水质以上，水质优；黑龙滩水库、瀑布沟水库、紫坪铺水库、双溪水库、三岔湖从2016年的Ⅲ类水质好转为Ⅱ类水质；鲁班水库水质在Ⅱ～Ⅲ类水质波动；老鹰水库由Ⅳ类水质好转为Ⅲ类水质。2016—2023四川省重点湖库水质类别详见表3.4-6。

表3.4-6　2016—2023年四川省重点湖库水质类别

湖库名称	2016年	2017年	2018年	2019年	2020年	2021年	2022年	2023年
邛海	Ⅱ类	Ⅱ类	Ⅱ类	Ⅱ类	Ⅱ类	Ⅱ类	Ⅱ类	Ⅱ类
泸沽湖	Ⅱ类	Ⅰ类	Ⅰ类	Ⅰ类	Ⅰ类	Ⅰ类	Ⅰ类	Ⅰ类
二滩水库	Ⅱ类	Ⅱ类	Ⅱ类	Ⅱ类	Ⅱ类	Ⅱ类	Ⅱ类	Ⅰ类
黑龙滩水库	Ⅲ类	Ⅲ类	Ⅲ类	Ⅲ类	Ⅱ类	Ⅱ类	Ⅱ类	Ⅱ类
瀑布沟水库	Ⅲ类	Ⅲ类	Ⅱ类	Ⅱ类	Ⅱ类	Ⅲ类	Ⅱ类	Ⅱ类
紫坪铺水库	Ⅲ类	Ⅲ类	Ⅱ类	Ⅱ类	Ⅱ类	Ⅱ类	Ⅱ类	Ⅱ类
老鹰水库	Ⅳ类	Ⅲ类	Ⅲ类	Ⅲ类	Ⅲ类	Ⅲ类	Ⅲ类	Ⅲ类
三岔湖	Ⅲ类	Ⅲ类	Ⅲ类	Ⅲ类	Ⅲ类	Ⅱ类	Ⅱ类	Ⅱ类
双溪水库	Ⅱ类	Ⅲ类	Ⅱ类	Ⅱ类	Ⅱ类	Ⅱ类	Ⅱ类	Ⅱ类
鲁班水库	Ⅲ类	Ⅲ类	Ⅲ类	Ⅲ类	Ⅱ类	Ⅲ类	Ⅲ类	Ⅲ类
升钟水库	Ⅱ类	Ⅱ类	Ⅱ类	Ⅱ类	Ⅱ类	Ⅱ类	Ⅱ类	Ⅱ类
白龙湖	Ⅱ类	Ⅰ类	Ⅱ类	Ⅱ类	Ⅱ类	Ⅱ类	Ⅱ类	Ⅱ类
葫芦口水库	—	—	—	—	Ⅱ类	Ⅱ类	Ⅱ类	Ⅱ类
沉抗水库	—	—	—	—	Ⅰ类	Ⅱ类	Ⅱ类	Ⅱ类

2016—2023年，泸沽湖保持贫营养；黑龙滩水库、瀑布沟水库、三岔湖、鲁班水库、升钟水库5个湖库保持中营养；葫芦口水库、沉抗水库2020—2023年也保持中营养；邛海、紫坪铺水库由2016年的中营养好转为贫营养并保持；老鹰水库由2016年的轻度富营养好转为中营养；二滩水库、双溪水库、白龙湖在贫营养和中营养间波动。2016—2023年四川省重点湖库营养状况详见表3.4-7。

表3.4-7　2016—2023年四川省重点湖库营养状况

湖库名称	2016年	2017年	2018年	2019年	2020年	2021年	2022年	2023年
邛海	中营养	中营养	中营养	中营养	中营养	贫营养	贫营养	中营养
泸沽湖	贫营养	贫营养	贫营养	贫营养	贫营养	贫营养	贫营养	贫营养
二滩水库	中营养	贫营养	贫营养	贫营养	贫营养	中营养	贫营养	贫营养
黑龙滩水库	中营养	中营养	中营养	中营养	中营养	中营养	中营养	中营养
瀑布沟水库	中营养	中营养	中营养	中营养	中营养	中营养	中营养	中营养
紫坪铺水库	中营养	贫营养	中营养	贫营养	贫营养	贫营养	贫营养	贫营养
老鹰水库	轻度富营养	中营养	轻度富营养	中营养	中营养	中营养	中营养	中营养

续表

湖库名称	2016年	2017年	2018年	2019年	2020年	2021年	2022年	2023年
三岔湖	中营养	中营养	中营养	中营养	中营养	中营养	中营养	中营养
双溪水库	中营养	中营养	中营养	中营养	贫营养	中营养	中营养	中营养
鲁班水库	中营养	中营养	中营养	中营养	中营养	中营养	中营养	中营养
升钟水库	中营养	中营养	中营养	中营养	中营养	中营养	中营养	中营养
白龙湖	贫营养	贫营养	贫营养	贫营养	贫营养	中营养	中营养	贫营养
葫芦口水库	—	—	—	—	中营养	中营养	中营养	中营养
沉抗水库	—	—	—	—	中营养	中营养	中营养	中营养

四、重点流域水生生物调查监测

为初步掌握四川省重点流域水生态环境状况，建立有效的生物评价指标，2023年9—11月，在四川省重点河流和10个重点湖库开展水生生物调查监测。

（一）浮游植物监测结果

1. 物种组成特征

2023年9—11月，四川省重点河流中共监测到浮游植物7门111属（种），以绿藻门最多，有44属（种），占比39.6%；硅藻门次之，有33属（种），占比29.7%；蓝藻门18属（种），占比16.2%；金藻门、甲藻门、裸藻门和隐藻门种类相对较少，占比分别为5.4%、4.5%、2.7%和1.8%。2023年9—11月四川省重点河流浮游植物种类组成如图3.4-18所示。

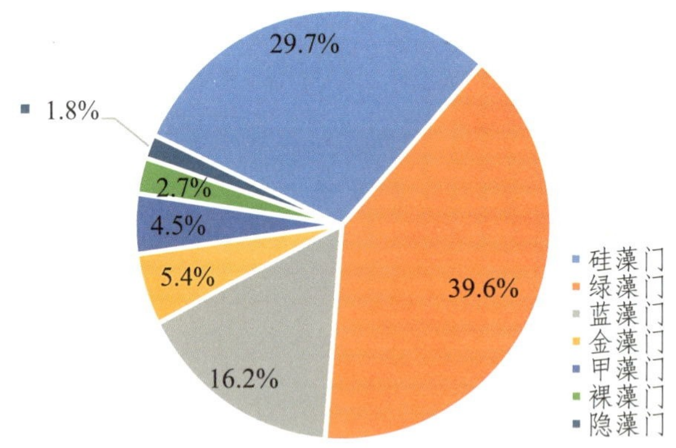

图3.4-18　2023年9—11月四川省重点河流浮游植物种类组成

10个重点湖库共监测到浮游植物7门102属（种），以绿藻门最多，有40属（种），占比39.2%；硅藻门次之，有24属（种），占比23.5%；蓝藻门20属（种），占比19.6%；金藻门和甲藻门均为6属（种），占比均为5.9%；裸藻门和隐藻门均为3属（种），占比均为2.9%。2023年9—11月四川省重点湖库监测点位浮游植物种类组成如图3.4-19所示。

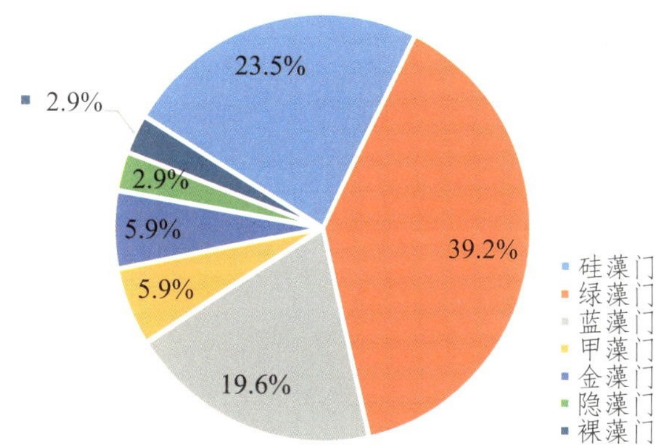

图3.4-19　2023年9—11月四川省重点湖库监测点位浮游植物种类组成

2. 密度分布变化特征

2023年9—11月，四川省重点河流中监测到浮游植物的密度水平变化范围较大，涪江的密度最小，仅1×10^5个/升；琼江的密度最大，达150×10^5个/升。2023年9—11月四川省重点河流浮游植物密度分布如图3.4-20所示。

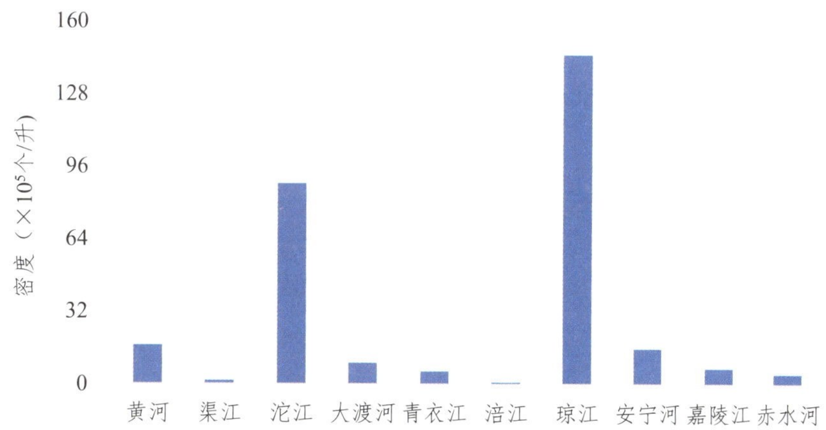

图3.4-20　2023年9—11月四川省重点河流浮游植物密度分布

10个重点湖库中，以老鹰水库的浮游植物密度最大，达2400×10^5个/升；黑龙滩水库的浮游植物密度次之，有150×10^5个/升；泸沽湖的浮游植物密度最小，仅0.87×10^5个/升，其余7个湖库的浮游植物密度水平大致相当。2023年9—11月四川省重点湖库浮游植物密度分布如图3.4-21所示。

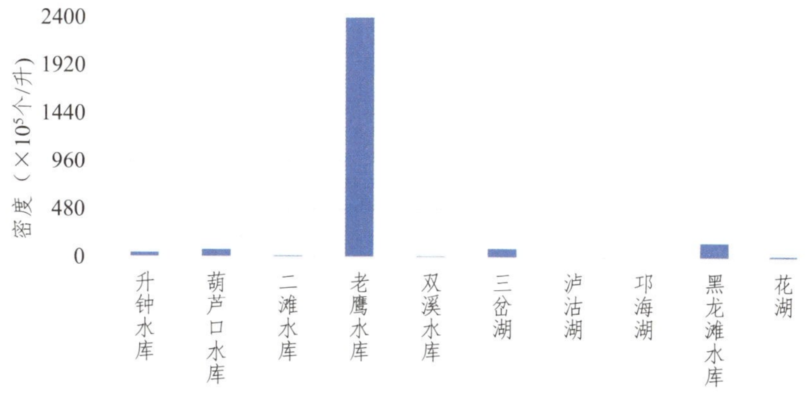

图3.4-21　2023年9—11月四川省重点湖库浮游植物密度分布

3. 优势种

2023年9—11月，四川省重点河流中监测到浮游植物优势种主要有硅藻门中的小环藻、舟形藻、直链藻、星杆藻，隐藻门中的蓝隐藻，蓝藻门中的鱼腥藻、伪鱼腥藻、颤藻等。除琼江以蓝藻门中的种类占绝对优势外，其余河流均以硅藻门中的种类占绝对优势。

10个重点湖库中浮游植物优势种主要有硅藻门中的小环藻、直链藻和脆杆藻，绿藻门中的空星藻和衣藻，蓝藻门中的伪鱼腥藻等。其中，升钟水库、老鹰水库、三岔湖和黑龙滩水库中的优势种以伪鱼腥藻为主，其余湖库中的优势种以硅藻门为主。

4. 生物多样性及评价

2023年9—11月，四川省重点河流中监测到浮游植物的香农—威纳多样性指数和均匀度指数整体较高。其中香农—威纳多样性指数平均值为2.72，变化范围为1.62～3.68；均匀度指数平均值为0.68，变化范围为0.47～0.82。根据多样性指数和均匀度指数评价标准，2023年9—11月四川省重点河流总体评价为良好。四川省重点河流浮游植物多样性指数变化如图3.4-22所示。

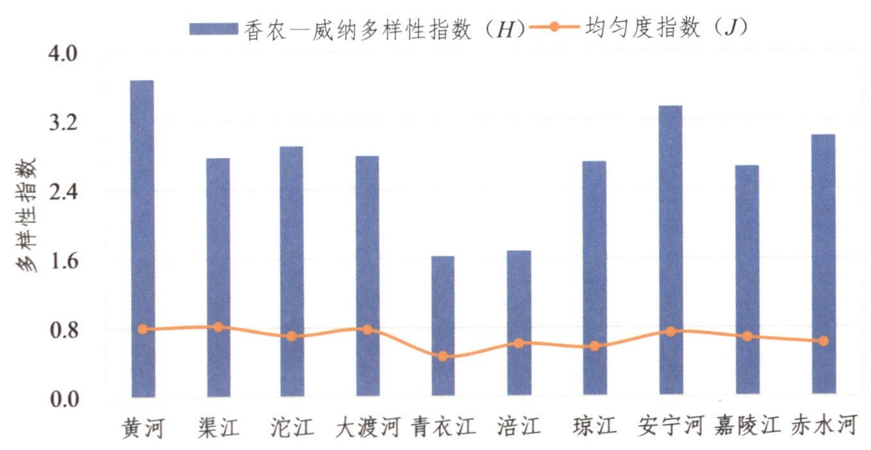

图3.4-22　2023年9—11月四川省重点河流浮游植物多样性指数变化

10个重点湖库中的香农—威纳多样性指数平均值为2.59，变化范围为1.40～3.51；均匀度指数平均值为0.65，变化范围为0.26～0.89。根据多样性指数和均匀度指数评价标准，四川省重点湖库总体评价为良好。2023年9—11月四川省重点湖库浮游植物多样性指数变化如图3.4-23所示。

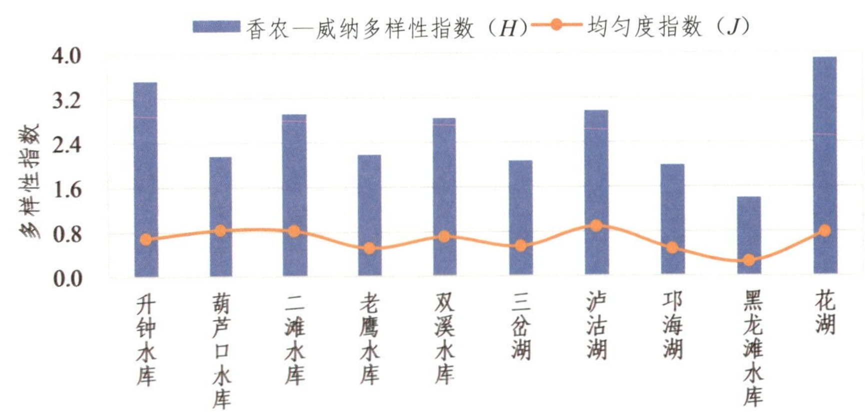

图3.4-23　2023年9—11月四川省重点湖库浮游植物多样性指数变化

（二）浮游动物

1. 物种组成特征

2023年9—11月，四川省10个重点湖库共监测到浮游动物3大类34属（种）（未统计原生动物），其中轮虫类最多，有14属（种），占比41.2%；桡足类次之，有11属（种），占比32.4%；枝角类最少，有9属（种），占比26.5%。2023年9—11月四川省重点湖库浮游动物种类组成如图3.4-24所示。

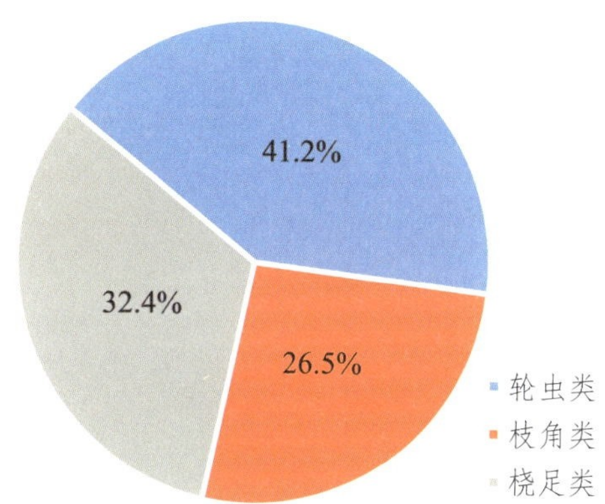

图3.4-24 2023年9—11月四川省重点湖库浮游动物种类组成

2. 密度分布变化特征

2023年9—11月，监测到浮游动物的密度分布在各个湖库中的差异较大，二滩水库未采集到浮游动物，密度为0；老鹰水库浮游动物的密度最大，达725个/升；部分湖库浮游动物密度较低（小于10个/升），仅监测到1～2类浮游动物存在，如葫芦口水库、双溪水库和泸沽湖等。从密度组成来看，大部分湖库以轮虫类为主，如三岔湖、邛海和花湖；部分湖库以桡足类和轮虫类为主，如老鹰水库和升钟水库；仅有一个湖库以枝角类为主，为黑龙滩水库。2023年9—11月四川省重点湖库浮游动物密度分布如图3.4-25所示。

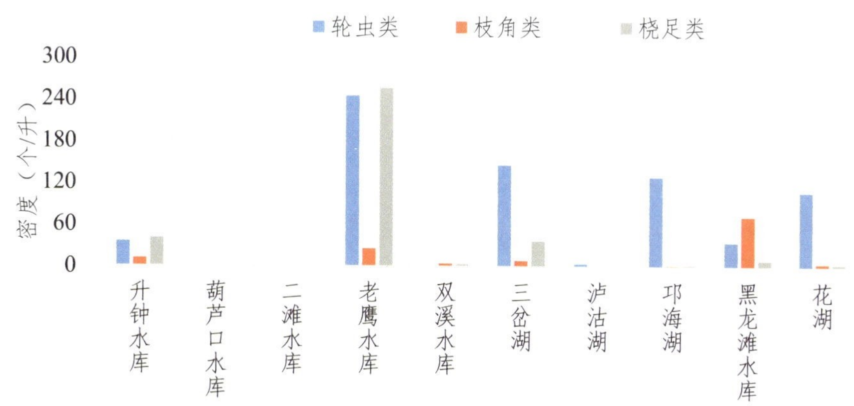

图3.4-25 2023年9—11月四川省重点湖库浮游动物密度分布

3. 优势种

2023年9—11月，监测到浮游动物的优势种主要有轮虫类的多肢轮虫、龟甲轮虫和异尾轮虫，枝角类的象鼻溞和秀体溞，桡足类的中剑水溞和无节幼体等。

（三）底栖动物

1. 物种组成特征

2023年9—11月，黄河流域6个点位共监测到底栖动物23种，其中水生昆虫种类最多，有16种，占总种数的69.6%；其次为软体动物，有3种，占总种数的13.0%；再次为环节动物，有2种，占总种数的8.7%；甲壳动物和节肢动物仅1种，均占总种数的4.3%。2023年9—11月黄河流域底栖动物种类组成如图3.4-26所示。

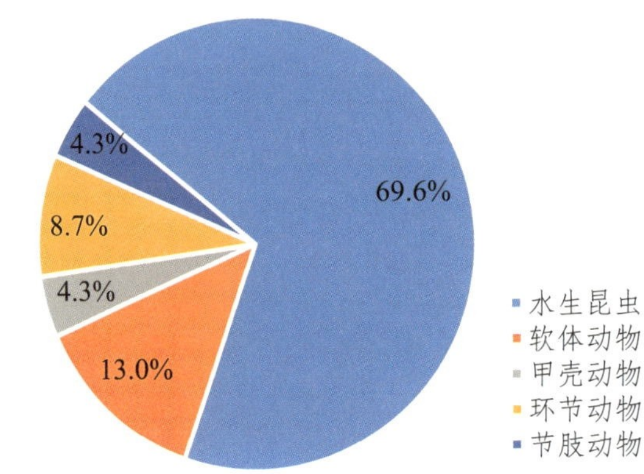

图3.4-26　2023年9—11月黄河流域底栖动物种类组成

2. 分布变化特征

2023年9—11月，监测到黄河流域的底栖动物物种数最多的点位于黑河的若尔盖，达16种；物种数最少的点位于白河的红原，仅有6种。黄河流域各监测点之间底栖动物的密度变化范围较大，在378～2556个/平方米之间，其中密度最小的点位于若尔盖，密度最大的点位于切拉塘。2023年9—11月黄河流域底栖动物物种数及密度分布如图3.4-27所示。

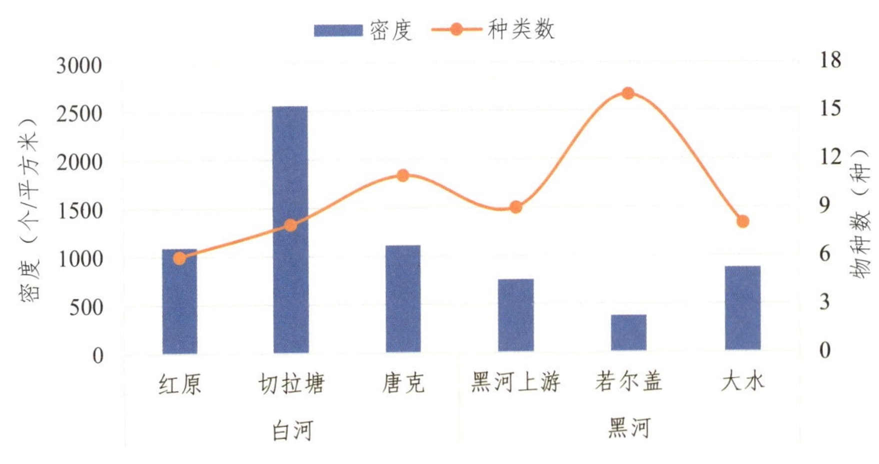

图3.4-27　2023年9—11月黄河流域底栖动物物种数及密度分布

3. 优势种

2023年9—11月，监测到黄河流域底栖动物优势种主要有纹石蛾、四节蜉、扁蜉和摇蚊幼虫等。

4. 生物监测工作组记分及分级评价

本次监测工作黄河流域底栖动物的生物监测工作组记分（*BMWP*）平均值为53，变化范围为

31～96，指数最小的点位于大水，最大的点位于若尔盖。根据底栖动物生物监测工作组记分评价标准，黄河流域总体评价为中等。本次监测工作黄河流域底栖动物生物监测工作组记分变化如图3.4-28所示。

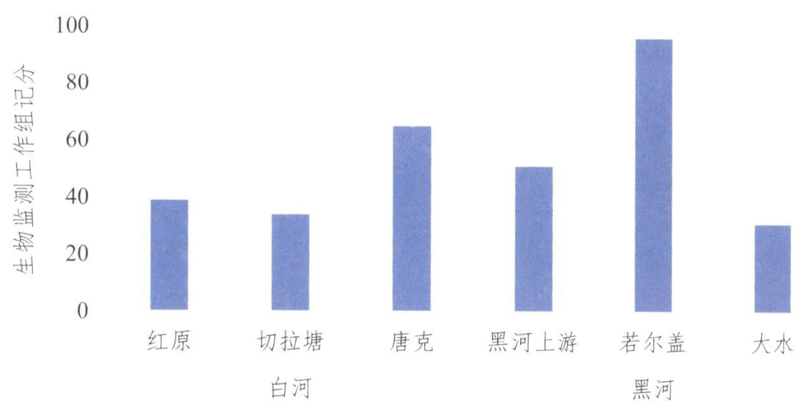

图3.4-28 本次监测工作黄河流域底栖动物生物监测工作组记分变化

（四）着生藻类

1. 物种组成特征

2023年9—11月，黄河流域6个点位共监测到着生藻类38属（种），以硅藻门为主，有15属（种），占比39.5%；其次为绿藻门，有11属（种），占比28.9%；再次为蓝藻门，有6属（种），占比15.8%；金藻门和裸藻门各2属（种），占比均为5.3%；隐藻门和甲藻门各1属（种），占比均为2.6%。2023年9—11月黄河流域着生藻类种类组成如图3.4-29所示。

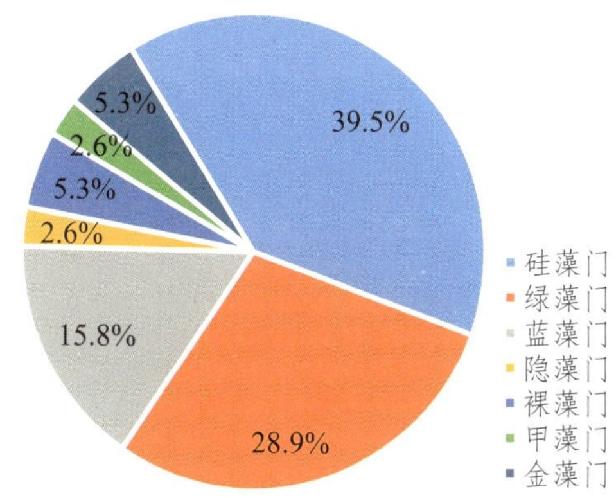

图3.4-29 2023年9—11月黄河流域着生藻类种类组成

2. 分布变化特征

2023年9—11月监测到黄河流域着生藻类物种数最多的点位于红原，有26属（种）；物种数最少的点位于黑河上游，仅有16属（种）。黄河流域各监测点之间着生藻类的密度变化范围为0.5×10^5～8.7×10^5个/平方厘米，其中密度最大的点位于若尔盖，密度最小的点位于切拉塘。2023年9—11月黄河流域着生藻类密度与物种数分布如图3.4-30所示。

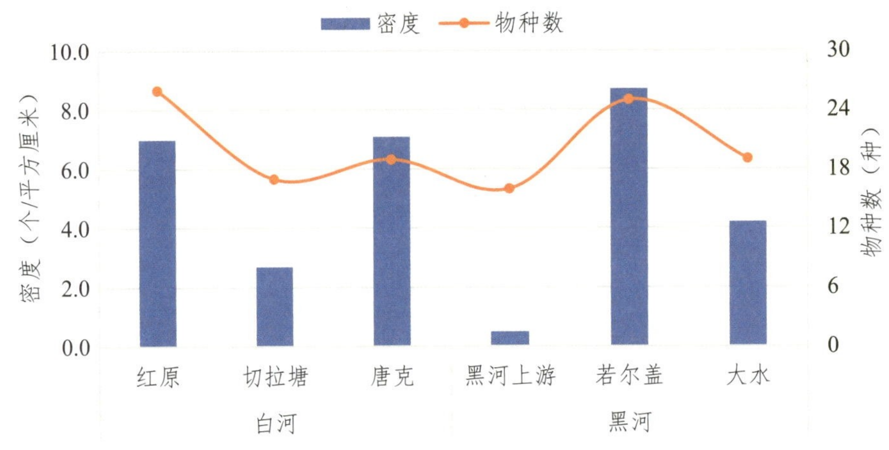

图3.4-30　2023年9—11月黄河流域着生藻类密度与物种数分布

3. 优势种

2023年9—11月，监测到黄河流域着生藻类的优势种主要有曲壳藻、异极藻、舟形藻、菱形藻、颤藻、鞘丝藻和伪鱼腥藻等。

4. 生物多样性及评价

本次监测工作得到黄河流域着生藻类的香农—威纳多样性指数平均值为3.02，变化范围为2.60～3.42；均匀度指数平均值为0.70，变化范围为0.60～0.79。根据多样性指数和均匀度指数评价标准，黄河流域总体评价为良好。2023年9—11月黄河流域着生藻类多样性指数变化如图3.4-31所示。

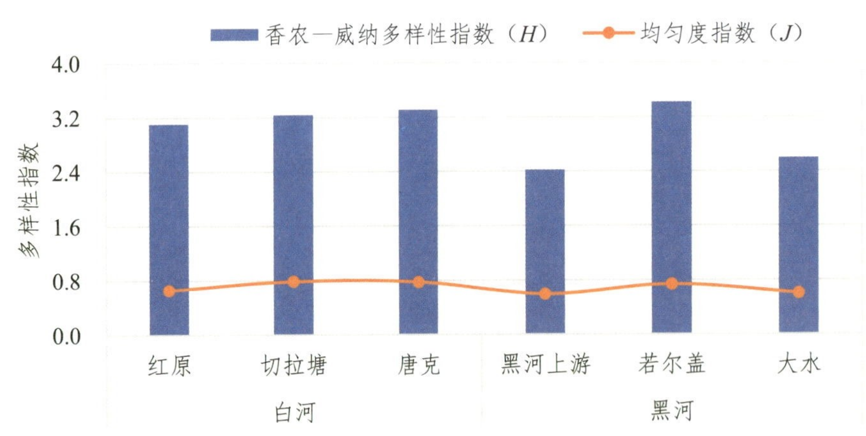

图3.4-31　2023年9—11月黄河流域着生藻类多样性指数变化

（五）调查结论

2023年9—11月，四川省重点河流共监测到浮游植物7门111属（种），10个重点湖库中共监测到浮游植物7门102属（种），均以绿藻门和硅藻门为主。河流中浮游植物的密度为1×10^5～150×10^5个/升，湖库中浮游植物的密度为0.87×10^5～2400×10^5个/升。根据多样性指数和均匀度指数评价标准，四川省重点河流总体评价为良好，10个重点湖库总体评价为良好。

10个重点湖库共监测到浮游动物3大类34属（种），密度为0～725个/升。优势种主要有轮虫类的多肢轮虫、龟甲轮虫和异尾轮虫，枝角类的象鼻溞和秀体溞，桡足类的中剑水溞和无节幼体等。

黄河流域共监测到底栖动物23种，密度为378～2556个/平方米。优势种主要有纹石蛾、四节蜉、扁蜉和摇蚊幼虫等。根据底栖动物耐污敏感性指数评价标准，黄河流域总体评价为中等。

黄河流域共监测到着生藻类38属（种），密度变化范围为0.5×10^5～8.7×10^5个/平方厘米。优势种主要有曲壳藻、异极藻、舟形藻、菱形藻、颤藻、鞘丝藻和伪鱼腥藻等。根据多样性指数和均匀度指数评价标准，黄河流域总体评价为良好。

五、小结

（一）2023年四川省地表水水质总体优，水质优良率达100%，水环境质量跃居全国第一

四川省345个国、省考核断面水质全部达到Ⅲ类及以上。其中，203个国考断面首次实现全面达标，优良率同比提升0.5个百分点，超过全国平均水平10.6个百分点；劣Ⅴ类断面连续5年稳定消除；长江、黄河干流水质连续7年保持在Ⅱ类及以上。

（二）河流水质月度仍有超标现象

2023年，四川省地表水水质年均值达标，但仍有个别断面出现月度水质超标情况。从月份来看，水质达标率总体呈上半年稳步下滑，下半年稳步回升的趋势。

（三）重点流域水生生物多样性总体评价为良好

四川省重点河流共监测到浮游植物7门111属（种），10个重点湖库中共监测到浮游植物7门102属（种）和浮游动物3大类34属（种）。根据多样性指数和均匀度指数评价标准，四川省重点河流总体评价为良好，10个重点湖库总体评价为良好。黄河流域共监测到底栖动物23种，根据底栖动物生物监测工作组记分评价标准，黄河流域总体评价为中等。

（四）2016—2023年四川省地表水水质持续好转，污染治理成效显著

四川省地表水水质从轻度污染好转为优，Ⅰ～Ⅲ类水质断面占比提高了36.8个百分点，劣Ⅴ类水质断面占比下降为0。2020—2023年连续4年水质稳定达优。雅砻江、安宁河、赤水河、大渡河、青衣江、嘉陵江、黄河7大流域优良水质断面占比保持100%；长江（金沙江）、岷江、沱江、涪江、渠江、琼江6大流域优良水质断面占比逐年上升，其中琼江、沱江、岷江升幅较大，2023年达到100%。

六、原因分析

2023年，四川省着力提升水环境管理质效，在若干难点和关键环节上实现了新的突破，水环境质量取得历史性突破，实现了203个国考断面、142个省考断面和285个水功能区水质优良率“三个100%”；国考断面水质优良率超出全国平均水平10.6个百分点，长江、黄河干流水质连续7年保持在Ⅱ类及以上。

（一）受降水影响，个别断面月度存在超标现象

2023年1—7月，随着降水量逐步增加，面源污染受雨水冲刷带入地表径流，四川省Ⅰ类、Ⅱ类水占比有所下降，从79.4%降至57.7%；Ⅳ类及以下水质占比有所上升，从1.2%升至6.1%；6月出现劣Ⅴ类水质断面1个。8—9月，随着降水量减少，Ⅰ类、Ⅱ类水占比稳步回升，从64.9%升至77.0%；Ⅳ类及以下水质占比下降，从4.6%降至0.6%。2023年1—12月地表水水质优良率与降水量关系如图3.4-32所示。由于降水量原因，四川省地表水水质出现较明显的季节变化规律。

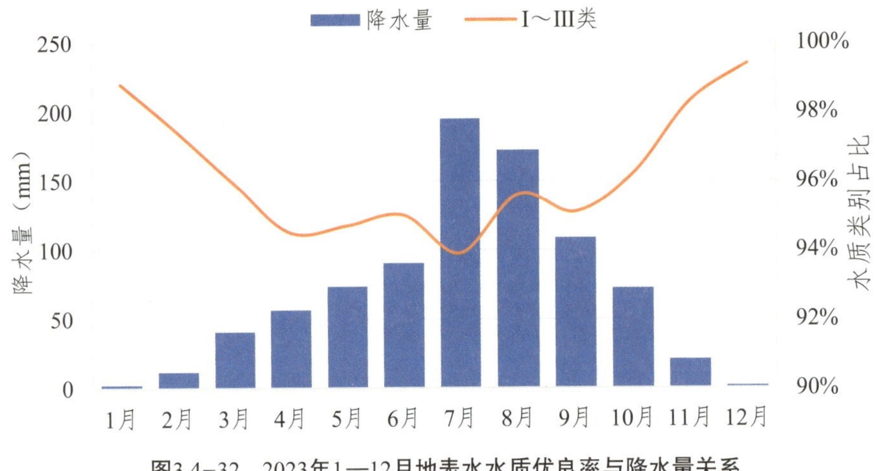

图3.4-32　2023年1—12月地表水水质优良率与降水量关系

（二）扛起“上游担当”，深入打好水污染防治攻坚战

四川省位于青藏高原向我国第二级阶梯的过渡地带，号称“千河之省”。深入打好污染防治攻坚战，持续改善水环境质量，既是筑牢长江、黄河上游生态屏障的现实需要，更是对子孙后代负责的历史责任。“十三五”以来，四川省以改善水生态环境质量为核心，全面提升水污染防治能力，减少重点工程污染物排放，持续推动水污染防治重点工作和重点流域污染防治攻坚，加快水环境保护由单一的污染治理为主向水资源、水生态、水环境协同治理转变，坚持“夯实水污染治理基础”和“补齐水生态保护短板”两手发力，着力提升水环境管理质效，在若干难点和关键环节上实现了新的突破。

（三）跳出环保一域，充分发挥关键力量

近年来，四川省不断健全“党委领导、政府负责、河长指挥、部门落实、社会参与”的水生态环境保护新格局，始终坚持以省委书记、省长为总河长的水环境管理指挥体系，充分发挥河湖长制实效，定期组织河湖长联络员单位召开水环境形势分析会，深入剖析问题、科学提出建议，共同推动流域问题解决，构建齐抓共管的工作格局。积极向省级河湖长汇报流域治理保护情况，及时向存在问题的市县河湖长发出温馨提示，推动各级河湖长履职落实见效。2023年，各级河湖长巡河问河176万余次，整改问题6万余个。同时，积极借力人大、政协民主监督，推动疑难问题解决，并在全国率先实施“一河一法”，先后出台沱江、嘉陵江、赤水河、泸沽湖等流域保护法规，得到全国人大肯定。

（四）完善制度建设，精准管控关键领域

逐年印发水质提升攻坚方案，强化枯水期水质达标和汛期污染削峰。通过“五个一”预警机制，强化测管协同和超标预警，2023年对水质下降等问题预警1100余次。健全“一河一院”专家帮扶机制，确保科学精准治污落实到最小单元。推动流域保护规划落地，定期督导调度，推动实施项目390个，投入资金436亿元。建立长江、黄河等跨省流域横向生态保护补偿机制，实现四川省流域横向生态保护补偿全覆盖。

（五）聚焦短板难点，着力解决关键问题

聚力实施“补短板、强园区、整排口、治总磷、灭黑臭”五大专项行动，2023年，四川省建成污水管网3万多千米，设市城市生活污水集中收集率达到63.0%，同比增长超6个百分点；完成281个园区问题整改，148个省级及以上园区管理进一步规范；在全国率先建成入河排污口综合监管系统，入河排污口整治完成率达98.6%；完成148个“三磷”问题整治，推动49个长江总磷污染防治项目落地；开展黑臭水体整治“回头看”，105条城市黑臭水体总体实现长治久清；完成50个试点河湖生态流量保障目标，生态环境用水增至5.8亿方。

（六）率先引领转型，提前谋划关键思路

探索水生态保护修复新路径，启动6条试点流域水生态基础信息库建设，开展小流域“三水共治”试点，建成河湖生态缓冲带140余千米，监测鱼类196种，被宣布“野外灭绝”的长江鲟实现自然繁殖，水生生物多样性稳定向好。强化水资源管理，推动节约用水、优化用水，完成50个试点河湖生态流量保障目标，生态环境用水增至5.8亿立方米，内江被纳入全国首批区域再生水循环利用试点。创新开展“人水和谐”美丽河湖建设，出台省级建设方案和评价标准，凉山邛海、宜宾江之头、阿坝花湖入选国家级美丽河湖，入选数量西部领先。

专栏五

四川省地表水国、省控断面汛期污染强度分析

一、汛期污染强度相关概念

（一）汛期污染强度

汛期污染强度指断面汛期首要污染物浓度与Ⅲ类浓度限值的比值，主要反映监测断面汛期污染程度与水质目标之间的差距。

（二）计算公式

$$\text{汛期污染强度}=\frac{\text{某断面首要污染物浓度}}{\text{该断面该项指标考核目标对应浓度限值}}$$

（1）汛期：该断面所在地市存在降水的时段，一般为降水期间或降水后24小时之内。

（2）首要污染物：一个自然月内，河流断面高锰酸盐指数、氨氮、总磷浓度最大值且水质类别最差的一项指标；当多个指标同时满足以上条件时，则为超考核目标倍数最大的指标。

二、国控水站汛期污染强度排名

2023年4—10月，四川省有8个断面的汛期污染强度进入全国前50名，分别为5月1个——舵石盘；6月2个——三川、201医院；7月4个——双江桥、丰谷、幸福村（河东元坝）、拱城铺渡口；8月1个——北川通口。其中7月前50名断面数量较多。

三、省控水站汛期污染强度排名

2023年4—8月，前50名汛期污染强度断面共32个，分别为4月4个——郭家坝、沙窝子大桥、白云村、木瓜墩；5月5个——红桥园田、厂西排洪坝、张鼓坪、老鹰溪、棉花码头；6月6个——徐家坡、两合水、墩子河、州河化工园区、绵竹红豆村、金轮大桥；7月12个——灵鹫塔、纳溪口、高寺渡口、黄土坡吊桥、凯江村大桥、老南桥、雷破石、临江寺、马射汇合、坛罐堰、小元村、三皇庙；8月5个——新格乡松矶砂石场、彩虹桥、驾虹、乐山岷江大桥、团结桥。其中7月前50名断面数量较多。

四、汛期污染强度分析

2023年，受汛期影响的国控断面同比有所下降，汛期污染强度范围为1.08～10.06。首要污染物由多到少依次为总磷、高锰酸盐指数、氨氮。从市（州）来看，断面受影响较多的依次为广安市、达州市、德阳市、泸州市、资阳市；从流域来看，受汛期影响断面主要为沱江水系、嘉陵江水系；从河流来看，主要分布在沱江、渠江、涪江。

2023年省控断面汛期污染强度范围为1.04～31.47。首要污染物由多到少依次为总磷、高锰酸盐指数、氨氮。从市（州）来看，断面受影响较多的依次为成都市、宜宾市、德阳市、巴中市、内江市；从流域来看，受汛期影响断面较多的为嘉陵江水系、岷江水系；从河流来看，主要分布在沱江、岷江、渠江。

| 专栏六 |

四川省鱼类环境DNA试点监测

2023年，根据中国环境监测总站《2023年长江流域鱼类环境DNA试点监测工作方案》的要求，四川省开展了长江流域（四川段）鱼类环境DNA试点监测工作。为保证监测工作有序推进，四川省生态环境监测总站编制了采样方案，并按鱼类环境DNA采样要求对承担采样任务的驻市（州）站进行业务培训。

四川省在12个市（州）共设置27个点位（断面），分布在长江干流，以及金沙江、雅砻江、岷江、沱江、嘉陵江、赤水河等主要一级支流。监测点位（断面）信息详见表1。

表1 监测点位（断面）信息

序号	点位名称	责任市（州）	经度（°）	纬度（°）
1	映秀	阿坝	103.4779	31.0456
2	都江堰水文站	阿坝	103.5889	31.0192
3	镇平乡	阿坝	103.7367	32.1636
4	呷拉乡雅砻江	甘孜	99.9788	31.6115
5	雅江县城上游	甘孜	101.0481	29.2033
6	长须干马乡	甘孜	99.0061	32.7519
7	水磨沟村	甘孜	99.0550	29.9381
8	岳店子下	成都	103.8668	30.3575
9	宏缘	成都	104.5339	30.6033
10	悦来渡口	眉山	103.7401	29.7273
11	岷江沙咀	乐山	103.8592	29.2581
12	凉姜沟	宜宾	104.6233	28.7799
13	挂弓山	宜宾	104.7162	28.7815
14	纳溪大渡口（左岸）	宜宾	105.2302	28.7488
15	三块石	宜宾	104.4516	28.6317
16	上石盘	广元	105.7408	32.3890
17	沙溪	广元	105.9586	31.6122
18	八庙沟	广元	105.9206	32.8315
19	伍嘉码头	南充	106.2629	30.9585
20	拱城铺渡口	资阳	104.6806	30.0608
21	银山镇	内江	104.9697	29.6872

续表

序号	点位名称	责任市（州）	经度（°）	纬度（°）
22	沱江大桥	泸州	105.4459	28.9003
23	醒觉溪	泸州	105.8272	28.8045
24	雅砻江口	攀枝花	101.7994	26.6081
25	柏枝	攀枝花	101.8087	27.1058
26	倮果	攀枝花	101.7888	26.6010
27	龙洞	攀枝花	101.4627	26.5384

2023年12月，各驻市（州）站按照鱼类环境DNA采样要求，在采样前对采样设备进行消毒处理；采样过程中穿戴一次性无菌手套和无菌口罩，并按照《地表水环境质量监测技术规范》采集要求分垂线、分层采样；采样结束后将水样低温冷藏运输至实验室，再进行富集浓缩；最后将富集浓缩后的鱼类环境DNA样品寄送至中国环境监测总站进行测序分析。

通过开展2023年长江流域（四川段）鱼类环境DNA试点监测工作，各驻市（州）站掌握了鱼类环境DNA的采样技术要求，为下一步环境DNA技术在四川省水生态环境监测中的大范围应用打下坚实基础。

第五章　集中式饮用水水源地水质

一、现状评价

（一）县级及以上城市集中式饮用水水源地

1. 达标情况

2023年，四川省县级及以上城市集中式饮用水水源地所有监测断面（点位）所测项目全部达标，断面达标率为100%；取水总量为489613.09万吨，达标水量为489613.09万吨，水质达标率为100%。

2. 水质类别

四川省县级及以上城市集中式饮用水水源地290个监测断面（点位）中有223个断面为Ⅰ类、Ⅱ类水质，占比为76.9%，同比下降2个百分点；其中，市级Ⅰ类、Ⅱ类水质断面（点位）45个，占市级总数的90.0%；县级Ⅰ类、Ⅱ类水质断面（点位）178个，占县级总数的74.2%。市级饮用水水源地水质优于县级饮用水水源地。2023年四川省县级及以上城市集中式饮用水水源地断面（点位）水质类别分布如图3.5-1所示。

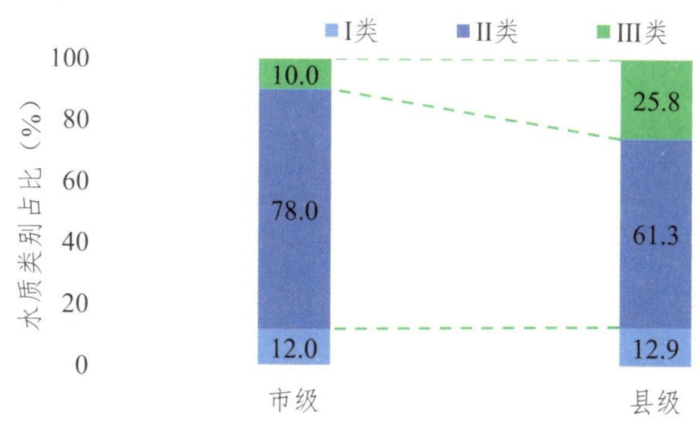

图3.5-1　2023年四川省县级及以上城市集中式饮用水水源地断面（点位）水质类别分布

3. 单独评价指标

四川省县级及以上城市集中式饮用水水源地监测断面总氮总计超标627次，其中市级超标307次，县级超标320次，分别占总超标次数的49.0%和51.0%；粪大肠菌群总计超标54次，其中市级水源地超标49次，县级水源地超标5次，分别占总超标次数的90.7%和9.3%。

4. 特定指标检出情况

四川省县级及以上城市集中式饮用水水源地监测的33项特定指标中6项［异丙苯、1,2-二氯苯、硝基苯、二硝基苯、滴滴涕和苯并(a)芘］年未检出，其余27项指标不同时段检出，均低于标准限值。除泸州合江县、凉山德昌县、凉山宁南县外，其他县级及以上城市均有特定指标检出情况。

重金属类项目检出率明显高于有机类项目，其中钡检出次数最高，全年有1167次检出，最高检出浓度为0.2毫克/升；其次是钼，898次检出，最高检出浓度为0.0212毫克/升。有机类甲醛检出次数最高，全年有62次，最高检出浓度为0.21毫克/升；其次是邻苯二甲酸二丁酯，16次检出，最高检出浓度为0.0024毫克/升。2023年四川省县级及以上城市集中式饮用水水源地优选特定指标检出情况见表3.5-1。

表3.5-1 2023年四川省县级及以上城市集中式饮用水水源地优选特定指标检出情况

指标名称	检出浓度范围（mg/L）	标准限值（mg/L）	检出次数（次）	指标名称	检出浓度范围（mg/L）	标准限值（mg/L）	检出次数（次）
三氯甲烷	0.00012～0.0201	0.06	4	邻苯二甲酸二（2-乙基己基）酯	0.0003～0.0016	0.008	14
四氯化碳	0.00018	0.002	1	林丹	0.000025	0.008	1
三氯乙烯	0.0005	0.07	1	阿特拉津	0.00254	0.003	1
四氯乙烯	0.0004～0.0046	0.04	5	钼	0.000055～0.0212	0.07	898
苯乙烯	0.0002～0.0011	0.02	3	钴	0.00003～0.00349	1.0	561
甲醛	0.05～0.21	0.9	62	铍	0.00001～0.00058	0.002	30
苯	0.0027	0.01	1	硼	0.00136～0.356	0.5	803
甲苯	0.0003～0.004	0.7	5	锑	0.000084～0.00486	0.005	596
乙苯	0.0008～0.0042	0.3	7	镍	0.00006～0.018	0.02	633
二甲苯①	0.0009～0.015	0.5	9	钡	0.0005～0.2	0.7	1167
氯苯	0.0003～0.0039	0.3	2	钒	0.00007～0.038	0.05	733
1,4-二氯苯	0.0005～0.001	0.3	3	铊	0.000003～0.00008	0.0001	49
三氯苯②	0.000037	0.002	1	—	—	—	—
硝基氯苯③	0.0002	0.05	1	—	—	—	—
邻苯二甲酸二丁酯	0.0004～0.0024	0.003	16	—	—	—	—

注：①二甲苯包括对二甲苯、间二甲苯、邻二甲苯；②三氯苯包括1,2,3-三氯苯、1,2,4-三氯苯、1,3,5-三氯苯；③硝基氯苯包括对硝基氯苯、间硝基氯苯、邻硝基氯苯。

5. 水质全分析

四川省县级及以上城市集中式饮用水水源地水质全分析全部达标。地表水型集中式饮用水水源地全分析的80项特定项目监测结果中，10项金属类指标（钼、钴、铍、硼、锑、镍、钡、钒、钛、铊）均有检出，70项有机类指标中6项有检出，均低于标准限值。

地下水型集中式饮用水水源地全分析的54项非常规项目监测结果中，6项指标有检出，均低于标准限值。

（二）乡镇集中式饮用水水源地

1. 达标情况

2023年，四川省乡镇集中式饮用水水源地2087个，共有2035个所测项目全部达标，水源地达标率为97.5%，同比下降0.1个百分点。

21个市（州）中，除成都、泸州、德阳、广元、南充、凉山外，其余15个市（州）乡镇集中式饮用水水质全年达标，达标城市比例同比上升28.5个百分点；南充水源地达标率最低，为72.8%，其次是泸州，为87.2%。2023年四川省21个市（州）乡镇集中式饮用水水源地达标率如图3.5–2所示。

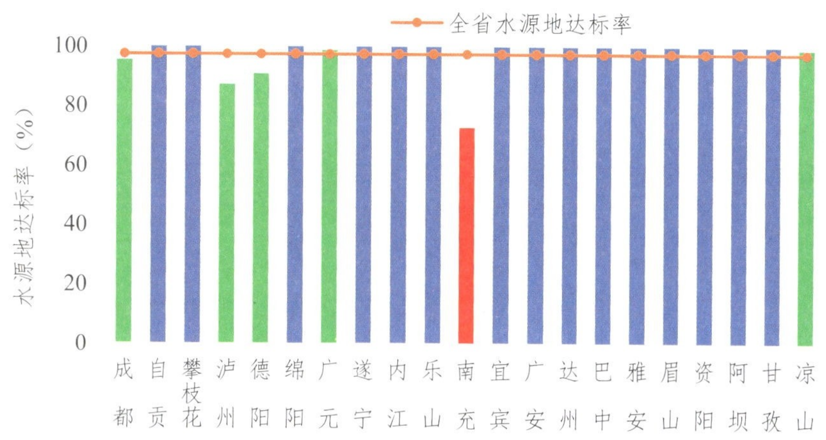

图3.5–2　2023年四川省21个市（州）乡镇集中式饮用水水源地达标率

2. 超标指标分析

2023年，四川省乡镇集中式地表水型饮用水水源地仅出现总磷1项超标指标，超标频次约为0.1%。单独评价指标粪大肠菌群超标频次0.7%，湖库总氮超标频次36.2%。

地下水型饮用水水源地出现10项指标超标，为总大肠菌群、锰、菌落总数、铁、硫酸盐、氨氮、pH、溶解性总固体、总硬度和氟化物。主要污染超标指标为总大肠菌群、锰、菌落总数，超标率分别为2.7%、0.7%、0.4%。2023年四川省乡镇集中式饮用水水源地超标指标及超标率如图3.5–3所示。

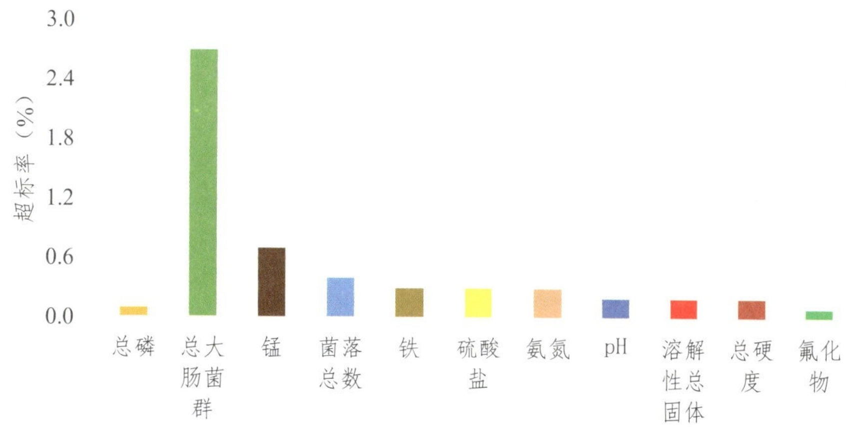

图3.5–3　2023年四川省乡镇集中式饮用水水源地超标指标及超标率

二、年内空间分布规律分析

2023年，四川省21个市（州）的县级及以上城市集中式饮用水水源地断面达标率及水质达标率均为100%。7个市的乡镇集中式饮用水水源地达标率同比上升，上升比例前三位是攀枝花、眉山和资阳，分别上升10个百分点、5.9个百分点和4.3个百分点；6个市（州）下降，下降比例前三位是南充、成都和泸州，分别下降4.7个百分点、3.2个百分点和2.1个百分点；8个市（州）保持不变。2023

年四川省21个市（州）乡镇集中式饮用水水源地达标率同比变化如图3.5-4所示。

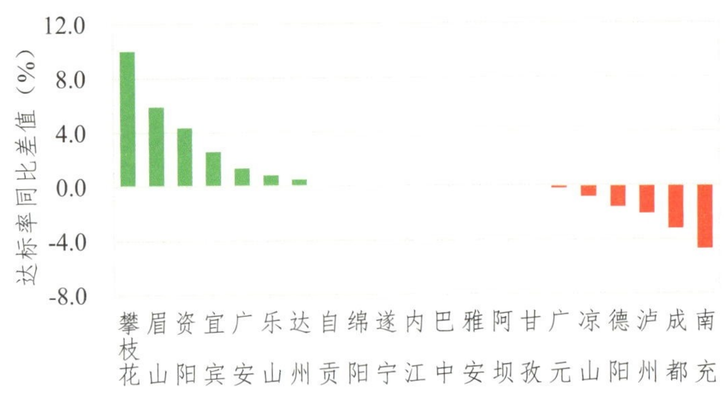

图3.5-4　2023年四川省21个市（州）乡镇集中式饮用水水源地达标率同比变化

三、2016—2023年变化趋势分析

（一）县级及以上城市集中式饮用水水源地

2016—2023年，四川省县级及以上城市集中式饮用水水源地断面达标率和水质达标率整体呈上升趋势。断面达标率由2016年的96.9%上升至2023年的100%，上升3.1个百分点；水质达标率由2016年的99.1%上升至2023年的100%，上升0.9个百分点。2019—2023年连续五年断面达标率及水质达标率均为100%，保持稳定。Ⅰ类、Ⅱ类水质断面比例在2023年略有下降，同比下降2个百分点，但整体仍呈上升趋势，由2016年的59.1%上升至2023年的76.9%，上升17.8个百分点。2016—2023年四川省县级及以上城市集中式饮用水水源地水质类别占比变化趋势如图3.5-5所示。

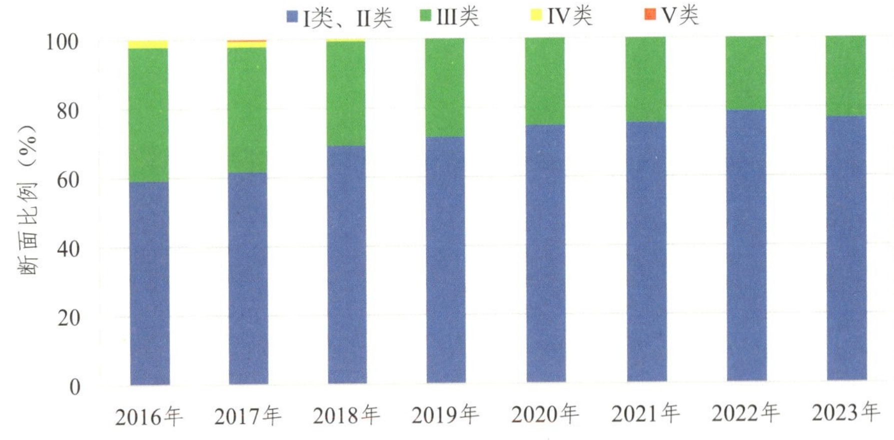

图3.5-5　2016—2023年四川省县级及以上城市集中式饮用水水源地水质类别占比变化趋势

（二）乡镇集中式饮用水水源地

1. 达标率

2016—2023年，四川省乡镇集中式饮用水水源地断面达标率呈逐年上升趋势，由2016年的78.6%上升至2023年的97.5%，上升18.9个百分点。21个市（州）中，自贡、内江、遂宁、南充和资阳达标率上升最为明显，其中自贡、内江、遂宁和资阳达标率分别由2016年的30.6%、54.2%、43.5%和27.9%上升至2023年的100%，最高上升72.1个百分点；南充达标率由2016年的45.0%上升至2023年的72.8%，上升27.8个百分点。2016—2023年四川省乡镇集中式饮用水水源地断面达标率变化

趋势如图3.5-6所示，2016—2023年四川省典型城市乡镇集中式饮用水水源地断面达标率变化趋势如图3.5-7所示。

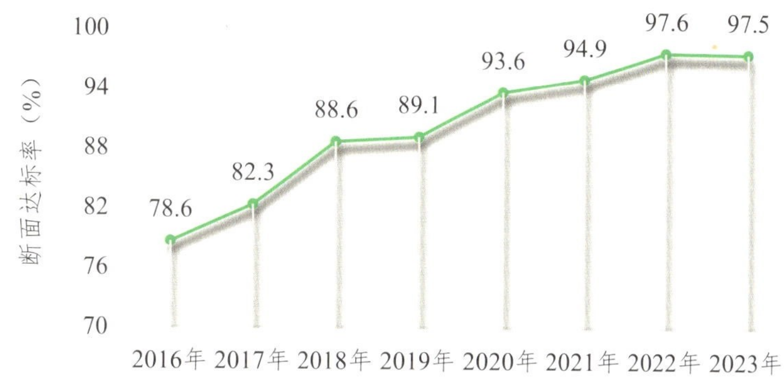

图3.5-6 2016—2023年四川省乡镇集中式饮用水水源地断面达标率变化趋势

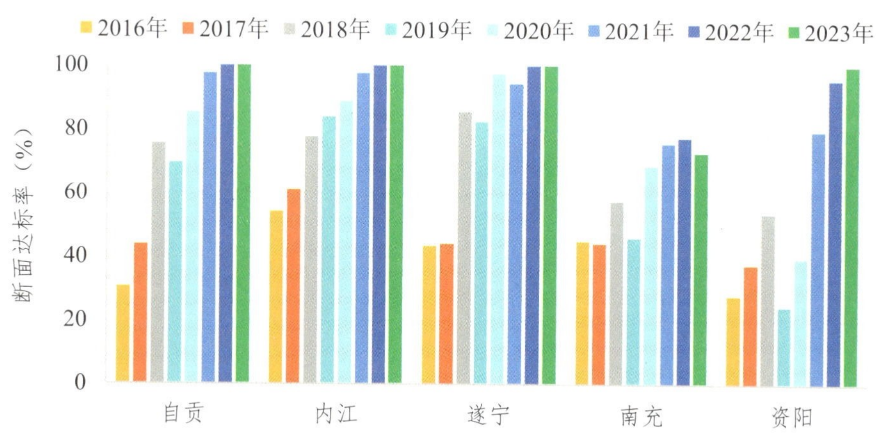

图3.5-7 2016—2023年四川省典型城市乡镇集中式饮用水水源地断面达标率变化趋势

2. 主要污染指标

乡镇地表水型饮用水水源地主要污染超标指标为总磷、高锰酸盐指数和五日生化需氧量，2016年三者超标率最高，分别是10.0%、5.7%和3.4%；到2023年，仅有总磷一项指标超标，超标率为0.1%，超标率逐年下降趋势明显。2016—2023年四川省乡镇地表水型饮用水水源地主要污染指标超标率变化趋势如图3.5-8所示。

乡镇地下水型饮用水水源地主要污染超标指标为总大肠菌群、硫酸盐和锰。总大肠菌群2016年超标率为17.1%，2023年超标率为2.7%，超标率逐年下降趋势最为明显。硫酸盐和锰超标率变化不显著，总体呈下降趋势。2016—2023年四川省乡镇地下水型饮用水水源地主要污染指标超标率变化趋势如图3.5-9所示。

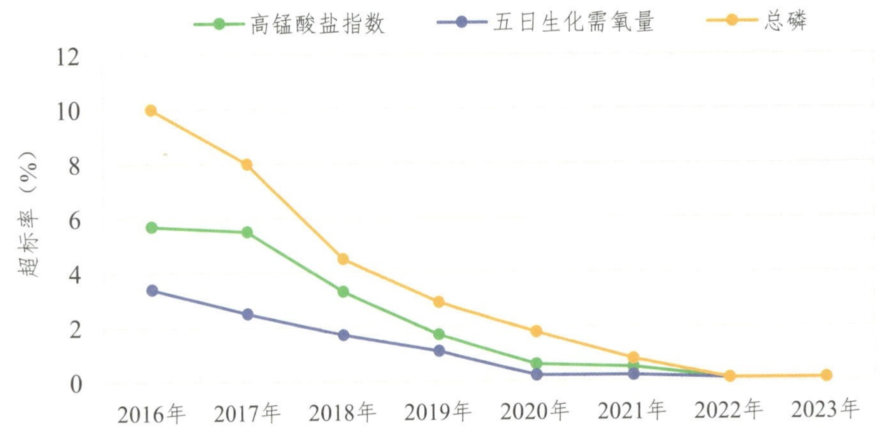

图3.5-8　2016—2023年四川省乡镇地表水型饮用水水源地主要污染指标超标率变化趋势

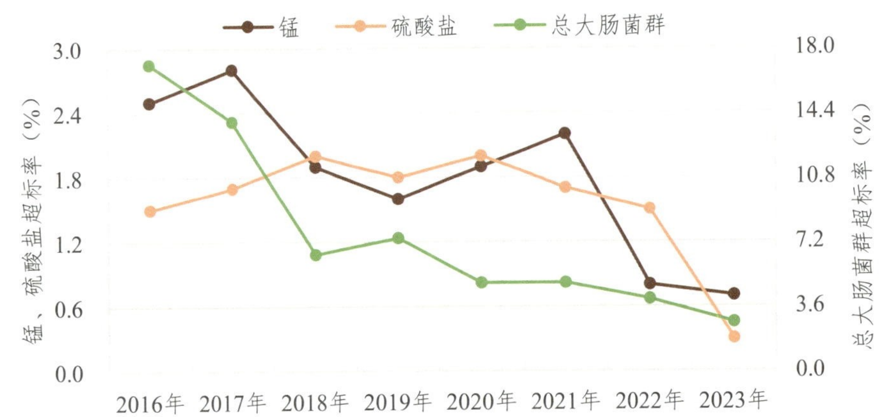

图3.5-9　2016—2023年四川省乡镇地下水型饮用水水源地主要污染指标超标率变化趋势

四、小结

（一）2023年四川省集中式饮用水水源地水质整体保持稳定

四川省县级及以上城市集中式饮用水水源地水质达标率和断面达标率均为100%；Ⅰ类、Ⅱ类水质断面占比为76.9%，同比下降2个百分点，但整体仍呈上升趋势；水质全分析全部达标。乡镇集中式饮用水水源地断面达标率为97.5%，同比下降0.1个百分点；全年达标的市（州）占比为71.4%，同比上升28.5个百分点。

四川省乡镇集中式地表水型饮用水水源地仅出现总磷超标，超标频次约为0.1%。地下水型水源地超标指标为总大肠菌群、锰、菌落总数、铁、硫酸盐、氨氮、pH、溶解性总固体、总硬度以及氟化物。主要污染指标总大肠菌群、锰、菌落总数的超标率分别为2.7%、0.7%、0.4%。

（二）2016—2023年四川省集中式饮用水水源地水质保持稳定上升趋势，达标率逐年提升

四川省县级及以上城市集中式饮用水水源地断面达标率由2016年的96.9%上升至2023年的100%；水质达标率由2016年的99.1%上升至2023年的100%。从2019年开始，连续五年断面达标率及水质达标率均为100%。乡镇集中式饮用水水源地达标率上升18.9个百分点；地表水型主要污染指标总磷、高锰酸盐指数和五日生化需氧量的超标率分别下降9.9、5.6、3.3个百分点。地下水型主要污

染指标总大肠菌群、锰、硫酸盐的超标率分别下降14.4、1.8、1.2个百分点。

五、原因分析

（一）县级及以上城市水质连续五年达标率保持在100%

2023年，四川省出台了《四川省饮用水水源保护区管理规定（试行）》，作为《四川省饮用水水源保护管理条例》配套制度，补充了保护区“撤销”工作环节。更加完整、准确、全面建立集中式饮用水水源保护区的管理制度体系，用最严格制度、最严密法治保护饮用水水源地。

根据《四川省饮用水水源保护区管理规定（试行）》，确定不再作为饮用水水源的，饮用水水源所在地市（州）人民政府可以申请撤销饮用水水源保护区。申请撤销饮用水水源保护区的，应当说明撤销原因，提供饮用水水源取消的证明材料以及水源替代情况等资料，报省人民政府批准。2023年，四川省人民政府批复划定、调整、撤销4处县级及以上饮用水水源保护区。在用的城市集中式饮用水水源地全部完成保护区边界立标和一级保护区隔离防护设施建设。

（二）乡镇饮用水水质改善原因分析

一是持续深入落实《四川省“十四五”饮用水水源环境保护规划》，坚持精准、科学、依法保护，以保障饮用水安全为目标，聚焦饮用水水源规范化建设、环境风险防范。

二是进一步优化水源地布局，积极推进城乡供水一体化，加快城市供水管网的延伸，同时分批报请省政府批复划定、调整、撤销不满足水质或供水规模要求的集中式水源地。确保集中式饮用水水源保护区划定率达到100%，提高集中式饮用水水源地标志标牌设置率、一级保护区隔离设施设置率。

三是加强乡镇集中式饮用水水源地周边环境管理和治理。引导周边农户合理科学使用化肥，取缔水库施肥养鱼和网箱养殖；拆除一级保护区内各种违章建筑并做好农户搬迁安置，原址恢复绿化，加大一级、二级保护区库岸整治，严禁开垦农田。开展农村推进“厕所革命”工作，将散户生活污水通过三格池、沼气池收集处理后用于农业综合利用；进一步完善水库周边农户人工湿地池建设，杜绝污水直排现象。鼓励有条件的地区完成水源地视频监控建设，加强对水源地的管理。

四是水源地管护能力进一步提升。各地方通过制定饮用水水源保护相关管理办法，强调各级保护区及准保护区相关规定，明确了饮用水水源地选址，划定实施责任主体和各部门在集中式饮用水水源地保护中的职能职责，加大违法惩处力度，为饮用水水源保护提供了法律保障。

（三）不达标乡镇饮用水源地原因分析

2023年，四川省乡镇集中式饮用水水源地断面达标率虽较上年有所提高，但仍存在不达标水源地，主要原因有以下几点：

一是个别湖库型水源地前身主要用作水产养殖，水质本质较差，再加上所处地区水资源欠缺，降水量较少、农村面源污染未得到有效控制等，导致部分时段污染物浓度较高，易出现总磷、氨氮等指标超标。

二是部分地区地下水水源地环境条件较脆弱，或为浅层地下水，受地表径流下渗和农业活动影响较大，极易受污染。农村生活生产污水、散养家禽、养殖粪污等农村面源污染易造成水环境中细菌类指标超标。

三是个别点位地下水地质浅层环境中的铁、锰、含盐量本底浓度偏高或含水层岩性（主要由碳酸盐岩、泥质岩、硅质岩及少量碎屑岩等构成）问题，造成了区域地下水铁、锰和pH浓度值偏高。

第六章　地下水环境质量

一、现状评价

（一）国家地下水环境质量考核点位

1. 总体情况

2023年，80个“十四五”国家地下水环境质量考核（以下简称地下水国考）点位中，水质超标点位共计15个，占比18.3%，包括区域点位4个，污染风险监控点位9个、饮用水源点位2个。主要超标指标为硫酸盐、铁、锰。2023年四川省地下水国考点位指标超标率情况如图3.6-1所示。

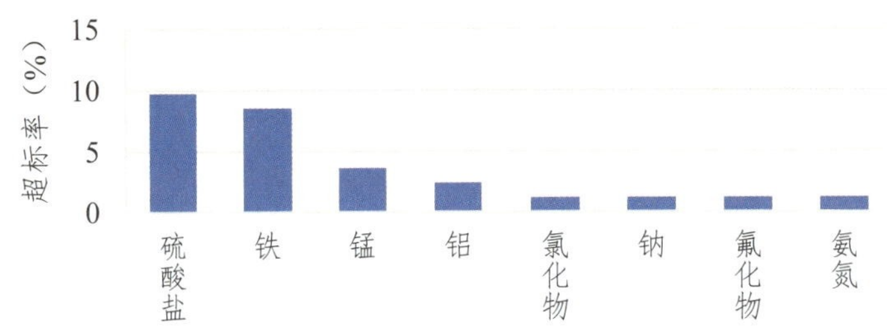

图3.6-1　2023年四川省地下水国考点位指标超标率情况

2. 区域点位

29个区域点位分布在成都、德阳、绵阳、遂宁、乐山、达州、眉山等7个市。2023年地下水国考区域点位水质状况分布如图3.6-2所示。

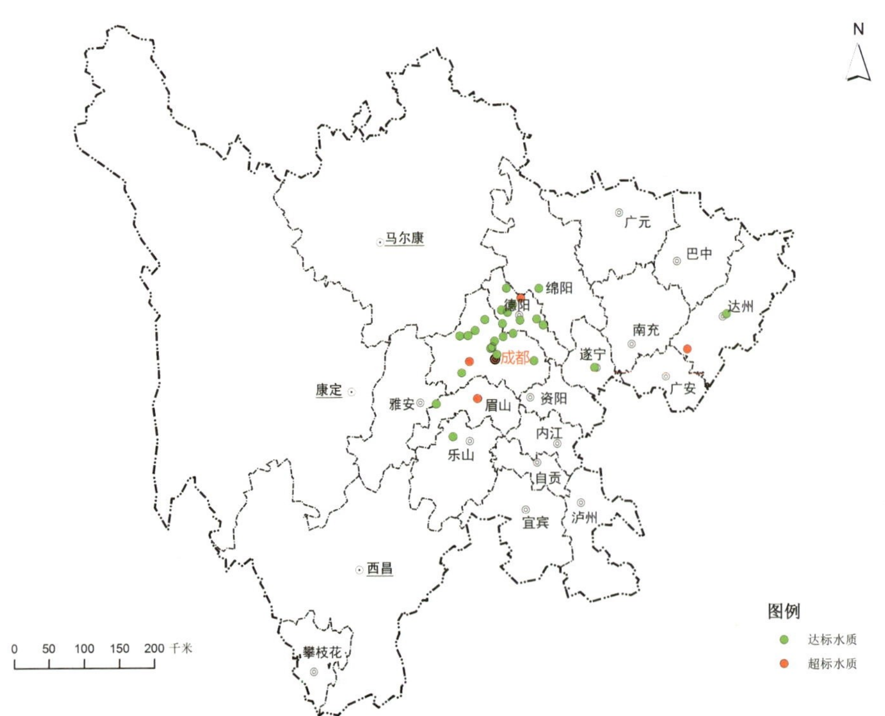

图3.6-2　2023年地下水国考区域点位水质状况分布

区域点位有4个超标，超标率为13.7%。超标点位位于成都、德阳、达州和眉山，超标指标为铁、硫酸盐、氟化物。2023年四川省地下水国考区域点位水质超标情况见表3.6-1。

表3.6-1　2023年四川省地下水国考区域点位水质超标情况

序号	点位编号	所在市	点位名称	水质类别	超标因子（超标倍数）
1	SC-14-11	成都	大邑县董场镇铁溪社区	V类	铁（1.2）
2	SC-14-40	德阳	罗江县略坪镇人民政府（外环北路88号）	V类	铁（0.4）
3	SC-14-70	达州	渠县渠南华橙酒乡垂钓园	V类	氟化物（1.2）
4	SC-14-62	眉山	眉山市东坡区眉山	V类	铁（3.6）、硫酸盐（0.006）

3. 污染风险监控点位

30个污染风险监控点位分布在成都、自贡、攀枝花、泸州、南充、广安、巴中、资阳等8个市。2023年四川省地下水国考污染风险监控点位水质状况分布如图3.6-3所示。

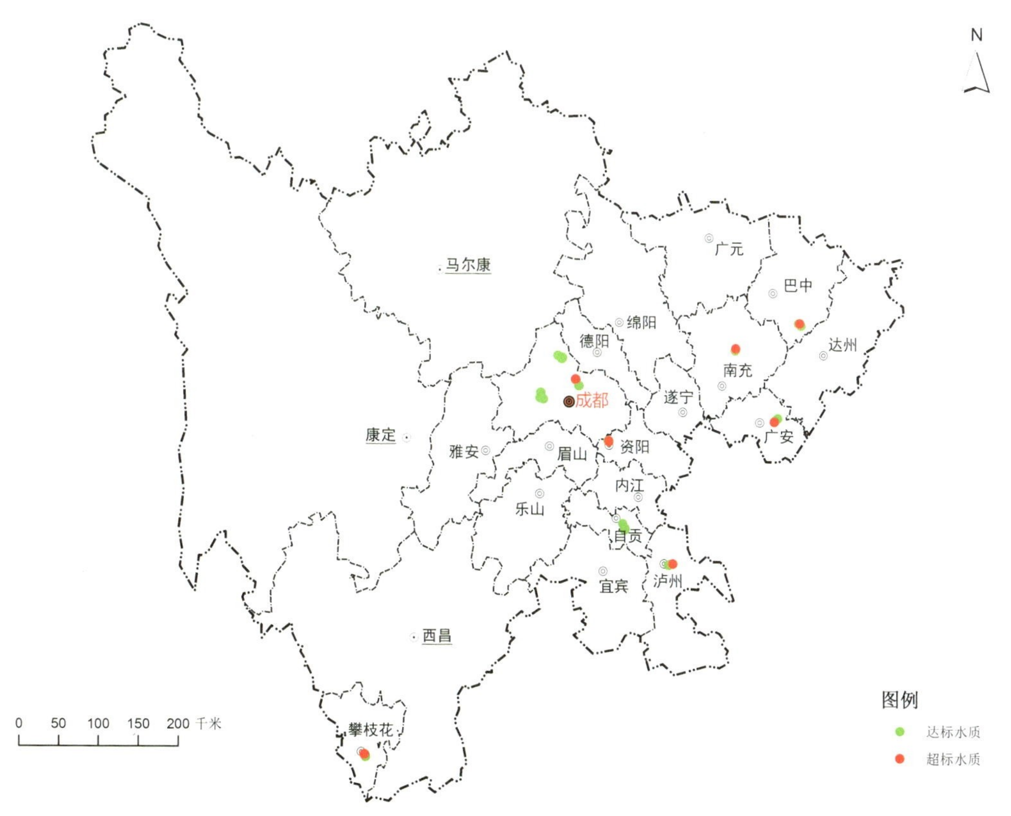

图3.6-3　2023年四川省地下水国考污染风险监控点位水质状况分布

超标污染风险监控点位有9个，超标率为30.0%。超标点位位于成都、攀枝花、泸州、南充、广安、巴中和资阳，超标指标为硫酸盐、铁、氯化物、锰、钠、氨氮。2023年四川省地下水国考污染风险监控点位水质超标情况见表3.6-2。

表3.6-2　2023年四川省地下水国考污染风险监控点位水质超标情况

序号	点位编号	所在市	点位名称	水质类别	超标因子（超标倍数）
1	SC-14-06	成都	新都区现代交通产业功能区1号	Ⅴ类	铁（0.05）
2	SC-14-29	攀枝花	东区攀钢集团矿业有限公司选矿厂马家田2号	Ⅴ类	硫酸盐（4.4）
3	SC-14-30	攀枝花	东区攀钢集团矿业有限公司选矿厂马家田3号	Ⅴ类	硫酸盐（1.2）
4	SC-14-34	泸州	江阳区泸州国家高新区管委会3号	Ⅴ类	氯化物（2.4）、铁（1.2）、硫酸盐（0.9）、钠（0.8）
5	SC-14-58	南充	仪陇县新政镇石佛岩村武家湾1井	Ⅴ类	铁（1.8）、锰（1.0）、氨氮（0.3）
6	SC-14-68	广安	前锋区经济技术开发区新桥工业园区3号井	Ⅴ类	铁（1.4）
7	SC-14-75	巴中	平昌县经济开发区2号	Ⅴ类	锰（0.5）
8	SC-14-78	资阳	雁江区临空经济区清泉工业区2号	Ⅴ类	硫酸盐（0.006）
9	SC-14-79	资阳	雁江区临空经济区清泉工业区3号	Ⅴ类	硫酸盐（0.3）

4. 饮用水水源地监测点位

21个饮用水水源地监测点位分布在成都、德阳、绵阳、广元、内江、乐山、宜宾、达州、雅安、阿坝、甘孜和凉山等12个市（州）。2023年四川省地下水国考饮用水水源地监测点位水质状况分布如图3.6-4所示。

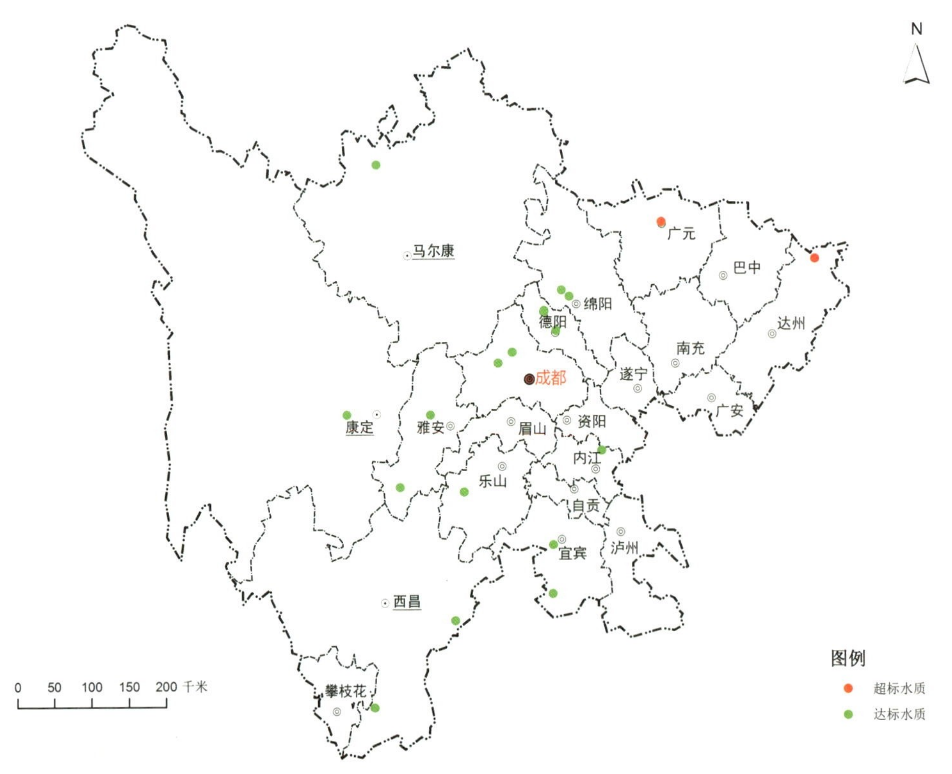

图3.6-4　2023年四川省地下水国考饮用水水源地监测点位水质状况分布

饮用水水源地监测点位有2个超标，超标率为9.5%。超标点位分布在广元和达州，超标指标为硫酸盐、锰、铝。2023年四川省地下水国考饮用水水源地监测点位水质超标情况见表3.6-3。

表3.6-3　2023年四川省地下水国考饮用水水源地监测点位水质超标情况

序号	点位编号	所在市	点位名称	水质类别	超标因子（超标倍数）
1	SC-14-53	广元	广元市市中区上西水厂水源地	Ⅳ类	锰（1.1）、铝（0.3）、硫酸盐（0.2）
2	SC-14-71	达州	万源市观音峡水源地	Ⅳ类	硫酸盐（0.06）、铝（0.05）

（二）省级地下水环境质量点位

2023年，受点位周边条件限制，实际监测了2755个省级地下水环境质量点。其中Ⅲ类水质点位最多，共1026个，占监测总数的37.3%；Ⅳ类水质点位903个，占监测总数的32.8%；Ⅴ类水质点位755个，占监测总数的27.4%；Ⅰ类、Ⅱ类水质点位较少。超标点位共计814个（污染源监控点位704个，饮用水源点位110个），占监测总数的29.5%。超标指标主要有硫酸盐、锰、氯化物、氨氮、氟化物、硝酸盐等。2023年四川省省级地下水环境质量监测点位水质情况如图3.6-5所示。

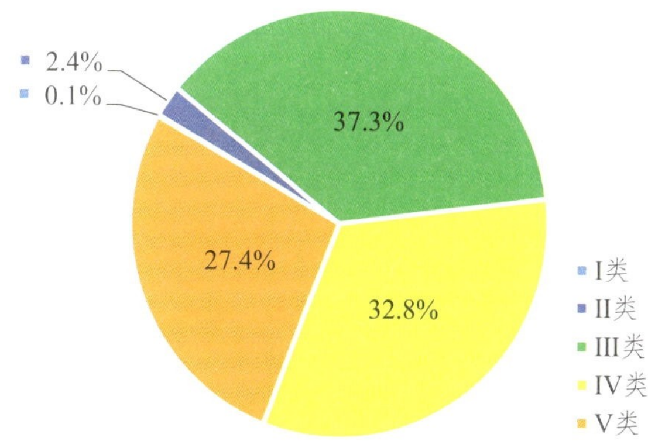

图3.6-5　2023年四川省省级地下水环境质量监测点位水质情况

二、年度变化趋势分析

（一）地下水国考点位

2021—2023年均开展监测的地下水国考点位有79个，对其进行趋势分析；未持续开展监测的4个点位单独评价，分别为温江区柳城街办东街社区（临江路）、沿滩区高新技术产业园区1号、仪陇县新政镇石佛岩村武家湾3号、仪陇县新政镇石佛岩村武家湾5号。

1. 总体变化趋势

2023年，四川省国控地下水超标点位有15个，同比减少1个，较2021年增加6个。超标指标有8个，同比持平，较2021年增加1个；三年均超标的指标为硫酸盐、锰、氯化物、钠、氟化物。水质类别为Ⅴ类的点位数量为13个，同比持平，较2021年增加7个。2021—2023年四川省国考地下水点位水质变化趋势如图3.6-6所示。

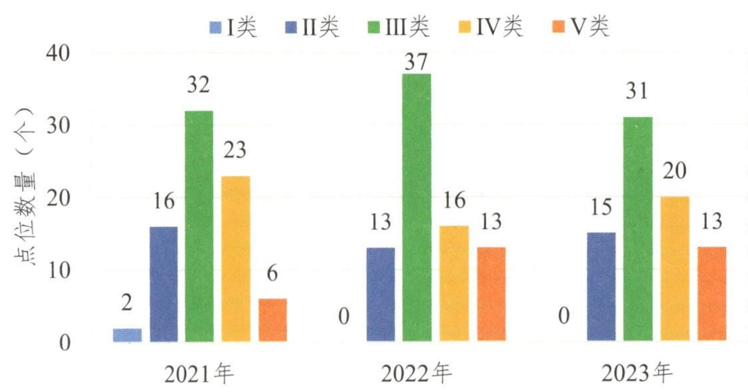

图3.6-6　2021—2023年四川省国考地下水点位水质变化趋势

2. 区域点位

（1）点位水质年度变化情况。

区域点位中有25个水质状况同比持平，2个略有好转，2个下降；超标点位有4个，同比持平，均为大邑县董场镇铁溪社、罗江县略坪镇人民政府（外环北路88号）、眉山市东坡区眉山、华橙酒乡垂钓园；超标指标无变化，均为铁、硫酸盐和氟化物。2023年四川省国考地下水区域点位水质类别变化见表3.6-4。

表3.6-4　2023年四川省国考地下水区域点位水质类别变化

序号	点位编号	点位名称	水质类别		超标因子（超标倍数）		水质变化
			2022年	2023年	2022年	2023年	
1	SC-14-36	旌阳区孝泉镇孝新路口	Ⅲ	Ⅱ	—	—	好转
2	SC-14-39	中江县回龙镇回龙村1社	Ⅲ	Ⅱ	—	—	好转
3	SC-14-05	新都区桂湖街道督桥村17社	Ⅲ	Ⅳ	—	—	下降
4	SC-14-69	通川区石龙溪	Ⅲ	Ⅳ	—	—	下降
5	SC-14-11	大邑县董场镇铁溪社区	Ⅴ	Ⅴ	铁（0.9）	铁（1.2）	持续超标
6	SC-14-40	罗江县略坪镇人民政府（外环北路88号）	Ⅴ	Ⅴ	铁（0.6）	铁（0.4）	持续超标
7	SC-14-62	眉山市东坡区眉山	Ⅴ	Ⅴ	铁（1.9）、硫酸盐（1.1）	铁（3.6）、硫酸盐（0.006）	持续超标
8	SC-14-70	渠县渠南华橙酒乡垂钓园	Ⅴ	Ⅴ	氟化物（1.5）	氟化物（1.2）	持续超标

（2）2021—2023年点位水质变化趋势分析。

近三年均开展监测的29个区域点位中，Ⅱ类、Ⅳ类水质点位同比均增加2个，与2021年的数量持平；Ⅲ类水质点位数量同比减少4个，较2021年减少2个；Ⅴ类水质超标点位有4个，同比持平，较2021年增加2个。2021—2023年四川省国考地下水区域点位水质变化趋势如图3.6-7所示。

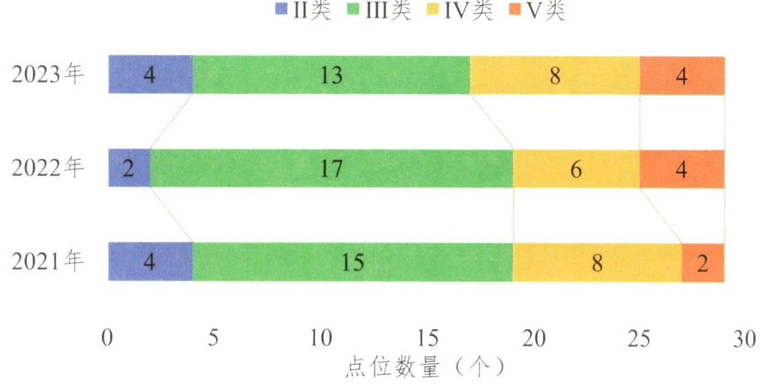

图3.6-7　2021—2023年四川省国考地下水区域点位水质变化趋势

3. 污染风险监控点位

（1）点位水质年度变化情况。

污染风险监控点位中有17个水质状况同比持平，5个好转，8个下降；超标点位有9个，同比持平，其中8个连续两年均超标；新增超标指标为氨氮。2023年国考地下水污染风险监控点位水质类别变化情况见表3.6-5。

表3.6-5　2023年国考地下水污染风险监控点位水质类别变化情况

序号	编号	点位名称	水质类别		超标因子（超标倍数）		水质变化状况
			2022年	2023年	2022年	2023年	
1	SC-14-07	新都区现代交通产业功能区2号	Ⅳ	Ⅲ	—	—	好转
2	SC-14-22	成都崇州经济开发区2号	Ⅲ	Ⅱ	—	—	好转
3	SC-14-32	泸州国家高新区管委会1号	Ⅴ	Ⅳ	铁（0.2）	—	好转
4	SC-14-60	仪陇县新政镇石佛岩村武家湾4井	Ⅲ	Ⅱ	—	—	好转
5	SC-14-66	前锋区经济技术开发区新桥工业园区1号井	Ⅳ	Ⅲ	—	—	好转
6	SC-14-08	新都区现代交通产业功能区3号	Ⅱ	Ⅲ	—	—	下降
7	SC-14-15	彭州市成都石油化学工业园区1号	Ⅱ	Ⅲ	—	—	下降
8	SC-14-16	彭州市成都石油化学工业园区1号	Ⅱ	Ⅲ	—	—	下降
9	SC-14-17	彭州市成都石油化学工业园区2号	Ⅲ	Ⅳ	—	—	下降

续表

序号	编号	点位名称	水质类别		超标因子（超标倍数）		水质变化状况
			2022年	2023年	2022年	2023年	
10	SC-14-25	沿滩区高新技术产业园区1号	Ⅲ	Ⅳ	—	—	下降
11	SC-14-27	沿滩区高新技术产业园区3号	Ⅲ	Ⅳ	—	—	下降
12	SC-14-31	攀钢集团矿业有限公司选矿厂马家田4号	Ⅲ	Ⅳ	—	—	下降
13	SC-14-58	仪陇县新政镇石佛岩村武家湾1号井	Ⅳ	Ⅴ	—	铁（1.8）、锰（1.0）、氨氮（0.3）	新增超标
14	SC-14-06	新都区现代交通产业功能区1号	Ⅴ	Ⅴ	铁（0.3）	铁（0.05）	持续超标
15	SC-14-29	东区攀钢集团矿业有限公司选矿厂马家田2号	Ⅴ	Ⅴ	硫酸盐（4.4）	硫酸盐（3.8）	持续超标
16	SC-14-30	东区攀钢集团矿业有限公司选矿厂马家田3号	Ⅴ	Ⅴ	硫酸盐（1.2）	硫酸盐（0.9）	持续超标
17	SC-14-34	江阳区泸州国家高新区管委会3号	Ⅴ	Ⅴ	氯化物（2.4）、铁（1.2）、硫酸盐（0.9）、钠（0.8）	氯化物（3.0）、硫酸盐（0.8）、钠（0.7）、铁（0.4）、碘化物（0.2）	持续超标
18	SC-14-68	华蓥市经济技术开发区新桥工业园区3号	Ⅴ	Ⅴ	铁（1.4）	铁（0.8）	持续超标
19	SC-14-75	平昌县经济开发区2号	Ⅴ	Ⅴ	锰（0.5）	耗氧量（0.6）、锰（0.4）	持续超标
20	SC-14-78	雁江区临空经济区清泉工业区2号	Ⅴ	Ⅴ	硫酸盐（0.006）	硫酸盐（0.1）	持续超标
21	SC-14-79	雁江区临空经济区清泉工业区3号	Ⅴ	Ⅴ	硫酸盐（0.3）	硫酸盐（0.3）	持续超标

（2）2021—2023年点位水质变化趋势分析。

近三年开展监测的29个污染风险监控点位中，均无Ⅰ类水质；Ⅱ类水质点位数量呈下降趋势；Ⅲ类水质点位数量同比减少2个，较2021年减少1个；Ⅳ类水质点位数量同比增加3个，较2021年减少2个；Ⅴ类水质的超标点位数量较2021年增加5个。2021—2023年四川省国考地下水污染风险监控点位水质变化趋势如图3.6-8所示。

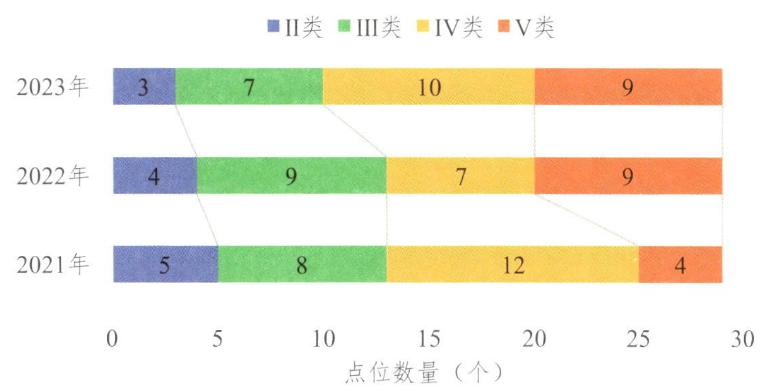

图3.6-8　2021—2023年四川省国考地下水污染风险监控点位水质变化趋势

4. 饮用水水源地监测点位

（1）点位水质年度变化情况。

饮用水水源地监测点位中有11个水质状况同比持平，6个好转，4个下降。同比无新增超标点位。其中广元市市中区上西水厂水源地（SC-14-53）、万源市观音峡水源地（SC-14-71）2个点位持续超标，超标指标为硫酸盐、锰、铝，其中铝为新增超标指标。2023年国考饮用水水源地监测点位水质变化情况见表3.6-6。

表3.6-6　2023年国考饮用水水源地监测点位水质变化情况

序号	编号	点位名称	水质类别		超标因子（超标倍数）		水质变化状况
			2022年	2023年	2022年	2023年	
1	SC-14-35	旌阳区北郊水厂3号井	Ⅲ	Ⅱ	—	—	好转
2	SC-14-47	绵竹市城市地下水第一、二集中式饮用水水源保护区2号	Ⅲ	Ⅱ	—	—	好转
3	SC-14-51	北川县永昌镇安昌河集中式饮用水源	Ⅲ	Ⅱ	—	—	好转
4	SC-14-55	东兴区双桥乡	Ⅳ	Ⅲ	—	—	好转
5	SC-14-73	天全县青石乡响水溪饮用水源地	Ⅲ	Ⅱ	—	—	好转
6	SC-14-81	康定县瓦泽乡2号水源地	Ⅲ	Ⅱ	—	—	好转
7	SC-14-56	峨边县白沙河麻柳湾水源地	Ⅱ	Ⅲ	—	—	下降
8	SC-14-65	大鱼洞	Ⅱ	Ⅲ	—	—	下降
9	SC-14-80	阿坝镇五村饮用水源地	Ⅱ	Ⅲ	—	—	下降
10	SC-14-83	金阳县包谷山龙乡	Ⅱ	Ⅲ	—	—	下降
11	SC-14-53	广元市市中区上西水厂水源地	Ⅳ	Ⅳ	硫酸盐（0.3）、锰（0.2）	锰（1.1）、铝（0.3）、硫酸盐（0.2）	持续超标
12	SC-14-71	万源市观音峡水源地	Ⅳ	Ⅳ	硫酸盐（0.06）、铝（0.05）	硫酸盐（0.2）	持续超标

（2）2021—2023年点位水质变化趋势分析。

近三年均开展监测的21个饮用水水源地点位中，仅2021年有Ⅰ类；2023年Ⅱ类点位数量同比增加1个；Ⅲ类点位数量同比无变化，较2021年增加2个；Ⅳ类水质的超标点位数量呈下降趋势，同比减少1个；三年均无Ⅴ类水质点位。2021—2023年国考地下水饮用水水源地监测点位水质变化趋势如图3.6-9所示。

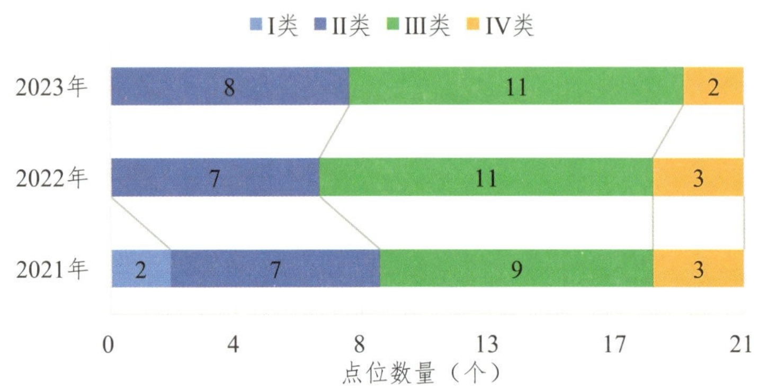

图3.6-9　2021—2023年国考地下水饮用水水源地监测点位水质变化趋势

5. 未连续开展监测点位情况

单独评价的4个点位水质均未超标。温江区柳城街办东街社区（临江路）2021—2022年水质状况好转，由Ⅲ类转为Ⅱ类；沿滩区高新技术产业园区1号2022—2023年水质状况下降，由Ⅲ类转为Ⅳ类；仪陇县新政镇石佛岩村武家湾5号和仪陇县新政镇石佛岩村武家湾3号点位水质类别均为Ⅲ类。

（二）省级地下水环境质量点位

2022—2023年均开展监测的点位有1054个。其中，2023年超标点位有286个，同比增加6个，包括污染源类219个，饮用水源类67个。2022—2023年四川省省级地下水超标点位数量变化趋势如图3.6-10所示。

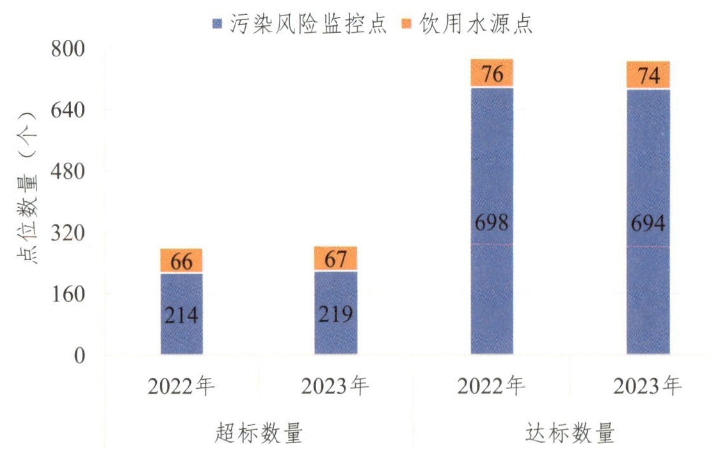

图3.6-10　2022—2023年四川省省级地下水超标点位数量变化趋势

2023年Ⅲ类及以上水质点位数量同比减少61个，Ⅳ类、Ⅴ类水质点位数量分别增加43个和18个，水质状况呈下降趋势。2022—2023年四川省省级地下水环境质量变化趋势如图3.6-11所示。

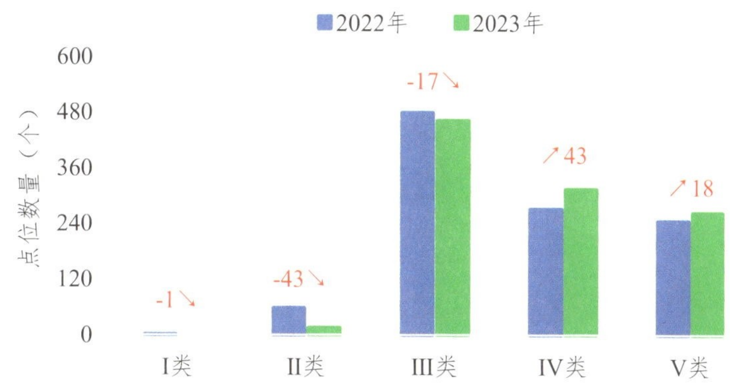

图3.6-11 2022—2023年四川省省级地下水环境质量变化趋势

三、小结

（一）地下水国考点位水质总体保持稳定，水质达标率同比略有上升，较2021年有所下降

2023年，地下水国考点位水质类别以Ⅲ类为主，占比38.8%，Ⅱ类、Ⅳ类、Ⅴ类点位占比分别为18.8%、26.3%、16.3%。超标点位为15个，占比18.3%，同比减少1个，较2021年增加6个，分布于成都、攀枝花、泸州、南充、广安、巴中、资阳7个市；超标指标以硫酸盐、铁和锰为主。

（二）省级地下水环境点位水质总体保持稳定，水质达标率同比略有下降

2023年，省级地下水环境点位水质类别以Ⅲ类为主，水质超标率为29.5%。连续两年开展监测的1054个点位中，新增6个超标点，超标率同比略有上升。超标点位分布在成都、资阳、雅安、眉山、自贡5个市。超标指标主要为硫酸盐、锰、氯化物。

（三）超标点位以污染风险监控点为主

结合2023年国家地下水环境质量考核和省级地下水环境质量监测情况，超标点位中污染风险监控点位占比75.6%，饮用水源点位和区域点位占比分别为23.0%、1.4%。2023年四川省地下水监测超标点位水质类型比例如图3.6-12所示。

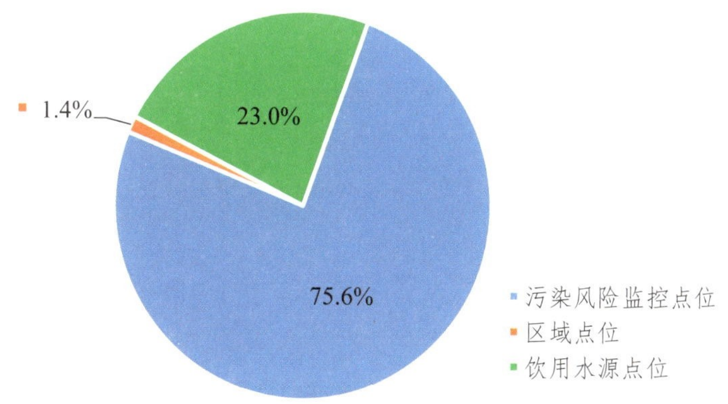

图3.6-12 2023年四川省地下水监测超标点位水质类型比例

四、原因分析

四川省地下水环境质量监测点位超标主要受污染源和区域地层影响。一是风险监控超标点位周边污染源类型以工业区、尾矿库、垃圾填埋场为主，开采、选矿及垃圾填埋场外排渗滤液，易引起

毗邻的地下水点位中硫酸盐、氯化物等指标超标。二是饮用水源超标点位主要分布于广元、达州、南充、遂宁等红层丘陵区，由于部分地层富含膏盐，地下水主要赋存于红层风化带裂隙中，循环径流缓慢，钙镁等离子大量融入地下水，膏盐沉积，易引起硫酸盐超标。

第七章 城市声环境质量

一、现状评价

（一）区域声环境质量

2023年，四川省21个市（州）政府所在城市昼间区域声环境质量总体为“较好”，平均等效声级为54.4分贝，同比持平；夜间区域声环境质量总体为“一般”，平均等效声级为46.5分贝，相比“十三五”期间上升0.9分贝。各城市昼间平均等效声级范围为49.8～57.3分贝，夜间平均等效声级范围为38.5～49.3分贝。2023年四川省21个市（州）城市昼、夜间区域声环境质量平均等效声级如图3.7-1、图3.7-2所示。

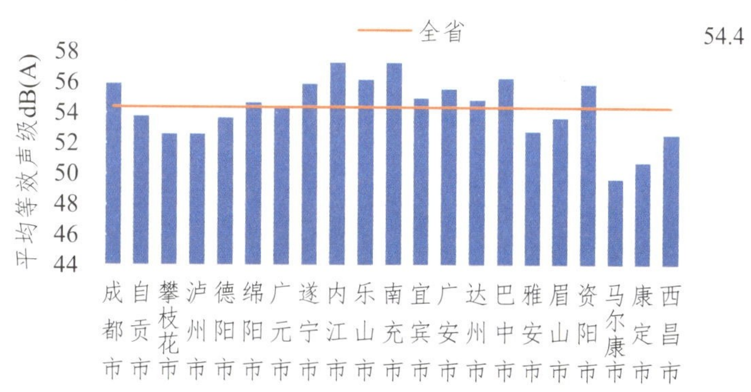

图3.7-1　2023年四川省21个市（州）城市昼间区域声环境质量平均等效声级

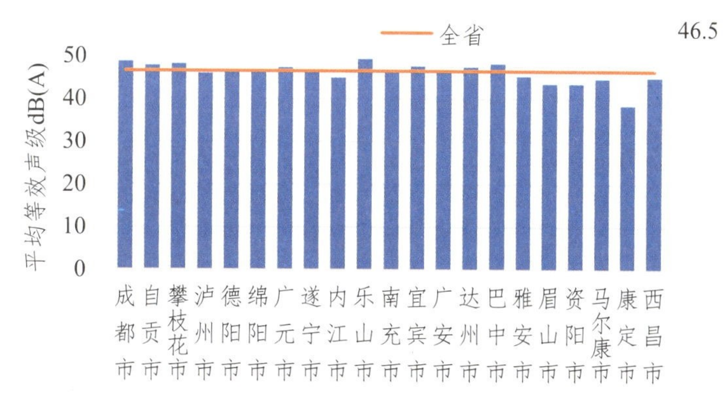

图3.7-2　2023年四川省21个市（州）城市夜间区域声环境质量平均等效声级

2023年，四川省城市昼、夜间区域声环境质量测点声源构成均以社会生活源为主，占比均为65.7%，影响范围最大；其次是道路交通源，占比分别为20.4%、20.7%；工业源占比均为12.0%；建筑施工源占比最低，分别为1.9%、1.6%。2023年四川省城市昼、夜间区域声环境质量测点声源构成如图3.7-3所示。

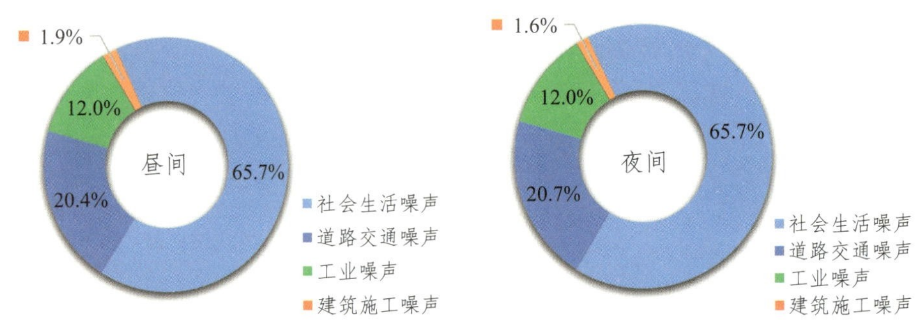

图3.7-3　2023年四川省城市昼、夜间区域声环境质量测点声源构成

（二）道路交通声环境质量

2023年，四川省21个市（州）城市昼间道路交通声环境质量总体为“好”，同比持平，长度加权平均等效声级为67.8分贝，同比下降0.1分贝；监测路段总长度为2576.62千米，达标路段占72.4%，同比下降3.6个百分点，各城市平均等效声级范围为60.9～69.5分贝，达标路段比例范围为49.9%～100%。

夜间道路交通声环境质量总体为“一般”，相比“十三五”期间有所下降，长度加权平均等效声级为60.4分贝，相比“十三五”期间上升0.8分贝；监测路段总长度为2576.62千米，达标路段占18.8%，相比“十三五”期间下降19个百分点，各城市平均等效声级范围为49.0～63.7分贝，达标路段比例范围是0～100%。

2023年四川省21个市（州）城市昼、夜间道路交通声环境质量状况如图3.7-4、图3.7-5所示。

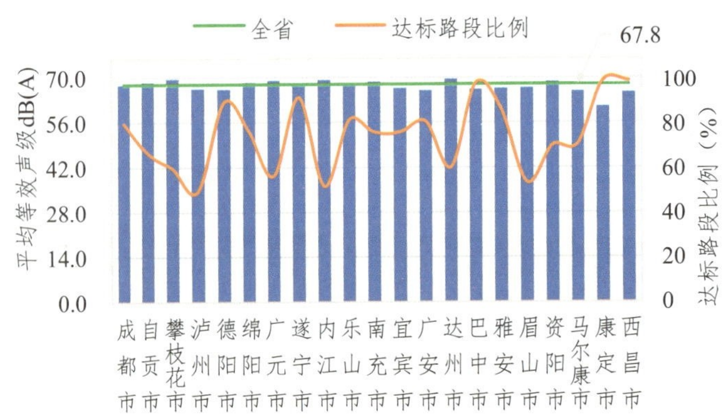

图3.7-4　2023年四川省21个市（州）城市昼间道路交通声环境质量状况

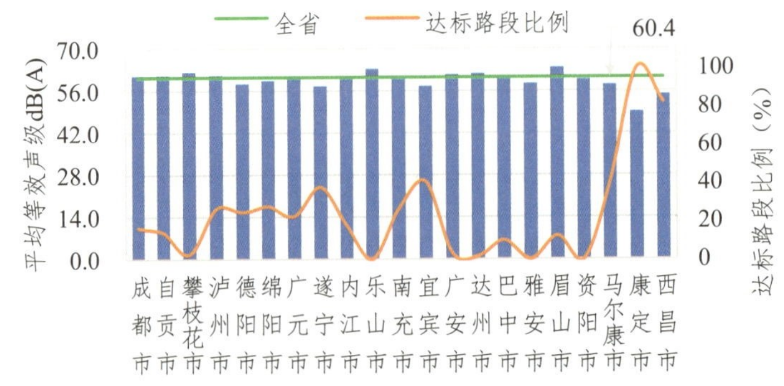

图3.7-5　2023年四川省21个市（州）城市夜间道路交通声环境质量状况

（三）功能区声环境质量

2023年，四川省21个市（州）城市各类功能区昼间达标889点次，达标率为97.5%，同比上升0.7个百分点；夜间达标776点次，达标率为85.1%，同比上升1.0个百分点。各类功能区昼间达标率均比夜间高，其中3类区昼间达标率最高，为99.5%；4类区夜间达标率最低，为52.0%。2023年四川省城市功能区声环境质量监测点次达标率见表3.7-1、图3.7-6。

表3.7-1 2023年四川省城市功能区声环境质量监测点次达标率

功能区类别	1类区		2类区		3类区		4类区	
	昼间	夜间	昼间	夜间	昼间	夜间	昼间	夜间
监测点次	136	136	376	376	204	204	196	196
达标点次	128	119	370	357	203	198	188	102
达标率（%）	94.1	87.5	98.4	94.9	99.5	97.1	95.9	52.0

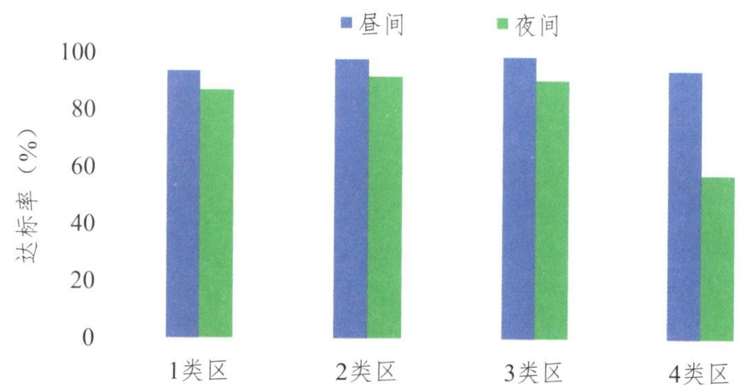

图3.7-6 2023年四川省城市功能区声环境质量监测点次达标率

1类区、2类区昼、夜间，3类区夜间、4类区昼间达标率同比均有所上升，3类区上升最多，上升4.0个百分点；3类区昼间达标率同比保持不变；4类区夜间达标率有所下降，下降3.3个百分点。2023年四川省各功能区监测点次达标率同比变化如图3.7-7所示。

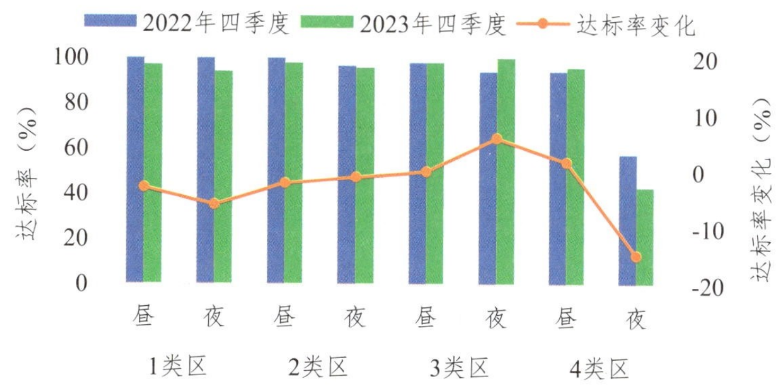

图3.7-7 2023年四川省各功能区监测点次达标率同比变化

二、年内时、空分布规律分析

（一）区域声环境质量

1. 等效声级

2023年区域声环境质量昼间平均等效声级最大的城市分别为内江市和南充市，均为57.3分贝；最小的城市是马尔康市，为49.7分贝。8个城市区域声环境质量昼间平均等效声级同比下降，下降前三位分别是内江市、资阳市和康定市，分别下降2.8分贝、2.4分贝和1.0分贝；11个城市昼间平均等效声级同比上升，上升前三位分别是马尔康市、雅安市和广元市，分别上升3分贝、1.9分贝和1.3分贝；2个城市昼间平均等效声级保持不变，为南充市和宜宾市。

夜间平均等效声级最大的城市是乐山市，为49.3分贝；最小的城市是康定市，为38.5分贝。相比“十三五”期间，8个城市区域声环境质量夜间平均等效声级下降，下降前三位分别是内江市、达州市和眉山市，分别下降4.3分贝、3.6分贝和2.8分贝；12个城市夜间平均等效声级上升，上升前三位分别是雅安市、广安市和南充市，分别上升7.1分贝、5.1分贝和3.5分贝；1个城市夜间平均等效声级保持不变，为西昌市。2023年四川省21个市（州）城市昼、夜间区域声环境质量平均等效声级同比如图3.7-8所示。

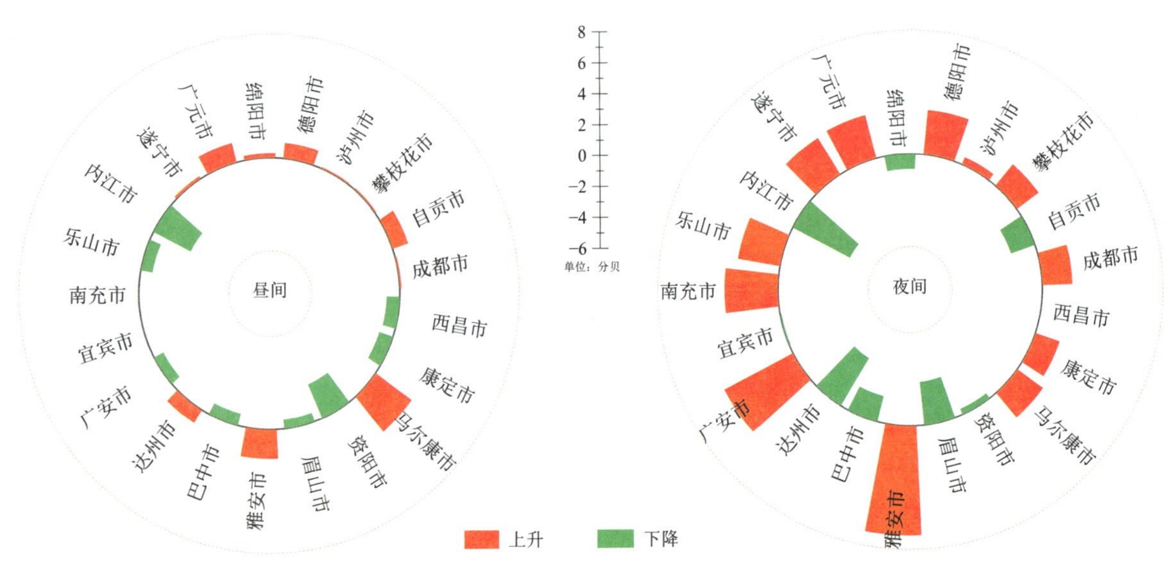

图3.7-8 2023年四川省21个市（州）城市昼、夜间区域声环境质量平均等效声级同比

2. 城市等级

2023年，四川省昼间区域声环境质量状况属于“好”的城市有1个，占4.8%；“较好”的城市有13个，占61.9%；“一般”的城市有7个，占33.3%。同比一级城市比例持平，二级城市比例上升4.8个百分点，三级城市比例下降4.8个百分点，无四级、五级城市。

夜间区域声环境质量状况属于“较好”的城市有6个，占28.6%；“一般”的城市有15个，占71.4%。相比“十三五”期间，二级城市比例下降19个百分点，三级城市比例上升19个百分点，无一级、四级、五级城市。2023年四川省城市昼、夜间区域声环境质量城市等级分布如图3.7-9所示。

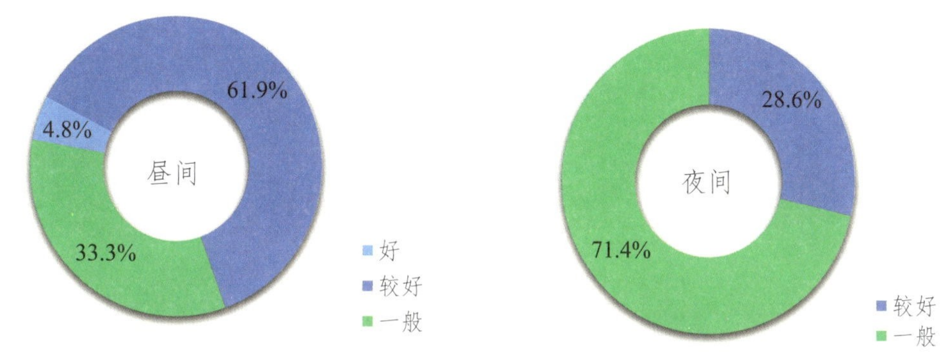

图3.7-9　2023年四川省城市昼、夜间区域声环境质量城市等级分布

（二）道路交通声环境质量

1. 等效声级

昼间平均等效声级最大的城市是攀枝花市和乐山市，均为69.5分贝；最小的城市是康定市，为60.9分贝。13个城市道路交通昼间平均等效声级同比下降，下降前三位为泸州市、眉山市和马尔康市，泸州市和眉山市均下降1.9分贝、马尔康市下降1.6分贝；8个城市昼间平均等效声级同比上升，上升前三位为康定市、广元市和内江市，分别上升6.6分贝、3.6分贝和1.7分贝。

夜间平均等效声级最大的城市是眉山市，为63.7分贝；最小的城市是康定市，为49分贝。相比“十三五”期间，8个城市道路交通夜间平均等效声级下降，下降前三位为泸州市、达州市和广元市，分别下降6.0分贝、4.7分贝和3.3分贝；13个城市夜间平均等效声级同比上升，上升前三位为广安市、雅安市和乐山市，分别上升15.8分贝、10.2分贝和9.3分贝。2023年四川省21个市（州）城市昼、夜间道路交通声环境质量平均等效声级同比变化如图3.7-10所示。

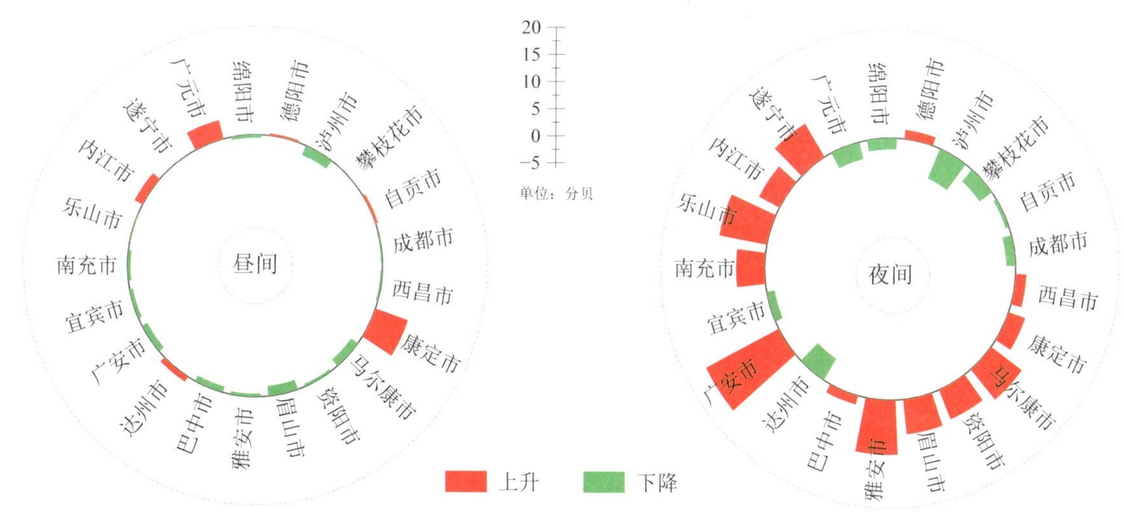

图3.7-10　2023年四川省21个市（州）城市昼、夜间道路交通声环境质量平均等效声级同比变化

2. 城市等级

四川省21个城市中，昼间道路交通声环境质量状况属于“好”的城市有13个，占61.9%；属于“较好”的城市有8个，占38.1%。一级城市比例同比下降4.8个百分点，二级城市比例同比上升4.8个百分点。

夜间道路交通声环境质量状况属于“好”的城市有5个，占23.8%；属于“较好”的城市有6个，占28.6%；属于“一般”的城市有7个，占33.3%；属于“较差”的城市有3个，占14.3%。相比

"十三五"期间，一级城市比例下降33.3个百分点，二级城市比例上升19.1个百分点，三级城市比例上升23.8个百分点，四级城市比例上升4.8个百分点，无五级城市。2023年四川省城市昼、夜间道路交通声环境质量城市等级分布如图3.7-11所示。

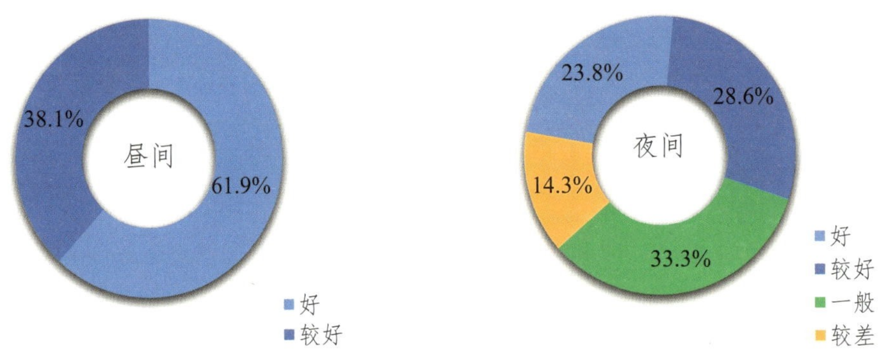

图3.7-11　2023年四川省城市昼、夜间道路交通声环境质量城市等级分布

（三）功能区声环境质量

1. 小时特征分析

通过计算2023年四川省各类型功能区不同时间段小时平均等效声级均值可以看出：1类区到4类区，昼、夜间小时平均等效声级呈现递增，各类功能区声环境昼间时段平均等效声级明显高于夜间时段，全天最低小时平均等效声级出现在凌晨2—4点，最高小时平均等效声级出现在上午8—10点。2023年四川省各类功能区声环境质量小时变化规律如图3.7-12所示。

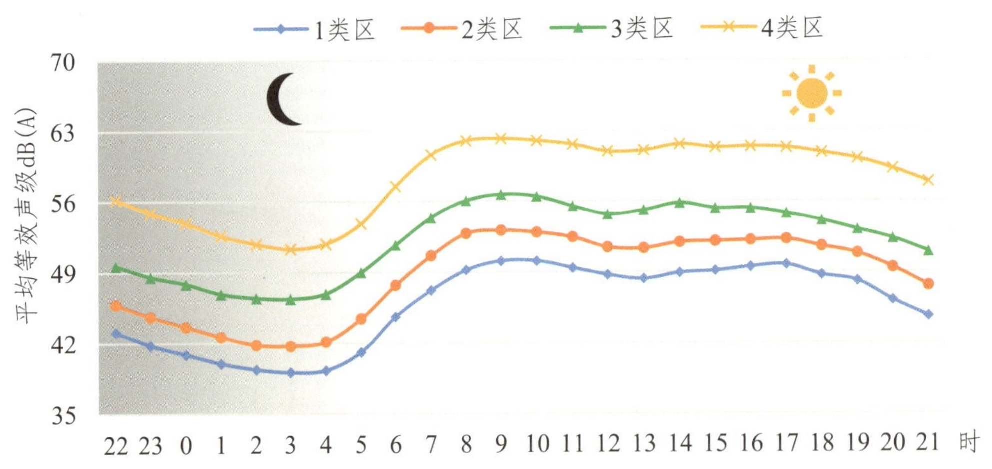

图3.7-12　2023年四川省各类功能区声环境质量小时变化规律

2. 季度特征分析

按季度来说，四川省21个市（州）城市各功能区四个季度的昼间监测点次达标率在82.4%～100%之间，夜间监测点次达标率在38.8%～100%之间。2类、3类区昼、夜间达标率变化幅度较小，1类区三季度昼、夜间达标率降幅较大，4类区三季度夜间达标率全年最低。2023年四川省城市功能区声环境质量监测点次达标率季度变化趋势如图3.7-13所示。

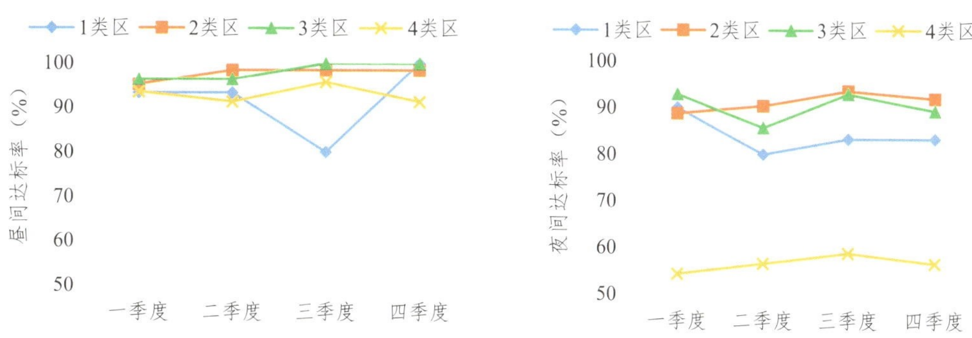

图3.7-13　2023年四川省城市功能区声环境质量监测点次达标率季度变化趋势

三、2016—2023年变化趋势分析

（一）区域声环境质量

1. 昼间平均等效声级及城市等级

2016—2023年，四川省城市昼间区域声环境质量总体"较好"，平均等效声级为54.0～54.5分贝，秩相关分析表明变化不显著（r_s=0.12）。2022年、2023年连续两年出现一级城市，所占比例均为4.8%，二级、三级城市比例变化不大，分别为57.1%～76.2%和23.8%～38.1%，各年均无四级、五级城市。2016—2023年四川省城市昼间区域声环境质量不同等级城市占比见表3.7-2，2016—2023年四川省城市昼间区域声环境质量变化趋势如图3.7-14所示。

表3.7-2　2016—2023年四川省城市昼间区域声环境质量不同等级城市占比

年度	城市占比（%）				
	一级（好）	二级（较好）	三级（一般）	四级（较差）	五级（差）
2016年	0	66.7	33.3	0	0
2017年	0	71.4	28.6	0	0
2018年	0	71.4	28.6	0	0
2019年	0	76.2	23.8	0	0
2020年	0	71.4	28.6	0	0
2021年	0	66.7	33.3	0	0
2022年	4.8	57.1	38.1	0	0
2023年	4.8	61.9	33.3	0	0

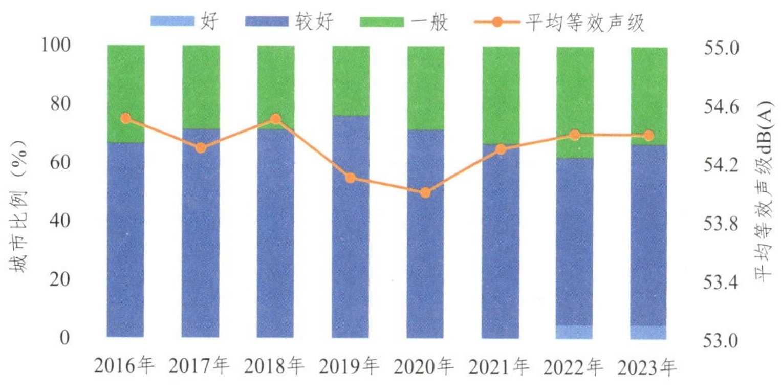

图3.7-14　2016—2023年四川省城市昼间区域声环境质量变化趋势

2. 声源构成

2016—2023年，四川省城市昼间区域声环境质量测点声源构成中，社会生活源每年均是最大影响源，但秩相关系数分析表明占比呈显著下降趋势，2023年较2016年下降2.8个百分点；工业源占比呈显著上升趋势，2023年较2016年上升1.0个百分点；道路交通源占比变化不显著，但有所上升；建筑施工源占比波动较为明显。2016—2023年四川省城市昼间区域声环境质量声源构成秩相关分析见表3.7-3，2016—2023年四川省城市昼间区域声环境质量声源构成变化趋势如图3.7-15所示。

表3.7-3　2016—2023年四川省城市昼间区域声环境质量声源构成秩相关系数分析

声源构成	占比（%）								秩相关系数	变化趋势
	2016年	2017年	2018年	2019年	2020年	2021年	2022年	2023年		
社会生活源	68.5	68.5	67.8	68.0	67.8	65.1	63.1	65.7	-0.83	显著下降
建筑施工源	2.0	1.8	1.8	3.0	3.1	3.6	3.6	1.9	0.52	—
道路交通源	18.6	18.6	19.2	17.2	16.8	19.5	21.9	20.4	0.60	—
工业源	11.0	11.1	11.2	11.8	12.2	11.8	11.3	12.0	0.76	显著上升

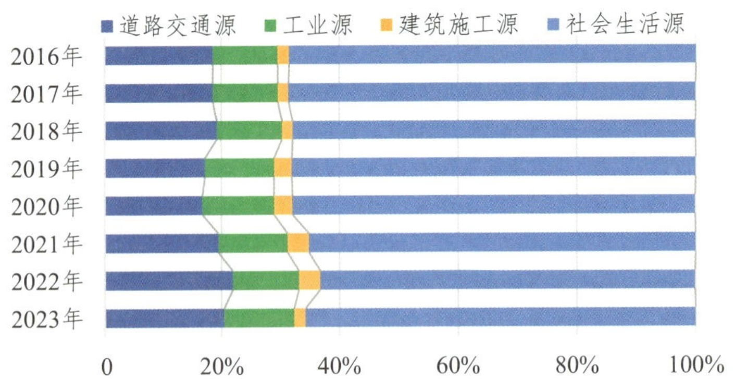

图3.7-15　2016—2023年四川省城市昼间区域声环境质量声源构成变化趋势

（二）道路交通声环境质量

2016—2023年四川省21个市（州）城市道路交通声环境质量昼间平均等效声级范围是67.8～68.8分贝，秩相关系数呈显著下降趋势（r_s=-0.83）。城市道路交通声环境昼间质量由“较好”变为“好”；一级城市、二级城市比例均呈上升趋势；仅在2016年出现过四级城市，占比为4.8%，其余各年均无四级、五级城市。2016—2023年四川省城市昼间道路交通声环境质量不同等级城市占比见表3.7-4，2016—2023年四川省城市昼间道路交通声环境质量变化趋势如图3.7-16所示。

表3.7-4　2016—2023年四川省城市昼间道路交通声环境质量不同等级城市占比

年份	城市比例占比（%）				
	一级（好）	二级（较好）	三级（一般）	四级（较差）	五级（差）
2016年	61.9	23.8	9.5	4.8	0
2017年	62.0	19.0	19.0	0	0
2018年	57.1	19.0	23.8	0	0
2019年	52.4	38.1	9.5	0	0
2020年	57.1	19.0	23.8	0	0
2021年	57.1	33.3	9.5	0	0
2022年	66.7	33.3	0	0	0
2023年	61.9	38.1	0	0	0

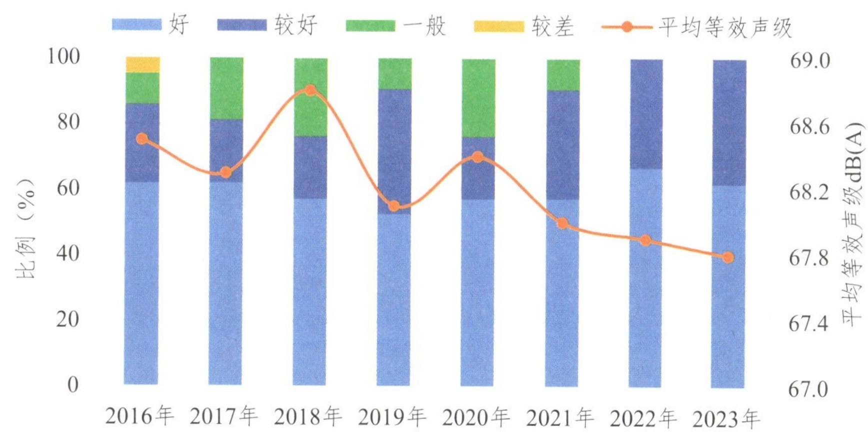

图3.7-16　2016—2023年四川省城市昼间道路交通声环境质量变化趋势

（三）功能区声环境质量

2016—2023年，四川省21个市（州）城市不同类别功能区声环境质量昼间达标率为83.7%～99.5%，夜间达标率为50.5%～97.1%。根据秩相关系数分析，四川省各类功能区点次达标率均有所上升，其中1类区、2类区、3类区的昼、夜间以及4类区昼间达标率呈明显上升趋势。2016—2023年四川省城市功能区声环境质量监测点次达标率及秩相关系数分析见表3.7-5，2016—2023年四川省城市功能区声环境质量昼、夜间点次达标率变化趋势如图3.7-17、图3.7-18所示。

表3.7-5　2016—2023年四川省城市功能区声环境质量监测点次达标率及秩相关系数分析

年份	达标率（%）									
	1类区		2类区		3类区		4类区		四川省平均	
	昼间	夜间	昼间	夜间	昼间	夜间	昼间	夜间	昼间	夜间
2016年	91.7	77.5	94.0	89.1	96.4	90.2	84.0	50.5	91.2	76.3
2017年	85.8	78.3	94.8	87.1	98.2	85.7	83.7	53.3	90.7	75.9
2018年	87.5	78.3	96.0	89.5	99.1	91.1	87.5	51.1	92.6	77.1
2019年	90.8	80.8	96.0	89.9	97.3	92.0	92.4	55.4	94.3	79.1

续表

年份	达标率（%）									
	1类区		2类区		3类区		4类区		四川省平均	
	昼间	夜间	昼间	夜间	昼间	夜间	昼间	夜间	昼间	夜间
2020年	91.7	84.2	97.6	91.1	98.2	90.2	92.9	56.5	95.3	80.1
2021年	93.9	87.1	98.1	91.9	99.0	90.7	94.2	57.7	96.8	83.1
2022年	93.9	86.4	98.1	94.7	99.5	93.1	93.8	55.3	96.8	84.1
2023年	94.1	87.5	98.4	94.9	99.5	97.1	95.9	52.0	97.5	85.1
秩相关系数r_s	0.86	0.98	1.00	0.98	0.81	0.78	0.95	0.45	0.98	0.98
变化趋势	显著上升	显著上升	显著上升	显著上升	显著上升	显著上升	显著上升	—	显著上升	显著上升

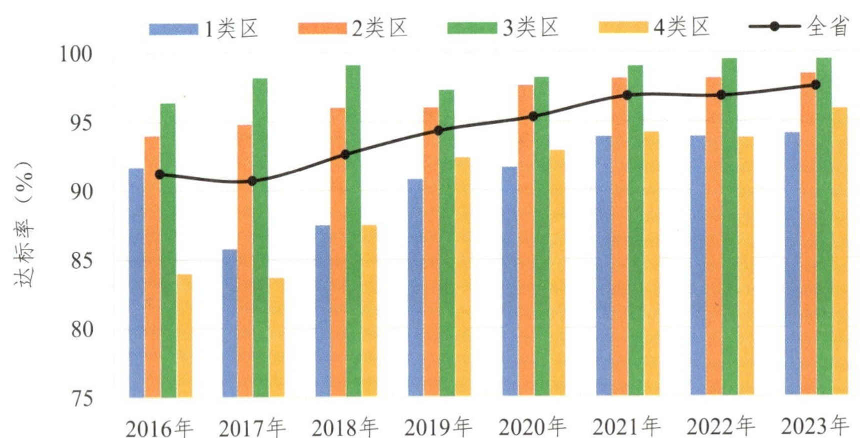

图3.7-17　2016—2023年四川省城市功能区声环境质量昼间点次达标率变化趋势

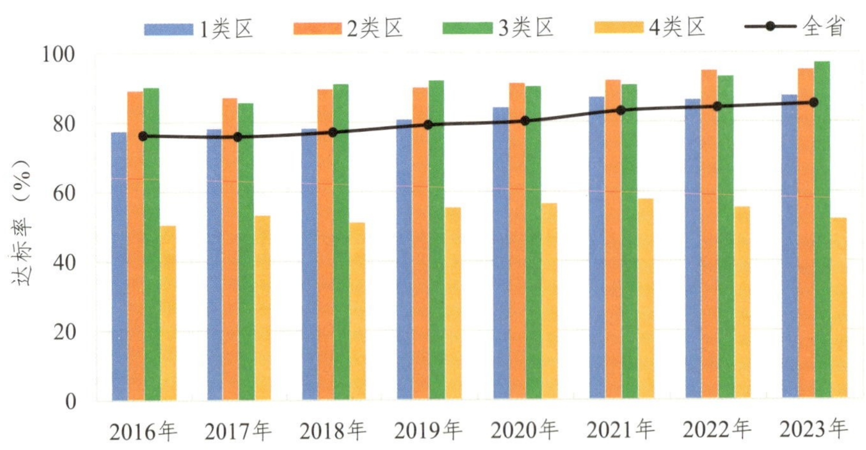

图3.7-18　2016—2023年四川省城市功能区声环境质量夜间点次达标率变化趋势

四、小结

（一）2023年四川省城市声环境质量总体保持稳定

四川省21市（州）城市昼间区域声环境质量总体为“较好”，平均等效声级为54.4分贝，同比持平，夜间区域声环境质量总体为“一般”，平均等效声级为46.1分贝；道路交通昼间声环境质量总体为“好”，昼间长度加权平均等效声级为67.8分贝，同比下降0.1分贝，达标路段占72.4%，同比下降3.6个百分点，夜间道路交通声环境质量总体为“一般”，长度加权平均等效声级为60.4分贝；各类功能区昼间达标率为97.5%，同比上升0.7个百分点，夜间达标率为85.1%，同比上升1.0个百分点。区域声环境质量声源构成以社会生活源和道路交通源为主。

（二）2023年区域、道路交通声环境质量平均等效声级城市差异较大，功能区声环境质量呈现较明显的小时及季度变化规律

2023年四川省区域昼间平均等效声级最大的城市是内江市和南充市，最小的城市是马尔康市，城市间最大差值为7.6分贝；夜间平均等效声级最大的城市是乐山市，最小的城市是康定市，城市间最大差值为10.8分贝。

道路交通昼间平均等效声级最大的城市是攀枝花市和乐山市，最小的城市是康定市，城市间最大差值为8.6分贝；夜间平均等效声级最大的城市是眉山市，最小的城市是康定市，城市间最大差值为14.7分贝。

功能区小时平均等效声级昼间时段明显高于夜间时段，全天最低平均等效声级出现在凌晨2—4点，最高平均等效声级出现在上午8—10点；2类、3类区昼、夜间达标率季度变化幅度较小，1类区三季度昼、夜间达标率季度降幅较大，4类区三季度夜间达标率全年最低。

（三）2016—2023年四川省城市区域、道路交通声环境质量基本保持稳定，城市功能区声环境质量有所好转

四川省21市（州）城市昼间区域声环境质量总体均为“较好”，平均等效声级为54.0～54.5分贝。昼间道路交通声环境质量由“较好”变为“好”，平均等效声级为67.9～68.8分贝，呈显著下降趋势。城市不同功能区声环境质量昼间达标率为83.7%～99.5%，夜间达标率为50.5%～97.1%；各类功能区点次达标率均有所上升。

五、原因分析

随着新《中华人民共和国噪声染污防治法》出台，四川省持续加大噪声污染综合防治工作力度，制定了噪声污染行动计划实施方案（2023—2025年），21个市（州）根据声环境质量改善规划的要求，通过及时调整声功能区、开展声功能区划评估、噪声溯源等信息化手段加强了噪声污染防治精准管控。同时，四川省加大重点行业规划环评，项目环评及噪声污染防治措施“三同时”验收核查抽查力度，加强噪声源头管控、交通噪声管控，通过科学选线布线，尽可能避开噪声敏感建筑物集中区域，推进中心城区既有铁路改造，逐步推动货运铁路的外迁，实施公共交通畅通工程，减轻了道路交通负荷。通过多种噪声污染防治措施，四川省功能区声环境质量昼、夜间达标率逐年提高，特别是夜间功能区达标率首次高于85.0%，且区域和道路交通声环境质量均趋于好转。

目前，噪声监测工作逐步向自动监测扩展，但噪声监管责任制度不明确、噪声污染防治目标考核制度不健全，防治模式还是以政府相关管理部门为主导，管理手段还是以行政监管为主，四川省噪声污染防治仍面临巨大压力。

| 专栏七 |

四川省功能区声环境质量自动监测网络建设

我国城市声环境质量常规监测已开展30多年，但仍以手工监测为主，监测成果已广泛应用于城市声环境质量目标管理、区域声环境质量评价、城市间声环境质量比较研究等方面。与手工监测相比，噪声自动监测系统有无人员值守、24小时连续运行的特点，更能真实全面地反映噪声监测点位附近的噪声水平。同时，随着近几年噪声自动监测仪器的快速发展，以及智能化、自动化及物联网兴起，自动监测是噪声监测方向的大势所趋。

我国多部法规、政策文件已明确要求设区的市级以上城市全面实现功能区声环境质量自动监测，采用自动监测数据评价。为贯彻落实国家相关要求，四川省也开展了地级城市声环境质量自动监测网络的建设，以支撑噪声污染防治和解决人民群众关心的突出噪声污染问题。作为该监测网络的总体技术支撑单位，四川省生态环境监测总站（以下简称省总站）开展了一系列监测网络建设工作和相关技术体系研究。

一、监测站（点）评估核定和自动监测系统建设

（一）监测站（点）评估核定

根据生态环境部《关于加强噪声监测工作的意见》（环办监测〔2023〕2号）“省级生态环境部门统一组织本行政区域功能区声环境质量监测站（点）布设和点位规范性评估核定工作，严格履行市级生态环境部门自核、省级生态环境部门复核两级评估核定程序”的要求，为保证四川省技术规范的“一把尺”，省总站设计了四川省站（点）评估核定工作流程，明确了各项技术细节，并由四川省生态环境厅以《关于开展地级城市功能区声环境质量监测站（点）评估核定工作的通知》（川环办函〔2023〕87号）印发，统一组织四川省21个地级城市开展此项工作。

1. 明确核定流程

明确各市（州）生态环境局［以下简称市（州）局］组织开展点位评估自核，驻市（州）生态环境监测中心站［以下简称驻市（州）站］提供技术支撑，四川省生态环境厅组织开展点位评估复核，省总站提供技术支撑。同时建立了四川省评估核定工作联络名单，保障工作顺利进行。

对现有监测点位的规范性、代表性开展自核评估，若现有点位符合要求，则保留；若数量不满足要求、点位设置不符合要求或不具备安装自动监测设备条件，应新增或调整。若现有点位已安装噪声监测子站，则使用手持式声级计开展24小时连续比对测试，以确定仪器性能符合要求。省总站通过现场踏勘、卫星地图检查和自核报告资料核查的方式进行技术复核，与各市（州）站沟通并指导完善。

2. 统一技术要点

（1）合理确定点位数量。根据住房和城乡建设部公开发布的《城市建设统计年鉴》中城区常住人口确定城市规模，四川省小城市监测点位数量为7个，中等城市监测点位数量为13个，大城市监测点位数量为20个，成都作为四川省唯一一个特大城市，要求其适当增加监测点位总数。各类声环境功能区监测点位数量比例按照各自城市建成区声功能区面积，结合人口分布情况，并兼顾行政区划分进行调整，可适当增加1类区和2类区点位的占比，同时满足4类区点位数量不少于总点位15%的要求。

（2）明确城市建成区面积统计原则。如果声环境功能区划为整个城市规划区，包含河流、山

地等无人居住的范围，应尽量将这部分面积扣除，如果中心城区外有集中工业区、开发区、建制镇等，应纳入面积统计。

（3）统一代表性和规范性技术要求。明确监测点位代表性，即其平均等效声级与该功能区环境噪声平均水平偏差绝对值不超过3分贝视为无显著差异，明确优先在人口密度较大的噪声敏感建筑物集中区域设置监测站（点）。汇总整理了涉及功能区声环境质量监测站（点）布设的5个国家标准和技术要求中的要点，设计了“点位规范性核查评估表”，帮助工作人员按照相关技术规范要求开展工作。

3. 兼顾特殊情况

攀枝花市城市规模为小城市，但因城区常住人口数据比较临界，为避免发生人口激增为中等城市的情况，直接按照中等城市设置点位数量。阿坝藏族羌族自治州、甘孜藏族自治州、凉山彝族自治州州府所在城市均为县级城市，但综合考虑后，以州府所在县级城市代表自治州参与本次站（点）布设和评估核定工作。

四川省共设置功能区声环境质量自动监测站（点）共292个，其中1类区、2类区、3类区和4类区点位数量分别为28个、154个、66个和44个，省总站编制了21个地级城市功能区声环境质量监测站（点）清单，纳入国家声环境质量监测站（点）统一管理。

四川省功能区声环境质量监测站（点）数量统计见表1，其分布如图1所示。

表1　四川省功能区声环境质量监测站（点）数量统计

序号	城市	城市规模	监测站（点）总数	各类声功能区监测站（点）数量			
				1类区	2类区	3类区	4类区
1	成都市	特大城市	26	2	16	4	4
2	自贡市	大城市	20	1	11	5	3
3	泸州市	大城市	20	1	10	6	3
4	德阳市	中等城市	13	1	7	3	2
5	绵阳市	大城市	20	1	10	6	3
6	内江市	中等城市	13	1	8	2	2
7	遂宁市	中等城市	13	1	7	3	2
8	眉山市	中等城市	13	1	5	5	2
9	宜宾市	大城市	20	2	9	6	3
10	资阳市	小城市	7	2	3	1	1
11	南充市	大城市	20	2	11	4	3
12	攀枝花市	小城市	13	1	6	4	2
13	广元市	小城市	7	1	3	2	1
14	乐山市	中等城市	13	1	7	3	2
15	广安市	小城市	7	1	4	1	1
16	达州市	大城市	20	1	12	4	3
17	雅安市	小城市	7	3	1	2	1
18	巴中市	中等城市	13	1	8	2	2
19	马尔康市	小城市	7	2	3	1	1

续表

序号	城市	城市规模	监测站（点）总数	各类声功能区监测站（点）数量			
				1类区	2类区	3类区	4类区
20	康定市	小城市	7	1	5	0	1
21	西昌市	中等城市	13	1	8	2	2

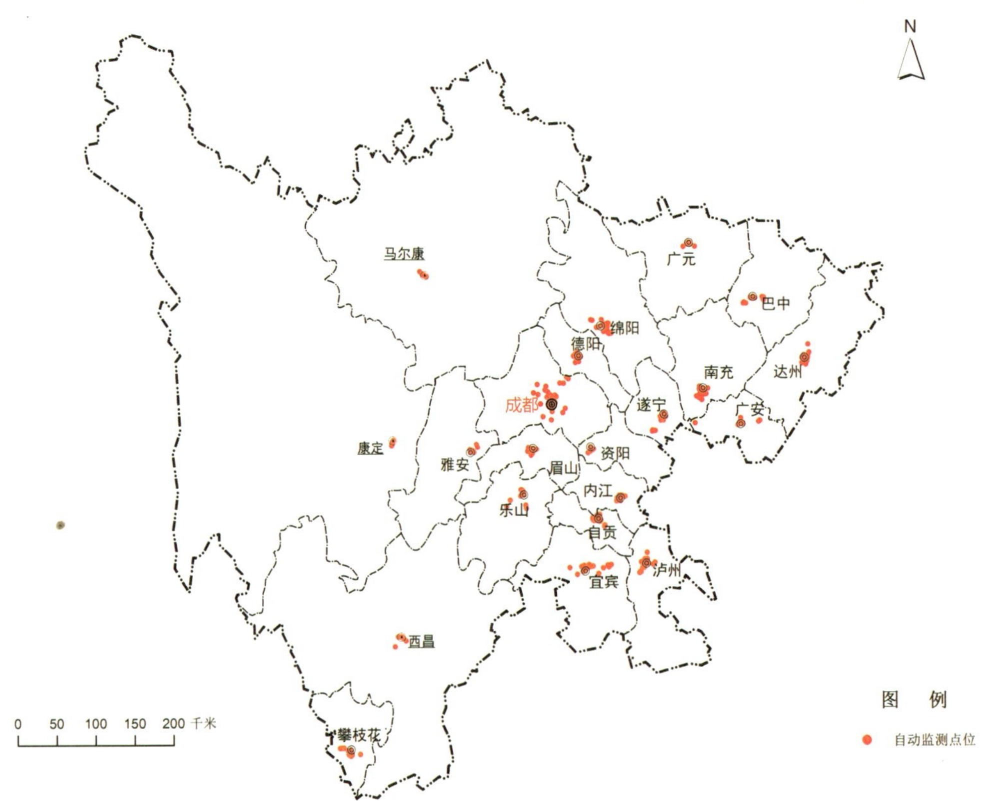

图1　四川省功能区声环境质量监测站（点）分布

（二）自动监测系统建设

功能区声环境质量监测站（点）评估核定工作结束后，进行了噪声监测子站的安装，目前已有131个点位安装了噪声监测子站，并已与四川省噪声监测平台连接，其中成都市有26个点位已与国家联网，正在试行使用自动监测数据进行报送和评价。预计2024年，全面实现四川省地级城市功能区声环境质量自动监测系统建设，并与省级和国家生态环境部门联网。

二、监测网络运行管理制度和保障技术体系构建

为规范四川省功能区声环境质量自动监测网络建设及运行管理，确保监测数据真、准、全，针对网络建设现状，需构建一套管理和保障技术体系，明确运行管理制度及质量保证和质量控制、数据审核等多角度技术要求，提供及时有效的管理依据和技术支撑。

根据生态环境管理需求、地方工作开展经验，结合国家及省级生态环境管理规划、指导意见、监测工作方案要求、标准及技术规范、相关监测前沿研究文献等，进行综合性分析研判，梳理出功能区声环境质量自动监测网络管理制度和技术体系构建元素，细化和明确管理要素和技术要点，形

成相关研究成果。

（一）运行管理制度研究

从职责分工、站点建设、运行维护、资金保障、监督考核等方面对《四川省功能区声环境质量自动监测系统建设及运行管理办法》进行研究和编制。明确了四川省生态环境厅、市（州）人民政府、市（州）局、省总站、省环境信息中心、驻市（州）站的职责分工；明确了功能区声环境质量监测站（点）调整原则、站（点）设置、调整和建设申请及审批流程；明确了设备运行维护报告制度、人员运维登记备案制度、数据审核实名制度等；明确了系统运行基础保障经费和运行经费；明确了设备运行管理考核通报制度和对监测数据弄虚作假行为的处理方式。

（二）技术体系构建

1. 站（点）布设技术规范

为四川省地级城市功能区声环境质量监测站（点）后续新增和调整，以及指导有条件的县（区、市）开展功能区声环境质量自动监测，省总站申报了团体标准《四川省功能区声环境质量监测站（点）布设技术规范》，于2024年底发布。该技术规范明确了点位布设原则、点位布设要求、点位技术论证要求等。

2. 质量保证与质量控制技术规范

为匹配国家和四川省对监测质量的新要求，更好履行声环境质量监测技术管理的职责，省总站申报了团体标准《四川省声环境质量自动监测系统质量保证与质量控制技术规范》，由四川省生态环境政策法制研究会于2024年3月1日发布。该技术规范明确了网络系统运行维护单位承担的内部质量保证和质量控制工作内容，质量监督检查单位承担的外部质量控制工作内容，以保证各项管理要求、技术细节和操作的实施能满足监测质量要求。

3. 数据传输和数据审核技术要求

为统一四川省噪声监测子站与省噪声监测平台直连的传输格式，省总站编制了《四川省功能区声环境质量自动监测系统数据传输技术要求（暂行）》；为开展2024年成都市为试点的数据审核工作，省总站编制了《四川省功能区声环境质量自动监测系统数据审核技术要求（暂行）》，暂定数据审核要求、职责分工、审核流程和审核内容分工，通过开展数据审核，查找平台优化提升要点，并总结数据审核注意事项，更好服务后续数据深化应用。

三、网络建设下一步工作计划

（1）配合四川省噪声监测平台优化调整和运行维护，不断强化平台数据分析审核、远程监控等综合应用功能。

（2）指导驻市（州）站开展噪声监测子站运行维护和质量控制，采用技术培训、绩效评估、外部质量监督等方式，保障监测数据质量长期有效。

（3）组织四川省功能区声环境质量自动监测数据审核、分析评价和深化应用，以成都为试点先行打通审核流程，总结经验，并在四川省进行推广。

（4）应对2025年全面实现自动监测数据应用于评价和信息发布的要求，提前启动准备工作，探索声源识别技术的应用可行性，设计声环境质量监测评估报告月报格式等。

第八章　生态质量状况

一、现状评价

（一）省域生态质量

四川省生态质量指数由4个一级指标构成，即生态格局、生态功能、生物多样性和生态胁迫，分别为68.19、59.38、87.38和10.69，对生态质量指数（EQI）的贡献值分别为24.55、20.78、16.60和8.93，贡献率分别为34.7%、29.3%、23.4%和12.6%。按照一级指标对生态质量指数的贡献值和贡献率大小排序为：生态格局>生态功能>生物多样性>生态胁迫。2023年四川省生态质量一级指标对EQI的贡献值及贡献率见图3.8-1。

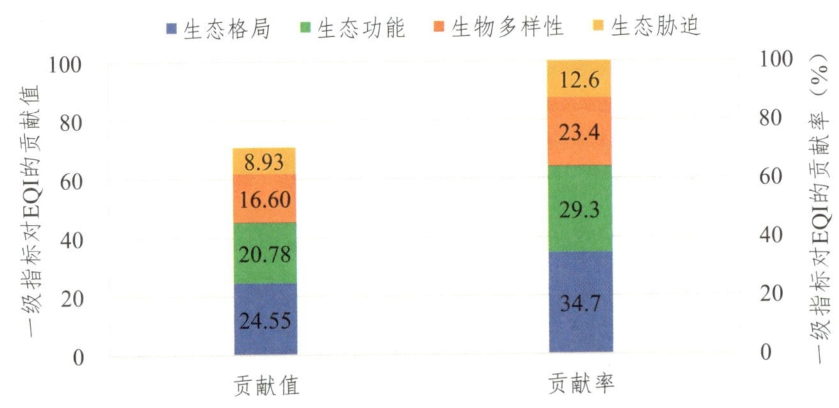

图3.8-1　2023年四川省生态质量一级指标对EQI的贡献值及贡献率

（二）市域生态质量

2023年，21个市（州）生态质量类型均为“一类”和“二类”，生态质量指数为59.11～77.20。其中：生态质量类型为“一类”的市（州）有10个，占全省面积的81.0%，占市域数量的47.6%，它们是雅安、广元、乐山、凉山、阿坝、巴中、绵阳、攀枝花、达州和甘孜；生态质量类型为“二类”的市有11个，占全省面积的19.0%，占市域数量的52.4%，它们是泸州、宜宾、南充、眉山、广安、自贡、德阳、内江、资阳、遂宁和成都。2023年四川省21个市（州）生态质量类型数量占比和面积占比如图3.8-2所示。

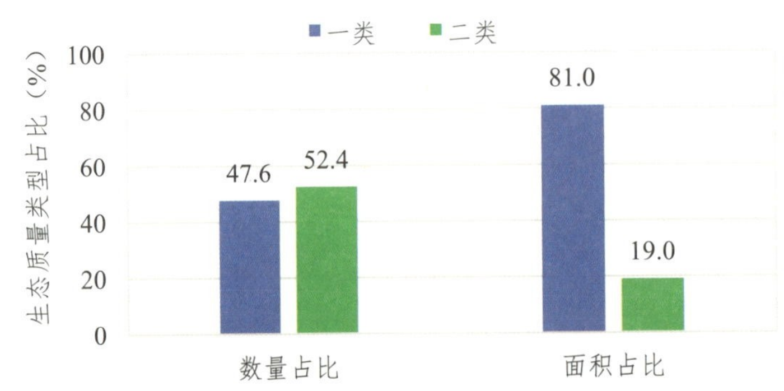

图3.8-2　2023年四川省21个市（州）生态质量类型数量占比和面积占比

在空间上，生态质量类型为“一类”的市（州）主要分布在川西高山高原区、川西北丘状高原山地区、川西南山地区、米仓山大巴山中山区，这些区域自然生态系统覆盖比例高、人类干扰强度低、生物多样性丰富、生态结构完整、系统稳定、生态功能完善；生态质量类型为“二类”的市（州）主要分布在成都平原、川中丘陵和川东平行峡谷，这些区域自然生态系统覆盖比例较高、人类干扰强度较低、生物多样性较丰富、生态结构较完整、系统较稳定、生态功能较完善。2023年四川省21个市（州）生态质量类型分布如图3.8-3所示。

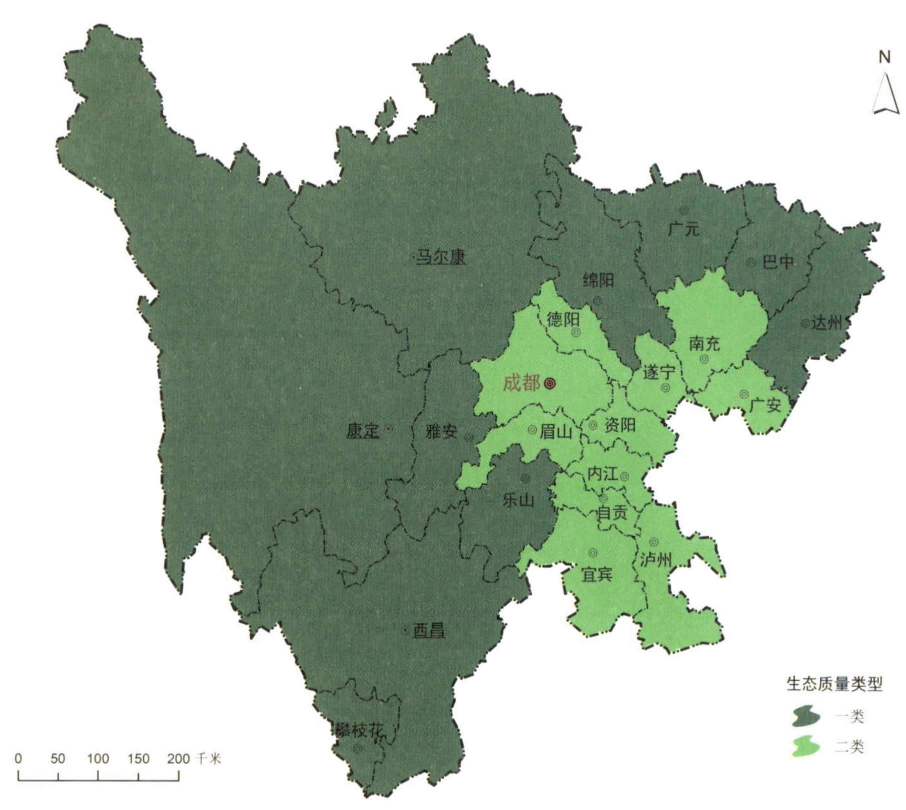

图3.8-3 2023年四川省21个市（州）生态质量类型分布

（三）县域生态质量

2023年，四川省183个县（市、区），生态质量指数为38.44～83.14，生态质量以“一类”和“二类”为主，占全省总面积的97.50%，占县域数量的86.34%。其中，生态质量为“一类”的县有80个，占全省总面积的62.84%，占县域数量的43.72%，生态质量指数为70.03～83.14；生态质量为“二类”的县有78个，占全省总面积的34.66%，占县域数量的42.62%，生态质量指数为55.42～69.99；生态质量为“三类”的县有24个，占全省总面积的2.49%，占县域数量的13.11%，生态质量指数为40.08～54.69；生态质量为“四类”的县有1个，是成都市锦江区，生态质量指数为38.44，占全省总面积的0.01%，占县域数量的0.60%。2023年四川省183个县（市、区）生态质量类型数量占比和面积占比如图3.8-4所示，2023年四川省183个县（市、区）生态质量类型分布如图3.8-5所示。

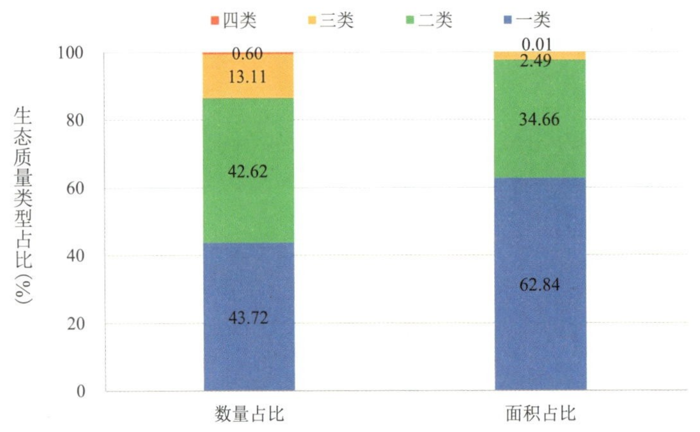

图3.8-4　2023年四川省183个县（市、区）生态质量类型数量占比和面积占比

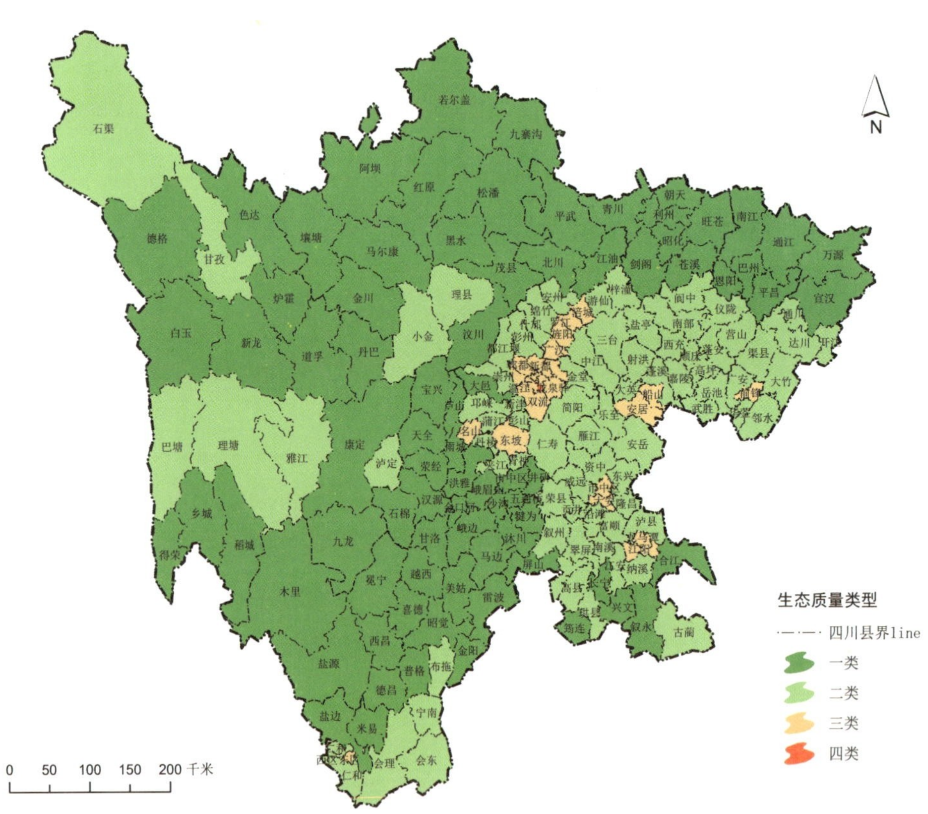

图3.8-5　2023年四川省183个县（市、区）生态质量类型分布

二、2020—2023年变化趋势

（一）省域生态质量变化趋势

2022—2023年，四川省生态质量指数变化0.16，生态质量“基本稳定”。

生态质量4个一级指标中，生态格局指数同比变化-0.06，生态功能指数同比变化0.44，生物多样性指数同比变化0.32，生态胁迫指数同比变化0.28。从分指标年际变化对生态质量指数变化的贡献值来看，生态格局指数导致生态质量指数变化-0.02，生态功能指数导致生态质量指数变化0.15，生物多样性指数导致生态质量指数变化0.06，生态胁迫指数导致生态质量指数变化-0.03。

2020—2023年，四川省生态质量指数变化0.08，生态质量“基本稳定”。生态质量4个一级指标中，生态格局指数同比变化-0.15，生态功能指数同比变化0.41，生物多样性指数同比变化0.32，生态胁迫指数同比变化0.65。从分指标年际变化对生态质量指数变化的贡献值来看，生态格局指数导致生态质量指数变化-0.05，生态功能指数导致生态质量指数变化0.14，生物多样性指数导致生态质量指数变化0.06，生态胁迫指数导致生态质量指数变化-0.07。

总体来讲，2020—2023年四川省生态质量呈现稳步提升态势。2020—2023年四川省生态质量指数值及分指标对比如图3.8-6所示。

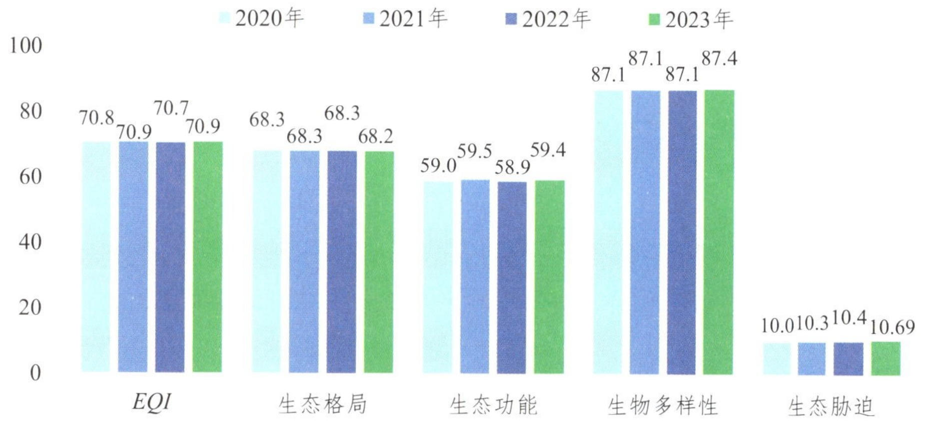

图3.8-6　2020—2023年四川省生态质量指数值及分指标对比

（二）市域生态质量变化趋势

2022—2023年四川省市域生态质量指数变化范围为-0.32～0.91，21个市（州）生态质量“基本稳定”。2022—2023年四川省21个市（州）生态质量变化情况如图3.8-7所示。

2020—2023年四川省市域生态质量指数变化范围为-0.62～0.48，21个市（州）生态质量“基本稳定”。2020—2023年四川省21个市（州）生态质量变化情况如图3.8-8所示。

2020—2023年四川省21个市（州）生态质量指数变化见表3.8-1。

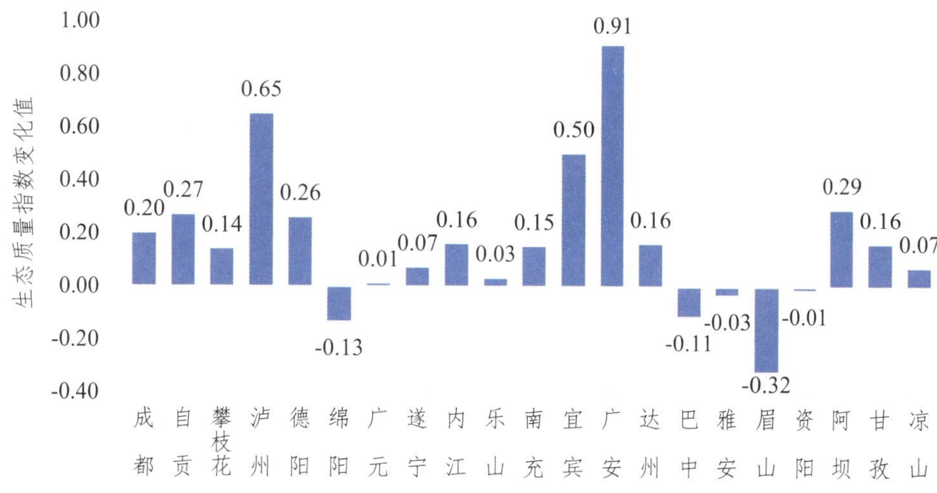

图3.8-7　2022—2023年四川省21个市（州）生态质量变化情况

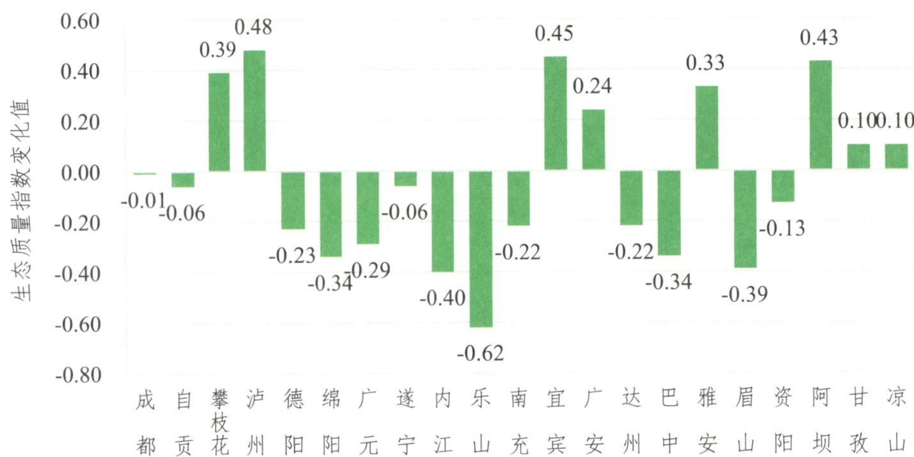

图3.8-8　2020—2023年四川省21个市（州）生态质量变化情况

表3.8-1　四川省2020—2023年21个市（州）生态质量指数变化

市（州）	2020年 *EQI*	2021年 *EQI*	2022年 *EQI*	2023年 *EQI*	2022—2023年 Δ*EQI*	2022—2023年 Δ*EQI*类型	2020—2023年 Δ*EQI*	2020—2023年 Δ*EQI*类型
成都	59.12	59.54	58.91	59.11	0.20	基本稳定	−0.01	基本稳定
自贡	61.44	61.67	61.11	61.38	0.27	基本稳定	−0.06	基本稳定
攀枝花	71.19	71.17	71.44	71.58	0.14	基本稳定	0.39	基本稳定
泸州	68.88	69.52	68.71	69.36	0.65	基本稳定	0.48	基本稳定
德阳	60.76	60.99	60.27	60.53	0.26	基本稳定	−0.23	基本稳定
绵阳	72.38	72.85	72.17	72.04	−0.13	基本稳定	−0.34	基本稳定
广元	76.64	76.97	76.34	76.35	0.01	基本稳定	−0.29	基本稳定
遂宁	59.74	60.06	59.61	59.68	0.07	基本稳定	−0.06	基本稳定
内江	60.75	61.09	60.19	60.35	0.16	基本稳定	−0.40	基本稳定
乐山	75.31	75.49	74.66	74.69	0.03	基本稳定	−0.62	基本稳定
南充	65.97	66.31	65.6	65.75	0.15	基本稳定	−0.22	基本稳定
宜宾	68.49	68.90	68.44	68.94	0.50	基本稳定	0.45	基本稳定
广安	63.42	63.78	62.75	63.66	0.91	基本稳定	0.24	基本稳定
达州	70.52	70.68	70.14	70.30	0.16	基本稳定	−0.22	基本稳定
巴中	73.28	73.44	73.05	72.94	−0.11	基本稳定	−0.34	基本稳定
雅安	76.87	77.33	77.23	77.20	−0.03	基本稳定	0.33	基本稳定
眉山	65.72	66.00	65.65	65.33	−0.32	基本稳定	−0.39	基本稳定
资阳	60.14	60.74	60.02	60.01	−0.01	基本稳定	−0.13	基本稳定
阿坝	73.22	73.34	73.36	73.65	0.29	基本稳定	0.43	基本稳定
甘孜	70.12	70.27	70.06	70.22	0.16	基本稳定	0.10	基本稳定
凉山	74.55	74.09	74.58	74.65	0.07	基本稳定	0.10	基本稳定

（三）县域生态质量变化趋势

2022—2023年，四川省183个县（市、区）的生态质量指数变化范围在-1.08～1.36之间。其中："轻微变好"的县有5个，分别是合江县、岳池县、武胜县、邻水县和华蓥市，占全省县域数量的2.7%；"轻微变差"的县有1个，为金口河区，占全省县域数量的0.6%；其余177个县（市、区）的生态质量"基本稳定"，占全省县域数量的96.7%。2022—2023年四川省183个县（市、区）生态质量变化情况如图3.8-9所示。

2020—2023年，四川省183个县（市、区）的生态质量指数变化范围在-1.55～2.15之间。其中："一般变好"的县有1个，为宜宾市翠屏区，占全省县域数量的0.5%；"轻微变好"的县有13个，占全省县域数量的7.1%；"轻微变差"的县有8个，占全省县域数量的4.4%；其余161个县（市、区）的生态质量"基本稳定"，占全省县域数量的88.0%。2020—2023年四川省183个县（市、区）生态质量变化情况如图3.8-10所示。

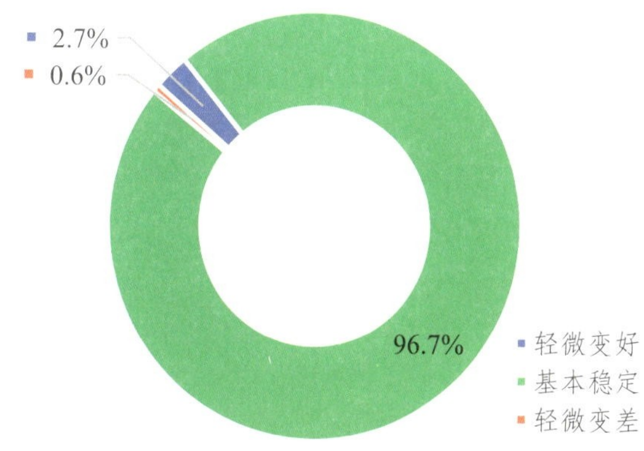

图3.8-9 2022—2023年四川省183个县（市、区）生态质量变化情况

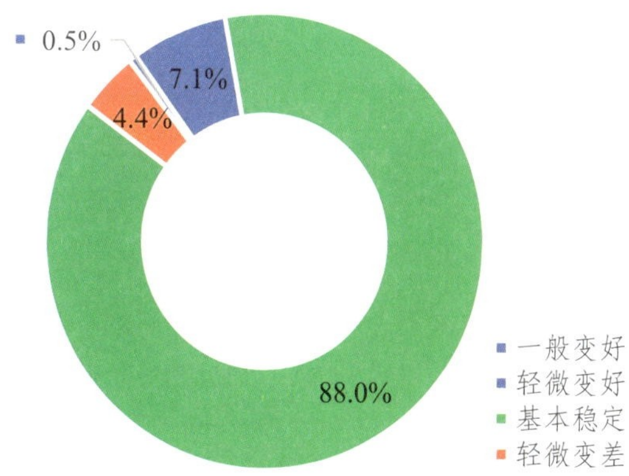

图3.8-10 2020—2023年四川省183个县（市、区）生态质量变化情况

三、小结

（一）2023年四川省生态质量类型为"一类"

2023年，四川省生态质量指数为70.86，生态质量类型为"一类"。21市（州）生态质量类型均达到"二类"及以上，其中，有10个市（州）的生态质量类型为"一类"，11个市（州）的生态质量类型为"二类"。四川省183个县（市、区），生态质量类型以"一类"和"二类"为主，其中，生态质量类型为“一类”的县（市、区）有80个，生态质量类型为“二类”的县（市、区）有78个，生态质量类型为“三类”的县（市、区）有24个，生态质量类型为“四类”的县（市、区）有1个。

（二）2020—2023年四川省生态质量呈稳步变好趋势

2022—2023年，四川省生态质量指数增长0.16，属于“基本稳定”。21个市（州）的生态质量指数变化范围为-0.32～0.91，生态质量变化类型均属于“基本稳定”。四川省183个县域的生态质量指数变化范围为-1.08～1.36，其中：“轻微变好”的县（市、区）有5个；“轻微变差”的县（市、区）有1个；其余177个县（市、区）的生态质量“基本稳定”。

2020—2023年，四川省生态质量指数增长0.08，属于“基本稳定”。21个市（州）的生态质量指数变化范围为-0.62～0.48，生态质量均“基本稳定”。四川省183个县（市、区）的生态质量指数变化范围为-1.55～2.15，其中：“一般变好”的县（市、区）有1个，为宜宾市翠屏区；“轻微变好”的县（市、区）有13个；“轻微变差”的县（市、区）有8个；其余161个县（市、区）的生态质量“基本稳定”。

四、原因分析

2022—2023年，四川省生态质量指数变化0.16，生态质量稳中有升。主要原因是近两年来建成区绿地和公园绿地面积有所增加，提升了建成区绿地率指数和公园绿地可达指数；另外，2023年四川省开展了211个生态质量样地监测，涵盖21个市（州）、178个县（市、区），包括森林、草地、城乡绿地、农田、水体和湿地/沼泽6种生态类型，监测调查到的动物和植物群落数据对2022年基础数据有所补充，因此，2023年四川省生物多样性指数有所上升。

| 专栏八 |

四川省生态质量样地监测初显成效

为落实生态环境部《区域生态质量评价办法（试行）》（环监测〔2021〕99号）的要求，四川省根据各评价指标的数据来源与获取方式，通过生态样地地面监测以及统计调查等多种技术手段，获取时空可比、质量可控的监测数据，以评价省、市（州）、县（市、区）生态质量状况和变化趋势。

一、监测方案

2023年，按照《全国生态质量监督监测工作方案（2023—2025年）》《2023年全国生态质量监测技术方案》《2023年四川省生态环境监测方案》《2023年四川省生态质量样地地面监测试点工作方案》的要求，四川省共完成211个生态质量样地监测工作，覆盖21个市（州）、153个县（市、区）。其中，植物群落监测样地71个，指示生物类群样地211个。监测内容包括原生功能群种（植物群落乔木、灌木和草本层）和指示生物类群（鸟类、两栖类、蝶类、哺乳类）。

二、监测结果与分析

（一）原生功能群种监测

2023年，开展植物群落监测的71个样地共记录到植物150科523属992种，其中苔藓2科3属3种，蕨类植物19科35属63种，裸子植物6科15属22种。蔷薇科和菊科为优势科。从市（州）尺度上看，成都市（167种）、甘孜藏族自治州（167种）、阿坝藏族羌族自治州（165种）最为丰富，绵阳市（139种）、攀枝花市（116种）和凉山彝族自治州（109种）次之，泸州、自贡、遂宁等位于丘陵地带的市（州）相对较少。

2023年共监测记录到国家一级重点保护野生植物2种，为红豆杉和珙桐（图1）；国家二级重点保护野生植物14种，为罗汉松、厚朴、油樟、润楠、楠木、大花红景天、川黄檗、红椿、香果树、七叶一枝花、黄连、川柿、茶和中华猕猴桃。

图1 2023年生态质量样地监测中发现的红豆杉和珙桐

（二）陆地指示生物群落

1. 鸟类

2023年，211个样地共调查记录到鸟类18目65科345种，其中，国家一级重点保护鸟类8种，国家二级重点保护鸟类43种（图2）。

物种丰富度方面，从县（区）尺度上看，雁江区最为丰富（71种），乐至县、巴州区、西昌市、彭山县和三台县均记录到60种及以上；元坝最少，仅记录到4种。市（州）尺度上看，凉山州最为丰富（125种）；成都市次之（118种）；甘孜州、南充市、宜宾市、阿坝藏族羌族自治州和绵阳市均记录到100种（含）以上。

优势种方面，从四川省尺度上看，211个样地共调查记录到鸟类88057只，麻雀为绝对优势种（I=9.3%），白头鹎、绿头鸭和白颊噪鹛为次优势种（I>5%）。从市（州）尺度上看，不同区域优势物种有所差异，但仍主要以麻雀、白头鹎、绿头鸭、白颊噪鹛等为优势物种。

图2　2023年生态质量样地监测中发现的国家重点保护鸟类

2. 两栖类

2023年，共调查记录到两栖类1目5科21种，以蛙科最为丰富。发现外来入侵物种牛蛙1种。从市（州）尺度上看，21个市（州）均有两栖类记录，其中达州市最为丰富，有12种；泸州市和内江市次之，各有8种；雅安市和自贡市相对较少。

优势种方面，从全省尺度来看，共调查记录到两栖类2726只，泽陆蛙为绝对优势种（I=39.6%），中华蟾蜍、黑斑侧褶蛙和沼蛙为次优势种（I>10%），饰纹姬蛙也具有较高的优势度（I>5.5%）。从市（州）尺度看，甘孜州和阿坝州以高原林蛙为优势种，其他多数市（州）主要以泽陆蛙和中华蟾蜍为优势物种。需要注意的是，外来入侵物种牛蛙在凉山州为优势种。

3. 蝶类

2023年，在成都市选择了4个样地进行蝶类调查试点。野外实地调查到蝶类1目4科6种，分别为东方菜粉蝶、琉璃灰蝶、细带链环蛱蝶、小红蛱蝶、青凤蝶和斐豹蛱蝶，其中东方菜粉蝶为优势种。

4. 哺乳类

2023年，在成都市进行了哺乳类调查试点。共调查到哺乳动物3目5科6种，分别为中国豪猪和赤腹松鼠、毛冠鹿、小麂、野猪和黄鼬（图3），其中毛冠鹿为国家二级重点保护动物。

图3　2023年生态质量样地监测中发现的哺乳动物（从左往右依次是毛冠鹿、小麂、中国豪猪）

三、小结

2023年是四川省启动生态质量样地监测的第一年，四川省按要求完成了年度生态质量样地监测工作，为四川省生态质量状况和变化趋势提供了时空可比、质量可控的监测数据。生态监测工作专业性强，对监测人员的专业能力要求高，生态环境部门在生态监测方面尚处于起步阶段，面临起步晚、底子差、缺人才、少经验等诸多困境。下一步，四川省将根据试点工作经验，定期组织开展生态质量监测理论培训、现场实操和工作经验分享，以野外演示为重点，逐步建立并提升生态质量监测能力，高质高效地完成生态质量监测工作。

| 专栏九 |

“成都云桥湿地保护”入选环保部生物多样性优秀案例

为提升全社会生物多样性保护意识，加快推动“昆蒙框架”的目标落地，生态环境部推出15个生物多样性保护优秀案例，进一步展现我国生物多样性保护成效，宣传各地典型经验做法，树立全国生物多样性保护先进典范。其中，四川省成都云桥湿地保护案例入选。

成都云桥湿地（图1）位于四川省成都市郫都区安德街道云桥村，占地0.22平方千米，是重要的水源涵养湿地。2011年，依托原有生态本底，云桥湿地分三期建成天然荒野湿地生态系统，滋养着数百种野生动植物，已成为川西坝子“生物多样性宝库”。

图1　云桥湿地

近年来云桥湿地通过多途径有效促进了生物多样性保护。一是对人为活动影响、植物生长、动物繁衍栖息、水源水质变化情况进行定期调查监测，利用调查监测结果对植物丰度、动物种类、水源水质等变化情况开展生态效益综合评价，建立“全覆盖”巡查维护工作机制，杜绝植物损毁、动物伤害及饮用水水源污染事件发生。二是长期研究云桥湿地野生物种种群存续、筛选工作，将其打造成当地重要的遗传基因库，目前记录的高等植物最高达353种，脊椎动物最高达222种（图2）。三是深化环境宣传教育，开展“成都水源地绿色低碳科普公众教育”“成都水源地湿地生物多样性恢复调研”等项目。相关部门、社会组织和机构将云桥湿地作为生物多样性保护调研基地和志愿者服务点，编著《水源守护者指南》等图书，纵深推动自然生态教育和湿地保护工作。目前云桥湿地已成为众多物种安居成都的庇护所，全区深化公众参与湿地保护，“以小家带动大家”促进区域生态环境保护。同时，全力发展绿色农业，打造“天府水源地”特色农产品品牌，以云桥圆根萝卜为代表的“郫都产”生态农产品销往全国、出口海外，实现云桥村人均收入增加30%，有效促进了“两山”转化。

图2　湿地现场的黄鼬

云桥湿地注重生态保护与修复的整体性，通过生态保护红线、强化监测管控、深入多元共治，统筹兼顾涵养饮用水源、植物生长、动物繁衍栖息、调节气候与人类活动各要素，打造水源保护宣教馆，为湿地生物多样性保护提供了经验借鉴。

第九章　农村环境质量

一、现状评价

（一）环境空气质量

1. 总体状况

2023年，四川省农村环境空气优良天数比例为92.7%，同比下降2个百分点，其中优天数率为57.7%，良天数率为35.0%；污染天数率7.3%，同比上升2个百分点，其中轻度污染占比6.0%，中度污染占比1.1%，重度污染占比0.2%。2023年四川省农村环境空气质量如图3.9–1所示。

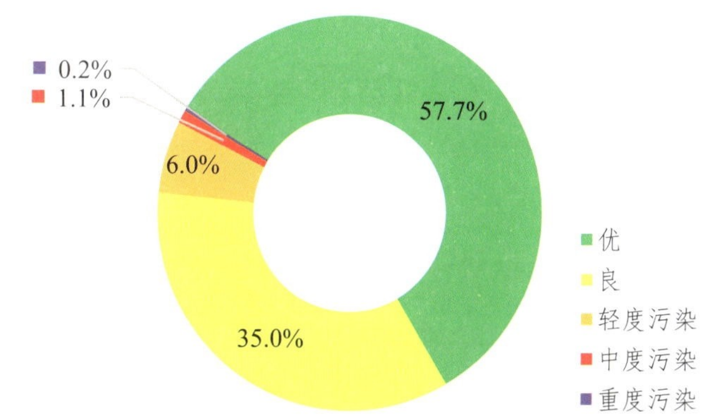

图3.9–1　2023年四川省农村环境空气质量

四川省全年空气质量达《环境空气质量标准》（GB 3095—2012）二级及以上标准的村庄有78个，村庄达标率为77.2%。

超标村庄有23个，分别位于双流区、郫都区、蒲江县、崇州市、贡井区、富顺县、隆昌市、南溪区、汶川县、双流区、东部新区、天全县、叙州区、泸县、雁江区、苍溪县、青川县、射洪市、安岳县、乐至县、木里藏族自治县、南江县、邻水县、华蓥市。

2. 监测指标

2023年，四川省农村环境空气各监测指标年均值均达到《环境空气质量标准》二级标准及以上。

二氧化硫年均浓度为6微克/立方米，同比下降14%，浓度范围为0.04～80微克/立方米。101个村庄二氧化硫年均浓度达到一级标准。

二氧化氮年均浓度为13微克/立方米，同比持平，浓度范围为1～80微克/立方米。101个村庄二氧化氮年均浓度达到一级标准，

可吸入颗粒物年均浓度为37微克/立方米，同比上升6%，浓度范围为1～253微克/立方米。96个村庄可吸入颗粒物年均浓度达到一级标准。

细颗粒物年均浓度为22微克/立方米，同比上升10%，浓度范围为1～194微克/立方米。78个村庄细颗粒物年均浓度达到二级标准。

一氧化碳手工监测年度均值为0.4毫克/立方米，自动监测日均值第95百分位浓度为1.0毫克/立方米，同比保持不变，浓度范围为0.03～4.6毫克/立方米。101个村庄年均一氧化碳浓度达到一级标准。

臭氧手工监测年度均值为61微克/立方米，同比上升9%；自动监测日最大8小时平均值第90百分位数浓度为128微克/立方米，同比下降0.1%，浓度范围为1～260微克立方米。101个村庄臭氧年均浓度达到二级标准。

3. 主要污染物

2023年，四川省农村空气中二氧化硫、二氧化氮、一氧化碳、臭氧、细颗粒物、可吸入颗粒物达标天数率分别为100.0%、100.0%、99.9%、99.6%、96.0%、90.0%。

按主要污染物污染指标超标比例大小排列依次分别为可吸入颗粒物、细颗粒物、臭氧，最大超标倍数分别为0.8倍、1.9倍、4.1倍。

4. 首要污染物

全年首要污染物为可吸入颗粒物、细颗粒物、臭氧、二氧化氮，所占比例分别为35.9%、15.6%、46.9%、1.6%。

（二）土壤环境质量

1. 监测点位土壤等级评价

2021—2023年，四川省开展监测的291个土壤点位中有264个点位监测结果低于《土壤环境质量 农用地土壤污染风险管控标准（试行）》（GB 15618—2018）风险筛选值，分级为Ⅰ级，占比90.7%，农用地土壤污染风险低；27个点位监测结果高于风险筛选值、低于风险管制值，分级为Ⅱ级，占比9.3%，农用地可能存在污染风险。2021—2023年四川省农村土壤监测点位等级比例如图3.9-2所示。

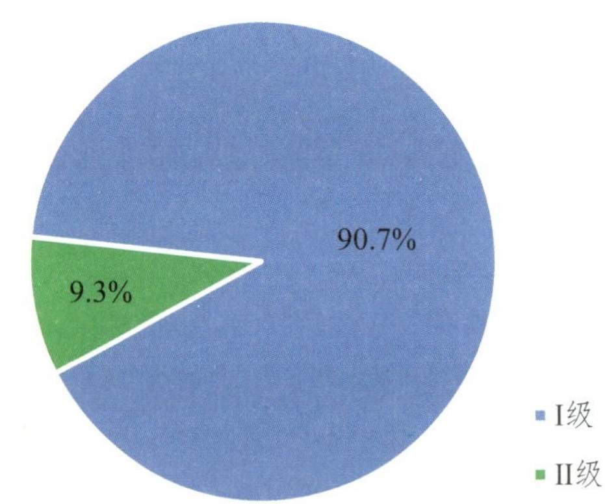

图3.9-2　2021—2023年四川省农村土壤监测点位等级比例

2. 村庄土壤等级评价

2021—2023年，四川省开展监测的91个村庄中，78个村庄的土壤监测结果为Ⅰ级，占比85.7%；13个村庄的土壤监测结果为Ⅱ级，占比14.3%。2021—2023年四川省Ⅱ级土壤村庄分布及超标情况见表3.9-1。

表3.9-1　2021—2023年Ⅱ级土壤村庄分布及超标情况

序号	市（州）	县（市、区）	村庄	监控类型	监测点位总数（个）	Ⅱ级点位数（个）	超过筛选值的项目
1	攀枝花市	米易县	双沟村	一般监控	4	4	镉、铜、镍、铬
2	泸州市	泸县	齐心村	一般监控	3	1	镉、铜、镍
3	德阳市	绵竹市	孝德镇年画村	重点监控	10	7	镉
4	南充市	西充县	蚕华山村	重点监控	3	1	镉

续表

序号	市（州）	县（市、区）	村庄	监控类型	监测点位总数（个）	Ⅱ级点位数（个）	超过筛选值的项目
5	眉山市	仁寿县	文兴村	重点监控	5	2	镉
6	资阳市	雁江区	晏家坝村	一般监控	3	1	铜
7	阿坝州	马尔康市	俄尔雅村	一般监控	3	1	镉
8	阿坝州	松潘县	山巴村	一般监控	3	1	砷
9	阿坝州	壤塘县	依根门多村	一般监控	3	1	镉
10	甘孜州	道孚县	冻坡甲村	一般监控	3	2	砷
11	甘孜州	巴塘县	鱼卡通村	一般监控	2	2	砷
12	凉山州	布拖县	民主村	一般监控	3	3	镉、铜
13	凉山州	木里藏族自治县	博科村	一般监控	1	1	镉

3. 不同利用类型土壤环境质量状况

2021—2023年，四川省农村土壤监测点位土地利用类型以农田、园地、饮用水源地周边及其他类型为主，2021—2023年四川省农村土壤监测点位土地利用类型占比如图3.9-3所示。Ⅱ级监测点位主要出现在农田、饮用水源地周边、林地、园地。2021—2023年四川省不同土地利用类型的土壤等级如图3.9-4所示。

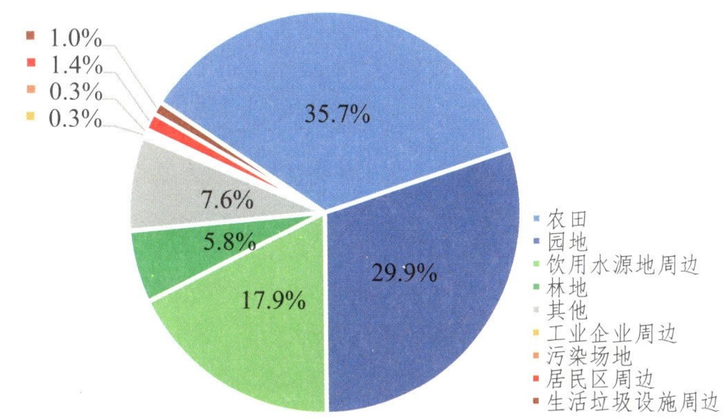

图3.9-3　2021—2023年四川省农村土壤监测点位土地利用类型占比

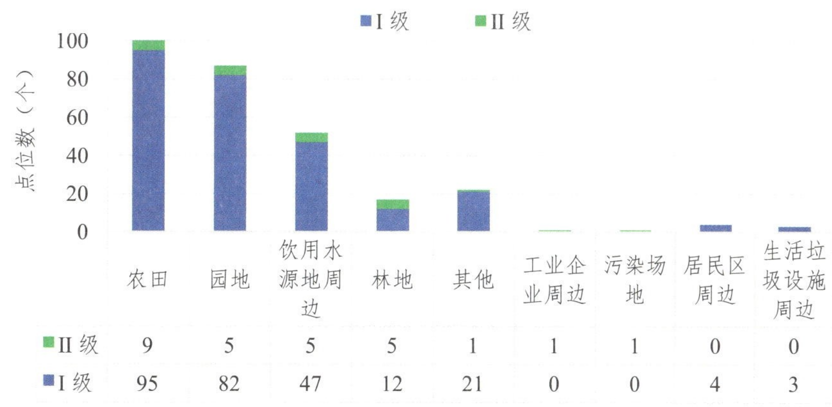

	农田	园地	饮用水源地周边	林地	其他	工业企业周边	污染场地	居民区周边	生活垃圾设施周边
Ⅱ级	9	5	5	5	1	1	1	0	0
Ⅰ级	95	82	47	12	21	0	0	4	3

图3.9-4　2021—2023年四川省不同土地利用类型的土壤等级

4. 污染风险指标

四川省农村土壤污染风险指标为镉、铜、砷、镍、铬，超标点位比例分别为5.9%、2.4%、1.8%、1.5%、1.1%。按照污染风险指标超标点位占比大小排列，前三项（主要污染风险指标）为镉、铜和砷，主要分布在攀枝花、泸州、德阳、眉山、南充、资阳、阿坝州、凉山州、甘孜州的13个县。

特征污染指标：资阳晏家坝村和柳溪村的6个监测点位增测了六六六总量、滴滴涕总量、苯并[a]芘，监测结果均低于风险筛选值。

（三）县域地表水水质

1. 水质类别

2023年，四川省县域地表水监测断面（点位）有220个，Ⅰ～Ⅲ类水质断面（点位）有215个，占比97.7%，同比上升1.4个百分点；Ⅳ类水质断面（点位）有3个，占比1.4%，同比下降1.4个百分点；Ⅴ类水质断面有2个，占比0.9%，同比持平。2023年四川省农村县域地表水水质类别比例如图3.9−5所示。

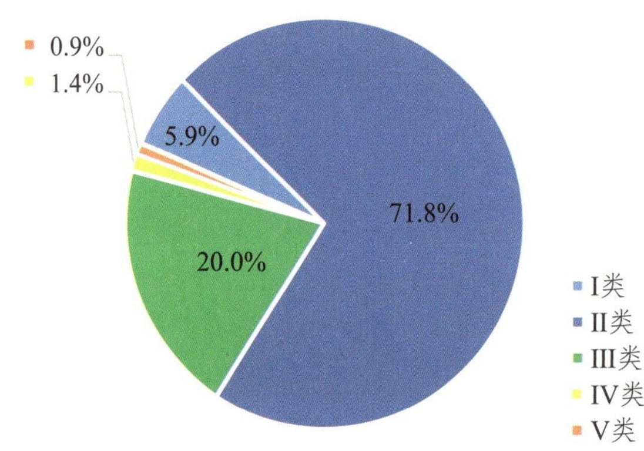

图3.9−5　2023年四川省农村县域地表水水质类别比例

2. 主要污染指标

县域地表水超标指标包括化学需氧量、氨氮、高锰酸盐指数、五日生化需氧量、总磷、氟化物。溶解氧存在不达标现象，年均最小值为4.2毫克/升。

主要污染指标为化学需氧量、高锰酸盐指数、总磷，超标率分别为0.6%、0.5%、0.5%，最大超标倍数分别为1.0倍、0.6倍、2.8倍。2023年四川省农村县域地表水超标断面分布情况见表3.9−2。2023年农村县域地表水超标断面分布情况如图3.9−6所示。

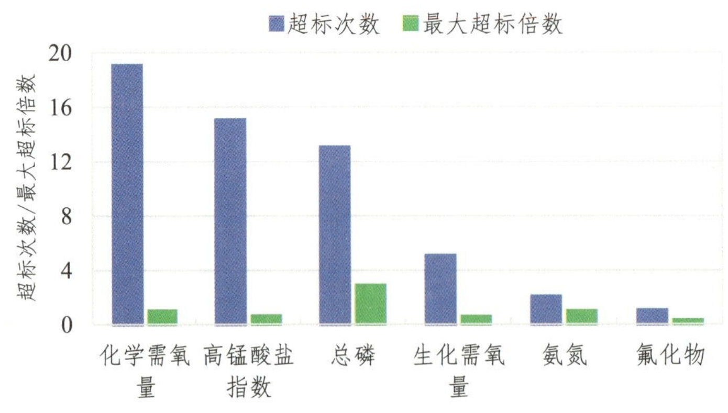

图3.9−6　2023年四川省农村县域地表水超标指标情况

表3.9-2 2023年农村县域地表水超标断面分布情况

序号	市（州）	县（市、区）	超标断面	断面类型	水质类别	超标项目（最大超标倍数）
1	自贡市	贡井区	七一水库	地表水	V	总磷（1.6）、化学需氧量（1.0）、高锰酸盐指数（0.1）
2	泸州市	江阳区	双河水库	地表水	Ⅳ	总磷（1.2）、氨氮（0.9）、化学需氧量（0.4）、高锰酸盐指数（0.3）、氟化物（0.2）
3	泸州市	泸县	红卫水库	地表水	Ⅳ	化学需氧量（0.5）、高锰酸盐指数（0.4）、总磷（0.2）
4	内江市	隆昌市	新堰口（入境）	地表水	Ⅳ	化学需氧量（0.9）、高锰酸盐指数（0.6）、生化需氧量（0.5）
5	广安市	武胜县	五排水库	地表水	V	总磷（2.8）、化学需氧量（0.4）

单独评价指标：有13个断面（点位）粪大肠菌群超标，超标率为0.2%，最大超标倍数为23倍；有10个点位湖库总氮超标，超标率为10.9%，最大超标倍数为3.9倍。

（四）千吨万人饮用水水源地

2023年，四川省443个农村千吨万人饮用水水源地监测断面（点位）中，440个断面（点位）所测项目全部达标，达标率为99.3%，同比上升0.7个百分点。

1. 地表水型水源地

开展监测的394个断面（点位）中，391个达标，达标率为99.2%，同比上升0.5个百分点。

超标指标有总磷、氨氮，主要污染指标为总磷、氨氮，超标率分别为0.4%、0.1%，最大超标倍数分别为3.8倍、0.4倍。

单独评价指标：总氮，超标率为32.2%，最大超标倍数为4.8倍。2023年四川省农村千吨万人地表水型饮用水水源地超标断面见表3.9-3。2023年四川省农村千吨万人地表水型饮用水水源地超标指标如图3.9-7所示。

表3.9-3 2023年四川省农村千吨万人地表水型饮用水水源地超标断面

序号	市（州）	县（市、区）	超标断面	是否湖库	超标项目（最大超标倍数）
1	泸州市	纳溪区	护国河仁桥	否	总磷（0.3）
2	泸州市	叙永县	红星水库	是	总磷（0.6）
3	广元市	剑阁县	二教水库	是	氨氮（0.4）、总磷（3.8）

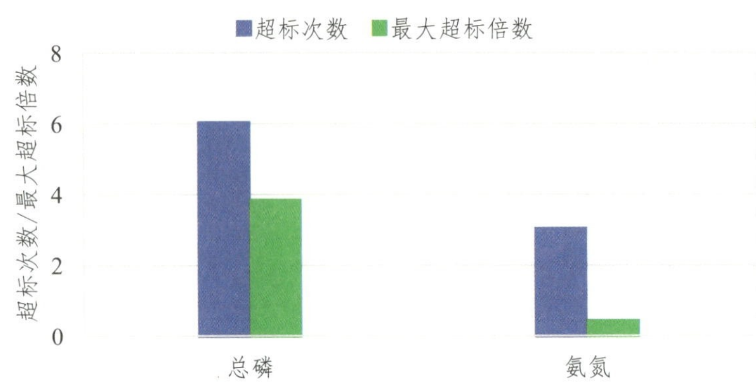

图3.9-7　2023年四川省农村千吨万人地表水型饮用水水源地超标指标

单独评价指标：粪大肠菌群超标23次，超标率为1.5%，最大超标倍数为4.4倍。湖库总氮超标218次，超标率为32.2%，最大超标倍数为4.2倍。

2. 地下水型水源地

2023年，四川省开展农村千吨万人地下水型饮用水水源地监测的49个点位全部达标，达标率为100%，同比上升2个百分点。

（五）农村生活污水处理设施出水水质

2023年，四川省开展执法抽测的1001个农村生活污水处理设施中，有951个达标，达标率为95.0%，同比上升7个百分点。有50个处理设施不达标，分布在成都市、攀枝花市、德阳市、广元市、乐山市、南充市和达州市。上半年超标有39个，下半年超标有15个，上、下半年监测均超标的有4个。

主要污染指标：化学需氧量、氨氮、总磷、总氮超标次数分别为9次、41次、17次、10次，最大超标倍数分别为2.7倍、9.0倍、13.4倍、4.5倍。2023年农村生活污水处理设施执法监测超标情况见表3.9-4。

表3.9-4　2023年农村生活污水处理设施执法监测超标情况

城市	县（市、区）	监测数量（个）	超标数量（个）	达标率（%）	超标项目（最大超标倍数）
成都市	新都区	24	1	95.8	总磷（0.1）
成都市	双流区	35	11	68.6	化学需氧量（0.3）、氨氮（8.4）、总磷（13.4）
成都市	郫都区	1	1	0	氨氮（0.5）、总磷（1.5）
成都市	大邑县	25	7	72	化学需氧量（2.7）、氨氮（8.4）
成都市	都江堰市	27	5	81.5	化学需氧量（1.3）、氨氮（1.8）、总磷（4.4）、总氮（2.0）
攀枝花市	东区	8	2	75	氨氮（0.9）
攀枝花市	米易县	20	5	75	氨氮（1.0）
德阳市	中江县	3	1	66.7	氨氮（0.3）
广元市	利州区	10	1	90	氨氮（0.7）
广元市	青川县	10	2	80	化学需氧量（1.7）、氨氮（9.0）、总磷（8.8）、总氮（4.5）

续表

城市	县（市、区）	监测数量（个）	超标数量（个）	达标率（%）	超标项目（最大超标倍数）
乐山市	金口河区	5	2	60	氨氮（3.0）
南充市	西充县	27	10	63	化学需氧量（0.05）、氨氮（5.4）
达州市	高新区	2	2	0	化学需氧量（2.1）、氨氮（3.5）、总磷（3.3）、总氮（1.5）、悬浮物（3.5）、粪大肠菌群（23.0）

（六）农田灌溉水水质

2023年，四川省开展农田灌溉水水质监测断面（点位）134个，覆盖36个灌区，133个（断面）点位监测结果达到《农田灌溉水质标准》（GB 5084—2021）标准，断面达标率为99.3%，同比上升5.5个百分点，灌区达标率为97.2%。达州市大竹县乌木滩水库灌区1个点位蛔虫卵数超标，超标倍数为0.6倍。

（七）县域农村环境状况

2023年，四川省开展监测的177个县农村环境状况指数范围在56.1～100。“优”有154个，占比85.1%；“良”有24个，占比13.2%；“一般”有3个，占比1.7%；无“较差”“差”的县（市、区）。2023年四川省农村县域环境状况分级如图3.9–8所示。

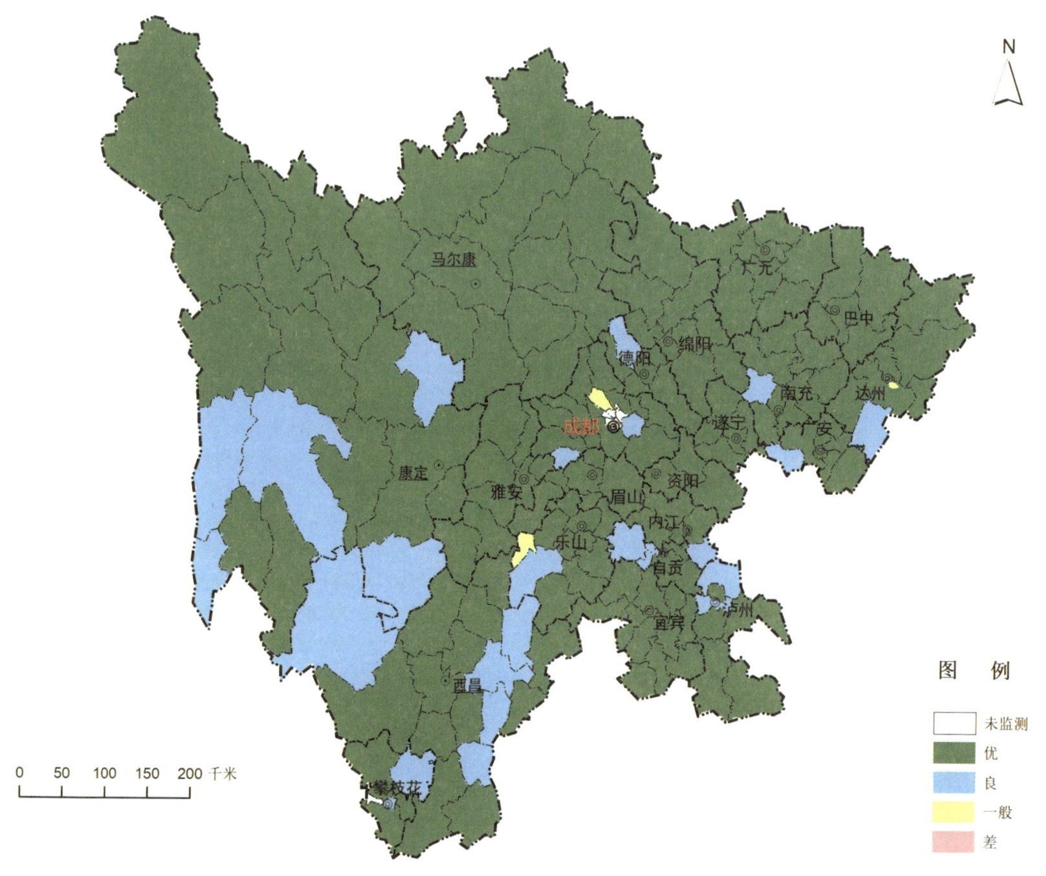

图3.9–8 2023年四川省农村县域环境状况分级

2022—2023年，连续开展传统农村监测要素的县共177个。2023年，175个县农村环境状况均达到“良”及以上，同比增加5个。环境状况指数略微变差的有10个，略微变好的有18个，明显变差的有1个，明显变好的有10个，显著变差的有1个，显著变好的有12个，无明显变化的有125个。2022—2023年四川省农村县域环境质量状况变化情况如图3.9-9所示。

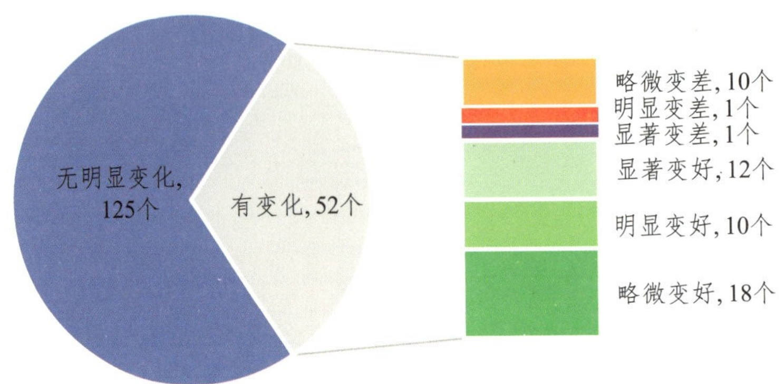

图3.9-9　2022—2023年四川省农村县域环境质量状况变化情况

（八）农村面源污染状况

1. 监测断面内梅罗指数评价

2023年，四川省103个农业面源污染监测断面内梅罗指数范围为0.4～4.4。水质等级“清洁”断面有38个，占比36.9%，同比上升16.3个百分点；“轻度污染”断面有46个，占比44.7%，同比下降14.1个百分点，“中度污染”断面有14个，占比13.6%，同比上升0.4个百分点；“重度污染”断面有5个，占比4.9%，同比下降2.5个百分点；无“严重污染”监测断面。2023年四川省农业面源污染监测断面水质等级如图3.9-10所示。

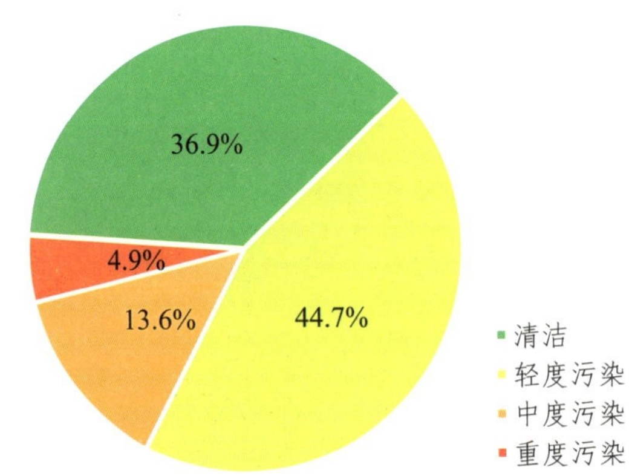

图3.9-10　2023年四川省农业面源污染监测断面水质等级

2. 污染断面类型分布

2023年，四川省监测断面包括生活污染控制断面34个，占比33.0%；养殖业污染控制断面34个，占比33.0%；种植业流失控制断面35个，占比34.0%。

养殖业污染控制断面中“清洁”断面比例较高，为41.1%；生活污染控制断面中“轻度污染”断面比例较高，为52.9%；种植业控制断面中“清洁”断面比例最少，仅为31.4%，“污染”断面占比较大，其中“轻度污染”“中度污染”“重度污染”比例分别为42.8%、20.0%、5.7%。三种类型断面均出现“重度污染”断面。2023年四川省农业面源污染各类型监测断面水质等级如图3.9-11所示。

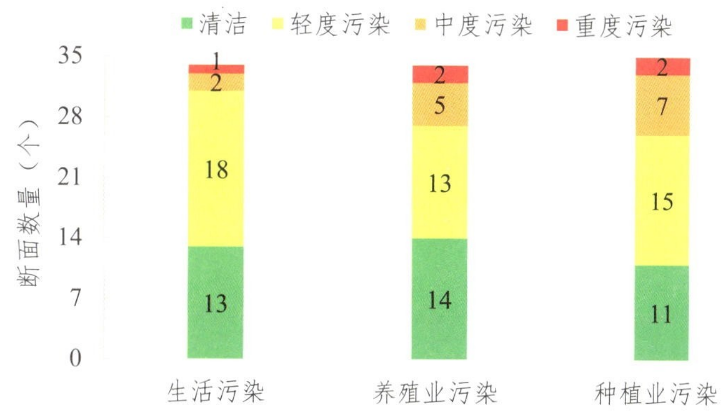

图3.9-11　2023年四川省农业面源污染各类型监测断面水质等级

3. 污染断面县域分布

2023年，48个开展农村面源污染监测的县（市、区）中，17个水质等级为“清洁”，占比35.4%；23个水质等级为“轻度污染”，占比47.9%；5个水质等级为“中度污染”，占比10.4%；3个水质等级为“重度污染”，占比6.3%；无“严重污染”的县。2023年四川省农村面源污染断面县域等级分布如图3.9-12所示。

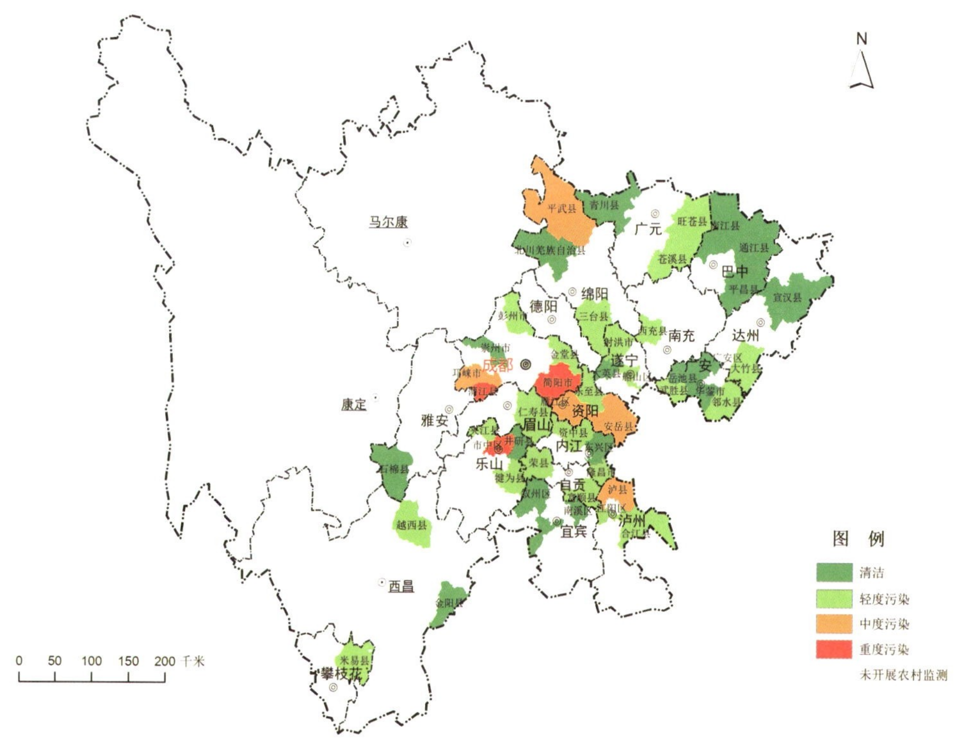

图3.9-12　2023年四川省农业面源污染断面县域等级分布

（九）农村黑臭水体状况

2023年，开展监测的88个农村黑臭水体中，有84个达标，达标率为95.5%。4个不达标水体分布在自贡（1个）、广元（1个）和乐山（2个）。2023年各市（州）农村黑臭水体水质监测结果见附表1。

二、年内时空分布规律分析

（一）环境空气质量

1. 时间分布

2023年，四川省农村空气质量呈季节性变化。二氧化硫、二氧化氮、一氧化碳浓度全年变化较平稳，日均值100%达标；可吸入颗粒物、细颗粒物浓度在第一、第四季度较高，第三季度最低；臭氧浓度第二季度增幅最大，达到全年最高值，第三季度呈下降趋势，第四季度为全年最低值。因此，全年以颗粒物和臭氧为首要污染物的污染天气分别出现在冬季和夏季。2023年四川省农村空气监测指标浓度变化如图3.9-13所示。

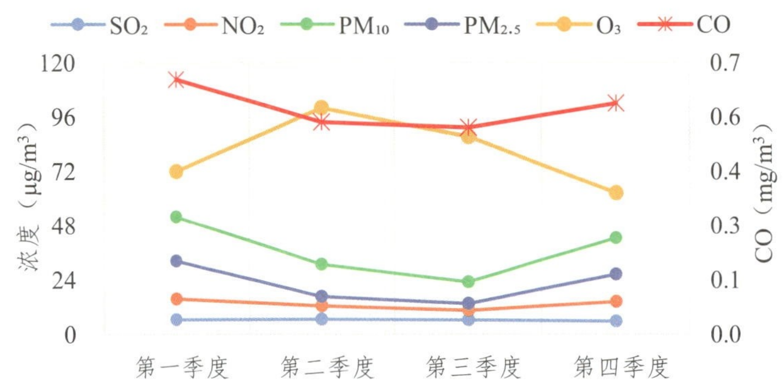

图3.9-13　2023年四川省农村空气监测指标浓度变化

2. 空间分布

2023年，四川省农村空气质量呈区域性特征。污染情况主要出现在成都平原经济区以及川南经济区。全年可吸入颗粒物超标出现在成都、自贡、内江、宜宾、泸州、阿坝州；细颗粒物超标出现在成都、自贡、内江、宜宾、阿坝州；臭氧超标出现在成都、自贡、内江、宜宾；一氧化碳超标出现在凉山州。2023年四川省农村空气质量如图3.9-14所示。

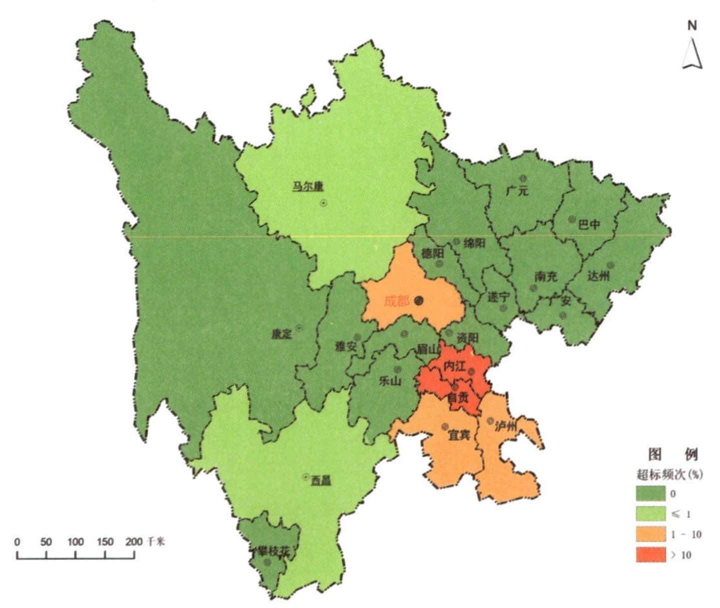

图3.9-14　2023年四川省农村空气质量

（二）县域地表水水质

1. 时间分布

2023年，四川省县域地表水水质呈季节性特征。第一季度超标断面5个，第二季度超标断面14个，第三季度超标断面5个，第四季度超标断面7个。第二季度由于降水量加大，农业面源污染物质被径流雨水带入水体，使得污染物质增多，且因水温较高，微生物等活动旺盛，将一些原本是悬浮固体状态的污染物质降解或者将一些轻污染的物质转换成了重污染的物质，故污染断面相对其他三个季节最多。2023年四川省县域地表水季度评价情况如图3.9-15所示，2023年四川省县域地表水监测断面（点位）季度评价详见附表2。

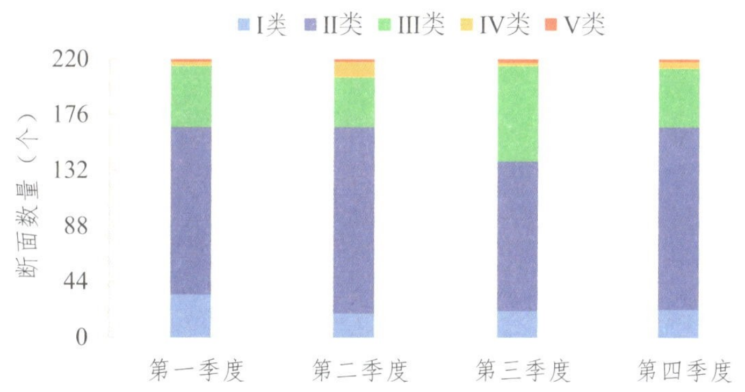

图3.9-15　2023年四川省县域地表水季度评价情况

2. 空间分布

2023年，四川省县域地表水水质呈区域性特征。超标断面分布在成都平原经济区、川东北经济区和川南地区经济区。超标污染物有化学需氧量、高锰酸盐指数、五日生化需氧量、氨氮、总磷、总氮、氟化物、粪大肠菌群。2023年四川省县域地表水超标区域分布如图3.9-16所示。

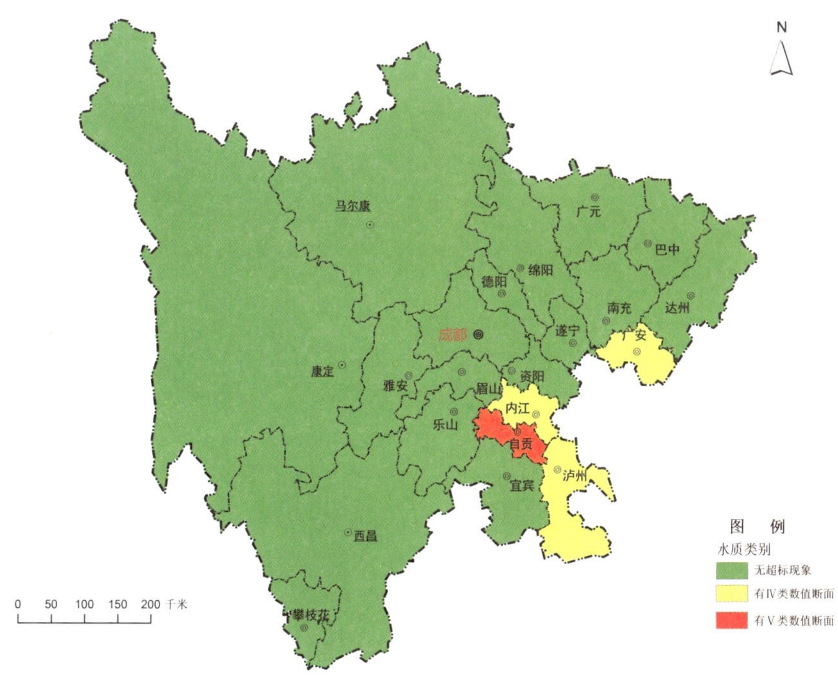

图3.9-16　2023年四川省县域地表水超标区域分布

（三）千吨万人饮用水水源地水质

1. 时间分布

2023年，四川省千吨万人饮用水水源地水质呈季节性特征。地下水饮用水水源地全年达标，地表水饮用水水源地超标断面有3个。超标时段主要集中在第三季度，可能由于雨季大量雨水的冲刷，导致农业面源污染物流入水源地而出现氨氮、总磷超标情况。2023年四川省千吨万人地表水超标断面情况见表3.9–5，2023年四川省千吨万人地表水污染物超标情况如图3.9–17所示。

表3.9–5　2023年四川省千吨万人地表水超标断面情况

市（地级）	县（区）	乡镇	断面名称	超标指标（超标倍数）			
				第一季度	第二季度	第三季度	第四季度
广元	剑阁县	元山镇	二教水库	总磷（3.0）	氨氮（0.35）、总磷（3.8）	氨氮（0.11）、总磷（3.6）	氨氮（0.29）、总磷（2.4）
泸州	纳溪区	护国镇	护国河仁桥	达标	达标	总磷（0.25）	达标
泸州	叙永县	叙永镇	红星水库	达标	达标	总磷（0.6）	达标

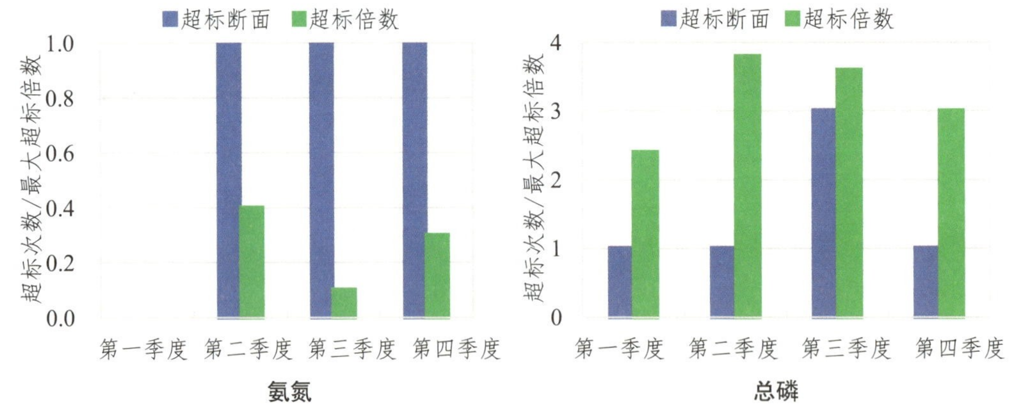

图3.9–17　2023年四川省千吨万人地表水污染物超标情况

2. 空间分布

2023年，千吨万人饮用水水源地区域性特征不明显。超标断面有3个，位于泸州市纳溪区、泸州市叙永县、广元市剑阁县，断面超标率仅为1.4%，均属于川南地区。

（四）农业面源污染状况

1. 时间分布

2023年，四川省农业面源污染呈季节性特征。总体情况第二季度相对最好，第三、第四季度相对较差。清洁断面四个季度依次分别有52个、52个、40个和31个；重度污染和严重污染断面四个季度依次分别有4个、1个、10个和5个。2023年四川省农业面源监测断面等级评价如图3.9–18所示。

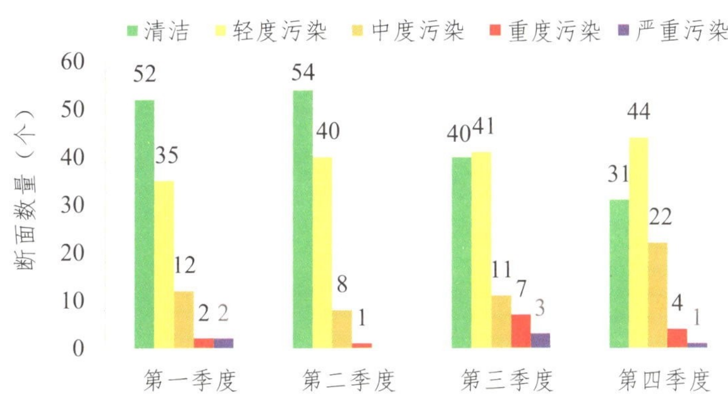

图3.9-18　2023年四川省农业面源监测断面等级评价

2. 空间分布

2023年，四川省农业面源出现超标的地区位于简阳市、金堂县、蒲江县、邛崃市、大竹县、武胜县、苍溪县、市中区、合江县、泸县、仁寿县、平武县、三台县、西充县、隆昌市、资中县、米易县、船山区、射洪市、安岳县、雁江区、荣县，除了米易县以外，其他均集中在成都地区、川南地区和川东北地区，污染情况具有地域特征。2023年四川省农业面源超标区域分布如图3.9-19所示。

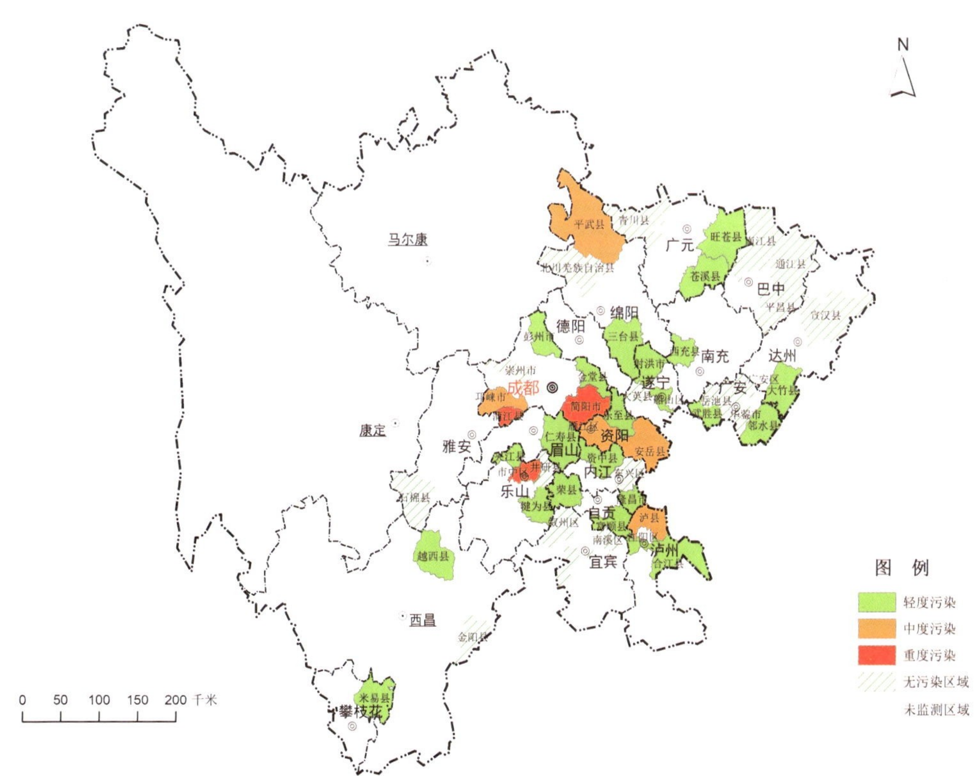

图3.9-19　2023年四川省农业面源超标区域分布

三、2016—2023年变化趋势分析

（一）环境空气质量

2016—2023年，四川省村庄空气年度优良天数比例在90%以上，先升后降。2016年和2020年出现中度污染，2021年、2022年出现重度污染和严重污染。2016—2023年四川省村庄空气优良天数比例变化趋势如图3.9-20所示。

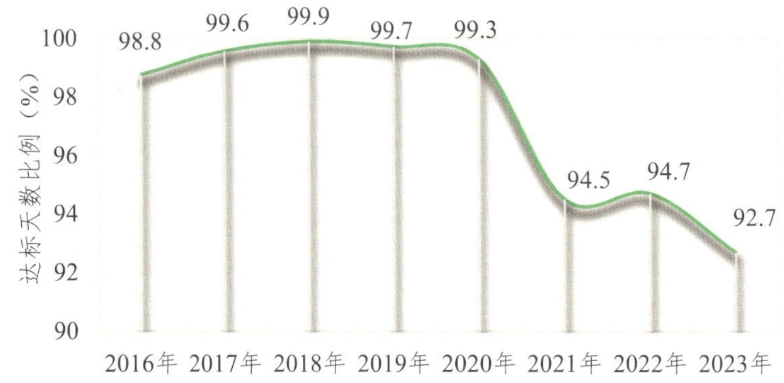

图3.9-20　2016—2023年四川省村庄空气优良天数比例变化趋势

2016—2023年，四川省村庄空气中二氧化硫、二氧化氮、可吸入颗粒物、细颗粒物年均浓度总体下降，臭氧（手工监测）和一氧化碳（手工监测）浓度呈波动变化。2016—2023年四川省村庄空气监测指标年均浓度变化趋势如图3.9-21所示。

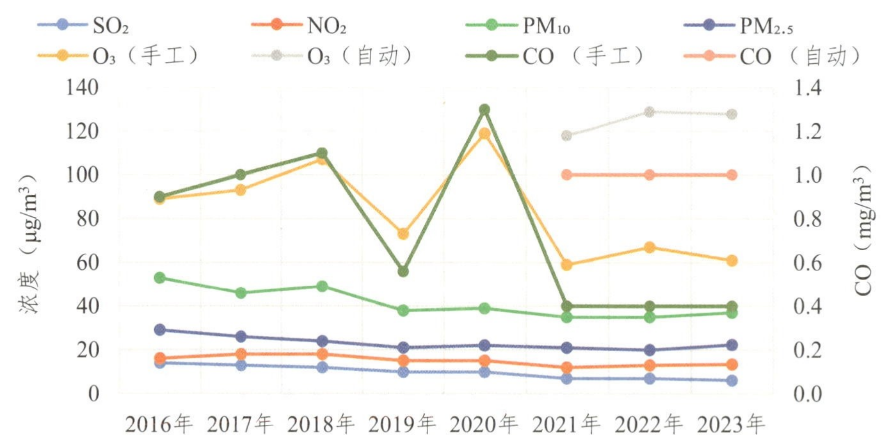

图3.9-21　2016—2023年四川省村庄空气监测指标年均浓度变化趋势

（二）土壤环境质量

农村土壤监测，以五年为一个周期，对2016—2023年村庄土壤环境质量状况仅作说明，不做趋势分析。

开展监测的291个土壤点位中有264个点位监测结果低于《土壤环境质量标准农用地土壤污染管控标准风险管控标准（试行）》（GB 15618—2018）风险筛选值，分级为Ⅰ级，占比90.7%，农用地土壤污染风险低；25个点位监测结果高于风险筛选值、低于风险管制值，分级为Ⅱ级，占比8.6%，2个点位监测结果高于风险管制值，分级为Ⅲ，占比0.7%，农用地存在不可接受污染风险。2016—2023年四川省村庄土壤点位分级如图3.9-22所示。

图3.9-22　2016—2023年四川省村庄土壤点位分级

2016—2023年，超过筛选值的指标为镉、铜、镍、砷、铅、铬、汞。其中2019年、2020年镉均有2个点位监测结果超过管制值。

四川省村庄土壤分级为Ⅱ级和Ⅲ级的点位中，镉超标的点位最多，2016—2020年，镉超标点位数量为6～20个，2020年最多，为20个；汞超标的点位最少，仅2018年有3个点位超过了筛选值，未超过管控值。2016—2023年四川省村庄土壤监测指标超标情况见表3.9-6。

表3.9-6　2016—2023年四川省村庄土壤监测指标超标情况

年度	类别	超标指标						
		镉	砷	铅	铬	汞	铜	镍
2016年	最大超标倍数	2.2	0.9	—	1.7	—	—	—
	超标点位数（个）	14	6	—	12	—	—	—
2017年	最大超标倍数	8.0	0.4	1.5	1.7	—	—	—
	超标点位数（个）	6	6	1	4	—	—	—
2018年	最大超标倍数	8.0	2.1	2.5	2.7	1.6	—	—
	超标点位数（个）	13	5	3	6	3	—	—
2019年	最大超标倍数	11.2	1.0	1.8	1.6	—	—	—
	超标点位数（个）	18	12	2	5	—	—	—
2020年	最大超标倍数	11.2	0.6	3.8	—	—	—	—
	超标点位数（个）	20	5	3	—	—	—	—
2021年	最大超标倍数	2.4	1.1	—	2.3	—	2.9	2.1
	超标点位数（个）	15	5	—	3	—	6	4
2022年	最大超标倍数	2.4	1.1	—	2.3	—	2.9	2.1
	超标点位数（个）	16	5	—	3	—	6	4
2023年	最大超标倍数	2.4	1.1	—	2.3	—	2.9	2.1
	超标点位数（个）	16	5	—	3	—	6	4

注：最大超标倍数及超标点位数均以筛选值为计算标准。

（三）县域地表水水质

2016—2023年，四川省县域地表水水质逐年提升，优良水质断面比例总体呈上升趋势，中间略有波动，2023年优良水质断面比例最高，为97.7%。与2016年相比，2023年优良水质断面比例上升15.8个百分点，升幅较大。2016—2023年四川省县域地表水优良水质断面比例变化趋势如图3.9-23所示。

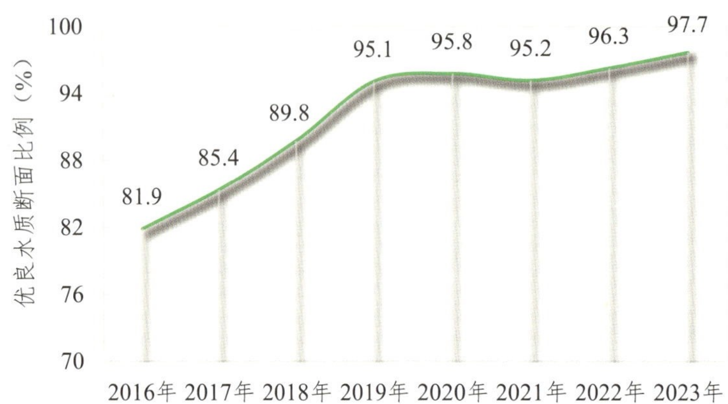

图3.9-23　2016—2023年四川省县域地表水优良水质断面比例变化趋势

超标指标有4项，为化学需氧量、高锰酸盐指数、五日生化需氧量、总磷，超标断面比例总体呈下降趋势，2021—2023年4项指标超标断面比例总体稳定在5.0%以下。2016—2023年四川省县域地表水主要污染指标超标断面比例变化趋势如图3.9-24所示。

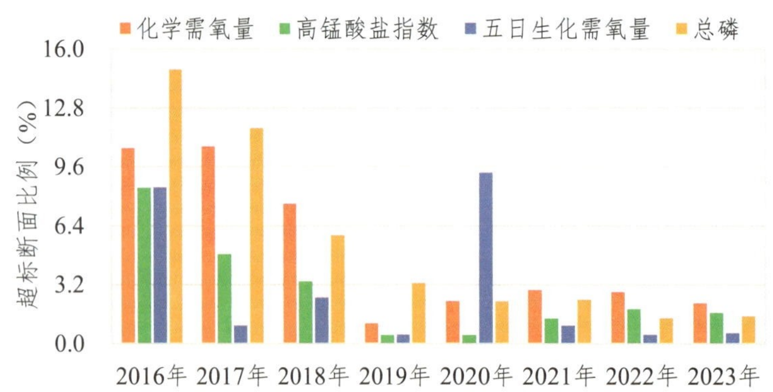

图3.9-24　2016—2023年四川省县域地表水主要污染指标超标断面比例变化趋势

（四）农村千吨万人饮用水水源地

2019—2023年，四川省农村千吨万人饮用水水源地达标率保持稳定上升趋势，达标率从2019年的83.4%上升到2023年的99.3%，水质状况明显改善。2019—2023年四川省农村千吨万人饮用水水源地达标率见表3.9-7。

表3.9-7　2019—2022年四川省农村千吨万人饮用水水源地达标率

饮用水水源地类型	达标率（%）				
	2019年	2020年	2021年	2022年	2023年
地表水型	84.2	89.5	95.8	98.7	99.2
地下水型	78.8	95.2	92.5	98.0	100
全部水源地	83.4	90.3	95.4	98.6	99.3

（五）农村生活污水处理设施出水水质

2019—2023年，开展监测的农村生活污水处理设施数量从31家到最多时的1171家（2022年），覆盖范围从17个市（州）31个县（市、区）扩大到21个市（州）147个县，农村生活污水处理设施出水水质达标率持续上升。2019—2023年四川省农村生活污水处理设施出水水质达标情况见表3.9-8。

表3.9-8 2019—2023年四川省农村生活污水处理设施出水水质达标情况

年度	监测设施数量（家）	达标设施数量（家）	达标率（%）	污染指标（最大超标倍数）
2019年	31	19	61.3	总磷（8.7）、粪大肠菌群（11.4）、氨氮（1.5）、化学需氧量（1.0）
2020年	494	406	82.2	悬浮物（1.9）、总磷（3.0）、化学需氧量（43.7）、氨氮（19.4）
2021年	1390	1023	73.6	pH（最大值9.3）悬浮物（7.4）、总磷（24.3）、化学需氧量（12.7）、氨氮（43.5）、粪大肠菌群（37.0）、总氮（17.9）、五日生化需氧量（1.7）
2022年	1171	1031	88.0	悬浮物（6.0）、总磷（7.0）、氨氮（9.4）、总氮（3.1）化学需氧量（5.7）、
2023年	1001	951	95.0	化学需氧量（2.7）、氨氮（9.0）、总磷（13.4）、总氮（4.5）、悬浮物（3.5倍）、粪大肠菌群（23.0倍）

（六）农田灌溉水

2019—2023年，灌溉规模10万亩及以上的农田灌溉水水质年度达标率分别为100.0%、96.3%、92.6%、93.8%、99.3%，2021年达标率最低，2019年达标率最高。总体来说，达标率呈先降后升的趋势。

超标指标为粪大肠菌群、pH和蛔虫卵数。2021年、2022年粪大肠菌群均出现过超标，最大超标倍数为3.0倍，均出现在凉山州；2020年、2021年、2022年pH均出现过超标，最大值为8.7；2023年蛔虫卵数超标，出现在达州市，超标倍数为0.6。

（七）县域农村环境状况

2016—2022年，环境质量状况总体保持“良好”，分级为“优”的县占比46.8%～85.1%；分级为“良”的县占比13.2%～72.9%；分级为“一般”的县占比1.0%～11.4%；2022年首次出现分级为“差”的县，占比0.6%；无分级为“较差”的县。2016—2023年四川省农村县域环境状况变化趋势如图3.9-25所示。

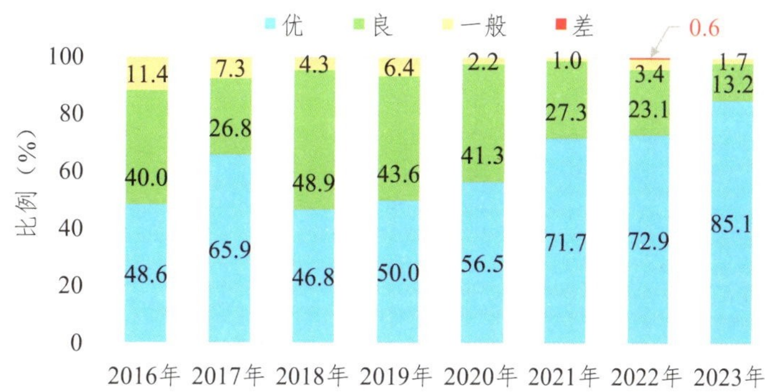

图3.9-25 2016—2023年四川省农村县域环境状况变化趋势

四、小结

（一）四川省农村环境质量总体持续改善

2023年四川省县域农村环境状况指数以“优”为主，各要素除了农村空气质量外，均有不同程度改善。县域地表水达标率为97.7%，同比上升1.4个百分点；农村土壤Ⅰ级占比为90.7%；千吨万人饮用水达标率为99.3%，同比上升0.7个百分点；农村生活污水处理设施出水达标率为95%，同比上升7个百分点；农业面源污染“清洁”断面率为36.9%，污染改善较显著，同比上升16.3个百分点。农田灌溉水水质达标率99.3%，同比上升5.5个百分点；农村黑臭水体达标率为95.5%。县域地表水、千吨万人饮用水、农村生活污水处理设施、农田灌溉水、农业面源五要素在监测点位逐年增加的情况下，达标率稳步上升，农村环境质量总体呈持续改善趋势。

四川省农村环境空气优良天数比例在2020年、2021年连续两年同比下降，在2022年有略微上升，2023年又同比下降，农村空气质量自2020年以来总体呈下降趋势。

（二）2016—2023年四川省农村环境质量总体稳中向好

四川省村庄环境空气质量总体呈下降趋势，但优良天数比例均稳定在90%以上；村庄土壤以Ⅰ级点位为主，2021—2023年均未出现超过管制值的点位；县域地表水水质逐年提升，优良水质断面比例上升15.8个百分点；2019—2023年农村千吨万人饮用水水源地水质明显改善，达标率上升15.9个百分点。日处理能力20吨及以上农村生活污水处理设施出水水质达标率上升33.7个百分点。灌溉规模10万亩及以上的农田灌溉水水质达标率有所下降。

五、原因分析

（一）环境质量改善方面

2023年四川省为努力改善农村环境，提升农村环境监管水平，整治提升农村人居环境，使县域地表水、农村土壤、千吨万人饮用水、农田灌溉水、农业面源的整体质量持续得到改善，主要做了以下工作：

1. 农业农村生态环境质量持续改善

四川省69.9%的行政村（含涉农社区）生活污水得到有效治理，居全国前列。发布《四川省水产养殖业水污染物排放标准》，印发《四川省农村生活污水治理典型技术模式汇编》。指导资中县开展全国农业面源污染治理与监督指导试点，德阳市、达州市成功入选2023年农村黑臭水体治理试点。生态环境部土壤司、土壤中心、发展中心多次来川调研，重庆、广东、广西等地组织人员来川学习交流；全国政协来川调研农村生活污水治理模式时给予充分肯定，四川农村生活污水就地就近资源化利用已成为一张靓丽的名片。

2. 集中式饮用水水源地环境安全得到有效保障

四川省299个县级及以上集中式饮用水水源水质达标率为100%，2244个农村集中式饮用水水源地全部完成保护区划定，提前完成国家“十四五”保护区划定任务。报请省政府批复划定、调整、撤销16处县级及以上饮用水水源保护区。出台《四川省饮用水水源保护区管理规定（试行）》，发布《四川省集中式饮用水水源保护区勘界定标技术指南》，成为全国首个“地方性法规+配套制度+地方标准”，用最严谨标准、最严格制度、最严密法治保护饮用水水源地的省份。

3. 地下水污染防治体系逐步完善

印发《四川省地下水生态环境保护规划（2023—2025年）》，在全国率先建成省级地下水环境信息管理决策平台。指导什邡经济开发区地下水污染管控修复项目纳入全国试点。完成4个全国第一批地下水污染防治试点项目、广元市地下水污染防治试验区年度建设任务、21个市（州）地下水污染防治重点区划定以及重点污染源地下水环境状况调查评估。第一批抄报中央主题教育办的“地下水污染防治工作基础薄弱”问题清单按时销号，整改措施得到省委巡回指导组高度肯定。

4. 帮扶工作同乡村振兴战略部署有效衔接

一是连续4年被省委、省政府表彰为定点帮扶工作先进单位。下达489万资金支持松潘县实施10个农村生活污水治理“千村示范工程”，指导松潘县涪江源农村环境综合整治项目纳入中央储备库，实施消费帮扶59万余元。二是成立39个欠发达县域托底性帮扶工作领导小组，四川省生态环境厅主要领导带队到联系的石渠县开展调研，组织召开专题会议研究帮扶工作。

（二）污染加重方面

农村环境空气质量近年来受极端高温天气的影响，总体呈下降趋势，分析超标村庄所在区域的地理和气象情况，主要有以下几点原因：

1. 受气象变化的影响

大气在冬季转为静稳状态时，气象条件不断转差，出现细颗粒物污染超标，而在第二、第三季度因多次出现极端高温天气，造成臭氧浓度急速攀升，出现臭氧超标的情况。

2. 受地理条件的影响

四川盆地南部区域，主要地貌类型为丘陵，建成区为低丘和缓丘平坝区，是典型的“簸箕”状地形。盆地、半盆地或山脉阻碍主导风向的地区，空气流通性弱，大气污染物易聚集、难扩散；盆地地形导致夜间冷空气下沉、暖空气抬升，形成逆温现象，对流运动减弱，空气污染加重。成都地区由于没有天然的森林公园和大江大河可以吸附空气中的污染物，加上一马平川的盆底地形，地理条件使成都成为南方城市中少有会扬沙的城市。

3. 受人类活动的影响

第一、第四季度受农村秸秆焚烧、除夕烟花爆竹影响，且村庄周边受工业园区形成的细颗粒物、二氧化氮高值区污染物扩散影响，导致可吸入颗粒物、细颗粒物、二氧化氮超标。

专栏十

四川省农业面源污染监测评估

为构建农业面源污染监测网络体系和污染监测评估体系，稳步推进农业面源污染监测评估工作，根据《生态环境监测规划纲要（2020—2035年）》《四川省"十四五"生态环境保护规划》，按照生态环境部《全国农业面源污染监测评估实施方案（2022—2025年）》（环办监测〔2022〕23号）《四川省农业面源污染监测评估实施方案（2023—2025年）》要求，四川省开展了2023年农业面源污染监测评估工作。

一、监测区农业面源污染监测评估结果

2023年，成都简阳市监测区、内江资中县监测区、资阳安岳县监测区率先开展农业面源污染监测工作，完成区域内支流的进出口断面监测、土壤监测、地块信息调查，以及土地类型和植被覆盖度的野外核查工作，成都简阳市、内江资中县、资阳安岳县农业面源污染监测区卫星影像和点位布设如图1～图3所示。根据监测结果，核算得到监测区2023年入水体污染量和入水体负荷，见表1。

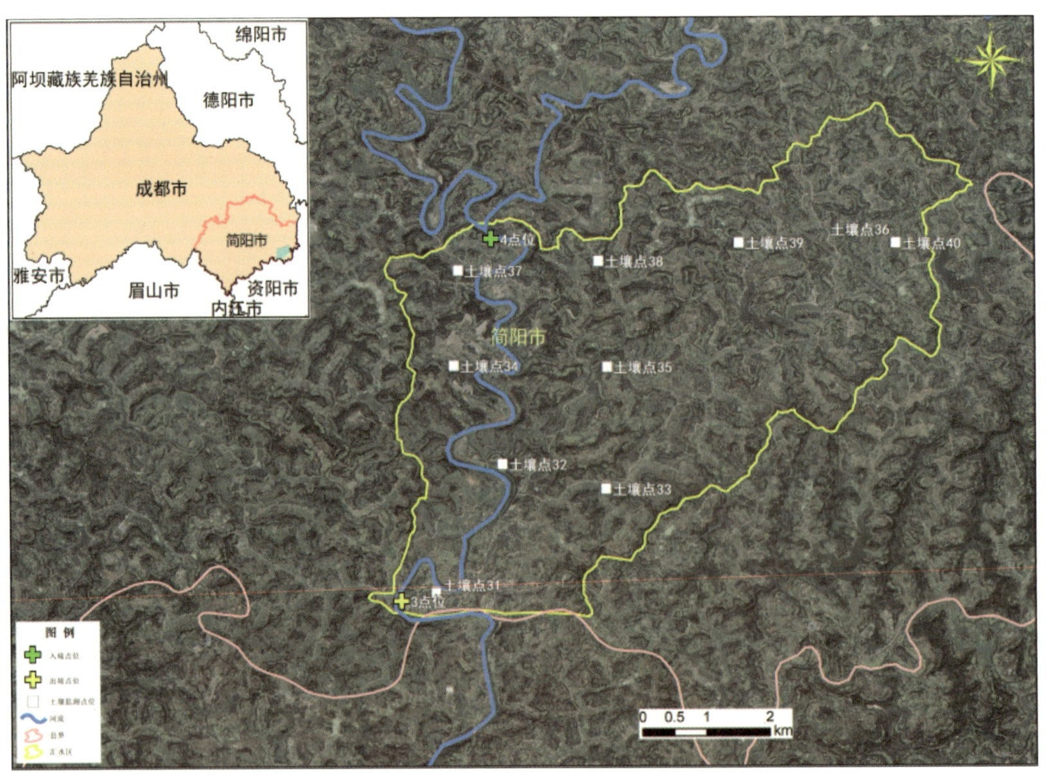

图1　成都简阳市农业面源污染监测区卫星影像和点位布设

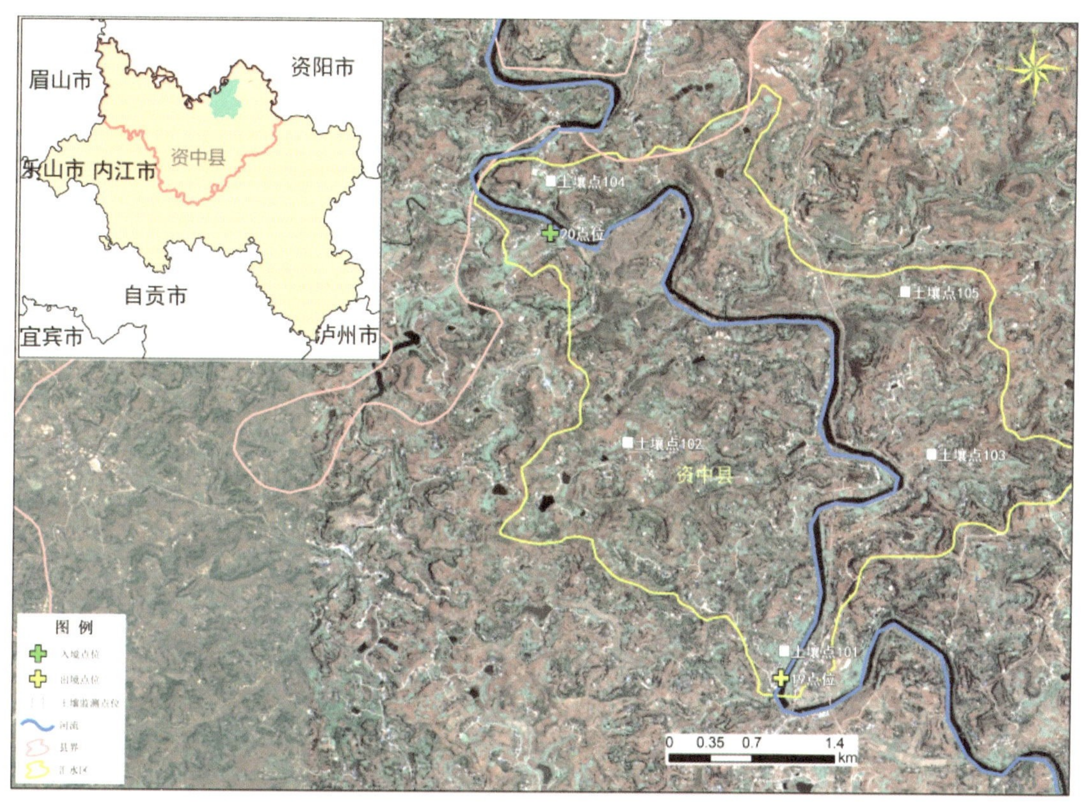

图2　内江资中县农业面源污染监测区卫星影像及监测布点

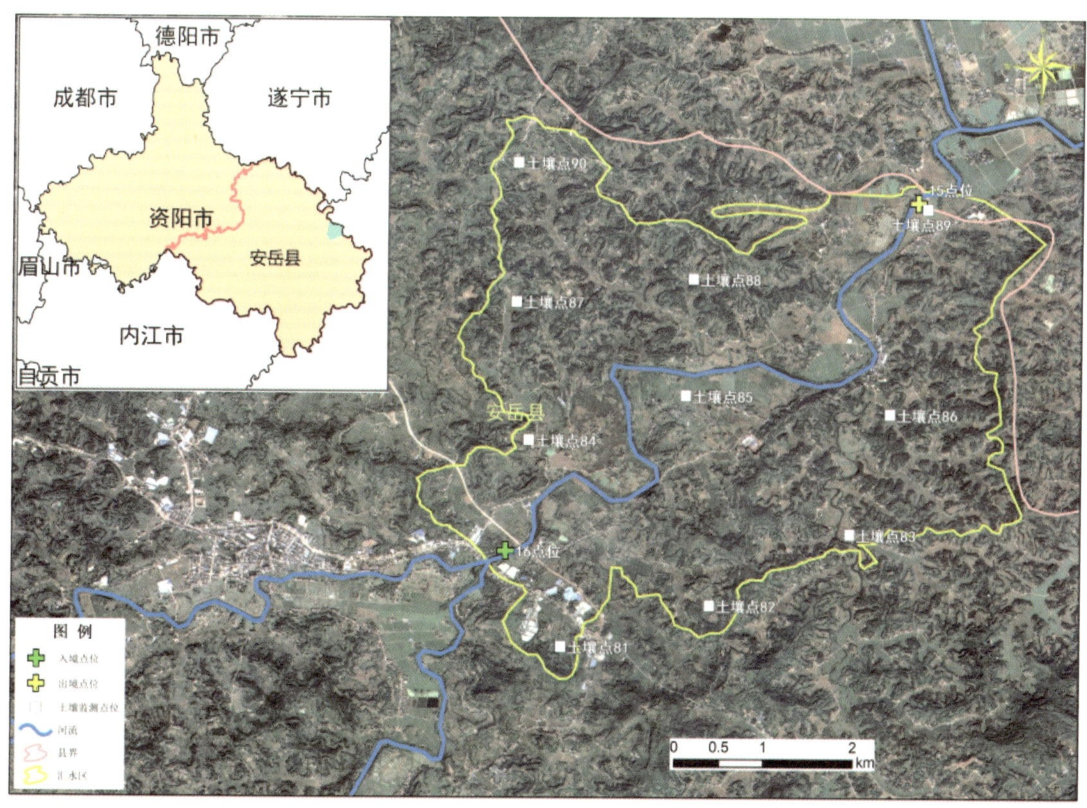

图3　资阳安岳县农业面源污染监测区卫星影像及监测布点

表1　监测区2023年入水体污染量和入水体负荷

监测区	指标	总氮	总磷	氨氮	化学需氧量	高锰酸盐指数	磷酸盐	可溶性磷酸盐
成都简阳市监测区	年度污染量（t）	5.54	7.42	39.25	73.96	18.80	0.04	—
	入水体负荷（t/km²）	0.15	0.21	1.10	2.07	0.53	0.001	—
内江资中县监测区	年度污染量（t）	84.36	1.80	19.65	105.47	20.53	4.83	5.97
	入水体负荷（t/km²）	7.68	0.16	1.79	9.61	1.87	0.44	0.54
资阳安岳县监测区	年度污染量（t）	60.74	5.13	1.36	—	6.44	2.39	2.97
	入水体负荷（t/km²）	2.87	0.24	0.06	—	0.3047	0.11	0.14

注：“—”表示结果无法有效计算。

三个监测区中，内江资中县监测区总氮、氨氮、化学需氧量、高锰酸盐指数、磷酸盐和可溶性磷酸盐的入水体负荷均最高。三个监测区的总磷入水体负荷基本相当。2023年四川省农业面源污染评估结果如图4所示。

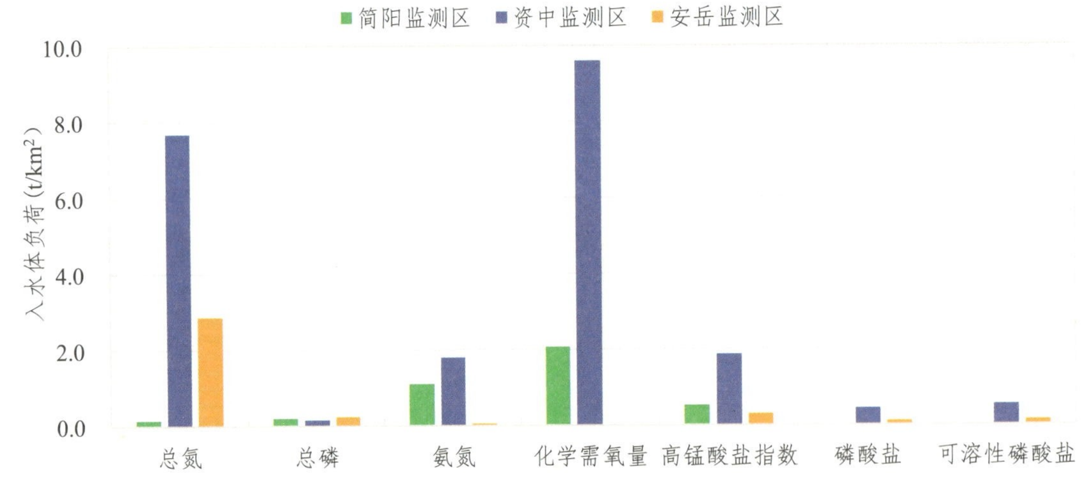

图4　2023年四川省农业面源污染评估结果

二、四川省农业面源污染监测评估结果

基于四川省土地利用类型、植被覆盖度、降水插值数据、养分平衡量、土壤氮磷含量、坡长坡度数据、监测区污染量计算结果、参数调查和入河系数等九类数据源，采用“国家农业面源污染监测评估系统”开展农业面源污染量评估，得到农业面源评估结果。2023年四川省农业面源污染评估结果统计信息见表2。

表2　2023年四川省农业面源污染评估结果统计信息

项目	评估指标			
	排放量（t）	排放负荷（t/km^2）	入水体量（t）	入水体负荷（t/km^2）
总氮	67144.1	0.1381	36832.95	0.0757
总磷	6502.2	0.0134	3498.96	0.0072
氨氮	26314.4	0.0541	14442.99	0.0297
化学需氧量	48311.1	0.0994	23531.94	0.0484

四川省评估指标中排放量和排放负荷从高到低排序依次是总氮、化学需氧量、氨氮和总磷；入水体量和入水体负荷从高到低依次是总氮、化学需氧量、氨氮和总磷。四川省农业面源污染排放负荷和入水体负荷较高的区域主要分布于四川盆地，少量分布于攀西地区。2023年四川省农业面源污染评估结果如图5所示。

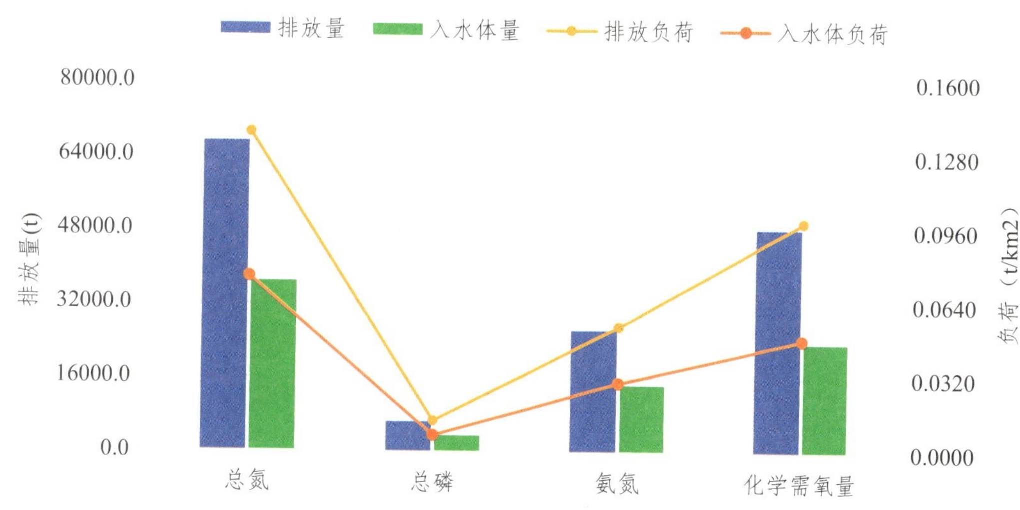

图5　2023年四川省农业面源污染评估结果

第十章　土壤环境质量

一、现状评价

（一）监测结果

1. 理化项目

2023年，四川省开展监测的774个点位土壤pH范围为3.21～9.13，平均为6.47，极强酸性、强酸性、酸性、中性、碱性、强碱性点位占比分别为2.6%、22.4%、22.9%、29.9%、21.1%和1.2%。有机质浓度为1.46～146克/千克，平均值为30.87克/千克；阳离子交换量浓度为0.9～46厘摩尔/千克，平均值为14.3厘摩尔/千克。2023年四川省土壤风险点酸碱性分级如图3.10-1所示。

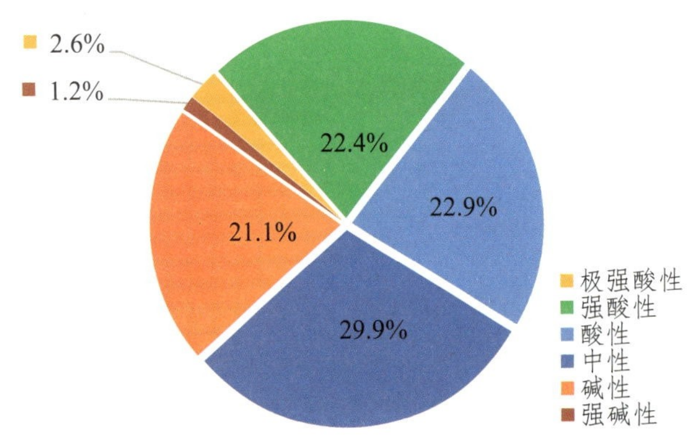

图3.10-1　2023年四川省土壤风险点酸碱性分级

2. 无机项目

8个无机项目检出率均为100%，2023年四川省土壤风险点无机项目监测结果统计情况见表3.10-1。

表3.10-1　2023年四川省土壤风险点无机项目监测结果统计情况

监测项目	浓度范围（mg/kg）	平均值（mg/kg）	最高值点位所在位置
镉	0.02～544.2	2.11	雅安石棉县四川四环电锌有限公司周边林地
汞	0.012～18.7	0.204	凉山州越西县凉山索玛（集团）有限责任公司周边旱地
砷	1.83～551	13.37	凉山州会理县宏源矿业有限责任公司周边园地
铅	6.1～10900	101.6	凉山州金阳县天昊矿业有限公司周边未利用地
铬	15～5930	135	凉山州甘洛县红锐矿业有限责任公司甘洛铅锌矿周边耕地
铜	5～1304	58	雅安市石棉县四川四环电锌有限公司周边林地
锌	37～9910	259	凉山州越西县凉山索玛（集团）有限责任公司周边旱地
镍	13～1348	53	四川省雅安市石棉县四环锌锗科技股份有限公司三分厂周边旱地

3. 有机项目

有机项目包括多环芳烃（苯并[a]芘为其中一种）、六六六总量和滴滴涕总量，2023年四川省土壤风险点有机项目监测结果统计情况见表3.10-2。

表3.10-2　2023年四川省土壤风险点有机项目监测结果统计情况

监测项目	检出率	检出浓度范围（mg/kg）	最高值点位所在位置
苯并[a]芘	18.0%	0.00108～4.49	甘孜州九龙县四川里伍铜业股份有限公司里伍铜矿选矿厂周边耕地
多环芳烃	69.5%	0.00887～54.375	甘孜州九龙县四川里伍铜业股份有限公司里伍铜矿选矿厂周边耕地
六六六总量	92.1%	0.000255～0.792	四川省德阳市绵竹市汉旺镇百果村周边园地
滴滴涕总量	91.0%	0.00018～0.8549	阿坝州汶川县水磨镇旱地

（二）评价结果

1. 总体评价

2023年，四川省开展评价的725个土壤风险点中，监测结果低于风险筛选值的点位有239个，占比33.0%；介于风险筛选值和管制值之间的点位有423个，占比58.3%；高于风险管制值的点位有63个，占比8.7%。2023年四川省土壤风险点环境质量评价结果占比如图3.10-2所示。

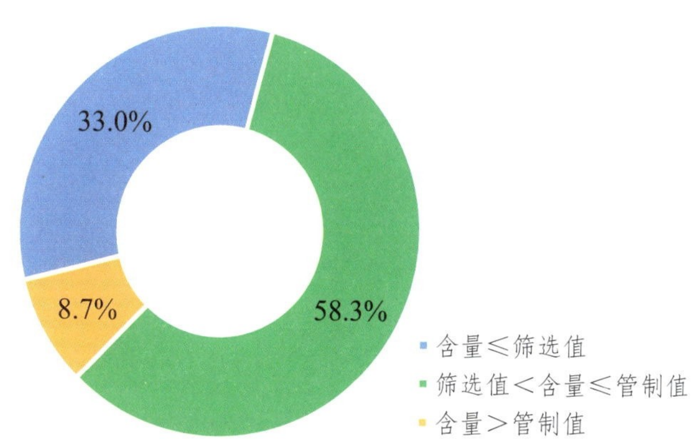

图3.10-2　2023年四川省土壤风险点环境质量评价结果占比

镉含量超过风险筛选值的点位占比最高，其中介于筛选值和管制值之间点位占比50.2%，高于管制值点位占比7.5%；铜、锌、铬次之，占比12.0%～17.5%；铅和镍分别为8.4%和8.1%；其他项目占比均小于4%。2023年四川省土壤风险点环境质量监测指标评价结果如图3.10-3所示。

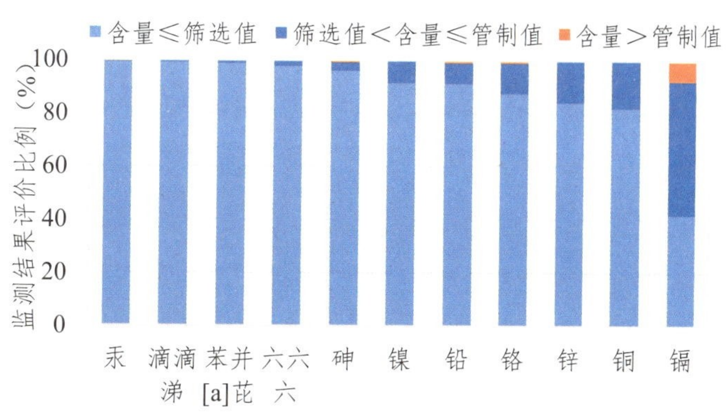

图3.10-3　2023年四川省土壤风险点环境质量监测指标评价结果

2. 重点风险点评价结果

2023年重点风险点有195个，参与评价183个，监测结果低于风险筛选值的点位有45个，占比24.6%；介于风险筛选值和管制值之间的点位有118个，占比64.5%；高于风险管制值的点位有20个，占比10.9%。从监测项目来看，镉含量高于筛选值点位的占比最高，介于筛选值和管制值之间占比56.8%，高于管制值占比9.8%。重点风险点分项目评价结果见表3.10–3。

3. 一般风险点评价结果

2023年一般风险点有579个，参与评价542个，监测结果低于风险筛选值的点位有194个，占比35.8%；介于风险筛选值和管制值之间的点位有305个，占比56.3%；高于风险管制值的点位有43个，占比7.9%。从监测项目来看，镉含量高于筛选值点位的占比最高，介于筛选值和管制值之间占比48.2%，高于管制值占比6.6%。一般风险点分项目评价结果见表3.10–3。

表3.10–3 重点/一般风险点分项目评价结果

监测项目	含量≤筛选值（%）		筛选值<含量≤管制值（%）		含量>管制值（%）	
	重点	一般	重点	一般	重点	一般
镉	33.3	45.2	56.8	48.2	9.8	6.6
汞	100.0	99.6	0.0	0.2	0.0	0.2
砷	98.4	95.4	1.6	3.9	0.0	0.7
铅	93.4	91.0	6.0	8.3	0.5	0.7
铬	89.1	87.6	10.4	11.6	0.5	0.7
铜	84.7	81.7	15.3	18.3	0.0	0.0
锌	83.1	85.1	16.9	14.9	0.0	0.0
镍	92.3	91.7	7.7	8.3	0.0	0.0
六六六总量	97.8	98.2	2.2	1.8	0.0	0.0
滴滴涕总量	98.9	99.8	1.1	0.2	0.0	0.0
苯并[a]芘	99.5	99.1	0.5	0.9	0.0	0.0

二、年内空间分布规律分析

2023年，遂宁和资阳土壤点位的污染风险低，所有点位均小于筛选值；南充、成都、内江、广安、眉山、达州部分点位存在土壤污染风险，高于筛选值的点位占比25.0%～40.0%；阿坝、绵阳、甘孜、自贡、泸州、广元、宜宾、乐山、德阳、攀枝花、凉山大部分点位存在土壤污染风险，高于筛选值的点位占比50.0%～90.0%；巴中和雅安土壤污染风险最高，超过筛选值点位占比100%。总体呈现四川盆地底部和川西高原土壤环境污染风险低，盆地周边山区和攀西高原土壤环境污染风险高的状况。2023年四川省土壤风险点评价结果空间分布如图3.10–4所示。

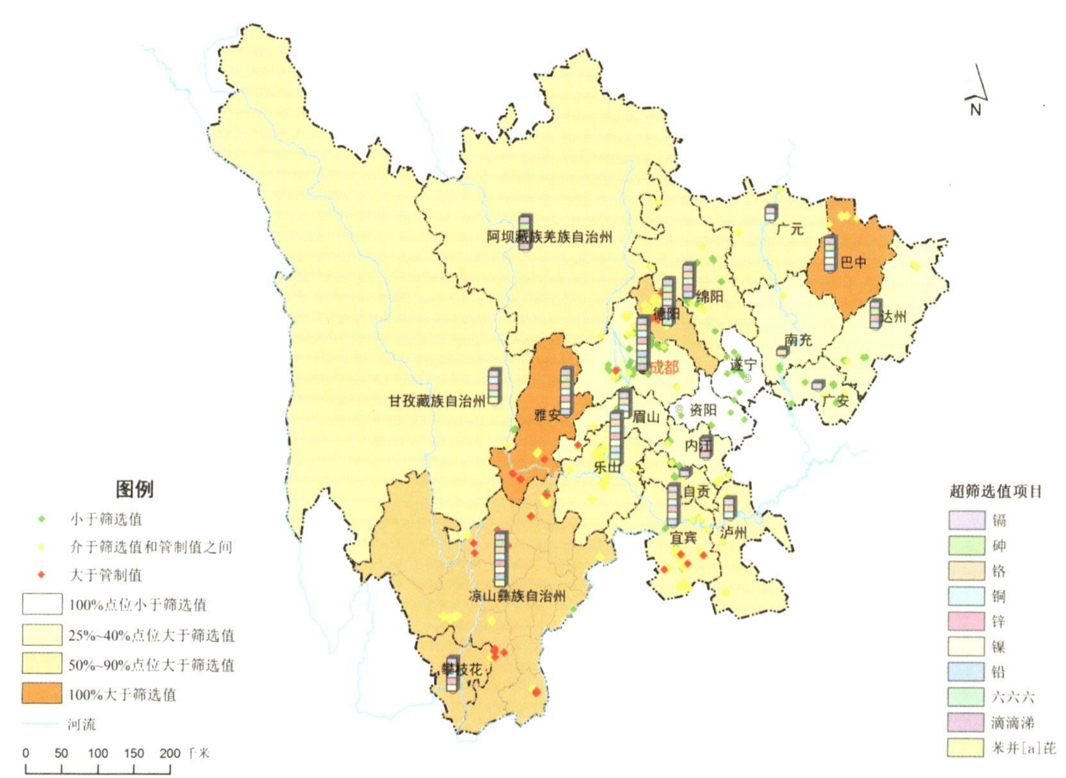

图3.10-4 2023年四川省土壤风险点评价结果空间分布

绵阳、巴中、甘孜、攀枝花、阿坝、宜宾、德阳、雅安、成都、乐山、凉山出现5～8个超筛选值指标，主要为无机项目，少量有机项目；广元、泸州、内江、眉山、达州超筛选值的项目有2～4个，均为无机项目；南充、自贡、广安仅1个项目镉超筛选值。

三、重点风险点年度变化趋势分析

（一）点位评价结果变化趋势

2023年，重点风险点监测结果低于筛选值点位占比24.6%，同比下降1.1个百分点，较2021年上升5.7个百分点；介于筛选值和管制值间点位占比为64.5%，同比上升6.0个百分点，较2021年下降5.5个百分点；高于管制值点位占比10.9%，同比下降4.9个百分点，较2021年下降0.2个百分点。土壤重点风险点污染风险总体有所下降。

（二）项目评价结果变化趋势

镉、锌和苯并[a]芘监测结果低于筛选值点位占比同比上升，上升幅度分别为1.1个、0.5个和0.5个百分点。2021—2023年低风险点位占比，镉和苯并[a]芘逐年上升，总体分别上升4.4个、3.9个百分点；锌先下降后上升，总体下降0.8个百分点。土壤重点风险点中镉、苯并[a]芘污染风险逐年下降。

汞、砷、滴滴涕和铅监测结果低于筛选值点位占比同比保持不变。2021—2023年低风险点位占比，汞保持不变；砷、铅和滴滴涕分别上升1.1个、1.8个和2.2个百分比。土壤重点风险点中汞污染风险保持不变，砷、铅和滴滴涕污染风险下降。

镍、铬、铜、六六六监测结果低于筛选值点位占比同比下降，分别下降1.1个、4.9个、5.5个和2.2个百分点。2021—2023年低风险点位占比，四个项目均先上升后下降，总体下降幅度不超过1.5个百分点。土壤重点风险点中镍、铬、铜、六六六污染风险有所增加。

2021—2023年土壤重点风险点监测结果低于筛选值点位占比如图3.10-5所示。

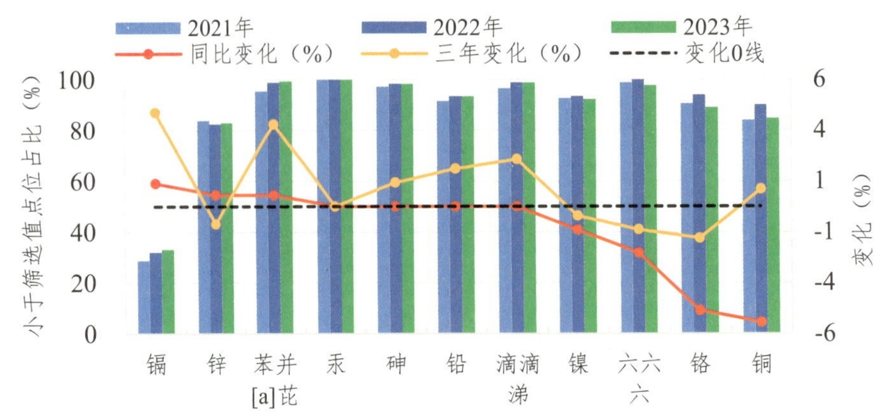

图3.10-5　2021—2023年土壤重点风险点监测结果低于筛选值点位占比

四、小结

（一）土壤环境质量总体未出现明显变化，重点风险监控点土壤环境污染风险有所下降

土壤风险点环境质量监测结果低于风险筛选值点位占比33.0%，介于风险筛选值和管制值之间点位占比58.3%，高于风险管制值点位占比8.7%。土壤中镉的污染风险最高且较普遍；铜、锌和铬次之；铅、镍、砷、汞和有机项目相对低。

2021—2023年，重点风险监控点周边土壤环境污染风险总体下降，其中低污染风险点位比例同比上升5.7个百分点，可能存在污染风险点位比例下降5.5个百分点，高污染风险点位比例下降0.2个百分点。镉低污染风险点位比例上升4.4个百分点，风险降低最为明显。

（二）土壤污染水平空间呈现一定的区域分布规律

土壤污染水平总体呈现四川盆地底部和川西高原土壤污染风险低，盆地周边山区和攀西高原土壤污染风险高的规律。

遂宁和资阳点位土壤污染风险低；南充、成都、内江、广安、眉山、达州、阿坝、绵阳、甘孜、自贡、泸州、广元、宜宾、乐山、德阳、攀枝花、凉山部分点位存在土壤污染风险；巴中和雅安点位土壤污染风险高。

五、原因分析

（一）重点风险点土壤环境污染风险总体有所下降的原因分析

“十四五”以来，四川省以习近平生态文明思想为指导，认真贯彻落实《中华人民共和国土壤污染防治法》，深入开展净土保卫战，降低四川省土壤环境风险，改善环境质量。

一是深入推进土壤环境质量调查评估。以农用地、建设用地和特殊区域土壤调查为重点，推进耕地土壤重金属污染成因排查和长期跟踪监测，夯实土壤环境质量基础数据库。

二是开展土壤污染源头防控。以工况企业污染源为重点，强化重点行业企业、矿产资源开采、固体废物和化肥农药等土壤污染源头监管和重金属污染防治。

三是强化土壤风险管控和治理修复。对于农用地，加大保护优先保护类耕地，提升受污染耕地安全利用水平，全面落实严格管控类耕地风险管控措施，开展农用地土壤污染治理修复试点，动态调整耕地土壤环境质量类别。对于建设用地，加强土地空间管控，严格建设用地准入，有序推进建设用地土壤污染治理修复，推进污染地块分区开发试点。

四是完善地方法规标准。颁布《四川省土壤污染防治条例》，修定农用地、建设用地和工矿用地土壤环境管理办法，出台《四川省建设用地土壤污染风险管控标准》《四川省固体废物堆存场所土壤风险评估技术规范》地方标准，为地方开展土壤环境监管和治理提供依据。

（二）污染成因分析

土壤中金属含量水平主要由地质背景决定，叠加工业、农业等人为活动影响。

四川省地质高背景区主要分布在四川盆地边缘山区和川西南地区，因此空间分布上盆地边缘山区的雅安、乐山、广元、巴中、德阳、宜宾、泸州，攀西地区的攀枝花和凉山金属含量水平相对较高。

黑色金属矿采选业、有色金属矿采选业、黑色金属冶炼和压延加工业、化学原料和化学制品制造业、有色金属冶炼和压延加工业为金属污染高风险行业，周边的农用地可能通过大气沉降、水排放、运输洒落等迁移途径受到污染。

此外，施用化肥和杀虫剂等农业活动也会影响土壤中金属含量。

| 专栏十一 |

四川省第三次全国土壤普查

四川省第三次全国土壤普查是对全省土壤质量状况的一次全面“体检”，通过土壤普查查明土壤类型及其分布规律，查清土壤资源数量和质量状况，是守住耕地红线确保国家粮食安全的重要基础性工作，也是优化农业生产布局助力乡村产业振兴的有效途径。2023年10月，按照《四川省第三次全国土壤普查工作领导小组办公室关于确认第三次全国土壤普查省级质量控制实验室的通知》（川土壤普查办发〔2023〕29号），四川省生态环境监测总站（以下简称“四川省站”）作为省级质控实验室，承担四川省第三次全国土壤普查内业测试化验质量控制工作。四川省第三次全国土壤普查内业质控工作会议如图1所示。

图1　四川省第三次全国土壤普查内业质控工作会议

四川省站承担的主要工作有以下几方面：（1）样品流转。完成盆周山区包括自贡市、泸州市、遂宁市、宜宾市、南充市、广安市、达州市7个市州所属市（县、区）共计65245个样品的二次编码、插入质控样、密码样、组批、转运等。（2）留样复测。完成约441个样品的留样复测。（3）监督检查及质量控制。完成对15个检测实验室的方案审核、检测数据审核、质控数据审核上报、质控报告编写、样品制备、流转、保存与检测全过程监督检查等。（4）技术培训。完成对检测实验室实操培训。四川省第三次全国土壤普查内业测试化验培训如图2所示。

图2 四川省第三次全国土壤普查内业测试化验培训

按照全国第三次全国土壤普查技术规定和质量管理要求，四川省站构建了统一、专业高效的质量管理工作机制，逐级落实普查工作质量管理责任。充分应用信息化技术等手段，健全覆盖样品制备、保存、流转、分析测试与数据审核等普查全过程的质量保证与质量控制体系，严格各环节的外部质量控制，加强质量监督检查，有效地保障土壤三普数据完整规范、科学准确和真实可靠。

| 专栏十二 |

四川省黄河流域历史遗留矿山污染状况调查

按照深入贯彻落实中共中央、国务院《黄河流域生态保护和高质量发展规划纲要》和自然资源部办公厅、生态环境部办公厅、国家林业和草原局办公室《关于组织开展黄河流域历史遗留矿山生态破坏与污染状况调查评价的通知》、《黄河流域历史遗留矿山污染状况调查评价技术方案》和《黄河流域历史遗留矿山污染状况调查评价质量保证与质量控制技术方案》等技术要求，四川省站作为省级质控实验室，从调查对象分类、资料收集、取样分析、结果评价等方面开展了质控，保证了工作过程规范、结果准确。

四川省站组织开展《四川省黄河流域历史遗留矿山污染状况调查监测样本筛选方案》和《四川省黄河流域历史遗留矿山污染状况调查评价布点采样方案》的专家审查；完成88座矿山（图斑）调查表的检查和信息平台中6个矿山（图斑）47个点位取样资料的抽查，对于存在的问题，已反馈采样单位，并督促其完成了整改；对14个矿山（图斑）129个点位进行了现场质控；抽查了40个样品的制备情况、60个样品的流转情况和8个矿山（图斑）的样品流转，提出问题要求及时整改并审核；查看了实验室资质情况、环境条件记录、分析方法验证报告及原始记录，询问了样品分析测试过程，核实了实验室人员、设备等与任务量匹配等，监督检查问题已正式告知检测实验室，并提出了整改时限，全部完成了整改。最终形成的四川省历史遗留矿山污染状况调查评价准确合理，成果报告和相关图件较完善，满足国家要求，为黄河流域历史遗留矿山环境污染治理提供了依据。四川省黄河流域历史遗留矿山污染状况调查现场采样质控如图1所示。

图1 四川省黄河流域历史遗留矿山污染状况调查现场采样质控

第十一章　辐射环境质量

一、电离辐射

（一）环境γ辐射剂量率

1. γ辐射空气吸收剂量率（自动站）

2023年，四川省42个辐射环境自动监测站γ辐射空气吸收剂量率年均值范围为57.1～152纳戈瑞/小时，处于本底涨落范围内。

2. γ辐射累积剂量

2023年，四川省24个监测点位γ辐射累积剂量测值范围为72～140纳戈瑞/小时，处于本底涨落范围内。

3. γ辐射瞬时剂量

2023年，四川省21个监测点位γ辐射瞬时剂量测值范围为48.7～111纳戈瑞/小时，处于本底涨落范围内。

（二）大气中的放射性水平

1. 气溶胶

2023年，气溶胶中天然放射性核素钾-40（活度浓度范围为4.50～127微贝可/立方米）、碘-131（活度浓度范围为1.2～5.3微贝可/立方米）、镭-228（活度浓度范围为1.1～5.5微贝可/立方米）、钋-210（活度浓度范围为0.14～0.65毫贝可/立方米）、铍-7（活度浓度范围为0.23～12毫贝可/立方米）、铅-210（活度浓度范围为0.17～19毫贝可/立方米）均处于本底涨落范围内，钡-140低于探测下限；人工放射性核素锶-90（活度浓度范围为0.51～0.85微贝可/立方米）、铯-137（活度浓度范围为0.24～0.92微贝可/立方米）未见异常，铯-134低于探测下限。乐山市环境监测站、峨眉山市环境监测站测得的总α（活度浓度范围为0.0060～0.18毫贝可/立方米）、总β（活度浓度范围为0.326～2.12毫贝可/立方米）处于本底涨落范围内。

2. 沉降物

2023年，四川省24个监测点位沉降物样品监测，在检出的天然放射性核素中，钾-40［日沉降量范围为2.35～96.7毫贝可/（平方米·天）］、镭-228［日沉降量范围为0.78～4.0毫贝可/（平方米·天）］、铅-210［日沉降量范围为39.8～1190毫贝可/（平方米·天）］、钡-140日沉降量测量值均低于探测下限，均处于本底涨落范围内；人工放射性核素铯-137［日沉降量范围为0.22～0.78毫贝可/（平方米·天）］、锶-90［日沉降量范围为0.477～1.49毫贝可/（平方米·天）］监测结果未见异常，铯-134日沉降量测量值均低于探测下限。

3. 空气中氚

2023年，四川省2个监测点位空气中氚化水活度浓度范围为15.0～28.9毫贝可/立方米，降水氚活度浓度范围为1.8～1.9贝可/升，均处于本底涨落范围内。

4. 空气中氡

2023年，四川省2个监测点位空气中氡累积测量活度浓度范围为15.4～23.8贝可/立方米，成都市花土路自动站监测空气中氡连续测量活度浓度范围为5.6～17.0贝可/立方米，均处于本底涨落范围内。

5. 空气中碘

2023年，四川省23个辐射环境自动站监测的气态碘-131活度浓度均低于探测下限，探测下限范围为0.046～0.260毫贝可/立方米。

6. 空气中碳

2023年，四川省成都市花土路自动站监测空气中碳-14活度浓度为0.239［贝可/（克·碳）］，处于本底涨落范围内。

（三）水体中的放射性水平

1. 地表水

2023年，四川省23个地表水监测点位，总α（活度浓度范围为0.014～0.091贝可/升）、总β（活度浓度范围为0.022～0.190贝可/升）未见异常；天然放射性核素镭-226（活度浓度范围为7.4～16毫贝可/升）、钍（浓度范围为0.055～0.290微贝可/升）、总铀（浓度范围为0.070～1.900微贝可/升）处于本底涨落范围内；人工放射性核素锶-90（活度浓度范围为0.39～1.00毫贝可/升）、铯-137（活度浓度范围为0.23～0.56毫贝可/升）未见异常。其中，天然放射性核素铀和钍浓度、镭-226活度浓度与1983—1990年全国环境天然放射性水平调查结果处于同一水平。

2. 地下水

2023年，四川省成都市都江堰地下水中总α（活度浓度为0.045贝可/升）、总β（活度浓度为0.094贝可/升）均低于《地下水质量标准》（GB/T 14848—2017）规定的放射性指标指导值；天然放射性核素铅-210（活度浓度为3.3毫贝可/升）、钋-210（活度浓度为0.44毫贝可/升）、镭-226（活度浓度为8.4毫贝可/升）、钍（浓度为0.090微贝可/升）、铀（浓度为1.2微贝可/升）均处于本底涨落范围内。

3. 饮用水水源地水

2023年，四川省42个监测点位饮用水水源地水中，总α（活度浓度高于探测限测值范围，为0.003～0.500贝可/升），总β（活度浓度高于探测限测值范围，为0.01～1.00贝可/升）均低于《生活饮用水卫生标准》（GB 5749—2022）规定的放射性指标指导值。5个重点城市（成都市、绵阳市、广元市、乐山市、宜宾市）国控点饮用水水源地水中，人工放射性核素锶-90（活度浓度范围为0.44～0.72毫贝可/升）、铯-137（活度浓度范围为0.24～0.52毫贝可/升）未见异常。

（四）土壤中的放射性水平

2023年，四川省21个市（州）土壤中天然放射性核素钾-40［活度浓度范围为263～774贝可/（千克·干）］、镭-226［活度浓度范围为18～55贝可/（千克·干）］、钍-232［活度浓度范围为22～68贝可/（千克·干）］、铀-238［活度浓度范围为21～51贝可/（千克·干）］处于本底涨落范围内，与1983—1990年全国环境天然放射性水平调查结果处于同一水平。人工放射性核素铯-137［活度浓度范围为0.44～6.80贝可/（千克·干）］未见异常。

二、电磁环境辐射监测结果

2023年，四川省18个电磁辐射环境自动站所监控的变电站工频电、磁场，移动通信基站综合场强年均值均满足《电磁环境控制限值》（GB 8702—2014）限值规定。

四川省19个环境电磁辐射监测点位，天府广场监测点综合场强为3.15伏/米，工频电场为0.701伏/米，工频磁场为0.050微特斯拉；通美大厦等18个环境电磁监测点位测得的综合场强范围为0.720～10.900伏/米，均低于《电磁环境控制限值》（GB 8702—2014）限值规定。

三、小结

2023年，四川省电离辐射环境质量总体良好，环境电磁辐射水平低于《电磁环境控制限值》（GB 8702—2014）规定的公众暴露控制限值。

关联性分析及预测

第四篇

第一章 生态环境质量的关联性分析

经济发展与生态环境状况之间的相互关系是受诸多因素影响且复杂的非线性关系，各因素相互影响，各要素相互制衡。当人均收入达到一定水平、社会经济高速发展，必然会增加一定的生态环境压力。生态环境是社会经济发展的基础，很大程度上影响着社会经济的发展；社会经济对生态环境具有能动作用，促进或阻碍着生态环境的改善。

2023年，随着工业、高新技术制造业稳定发展，四川省坚定不移走生态优先、绿色发展道路，致力建设成渝地区双城经济圈的同时，抓污染防治不放，四川省空气环境质量、水环境质量以及声环境质量持续保持优良。本次通过整理2015年以来四川省各年环境空气质量、地表水水质及声环境质量等数据，结合污染排放、气象气候条件以及社会经济统计指标数值，分析其相关性，从而找到社会经济发展与生态环境质量变化之间的内在关系。

一、数据来源

（一）气象及经济指标数据

四川省常住人口数量、生产总值、城镇化率、能源消耗量、污水排放总量、农林牧渔总产值、肉类总产量、年末猪头数、机动车保有量（车辆类型等）、运输公路总长度、工业企业数量、房屋建筑施工面积、平均降水量、平均温度、平均相对湿度等相关数据来源于四川省统计年鉴、四川省国民经济和社会发展的统计公报。

（二）污染排放数据

四川省废气中氮氧化物、颗粒物排放总量来源于各年四川省环境统计数据。

（三）污染指标数据

四川省环境空气、地表水污染因子年均浓度，城市区域及道路交通噪声昼间等效声级数据来源于四川省生态环境监测网络监测数据的统计。

二、分析方法

本次环境质量相关性分析使用到的方法包括一次函数线性相关分析、皮尔逊相关系数分析、灰色关联度分析等。

（一）一次函数线性相关分析

利用数理统计中的回归分析–线性相关来确定两种或两种以上变数间相互依赖的定量关系。变量的相关关系中最为简单的是线性相关关系，假设随机变量与变量之间存在线性相关关系，则由试验数据得到的点将散布在某一直线周围。因此，可以认为相关的回归函数的类型为线性函数。

（二）皮尔逊相关系数分析

皮尔逊相关系数又称作*PPMCC*或*PCCs*，文章中常用r或Pearson's r表示用于度量两个变量x和y之间的相关（线性相关），其值介于−1与1之间。在自然科学领域中，该系数广泛用于度量两个变量之间的相关程度，计算公式如下：

$$r=\frac{x\text{ 和 }y\text{ 的协方差}}{x\text{ 的标准差}\times y\text{ 的标准差}}=\frac{\sum_{i=1}^{n}(x_i-\bar{x})(y_i-\bar{y})}{\sqrt{\sum_{i=1}^{n}(x_i-\bar{x})^2}\sqrt{\sum_{i=1}^{n}(y_i-\bar{y})^2}}$$

本次直接使用SPSS软件，对计算出的皮尔逊相关系数进行评价，当x和y相关系数等于0，两者不相关，x增大（减小）而y减小（增大），表明两变量负相关，系数在-1到0之间，且绝对值越大，关联度越高；x增大（减小）而y增大（减小），表明两变量正相关，系数在1到0之间，值越大，关联度越高，皮尔逊相关系数与关联度见表4.1-1。

表4.1-1　皮尔逊相关系数与关联度

相关系数值	关联强度
0.8～1.0	高度关联
0.6～0.8	强关联
0.4～0.6	中等程度关联
0.2～0.4	弱关联
0～0.2	极弱关联或无关联

（三）灰色关联度分析

灰色关联分析理论及方法是对于两个系统之间的因素，其随时间或不同对象而变化的关联性大小的量度，称为关联度。灰色关联分析法是灰色分离理论中发展起来的一种新的分析方法。

通过确定参考序列与比较序列曲线几何形状的相似程度来判断其联系是否紧密，曲线越接近，相应序列之间的关联度越大，反之越小。关联度主要通过测度两个系统间的因素随不同对象变化的关联程度得到。若两个因素随不同对象同向变化，则表示这两个因素的关联度较高；若两个因素随不同对象相向变化，则表示这两个因素的关联度较低。灰色相关系数与关联度见表4.1-2。灰色关联度所使用的的公式及关联系数计算如下。

参考序列和相关因子的比较序列表示如下：

$X_0=\{X_0(k)\,|\,k=1，2，…，6\}$；

$X_i(k)=\{X_i(k)\,|\,k=1，2，…，6；i=1，2，…，8\}$

计算关联系数和关联度：

差序列：

$$\Delta_{0i}(k)=\left|X_0'(k)-X_i'(k)\right|$$

最大值：

$$x_{\max}=\max_i\max_k\left|X_0'(k)-X_i'(k)\right|$$

最小值：

$$x_{\min}=\min_i\min_k\left|X_0'(k)-X_i'(k)\right|$$

$$\zeta_i(k)=\frac{\min\limits_i\min\limits_k|x_0(k)-x_i(k)|+\rho\min\limits_i\min\limits_k|x_0(k)-x_i(k)|}{|x_0(k)-x_i(k)|+\rho\max\limits_i\max\limits_k|x_0(k)-x_i(k)|}$$

式中，ρ为分辨系数，一般取ρ=0.5。

表4.1-2　灰色相关系数与关联度

相关系数值	关联强度
$0 < r < 0.35$	弱
$0.35 < r < 0.65$	中
$0.65 < r < 0.85$	较强
$0.85 < r < 1$	强

三、相关性分析

（一）环境空气相关性分析

1. 污染物浓度与污染排放相关性分析

近年来，四川省持续推进钢铁、水泥等重点行业治理，深入推进钢铁、铸造、焦化行业工业炉窑超低排放改造，提升了钢铁企业超低排放改造率；同时通过加强面源污染治理，加强施工场地扬尘源管控，深入推动“工地蓝天行动”，逐年削减施工扬尘排放，强化道路扬尘管理，大力推进道路清扫冲洗机械化作业。废气污染物排放量呈逐年递减的状态。

2015—2023年四川省大气污染物中颗粒物和氮氧化物排放总量统计结果表明，两者逐年下降趋势明显，颗粒物由2015年的41.3万吨下降至2023年15.2万吨，累计减排26.1万吨；氮氧化物由2015年的53.4万吨下降至2023年28.6万吨，累计减排24.8万吨。

与此同时，四川省大气污染物中细颗粒物年均浓度从47微克/立方米下降至28微克/立方米，可吸入颗粒物年均浓度从77微克/立方米下降至46微克/立方米，两者与大气颗粒物排放总量均呈较明显正相关；二氧化氮浓度从30微克/立方米下降至18微克/立方米，二氧化氮浓度与氮氧化物排放量亦呈正相关。

2015—2023年四川省大气污染物总量排放与大气污染物线性相关关系如图4.1-1所示。

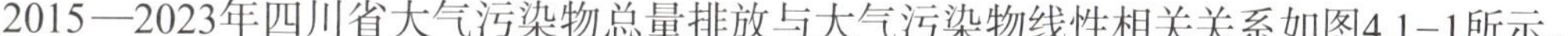

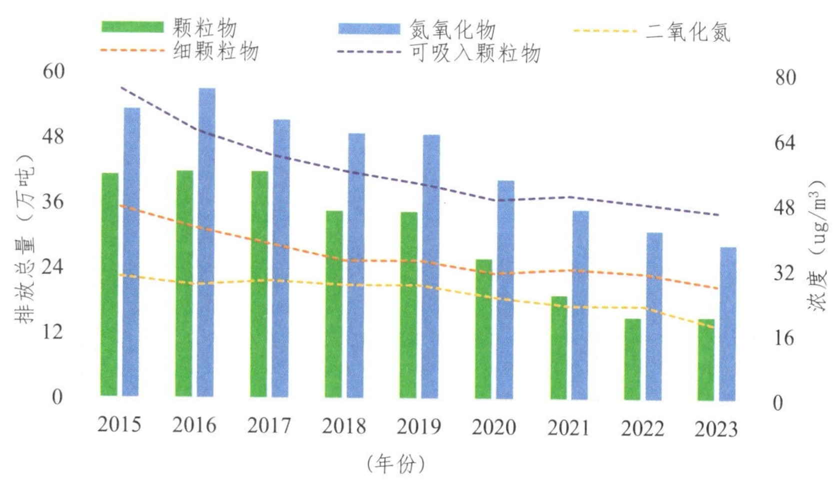

图4.1-1　2015—2023年四川省大气污染物总量排放与大气污染物线性相关关系

2. 气象因子相关性分析

不同的气象条件，由于大气扩散等条件存在较大差异，空气污染及污染类型也会随之不同。

（1）可吸入颗粒物、细颗粒物与降水量、温度。

通过分析可吸入颗粒物、细颗粒物与降水量、温度的相关性表明，可吸入颗粒物、细颗粒物浓度与降水量和平均温度呈较显著负相关（r=−0.7），变化趋势基本一致。由于深秋、冬季或初春温度相对较低，降水量少，易出现逆温层，大气边界层高度低（有关资料显示最低达到500m以下），加上四川省属于盆地地形，不利于污染物扩散，故容易出现可吸入颗粒物、细颗粒物浓度高值，引发空气污染；而在雨量较多的其他时节，空气湿度升高，减轻了道路、建筑施工场地等的扬尘，且空气污染物受到降水的冲刷发生沉降作用，加上大气边界层高度较高，污染物扩散较显著，从而使可吸入颗粒物、细颗粒物浓度降低。2015—2023年四川省可吸入颗粒物、细颗粒物浓度与降水量、平均温度散点关系如图4.1-2所示。

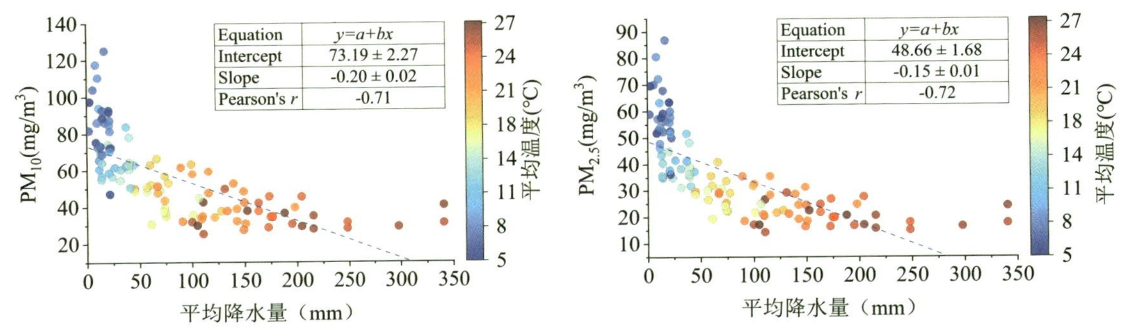

图4.1-2　2015—2023年四川省可吸入颗粒物、细颗粒物浓度与降水量、平均温度散点关系

（2）臭氧与降水量、温度。

通过分析臭氧与降水量、气温的相关性表明：四川省臭氧污染易发生在温度较高，湿度较低的气象条件下；臭氧浓度与温度呈较典型正相关关系（r=0.63），且与降水量呈一定的负相关关系。温度是影响臭氧浓度的一个较为关键的气象因素，能直接反应太阳辐射影响，较高的温度是臭氧浓度上升的必要条件，该条件下会使臭氧前体物重要汇项之一——过氧酰基硝酸酯（PAN）反应速率加快，臭氧浓度因此升高。而同样，降水量小，相对湿度低也有利于臭氧生成；反之，降水量增大，会导致臭氧的干沉降，并使光合作用中臭氧消耗作用增加。2015—2023年四川省臭氧浓度与降水量、平均温度散点关系如图4.1-3所示。

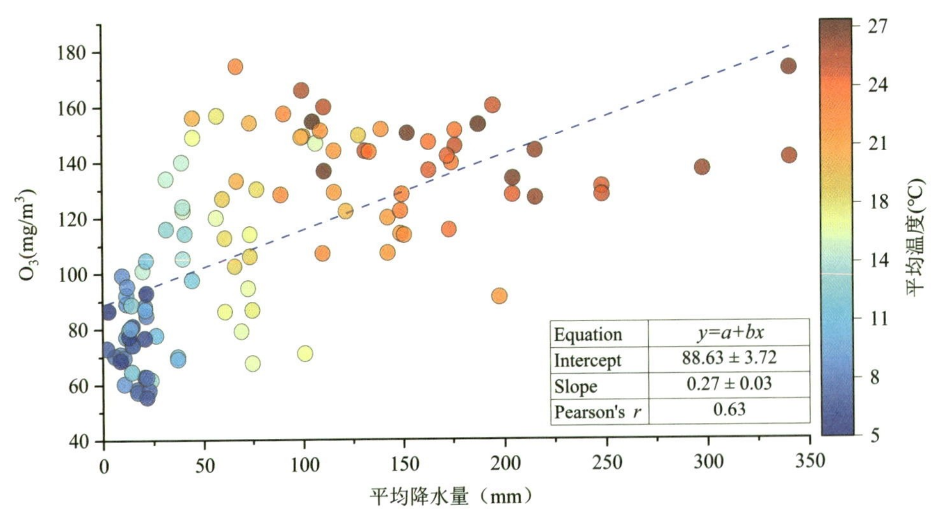

图4.1-3　2015—2023年四川省臭氧浓度与降水量、平均温度散点关系

3. 与社会经济指标相关性分析

通过SPSS软件计算空气优良天数比例、二氧化硫、臭氧、细颗粒物和可吸入颗粒物浓度与四川省常住人口、生产总值、能源消费总量、机动车保有量、房屋建筑施工面积以及工业企业数量的相关性可以看出：二氧化氮与四川省常住人口、生产总值等经济指标呈高强度负相关，特别是与常住人口关联系数达到−0.996；可吸入颗粒物、细颗粒物与四川省常住人口、生产总值等经济指标呈高强度或强负相关，可吸入颗粒物与常住人口关联系数更是达到−0.997；臭氧与常住人口、机动车保有量之间呈强正相关，与其他经济因子之间关联系一般；而空气优良天数比例与几乎所有所选经济因子均呈显著正相关。随着社会经济、工业发展，转变经济发展方式，产业结构优化，淘汰落后产能，对环境空气质量提升有很大正效应。

此外，不同空气污染物之间也存在一定的相关性。通过二氧化氮、臭氧、细颗粒物和可吸入颗粒物之间相关性可以看出：可吸入颗粒物和二氧化氮相关性最高，两者可能具有相同的来源，如工业烟尘或地面扬尘，此外汽车尾气排放除含有二氧化氮以外，也会带来较明显的公路扬尘。二氧化氮与细颗粒物、可吸入颗粒物之间的显著相关性，表明还存在一定散乱污排放情况，臭氧与其他污染物有较高的负相关，可能与臭氧前体物相关。2015—2023年四川省空气污染物与经济指标关联性如图4.1−4所示。

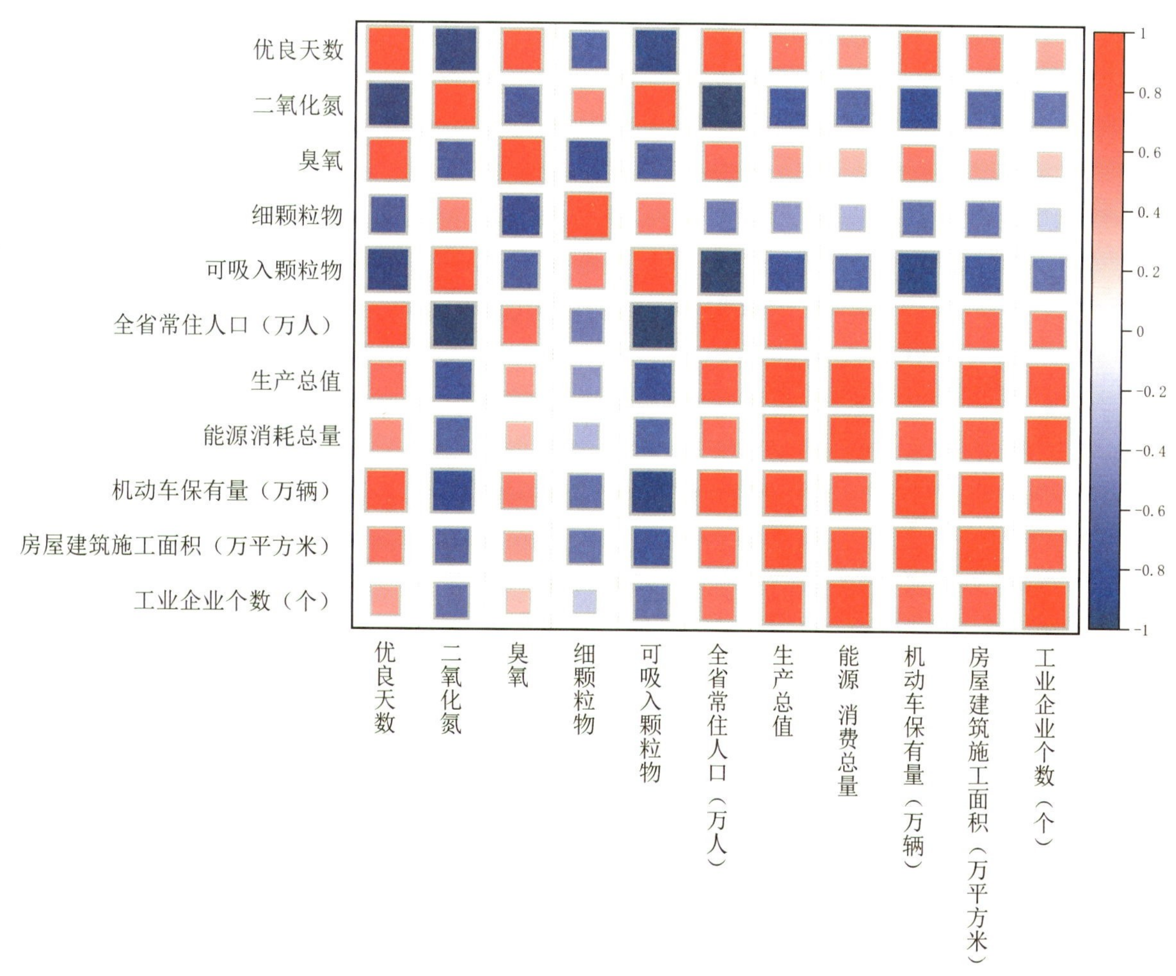

图4.1−4 2015—2023年四川省空气污染物与经济指标关联性

4. 小结

（1）大气污染物中颗粒物和氮氧化物排放总量的下降是造成空气污染物中颗粒物、二氧化氮浓度降低的直接原因。

（2）可吸入颗粒物、细颗粒物与降水量和平均温度呈较显著负相关；臭氧浓度与气温呈较典型正相关，与降水量呈一定的负相关关系。

（3）可吸入颗粒物、细颗粒物和二氧化氮与四川省常住人口、生产总值、等经济指标呈显著性负相关；臭氧与常住人口和机动车保有量呈较显著正相关；空气优良天数比例与几乎所有所选经济因子呈显著正相关。

（4）近年来，四川省以春夏季臭氧和秋冬季细颗粒物污染为控制重点，以成都平原、川南和川东北地区为重点控制区域，加强了氮氧化物、挥发性有机物等细颗粒物和臭氧前体物排放管理，强化了不利扩散条件下颗粒物、氮氧化物、二氧化硫等排放监管。在人口、生产总值、能源消耗、交通运输、工业化高度发展的同时，空气主要污染指标浓度呈逐年波动下降趋势，可能与四川省政府坚持科学治污、精准治污、依法治污，深入打好污染防治攻坚战，加快推进绿色低碳与高新技术产业发展密不可分。通过源头治理，末端控制，产业结构优化，重点排污企业脱硝脱硫以及超低排放等大气污染物总量减排措施对控制空气污染物浓度起到了至关重要的作用。

（二）地表水相关性分析

1. 与降水量相关性分析

通过分析2023年四川省逐月水质类别和降水量的关系可以看出：水质类别呈现一定的季节性，并且和降水量呈现较高关联，降水量较多的月份对应Ⅰ、Ⅱ类水质占比相对偏低，而Ⅳ、Ⅴ类水质相对偏高，特别是降水量最大的7月，是全年Ⅳ、Ⅴ类水质占比最高的一个月，降水量较少的月份Ⅳ、Ⅴ类水质占比较低，Ⅰ、Ⅱ类水质占比较高。2023年四川省地表水水质类别与降水量线性相关关系如图4.1-5所示。

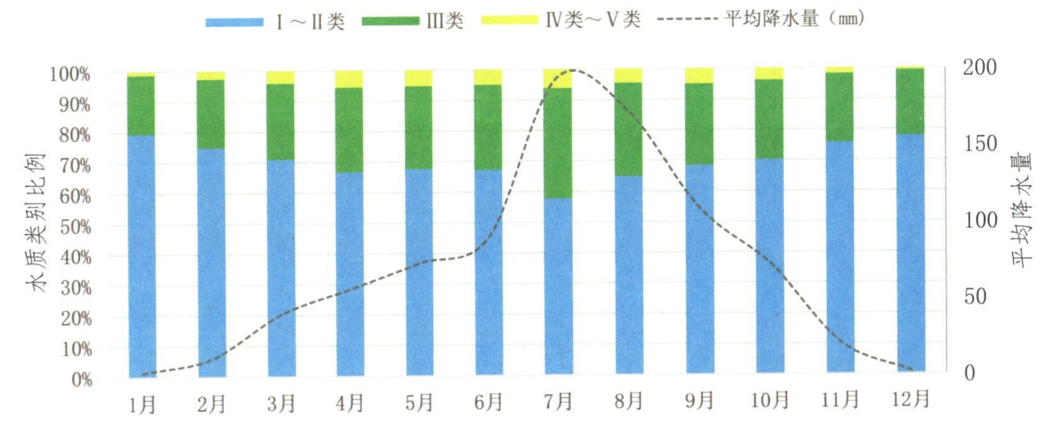

图4.1-5　2023年四川省地表水水质类别与降水量线性相关关系

2. 与社会经济指标相关性分析

将四川省人口、城市化率、能源消耗、污水排放总量、化肥施用总量等社会经济因子与地表水主要污染物浓度通过SPSS软件计算皮尔逊相关系数，可以看出：氨氮、总磷、高锰酸盐指数、化学需氧量和总氮指标与农用化肥用量呈高度正相关，与肉类总产量和猪年末头数相关性不大，这可能与四川省种植业农药化肥使用量较大，畜禽养殖生产粪便资源化利用率较低有关，含氮、磷化合物随农田排水、雨水径流等直接进入河道，对地表水水质造成了直接影响。另外，主要污染物浓度与人口数量、城市化率、能源消耗、污水排放总量、工业企业数量等呈高度负相关，这可能是流域所在区域在发展的同时，注重水环境的保护，着力贯彻废水治理、雨污分流等措施，积极推进产业升级转型有关。2015—2023年四川省地表水污染物与经济指标关联性如图4.1-6所示。

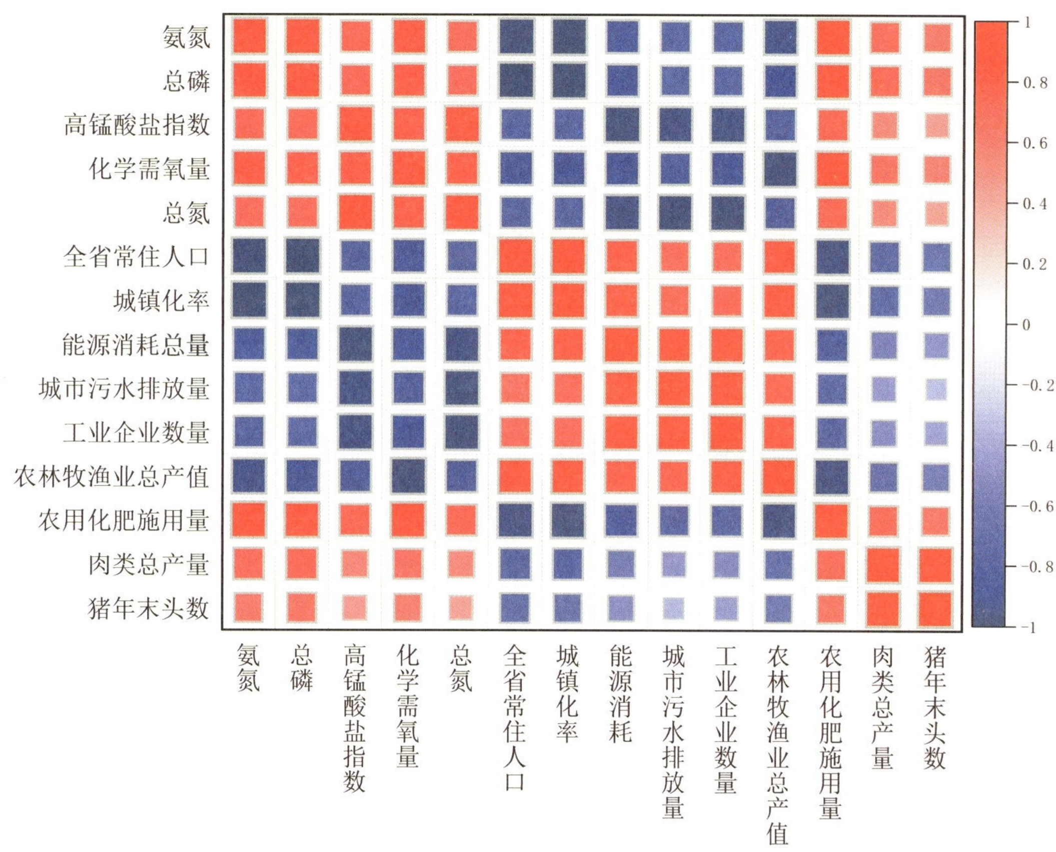

图4.1-6 2015—2023年四川省地表水污染物与经济指标关联性

3. 小结

（1）四川省地表水质受径流周边面源污染较为突出，地表水总磷、化学需氧量等主要污染物浓度与降水量呈较显著正相关，降水量大的季节，地表水周边溶解性的或固态污染物能从非特定性的地点通过降水带来的地表冲刷进入受纳水体，直接影响水体水质。

（2）地表水污染物浓度与农用化肥用量呈显著正相关，与人口数量、能源消耗等因子呈显著负相关。四川省需持续推进畜禽养殖粪污资源化利用，持续推进化肥农药减量增效行动，以岷江、沱江、嘉陵江流域丘陵地区为重点，建设生态沟渠和农田退水集蓄与再利用设施，进一步推进农村生活污水治理、强化农业面源治理。

（三）声环境质量相关性分析

1. 功能区声环境质量与居民生活出行相关性分析

将四种类型功能区噪声进行24小时等效声级均值统计，通过统计结果可以发现，四川省各类功能区声环境昼间时段平均等效声级均高于夜间时段平均等效声级，在6:00到9:00时段等效声级有一个明显上升过程，在19:00到22:00时段等效声级有一个明显下降过程，这一变化与城市居民生产、生活和交通出行活动呈现高度一致规律，居民早起工作学习，晚归夜生活开始，与此同时道路车流量也呈现明显的早晚高峰，由此可见居民生活出行与声环境质量呈现较明显的正相关。功能区声环境质量小时变化趋势如图4.1-7所示。

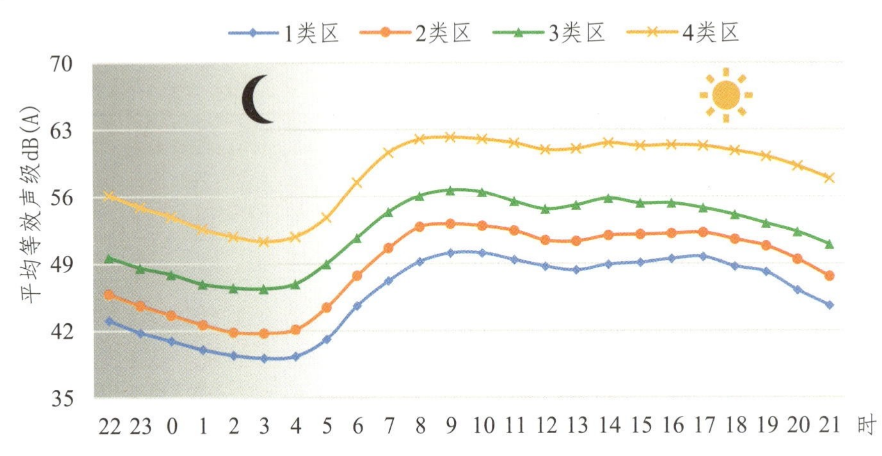

图4.1-7　功能区声环境质量小时变化趋势

2. 区域声环境质量、道路交通声环境质量与社会经济因子相关性分析

区域声环境质量声源构成主要包括社会生活源、道路交通源、建筑施工源和工业源，通过对2015年以来四川省社会经济因子与区域声环境质量进行灰色关联分析可以看出：常住人口和工业企业数量与区域声环境质量存在很强的正相关，关联系数分别是0.972和0.869；城镇化率和房屋、建筑施工面积与区域声环境质量存在较强的正相关，关联系数分别是0.830、0.709和0.597。区域声环境质量与社会经济因子关联度结果见表4.1-3，关联强度如图4.1-8所示。

表4.1-3　区域声环境质量与社会经济因子关联度结果

指标	灰色关联度	排名	指标	灰色关联度	排名
常住人口	0.972	1	房屋、建筑施工面积	0.709	4
工业企业数量	0.869	2	生产总值	0.597	5
城镇化率	0.830	3	机动车保有量	0.522	6

同样将2015年以来四川省运输公路总长度、不同类型车辆数量作为影响因子序列，与道路交通声环境质量进行灰色关联分析可看出：运输公路总长度、载货汽车数量以及改装车、摩托车等其他机动车数量与道路交通声环境质量均呈高度或较强的正相关，关联系数分别是0.829、0.788和0.701。道路交通声环境质量与社会经济因子关联度排名结果见表4.1-4，关联强度如图4.1-8所示。

表4.1-4　道路交通声环境质量与社会经济因子关联度排名结果

指标	灰色关联度	排名	指标	灰色关联度	排名
改装车、摩托或其他机动车	0.829	1	载货汽车	0.686	4
交通部门营运汽车	0.788	2	私人汽车	0.538	5
运输公路长度	0.701	3	载客车	0.528	6

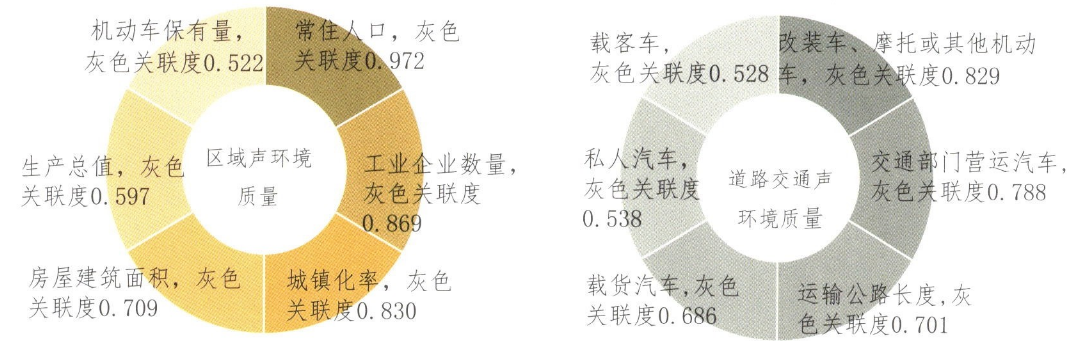

图4.1-8 区域声环境质量、道路交通声环境质量与社会经济因子关联强度

3. 小结

区域、道路交通声环境质量关联较高的因素主要是四川省人口数量、工业企业数量、改装车等机动车以及交通部门营运汽车。在城市发展，人口增长、郊区城镇建设加快的形势下，各类工业企业噪声采取合理布局、降噪、减振等产噪设备源头防控；房屋建筑施工采取施工场地隔音墙、环保振动机器等措施能够有效控制噪声影响。优先发展绿色交通发展，采用多孔结构的低噪路面、货车箱体减噪，多运联动发展轨道运输交通装备、新能源汽车等措施，对提升道路交通声环境质量非常有效。

第二章　生态环境质量预测与目标可达性

一、环境空气质量预测

（一）预测指标及数据来源

本次使用数据源为2011—2023年四川省国控城市环境空气质量监测点位监测数据，选择细颗粒物和优良天数比例作为主要预测指标，其中细颗粒物监测数据的起始年份是2015年。

（二）模型选择

时间序列分析模型是根据系统观测得到的时间序列数据，通过曲线拟合和参数估计来建立数学模型的理论和方法。它一般采用曲线拟合和参数估计方法（如非线性最小二乘法）进行。本次预测利用SPSS 26.0统计软件进行时间序列分析，主要计算过程如下：

（1）定义时间序列，对原始数据进行平稳化处理；

（2）进行指数平滑，分析变量数据的变化规律和发展趋势；

（3）通过进行一、二或者多阶差分方式平稳序列确定差分自回归移动平均模型（ARIMA模型）中的p、d、q值，最终确定所有参数并得到预测结果。由于数据以年份为序列单位，不存在季节变化，所以拟合度通过R^2可确定。环境空气预测模型见表4.2-1。

表4.2-1　环境空气预测模型

预测指标	预测模型	R^2
细颗粒物	ARIMA（0,1,0）（0,0,0）	0.539
优良天数比例	ARIMA（1,0,1）（0,0,0）	0.503

（三）预测结果

通过预测拟合度分析可以看出，预测指标模拟值与实测值误差较小，使用的模型具有一定可行性。环境空气预测拟合度分析如图4.2-1所示，环境空气预测结果见表4.2-2。

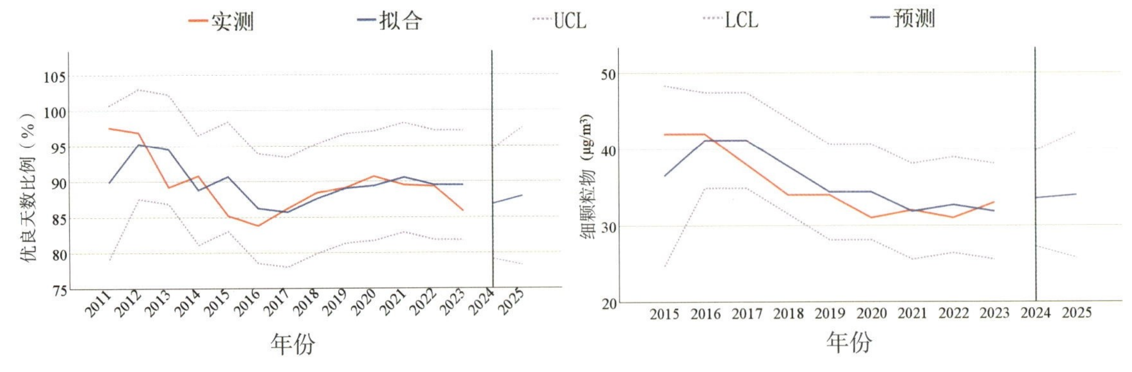

图4.2-1　环境空气预测拟合度分析

表4.2-2 环境空气预测结果

污染指标	2021年			2022年			2023年			预测值	
	实测值	模拟值	相对误差	实测值	模拟值	相对误差	实测值	模拟值	相对误差	2024年	2025年
细颗粒物（μg/m^3）	32	32	0%	31	33	6.5%	29	32	10.3%	34	34
优良天数比例（%）	89.5	90.6	1.2	89.3	89.5	0.2	85.8	89.5	4.3	86.8	87.9

通过预测结果看出：2024—2025年，细颗粒物年均值均为34微克/立方米，呈平稳趋势，均能达标。优良天数比例年均值分别为86.8%、87.9%，需继续坚持精准治污、科学治污，空气质量才能得到持续改善。

二、地表水质量预测

（一）预测断面、指标及数据来源

为了合理、科学地制定污染防治措施，保证地表水断面稳定达到优良，选择污染情况复杂、生态流量较小、稳定达标压力较大的碳研所和发轮渡口断面开展地表水质量预测。

碳研所，位于沱江流域釜溪河，为国控断面。2016—2017年均为劣Ⅴ类水质，2018—2020年为Ⅳ类水质；2021—2023年年均值虽达标，但每年均有几个月水质不达标，个别月份出现过Ⅴ类水质。月度和年度主要污染物为化学需氧量、高锰酸盐指数、总磷、生化需氧量和氨氮。

发轮河口，位于沱江流域球溪河，为国控断面，2016—2017年均为劣Ⅴ类水质，2018—2019年为Ⅳ类水质，2020—2023年年均值均达标，但月度有超标现象。月度和年度主要污染物为化学需氧量、高锰酸盐指数、总磷、生化需氧量和氨氮。

本次预测使用数据为碳研所、发轮河口2016—2023年的逐月监测数据（采测分离国家共享数据）。根据断面污染历史情况，选择化学需氧量、高锰酸盐指数、总磷、生化需氧量和氨氮作为主要预测指标。

（二）模型选择

利用SPSS 26.0统计软件进行时间序列分析，主要计算过程与环境空气预测基本一致。因涉及多个指标，选择专家建模器，根据指标平稳性、变化性等确定使用模型（ARIMA、简单季节性、Winters乘法等模型）并得到预测结果。季节性模型通过观测平稳的R^2确定模型原始值与预测值之间差异，即拟合度；非季节性模型通过R^2即可看出模型拟合度，若平稳的R^2或R^2较高，则拟合度较高，推算预测值较可靠。地表水断面水质预测模型见表4.2-3。

表4.2-3 地表水断面水质预测模型

预测断面	所属流域	预测指标	预测模型	R^2	平稳的R^2
碳研所	沱江流域釜溪河	总磷	Winters乘法模型	0.761	0.677
		化学需氧量	简单季节性模型	0.290	0.726
		氨氮	Winters乘法模型	0.824	0.692
		生化需氧量	简单季节性模型	0.682	0.678
		高锰酸盐指数	简单季节性模型	0.471	0.730

续表

预测断面	所属流域	预测指标	预测模型	R^2	平稳的R^2
发轮河口	沱江流域球溪河	总磷	Winters乘法模型	0.866	0.608
		化学需氧量	简单季节性模型	0.296	0.786
		氨氮	Winters乘法模型	0.536	0.793
		生化需氧量	简单季节性模型	0.423	0.657
		高锰酸盐指数	简单季节性模型	0.364	0.650

（三）预测结果

通过预测模拟可以看出，大多数污染物模拟值与实测值误差较小，且处于置信范围内，使用专家建模器推荐的模型具有可行性。地表水预测拟合度分析如图4.2-2所示，地表水预测结果见表4.2-4。

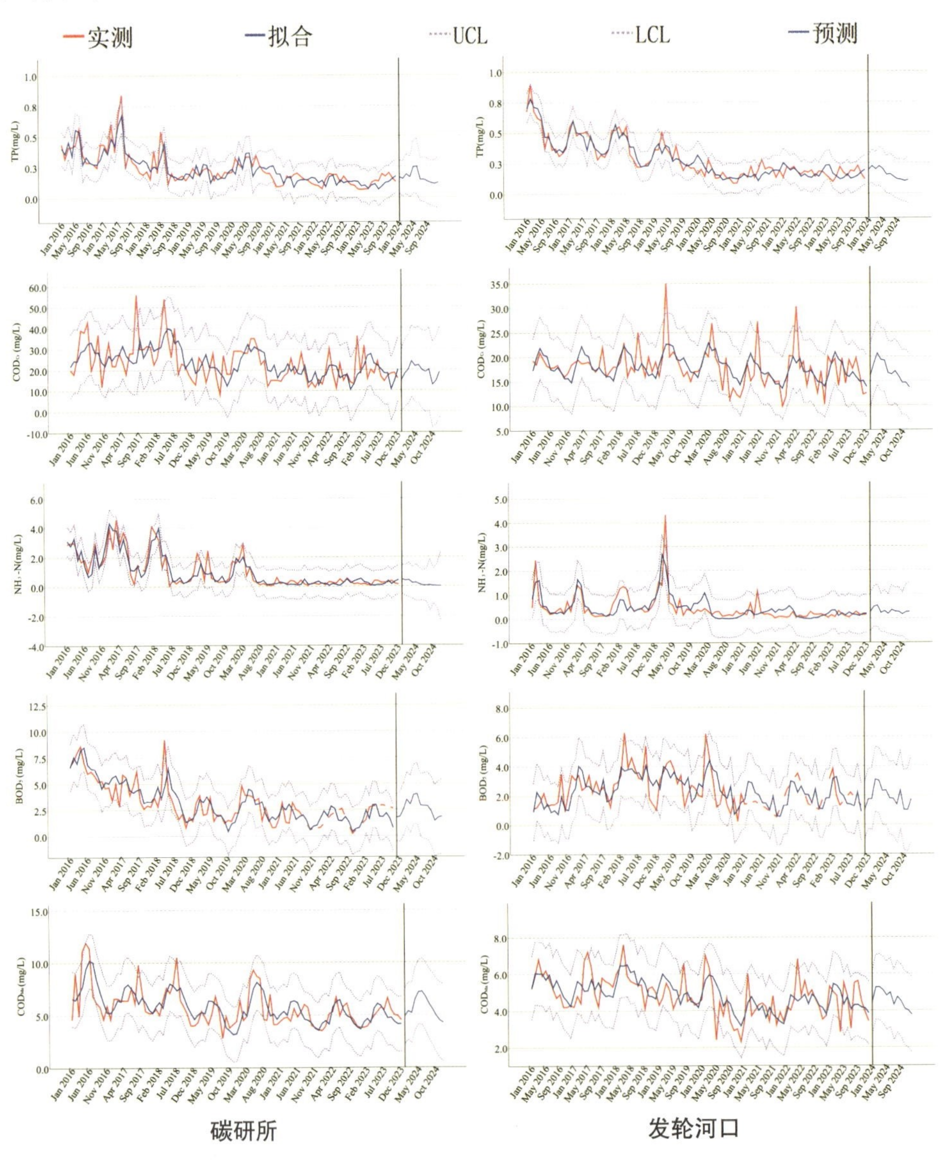

图4.2-2　地表水预测拟合度分析

表4.2-4 地表水预测结果

断面名称	污染指标	2021年			2022年			2023年			2024年月度预测浓度范围（mg/L）	2024年预测年均值（mg/L）
		实测值（mg/L）	模拟值（mg/L）	相对误差（%）	实测值（mg/L）	模拟值（mg/L）	相对误差（%）	实测值（mg/L）	模拟值（mg/L）	相对误差（%）		
碳研所	总磷	0.14	0.16	14.3	0.13	0.13	0	0.12	0.11	−8.30	0.11～0.25	0.16
	化学需氧量	17.8	18.7	5.1	18.9	17.1	−9.5	19.1	20.3	6.3	12.8～24.0	18.8
	氨氮	0.26	0.20	−23.1	0.26	0.24	−7.7	0.22	0.23	4.5	0.01～0.46	0.17
	生化需氧量	2.0	1.8	−13.6	1.4	1.6	15.6	2.5	2.5	0	1.4～4.0	2.6
	高锰酸盐指数	4.8	5.0	5.0	4.9	4.8	−1.0	5.0	4.84	−3.2	4.2～7.3	5.67
发轮河口	总磷	0.18	0.16	−11.1	0.18	0.17	−5.6	0.16	0.16	0	0.10～0.22	0.16
	化学需氧量	16.0	16.7	4.4	17.2	16.9	−1.7	17.0	16.9	−0.6	13.7～20.6	16.9
	氨氮	0.26	0.28	7.70	0.14	0.14	0	0.15	0.20	33.3	0.02～0.46	0.30
	生化需氧量	1.2	1.7	41.7	2.1	2.0	−4.3	2.1	1.9	−9.5	1.0～3.1	1.9
	高锰酸盐指数	4.1	3.9	−3.0	4.7	4.5	−3.9	4.5	4.5	0	3.8～5.3	4.60

通过预测结果可以看出：2024年，碳研所断面总磷、化学需氧量、氨氮、生化需氧量和高锰酸盐指数的每月浓度预测值范围分别为0.11～0.25毫克/升、12.8～24.0毫克/升、0.01～0.46毫克/升、1.4～4.0毫克/升和4.2～7.3毫克/升；年均值均能达标，分别为0.16毫克/升、18.8毫克/升、0.17毫克/升、2.6毫克/升和5.7毫克/升；全年中4—7月可能出现化学需氧量、总磷、高锰酸盐指数超标。发轮河口总磷、化学需氧量、氨氮、生化需氧量和高锰酸盐指数的每月浓度预测值范围分别为0.10～0.22毫克/升、13.7～20.6毫克/升、0.02～0.46毫克/升、1.0～3.1毫克/升和3.8～5.3毫克/升，年均值浓度分别是0.16毫克/升、16.9毫克/升、0.3毫克/升、1.9毫克/升和4.6毫克/升；全年2月、4月可能出现总磷和化学需氧量超标，年均值均能达标。

由于四川省实施岷江、沱江流域污水处理设施提标改造，加快推动长江干流及主要支流沿线畜禽规模化养殖场粪污处理配套设施装备升级，持续推进畜禽养殖粪污资源化利用，城镇生活污水收集率、处理率、农村生活污水有效治理率均稳步提升，工业园区废水质进一步提升，水污染物排放量各季度均有不同幅度下降，污染严重的小流域水质得到全面改善，预测结果显示两个断面2024年主要污染物年均值均能达标。但由于四川省河流水质受到地势和气象协同影响，具有一定的季节性，在汛期初期、枯水期或其他极端天气，因生态流量、农村面源排放及气象、高温等原因，可能出现污染物浓度上升。因此，需进一步加强城镇生活污水及农村面源污染综合整治，加强畜禽养殖企业的监督管理，制定有针对性的污染防治措施，才能确保断面长期稳定达标。

三、功能区声环境质量预测

（一）预测指标及数据来源

本次对2024—2025年四川省城市功能区声环境质量昼、夜间年度达标率年均值开展预测，数据源为2012—2023年功能区声环境质量手工监测点位的昼、夜间年度达标率。

（二）模型选择

本次预测采用二次指数平滑预测及灰色模型预测。

1. 二次指数平滑预测

二次指数平滑预测是指对一次指数再做一次平滑的方法，指数平滑值序列出现一定滞后偏差的程度随着平滑系数a的增大而减少，但当时间序列的变动出现直线趋势时，用一次指数平滑法进行预测仍将存在着明显的滞后偏差，因此，也需要进行修正。修正的方法是在一次指数平滑的基础上再进行二次指数平滑，利用滞后偏差的规律找出曲线的发展方向和发展趋势，然后建立直线趋势预测模型，它不能单独预测，必须与一次指数平滑配合预测，实质上是将历史数据进行加权平均后对未来预测，它具有计算简单，所需样本量少，适应性强，预测较稳定的特点，二次指数平滑预测的计算公式如下：

$$S_t^{(2)} = aS_t^{(1)} + (1-a)S_{t-1}^{(2)} \tag{1}$$

式中，$S_t^{(2)}$，$S_{t-1}^{(2)}$分别为t期和$t-1$期的二次指数平滑值；a为平滑系数。

在$S_t^{(1)}$和$S_t^{(2)}$已知的条件下，二次指数平滑法的预测模型为：

$$\hat{Y}_{t+T} = a_t + b_t T \tag{2}$$

$$\begin{cases} a_t = 2s_t^{(1)} - S_t^{(2)} \\ b_t = \dfrac{a}{1-a}\left(S_t^{(1)} - s_t^{(2)}\right) \end{cases} \tag{3}$$

式中，T为预测超前期数。

2. 灰色模型（grey models）

灰色模型是通过少量的、不完全的信息，建立灰色微分预测模型，对事物发展规律作出模糊性的长期描述（模糊预测领域中理论、方法较为完善的预测学分支）。该模型能使灰色系统的因素由不明确到明确，由知之甚少发展到知之较多。灰色系统理论是控制论的观点和方法延伸到社会、经济领域的产物，也是自动控制科学与运筹学数学方法相结合的结果。

根据灰色模型原理，建立声环境质量功能区昼、夜达标率预测模型，主要计算过程是：分别以2012—2023年四川省21市（州）城市功能区声环境质量昼间和夜间达标率作为原始数据x^0，一次累加形成新数列x^1，对两者进行光滑度检查，光滑度均小于0.5，确定数据矩阵$\boldsymbol{B}$、$\boldsymbol{Y}_n$，再使用最小二乘法拟合得到参数列，随后建立白化微分方程拟合新序列，计算GM（1，1）预测模型的时间响应序列，并最后累减还原数列，即得到所谓预测数值，计算公式如下。

$$\boldsymbol{B} = \begin{bmatrix} -\frac{1}{2}[x^1(1)+x^1(2)] & 1 \\ -\frac{1}{2}[x^2(1)+x^1(3)] & 1 \\ \vdots & \vdots \\ -\frac{1}{2}[x^k(1)+x^1(n)] & 1 \end{bmatrix} \tag{1}$$

$$Y_n=[x^0(2), x^0(3), \cdots, x^0(k)] \tag{2}$$

$$\frac{dx^{(1)}}{dt}+ax^{(1)}=u \tag{3}$$

$$x^{(1)}(k+1)=\left[x^{(0)}(1)-\frac{u}{a}\right]e^{-ak}+\frac{u}{a} \tag{4}$$

（三）预测结果

二次指数平滑法预测：将2012—2023年四川省昼、夜间点次达标率分别建立不同加权系数α（0.1，0.5，0.9）一次指数平滑值，以三次均方差最小值确定最终选择的加权系数α=0.9，再次进行二次指数平滑值计算，得到最终趋势预测线性模型。对已有数据的模拟验证可以发现，模拟值和实测值相对误差均在1%范围内，精度较高，预测较可靠。

灰色模型预测：同时对同组数据建立灰色模型，并将2016年后的残差数据作为可建模的尾段，对其进行二次残差修正，最后通过累减还原得到最终的达标率预测模拟值。通过已有数据的模拟验证，发现模拟值和实测值相对误差均在3%以内，昼、夜间达标率预测模拟值平均相对残差分别是0.01和0.009，模型精度较高，预测结果较可靠。

功能区声环境质量预测拟合度分析如图4.2–3所示，功能区声环境质量预测结果详见表4.2–5。

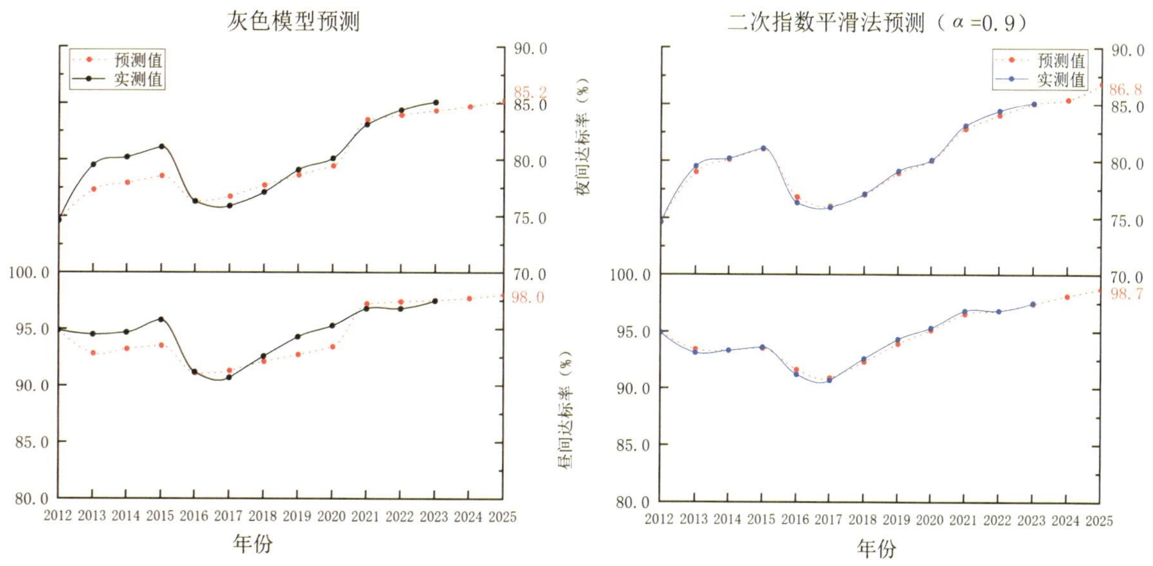

图4.2–3　功能区声环境质量预测拟合度分析

表4.2–5　功能区声环境质量预测结果

年份	二次指数平滑法预测（α=0.9）						灰色模型预测					
	昼间达标率（%）			夜间达标率（%）			昼间达标率（%）			夜间达标率（%）		
	预测值	实测值	相对误差	预测值	实测值	相对误差	预测值	实测值	相对误差	预测值	实测值	相对误差
2012	94.9	94.9	0	74.6	74.6	0.0	94.9	94.9	0	74.6	74.6	0
2013	93.4	93.1	0.3	79	79.5	−0.6	92.8	94.5	−1.8	77.3	79.5	−2.8
2014	93.3	93.3	0	80.1	80.2	−0.1	93.2	94.7	−1.6	77.9	80.2	−2.9
2015	93.5	93.6	−0.1	81	81.1	−0.1	93.5	95.8	−2.4	78.5	81.1	−3.2

续表

年份	二次指数平滑法预测（α=0.9）						灰色模型预测					
	昼间达标率（%）			夜间达标率（%）			昼间达标率（%）			夜间达标率（%）		
	预测值	实测值	相对误差	预测值	实测值	相对误差	预测值	实测值	相对误差	预测值	实测值	相对误差
2016	91.6	91.2	0.4	76.8	76.3	0.7	91.1	91.2	−0.1	76.3	76.3	0.
2017	90.9	90.7	0.2	76	75.9	0.1	91.3	90.7	0.7	76.7	75.9	1.1
2018	92.3	92.6	−0.3	77	77.1	−0.1	92.1	92.6	−0.5	77.7	77.1	0.8
2019	93.9	94.3	−0.4	78.9	79.1	−0.3	92.7	94.3	−1.7	78.6	79.1	−0.6
2020	95.1	95.3	−0.2	80	80.1	−0.1	93.4	95.3	−2.0	79.4	80.1	−0.9
2021	96.5	96.8	−0.3	82.8	83.1	−0.4	97.2	96.8	0.4	83.5	83.1	0.5
2022	96.8	96.8	0	84	84.4	−0.5	97.4	96.8	0.6	83.9	84.4	−0.6
2023	97.4	97.5	−0.1	85	85.1	−0.1	97.5	97.5	0	84.3	85.1	−0.9
2024	98.1	—	—	85.4	—	—	97.7	—	—	84.7	—	—
2025	98.7	—	—	86.8	—	—	98.0	—	—	85.2	—	—

通过二次指数平滑法和灰色模型预测结果发现，2024年四川省城市功能区声环境质量昼间达标率的两种预测结果分别为98.1%和97.7%，夜间达标率预测结果分别为85.4%和84.7%。两种预测模型偏差较小，预测数据较接近。预测均值显示：到“十四五”末（2025年）四川省功能区声环境昼间达标率为98.4%，夜间达标率为86.0%。

四、目标可达性

据《中华人民共和国国民经济和社会发展第十四个五年规划和2035年远景目标纲要》《2023年国民经济和社会发展计划总表》等有关要求，四川省生态环境厅印发了《四川省“十四五”生态环境保护规划指标体系》，根据本篇预测结果和2025年目标值可以看出：环境空气细颗粒物浓度与四川省优良天数比例与目标值之间有一定距离，预计目标暂不可达；2023年四川省地表水国考优良断面比例已实现100%达标，2025年高于97.5%的目标可达；功能区声环境质量夜间达标率大于85%目标可达。四川省指标体系与目标可达性见表4.2-6。

表4.2-6　四川省指标体系与目标可达性

指标	2024年预测值	2025年预测值	2025年目标值	预期是否可达目标
细颗粒物浓度（$\mu g/m^3$）	34	34	29.5	不可达
优良天数比例（%）	86.8	87.9	92.0	不可达
四川省地表水国考优良断面比例（%）	100	100	97.5	可达
声功能区昼间达标率（%）	97.9	98.4	/	/
声功能区夜间达标率（%）	85.1	86.0	85.0	可达

专题分析

第五篇

2023

第一章　第31届世界大学生夏季运动会环境空气质量保障成效分析

为做好第31届世界大学生夏季运动会（以下简称大运会）空气质量保障，在四川省省委、省政府的领导和四川省生态环境厅的全面统筹组织下，四川省上下一心，加强区域联防联控，大运会期间整体空气质量得到明显改善，管控成效显著。

一、保障方案及管控情况

四川省人民代表大会常务委员会授权成都大运会保障组采取相关临时性措施，依法有序推动保障工作落地落实。四川省政府成立了成都大运会气象环境工作专班，建立了“1+8+7”空气质量保障工作指挥体系，将成都平原8市（成都市、德阳市、绵阳市、遂宁市、乐山市、雅安市、眉山市、资阳市）作为重点管控区，自贡市、泸州市、内江市、南充市、宜宾市、广安市、达州市7市作为协同管控区。2023年，根据赛事总体安排，将空气环境质量保障分为四个阶段，分别是团长访问阶段（3月26日—4月2日）、赛前预防阶段（7月21日—7月25日）、赛时管控阶段（7月26日—8月8日）、赛后巩固阶段（8月9日—8月13日）。

（一）会前重点行业大气整治

完成了四川省15个钢铁企业的1056万千瓦火电机组、7家焦化企业的超低排放，深度治理78条水泥熟料生产线，累计推进实施氮氧化物、挥发性有机物重点工程减排项目近500个。对9500余家企业完成三轮挥发性有机物突出问题排查整治，整改完成率93%，清理低效企业近4000家。完成近1000座加油站三次油气回收改造，推动成都市700余座加油站全部联网。

组织开展夏季空气质量保障行动，重点关注管控区域15个城市，重点核查错峰生产、轮产措施落实情况，发现问题点位1457个；开展臭氧攻坚执法帮扶行动，对2117个前期问题点位开展核查，完成整改1623个，发现新问题点位235个，涉嫌环境违法点位55个；充分借鉴大气环境司强化监督模式，开展环境监管重点单位排污整治暨环境监测数据弄虚作假专项整治行动，累计检查点位416个，发现问题点位186个，涉嫌违法线索20条。

按照《成都市2023年大气污染防治工作行动方案》相关工作要求，制定实施《成都市2023年夏季臭氧污染防控行动方案》。加快推进3家工业企业实施深度治理，支持7个工业污染综合治理项目申报中央或省级专项资金项目库。分解下达2023年淘汰落后产能目标任务，按计划有序推进。持续深入开展纳入重污染天气应急减排范围的31个重点行业企业环保绩效评级工作，组织规上企业开展重污染天气应急减排绩效评级提升培训。2023年，开展绩效评级现场帮扶企业148家，指导新增创建A级企业（含生产线）2家、B级企业（含生产线）12家、引领性商混站28家、C级（非最低等级）企业61家；截至2023年5月31日，全市累计有A级企业（含生产线）3家、B级企业（含生产线）69家、引领性企业48家（其中商混站44家）、C级（非最低等级）企业480家。强化绩效评定事后监管，对202家已评定绩效等级企业开展“回头看”，对不满足绩效指标的企业实施降级处理。强化应急减排清单动态更新，指导3427家企业完成应急减排措施填报和备案。

（二）会期管控情况

按照“保龙头企业和规上企业、保民生工业、协商错时生产、降影响范围”的工作思路，纳入市级管控的涉气企业共计1.3万家。大运会期间，给予保障企业4762家（包括涉气龙头企业27家、规上企业1095家，占成都市工业年产值总量的70%以上），其中生产基本上不受影响的涉气企业有4636家，通过赛事期间错时轮产、调整计划确保全年产量产值不受影响的涉气企业126家，力争全力稳住工业经济大盘。纳入减排管控的工业企业8410家，对其涉气工序实行停限产，其中规下工业企业6759家，主要集中在家具制造、工业涂装、塑料制品、包装印刷、人造板等经济贡献相对较小、污染物排放量较大的企业。通过电力监控、重点源在线监测、走航监测、卫星遥感等技术手段辅助执法检查，督促工业企业严格落实减排措施。

赛事期间，成都市范围内未安装三次油气回收处理装置的263家加油站，禁止每日8:00—18:00进行装卸汽油作业，已安装三次油气回收处理装置的595家加油站，装卸油作业不受限制。针对汽修企业，7月26—7月28日，有比赛场馆和训练场馆的15个区（市）县所有钣喷汽修企业全天停止喷涂作业，其余区（市）县的非绿色钣喷汽修企业全天停止喷涂作业；7月29日—8月8日，成都市所有非绿色钣喷汽修企业全天停止喷涂作业。另外，全市范围内停止城市行道树、公园景观绿化、绿地草坪、环城生态带的修剪（修整）、施肥及喷洒农药作业；全域禁止露天焚烧、露天烧烤等行为。同时，成都市政府出台《关于第31届世界大学生夏季运动会期间采取临时交通管理措施的决定》，2023年7月22日—2023年8月10日临时交通管理措施，扩大外埠和本地货车、小汽车限行时间和范围，7月26—7月29日实施单双号限行，免收二绕货车通行费引导货车分流，地铁8折优惠、"5+1"城区公交免费，鼓励市民错峰绿色出行，对移动源减排发挥至关重要的作用。

二、效果评估

（一）空气质量分析

（1）赛时期间（2023年7月28日—2023年8月3日），四川省环境空气六项污染物浓度大幅下降，为近四年来最低水平。

四川省环境空气各项污染物降幅为14.3%～36.2%，其中臭氧浓度下降17.3%，细颗粒物浓度下降34.0%，浓度水平降至近四年来最低水平。从管控不同阶段来看，从常态化管控至赛前管控再至赛时管控，四川省臭氧和细颗粒物浓度呈阶梯下降，臭氧浓度阶梯降幅为20.9%、12.7%，细颗粒物浓度阶梯降幅为35.1%、12.6%。大运会期间空气质量日历如图5.1-1所示。

	城市	常态化管控																				赛前管控							赛时管控						
		7.1	7.2	7.3	7.4	7.5	7.6	7.7	7.8	7.9	7.10	7.11	7.12	7.13	7.14	7.15	7.16	7.17	7.18	7.19	7.20	7.21	7.22	7.23	7.24	7.25	7.26	7.27	7.28	7.29	7.30	7.31	8.1	8.2	8.3
核心管控区	成都	99	93	40	78	125	155	67	154	135	142	52	56	36	64	169	119	143	124	116	65	118	90	110	54	79	39	31	68	99	80	80	90	45	41
重点管控区	德阳	79	79	39	106	116	116	62	132	111	119	46	44	39	90	173	195	113	99	115	77	111	107	95	70	80	43	33	56	101	97	58	70	46	40
	绵阳	87	60	40	93	110	97	60	119	108	124	44	36	39	90	113	124	112	104	104	88	92	98	84	46	79	35	32	51	65	96	74	73	40	38
	遂宁	72	45	45	82	90	62	55	92	98	91	85	80	45	65	112	120	97	106	61	39	50	66	82	40	49	25	28	40	59	78	81	64	50	51
	乐山	87	76	42	74	106	147	76	114	120	126	98	74	39	65	111	93	139	134	75	65	90	76	102	65	75	38	36	71	64	74	75	55	62	66
	眉山	101	79	33	65	139	150	94	133	138	137	74	85	35	72	100	109	139	133	94	49	101	89	99	54	57	27	32	73	76	76	65	61	53	60
	雅安	86	54	39	47	107	83	88	135	154	131	50	37	37	47	36	88	116	117	128	89	85	96	110	50	54	33	37	46	70	79	60	60	58	61
	资阳	84	64	48	81	99	102	90	119	112	95	83	87	43	75	96	116	119	107	70	45	79	86	91	60	58	42	38	44	80	85	90	73	58	48
协同管控区	自贡	94	64	39	65	99	100	85	100	96	98	94	74	37	49	82	106	102	109	36	49	60	71	104	51	61	35	28	36	49	71	65	40	48	50
	泸州	60	60	37	55	92	104	80	90	84	72	83	99	61	54	97	100	107	108	35	59	50	72	104	37	75	30	39	29	46	74	80	48	53	49
	内江	75	53	41	90	95	80	95	117	106	103	99	99	40	69	101	125	103	120	38	50	65	78	97	52	59	36	30	35	64	66	116	51	50	67
	宜宾	77	61	41	77	102	117	105	116	122	138	100	73	36	47	86	109	126	120	43	66	42	80	116	57	66	41	40	39	54	75	46	45	65	57
	南充	65	44	38	65	101	59	57	79	78	90	62	96	41	59	118	122	98	110	85	46	50	67	88	52	60	39	28	39	51	75	91	62	59	54
	广安	49	45	36	69	85	73	83	80	92	90	75	86	50	55	94	119	95	98	49	41	55	82	77	52	74	41	33	43	54	82	85	59	57	58
	达州	38	33	29	57	65	40	60	48	69	50	44	49	33	33	65	102	88	85	38	36	40	85	75	47	46	42	28	31	45	64	60	43	51	46

图5.1-1　大运会期间空气质量日历

从管控区域来看，重点管控区和协同管控区空气质量改善均较明显，重点管控区臭氧和细颗粒物浓度分别改善20.5%、36.5%，协同管控区臭氧和细颗粒物浓度分别改善18.3%、19.7%，区域联防联控效果显著。

（2）赛时期间，成都市实现"零污染"，臭氧浓度降至近五年来同期最低水平，细颗粒物浓度降至2015年来历史同期最低水平。

7月21日赛前强化管控后，成都市仅出现2天低位臭氧轻度污染，赛时期间成都空气质量均为优良，臭氧和细颗粒物浓度大幅下降，分别为25.1%、47.1%，降幅超过四川省平均水平，臭氧浓度降至近五年来同期最低水平，细颗粒物浓度降至2015年来历史同期最低水平。2019—2023年成都市同期空气质量日历如图5.1-2所示。

时间	7月28日	7月29日	7月30日	7月31日	8月1日	8月2日	8月3日
2023年	68	99	80	80	90	45	41
2022年	126	138	142	121	68	82	100
2021年	124	162	122	130	134	152	171
2020年	140	50	40	27	45	97	58
2019年	65	43	47	126	81	54	50

图5.1-2　2019—2023年成都市同期空气质量日历

（二）管控效果评估

（1）重点城市成都市、德阳市、绵阳市、自贡市、泸州市、宜宾市6市以及川南地区、成都平原、川东北地区挥发性有机物和二氧化氮均呈现不同程度的下降趋势。

遥感监测数据显示，强化管控后，成都市、德阳市、绵阳市、自贡市、泸州市、宜宾市的挥发性有机物浓度较管控前均有所下降，降幅分别为23.9%、15.5%、8.5%、15.2%、2.4%和18.7%；二氧化氮浓度较管控前均有所下降，降幅分别为42.1%、47.2%、22.9%、28.7%、14.0%和20.8%，如图5.1-3所示。川南地区、成都平原、川东北地区（除巴中市、广元市）挥发性有机物浓度分别下降21.8%、18.0%、6.6%，如图5.1-4所示。

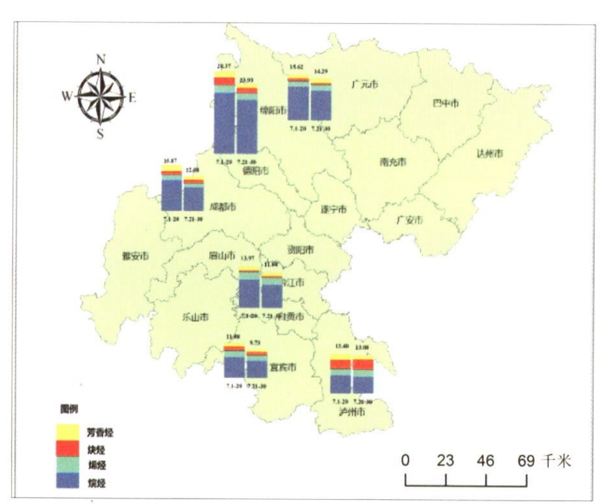

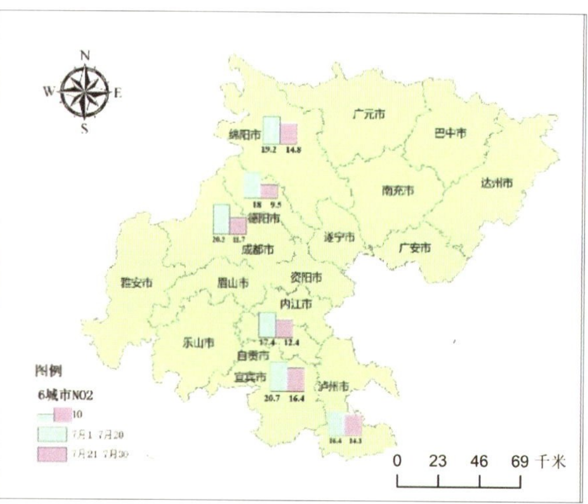

图5.1-3　重点城市强化管控前后挥发性有机物浓度和二氧化氮浓度下降情况

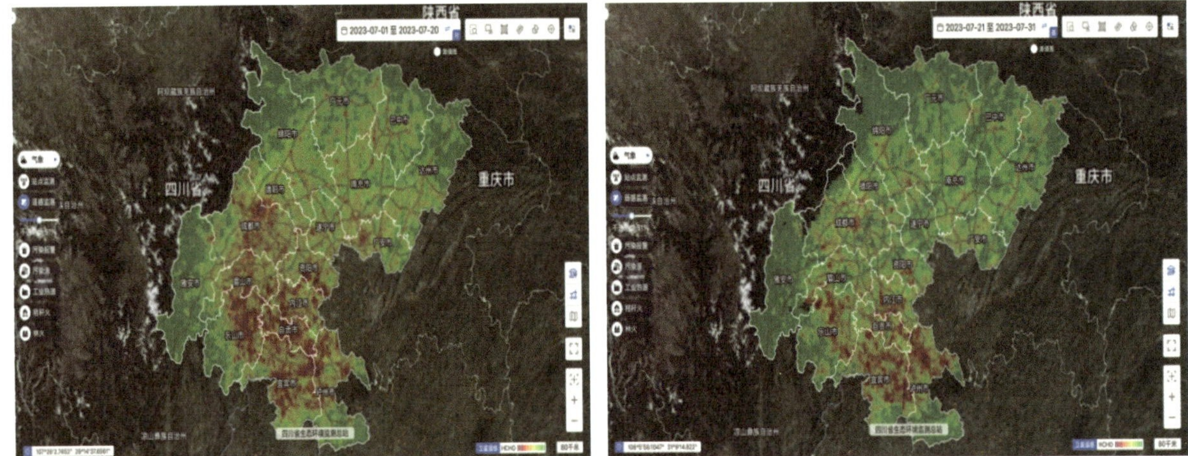

图5.1-4　川南地区、成都平原、川东北地区管控前和管控后挥发性有机物浓度对比

（注：左图为管控前、右图为管控后）

（2）工业源、机动车排放源、溶剂使用源、油气挥发源排放的挥发性有机物的特征污染物占地均呈下降趋势，成都市机动车排放源和油气挥发源降幅为六个城市中最大。

成都市受机动车特别是施工机械活动水平大幅降低和部分时段单双号现象的双重影响，机动车排放源和油气挥发源占比降幅是6个城市中最大的，分别下降31.3%和28.6%；德阳市溶剂使用源占比降幅最大（下降39.6%）；泸州工业源占比降幅最大（下降35.7%）。

从各城市各类源的降幅来看：成都市工业源（34.2%）>机动车排放源（31.3%）>溶剂使用源（29.6%）>油气挥发源（28.6%）。德阳市溶剂使用源（39.6%）>工业源（14.1%）>机动车排放源（8.4%）>油气挥发源（4.0%）。绵阳市机动车排放源（20.5%）>工业源（12.3%）>油气挥发源（7.4%）>溶剂使用源（5.9%）。自贡市溶剂使用源（8.2%）>油气挥发源（4.5%）>工业源（3.2%）>机动车排放源（2.5%）。宜宾市工业源（26.7%）>溶剂使用源（22.8%）>油气挥发源（11.3%）>机动车排放源（7.0%）。泸州市工业源（35.7%）>溶剂使用源（33.8%）>机动车排放源（10.5%）>油气挥发源（5.4%）。四川盆地六市强化管控前后挥发性有机物主要来源变化情况如图5.1-5所示。

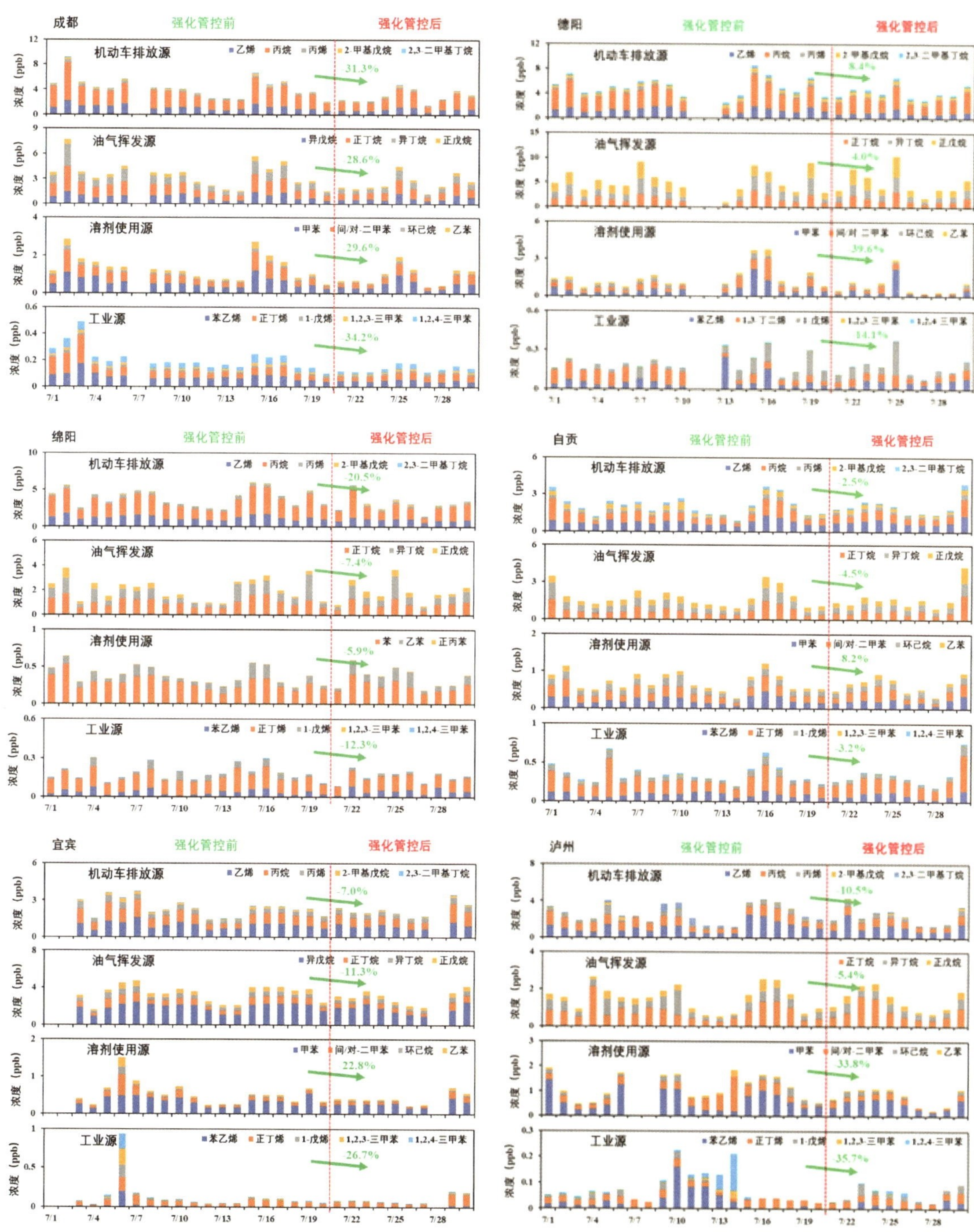

图5.1–5　四川盆地六市强化管控前后挥发性有机物主要来源变化情况

三、存在的问题

强化管控后，共发现5个区域挥发性有机物频繁出现高值，其中青白江大同镇至广汉向阳镇一带共出现6次，出现频次最高。发现5个区域二氧化氮浓度频繁出现高值，但二氧化氮浓度较挥发性有机物浓度下降更为明显，高值区域出现频次和浓度较挥发性有机物明显降低。管控期间成都及周边挥发性有机物、二氧化氮浓度遥感高值区域如图5.1–6和图5.1–7所示。

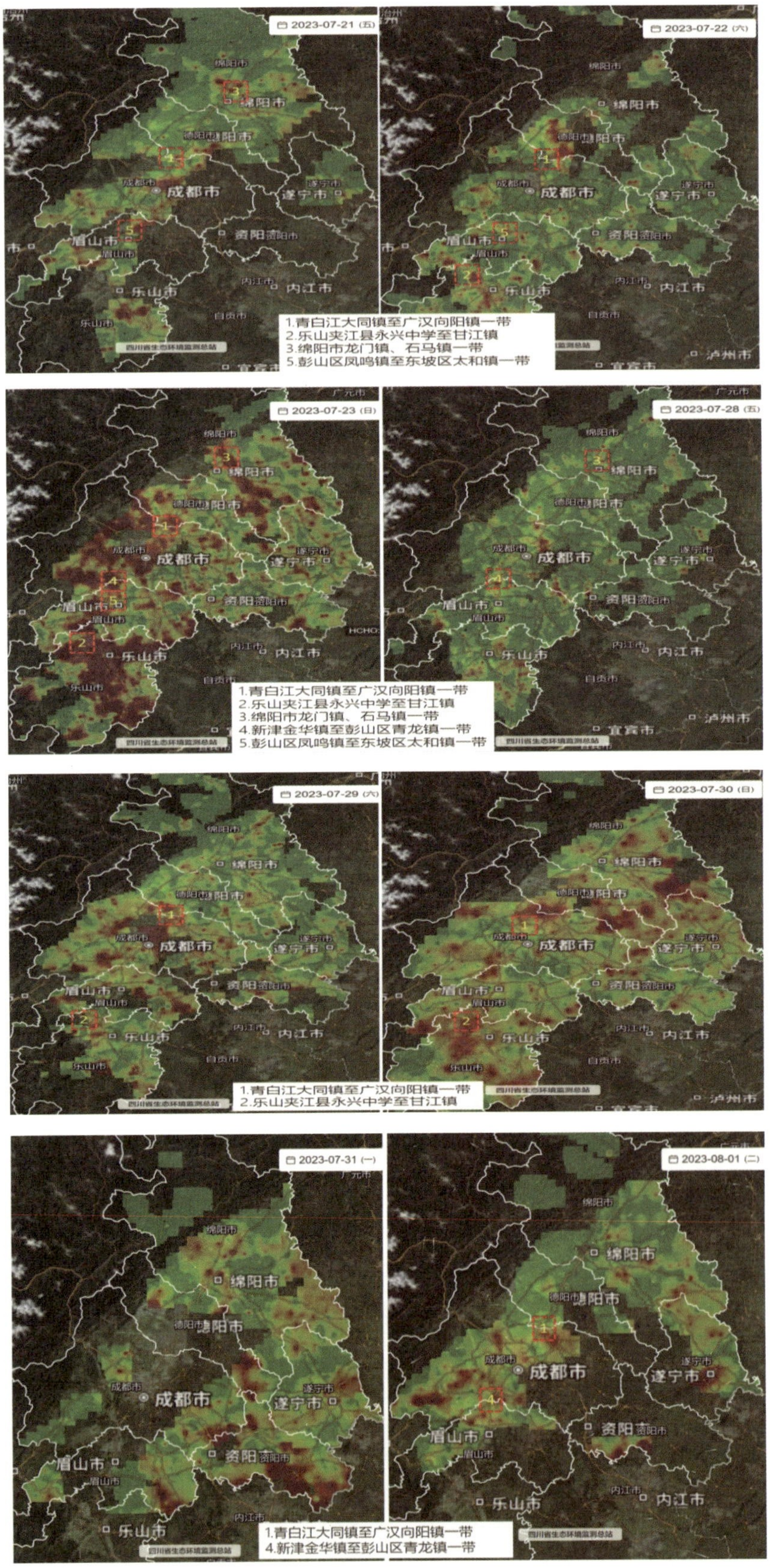
2023-07-21 (五)
2023-07-22 (六)
1.青白江大同镇至广汉向阳镇一带
2.乐山夹江县永兴中学至甘江镇
3.绵阳市龙门镇、石马镇一带
5.彭山区凤鸣镇至东坡区太和镇一带
2023-07-23 (日)
2023-07-28 (五)
1.青白江大同镇至广汉向阳镇一带
2.乐山夹江县永兴中学至甘江镇
3.绵阳市龙门镇、石马镇一带
4.新津金华镇至彭山区青龙镇一带
5.彭山区凤鸣镇至东坡区太和镇一带
2023-07-29 (六)
2023-07-30 (日)
1.青白江大同镇至广汉向阳镇一带
2.乐山夹江县永兴中学至甘江镇
2023-07-31 (一)
2023-08-01 (二)
1.青白江大同镇至广汉向阳镇一带
4.新津金华镇至彭山区青龙镇一带
四川省生态环境监测总站

图5.1–6　管控期间成都及周边挥发性有机物浓度遥感高值区域

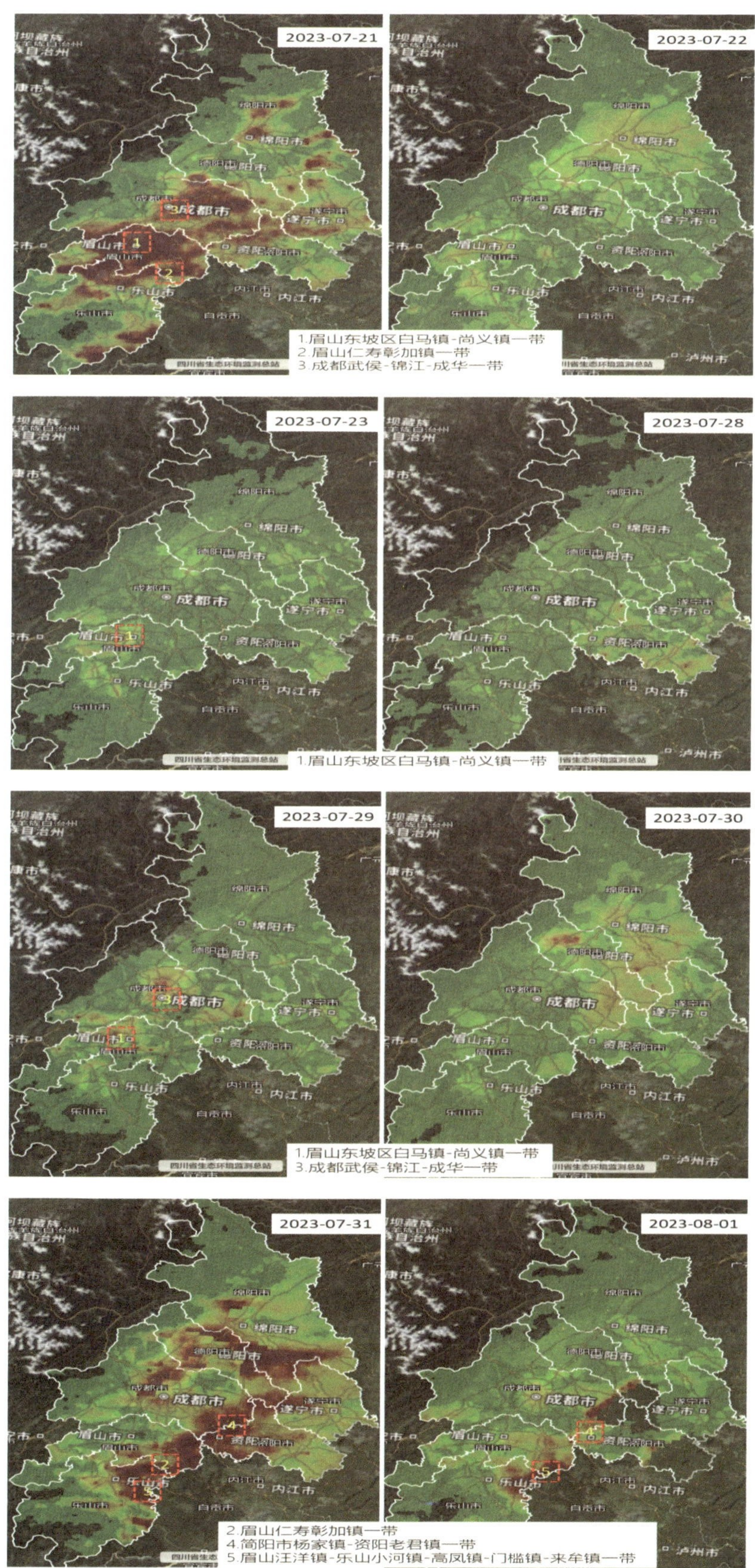

图5.1-7 管控期间成都及周边二氧化氮浓度遥感高值区域

虽然高值区域内大部分企业严格执行了应急管控措施，但是存在停工不停排的现象，主要表现为部分高排放区域储罐、喷涂需密闭的环节、部分管线仍然存在挥发性有机物持续逸散现象，造成高值区消除困难。

四、结论和建议

大运会赛时期间（2023年7月28日—2023年8月3日），四川省环境空气六项污染物浓度大幅下降，为近四年来最低水平。成都市实现“零污染”，臭氧浓度降至近五年来同期最低水平，细颗粒物浓度降至2015年以来历史同期最低水平。

川南地区、成都平原、川东北地区（除巴中市、广元市）挥发性有机物浓度和二氧化氮浓度均呈现不同程度的下降趋势。成都市、德阳市、绵阳市、自贡市、泸州市、宜宾市6市挥发性有机物浓度和二氧化氮浓度下降明显。

从污染源排放来看，工业源、机动车排放源、溶剂使用源、油气挥发源排放的挥发性有机物的特征污染物均呈下降趋势，成都市机动车排放源和油气挥发源降幅为6个城市中最大。

针对发现的挥发性有机物和二氧化氮浓度高值区，建议进一步加大相关区域的排查和整治力度，建立长期组分监控点位，实时监控相关区域和各污染源排放情况，深挖挥发性有机物减排潜力，持续推进臭氧浓度下降。针对相关企业逸散环节开展专项泄漏检测与修复，进一步加强挥发性原辅料、危废储存管理。

第二章　四川省大气复合污染特征分析

大气颗粒物及光化学组分数据主要用于分析研判各类复合性污染过程、典型污染事件（如烟花爆竹、生物质焚烧、沙尘天气等）、重大赛事保障、大气污染防控等。利用时间变化趋势分析、组成特征分析、气溶胶分析、臭氧生成潜势分析、相关性分析、特征物比值分析、高值分析等手段，在摸清当地主要污染来源的同时也可在突发污染过程中及时跟踪污染源变化，更精准有效地制定应急处置措施，为大气污染管控提供科学有力的支撑。

一、监测现状

（一）监测点位

2023年，四川省大气颗粒物及光化学组分监测站总计有14个，成都市、德阳市、绵阳市、乐山市、眉山市、资阳市、遂宁市、泸州市、宜宾市、自贡市、内江市、南充市、广安市、达州市各布设1个。四川省大气颗粒物及光化学组分监测站点位分布如图5.2–1所示。

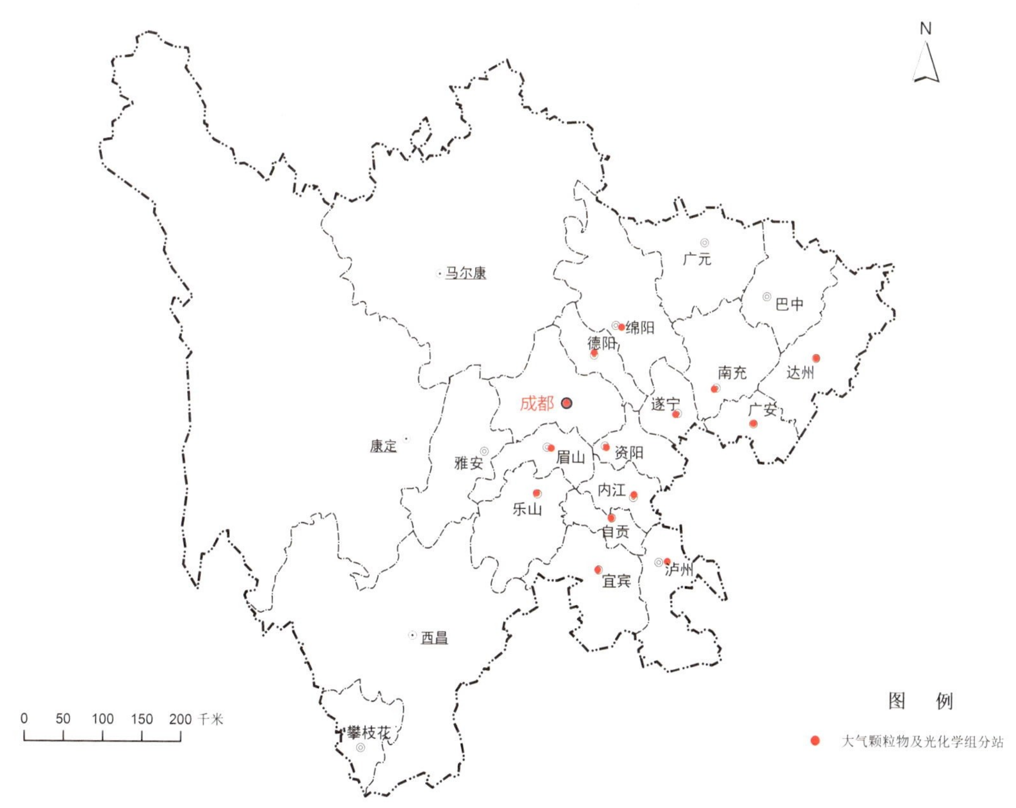

图5.2–1　四川省大气颗粒物及光化学组分监测站点位分布

（二）监测指标及频次

大气颗粒物及光化学组分监测站监测指标为二氧化硫、氮氧化物、臭氧、一氧化碳、颗粒物、气象五参数（温度、湿度、气压、风向、风速）、细颗粒物中的元素碳、有机碳、细颗粒物中的水溶性离子（包括硫酸根、硝酸根、氯、钠、铵根、钾、镁、钙等）、细颗粒物中的无机元素（硅、锑、砷、钡、钙、铬、钴、铜、铁、铅、锰、镍、硒、锡、钛、钒、锌、钾、铝等）、57种非甲烷烃类、13种醛酮类物质、47种TO15物质。

监测站中自动监测仪器全年运行，每小时至少出具1组监测数据。

二、分析及讨论

（一）颗粒物污染过程分析

1. 城市颗粒物污染过程组分特征分析

以德阳市2023年12月的一次颗粒物污染过程为例。12月19—12月31日，受不利气象条件与污染源排放叠加影响，德阳市出现了一次污染过程，造成8个污染天，其中中度污染5天，轻度污染3天。根据细颗粒物组分监测结果来看，污染期间硝酸盐浓度最高，为28.9微克/立方米，较清洁时段升高2.3倍，对细颗粒物贡献为23.7%，较清洁时段升高4.4个百分点。本次污染过程前体物二氧化氮浓度增长1倍左右，氮转化速率整体也增长1倍左右，说明二氧化氮二次转化的硝酸盐快速增长是本次污染的重要成因。

其余组分虽与细颗粒物浓度同步增长，但对细颗粒物贡献呈波动变化或降低。其中代表扬尘源的地壳物质占比下降最为明显，降低3.2个百分点；代表工业源的微量元素占比下降1.4个百分点，代表有机物排放源的有机物占比下降2.6个百分点。德阳市颗粒物污染过程组分浓度特征、占比特征、前体物浓度小时变化如图5.2–2至图5.2–4所示。

12月30—12月31日德阳市污染时段前体物尤其二氧化氮浓度下降明显，但二次转化速率快速升高，导致污染持续并反弹。尤其从30日11时左右开始，氮转化速率和硫转化速率快速升高，较上午时段分别升高1倍、0.5倍左右，导致细颗粒物浓度呈V字形反弹。

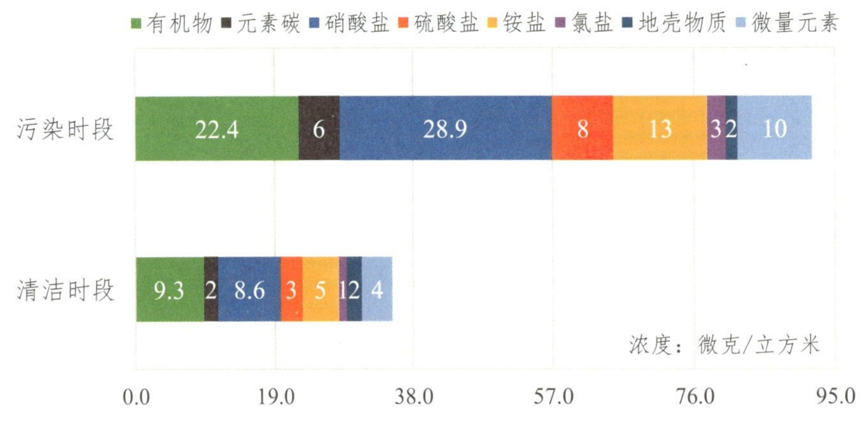

图5.2–2 德阳市颗粒物污染过程组分浓度特征

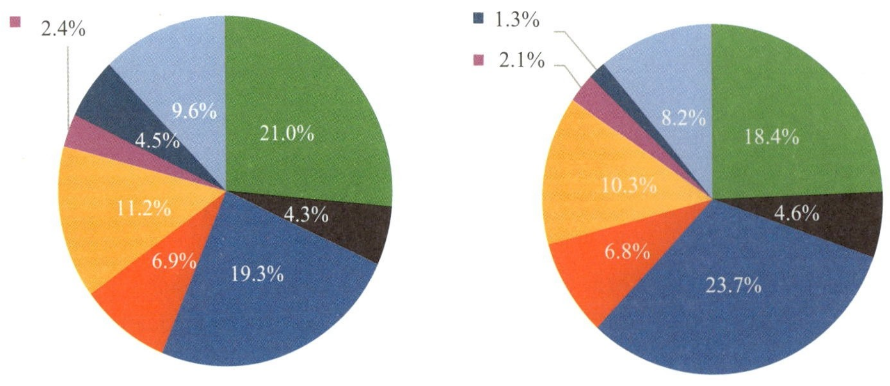

图5.2–3 德阳市颗粒物污染过程清洁时段（左）和污染时段（右）细颗粒物组分占比特征

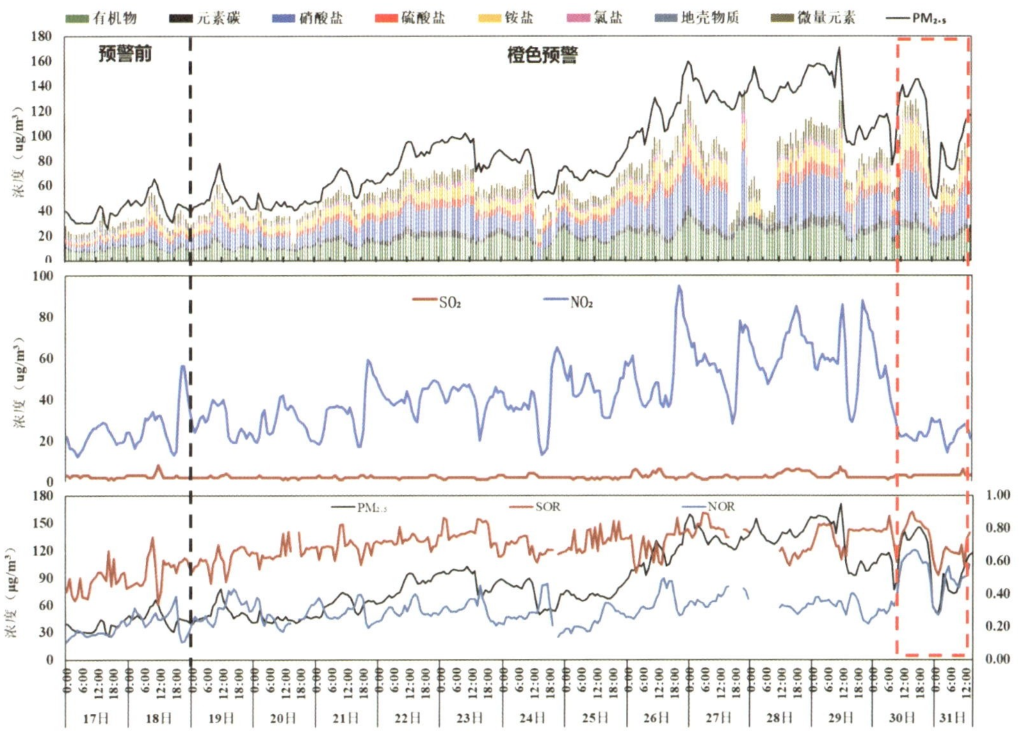

图5.2-4　德阳市颗粒物污染过程细颗粒物组分及前体物浓度小时变化

2. 空间对比分析

从空间来看，污染后期尤其是12月29—12月31日，德阳市细颗粒物及其组分浓度均未出现如周边城市（成都市、绵阳市等）类似的快速增长，德阳市细颗粒物浓度维持在120～130微克/立方米，低于成都市浓度，与绵阳市浓度相当。德阳市周边城市颗粒物组分小时变化如图5.2-5所示。

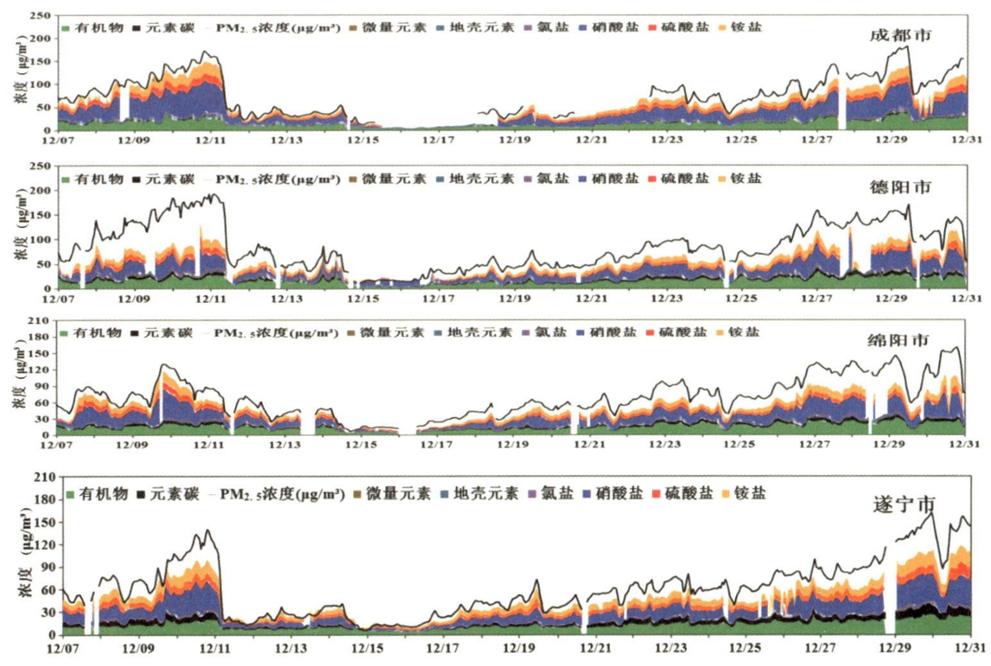

图5.2-5　德阳市周边城市颗粒物组分小时变化

总体来看，氮氧化物二次转化的硝酸盐快速增长是本次细颗粒物污染的主要原因。污染时段前体物二氧化氮浓度增长1倍左右，氮转化速率也升高1倍左右，共同导致德阳市细颗粒物持续中度污染。12月30—12月31日污染主要由二次转化造成。本次橙色预警期间，工业源、扬尘源、有机物排放源等均控制较好，机动车排放贡献较大。

（二）臭氧污染过程分析

1. 城市臭氧污染过程组分特征分析

以成都市2023年7月一次臭氧污染过程分析为例。成都市总挥发性有机物（本书中仅指57种）月均浓度为13.6ppbv。挥发性有机物中烷烃、烯烃、炔烃和芳香烃的浓度分别为8.4ppbv、1.5ppbv、1.6ppbv和2.2ppbv。烷烃、烯烃、炔烃和芳香烃占比分别为61.6%、10.7%、11.8%和15.9%。成都市挥发性有机物组分浓度及占比如图5.2-6所示。

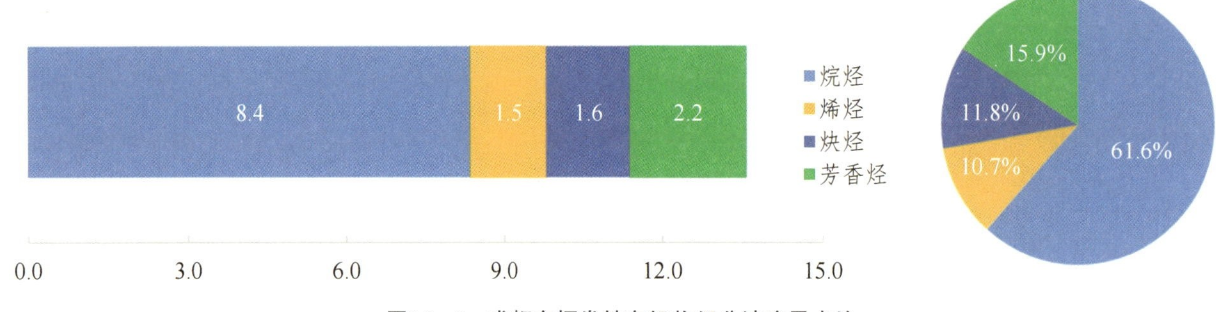

图5.2-6　成都市挥发性有机物组分浓度及占比

成都市臭氧日均浓度为134.8微克/立方米，二氧化氮日均浓度为25.9微克/立方米，总挥发性有机物日均浓度为13.6ppbv。臭氧污染发生时，温度升高，湿度降低，臭氧日均浓度升高，其重要前体物二氧化氮、总挥发性有机物日均浓度均有所降低。7月上旬中期出现一次为期2天的污染过程，此次污染过程为轻度污染，具体分析为：一是从优良到污染，温度升高了3%，湿度降低了20%，臭氧浓度升高78%，其重要前体物二氧化氮、总挥发性有机物日均浓度分别降低17%、42%；二是污染后期至优良时期，气象条件好转，温度降低5%，湿度升高了35%，臭氧浓度降低了43%，二氧化氮、总挥发性有机物的浓度分别升高36%、49%。臭氧、挥发性有机物组分及气象要素综合分析如图5.2-7所示。

污染时段臭氧、二氧化氮和总挥发性有机物平均浓度分别为208微克/立方米、28微克/立方米和35微克/立方米，清洁时段臭氧、二氧化氮和总挥发性有机物平均浓度分别为157微克/立方米、25微克/立方米和33微克/立方米。与清洁时段相比，污染时段臭氧、二氧化氮和总挥发性有机物平均浓度分别升高了32%、12%和6%。污染时段、清洁时段臭氧及其重要前体物浓度如图5.2-8所示。

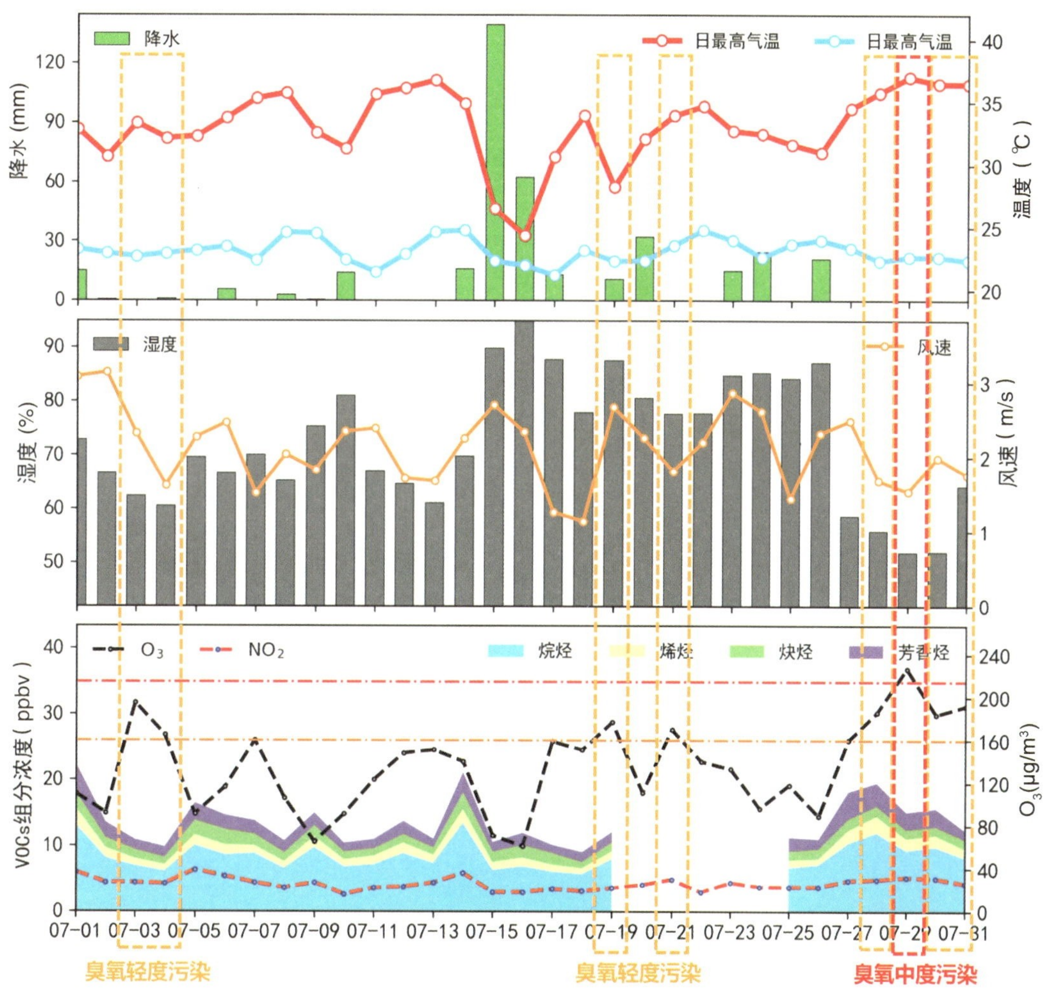

图5.2-7　臭氧、挥发性有机物组分及气象要素综合分析

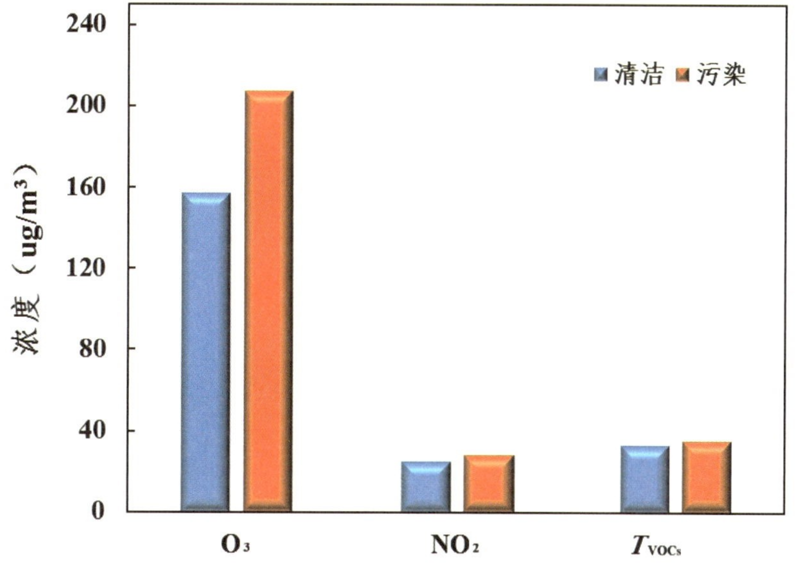

图5.2-8　污染时段、清洁时段臭氧及其重要前体物浓度

从挥发性有机物组分浓度来看，污染时段芳香烃高活性组分较清洁时段高4.1个百分点，烷烃、烯烃、炔烃占比较清洁时段分别低1.3个、1.5个、1.3个百分点。污染时段、清洁时段总挥发性有机物各组分浓度占比情况如图5.2-9所示。

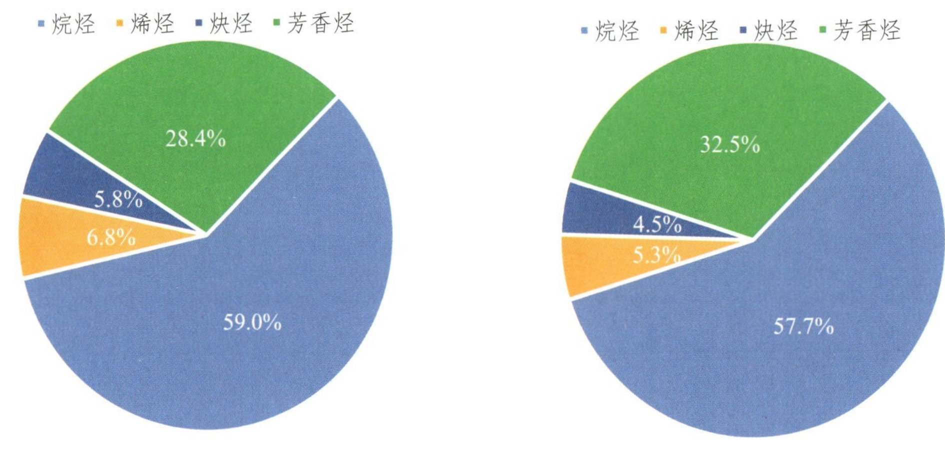

图5.2-9　污染时段（左）、清洁时段（右）总挥发性有机物各组分浓度占比情况

污染时段溶剂涂料使用源对挥发性有机物的贡献明显增强。污染时段占比最大的为溶剂涂料使用源（34.1%）；其次为机动车尾气源（33.5%）；工业源、汽油挥发源、天然源占比分别为12.7%、11.2%、8.0%。其中，溶剂涂料使用源较清洁时段升高8个百分点、天然源升高2.5个百分点。清洁时段和污染时段挥发性有机物来源解析如图5.2-10所示。

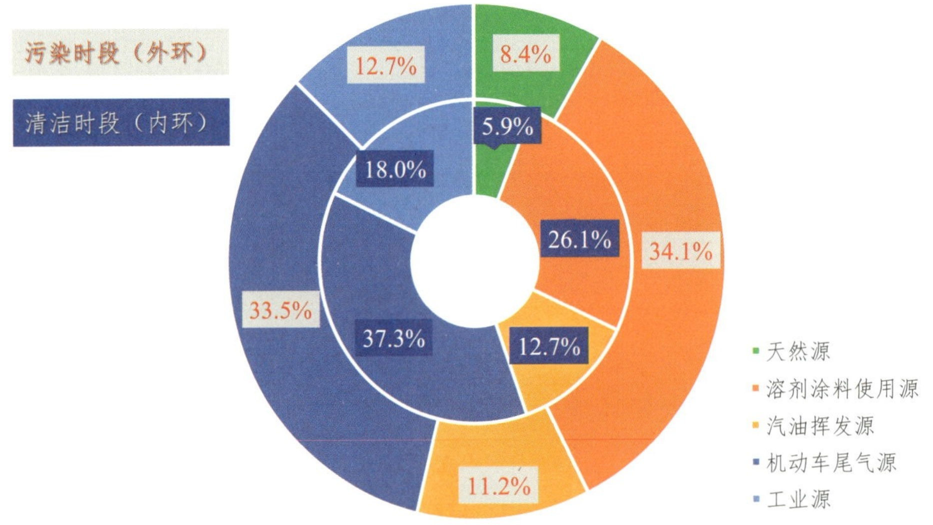

图5.2-10　清洁时段和污染时段挥发性有机物来源解析

2. 臭氧生成潜势分析

污染时段臭氧生成潜势值排名前四的物种为间/对二甲苯、甲苯、乙烯、邻二甲苯，主要来源有机动车尾气源、溶剂涂料使用源。间/对二甲苯、甲苯、邻二甲苯以溶剂涂料使用源为主，清洁时段占比分别为62.3%、32.2%、59.6%，污染时段占比为70.6%、42.1%、68.3%，污染时段较清洁时段分占比别升高8.3个、9.9个、8.7个百分点。乙烯以机动车尾气源和工业源为主，清洁时段占比分别为39.2%、39.8%，污染时段占比分别为38.9%、31.8%，污染时段较清洁时段占比分别降低0.3个、8

个百分点。臭氧生成潜势与挥发性有机物浓度、臭氧生成潜势系数之间的关系如图5.2–11所示，臭氧生成潜势排名前十的物种来源解析如图5.2–12所示。

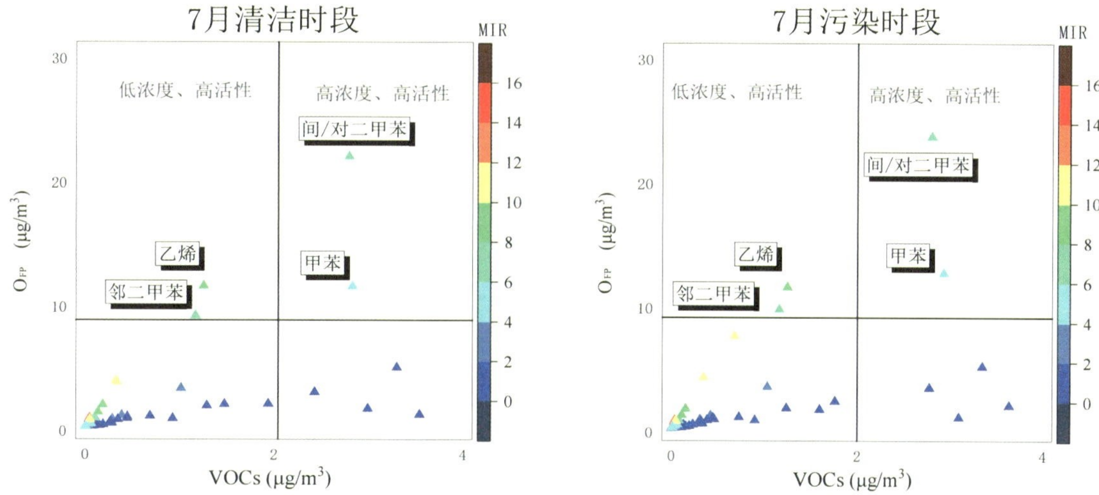

图5.2–11 臭氧生成潜势与挥发性有机物浓度、臭氧生成潜势系数之间的关系

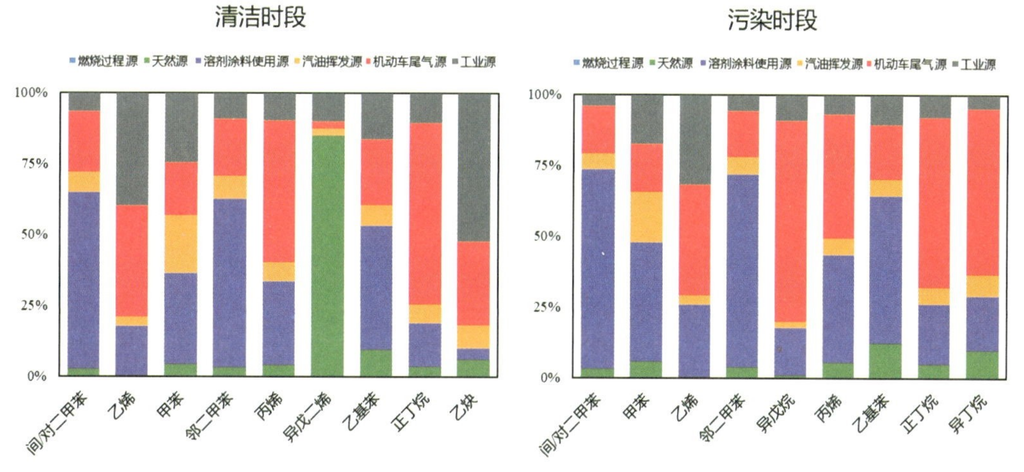

图5.2–12 臭氧生成潜势排名前十的物种来源解析

三、小结

从大气颗粒物及光化学组分数据分析结果来看，四川省大多数城市呈现复合型污染特征，秋冬季颗粒物污染明显，春夏季臭氧污染突出。总体来看，氮氧化物二次转化的硝酸盐快速增长是造成秋冬季颗粒物污染的主要原因。挥发性有机物中芳香烃等高活性组分的增加是造成春夏季臭氧污染的主要原因，对臭氧生成潜势贡献较大的物种有间/对二甲苯、甲苯、乙烯、邻二甲苯，主要来源有机动车尾气源、溶剂涂料使用源等。

第三章　琼江流域地表水污染成因诊断和流域控制单元管理研究

一、流域概况及污染现状

（一）琼江流域概况

琼江，又名安居河，位于四川盆地中部、遂宁市西南部，距遂宁城区23千米，东邻船山区，北邻大英县，介于东经105°01'～106°03'，北纬29°42'～30°32'之间。是涪江右岸的一级支流、嘉陵江的二级支流，发源于乐至县石佛镇九龙寨，西与沱江相邻。源流由南向北，经桂花湾水库、遂宁县新生水库和麻子滩水库，出水库后向东经白马镇，以下干流又称白马河，于安居镇前右岸纳蟠龙河后始称琼江或安居河，又称关溅河。流域面积为4560平方千米，高程205～552米。琼江流域四川省境内干流总长为136.7千米，流域总面积约4560平方千米，四川省内涉及安岳县、乐至县、大英县和安居区的72个乡镇和2个街道。

1. 气象条件

琼江流域地处中纬度地带，属亚热带湿润季风气候，春早、夏长、秋短、冬无严寒，无霜期长，雨热丰富，全年气候温和，四季分明，冬暖春早，适合各种作物的生长发育。同时，因受太阳辐射、大气环流和地面地形的综合影响，又有其独特性：琼江上游地区位于四川省内，包括山地和丘陵地带，其海拔较高，大部地区超过1000米，中游地区位于四川省和重庆市的边界，包括丘陵和平原地带，海拔相对较低，为500～1000米，下游地区位于重庆市的平原和低海拔地区，海拔相对更低，在500米以下，都属于亚热带气候带。不同地段的海拔和地理位置差异使得它们在气象条件方面有所不同，包括温度、降水和季节性变化。琼江流域的年平均气温为16.8摄氏度（乐至）至17.9摄氏度（潼南）。年平均降水量在1000毫米左右，降水年内分布不均，夏秋雨季可达全年降水量的78.5%，大于25毫米的大到暴雨日数年均8.5～10天，无霜期296～330天，日照时数1162.8～1466.5小时，年总辐射为82.4～91.5千卡/平方厘米。

2. 水文条件

琼江多年平均流量为43.4立方米/秒，多年平均径流总量为7.5亿立方米，干流平均坡降1.1‰，水能蕴藏量近2万千瓦，平均径流总量大于11.91亿立方米。目前已建各种蓄、引、提工程1.75万余处；其中大型水库9座，小型水库46座，中型水库241座，工程总水量达5.799亿立方米。保灌面积475.73平方千米，占流域总耕地的19.0%。目前全流域土地资源及与流域总面积的占比为：农用地占57.7%，林地占9.4%，园地占1.1%，房屋占5.4%，交通占8.9%，水域占4.9%，难用地占11.7%，草地仅占0.9%。

（二）污染现状

琼江是西南地区典型的流程短、流量小、面源广、沿程工业源少的小流域，具有很强的代表性。琼江流域沿岸城镇及农村社会经济在快速发展的同时，也给琼江带来了巨大的生态环境压力。琼江上游长期以来水污染治理的投入不足，治理进度缓慢，现有治理标准低，工程不配套，主要体现在：一是琼江上游部分居民聚居点还没有建设城镇污水处理设施；二是琼江上游现有城镇污水处理设施建设不规范，部分采用的污水处理工艺存在无脱氮除磷功能；三是个别场镇管网规划建设较粗放，后续维护不到位，雨污管网混接、错接，时有雨季“爆管”、旱季“干管”现象。

部分农户对农药、化肥的有效利用率低，使其成为琼江流域水体中总磷、总氮污染物的重要来源。畜禽养殖污染仍存在，部分鱼塘水体养殖污染水环境质量，存在肥水养殖现象。农村生活污水收集率较低，部分农村家庭生活污水未有效收集处理直接排放进入溪流。农村垃圾随意倾倒现象还存在，部分行政村未及时收运垃圾。个别支流水质影响干流达标，部分支流上游来水水质还不够稳定，对干流水质总体达标造成不利影响，且与琼江Ⅲ类功能目标不一致，如龙台河水环境功能目标为Ⅳ类。

琼江大安断面（考核四川省遂宁市）2020年仅6个月水质达到地表水Ⅲ类水质标准，2021年水质为地表水Ⅳ类。安居段面源污染严重，主要污染源为城镇居民区污水、农田地表径流及畜禽养殖场废水。干流遂宁段水质较差，多数月份化学需氧量、总磷超标；主要支流河口断面化学需氧量、总磷超标现象时有发生。干流国考断面跑马滩（考核四川省资阳市）、光辉断面在2015—2018年水质均未达到地表水Ⅲ类水质标准；中和断面（考核重庆市潼南区）存在季节性超标现象。跨界支流姚市河（岳阳河）、龙台河、平滩河、塘坝河等支沟水质较差，其中姚市河水质长期为Ⅴ类。每逢汛期，大量污染物随洪水冲入琼江，给琼江水环境带来不良影响。受上游四川省来水影响，崇龛琼江自来水厂水源地水质长期为Ⅳ类。

二、研究方法

琼江流域地表水污染成因诊断和流域控制单元管理研究主要采用资料调研、现场调研监测和相关部门座谈、专家咨询相结合的方法。通过资料文献调研和实地考察，结合四川省水质自动站高频次原位连续监测数据，工业企业、园区、流域关键断面、入河排污口、遥感、二污普等数据，构建高分辨率水环境污染源清单。在技术方面，采用MIKE水质水动力模型、SWAT分布式水文与面源污染模型等作为基础工具，动态模拟流域污染物在陆地产生、输移过程和水体中的迁移、衰减、扩散和河流内源释放过程，动态调整模型的输入与输出，建立适应性的地表水水质模拟和污染成因诊断模型，为琼江流域“十四五”水质精准管控提供技术支撑。

根据当地实际需求、现有的数据基础，因地制宜选择合适的模型，现有模型包括SWAT机理型、HSPF机理型、ANSWERS经验型等，其中SWAT机理型适用于山地流域，具有土地利用、耕作制度模拟功能，但对单一事件洪水过程模拟不适用，参数较多。适用范围几十到上千平方千米的连续流域。

模型模拟的过程包括五部分：（1）概念模型建立，包括地表径流、地下淋溶、土壤侵蚀、壤中流等；（2）数据资料整理，包括DEM、土壤类型、土地利用、气象等；（3）子流域划分，划分水文相应单元以及支流出口；（4）模型率定，主要是对最优参数的选取，以匹配当地实际情况；（5）对陆面过程和水面过程进行模拟。

整个模型模拟过程需要国家技术帮扶和地方数据支撑共同完成。国家可以帮助模型选择、子流域划分、模型率定，以及提供一些基础数据。地方数据支撑主要体现在数据收集和监测方面，可提供水文水质数据以及农业污染源调查数据。

琼江流域农业污染源调查与农业面源污染监测，主要为琼江流域进行农业面源污染负荷评估。本项目主要通过经验系数法和模型模拟法相结合的方式评估。其中经验系数法分别对琼江流域内的种植业、畜禽养殖业和水产养殖业污染负荷进行计算，其中种植业主要通过现有的耕地、园地面积、氮肥磷肥使用量等基础数据，结合肥料流失系数与污染物入水体系数进行计算；畜禽养殖业污染负荷主要是通过规模养殖场和分散式养殖的出栏量为基础数据，结合产排系数进行计算；水产养殖业污染负荷主要是通过人工水产养殖水产品产量为基础数据，结合产排污系数进行计算。

模型模拟法依据琼江流域具体情况，结合当地数据情况选取合适的模型。最终，通过琼江流域农业面源污染负荷评估确定重点区域、重点对象和重要时段，集中优势力量，将有限的人力物力投入到关键区域，削减农业面源污染负荷，缓解琼江流域水质超标问题。

三、结果与讨论

（一）流域点面源污染排放特征分析

1. 琼江流域总氮浓度时间变化规律

2018—2022年，跑马滩断面总氮浓度均值为0.82毫克/升，变化范围为0.29～2.17毫克/升。年际变化上，跑马滩子流域的总氮浓度存在下降趋势，由2018年1.13毫克/升下降至2022年0.05毫克/升；年内变化上，总氮浓度出现的峰值集中在4—7月，可能与降水有关，地表径流增加对非面源污染的输入。跑马滩断面总氮浓度时间变化规律如图5.3-1所示。

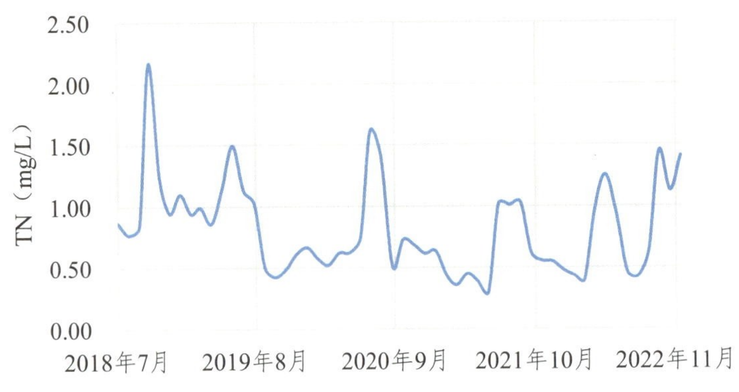

图5.3-1　跑马滩断面总氮浓度时间变化规律

2020—2022年，元坝断面总氮浓度均值为1.55毫克/升，变化范围为0.93～3.40毫克/升。年际变化上，子流域的总氮浓度存在上升趋势，由2021年平均1.37毫克/升上升至2022年1.80毫克/升；年内变化上，总氮浓度出现的峰值集中在4—8月，可能与降水有关，地表径流增加对非面源污染的输入。元坝断面总氮浓度时间变化规律如图5.3-2所示。

图5.3-2　元坝断面总氮浓度时间变化规律

2018—2022年，大安断面总氮浓度均值为1.79毫克/升，变化范围为0.38～4.02毫克/升。年际变化上，子流域的总氮浓度存在下降趋势，由2018—2019年平均2.26毫克/升下降至2022年1.55毫克/升；年内变化上，总氮浓度出现的峰值集中在7月，可能与降水有关，地表径流增加对非面源污染的输入。大安断面总氮浓度时间变化规律如图5.3-3所示。

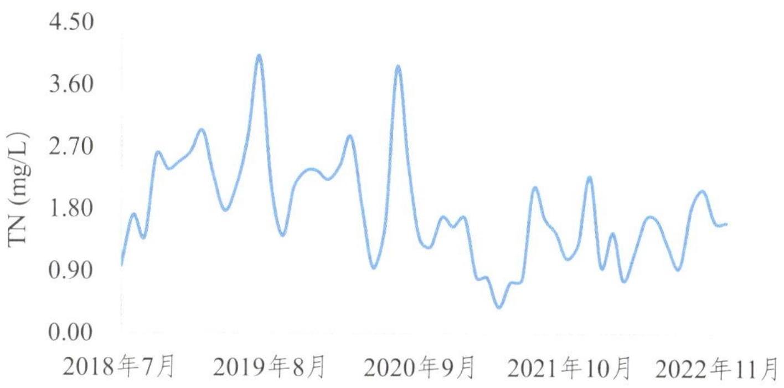

图5.3-3　大安面总氮浓度时间变化规律

2020—2022年，白沙断面总氮浓度均值为3.28毫克/升，变化范围为1.15～5.49毫克/升。年际变化上，子流域无明显变化；年内变化上，总氮浓度出现的峰值分别发生在2月、4月、7月、10月等。白沙断面总氮浓度时间变化规律如图5.3-4所示。

图5.3-4　白沙断面总氮浓度时间变化规律

2021—2022年，两河断面总氮浓度均值为2.59毫克/升，变化范围为1.23～5.30毫克/升。年际变化上，子流域无明显变化；年内变化上，总氮浓度出现的峰值分别发生在4月、7月、10月等，可能与降水有关。两河断面总氮浓度时间变化规律如图5.3-5所示。

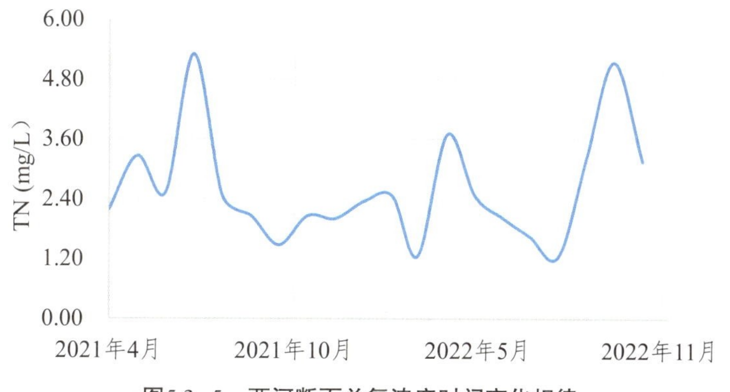

图5.3-5　两河断面总氮浓度时间变化规律

2. 琼江流域总磷浓度时间变化规律

2018—2022年，跑马滩断面总磷浓度平均值为0.06毫克/升，变化范围为0.02～0.16毫克/升。年际变化上，子流域的总磷浓度存在下降趋势，由2018年0.1 毫克/升下降至2022年0.05毫克/升；年内变化上，总磷浓度出现的峰值集中在4—10月，可能与降水有关，地表径流增加对非面源污染的输入。2020—2021年变化相对稳定，总磷浓度保持在0.08毫克/升。2022年12月总磷浓度突然升高到0.11毫克/升，需要进一步排查潜在的污染源。跑马滩断面总磷浓度时间变化规律如图5.3-6所示。

图5.3-6　跑马滩断面总磷浓度时间变化规律

2020—2022年，元坝断面总磷浓度平均值为0.09毫克/升，变化范围为0.05～0.14毫克/升。年际变化上，总磷浓度无明显波动，年内变化上，出现多峰形波动，峰值集中在4—9月。元坝断面总磷浓度时间变化规律如图5.3-7所示。

图5.3-7　元坝断面总磷浓度时间变化规律

2018—2022年，大安断面总磷浓度平均值为0.11毫克/升，变化范围为0.04～0.21毫克/升。年际变化上，整体上总磷浓度无明显波动，年内变化上，出现多峰形波动，峰值集中在5—9月。大安断面总磷浓度时间变化规律如图5.3-8所示。

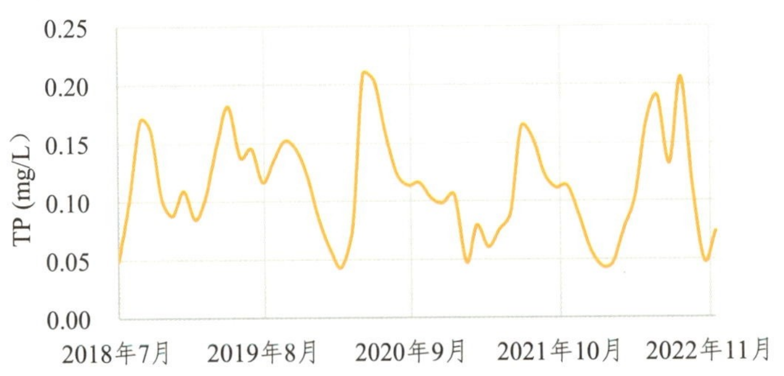

图5.3-8　大安断面总磷浓度时间变化规律

2020—2022年，白沙断面总磷浓度平均值为0.13毫克/升，变化范围为0.06～0.27毫克/升。年际变化上，总磷浓度无明显波动，年内变化上，出现多峰形波动，峰值集中在4—9月。白沙断面总磷浓度时间变化规律如图5.3-9所示。

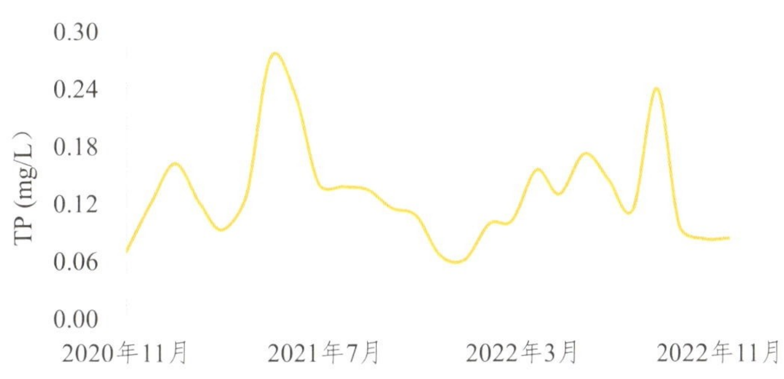

图5.3-9 白沙断面总磷浓度时间变化规律

2021—2022年，两河断面总磷浓度平均值为0.14毫克/升，变化范围为0.04～0.28毫克/升。年际变化上，总磷浓度无明显波动，年内变化上，峰值集中在4—9月。两河断面总磷浓度时间变化规律如图5.3-10所示。

图5.3-10 两河断面总磷浓度时间变化规律

3. 琼江流域氨氮浓度时间变化规律

2018—2022年，跑马滩断面氨氮浓度平均值为0.10毫克/升，变化范围为0.02～0.73毫克/升。年际变化上，跑马滩子流域氨氮浓度基本平稳，无明显波动，年内变化上，出现的峰值集中在5—10月，可能与降水有关，地表径流增加对非面源污染的输入。2022年12月氨氮浓度突然升高到0.73毫克/升，这与总磷浓度的突变一致，可能存在相同的潜在污染源，需要进一步排查。跑马滩断面氨氮浓度时间变化规律如图5.3-11所示。

图5.3-11 跑马滩断面氨氮浓度时间变化规律

2020—2022年，元坝断面氨氮浓度平均值为0.11毫克/升，变化范围为0.03～0.42毫克/升。年际变化上，氨氮浓度无明显波动，年内变化上，出现多峰形波动，峰值出现在2月、5月、8月、9月等。元坝断面氨氮浓度时间变化规律如图5.3-12所示。

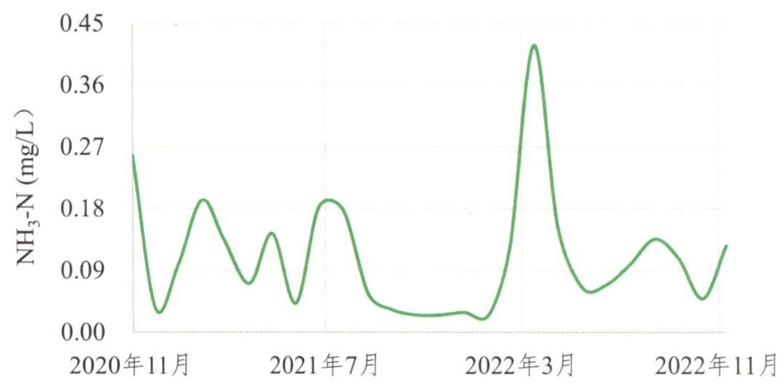

图5.3-12 元坝断面氨氮浓度时间变化规律

2018—2022年，大安断面氨氮浓度平均值为0.10毫克/升，变化范围为0.03～0.51毫克/升。年际变化上，氨氮浓度无明显波动，年内变化上，氨氮浓度出现的峰值集中在5—9月，尤其是2022年9月，出现了多年的氨氮浓度极大值0.51毫克/升。大安断面氨氮浓度时间变化规律如图5.3-13所示。

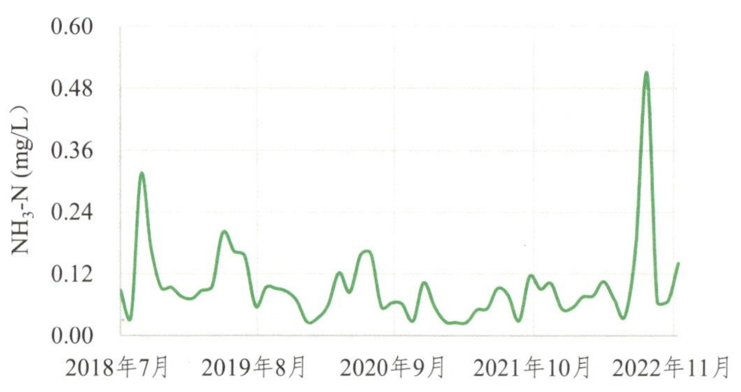

图5.3-13 大安断面氨氮浓度时间变化规律

2020—2022年，白沙断面氨氮浓度平均值为0.34毫克/升，变化范围为0.01～2.87毫克/升。年际变化上，氨氮浓度无明显波动，由年内变化上，出现多峰形波动，峰值出现在1月、9月、10月，尤其是2021年1月，这与其他指标突然增高时间一致，可能是遇到突发污染事故，如短时暴雨，雨水携带大量化肥进入河道。白沙断面氨氮浓度时间变化规律如图5.3-14所示。

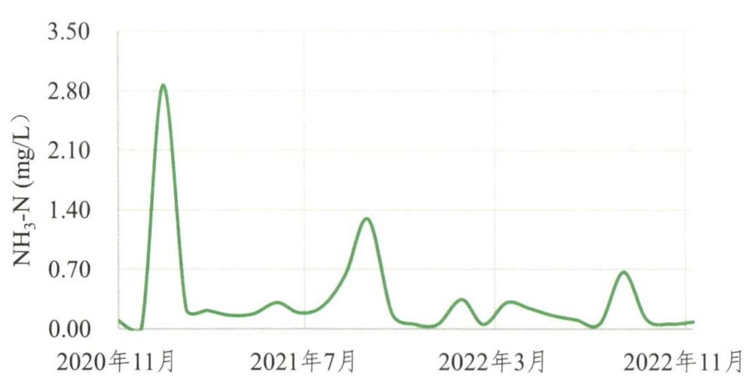

图5.3-14 白沙断面氨氮浓度时间变化规律

2021—2022年，两河断面氨氮浓度平均值为0.28毫克/升，变化范围为0.04～0.90毫克/升。年际变化上，氨氮浓度无明显波动，年内变化上，氨氮浓度出现的峰值出现在1月、4月、5月、9月，尤其是2021年1月，这与其他指标突然增高时间一致，可能是遇到突发污染事故。两河断面氨氮浓度时间变化规律如图5.3-15所示。

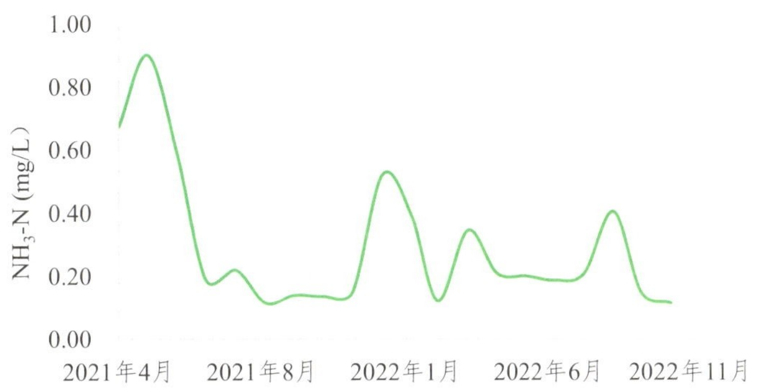

图5.3-15　两河断面氨氮浓度时间变化规律

（二）琼江流域总磷和总氮面源污染负荷分析

通过模拟2018—2022年琼江流域各子流域的点面源污染负荷情况可以看出，2018—2022年，总磷污染整体呈先上升后降低的态势，其污染负荷高值区主要集中于河流、河流两岸及河流下游地区。从2018年至2020年，总磷负荷由32.51千克/年上升至134.33千克/年，到2021年回落到112.57千克/年，到2022年为107.10千克/年。污染负荷量在2020年较低，可能与2020年点源排放量、总降水量较低相关。降水量大的年份，河流的污染负荷量会显著增大。总氮的面源污染负荷是逐渐增加的，由2018年的137.63千克/年增加到2020年的504.72千克/年，2021年略微下降至432.4千克/年，到2022年，突然增加了4倍有余，达到1918.05千克/年。2018—2022年琼江流域各子流域总磷、总氮面源污染物负荷及空间分布如图5.3-16至图5.3-18所示。

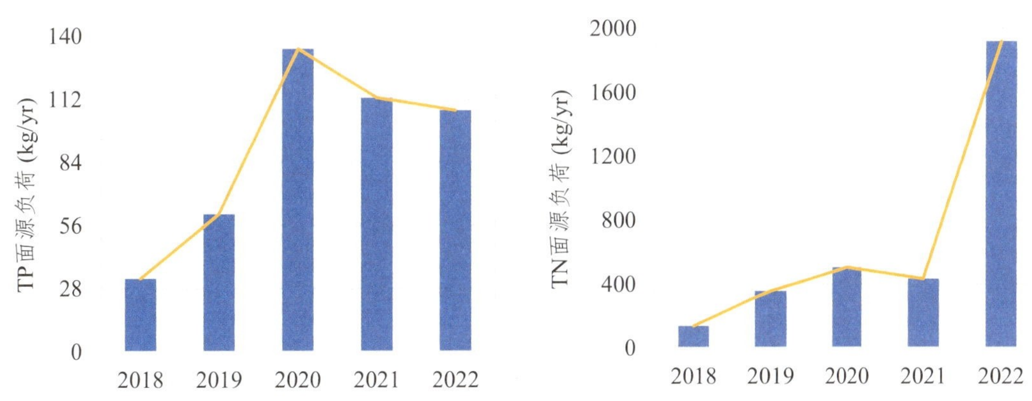

图5.3-16　琼江流域总磷、总氮面源污染物负荷

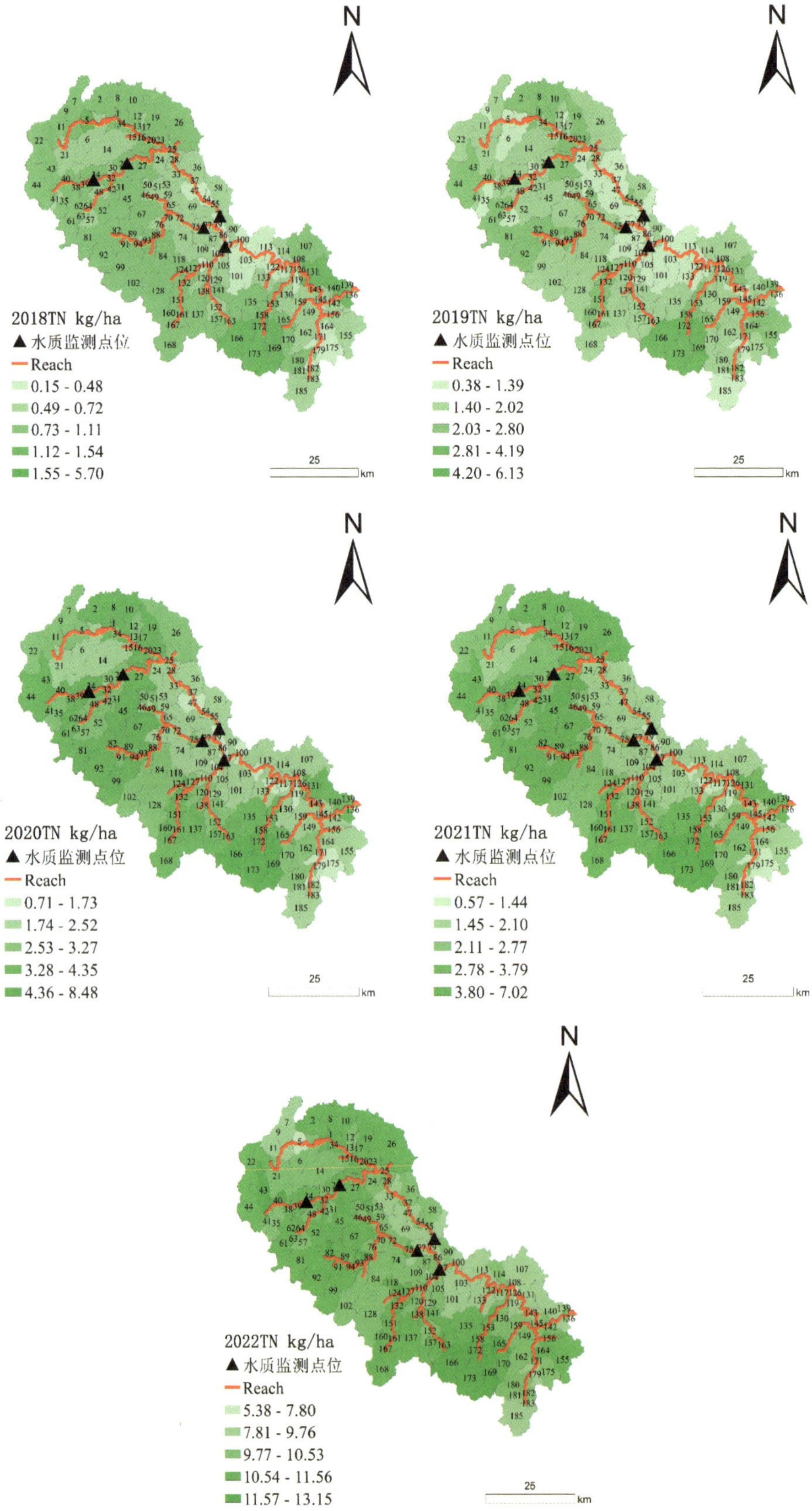

N

2018TN kg/ha
▲水质监测点位
Reach
0.15 - 0.48
0.49 - 0.72
0.73 - 1.11
1.12 - 1.54
1.55 - 5.70
25 km

N

2019TN kg/ha
▲水质监测点位
Reach
0.38 - 1.39
1.40 - 2.02
2.03 - 2.80
2.81 - 4.19
4.20 - 6.13
25 km

N

2020TN kg/ha
▲水质监测点位
Rcach
0.71 - 1.73
1.74 - 2.52
2.53 - 3.27
3.28 - 4.35
4.36 - 8.48
25 km

N

2021TN kg/ha
▲水质监测点位
Rcach
0.57 - 1.44
1.45 - 2.10
2.11 - 2.77
2.78 - 3.79
3.80 - 7.02
25 km

N

2022TN kg/ha
▲水质监测点位
Reach
5.38 - 7.80
7.81 - 9.76
9.77 - 10.53
10.54 - 11.56
11.57 - 13.15
25 km

图5.3-17　琼江流域2018—2022年总氮面源污染负荷空间分布

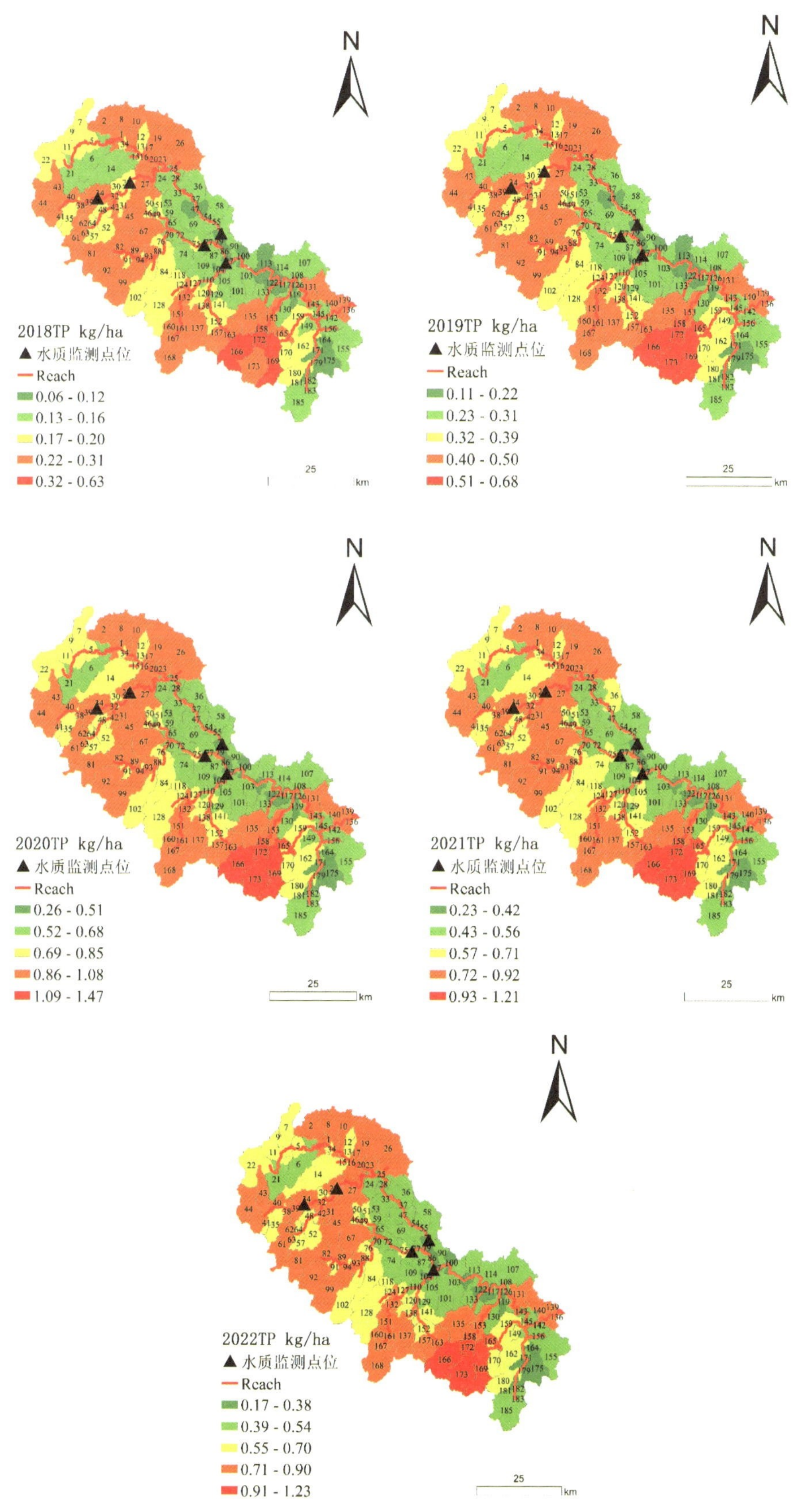

图5.3-18 琼江流域2018—2022年总磷面源污染负荷空间分布

（三）琼江流域总磷、总氮、氨氮入河污染负荷分析

通过模拟2018—2022年琼江流域各子流域的入河污染负荷情况可以看出，2018—2022年，总磷污染整体呈先上升后降低的态势，其污染负荷高值区主要集中于河流、河流两岸及河流下游地区。从2018—2020年，总磷入河污染负荷由2584吨/年上升至10833吨/年，2021年下降到9577吨/年，2022年为7507吨/年。总氮的入河污染污染负荷逐渐增加，由2018年的19228吨/年上升至2020年的64865吨/年。其中，2021年上升至69681吨/年，到2022年，达到91401吨/年。氨氮的面源污染负荷先增加后减弱，由2018年的2511吨/年，2019年下降至2165吨/年，后增加到了2020年的6217吨/年，2021年继续上升至8116吨/年，2022年下降至4042吨/年。琼江流域总磷、总氮、氨氮入河污染负荷如图5.3-19至图5.3-21所示。

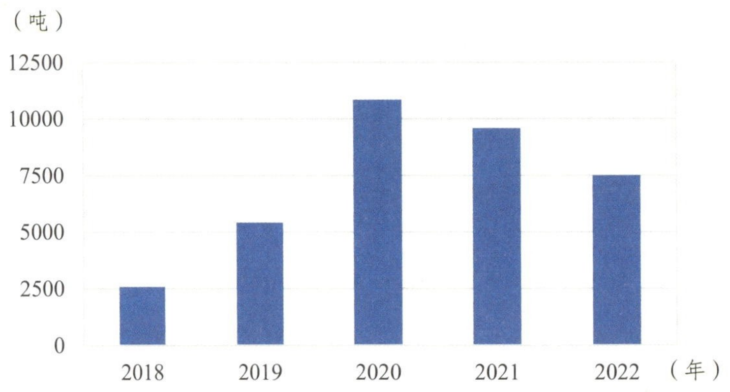

图5.3-19　琼江流域总磷入河污染负荷

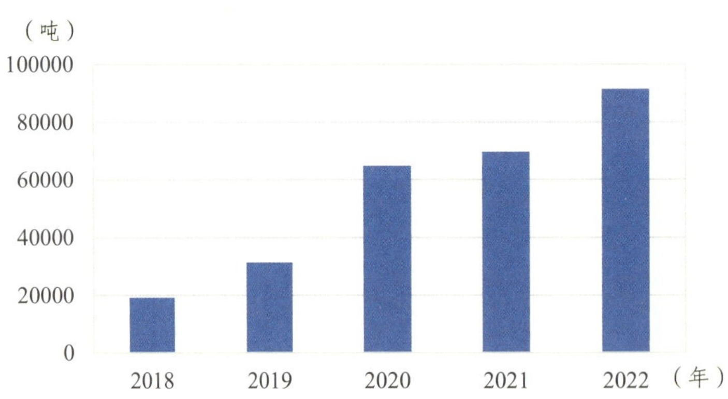

图5.3-20　琼江流域总氮入河污染负荷

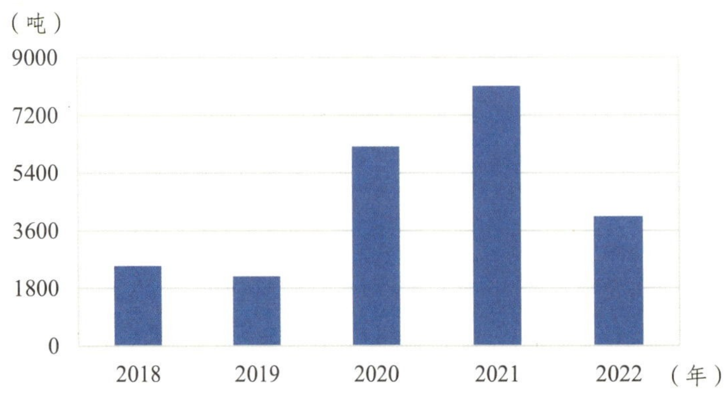

图5.3-21　琼江流域氨氮入河污染负荷

四、治理对策建议

以改善“水环境质量为核心”，系统推进琼江流域水污染防治，对污染物排放总量控制提出明确要求。对污染物入河量进行控制，在此基础上考虑农村、农业面源污染削减，针对不能满足要求的控制单元进一步提高规划目标，对点源和面源进行最大程度减排。

（一）推进流域内生活污水处理设施建设

对于日处理水平已经接近饱和或在目标年不能满足本地区城镇化发展水平的城市生活污水处理厂进行扩建，分期分批建设场镇及大型居民聚集区生活污水处理设施，出水标准执行《城镇污染处理厂污染物排放标准》（GB 18918—2002）一级A标准以及《四川省水污染物排放标准》，对河沿岸居住地区开展分散污水处理设施建设。推进城镇和农村新型社区污水收集系统建设，新建污水处理设施的配套管网应同步设计、同步建设、同步投运，城镇新区建设均实施雨污分流，积极推进初期雨水收集、处理和资源化利用。

（二）开展种植业面源污染防治

在流域内发展经济林业，无公害、绿色、有机食品种植，控制叶菜等高施肥量农作物的种植量，加强对肥料、农药和农膜的监督，积极开展农用化学品质量保证与替代措施，推广使用有机肥。结合水土保持措施（如“坡改梯工程”）在中低产农田、果园设置具有净化、节调蓄功能的沟塘系统，在雨期时储存调节，旱季回灌或就地处理，减少外排量。对农田径流进行处理，降低进入水体的污染负荷。

（三）加强畜禽养殖污染整治

在畜禽养殖污染治理上积极推广污水肥料化利用模式，大力推广异位发酵床处理技术，在大型养殖场发展粪污专业化能源利用模式，分散的农村畜禽养殖建议考虑与农村分散生活污水统一处置，农牧结合、种养平衡，以沼气池为纽带，与生活污染处理相结合，实行猪舍、厕所、沼气池“三位一体”，以“猪—沼—田”“猪—沼—鱼”“猪—沼—园”的能源生态型模式，实现污染物零排放和资源化利用。

（四）实施流域水体生态修复与保护

加强琼江流域山丘区琼江干支流生态护岸工程建设，在提升重点河段的防洪能力同时，改善区域水生态环境。开展重点河段、湖库的水环境综合整治工程，通过河道清淤疏浚、堤防加固等措施，使琼江流域主要河道保持水流通畅，河势与岸坡稳定，并采用水生植物、生态浮岛等各种河湖水体原位修复技术对河道水体进行修复，提升河流自净能力，恢复生态系统健康，提高水体的流动性。

第四章 四川省地市级饮用水源地中新型污染物调查监测研究

2022年5月，国务院办公厅印发了《新污染物治理行动方案》，将全氟化合物、抗生素等作为重点管控的新污染物（Emerging Pollutants，EPs）。2023年，全氟化合物中的全氟辛基磺酸及其盐类（PFOS类）、全氟辛酸及其盐类（PFOA类）、全氟己基磺酸及其盐类（PFHxS类）以及抗生素被列入中国14类《重点管控新污染物清单（2023年版）》中，禁止生产、加工使用、进出口等。全氟化合物、抗生素污染问题已成为当下最受关注的环境问题之一。

四川省位于中国西南腹地，地处长江上游，辖区面积48.6万平方千米，居中国第五位。四川省河流众多，水资源丰富，在经济社会发展和生态环境保护中具有全局性的战略地位，饮用水质量至关重要。因此，掌握四川省地市级饮用水源地中全氟化合物、抗生素残留水平和污染特征，评估其空间分布情况和生态风险，为后续开展四川省新污染物监测、揭示目标污染物来源及归趋、加强新污染物污染防治、政策制定等提供了理论支撑。

一、研究内容

四川省生态环境监测总站于2023年丰水期（8月）和枯水期（11月）开展了四川省地市级饮用水水源地全氟化合物和抗生素调查研究，21种全氟化合物及37种抗生素名称见表5.4-1，四川省地市级集中式饮用水水源地监测断面（点位）分布如图5.4-1所示。

表5.4-1 21种全氟化合物及37种抗生素名称

类别	化合物名称	英文名称	类别	化合物名称	英文名称
大环内酯类	阿奇霉素	Azithromycin	喹诺酮类	环丙沙星	Ciprofloxacin
	克拉霉素	Clarithromycin		达氟沙星	Anofloxacin
	罗红霉素	Roxithromycin		依诺沙星	Enoxacin
	林可霉素	Lincomycin		恩诺沙星	Enrofloxacin
	克林霉素	Clindamycin		氟甲喹	Flumequine
	替米考星	Tilmicosin		洛美沙星	Lomefloxacin
	红霉素	Erythromycin		萘啶酸	Nalidixic acid
	泰乐霉素	Tylosin		诺氟沙星	Norfloxacin
	交沙霉素	Josamycin		氧氟沙星	Ofloxacin
	阿奇霉素	Azithromycin		恶喹酸	Oxolinic acid
磺胺类	磺胺氯哒嗪	Sulfachloropyridazne		培氟沙星	Pefloxacin
	磺胺嘧啶	Sulfadiazine		沙拉沙星	Sarafloxacin
	磺胺甲恶唑	Sulfamethoxazole	四环素类	金霉素	Chlortetracycline
	磺胺氯哒嗪	Sulfachloropyridazine		强力霉素	Doxycycline
	磺胺吡啶	Sulfapyridine		土霉素	Oxytetracycline
	磺胺噻唑	Sulfathiazole		四环素	Tetracycline
	磺胺甲基嘧啶	Sulfamerazine	酰胺醇类	氯霉素	Chloramphenicol
	磺胺对甲氧嘧啶	Sulfameter		氟甲砜霉素	Florfenicol
喹诺酮类	西诺沙星	Cinoxacin		甲砜霉素	Thiamphenicol

续表

类别	化合物名称	英文名称	类别	化合物名称	英文名称
全氟化合物	全氟丁酸	PFBA	全氟化合物	全氟十六酸	PFHxDA
	全氟戊酸	PFPeA		全氟十八酸	PFODA
	全氟己酸	PFHxA		全氟丁烷磺酸	PFBS
	全氟庚酸	PFHpA		全氟戊烷磺酸	PFPeS
	全氟辛酸	PFOA		全氟己烷磺酸	PFHxS
	全氟壬酸	PFNA		全氟庚烷磺酸	PFHpS
	全氟癸酸	PFDA		全氟辛烷磺酸	PFOS
	全氟十一酸	PFUDA		全氟壬烷磺酸	PFNS
	全氟十二酸	PFDoA		全氟癸烷磺酸	PFDS
	全氟十三酸	PFTrDA		全氟十二烷磺酸	PFDoS
	全氟十四酸	PFTeDA			

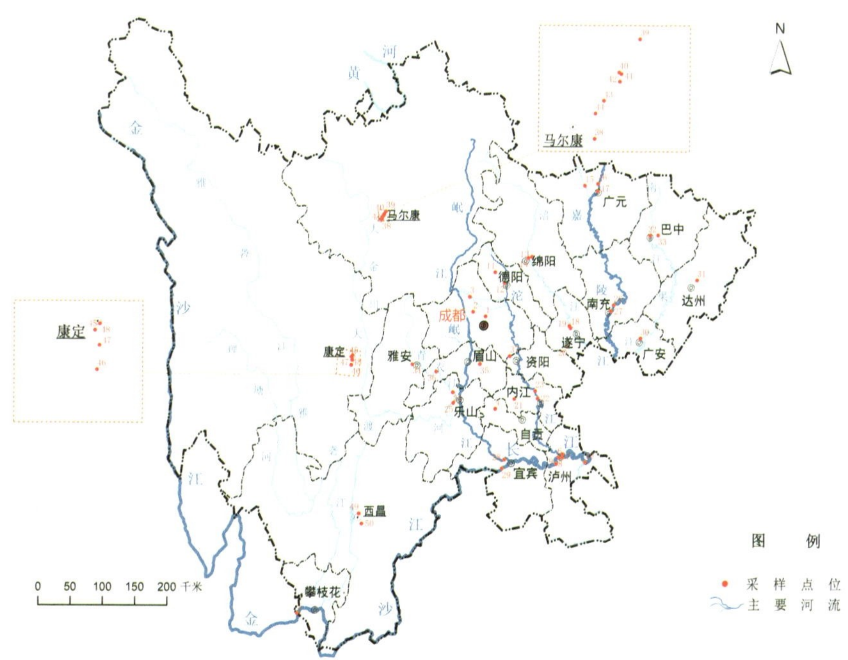

图5.4-1　四川省地市级集中式饮用水水源地监测断面（点位）分布

二、结果与讨论

（一）全氟化合物浓度水平分析

丰水期∑全氟化合物浓度范围为0.39～63.75纳克/升，枯水期∑全氟化合物浓度范围为0.35～67.66纳克/升。

丰水期，13种羧酸类全氟化合物有6种未检出，分别为PFUDA、PFDoA、PFTrDA、PFTeDA、PFHxDA和PFODA，其余7种均有检出。其中，PFBA的检出率最高，为86.7%，浓度范围为0～3.84纳克/升；其次为PFOA，检出率为77.8%，浓度范围为0～8.20纳克/升；PFHxA和PFNA的检出率高于50%，浓度范围分别为0～55.20纳克/升和0～1.67纳克/升，PFHxA在宜宾市岷江菜坝水源地浓

度最高。值得注意的是，双溪水库水样中羧酸类全氟化合物的浓度较高，除了PFHxA（浓度2.38纳克/升），其余检出的6种羧酸类目标物浓度均为最大值，需要后续关注该水源地是否有点源污染源，以保证该水源水的安全性。

与羧酸类目标物不同，磺酸类全氟化合物的检出率较低，仅有PFBS检出率高于50%，浓度范围为0～9.42纳克/升。PFNS仅在广元市飞仙关采样点被检出，浓度为3.88纳克/升，其余磺酸类全氟化合物均未检出。对于磺酸类全氟化合物，徐堰河水六厂取水口目标物浓度较高，但同一河流水七厂取水口均未检出目标物，需要后续调查水六厂取水口周围是否存在在点源污染源。

冬季枯水期与丰水期类似，13种羧酸类全氟化合物有6种未检出，同样为长链型全氟羧酸化合物（PFUDA、PFDoA、PFTrDA、PFTeDA、PFHxDA和PFODA），其余7种均有检出，其中，检出率最高的仍然是PFBA，为80.0%，浓度范围为0～3.97纳克/升。值得注意的是，双溪水库水样在枯水期羧酸类全氟化合物的浓度较高，除了PFHxA，其余检出的6种羧酸类目标物浓度均为最大或较大值，进一步说明需要后续关注该水源地用水安全。与夏季类似，PFHxA在宜宾市岷江菜坝水源地处浓度最高，达到64.97纳克/升，说明其附近有极大可能存在相关点源污染，值得重点关注。饮用水水源地中全氟化合物浓度统计见表5.4-2，各采样点丰水期和枯水期全氟化合物浓度含量构成如图5.4-2所示。

在季节变化上，丰水期PFOA的浓度显著高于枯水期，而PFBA、PFBS和PFOS没有呈现出显著的季节变化，说明检出率较高的全氟化合物在全年污染水平相当，而PFOA在丰水期浓度较高的原因还有待进一步确认。

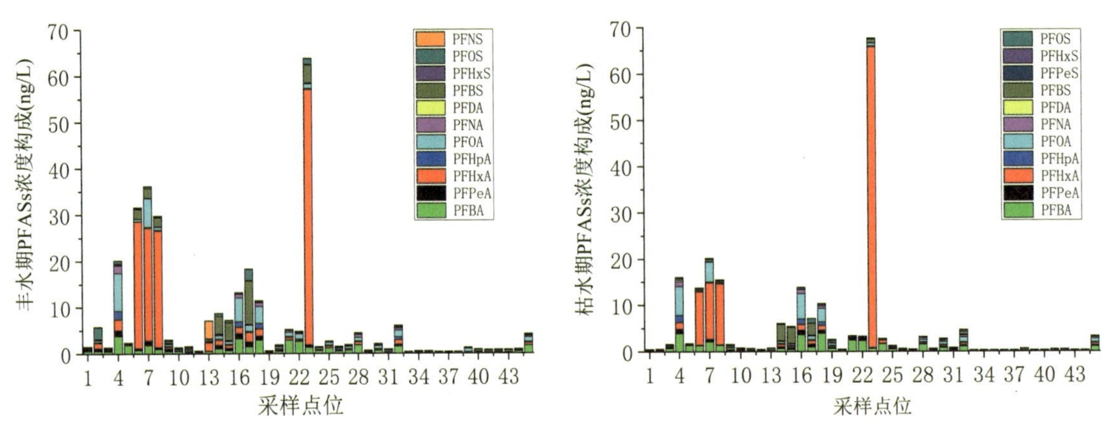

图5.4-2　各采样点丰水期和枯水期全氟化合物浓度含量构成

（二）抗生素浓度水平分析

丰水期∑抗生素浓度范围为0.16～1468纳克/升，枯水期∑抗生素浓度范围为13.2～4590纳克/升。

丰水期四川省21市（州）地市级集中式饮用水所调查研究的5类37种抗生素中，除泰乐霉素和萘啶酸没有检出外，其余35种抗生素均有检出，检出率范围为2.0%～82.0%。喹诺酮类抗生素是夏季的主要污染物，占比达71.0%，平均浓度为101纳克/升，其中诺氟沙星为主要污染物，平均浓度为22.4纳克/升，其次依次是大环内酯类（占比为18.8%，平均浓度为26.9纳克/升，其中罗红霉素是主要污染物，平均浓度为10.7纳克/升）、磺胺类（占比为6.62%，平均浓度为9.46纳克/升，其中磺胺甲恶唑是主要污染物，平均浓度为3.94纳克/升）、酰胺醇类（占比为3.12%，平均浓度为4.46纳克/升，其中氟甲砜霉素是主要污染物，平均浓度为4.31纳克/升）、四环素类（占比为0.37%，平均浓度为0.53纳克/升，检出率均低于50%，其中土霉素是主要污染物，平均浓度为0.25纳克/升）。

枯水期四川省21市（州）地市级集中式饮用水所调查研究的5类37种抗生素中，除克林霉素、交沙霉素和磺胺甲基嘧啶没有检出外，其余34种抗生素均有检出，检出率范围为2%～100%。和夏季类似，喹诺酮类抗生素也是冬季主要污染物，占比高达92.1%，平均浓度为574纳克/升，其中诺氟沙星仍为主要污染物，平均浓度为206纳克/升，其次依次是大环内酯类（占比为4.99%，平均浓度为31.1纳克/升，其中林可霉素是主要污染物，平均浓度为15.4纳克/升）、磺胺类（占比为1.92%，平均浓度为12.0纳克/升，其中磺胺甲恶唑仍是主要污染物，平均浓度为7.06纳克/升）、酰胺醇类（占比为3.12%，平均浓度为4.46纳克/升，其中氟甲砜霉素是主要污染物，平均浓度为4.31纳克/升）、四环素类（占比为0.62%，平均浓度为3.86纳克/升，检出率均低于50.0%，其中土霉素是主要污染物，平均浓度为1.69纳克/升）。

丰水期浓度最高点为1号采样点洞子口，浓度为1468纳克/升，其次是2号采样点徐堰河水六厂取水口，浓度为908纳克/升，3号采样点徐堰河水七厂取水口，浓度为823纳克/升；枯水期，浓度最高点为20号采样点黑龙凼，浓度为4590纳克/升，其次是2号采样点徐堰河水六厂取水口，浓度为1177纳克/升。值得关注的是，与丰水期相比，徐堰河水六厂取水口目标物浓度显著增高，但同一河流水七厂取水口与丰水期差别不大，需要后续调查水六厂取水口周围是否存在点源污染源。各采样点丰水期和枯水期抗生素浓度含量构成如图5.4-3所示。饮用水水源地中抗生素浓度统计见表5.4-3。

在季节变化上，枯水期喹诺酮类抗生素的浓度显著高于丰水期，其在枯水期浓度较高的原因还有待进一步调查确认，其余四类抗生素没有呈现出显著的季节变化。

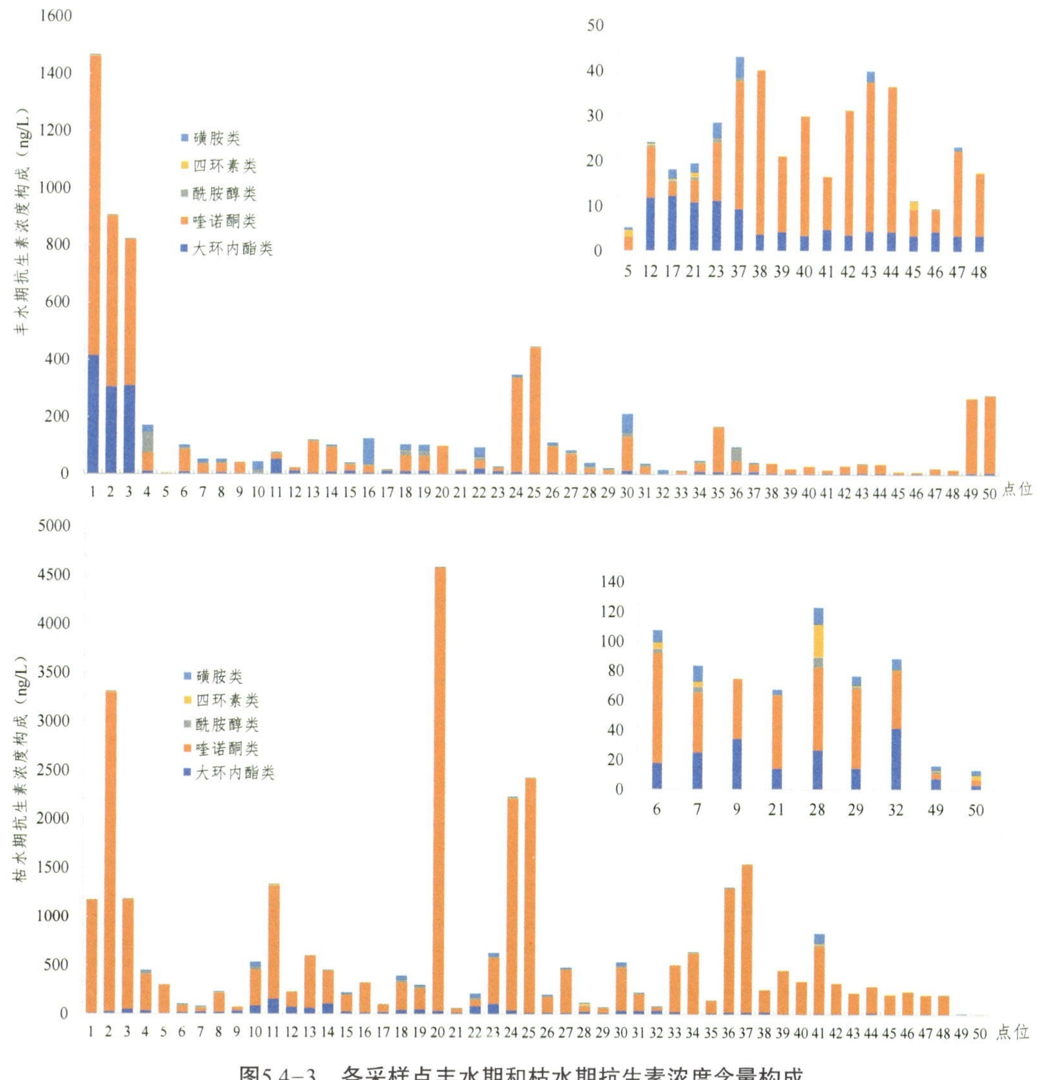

图5.4-3　各采样点丰水期和枯水期抗生素浓度含量构成

表5.4-2　饮用水水源地中全氟化合物浓度统计（单位：ng/L）

类别	夏季							冬季						
	平均值	最小值	25th分位数	中位数	75th分位数	最大值	检出率/%	平均值	最小值	25th分位数	中位数	75th分位数	最大值	检出率/%
PFBA	0.93	n.d.	0.23	0.57	1.45	3.84	86.7	0.83	n.d.	0.23	0.23	1.22	3.97	80.0
PFPeA	0.24	n.d.	n.d.	n.d.	0.40	1.20	40.0	0.14	n.d.	n.d.	0.07	0.18	0.92	51.1
PFHxA	3.35	n.d.	n.d.	0.11	1.05	55.20	68.9	2.47	n.d.	n.d.	n.d.	0.42	64.97	48.9
PFHpA	0.22	n.d.	n.d.	n.d.	0.23	1.86	42.2	0.17	n.d.	n.d.	n.d.	0.23	1.53	28.9
PFOA	0.86	n.d.	0.08	0.32	0.75	8.20	77.8	0.59	n.d.	n.d.	0.08	0.43	6.23	57.8
PFNA	0.17	n.d.	n.d.	0.11	0.11	1.67	55.6	0.13	n.d.	n.d.	n.d.	0.11	1.04	44.4
PFDA	0.06	n.d.	n.d.	n.d.	0.08	0.13	24.4	0.05	n.d.	n.d.	n.d.	n.d.	0.30	11.1
PFUDA	n.d.	n.d.	n.d.	n.d.	n.d.	n.d.	0	n.d.	n.d.	n.d.	n.d.	n.d.	n.d.	0
PFDoA	n.d.	n.d.	n.d.	n.d.	n.d.	n.d.	0	n.d.	n.d.	n.d.	n.d.	n.d.	n.d.	0
PFTrDA	n.d.	n.d.	n.d.	n.d.	n.d.	n.d.	0	n.d.	n.d.	n.d.	n.d.	n.d.	n.d.	0
PFTeDA	n.d.	n.d.	n.d.	n.d.	n.d.	n.d.	0	n.d.	n.d.	n.d.	n.d.	n.d.	n.d.	0
PFHxDA	n.d.	n.d.	n.d.	n.d.	n.d.	n.d.	0	n.d.	n.d.	n.d.	n.d.	n.d.	n.d.	0
PFODA	n.d.	n.d.	n.d.	n.d.	n.d.	n.d.	0	n.d.	n.d.	n.d.	n.d.	n.d.	n.d.	0
PFBS	0.70	n.d.	n.d.	0.08	0.38	9.42	55.6	0.36	n.d.	n.d.	0.08	0.31	3.53	62.2
PFPeS	n.d.	n.d.	n.d.	n.d.	n.d.	n.d.	0	0.02	n.d.	n.d.	n.d.	n.d.	0.08	2.2
PFHxS	0.04	n.d.	n.d.	n.d.	n.d.	0.11	15.6	0.03	n.d.	n.d.	n.d.	n.d.	0.11	2.2
PFHpS	n.d.	n.d.	n.d.	n.d.	n.d.	n.d.	0	n.d.	n.d.	n.d.	n.d.	n.d.	n.d.	0
PFOS	0.25	n.d.	n.d.	n.d.	0.16	2.54	42.2	0.11	n.d.	n.d.	n.d.	0.16	1.00	35.6
PFNS	0.14	n.d.	n.d.	n.d.	n.d.	3.88	2.2	n.d.	n.d.	n.d.	n.d.	n.d.	n.d.	0
PFDS	n.d.	n.d.	n.d.	n.d.	n.d.	n.d.	0	n.d.	n.d.	n.d.	n.d.	n.d.	n.d.	0
PFDoS	n.d.	n.d.	n.d.	n.d.	n.d.	n.d.	0	n.d.	n.d.	n.d.	n.d.	n.d.	n.d.	0

注：n.d.为未检出。

表5.4-3 饮用水水源地中抗生素浓度统计（单位：ng/L）

类别	化合物	丰水期（夏季）							枯水期（冬季）						
		平均值	最小值	25th分位数	中位数	75th分位数	最大值	检出率/%	平均值	最小值	25th分位数	中位数	75th分位数	最大值	检出率/%
大环内酯类	阿奇霉素	7.94	n.d.	n.d.	0.31	0.66	165	50.0	0.43	n.d.	n.d.	n.d.	n.d.	9.98	12.0
	克拉霉素	0.01	n.d.	n.d.	n.d.	n.d.	0.30	2.0	1.79	n.d.	1.11	1.24	1.52	13.6	82.0
	罗红霉素	10.7	n.d.	n.d.	n.d.	n.d.	167	12.0	2.02	n.d.	n.d.	1.88	2.17	13.5	72.0
	林可霉素	2.22	n.d.	n.d.	0.10	3.54	13.5	50.0	15.4	1.12	1.37	10.1	17.80	77.8	100
	克林霉素	2.38	n.d.	n.d.	2.81	2.87	27.8	58.0	n.d.	n.d.	n.d.	n.d.	n.d.	n.d.	0
	替米考星	0.87	n.d.	n.d.	n.d.	n.d.	13.5	14.0	1.04	n.d.	n.d.	1.31	1.45	5.05	62.0
	红霉素	2.72	n.d.	n.d.	n.d.	1.89	40.0	32.0	9.63	n.d.	2.22	3.52	10.15	84.9	86.0
	泰乐霉素	0.00	n.d.	n.d.	n.d.	n.d.	n.d.	0	0.75	n.d.	0.80	0.83	0.92	2.44	82.0
	交沙霉素	0.22	n.d.	n.d.	n.d.	n.d.	0.98	24.0	n.d.	n.d.	n.d.	n.d.	n.d.	n.d.	0
喹诺酮类	西诺沙星	1.07	n.d.	n.d.	n.d.	n.d.	14.9	24.0	3.31	n.d.	n.d.	n.d.	1.27	53.1	26.0
	环丙沙星	12.3	n.d.	1.73	3.99	9.46	96.8	80.0	96.0	n.d.	n.d.	n.d.	192	463	46.0
	达氟沙星	16.0	n.d.	1.20	4.47	15.7	165	76.0	51.1	n.d.	n.d.	n.d.	28.1	410	32.0
	依诺沙星	18.5	n.d.	2.17	8.40	19.2	155	82.0	108	n.d.	n.d.	n.d.	15.6	2110	48.0
	恩诺沙星	6.03	n.d.	n.d.	n.d.	n.d.	149	22.0	14.7	n.d.	3.00	8.29	22.7	61.8	80.0
	氟甲喹	0.61	n.d.	n.d.	n.d.	1.36	2.05	42.0	0.51	n.d.	n.d.	n.d.	0.29	3.89	28.0
	洛美沙星	2.79	n.d.	n.d.	n.d.	n.d.	93.0	18.0	23.3	n.d.	11.2	15.7	26.6	330	80.0
	萘啶酸	0.00	n.d.	n.d.	n.d.	n.d.	n.d.	0	2.99	n.d.	2.20	2.74	3.50	6.83	94.0
	诺氟沙星	22.4	n.d.	2.96	7.92	18.3	178	82.0	206	n.d.	n.d.	n.d.	159	2233	42.0

续表

类别	化合物	丰水期（夏季）							枯水期（冬季）						
		平均值	最小值	25th分位数	中位数	75th分位数	最大值	检出率/%	平均值	最小值	25th分位数	中位数	75th分位数	最大值	检出率/%
喹诺酮类	氧氟沙星	12.6	n.d.	n.d.	n.d.	n.d.	150	24.0	23.6	n.d.	4.59	19.7	27.4	125	90.0
	恶喹酸	0.15	n.d.	n.d.	n.d.	n.d.	4.98	4.0	2.64	n.d.	0.70	2.09	4.16	7.88	84.0
	培氟沙星	8.09	n.d.	n.d.	n.d.	6.00	66.0	40.0	22.1	n.d.	n.d.	n.d.	2.25	259	26.0
	沙拉沙星	2.23	n.d.	n.d.	n.d.	n.d.	43.8	16.0	19.8	n.d.	n.d.	5.52	15.3	322	62.0
酰胺醇类	氯霉素	0.06	n.d.	n.d.	n.d.	n.d.	1.40	14.0	0.19	n.d.	n.d.	n.d.	n.d.	3.55	20.0
	氟甲砜霉素	4.31	n.d.	n.d.	0.65	2.84	67.8	72.0	3.60	n.d.	n.d.	0.97	3.47	29.4	72.0
	甲砜霉素	0.09	n.d.	n.d.	n.d.	n.d.	3.15	8.0	0.07	n.d.	n.d.	n.d.	n.d.	2.01	8.0
四环素类	金霉素	0.06	n.d.	n.d.	n.d.	n.d.	1.30	6.0	0.01	n.d.	n.d.	n.d.	n.d.	0.33	2.0
	强力霉素	0.17	n.d.	n.d.	n.d.	0.29	1.27	44.0	0.20	n.d.	n.d.	n.d.	0.18	1.84	28.0
	土霉素	0.25	n.d.	n.d.	n.d.	0.38	1.60	40.0	1.69	n.d.	n.d.	n.d.	1.41	21.35	46.0
	四环素	0.05	n.d.	n.d.	n.d.	n.d.	1.37	8.0	0.15	n.d.	n.d.	n.d.	n.d.	3.77	14.0
磺胺类	磺胺氯哒嗪	1.30	n.d.	n.d.	0.19	1.09	19.4	52.0	0.59	n.d.	n.d.	0.12	0.84	4.62	52.0
	磺胺嘧啶	1.17	n.d.	n.d.	0.38	1.44	11.5	62.0	1.13	n.d.	n.d.	0.33	1.25	17.2	68.0
	磺胺甲基嘧啶	0.03	n.d.	n.d.	n.d.	n.d.	0.51	10.0	n.d.	n.d.	n.d.	n.d.	n.d.	n.d.	0
	磺胺对甲氧嘧啶	0.03	n.d.	n.d.	n.d.	n.d.	0.30	12.0	0.01	n.d.	n.d.	n.d.	n.d.	0.26	4.0
	磺胺甲恶唑	3.94	n.d.	n.d.	1.02	3.12	74.6	70.0	7.06	n.d.	0.33	2.12	4.85	93.2	78.0
	磺胺氧哒嗪	2.78	n.d.	n.d.	1.05	3.31	17.2	70.0	2.67	n.d.	n.d.	1.16	3.76	26.2	72.0
	磺胺吡啶	0.13	n.d.	n.d.	n.d.	0.21	1.81	36.0	0.41	n.d.	n.d.	0.02	0.24	11.9	50.0
	磺胺噻唑	0.07	n.d.	n.d.	n.d.	n.d.	1.00	16.0	0.09	n.d.	n.d.	n.d.	n.d.	1.55	12.0

注：n.d.为未检出。

（三）生态风险评估

采用风险商值法（Risk Quotients，RQ）表征全氟化合物及抗生素生态风险。公式如下：

$$RQ = \frac{MEC}{PNEC}$$

其中MEC表示环境中目标化合物的实测浓度，$PNEC$为文献中预测的无效应浓度。RQ为风险商值，当$RQ \geqslant 1$时，表明目标化合物对环境有高风险；当$RQ \leqslant 0.1$时，表明目标化合物对环境有低风险；当$1 > RQ > 0.1$时，表明目标化合物对环境有中等风险。

1. 全氟化合物生态风险评估

评估结果显示，无论是枯水期还是丰水期，全氟化合物在所有采样点均处于较低生态风险。全氟化合物对四川省饮用水水源地的生态风险如图5.4-4所示。

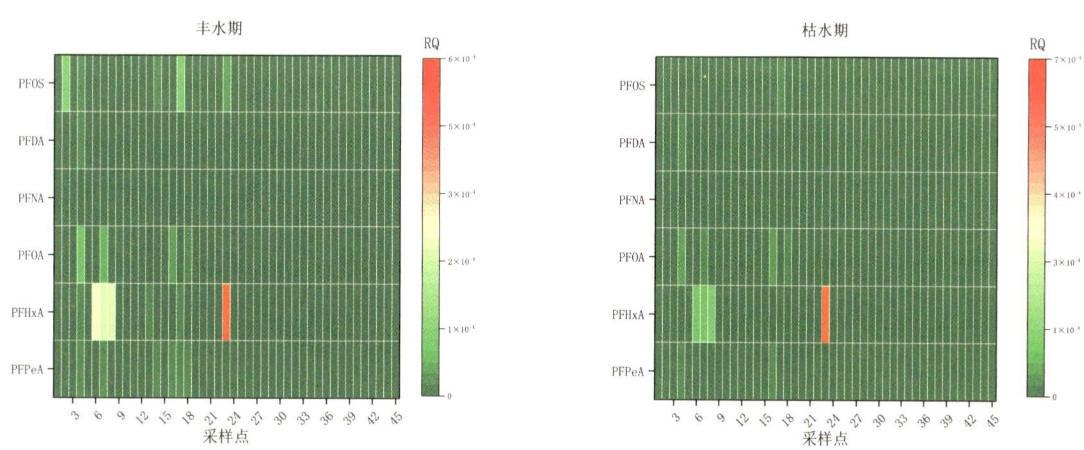

图5.4-4 全氟化合物对四川省饮用水水源地的生态风险

2. 抗生素生态风险评估

丰水期和枯水期抗生素风险商值分别为0～18.9、0～73.3，表明四川省饮用水源地抗生素在夏季和冬季均对饮用水源地带来一定的生态风险。具体来看，在夏季，生态风险主要来源于阿奇霉素、罗红霉素、环丙沙星、依诺沙星、诺氟沙星和氧氟沙星，阿奇霉素的风险商值为0～0.33，1号（洞子口）、2号（徐堰河水六厂取水口）和3号（徐堰河水七厂取水口）采样点有中风险，其余点位均有低风险；罗红霉素的风险商值为0～1.67，1号（洞子口）、2号（徐堰河水六厂取水口）和3号（徐堰河水七厂取水口）采样点有高风险，11号（人民渠）采样点有中风险，其余点位均有低风险；环丙沙星的风险商值为0～0.07，表明所有点位均有低风险；依诺沙星的风险商值为0～5.38，整体有中高风险；诺氟沙星的风险商值为0～1.71，除1号（洞子口）、3号（徐堰河水七厂取水口）和50号（海潮寺取水口）采样点有高风险外，其余有近三分之一点位有中风险。氧氟沙星的风险商值为0～13.3，1号（洞子口）、2号（徐堰河水六厂取水口）、3号（徐堰河水七厂取水口）、14号（涪江铁路桥）、24号（青衣江陶渡）、25号（大渡河安谷水电站库区）、35号（黑龙滩水库）、36号（青衣江亭子山取水口）采样点均有高风险，其余有低风险。

在冬季，生态风险主要来源于红霉素、依诺沙星、诺氟沙星和氧氟沙星。红霉素的风险商值为0～2.74，整体有中低风险，11号（人民渠）、13号（胜利水库）和14号（涪江铁路桥）采样点有高风险；依诺沙星风险商值为0～73.3，有近二分之一点位有低风险，2号（徐堰河水六厂取水口）、4号（双溪水库）、20号（黑龙凼）、23号（濛溪口水电站）、25号（大渡河安谷水电站库区）、32号（大佛寺）、34号（黄泥岗）和37号（老鹰水库）有高风险，风险商值最高点为20号（黑龙凼）采样点，其余有中风险；诺氟沙星风险商值为0～21.5，有近二分之一点位有低风险，近四分之一点位有中风险，近四分之一点位有高风险，风险商值最高点为20号（黑龙凼）采样点；氧氟沙星风险商值为0～10.8，除9号（纳溪区团结水库）、23号（濛溪口水电站）、27号（上徐村）、43号（查北村四组二台子沟）、49号（西河两沟堰）和50号（海潮寺取水口）采样点外，近三分之二点位有高风险，风险商值最高点为25号（大渡河安谷水电站库区）采样点。抗生素对四川省饮用水水源地的生态风险如图5.4-5所示。

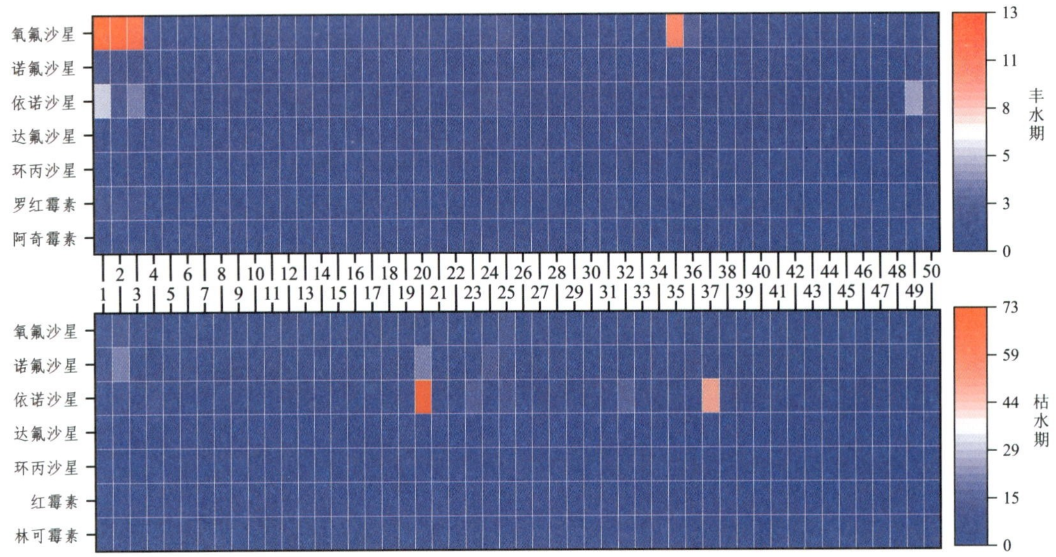

图5.4-5　抗生素对四川省饮用水水源地的生态风险

三、小结

（1）四川省地市级饮用水水源地中丰、枯水期碳链长度小于等于10的全氟化合物存在不同程度检出，检出率排名前三的分别是全氟丁酸（PFBA）、全氟辛酸（PFOA）和全氟己酸（PFHxA）。宜宾市岷江菜坝水源地全氟己的酸浓度为所有检测目标物中最高，夏季和冬季分别达到55.20纳克/升和64.97纳克/升。双溪水库有6种羧酸类全氟化合物含量为所有水源地样品中最大或较大，可能与该地区有氟化工产业园有关。

丰水期，四川省地市级饮用水水源地中共检出5类35种抗生素，检出率排名前三的抗生素分别是依诺沙星、诺氟沙星和环丙沙星，浓度排名前三的是诺氟沙星、依诺沙星和罗红霉素；枯水期，共检出5类34种抗生素，检出率排名前三的抗生素分别是林可霉素、萘啶酸和红霉素，浓度排名前三的是诺氟沙星、依诺沙星和环丙沙星。四川省饮用水水源地中检出率及浓度较高的环丙沙星、红霉素、林可霉素作为人用抗生素药和兽用抗生素药应用较为普遍，后续应重点关注调查其来源。

（2）四川省饮用水水源地丰水期∑全氟化合物范围为0.39～63.75纳克/升，枯水期∑全氟化合物范围为0.35～67.66纳克/升。

丰水期∑抗生素范围为0.16～1468纳克/升，总浓度排名前三的点位分别是1号（洞子口）、2号（徐堰河水六厂取水口）、3号（徐堰河水七厂取水口），浓度分别为1468纳克/升、907.5纳克/升和822.7纳克/升；枯水期∑抗生素范围为13.2～4590纳克/升，总浓度排名前三的点位分别是20号（黑龙凼）采样点、2号（徐堰河水六厂取水口）采样点和25号（大渡河安谷水电站库区）采样点，浓度分别为4589.8纳克/升、3314.4纳克/升和2430.1纳克/升。值得关注的是，与丰水期相比，2号采样点徐堰河水六厂取水口目标物浓度显著增高，但同一河流水七厂取水口浓度与丰水期差别不大，需要后续调查水六厂取水口周围是否存在点源污染源。

（3）在季节变化上，丰水期全氟辛酸的浓度显著高于枯水期，而全氟丁酸、全氟丁烷磺酸和全氟辛烷磺酸没有呈现出显著的季节变化，说明检出率较高的全氟化合物在全年污染水平相当，而全氟辛酸在丰水期浓度较高的原因还有待进一步确认。

枯水期喹诺酮类抗生素的浓度显著高于丰水期，其在枯水期浓度较高的原因还有待进一步调查确认，其余四类抗生素没有呈现出显著的季节变化。

（4）生态风险评估表明，无论是丰水期还是枯水期，全氟化合物在所有采样点均处于较低生态风险。

抗生素在两个水期均对饮用水水源地带来一定的生态风险。丰水期，生态风险排名前三的抗生素分别是氧氟沙星、依诺沙星和诺氟沙星；枯水期，生态风险排名前三的抗生素分别是依诺沙星、诺氟沙星和氧氟沙星。

第五章　四川省城市集中式饮用水水源地及地表水中双酚A含量水平及分布特征

一、前言

壬基酚（Nonylphenol，简称NP）是一种应用广泛的非离子表面活性剂的代谢产物；双酚A（BisphenolA，简称BPA）是一种重要的有机化工原料，广泛用于制造塑料制品。壬基酚和双酚A均为具有雌激素作用的内分泌干扰物质。据前期各项研究表明，我国地表水中壬基酚和双酚A存在广泛检出。2014年7月至2014年9月，有研究对四川省沱江流域中环境内分泌干扰物进行了调查，发现沱江流域干流和支流中均检出了双酚A和壬基酚，双酚A的平均浓度为3.93～198纳克/升，壬基酚平均浓度为5.23～150纳克/升。

近年来，四川省经济发展迅速，同时带来的生态环境问题也受到人们的高度关注。为进一步了解目前四川省地表水及饮用水中壬基酚和双酚A含量水平及分布特征，本研究分别于2023年8月和2023年11月对四川省饮用水及地表水中两种物质进行了调查监测，以期为四川省全面做好新污染物治理工作提供科学依据和数据支撑。

二、结果与讨论

（一）饮用水水源地

1. 点位信息

研究人员对四川省21个城市50个集中式饮用水水源地中双酚A和壬基酚开展了调查监测，包括37个河流型水源地、11个湖库型水源地和2个地下水型水源地。饮用水水源地调查点位信息见表5.5-1。

表5.5-1　饮用水水源地调查点位信息

序号	城市名称	断面名称	水源地名称	水源类型
1	成都市	洞子口	沙河刘家碾饮用水水源保护区	河流
2		徐堰河水六厂取水口	自来水六厂集中式饮用水水源保护区	河流
3		徐堰河水七厂取水口	自来水七厂徐堰河、柏条河集中式饮用水水源保护区	河流
4	自贡市	双溪水库	双溪水库	湖库
5	攀枝花市	观音岩水库取水口	观音岩水库集中式饮用水水源保护区	湖库
6	泸州市	长江五渡溪	长江五渡溪水源地	河流
7		长江石堡湾	长江石堡湾	河流
8		观音寺	长江观音寺水源地	河流
9		纳溪区团结水库	纳溪区团结水库	湖库
10		沱江饮用水水源地	沱江饮用水水源地	河流
11	德阳市	人民渠	西郊水厂人民渠集中式饮用水水源保护区	河流
12		西郊水厂	德阳市西郊水厂应急地下水饮用水水源地	地下水

续表

序号	城市名称	断面名称	水源地名称	水源类型
13	绵阳市	胜利水库	仙鹤湖水库集中式饮用水水源保护区	湖库
14		涪江铁路桥	涪江铁桥水源地	河流
15	广元市	白龙水厂	白龙水厂集中式饮用水水源保护区	湖库
16		飞仙关	嘉陵江飞仙关饮用水水源地	河流
17		城北水厂	城北水厂水源地	地下水
18	遂宁市	桂花	渠河水源地	河流
19		东山村	遂宁市涪江东山村集中式饮用水水源保护区	河流
20		黑龙凼	遂宁市城区应急备用饮用水水源保护区	湖库
21	内江市	长葫水库	长沙坝-葫芦口水库	湖库
22		对口滩	第三水厂沱江对口滩饮用水水源保护区	河流
23		濛溪口水电站	濛溪河头滩坝水源地	河流
24	乐山市	青衣江陶渡	青衣江陶渡集中式饮用水水源保护区	河流
25		大渡河安谷水电站库区	第一水厂饮用水新水源保护区	河流
26	南充市	石盘村	南充市主城区嘉陵江饮用水水源保护区	河流
27		上徐村	第五自来水厂嘉陵江上徐村集中式饮用水水源保护区	河流
28	宜宾市	叫花岩	岷江菜坝集中式饮用水水源保护区	河流
29		青蛙石	宜宾县县城金沙江集中式饮用水水源保护区	河流
30	广安市	西来寺	渠江西来寺饮用水源地	河流
31	达州市	罗江镇	罗江库区集中式饮用水水源保护区	河流
32	巴中市	大佛寺	巴河大佛寺饮用水水源地	河流
33		化成水库	化成水库集中式饮用水水源保护区	湖库
34	雅安市	黄泥岗	青衣江黄泥岗集中式饮用水水源保护区	河流
35	眉山市	黑龙滩水库	黑龙滩水库	湖库
36		青衣江亭子山取水口	青衣江亭子山集中式饮用水水源保护区	河流
37	资阳市	老鹰水库	老鹰水库	湖库
38	阿坝州	阿底	磨子沟水源地	河流
39		查北村三组西洛足卡沟	马尔康市西洛足卡沟水源地	河流
40		查北村三组卡木拉足沟	马尔康市卡木拉足沟水源地	河流
41		查北村三组燃灯足沟	马尔康市燃灯足沟水源地	河流
42		查北村三组热卡足沟	马尔康市热卡足沟	河流
43		查北村四组二台子沟	马尔康市二台子沟	河流
44		查北村四组大郎足沟	大郎足沟水源地	河流

续表

序号	城市名称	断面名称	水源地名称	水源类型
45	甘孜州	任家沟	任家沟饮用水源地	河流
46		驷马桥	榆林河驷马桥水源地	河流
47		龙头沟	龙头沟水源地	河流
48		瓦厂沟	瓦厂沟水源地	河流
49	凉山州	西河两沟堰	西河两沟堰集中式饮用水水源保护区	河流
50		海潮寺取水口	邛海	湖库

2. **浓度及分布特征**

分别于丰水期（8月）和枯水期（11月）对上述饮用水水源地开展调查监测。综合两个水期来看，全部点位均未检出壬基酚，双酚A浓度在0～1.49微克/升之间，最大值出现在丰水期的成都水六厂。饮用水水源地双酚A浓度空间分布如图5.5-1所示。

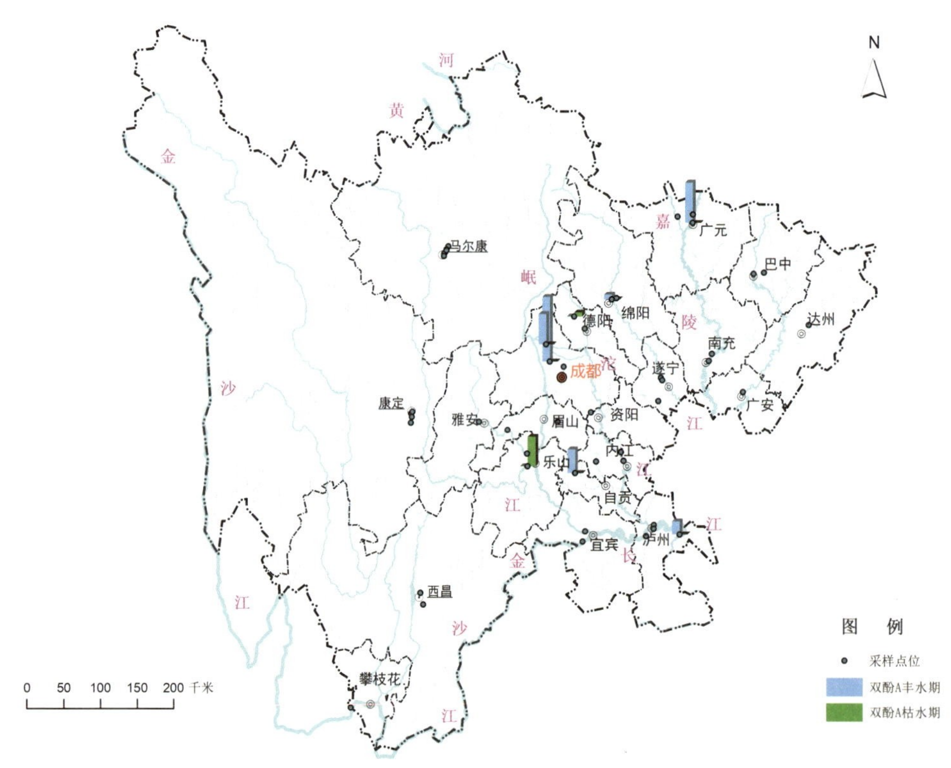

图5.5-1　饮用水水源地双酚A浓度空间分布

丰水期（8月）共有6个点位检出双酚A，4个为河流型水源地，湖库型和地下水型分别有1个，浓度在0.110～1.49微克/升之间；枯水期（11月）有2个点位检出双酚A，均为河流型水源地，浓度在0.090～0.680微克/升之间。丰水期与枯水期检出点位不同，但都以河流型水源地为主。丰水期与枯水期饮用水点位双酚A浓度如图5.5-2所示。

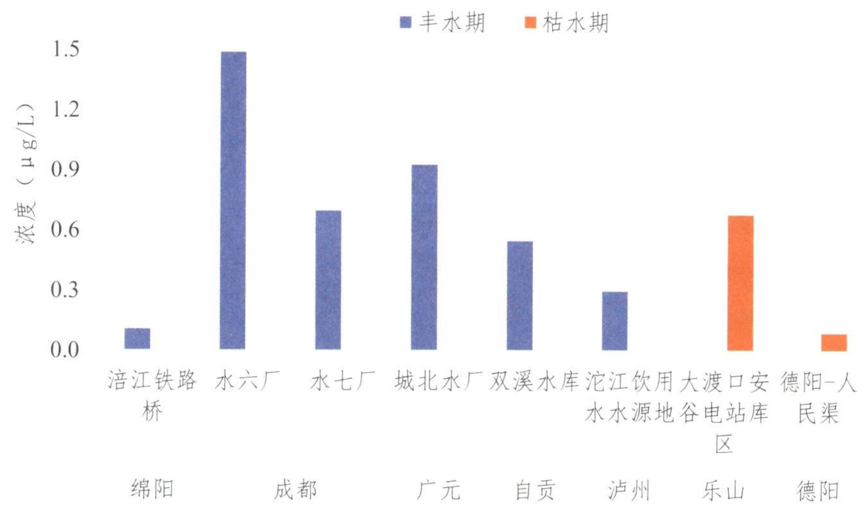

图5.5-2　丰水期与枯水期饮用水点位双酚A浓度

（二）地表水

1. 点位信息

对四川省地表水57个点位中双酚A和壬基酚开展了调查监测。监测范围覆盖四川省成都平原经济区和川南经济区，包括成都市、自贡市、泸州市、德阳市、内江市、乐山市、宜宾市、眉山市和资阳市等10个城市，点位分布在长江干流（四川段）、岷江、沱江、嘉陵江和金沙江等多个水系。其中长江干流（四川段）点位有11个，嘉陵江水系点位有6个，岷江水系点位有11个，沱江水系点位有28个，金沙江水系点位有1个。地表水调查点位信息见表5.5-2。

表5.5-2　地表水调查点位信息

序号	点位名称	点位所在城市	所在水系
1	彭山岷江大桥	眉山市	岷江水系
2	体泉河口	眉山市	岷江水系
3	木城镇	眉山市	岷江水系
4	岷江东青交界	眉山市	岷江水系
5	清江桥	德阳市	沱江水系
6	双江大桥	德阳市	沱江水系
7	八角	德阳市	沱江水系
8	三川	德阳市	沱江水系
9	马鞍山	乐山市	岷江水系
10	岷江沙咀	乐山市	岷江水系
11	永安大桥	成都市	岷江水系
12	宏缘	成都市	沱江水系
13	黄龙溪	成都市	岷江水系
14	清江大桥	成都市	沱江水系

续表

序号	点位名称	点位所在城市	所在水系
15	毗河二桥	成都市	沱江水系
16	临江寺	成都市	沱江水系
17	爱民桥	成都市	沱江水系
18	三皇庙	成都市	沱江水系
19	梓潼江先锋桥	绵阳市	嘉陵江水系
20	苟家渡	绵阳市	嘉陵江水系
21	饮马桥	绵阳市	嘉陵江水系
22	福田坝	绵阳市	嘉陵江水系
23	丰谷	绵阳市	嘉陵江水系
24	百顷	绵阳市	嘉陵江水系
25	安岳工业污水处理厂上游	资阳市	沱江水系
26	白沙	资阳市	沱江水系
27	朱沱	泸州市	长江干流（四川段）
28	太平渡	泸州市	长江干流（四川段）
29	泸天化大桥	泸州市	长江干流（四川段）
30	醒觉溪	泸州市	长江干流（四川段）
31	沱江大桥	泸州市	沱江水系
32	胡市大桥	泸州市	沱江水系
33	官渡大桥	泸州市	沱江水系
34	四明水厂	泸州市	长江干流（四川段）
35	宋渡大桥	自贡市	沱江水系
36	大磨子	自贡市	沱江水系
37	老翁桥	自贡市	沱江水系
38	李家湾	自贡市	沱江水系
39	碳研所	自贡市	沱江水系
40	叶家滩	自贡市	沱江水系
41	双河口	自贡市	沱江水系
42	两河口	自贡市	岷江水系
43	顺河场	内江市	沱江水系
44	脚仙村	内江市	沱江水系
45	廖家堰	内江市	沱江水系
46	球溪河口	内江市	沱江水系
47	高寺渡口	内江市	沱江水系

续表

序号	点位名称	点位所在城市	所在水系
48	银山镇	内江市	沱江水系
49	凉姜沟	宜宾市	岷江水系
50	石门子	宜宾市	金沙江水系
51	挂弓山	宜宾市	长江干流（四川段）
52	南广镇	宜宾市	长江干流（四川段）
53	高店	宜宾市	长江干流（四川段）
54	越溪河	宜宾市	岷江水系
55	纳溪大渡口	宜宾市	长江干流（四川段）
56	蔡家渡口	宜宾市	长江干流（四川段）
57	堰坝大桥	宜宾市	长江干流（四川段）

2. 浓度及分布特征

分别于丰水期（8月）和枯水期（11月）对上述地表水点位开展调查监测。综合两个水期来看，57个点位壬基酚浓度为0～3.66微克/升，最大值出现在自贡大磨子（丰水期）；双酚A浓度为0～2.50微克/升，最大值出现在绵阳福田坝（丰水期）。地表水中壬基酚和双酚A浓度空间分布如图5.5-3所示。

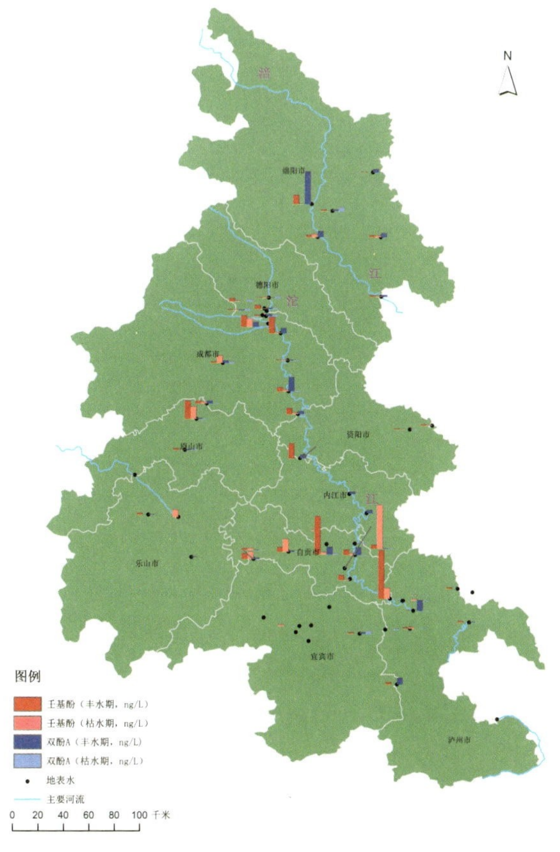

图5.5-3　地表水中壬基酚和双酚A浓度空间分布

丰水期（8月）共有38个点位检出壬基酚，检出率为66.7%，浓度为0.035～3.66微克/升，中位值为0.154微克/升；共有35个点位检出双酚A，检出率为61.4%，浓度为0.03～2.5微克/升，中位值为0.16微克/升。枯水期（11月）共有36个点位检出壬基酚，检出率为63.2%，浓度为0.033～3.28微克/升，中位值为0.134微克/升；共有39个点位检出双酚A，检出率为68.4%，浓度为0.03～0.290微克/升，中位值为0.05微克/升。各水期两种物质检出率接近，壬基酚枯水期和丰水期浓度无明显差异，双酚A丰水期浓度最大值和中位值均明显高于枯水期，壬基酚和双酚A浓度对比如图5.5-4和图5.5-5所示。

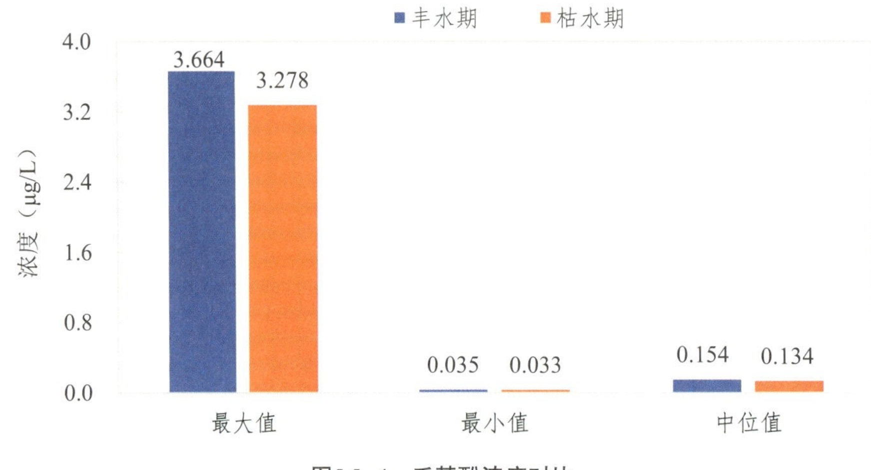

图5.5-4　壬基酚浓度对比

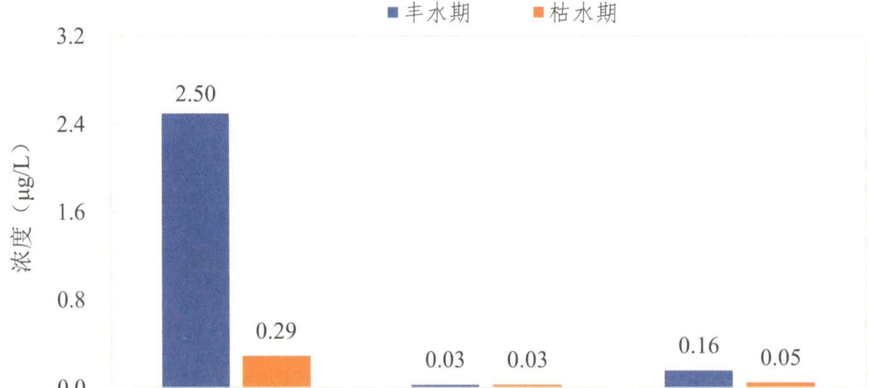

图5.5-5　双酚A浓度对比

按水系来说，丰水期壬基酚不同水系检出率依次为：嘉陵江水系（100%）>沱江水系（75.0%）>岷江水系（54.5%）>长江干流（四川段）（45.0%）>金沙江（0%）。双酚A检出率依次为：嘉陵江水系（100%）>沱江水系（67.9%）>岷江水系（63.6%）>长江干流（四川段）（27.3%）>金沙江（0%）。丰水期不同水系壬基酚、双酚A检出率占比如图5.5-6所示。

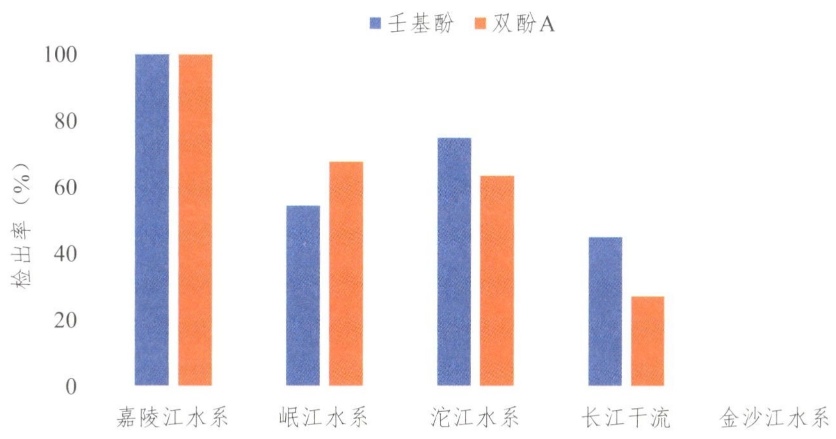

图5.5-6　丰水期不同水系壬基酚、双酚A检出率占比

枯水期不同水系壬基酚检出率依次为：嘉陵江水系（83.3%）>沱江水系（75.0%）>岷江水系（72.7%）>长江干流（四川段）（18.2%）>金沙江（0%）。双酚A检出率依次为：沱江水系（92.9%）>岷江水系（54.5%）>嘉陵江水系（50.0%）>长江干流（四川段）（45.5%）>金沙江（0%）。枯水期不同水系壬基酚、双酚A检出率占比如图5.5-7所示。

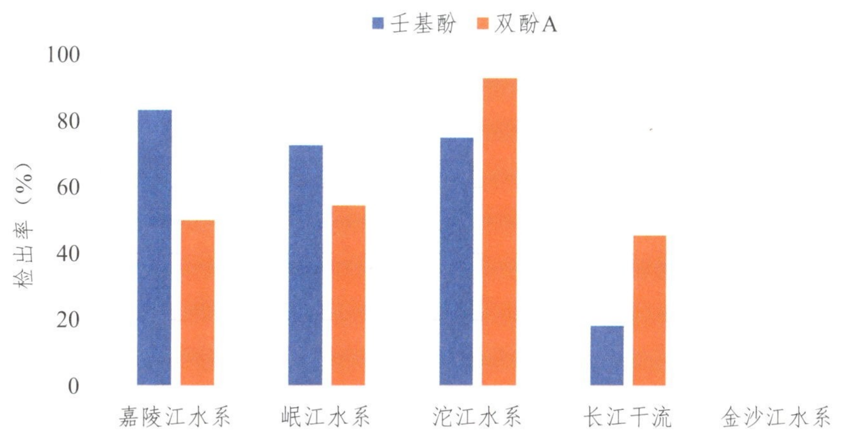

图5.5-7　枯水期不同水系壬基酚、双酚A检出率占比

从浓度来看，长江干流（四川段）丰水期有11个点位的壬基酚浓度为0～0.160微克/升，平均值为0.0545微克/升，枯水期壬基酚浓度为0～0.144微克/升，平均值为0.0161微克/升；嘉陵江水系在丰水期有6个点位壬基酚浓度为0.0460～0.697微克/升，平均值为0.211微克/升，枯水期壬基酚浓度为0～0.242微克/升，平均值为0.0892微克/升；岷江水系丰水期有11个点位壬基酚浓度为0～1.38微克/升，平均值为0.219微克/升，枯水期壬基酚浓度为0～0.947微克/升，平均值为0.275微克/升；沱江水系在丰水期有11个点位壬基酚浓度为0～3.66微克/升，平均值为0.470微克/升，枯水期壬基酚浓度为0～3.28微克/升，平均值为0.265微克/升；金沙江水系有1个点位在两个水期均未检出壬基酚。

长江干流（四川段）丰水期有11个点位双酚A浓度为0～0.500微克/升，平均值为0.0618微克/升，枯水期壬基酚浓度为0～0.220微克/升，平均值为0.0373微克/升；丰水期平均值略高于枯水期平均值。嘉陵江水系在丰水期有6个点位壬基酚浓度为0.120～2.50微克/升，平均值为0.633微克/升，枯水期壬基酚浓度为0～0.290微克/升，平均值为0.060微克/升；丰水期平均值明显高于枯水期平均值。岷江水系丰水期有11个点位壬基酚浓度为0～0.220微克/升，平均值为0.0718微克/升，枯水期壬基酚浓度为0～0.140微克/升，平均值为0.040微克/升；丰水期平均值略高于枯水期平均值。沱江水系在丰水期有11个点位壬基酚浓度为0～1.08微克/升，平均值为0.194微克/升，枯水期壬基酚浓度为0～0.150微克/升，平均值为0.0621微克/升；丰水期平均值高于枯水期平均值。金沙江水系有1个点位在两个水期均未检出双酚A。

三、小结

岷江、沱江和嘉陵江水系丰水期壬基酚浓度平均值处于同一水平，为数百纳克每升级别，沱江水系丰水期浓度均值最高，长江干流（四川段）和金沙江浓度均值明显低于前述三个水系。除岷江外水系，其余水系均呈丰水期浓度均值高于枯水期浓度均值的趋势。四川省不同水系壬基酚浓度均值对比如图5.5-8所示。

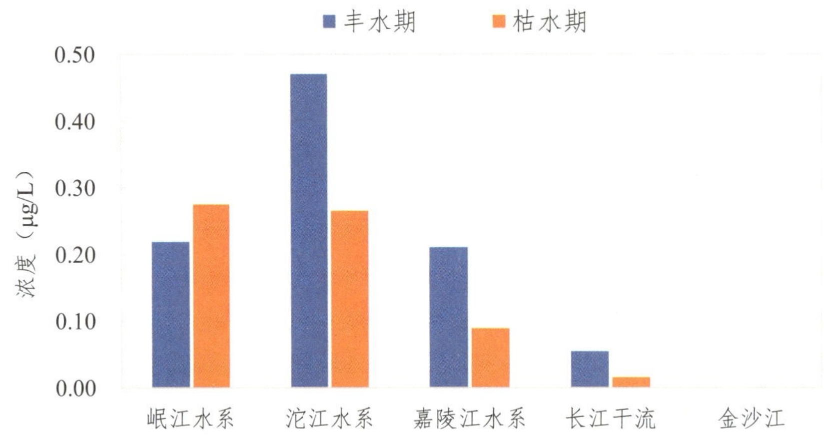

图5.5-8　四川省不同水系壬基酚浓度均值对比

各水系丰水期双酚A浓度均值都高于枯水期，嘉陵江水系丰水期浓度平均值明显高于其他水系；枯水期各水系浓度均值较为接近。四川省不同水系双酚A浓度均值对比如图5.5-9所示。

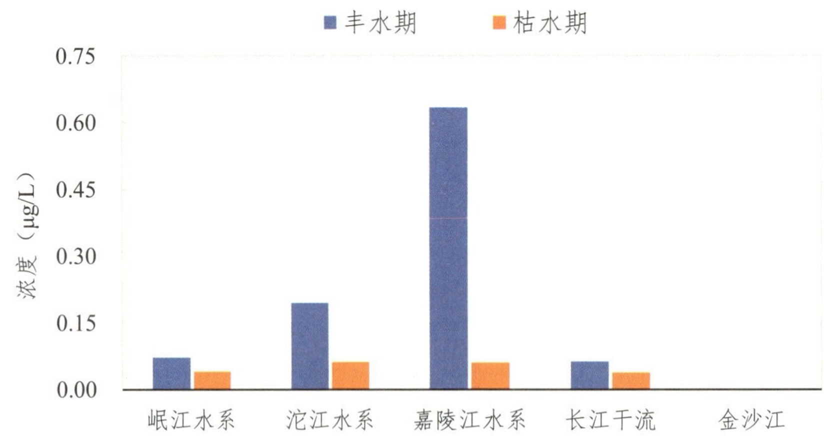

图5.5-9　四川省不同水系双酚A浓度均值对比

第六章　基于航空遥感的生态保护红线监管技术与应用研究

一、需求与挑战

我国是国际上的遥感大国，高分专项工程的实施标志着民用航空遥感进入亚米级时代。遥感卫星可以提供亚米级别的影像，但是分辨率越高，重访周期越大，高分辨率卫星数据的可获得性不能满足不断增长的应用需求。无人机航空遥感技术作为一项快速发展的新技术，具有续航时间长、影像实时传输、高危地区探测、成本低、高空间分辨率、机动灵活、性价比高等优点，在区域信息精细化上具有较高的科学价值，为促进遥感应用落地有很好的助推作用，可以与卫星遥感能力形成互补，缓解了高空间分辨率和时间分辨率的矛盾。当前无人机遥感的发展尚处于初级阶段，但呈现出一些极具特色的应用前景，尤其是无人机"遥感+"应用发展迅猛。

在环保部门，无人机正被逐步纳入业务体系，是对常规环境监测、突发环境污染灾害应急监测的重要补充。环保部门已经利用无人机开展河流排污口排查整治。无人机为越来越多的环境执法提供了及时、准确的数据，无人机执法不受空间与地形条件的制约，可以不受干扰地取得第一手信息。通过对这些影像资料的判读和分析，可以判别企业类型、治污设施建设和运行的基本情况。目前，无人机执法检查已具备了常态化飞行的条件。

生态保护红线的实质是生态环境安全的底线，2021年基本建立了覆盖全国的生态环境分区管控体系，其日常监管中存在的生态破坏等问题有面积小、发生频次不确定等特点。当前，高分辨率卫星影像可以实现四川省全域年度内单次全覆盖，但其分辨率和影像获取频次还不能满足生态保护红线等重点区域监管的业务需求。应探索将中分辨率卫星影像普查、高分辨率卫星影像和无人机详查、人工现场核查结合起来，多尺度监测数据结合，从而保证四川省生态保护红线监测与监管的顺利开展。

二、目标与技术思路

（一）无人机低空遥感系统

无人机是一种以无线电遥控或由自身程序控制的不载人飞行器。无人机无驾驶舱，但安装有自动驾驶仪、程序控制装置、传感器等设备。地面人员通过地面测控站、雷达等设备，对其进行跟踪、定位、遥控、遥测和数据传输。

无人机低空遥感是指利用轻小型无人机搭载数码航摄相机，并安装POS系统，获取测区影像及飞控数据，经专业影像处理软件处理后，获取各种数字产品。

无人机结构简单、机动灵活、使用成本低，非常适合有人飞机不宜执行的任务。无人机遥感系统的组成如图5.6-1所示。市面上流行的专业载荷模块主要有正摄载荷模块（全画幅和半画幅）、倾斜载荷模块（全画幅和半画幅）、多光谱遥感载荷模块、激光雷达载荷模块、视频载荷模块、热红外模块载荷等，可适用于不同场景。

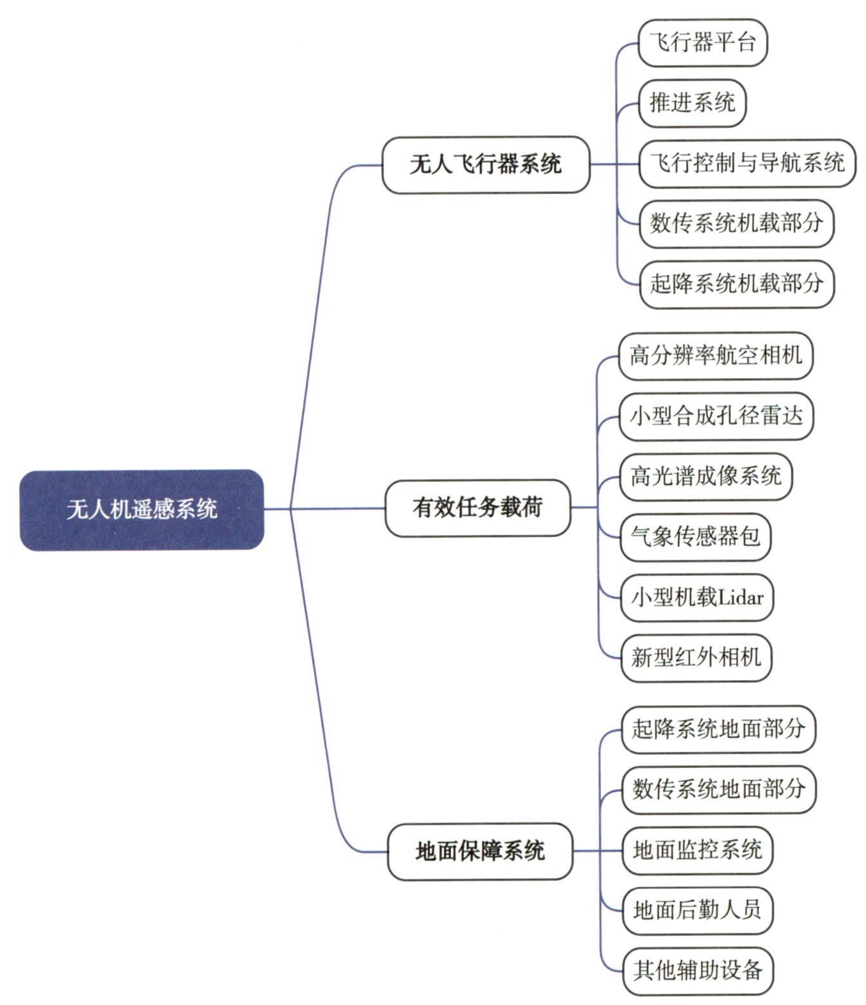

图5.6-1　无人机遥感系统的组成

（二）基于无人机低空遥感的生态保护红线监测

四川省生态保护红线范围广，大部分处于人迹罕至的高原及山区，由于时效性受限，基于高分辨率影像的红线监测也存在诸多问题。根据监测区域的具体情况，无人机可以选择不同的飞行高度进行全方位遥感监测，正射镜头在数分钟内就能拍摄上百张的高清图片，分辨率可达厘米级，回到地面后再通过配套的软件进行航片处理与镶嵌，从而得到飞行范围内的整体大比例尺正射影像。此外，无人机还能够搭载多种不同的传感器飞行，例如高光谱镜头、雷达镜头、三维成像镜头等，可快速提供丰富而准确的数据。

在高分辨率影像适合大尺度监测的基础上，利用无人机低空遥感技术对四川省生态保护红线范围内人类活动，特别是开矿、采石、能源设施、旅游开发等展开调查可以作为有效监测手段，及时发现红线内出现的问题，从而更高效准确地向省厅生态处等管理部门移交红线范围内人类破坏、恢复、整改情况的线索。

生态红线无人机低空遥感监测的工作内容包括飞行前准备、飞行实施、数据处理、质量控制、人类活动等对象的遥感解译及成果提交等。生态红线无人机低空遥感监测工作流程如图5.6-2所示。

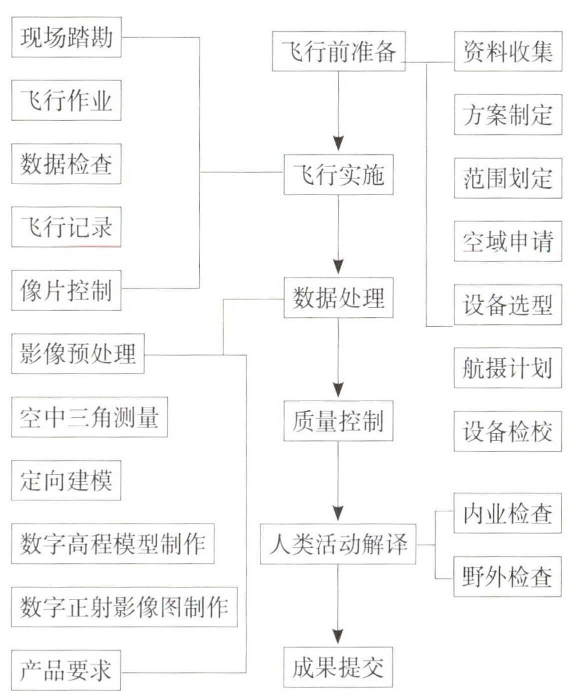

图5.6-2 生态红线无人机低空遥感监测工作流程

三、飞行实践——以飞马D2000为例

四川省生态红线具有范围广、面积大，山区多，周边适合的起飞场地往往较小的特点。同时，受云雾影响，影像高分辨率受限。

飞马D2000无人机是一款小型、长航时，但同时能满足高精度测绘、遥感及视频应用的多旋翼无人机，可搭载航测模块、倾斜模块、可见光视频模块、热红外视频模块、热红外遥感模块等，具备多源化数据获取能力。无人机标准起飞重量为2.8千克，标准载荷为200克，续航时间74分钟。无人机模块化分解后可集成在一个作业箱中，便于携行、运输。

飞马D2000的任务载荷采用模块化设计，搭配多种载荷，可满足航测、真三维模型、遥感监测应用；此外还可换装可见光视频模块、热红外视频模块等视频应用载荷，搭载远距高清图传，可实现目标识别、目标定位、目标实时追踪和目标位置速度估算等功能。

飞马D2000配备高精度差分GNSS板卡，同时标配网络RTK、PPK及其融合解算服务；可实现无控制点的1：500成图，支持高精度POS辅助空三，实现免像控应用。在无地面像控的情况下，其在大比例尺测图应用中仍能达到相关规范的测图精度要求，节省了大量时间和人力成本，这对非测绘类背景工作人员开展各种应用非常友好。其配备“无人机管家专业版（测量版）”软件，具备各种应用需求的航线模式，支持精准三维航线规划、三维实时飞行监控、GPS融合解算、控制点量测、空三解算、一键成图、一键导出立体测图，提供DOM、DEM、DSM、TDOM等多种数据成果处理及浏览。飞马D2000无人机完整的任务过程如图5.6-3所示。

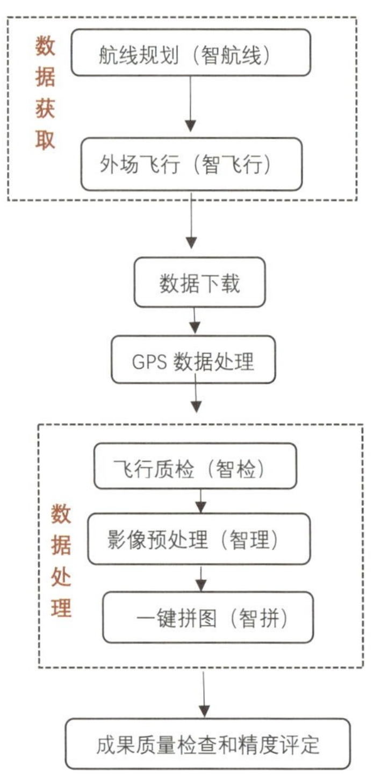

图5.6-3　飞马D2000无人机完整的任务过程

基于以上软、硬件，现有无人机作业模式极大地降低了工作人员的作业难度。在野外，无人机只要有小区域的平地即可起飞，如图5.6-4所示。若配备“无人机管家专业版（测量版）”软件，无人机可根据测区的特点一键生成测区的作业任务，而飞行控制也基本由计算机自行完成，作业人员只需要少量的人工操作。飞行完成后，基于其配置20Hz高精度的GNSS板卡、网络rtk/ppk融合差分作业模式、毫秒级的曝光记录（1ms）等关键技术，若干小时即可完成当天作业的图像处理工作。整个作业模式大大提高了工作效率。

图5.6-4　无人机野外作业

最终输出的正射影像结果分辨率基本满足生态红线监管的需求，可以清楚地识别测区内的人类活动。无人机成果局部示意如图5.6-5所示。

图5.6-5 无人机成果局部示意

经过与2米分辨率的正射影像（卫星影像）对比，基于免像控的正射数据处理精度满足生态红线监测要求，吻合度高，可以对动态变化进行定量标识。基于无人机与高分影像的正射影像对比如图5.6-6所示。

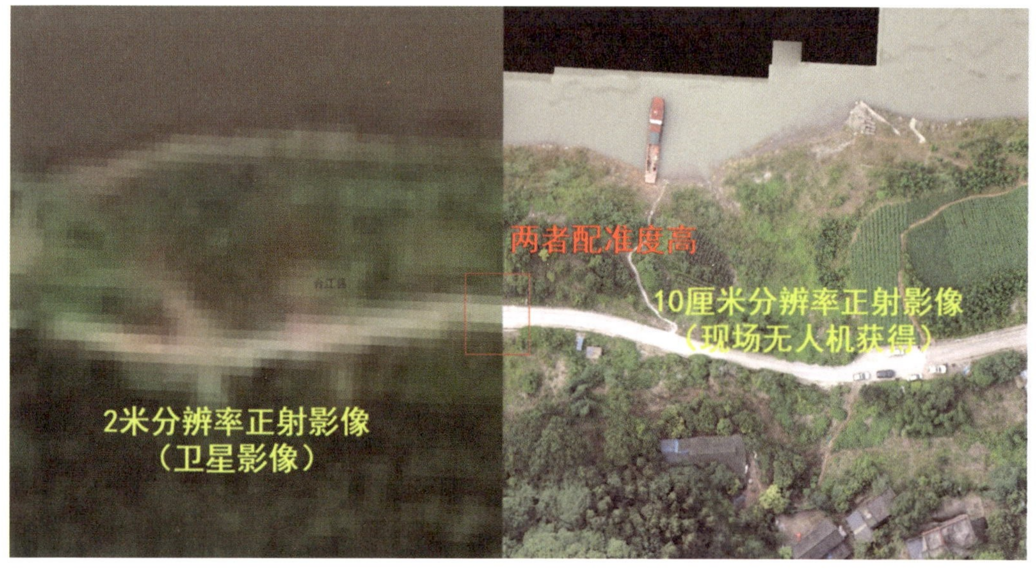

图5.6-6 基于无人机与高分影像的正射影像对比

四、应用成果

目前，研究人员已针对唐家河国家级自然保护区及长江上游珍稀、特有鱼类国家级自然保护区（泸州段）等开展了应用实践。主要利用飞马D2000无人机开展，获取目标区域10～15厘米空间分辨率的影像，采用免像控技术，利用飞机自带软件一键成图，其处理时间、影像质量和成果精度均满足常规生态环境监测调查等的应用需求。

唐家河国家级保护区监测线路无人机正射影像如图5.6-7所示。辅以地面核查，从天和地的角度对保护区的整体生态状况进行了监测。

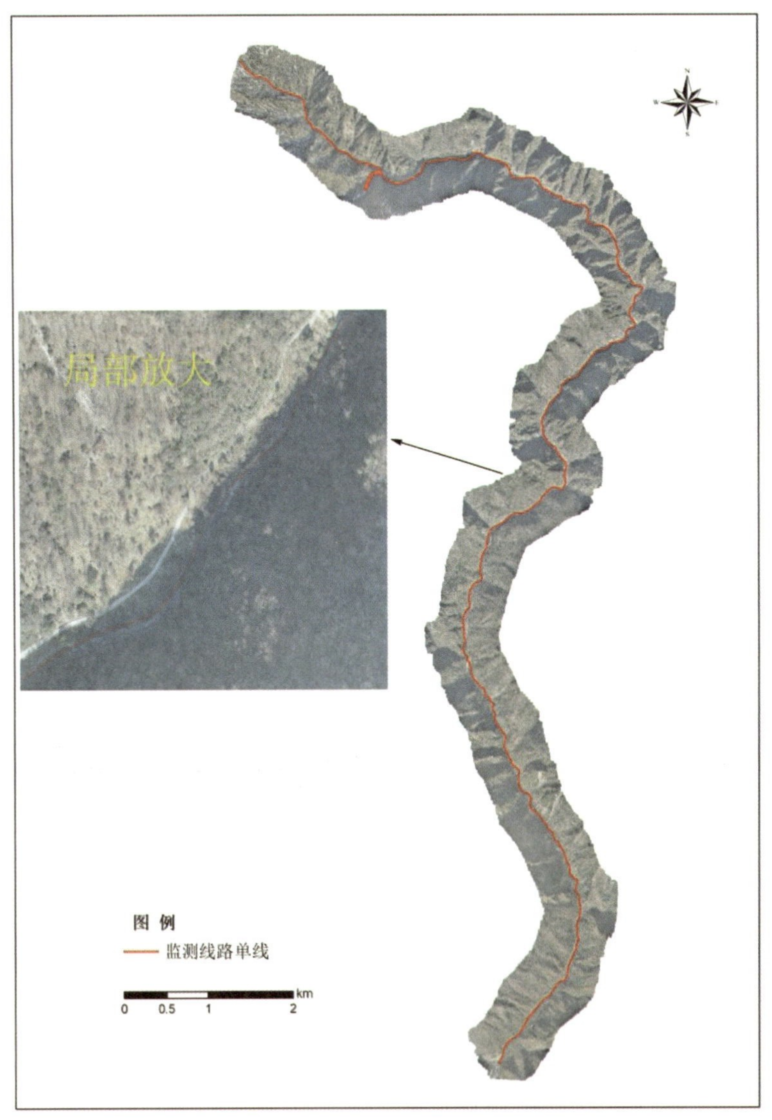

图5.6-7 唐家河国家级自然保护区监测线路无人机正射影像

2022年6月15日，监测人员利用小型无人机航拍外环境，通过专业无人机拍摄正射影像并调阅泸州市局资料，根据生态环境部《关于组织开展2021年国家级自然保护区遥感监测线索实地核实工作的通知》（环办便函〔2022〕162号）对12个长江上游珍稀、特有鱼类自然保护区（泸州段）需要核实的遥感监测线索进行实地核实。

其中，泸州市纳溪区安富街道中坝的历史存档高分辨率遥感影像点位核查结果如图5.6-8所示，基于无人机遥感的人类活动定量核查如图5.6-9所示。

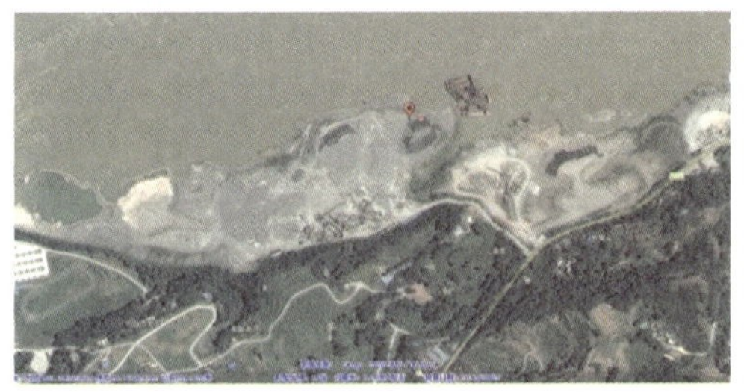

2017年7月

2019年6月

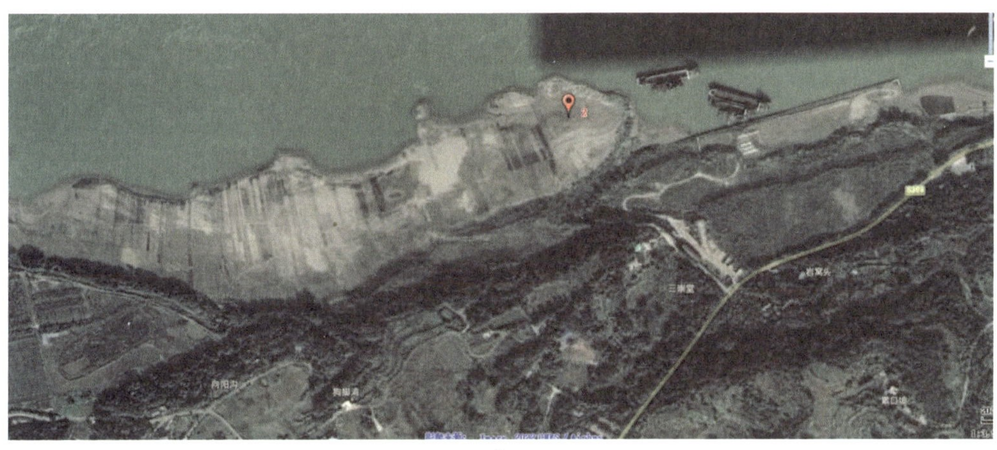
2020年11月

图5.6-8　历史存档高分辨率遥感影像

从图5.6-8可知，2017年7月至2020年11月高分辨率遥感影像显示，点位附近多年间呈工矿用地（码头）特征，且有多艘采砂船在此作业。

2022年6月，无人机作业照片显示该点位已经复绿或复耕

2022年6月，手机拍摄

2022年6月，无人机作业照片

现场照片显示点位附近停泊的采砂船，属未使用状态

2022年6月，基于无人机正射影像解译的人工恢复变化图斑

图5.6-9　基于无人机遥感的人类活动定量核查

由图5.6-9可知，2022年6月，虽然现场踏勘发现采砂船，但属于未使用状态。在现场进行无人机正射相机飞行作业、室内进行免像控的正射影像生产和人工恢复变化图斑解译，结果表明点位附近已经进行人工恢复，呈草地、耕地等影像特征。

非专业无人机可以快捷灵活地获取目标对象的信息，但是其所搭载的相机仅适合获取定性信息。如果跟历年高分辨率影像进行比对，判断确切的变化图斑和面积，还需要专业的无人机及搭载的相应镜头来制作正射数据等数字产品，从而进行定量判断。

五、小结

（一）通过对唐家河国家级自然保护区及长江上游珍稀、特有鱼类国家级自然保护区（泸州段）等开展的无人机低空遥感应用实践，获取了目标区域10～15厘米空间分辨率的影像及DOM等数据。采用免像控技术，利用飞机自带软件一键成图，其处理时间、影像质量和成果精度均满足常规生态环境监测调查等应用需求，验证了实验所采用技术方法的实用性，为无人机低空遥感技术应用提供了参考。

（二）规划合理的工作流程是顺利完成无人机低空遥感应用工作的重要保证。在实际工作中，必须考虑调查区域的地形地貌、天气及航空管制情况，合理制定无人机飞行方案。航线规划应灵活布设，按需要合理拆分测区。对于山区或者地形复杂区域，要基于DEM进行变高飞行设计，首先保证飞行安全，同时注意无人机电池的电量。

（三）无人机遥感系统的搭建与拍摄参数的确定是顺利完成飞行任务的关键。需要根据飞行方案、航程和载荷等搭建无人机遥感系统，再根据航速、飞行高度等确定合理的相机拍摄时间间隔或相片重叠度参数，以满足后期数据处理需要。

（四）目前，市面上已经有很多成熟的商业软件可以全自动对无人机数据进行处理。采用成熟、专业的无人机影像数据处理软件，可将工程人员从各类繁杂的影像算法中解脱出来，专注于处理专业业务问题，可大大提高无人机低空遥感的应用效率。随着无人机低空遥感系统数据采集设备精度的提高和数据处理软件算法的进步，无人机低空遥感技术将在灾害应急处理、土地利用调查、矿山开发监测和智慧城市建设等方面发挥越来越显著的作用。

第七章 成都市加油站石油烃（C_{10}–C_{40}）污染土壤化学氧化修复技术研究

加油站对土壤的污染主要来自于埋地油罐渗漏，有研究表明，15年以上的埋地油罐渗漏概率高达71%。泄露在土壤中的油品，会集中在部分区域，如果不及时采用修复技术，污染物会迁移到更大范围甚至进入地下水系统，直至造成更大的生态污染。对于这种量大且范围集中的污染源，采用微生物处理方法存在较大的局限性，原位化学修复（In-Situ Chemical Oxidation）由于周期短、见效快等优点，已成为土壤和地下水污染修复新技术。化学修复方法包括溶剂萃取技术、表面活性剂淋洗技术、化学氧化技术、光催化技术等，基于土壤介质的特殊性，化学氧化技术应用较为广泛。

本章以碳链长度在10～40个碳原子之间的石油烃（C_{10}–C_{40}）（以下简称“石油烃”）为对象，针对进入土壤中的石油烃类物质，以污染物及氧化剂在土壤包气带中的氧化修复过程为核心，从土壤多孔介质固相表面的氧化过程入手，深入研究过硫酸盐活化修复土壤石油烃的机制及主控因素，揭示多重因素下过硫酸盐活化修复的动力学过程，形成适用于加油站污染土壤原位修复的工艺技术，实现污染物的快速高效降解，为加油站石油烃污染土壤的原位化学修复提供实验及数据支撑。

一、研究内容

选择成都市的典型加油站开展土壤采样分析，调查石油烃主要的污染物种类及性质，掌握石油烃污染的来源与污染特征。通过室内实验研究石油烃在土壤系统中扩散、吸附/解吸特征，揭示土—水—油系统污染物的传输过程及主控因素，开展石油烃在土壤界面的竞争吸附机制研究，揭示主要组分的吸附/解吸以及竞争吸附过程；研究不同活化方式下过硫酸盐对土壤石油烃的修复降解过程，分析单一影响因子对化学修复的影响机制，揭示影响化学修复过程的主控因素，以电化学-过硫酸盐方法为手段，揭示修复过程污染物在土壤微界面的化学动力学过程。

二、结果与讨论

（一）成都市加油站土壤石油烃污染现状

项目在选择典型污染场地时，主要考虑分布于成都地区且修建时间超过15年的加油站。通过现场踏勘，结合加油站采样条件、油罐结构、污染风险等情况，最终选择6个加油站，在其油罐区附近10～20米范围内布点，根据油罐埋深采集0～6米深度的分层样品；主要测试指标为土壤干物质和石油烃（C_{10}–C_{40}）；测试方法采用《土壤 干物质和水分的测定 重量法》（HJ 613—2011）和《土壤和沉积物 石油烃（C_{10}–C_{40}）的测定 气相色谱法》（HJ 1021—2019）。土壤样品采集、流转、保存、制备以及质量保证与质量控制等按照《土壤环境监测技术规范》（HJ 166—2004）的要求执行。

监测结果显示，全部样品的石油烃均未超过《土壤环境质量 建设用地土壤污染风险管控标准（试行）》（GB 36600—2018）第一类用地筛选值的规定（826毫克/千克）；极大值分别出现在成都市青羊区玉宇路加油站监测点0.5～1.0米和成都市壁清路加油站监测点1.0～2.0米处，表明油罐区存在一定泄露风险及污染问题，后期应进一步关注，采取必要的防治及应对措施。

（二）石油烃的吸附与解吸，典型组分的竞争吸附特征

1. 石油烃在土壤界面的吸附/解吸特征

实验所用的原始受试土样采自园林0～20厘米未被污染的干净土壤，石油泾污染土壤的初始浓度为12045毫克/千克。污染与未污染土样的基本理化性质见表5.7-1。

表5.7-1　污染与未污染土样的基本理化性质

土样	pH	有机质（mg/kg）	总氮（mg/kg）	总磷（mg/kg）	电导率（μS/cm）	颗粒组成（%）		
						砂粒	粉粒	黏粒
未污染	5.24	11.37	92.60	276.12	162.9	18.01	57.92	24.08
污染	7.64	61.24	1086	623	2.31	18.01	57.92	24.08

在室温且pH为7条件下，通过开展石油烃在土壤界面的静置解吸、静态解吸、强化解吸试验，测定石油烃在这三种解吸条件下上清液中石油烃浓度的变化，研究其吸附/解吸特征。静置解吸、振荡解吸和强化解吸上清液中石油烃浓度的变化如图5.7-1（a）（b）和（c）所示。

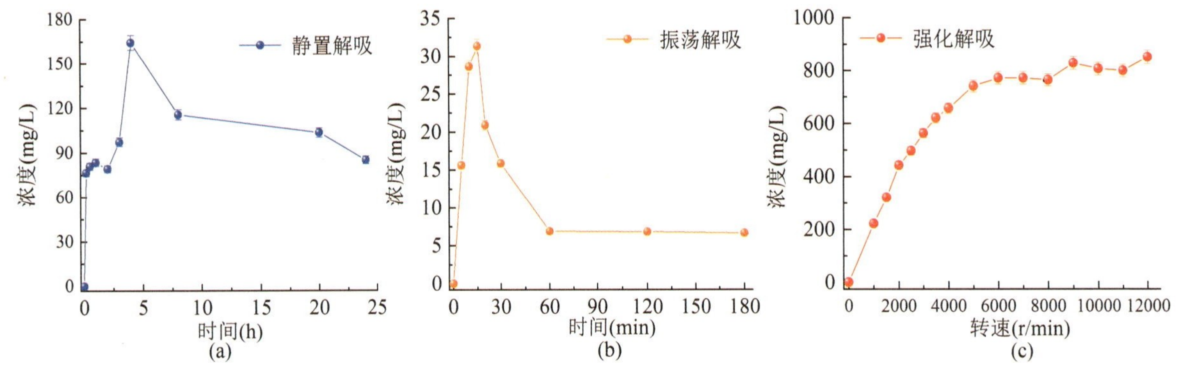

图5.7-1　静置解吸（a）、振荡解吸（b）、强化解吸（c）上清液中石油烃浓度的变化

石油烃在土壤界面的静置解吸过程分为三个阶段：0～4小时内浓度迅速增加，并于4小时达到最大值164.33毫克/升；在4～8小时浓度迅速下降至115.48毫克/升；8～24小时浓度下降平缓，并在24小时左右达到平衡，最终浓度为85.00毫克/升。

石油烃在土壤界面的振荡解吸分为三个阶段：0～15分钟内石油烃浓度急剧增加，在15 分钟升高至最大值31.31毫克/升，在15～60分钟浓度开始下降至6.8毫克/升，60～180分钟石油烃浓度基本保持不变，维持在6.7毫克/升左右。

石油烃在土壤界面的强化解吸经历了两个阶段：在0～6000转/分钟内，浓度随离心速度的增大而增大，在6000转/分钟处石油烃浓度为771.18毫克/升；在6000～12000转/分钟内，石油烃浓度略有上升，维持在800毫克/升左右。

对石油烃在土壤界面静置解吸、静态解吸、强化解吸三种条件下（0.5小时、1小时、3小时和5小时）的上清液样品用气相色谱-质谱仪开展组分分析，最快被解吸出来的为快解吸组分，依次为较快解吸组分和慢解吸组分，最后残留在土壤中的石油烃为强吸附组分。石油烃各组分解吸强弱分组情况见表5.7-2。

表5.7-2　石油烃各组分解吸强弱分组情况

组分分类	代表物质名称
快解吸组分	烷烃类（十二烷、十六烷）、酸类（甲酸、乙酸、苯乙酸）、酯类（甲酯、苯二甲酸甲酯）、胺类（甲酰胺和乙酰胺）以及酮类（二羟基苯乙酮、嘧啶三酮）
较快解吸组分	醇类（硫醇、苯甲醇）、乙酸酯、环二戊烯、环己二烯-酮等

续表

组分分类	代表物质名称
慢解吸组分	酚醇、乙酸酯、呋喃-烯-醇、双哌啶基环戊二烯基、羧酸乙酯和二氯苯基-溴乙酰喹啉等
强吸附组分	长直链烷烃（十七烷、癸烷、二十烷、三十四烷等）、酯类（氨基甲酸乙酯、甲基间苯二甲酸二甲酯等）等

2. 典型组分在土壤界面的竞争吸附特征

在室温且pH为7的条件下，选取慢解吸组分中的苯酚、苯甲酸以及强吸附物质的邻苯二甲酸二丁酯（以下简写为“DBP”）作为研究对象，为供试土壤添加的溶液浓度均为30毫克/升，探究三种污染物在土壤界面的竞争吸附特征。苯酚、苯甲酸和DBP的单溶质体系动力学曲线如图5.7-2所示，二元体系吸附动力学曲线如图5.7-3、图5.7-4、图5.7-5所示，苯酚、苯甲酸和DBP三元混合体系吸附动力学曲线如图5.7-6所示。

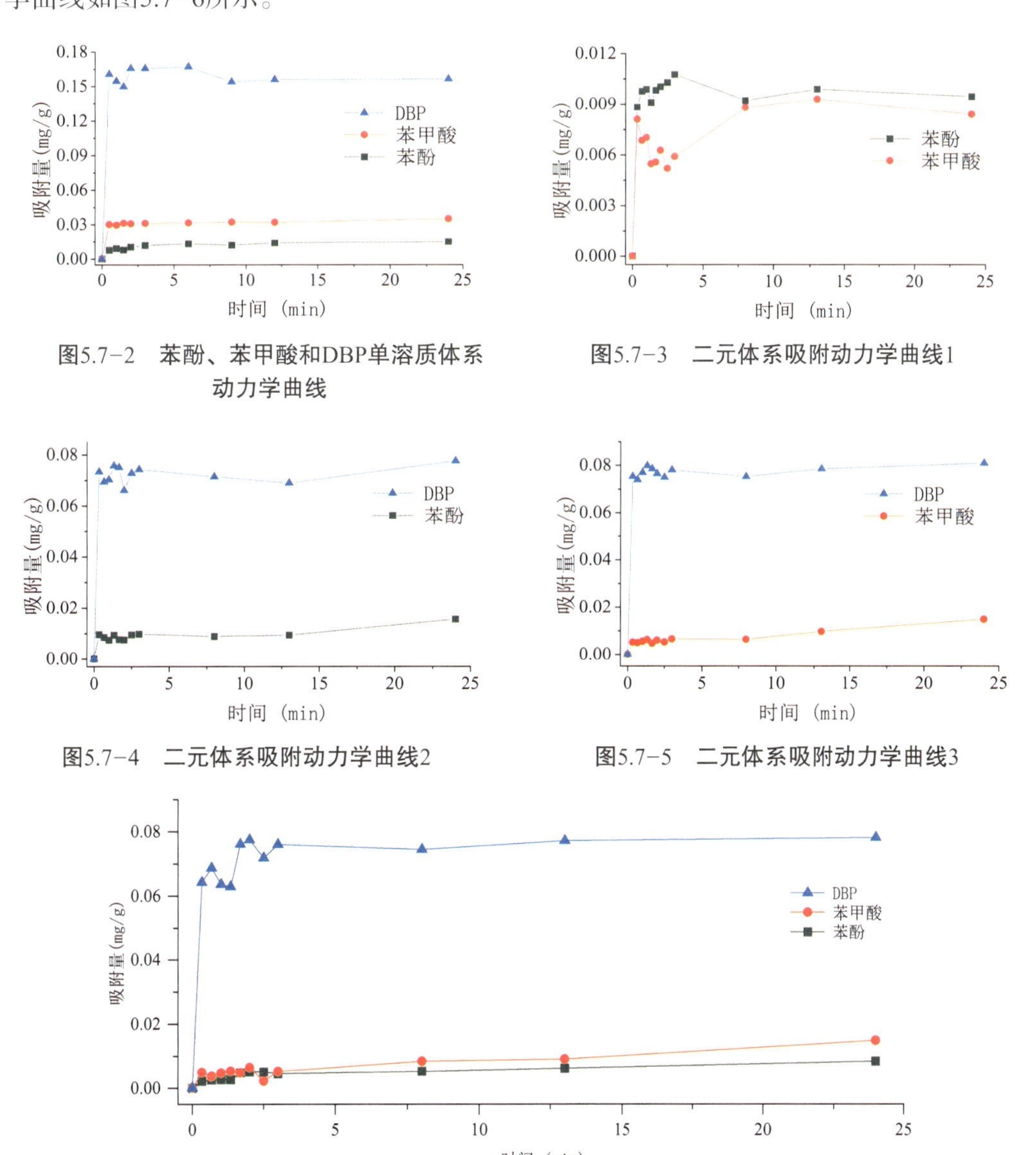

图5.7-2 苯酚、苯甲酸和DBP单溶质体系动力学曲线

图5.7-3 二元体系吸附动力学曲线1

图5.7-4 二元体系吸附动力学曲线2

图5.7-5 二元体系吸附动力学曲线3

图5.7-6 苯酚、苯甲酸和DBP三元混合体系动力学曲线

三种污染物的吸附量和吸附率整体上随时间的增大而增大。当污染溶液与土壤接触后，在0.5小时苯酚、苯甲酸和DBP的吸附量分别迅速上升至0.0078毫克/克、0.0030毫克/克和0.16毫克/克；随着反应继续进行，在24小时达到吸附平衡，分别为0.015毫克/克、0.0026毫克/克和0.16毫克/克。

苯酚与苯甲酸二元体系中，苯酚在3小时达到最大吸附量0.0108毫克/克，苯甲酸在2.5小时吸附量达到最低值0.0052毫克/克；两种污染物在13小时后吸附状态趋于平稳，在24小时左右达到吸附平衡，分别稳定在0.0095毫克/克、0.0084毫克/克。

苯酚与DBP 二元体系中，DBP的吸附量在2小时达到最小吸附量0.066毫克/克，苯酚的吸附量在此时仅为0.0075毫克/克；两种污染物的吸附量在24小时左右达到吸附平衡，分别稳定在0.016毫克/克和0.078毫克/克。

苯甲酸与DBP二元体系中，两者均在13小时后吸附状态趋于平稳，在24小时左右达到吸附平衡，分别稳定在0.015毫克/克、0.081毫克/克。相较于单物质吸附动力学苯甲酸与DBP吸附量分别下降了58.0%和48.0%。

苯酚与DBP在实验开始前3小时仍有波动，苯甲酸较为稳定。在实验开始3小时后就开始逐渐趋于稳定，在24小时左右达到吸附平衡。最终吸附量分别为0.0085毫克/克、0.015毫克/克和0.078毫克/克。

相较于单物质吸附动力学实验，三元吸附动力学实验表明，三种污染物的吸附量分别下降了44.0%、57.0%和50.0%，表明在三元吸附过程中有竞争吸附的存在；相较于二元吸附动力学实验三元竞争更为明显，三种污染物的吸附量都有更明显的下降。

（三）加油站石油烃污染土壤的原位化学修复

1. 实验装置

采用自行设计的电解槽进行实验（尺寸为25厘米×10厘米×15厘米）。电解槽包括两端的电解室以及中间的土壤室，土壤室（尺寸为15厘米×10厘米×15厘米）与电解室（尺寸为5厘米×10厘米×15厘米）通过打孔隔板分离，并在土壤室两侧垫上滤纸，以防止土壤颗粒进入电解室。电极材料采用氧化钌铱涂覆的钛合金片作为阳极，高纯石墨电极作为阴极。土壤室从阳极到阴极，以5厘米为间隔划分成S1～S5五个区域。电动实验装置如图5.7-7所示。

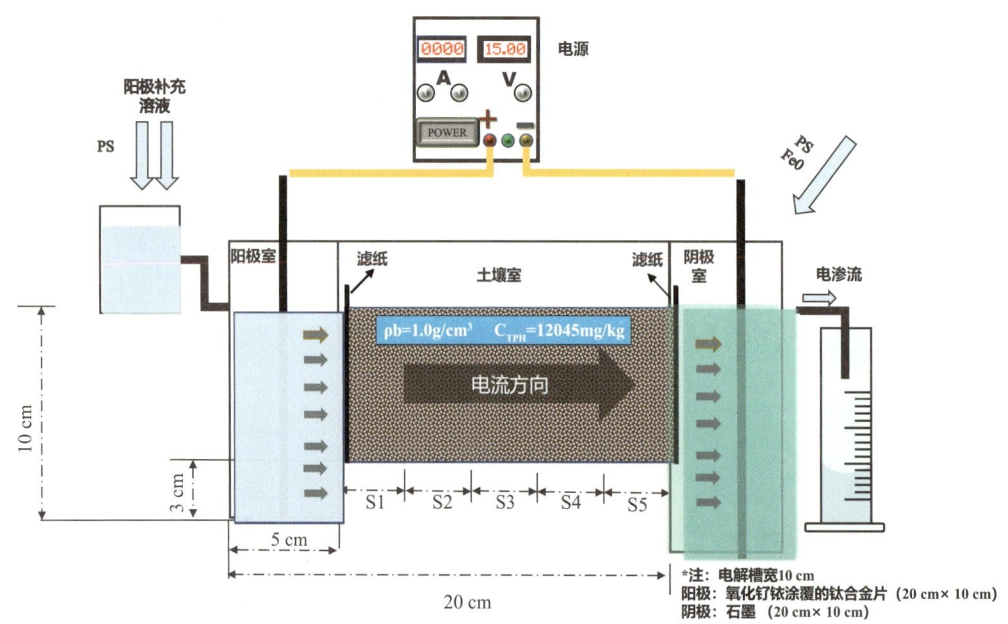

图5.7-7 电动实验装置示意图

2. 石油烃修复效能

通过改变氧化剂——过硫酸钠（以下简写为“PS”）投加量、活化剂——纳米级零价铁（以下简写为“Fe0”）投加量等条件来研究纳米级零价铁联合电动修复体系对石油烃污染土壤的修复效能。

以改变PS投加量为例，反应过后的石油烃浓度分布规律基本一致，实验装置中S3和S4区域修复效果较好，不同过硫酸钠投加浓度下石油烃分布情况如图5.7-8所示。从石油烃平均去除率来看，在一定范围内提高PS投加量有利于去除土壤石油烃：PS投加量从51毫摩尔/升提升到170毫摩尔/升，石油烃平均去除率从10.4%提升至22.1%，继续将PS提升至340毫摩尔/升，石油烃平均去除率没有明显提高；土壤中石油烃的去除率在反应前3天提升较快，之后几天提升不明显，此为反应初期电流较大、氧化剂充足，石油烃中可能存在一些较容易降解的组分所致；随着反应进行，电流下降、土壤孔隙堵塞，导致后期石油烃修复效果提升不明显。不同过硫酸钠投加浓度下石油烃平均去除率如图5.7-9所示。

多项条件试验表明：电动作用是土壤中PS迁移的关键因素，能够改善土壤堵塞作用；PS和Fe0投加量是影响石油烃修复效果的主要因素，最佳投加比例为5∶1；石油烃在反应前3天能够快速降解，且在实验装置S4位置降解最快。

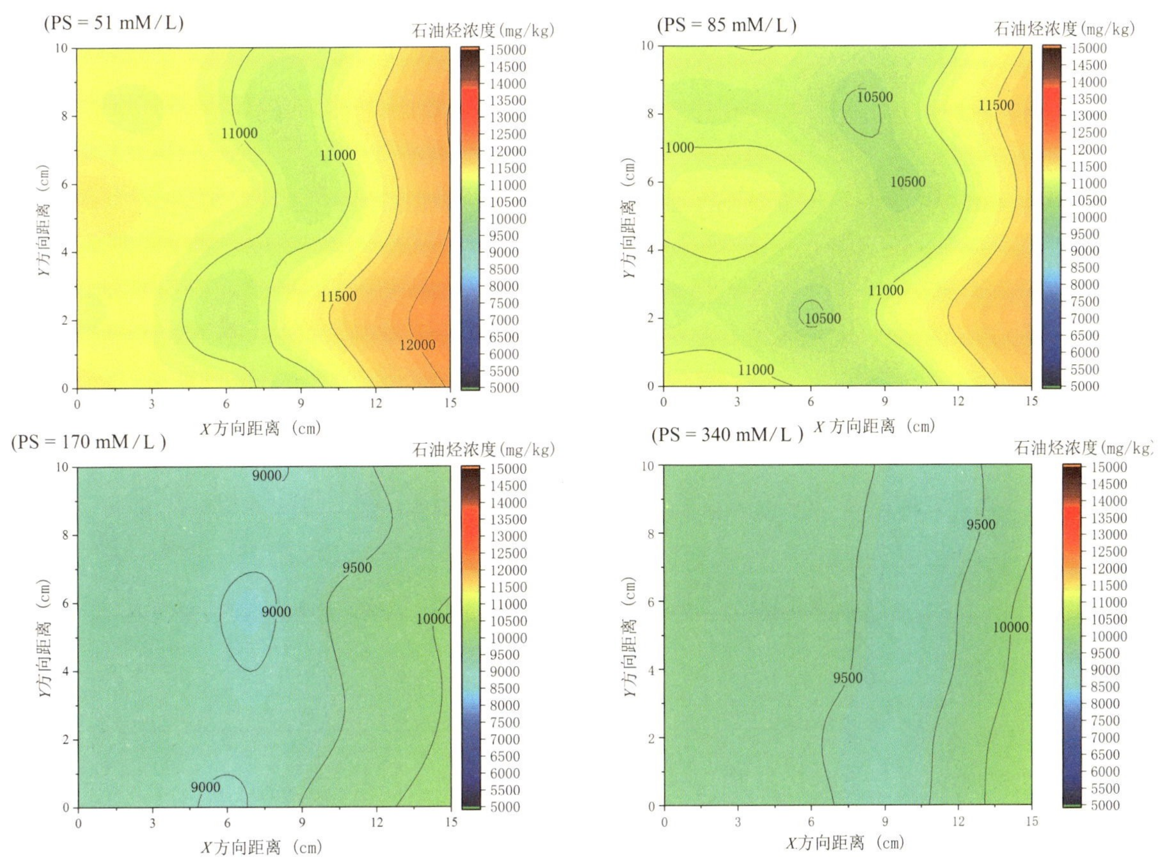

图5.7-8　不同过硫酸钠投加浓度下石油烃分布情况

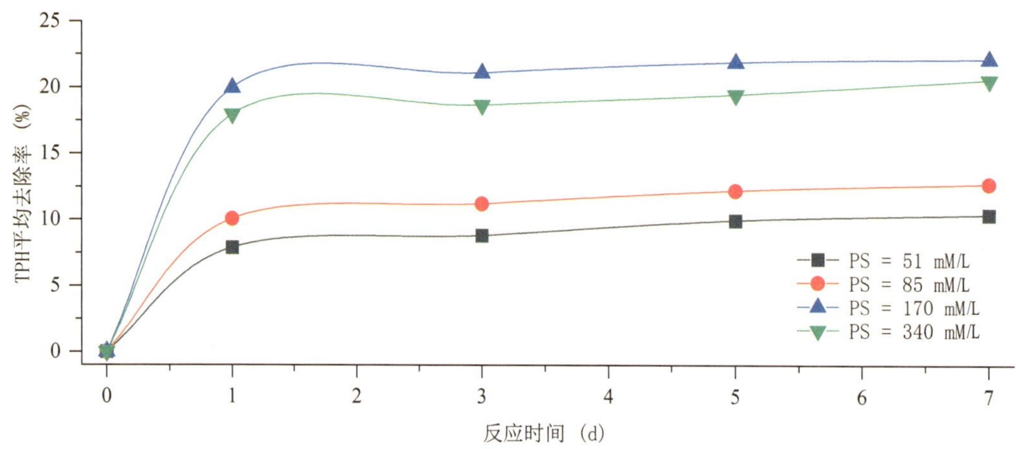

图5.7-9　不同过硫酸钠投加浓度下石油烃平均去除率

3. 土壤石油烃去除机制

为探究土壤中石油烃各个组分的降解难易程度，在纳米级零价铁联合电动修复体系下，取实验装置S3位置不同反应时间土壤的提取液，通过气相色谱-质谱仪分析反应过程中的石油烃组分变化，从而研究石油烃的去除机制。反应1天后提取液中峰值首先下降的位置在40.63分钟和44.58分钟两处，分别对应44个碳的直链烷烃和醋酸二十七酯；反应3天后一共有7个特征峰消失，分别对应6种烷烃和1种烯烃；反应7天后，土壤浸提液中没有检测出烯烃和卤代烃，最终存留在土壤中的物质主要包括烷烃（C_{16}～C_{18}）和苯系物中的2,2'-亚甲基双（4-甲基-6-叔丁基苯酚）。

降解过程中氧化断键难易程度与化合物原子之间相连的化学键键能相关，其中C=C键断裂所需的键能为611千焦/摩尔，而C-C键断裂所需的键能为332千焦/摩尔，Cl-C键断裂所需的键能为328千焦/摩尔，虽然烯烃断链所需要的能量最多，但测试结果显示，土壤中烯烃在卤代烃之前被去除，说明土壤中烯烃的去除更可能是通过不饱和烃的加成方式进行。从反应过程中峰值数量和峰强度下降规律来看，污染土壤中各石油烃组分降解难度为：烯烃<酯类<烷烃<卤代烃<苯酚类。实验装置S3位置土壤提取液中石油烃组分变化如图5.7-10所示。

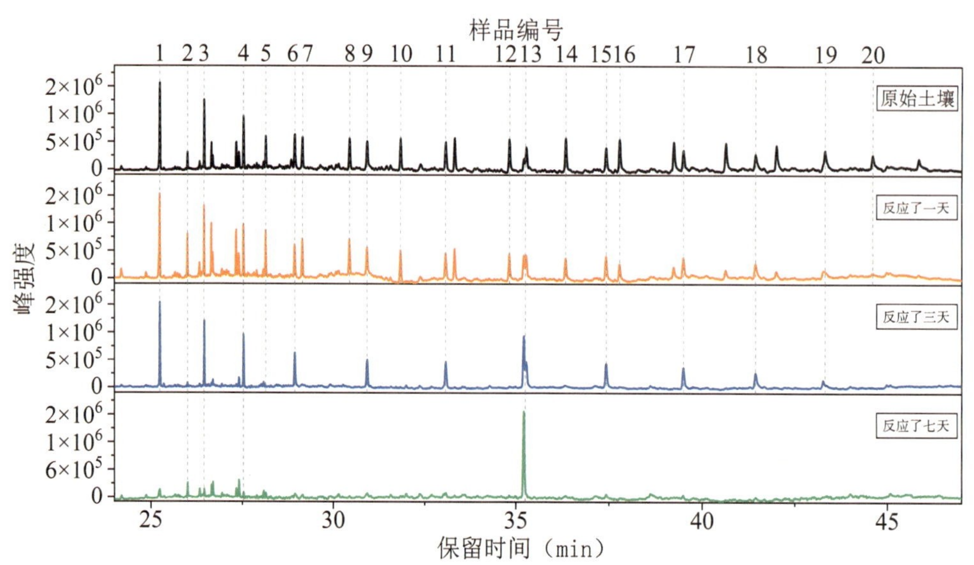

图5.7-10　实验装置S3位置土壤提取液中石油烃组分变化

三、小结

（一）典型加油站土壤石油烃不超标，但存在一定的泄露风险

全部监测场地石油烃污染指标均未超过《土壤环境质量 建设用地土壤污染风险管控标准（试行）》（GB 36600—2018）第一类用地筛选值的规定（826毫克/千克），但存在泄露风险及污染问题，后期值得进一步关注。

（二）石油烃组分在土壤界面的解吸难易程度有差别

通过开展界面扩散、静态解吸、强化解吸实验，按其解吸难易程度划分为快解吸组分、较快解吸组分、慢解吸组分和强吸附组分。快解吸组分有烷烃类、醇类、酸类、酮类、胺类、酯类以及喹啉等；较快解吸组分有醇类（硫醇、苯甲醇）、乙酸酯、环二戊烯、环已二烯-酮等；慢解吸石油烃组分有酚醇、乙酸酯、呋喃-烯-醇、双哌啶基环戊二烯基、羧酸乙酯和二氯苯基-溴乙酰喹啉等；强吸附组分：有些长直链烷烃（十八烷、三十四烷等）、酯类（氨基甲酸乙酯、甲基间苯二甲酸二甲酯等）等。

（三）多元体系存在竞争吸附

竞争吸附实验表明，在三元吸附过程中有竞争吸附的存在。相较于单一物质动力学实验，三元体系下三种污染物的吸附量分别下降了44.0%、57.0%和50.0%；相较于二元吸附动力学实验，三元吸附竞争更为明显，三种污染物的吸附量都有更明显的下降。

（四）电流能提高过硫酸钠迁移效率

施加电场能够为土壤中PS的迁移提供动力。阳极投加时，PS迁移速率慢，但局部浓度较高，适用于面积小、浓度高的污染区域的修复；阴极投加时，PS能够迁移布满整个土壤室，但平均去除率较低，适用于较大面积污染区域的修复。

（五）组分降解难易度与化学键键能相关

石油烃各组分降解难度与原子之间相连化学键键能相关，其中烯烃最容易去除，C_{16}～C_{18}的直链烷烃以及苯酚类物质中的2,2′-亚甲基双（4-甲基-6-叔丁基苯酚）是最难去除的组分，反应体系各类物质降解难度为：烯烃<酯类<烷烃<卤代烃<苯酚类。

第八章 四川省水产养殖尾水污染现状及治理技术研究

四川省水资源丰富，水产养殖业发展良好，四大家鱼、乌鱼、加州鲈鱼等商品鱼的产量位于全国前列，是我国西部地区最大的水产养殖地区。根据四川省水产局统计数据表明，2020年，四川省渔业经济总产值达到536.28亿元。

水产养殖尾水的排放具有规律性、季节性，其排水量较大，短时间内的集中排放易对其受纳水体造成较大的污染，水产养殖尾水排放监管具有重要性和紧迫性。

2019年1月，中华人民共和国农业农村部、中华人民共和国生态环境部、中华人民共和国自然资源部、中华人民共和国国家发展和改革委员会等十个部门联合发布了《关于加快推进水产养殖业绿色发展的若干意见》，意见中提到“到2035年，水产养殖布局更趋科学合理，养殖生产制度和监管体系健全，养殖尾水全面达标排放，产品优质、产地优美、装备一流、技术先进的养殖生产现代化基本实现”。目前，四川省缺乏水产养殖业尾水排放强制性标准和有效的水产养殖尾水排放管理依据。为加强水产养殖业水污染物排放的监管，促进水产养殖尾水处理，开展水产养殖尾水污染现状及治理技术研究非常必要，一方面可为四川省水产养殖尾水排放标准的制定和顺利实施提供基础依据和支持，另一方面可为水产养殖业的绿色健康发展提供技术支撑。

一、研究内容和技术路线

（一）主要研究内容

通过搜集整理国内现有水产养殖模式及不同模式下的水产养殖尾水治理技术，调研四川省内典型水产养殖的主要模式、养殖种类、养殖规模等，掌握四川省水产养殖尾水的排放现状及治理情况。

选取主要养殖模式下具有典型代表性的水产养殖系统，了解其污染物的产生及变化规律，分析其养殖模式对水环境污染的影响，确定水产养殖尾水中的重点管控因子和监测频次等，梳理目前国内主要的水产养殖尾水处理工艺，提出不同养殖模式下适宜的养殖尾水治理技术。

（二）技术路线

1. 文献资料查阅

通过查询国内外相关文献和资料，收集四川省水产养殖概况、养殖尾水排放及治理情况，总结梳理水产养殖水体水质特点和污染防控技术。

2. 数据收集和验证检测

收集整理历史监测数据，同时对池塘养殖尾水开展补充监测和验证。选取典型地区，针对不同养殖模式的水产养殖场进行调研，选取典型的水产养殖系统开展水质采样及化验分析，研究其不同模式下的水污染现状及存在的主要环境问题。

3. 水产养殖尾水处理技术推荐

结合前期调查研究结果，针对当前典型水产养殖系统中存在的问题、乡村振兴要求，分别从技术和管理层面提出针对性的对策措施，使处理能够在达标排放或回用的基础上提高养殖户的经济效益。

二、结果与讨论

（一）四川省水产养殖业情况

1. 水产养殖企业类型及数量

根据《2020年四川渔业统计年鉴》，四川省水产养殖面积达到1931.45平方千米（不含稻田综合种养），其中池塘养殖面积为1009.46平方千米。四川省淡水养殖水产总产量为1598994吨，鱼类1533687吨，甲壳类51885吨，贝类1915吨，其他类11507吨。其中，产量排名前五的地区为成都（9.3%）、眉山（8.5%）、内江（7.8%）、乐山（7.7%）、宜宾（7.0%），阿坝州、甘孜州水产养殖产量较低。

根据四川省水产局水产养殖企业（户）不完全统计数据显示，四川省水产养殖企业（户）共计1979家，其中，资阳429家（21.7%），巴中309家（15.6%），达州260家（13.1%），2020年四川省各市州水产养殖企业（户）数量百分比如图5.8-1所示。统计数据显示，四川省水产养殖水域面积小于0.03平方千米的企业占比为49.7%。

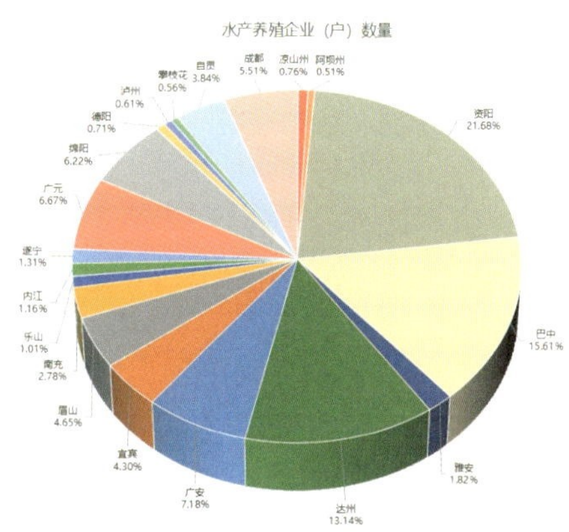

图5.8-1　2020年四川省各市州水产养殖企业（户）数量百分比

2. 水产养殖面积及养殖产量

四川省水产养殖面积为1931.45平方千米，养殖面积前五位的城市分别为绵阳市（226.94平方千米）、广元市（169.61平方千米）、南充市（147.99平方千米）、眉山市（142.91平方千米）、巴中市（120.29平方千米）。

四川省淡水养殖产量总共1598994吨，产量前五位的城市分别为成都市（149363吨）、眉山市（136613吨）、内江市（124543吨）、乐山市（123446吨）和宜宾市（112437吨）。数据显示，四川省以池塘养殖为主，淡水养殖主要品种为鱼类。2020年四川省水产养殖面积比例（按水域）及养殖品种结构如图5.8-2所示。

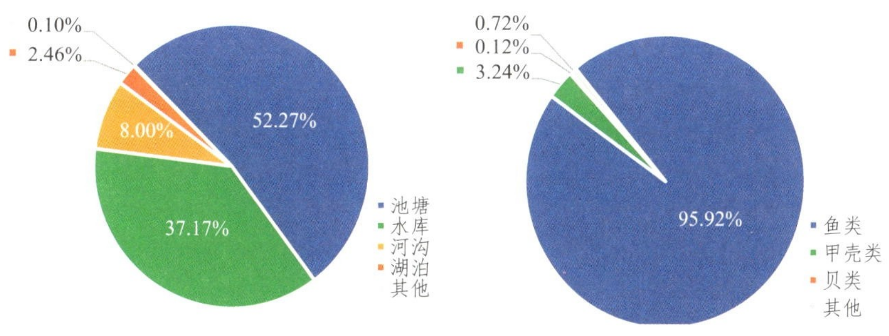

图5.8-2　2020年四川省水产养殖面积比例（按水域）及养殖品种结构

3. 水产养殖模式

水产养殖模式包括循环水养殖、池塘流水槽循环水养殖、稻渔综合种养、鱼菜共生生态种养、多营养层级综合养殖、大水面生态增养殖、池塘流水槽循环水养殖以及“渔光互补”养殖模式等。目前，四川省已相继在眉山仁寿县、绵阳三台县、凉山西昌市建立了大水面生态增养殖推广基地，相继在成都邛崃市、绵阳江油市、泸州龙马潭区、广元昭化区和乐山井研县等地建立稻渔综合种养推广基地。

4. 目前存在的环境问题

根据池塘养殖投入品来源，水产养殖尾水的主要特征污染物为有机物、氨氮、总氮、总磷等。

《四川省第二次全国污染源普查公报》显示，水产养殖业（不含藻类）排放化学需氧量2.28万吨，氨氮0.10万吨，总氮0.34万吨，总磷0.04万吨，分别占农业源排放总量的5.3%、11.8%、5.1%和4.4%，低于全国平均水平。但水产养殖尾水具有排水量大、排水时间集中等特点，在排放期对环境造成一定污染，特别是少部分养殖单产高的养殖模式，需要进一步完善技术和管理措施，以减少对环境的影响。

四川省有的地区在发展渔业养殖时忽视了区域水环境承载力，如在某些水资源稀少、水质条件差的地区大力发展水产养殖业，水产养殖布局不尽合理，处于随意发展状态。

（二）四川省水产养殖污染防治现状

1. 调研点位

在各地养殖企业通过现场问卷、资料收集、现场询问、基本情况查看、水质取样等方式进行了调研，共调研了124家企业，覆盖了19个主要的水产养殖市州。四川省水产养殖调研点位如图5.8-3所示。

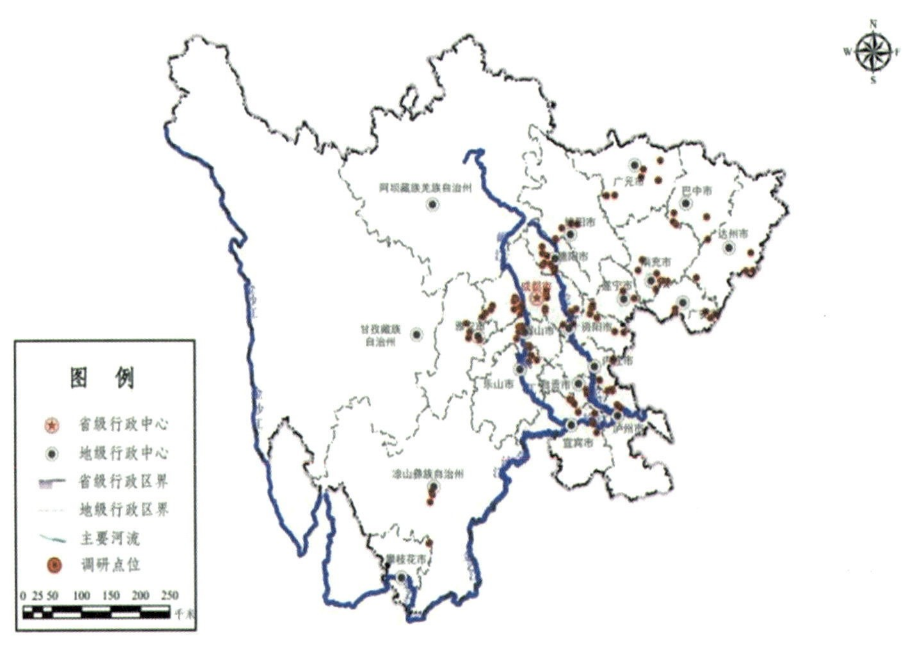

图5.8-3　四川省水产养殖调研点位示意

2. 污染物排放情况

池塘养殖生产周期通常为三个月到一周年，以周年养殖为主；对于一周年养殖品种，其主要生产工艺流程如下：池塘准备，包括晒塘、消毒等环节，使用的主要化学药品是生石灰、氯制剂等用于杀灭水体或底泥中的有害生物；此时可能会有少量排水，但一般会在消毒剂降解后排放；因经过晒塘，通常也不会含有过量的富营养化物质。通常在3月份前池塘进水，输入氮磷等营养物质，再开展苗种投放，此阶段无排水行为。进入养殖阶段，会大量输入氮磷，但前期投喂量少。

随着温度的升高，养殖对象个体增大，投喂量逐步增加，到9—10月份投喂量达到最高峰，此后逐渐减少，11月份基本停食。在高温季节，根据管理者水平的高低，会有少量换排水行为，排出的尾水pH可能会超过9。12月到春节前后，养殖对象捕捞上市，会有陆续排水，直至排干，此时会大量输出氮磷以及悬浮物、高锰酸盐，pH通常不会超过9。

对于其他短周期养殖品种，其流程基本类似，只在放养、捕捞时间节点以及各阶段经历的时间长短有所区别。

截至目前，四川省部分地区已经开展水产养殖尾水排放管理，尾水在排放前需经过地方环保部门的检测，达标后才能排放。同时在部分地区也存在养殖水循环使用，不外排的方式。此外，依旧有部分鱼塘尾水未经处理直接下河，该类水产养殖大多处于水源较为丰富的地区，其尾水处理设施及处理技术还有待进一步规范、完善。

3. 水产养殖尾水水质分析

项目通过对水产养殖尾水监测数据的收集和测定，共获得多个水产养殖尾水的pH、悬浮物、高锰酸盐指数、总磷、总氮、硫化物、锌、铜、五日生化需氧量和总余氯等污染物监测数据。采用《淡水池塘养殖水排放要求》（SC/T9101）进行评价，四川省养殖尾水中污染物达标情况见表5.8-1，其中各点位的pH、总磷和总氮的浓度分布情况如图5.8-4所示。

《地方水产养殖业水污染物排放控制标准制订技术导则》（HJ 1217—2023）明确提出“对于排入淡水环境的水产养殖尾水，以下项目作为基本项目应列入地方水产养殖业水污染物排放控制标准的尾水排放管控项目，包括悬浮物、pH、化学需氧量、总磷、总氮”。

调查结果显示，除了国家要求的5项必测指标外，四川省水产养殖尾水中的铜、锌达标率为100%，五日生化需氧量、硫化物达标率较高，总余氯二级达标率也较高，一级达标率不高也可以通过加强管理满足要求，因此，在制定四川省养殖尾水地方性排放标准时可考虑不将这5项指标纳入在内。

表5.8-1　四川省水产养殖尾水中污染物达标情况

项目	pH	SS（mg/L）	I_{Mn}（mg/L）	TP（mg/L）	TN（mg/L）
点位数	327	215	332	339	339
二级标准	6～9	100	25	1.0	5.0
达标率（%）	96.3	98.5	97.6	95.3	83.6
一级标准	6～9	50	15	0.5	3.0
达标率（%）	96.3	91.6	86.4	79.9	60.2
项目	硫化物（mg/L）	锌（mg/L）	铜（mg/L）	BOD_5（mg/L）	总余氯（mg/L）
点位数	210	108	103	—	—
二级标准	0.5	1.0	0.2	15	5.0
达标率（%）	100	100	100	100	93.4
一级标准	0.2	0.5	0.1	10	3.0
达标率（%）	89.3	100	100	98.1	63.2

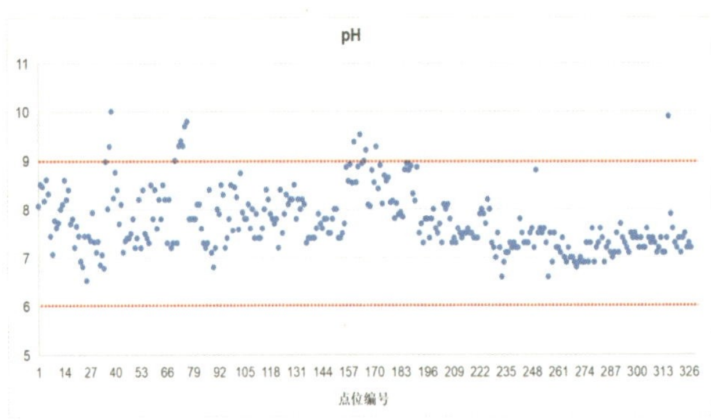

图5.8-4a　各点位pH分布

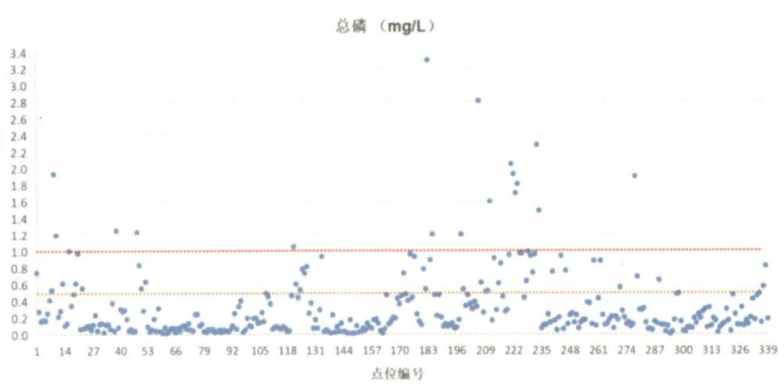

图5.8-4b　各点位总磷浓度分布

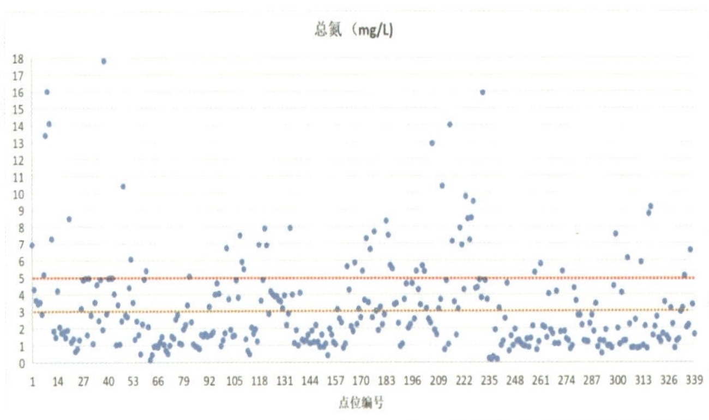

图5.8-4c　各点位总氮浓度分布

4. 底泥污染物分析

采集的20个水产养殖塘底沉积物污染物含量均满足《农用污泥中污染物控制标准》（GB 4284—2018），监测结果见表5.4-2。

表5.4-2　水产养殖塘底沉积物污染物含量

项目	pH	铜 (mg/kg)	锌 (mg/kg)	铬 (mg/kg)	镍 (mg/kg)	铅 (mg/kg)	镉 (mg/kg)	砷 (mg/kg)	汞 (mg/kg)
最小值	7.38	13.3	28	32	8	14	0.04	3.9	0.017
最大值	8.69	70.8	135	104	40	79	0.96	22.2	1.04

5. 存在的问题

一是水产养殖尾水治理设施建设薄弱。调研的124家水产养殖企业中有29.8%的养殖企业未对尾水进行处理，在87家进行尾水处理的养殖企业中，有33.3%的企业采用微生物菌剂、浮板植物等原位处理技术，有66.7%的企业采用一体化设施、底排污、人工湿地等技术对尾水进行初步处理。

二是绿色健康养殖比例有待提高。2020年，四川省池塘养殖面积约为1009.46平方千米，占四川省水产养殖面积的52.3%，而四川省池塘养殖多由散户经营，养殖面积0.02平方千米以下的养殖户超过40%。绿色健康养殖需要配套一定的尾水治理设施，同时占用一定比例的养殖面积，一般小规模养殖户承担不起或不愿承担，导致绿色健康的生态养殖模式推广存在一定的难度。

三是严重影响小流域水环境质量。调查发现，四川省部分地区水产养殖尾水排放对流域水环境质量影响较大。沱江流域水产养殖业较为发达，部分鱼塘养殖尾水无序排放，对小流域水质造成冲击。

（三）水产养殖污染防治技术

1. 国内养殖尾水治理技术及模式

（1）养殖尾水治理技术。

目前，国内外水产养殖尾水处理技术大致可以分为物理处理、化学处理、生物处理三种方法。在实际应用中，大多将物理、化学、生物处理方法进行交叉结合，形成人工湿地、生态坡和生态沟渠等对水产养殖尾水进行净化和处理。目前水产养殖尾水的处理技术主要有五种：原位净化生态循环技术、集中连片池塘养殖尾水处理技术、人工湿地尾水处理技术、“流水槽+”尾水处理技术、工厂化尾水处理循环使用技术。

（2）养殖尾水处理模式。

养殖尾水处理模式包括“三池两坝”或“四池三坝”、“底排污+人工湿地”、渔稻共作模式、鱼菜共生处理模式以及“一池一渠”简易处理等模式。

“三池两坝”或“四池三坝”是目前应用较多的模式，是一种尾水异地净化模式，属于针对集中连片池塘养殖尾水处理技术模式，适用于面积在0.03平方千米以上集中连片淡水池塘。

2. 适用于四川省水产养殖尾水处理的技术

结合四川省水产养殖模式和水产养殖尾水处理情况，参考国内现有水产养殖尾水成熟的治理技术和投资运维成本，研究总结出适用于四川省水产养殖尾水的几种处理技术。

（1）分散型池塘尾水处理。池塘底排污尾水处理模式。池塘底排污尾水处理主要由底排污口、排污管道、排污出口竖井、排污阀门等组成。根据《全国池塘养殖尾水治理专项建设规划（2021—2035年）》，采用该技术对新建池塘地排污系统，扣除配套建设的生产设施，该模式平均每平方千米改造费用约4.0万元。目前，农业部门在四川省各地均推广该处理模式。

“一池一渠”简易尾水处理模式。尾水通过修建于池塘四周的生态沟渠排入生态净化池或人工湿地，尾水经过生物净化处理后可重新进入池塘循环利用。

三级过滤池尾水处理模式。将养殖尾水依次通过第一级碎石过滤、第二级细沙/毛刷过滤、第三极陶粒过滤，尾水经过生物净化进一步处理后可重新进入池塘循环利用。适用于四川省分散式养殖区域、流水养殖池及工程化养殖池等。

原位修复技术。不具备构建异地净化系统空间或条件的零散养殖池塘，采用原位净化方式进行治理，原位净化主要采用微生物、水生植物、滤食性水生动物套放在养殖池塘中，利用其代谢作用，降解和吸收水体有机物和氮磷营养盐，进而达到净化水质的目的。

（2）集中连片池塘养殖尾水处理。“三池两坝”尾水处理模式。目前，三池两坝/四池三坝尾水处理模式在四川省乐山、绵阳、泸州等地连片养殖池塘均得到应用，四池三坝尾水处理模式如图5.8-5所示。

复合人工湿地净化处理模式。该模式具有容积负荷高、耐冲击能力强、运维费用低等特点，适用于养殖密度大、污染物浓度高的养殖废水处理，可广泛适宜于四川省规模较大、相对集中连片的池塘养殖区域。目前，该处理模式在重庆、四川等地均有所应用。

（3）养殖尾水资源化利用。该模式通常是将水产养殖与农业种植相结合，产生了鱼菜共生、鱼药共生、稻渔共作等多种形式。其中，“流水槽＋大田种植”尾水处理模式是典型的渔农综合循环利用模式。“流水槽＋稻渔共作”模式实现了底排污尾水处理、“跑道鱼”分区式养殖尾水处理模式与稻渔共作相结合。

图5.8-5　“四池三坝”尾水处理模式（泸县云龙镇）

三、对策及建议

（一）推行绿色健康养殖方式

（1）大力推广绿色健康养殖。持续开展绿色健康养殖“五大行动”，因地制宜发展推广池塘标准化养殖、工厂化循环水养殖、稻渔综合种养、大水面生态增殖、鱼菜共生、浮板种植水稻等生态健康养殖模式。

（2）加强养殖全过程管理。在水产养殖过程中要坚持清洁养殖，结合养殖种类、规模、生长期、池塘容积科学喂养。

（二）健全政策法规和技术标准体系

（1）完善尾水治理技术体系。建议相关部门加大养殖尾水循环利用、综合利用关键技术、成套装备研发与集成，加快制定技术、经济可行的水产养殖尾水治理及资源化利用技术规范和技术指南。

（2）加大政策扶持力度，如落实水产养殖绿色发展用水、用电优惠政策，支持工厂化循环水、养殖尾水和废弃物处理等环保设施用地，支持符合条件的水产养殖尾水治理及资源化利用装备纳入农机购置补贴范围等，同时加大资金扶持力度。

（三）加强养殖尾水污染治理和利用

（1）积极开展试点示范。加强养殖尾水治理及资源化利用试点示范。

（2）合理选择治理模式。坚持因地制宜、分区分类处置尾水，因地制宜选择尾水治理模式，探索重点养殖区域实行水产养殖园区化管理，促进养殖尾水净化设施配套建设。

（四）严格养殖尾水排放监管

（1）规范设置养殖尾水排污口。实施养殖尾水排口备案，当水产养殖尾水排放可能使水域水质达不到水功能区要求的不予备案。加强养殖尾水水质监督监测。

（2）建立养殖尾水排放申报制度。开展养殖尾水排放申报。充分借鉴自贡、眉山等地养殖尾水排放申报的成功经验做法，在规模化池塘养殖场（户）推行“一包一”监督管理和养殖尾水排放申报制度。强化排前尾水水质检测，组织对拟排放池塘尾水进行水质检测，经检测水质满足相关要求，结果实际情况实现科学错峰排放。

四、小结

四川省水产养殖业发展态势良好，存在多种水产养殖模式，主要包括循环水养殖、大水面生态增养殖、稻渔综合种养等。水产养殖业不断发展，但存在尾水治理设施建设薄弱、绿色健康养殖比例有待提高等问题。经数据收集及监测，四川省水产养殖尾水中铜、锌达标率最高，pH、五日生化需氧量、悬浮物和硫化物达标率较高，采用《淡水池塘养殖水排放要求》（SC/T9101）评价；水产养殖池塘底泥样品污染物含量均满足《农用污泥中污染物控制标准》（GB 4284—2018）的要求。

根据四川省水产养殖模式和水产养殖尾水处理情况，并考虑投资运维等因素，四川省水产养殖尾水适宜的处理技术包括分散型池塘尾水处理（池塘底排污尾水处理模式、“一池一渠”简易尾水处理模式等）、集中连片池塘养殖尾水处理（“三池两坝”尾水处理模式、复合人工湿地净化处理模式）以及将养殖尾水资源化利用等技术。

四川省各区域社会经济发展差距较大，各地区环保意识存在差异，尾水治理处于不同水平，为了推动四川省水产养殖业的健康发展，建议推行绿色健康养殖方式，健全政策法规和技术标准体系、加强养殖尾水污染治理和利用等举措；建立现代化生态水产养殖试验示范基地，加强试点示范；采取多种途径加强标准宣贯；对池塘生态化改造和尾水治理设施建设进行政策和资金扶持，特别加强部分养殖品种、川东北及川南丘陵地区的扶持。

结论及对策建议

第六篇

2023

第一章　生态环境质量状况主要结论

一、四川省城市环境空气质量略有反弹，优良天数比例同比下降，冬季颗粒物污染过程贡献最大

2023年，四川省六项监测指标年均浓度均达到国家二级标准，二氧化硫、二氧化氮年均浓度同比不变，细颗粒物、可吸入颗粒物年均浓度同比分别上升6.5%、6.3%，臭氧日最大8小时滑动平均值第90百分位数同比下降0.7%。重度及以上污染天数为54天，同比增加47天。细颗粒物达标城市达到10个，同比减少5个；臭氧达标城市达到17个，同比增加1个；空气质量达标城市达到10个，同比减少4个。优良天数比例为85.8%，同比下降3.5个百分点。

四川省环境空气质量呈现明显区域性、季节性特征。细颗粒物高浓度中心为川南经济区，较其余经济区高出15%以上；季节上呈现冬季最高，春秋季次之，夏季最低的特征。臭氧高浓度中心为成都平原经济区和川南经济区；春夏两季浓度较高，其中夏季浓度较冬季高出90%左右。

二、城市酸雨污染状况稳中向好

2023年，四川省城市降水pH年均为6.27，同比上升0.01；酸雨pH为5.08，同比上升0.22；酸雨频率为2.6%，同比下降0.4个百分点；酸雨城市比例为4.8%，同比下降4.8个百分点。所有城市均为非酸雨城市。硫酸根和硝酸根的当量浓度比为1.3，同比下降0.3个百分点，硫酸盐仍为降水中的主要致酸物质。

四川省21个市（州）城市仅12月出现酸雨污染，酸雨频率和酸雨城市比例最高。有5个城市出现过酸雨，酸雨频率在2.7%～43.5%之间，巴中市最高。

三、地表水水环境质量跃居全国第一，水质优良率达100%，创近20年最好水平

2023年，四川省Ⅱ类及以上水质断面占比达76.4%，无Ⅳ类以下水质断面，水质总体为优。国考断面首次实现全面达标，优良率同比提升0.5个百分点，超过全国平均水平10.6 个百分点；劣Ⅴ类断面连续5年稳定消除。十三条重点流域水质均为优，水质优良率为100%。出入川断面水质优良率达100%，同比上升6.3个百分点。14个重点湖库水质均为优良。重点流域水生生物多样性总体评价为良好。

四、集中式饮用水水源地水质处于良好水平，整体保持稳定

四川省县级及以上城市集中式饮用水水源地水质达标率和断面达标率均为100%；四川省285个县级及以上集中式饮用水水源地水质特定监测项目和全分析项目全部达标。

乡镇集中式饮用水水源地断面达标率为97.5%，同比下降0.1个百分点；全年达标的市（州）占比为71.4%，同比上升28.5个百分点。

五、地下水环境质量总体保持稳定，监测点位水质类别以Ⅲ类为主

四川省国家地下水环境质量考核点位水质类别以Ⅲ类为主，水质类别为Ⅱ类～Ⅴ类的监测点位占比分别为18.8%、38.8%、26.3%、16.3%；主要超标指标为硫酸盐、铁和锰。省级地下水环境质量监测点位中，Ⅲ类水质占37.3%。全省超标点位以污染风险监控点为主，占比75.6%。

六、城市声环境质量总体保持稳定

四川省城市昼间区域声环境质量总体为“较好”，平均等效声级为54.4分贝，同比持平；夜间区域声环境质量总体为“一般”，平均等效声级为46.1分贝。

道路交通昼间声环境质量总体为“好”，昼间长度加权平均等效声级为67.8分贝，同比下降0.1分贝，达标路段占72.4%，同比下降3.6个百分点；夜间道路交通声环境质量总体为“一般”，长度加权平均等效声级为60.4分贝。

各类功能区昼间达标率为97.5%，夜间达标率为85.1%，同比基本持平。区域声环境质量声源构成以社会生活源和道路交通源为主。

七、四川省生态质量类型为“一类”，基本保持稳定

四川省生态质量指数为70.86，生态质量为“一类”。21个市（州）均达到“二类”及以上，生态质量指数为59.11～77.20；183个县（市、区），生态质量指数为38.44～83.14，生态质量以“一类”和“二类”为主。2022—2023年，四川省生态质量指数变化0.16，生态质量“基本稳定”。

八、农村环境质量状况进一步改善

2023年，四川省县域农村环境状况指数以“优”为主。农村环境空气优良天数比例为92.7%，较城市环境空气优良天数比例高6.9个百分点；县域地表水达标率为97.7%，同比上升1.4个百分点；千吨万人饮用水达标率为99.3%，同比上升0.7个百分点；土壤质量分级为Ⅰ级的点位占比90.7%；农村生活污水处理设施出水达标率为95%，同比上升7个百分点；农田灌溉水水质达标率99.3%，同比上升5.5个百分点。农业面源污染“清洁”断面率为36.9%，污染改善显著，同比上升16.3个百分点；农村黑臭水体达标率为95.5%。

九、土壤环境质量总体未出现明显变化，重点风险监控点土壤环境污染风险有所下降

2023年，四川省土壤风险点监测结果低于风险筛选值点位占比33.0%，在风险筛选值和管制值之间的点位占比58.3%，高于风险管制值点位占比8.7%。重点风险监控点中低污染风险点位比例同比上升5.7个百分点。土壤中镉的污染风险最高且较普遍。四川省呈现四川盆地底部和川西高原土壤污染风险低，盆地周边山区和攀西高原土壤污染风险较高的状况。

十、辐射

2023年，四川省电离辐射环境质量总体良好；空气吸收剂量率、累积剂量、瞬时剂量、气溶胶、沉降物、空气中氚、空气中氡、空气中碳、地表水及土壤中的放射性核素活度浓度均处于本底水平；饮用水水源地水中放射性指标符合标准要求。环境电磁辐射水平低于《电磁环境控制限值》（GB 8702—2014）规定的公众暴露控制限值。

第二章　主要环境问题

一、冬季重污染频发，污染程度重，持续时间长，覆盖范围广

2023年，四川省细颗粒物年均浓度为33微克/立方米，同比上升6.5%；四川省21个市（州）城市累积臭氧污染652天，同比增加257天，占全年污染天数的59.7%，占比远超其他污染物。冬季盆地长期处于静稳天气，高湿高温状态有利于逆温形成，形成“锅盖效应”，致使污染物快速累积，出现了近五年来四川省污染最重的一次污染过程。15个城市年均细颗粒物浓度同比上升，成都市、自贡市、泸州市、德阳市、绵阳市、内江市、乐山市、南充市、宜宾市、广安市、眉山市11个城市超标。

二、个别支流水质还不能稳定达优良，整体水质与汛期关联明显

2023年，四川省国省考断面水质全面达标，但有不少断面是低水平达标、擦线达标。有47条河流水质不能稳定达优良，汛期、枯水期等重点时段水质下降，部分断面存在旱季“藏污纳垢”，雨季“零存整取”的现象，沱江、岷江、长江（金沙江）、涪江、渠江、琼江、嘉陵江、黄河、安宁河九大流域中有7条河流的8个断面在个别月份出现Ⅴ类水质，超标时有发生。超标断面主要污染指标为好氧化合物，面源污染为主要污染成因。

三、农村生态环境质量有待提升，部分乡镇、农村饮用水源地仍存在超标情况

2023年，四川省农村环境质量总体虽呈持续改善趋势，但农业面源污染“清洁”断面率为36.9%，畜禽养殖污染、农药化肥种植污染及水污染防治设施建设较滞后。乡镇集中式饮用水水源地断面达标率虽较上年有所提高，但仍存在不达标水源地；地表水型水源地主要超标指标为总磷，超标频次约为0.1%；地下水型水源地超标指标为总大肠菌群、锰、菌落总数、铁、硫酸盐、氨氮、pH、溶解性总固体、总硬度以及氟化物，主要污染指标总大肠菌群、锰、菌落总数的超标率分别为2.7%、0.7%、0.4%。

四、风险监控点周边土壤存在一定程度的重金属污染，镉污染较为突出

2023年，四川省开展评价的725个土壤风险点中，监测结果低于风险筛选值的点位有239个，占比33.0%；镉含量超过风险筛选值的点位占比最高，达到57.7%。部分区域土壤中重金属含量超标可能与企业生产活动相关，成为风险监控点周边土壤的主要污染指标。这与四川省土壤污染防治工作起步较晚，加之土壤污染的隐蔽性、滞后性，部分地方政府和企业土壤环境风险防控意识不强，对土壤污染源头防控投入严重不足有关。

第三章 对策与建议

一、深化重污染天气预警管控，压实重点行业治理，提升环境空气精准管控措施，完善挥发性有机物污染防治体系

一是提高空气质量预警预报能力，开展空气质量中长期趋势预测。完善重污染天气应急管控清单。细化应急减排措施，落实到企业各工艺环节，实施“一厂一策”清单化管理，全力减少重污染天数。要以降低细颗粒物浓度为主线，加快钢铁、水泥、焦化等重点行业超低排放改造，持续推进产业、能源和交通运输结构优化调整。

二是紧盯细颗粒物关键指标，压实部门责任，加强施工扬尘环境监理和执法检查，将扬尘污染防治纳入工程监理范围，扬尘污染防治费用纳入工程预算；加大道路保洁力度，集中现有机械化作业力量，重点保障城市出入口、城中村周边等扬尘易发区域和主城区重点路段的机扫洒水作业；严控城市“五烧”。

三是加强大气环境管理科技支撑和加强监测能力建设，开展大气环境科研工作，加强环保科技创新能力建设，开展空气质量持续改善措施及效果评估分析、清洁生产技术等方面的研究，强化污染物减排、精准管控的科技支撑。构建大气污染物排放清单编制工作体系，实现排放清单的动态更新，开展污染来源解析工作。

四是优化交通运输结构，鼓励市民采用绿色出行，加快新能源汽车配套基础设施建设，实施公交优先战略，建立以大运量公共交通为骨干、常规公交为主题、出租汽车系统为补充，多方式分工协作、整体协调、统筹城乡的一体化公共交通系统。

五是完善重点行业挥发性有机物排放控制要求和政策体系，推动喷漆、制鞋、印刷、电子、服装干洗、农副食品加工业、造纸挥发性有机物重点行业排放标准的制定，推广清洁生产技术。建立重点行业有机溶剂使用申报制度。开展挥发性有机物排污收费制度和重点企业强制性清洁生产审核制度的研究。开展汽车制造与维修、电子设备、金属容器制造等涉及表面涂装工艺企业的污染整治，积极淘汰落后涂装工艺，推广使用先进工艺，减少有机溶剂使用量。

二、着眼重点断面开展污染防治攻坚，强化极端天气下的污染管控，确保水环境质量稳定改善，推动水污染防治向“三水统筹”转变

一是聚焦流域水污染物存在风险的重点断面，强化断面水质达标精准管控，识别枯汛期、节假日等重要时段管控断面，逐一制定敏感时段管控目标，有效降低水质波动频次。强化风险预警防范，常态化实施流域水质波动、超标排放预测预警。

二是加强涉水企业排放监管，制定实施污水处理设施“双随机、一公开”抽查方案，强化污水处理设施进出水浓度、生化系统运行、在线监测设备管护及生活污泥处置等监管，在解决实际问题中提升管理水平，推动污水处理设施提质增效。

三是进一步推进城镇雨污分流制，提高污水收集水平，提升污水处理能力。加快区域农村生活污水收集与治理，强化畜禽养殖业、种植业污染防治工作，加强新建规模化畜禽养殖企业监督管理，持续开展化肥、农药减量行动，加强农田尾水生态化循环利用、农田氮磷生态拦截沟渠建设。

四是建立健全气象、水利等部门沟通协调机制，加强汛期、极端天气下受损污水处理设施的重建恢复，有效降低因自然灾害造成的基础设施损坏程度，最大限度减少环境影响。

五是健全生态保护修复工作机制，制定目标任务，明确责任分工，稳步构建四川省“三水统

筹”治理格局。配合国家完成长江干流、赤水河、岷江、嘉陵江、沱江、雅砻江等6条流域水生态年度考核试点，同步开展试点河流水生态考核自查评价。参照国家考核试点办法，同步开展黄河、安宁河、渠江、涪江、琼江、青衣江、大渡河等7条流域省级水生态考核前期研究工作，出台省级考核试点试行办法。

三、深化农业农村生态环境保护，强化农村面源污染治理，促进乡镇饮用水水源地水质进一步改善

一是以宣传贯彻《四川省饮用水水源保护区管理规定（试行）》为抓手，以乡镇、农村集中式饮用水水源地保护为重点，扎实推进水源地规范化建设和备用水源地建设，全面开展饮用水水源地环境问题排查整治，严格控制水源地上下游水域、陆域范围内的开展建设活动，确保依法、科学划定，规范、标准立项，全面、彻底治理。

二是加强农村人居环境整治，提升乡村宜居水平。推进农村生活污水处理设施建设、农村生活污水资源化利用和设施运行维护；完善农村生活垃圾收运处置体系，逐步推广小型生活垃圾处理设施，推进垃圾分类和就地减量，进一步提升农村生活垃圾无害化处理率；因地制宜选择改厕技术模式，健全农村厕所长效管护机制，以问题为导向常态化开展摸排整改，深入推进农村厕所革命。

三是有力防治农业面源污染，推动农业绿色发展。扎实推进种植业污染防治，进一步推进农药、化肥减量增效，加强农业废弃物回收及利用，探索生态型高标准农田建设；深入推进畜禽养殖污染防治，进一步完善监管体系，落实规模以下畜禽养殖污染治理，推进绿色种养循环农业；稳步推进水产养殖污染防治，合理布局水产养殖业的发展空间，切实加强水产养殖尾水排放管控，示范推广水产健康生态养殖。

四、加强土壤污染防治源头管控，强化土壤污染防治多方联动，加强制度建设

一是深入开展耕地周边涉镉等重金属污染源排查整治，强化耕地土壤污染成因分析与成果运用。加强土壤污染重点监管单位隐患排查、涉重金属重点行业企业和园区监管，整治土壤涉镉等重金属污染源，有效保障重点建设用地。加快“102重大工程”土壤源头管控项目实施，扎实推进泸州市先行区建设和在产企业土壤和地下水污染管控修复试点，推进长江黄河上游土壤污染风险管控区建设取得新成效。

二是强化土壤污染防治多方联动，压实各级政府和财政、科技、自然资源、生态环境、农业农村等主管部门责任，切实履职尽责；压实重点监管单位责任，严格落实土壤污染重点监管单位法定义务，压实园区土壤污染防治监管责任；压实农业生产者责任，严格农药化肥施用和受污染耕地安全利用，积极配合有关部门监督和管理。

三是加强土壤污染防治制度建设，持续完善完善法规标准、技术指南和管理制度，编制出台《四川省暂不开发利用污染 地块土壤污染风险管控效果评估工作指南》等标准规范。提升基层土壤重金属监测能力，推进大气干湿沉降重金属监测，强化重点区域水气土与产品协同监测。强化科技支撑和信息化监管，推进重金属迁移转化基础研究，开展区域背景值研究与制定。

附　表

附表1　2023年四川省21市（州）城市环境空气质量指数（*AQI*）级别统计

市（州）	优（%）	良（%）	轻度污染（%）	中度污染（%）	重度污染（%）	严重污染（%）	优良天数比例		重度污染及以上	
							比例（%）	同比（%）	天数	同比天数
成都市	24.7	53.4	16.4	5.2	0.3	0	78.1	0.8	1	1
自贡市	22.7	54.8	16.4	4.9	1.1	0	77.5	−3.3	4	4
攀枝花市	29.6	67.7	2.7	0	0	0	97.3	−1.9	0	0
泸州市	25.8	53.2	15.9	2.7	2.5	0	78.9	−1.9	9	6
德阳市	23.0	51.5	19.7	4.7	1.1	0	74.5	−9.3	4	4
绵阳市	29.9	50.7	17.0	1.9	0.5	0	80.5	−9.1	2	2
广元市	43.8	51.2	4.4	0.3	0.3	0	95.1	−3.0	1	1
遂宁市	32.6	54.5	11.8	0.8	0.3	0	87.1	−3.9	1	1
内江市	26.3	54.0	16.4	3.0	0.3	0	80.3	−3.8	1	1
乐山市	26.0	54.5	15.9	2.5	1.1	0	80.5	−2.2	4	3
南充市	29.9	56.7	11.8	1.4	0.3	0	86.6	−7.9	1	1
宜宾市	25.2	49.9	20.8	3.0	1.1	0	75.1	−3.0	4	3
广安市	31.5	52.6	10.4	3.6	1.9	0	84.1	−6.9	7	7
达州市	40.5	49.6	6.3	2.5	1.1	0	90.1	−3.9	4	4
巴中市	48.2	44.9	5.2	1.1	0.5	0	93.2	−3.2	2	2
雅安市	41.9	45.5	11.0	1.1	0.5	0	87.4	−5.5	2	2
眉山市	23.0	53.7	18.4	3.8	1.1	0	76.7	−0.8	4	4
资阳市	25.2	55.6	16.7	1.9	0.5	0	80.8	−5.2	2	2
阿坝州	85.8	14.2	0	0	0	0	100	0	0	0
甘孜州	83.6	16.4	0	0	0	0	100	0	0	0
凉山州	47.4	49.6	2.2	0.5	0.3	0	97.0	−0.8	1	−1
四川省	36.5	49.2	11.4	2.1	0.7	0	85.8	−3.5	54	47

附表2 2023年四川省21市（州）环境空气主要污染物同比变化

市（州）	SO_2		NO_2		CO		O_3		$PM_{2.5}$		PM_{10}	
	浓度（μg/m³）	同比（%）	浓度（μg/m³）	同比（%）	浓度（mg/m³）	同比（%）	浓度（μg/m³）	同比（%）	浓度（μg/m³）	同比（%）	浓度（μg/m³）	同比（%）
成都市	3	−25.0	28	−6.7	1.0	11.1	168	−7.2	39	0	60	3.4
自贡市	6	−25.0	23	4.5	0.8	−11.1	155	−3.7	43	10.3	62	5.1
攀枝花市	19	−9.5	26	−10.3	2.0	−4.8	141	11.9	27	−3.6	47	2.2
泸州市	8	−20.0	23	−4.2	1.0	11.1	148	−2.6	44	7.3	66	10.0
德阳市	3	−50.0	25	−13.8	1.0	11.1	168	1.8	42	20.0	66	4.8
绵阳市	6	0	26	4.0	1.0	0	160	5.3	37	8.8	58	5.5
广元市	8	−11.1	23	−4.2	1.2	0	125	1.6	26	4.0	46	12.2
遂宁市	8	−20.0	25	25.0	1.0	11.1	144	−1.4	30	0	52	−3.7
内江市	7	−12.5	23	−4.2	1.0	−9.1	154	−3.8	40	25.0	51	10.9
乐山市	7	0	25	4.2	1.0	−9.1	156	−0.6	41	2.5	59	1.7
南充市	9	50.0	24	41.2	1.0	11.1	140	6.1	36	2.9	58	9.4
宜宾市	9	0	26	−7.1	0.9	0	162	−1.8	44	4.8	64	6.7
广安市	9	12.5	18	5.9	1.1	10.0	144	0	40	17.6	56	9.8
达州市	9	12.5	35	0	1.4	16.7	122	4.3	31	3.3	55	12.2
巴中市	5	25.0	23	−4.2	1.0	0	119	−1.7	30	7.1	45	4.7
雅安市	7	−12.5	19	0	1.0	11.1	143	−1.4	32	10.3	46	12.2
眉山市	9	12.5	32	6.7	1.0	−16.7	161	−6.9	38	0	58	18.4
资阳市	7	0	19	−13.6	1.0	0	153	−3.2	35	6.1	55	0
阿坝州	4	−55.6	10	−9.1	0.6	−33.3	104	−6.3	13	30.0	20	17.6
甘孜州	6	−25.0	16	−15.8	0.6	0	108	1.9	7	−12.5	17	−19.0
凉山州	11	0	14	−12.5	1.0	0	134	5.5	21	0	34	−5.6
四川省	8	0	23	0	1.0	0	143	−0.7	33	6.5	51	6.3

注：O_3浓度为日最大8小时均值第90百分位平均浓度，CO浓度为日均值第95百分位平均浓度。

附表3　2023年四川省21个市（州）城市降水监测结果

市（州）	降水pH	酸雨pH	酸雨频率（%）
成都市	6.37	—	0
自贡市	6.12	5.16	2.7
攀枝花市	5.91	5.31	9.9
泸州市	6.09	5.31	7.1
德阳市	6.54	—	0
绵阳市	5.89	5.37	6.8
广元市	6.52	—	0
遂宁市	6.11	—	0
内江市	7.10	—	0
乐山市	6.47	—	0
南充市	6.78	—	0
宜宾市	6.31	—	0
广安市	6.65	—	0
达州市	6.27	—	0
巴中市	6.40	—	0
雅安市	6.71	—	0
眉山市	5.62	5.30	43.5
资阳市	6.63	—	0
马尔康市	7.14	—	0
康定市	6.55	—	0
西昌市	6.50	—	0
四川省	6.28	5.30	2.2

附表4 2023年四川省河流水质评价结果

序号	所属流域	河流湖库	断面名称	水体类型	断面级别	上年类别	本年类别	污染指标
1	长江（金沙江）	金沙江	金沙江岗托桥	河流	国控	Ⅱ	1	
2	长江（金沙江）	金沙江	水磨沟村	河流	国控	Ⅱ	Ⅱ	
3	长江（金沙江）	金沙江	贺龙桥	河流	国控	Ⅰ	Ⅰ	
4	长江（金沙江）	金沙江	倮果	河流	国控	Ⅰ	Ⅰ	
5	长江（金沙江）	金沙江	金江	河流	省控	Ⅱ	Ⅱ	
6	长江（金沙江）	金沙江	大湾子	河流	国控	Ⅱ	Ⅱ	
7	长江（金沙江）	金沙江	蒙姑	河流	国控	Ⅱ	Ⅰ	
8	长江（金沙江）	金沙江	葫芦口	河流	国控	Ⅰ	Ⅱ	
9	长江（金沙江）	金沙江	雷波县金沙镇	河流	省控	Ⅰ	Ⅰ	
10	长江（金沙江）	金沙江	宝宁村	河流	省控	Ⅱ	Ⅱ	
11	长江（金沙江）	金沙江	马鸣溪	河流	省控	Ⅱ	Ⅱ	
12	长江（金沙江）	金沙江	石门子	河流	国控	Ⅰ	Ⅰ	
13	长江（金沙江）	长江	挂弓山	河流	国控	Ⅱ	Ⅱ	
14	长江（金沙江）	长江	李庄镇下渡口	河流	省控	Ⅱ	Ⅱ	
15	长江（金沙江）	长江	江南镇沙嘴上	河流	国控	Ⅱ	Ⅱ	
16	长江（金沙江）	长江	纳溪大渡口	河流	国控	Ⅱ	Ⅱ	
17	长江（金沙江）	长江	手爬岩	河流	国控	Ⅱ	Ⅱ	
18	长江（金沙江）	长江	朱沱	河流	国控	Ⅱ	Ⅱ	
19	长江（金沙江）	赠曲	格学桥	河流	国控	Ⅱ	Ⅱ	
20	长江（金沙江）	硕曲河	香巴拉镇	河流	国控	Ⅱ	Ⅱ	
21	长江（金沙江）	水洛河	禾尼乡骡子沟	河流	国控	Ⅰ	Ⅱ	
22	长江（金沙江）	水洛河	香格里拉镇	河流	国控	Ⅰ	Ⅱ	
23	长江（金沙江）	水洛河	油米	河流	国控	Ⅰ	Ⅰ	
24	长江（金沙江）	城河	城河入境	河流	国控	Ⅱ	Ⅱ	
25	长江（金沙江）	鲹鱼河	鲹鱼河入境	河流	国控	Ⅱ	Ⅲ	
26	长江（金沙江）	黑水河	公德房电站	河流	国控	Ⅱ	Ⅱ	
27	长江（金沙江）	黑水河	黑水河河口	河流	省控	Ⅱ	Ⅱ	
28	长江（金沙江）	西溪河	三湾河大桥	河流	国控	Ⅲ	Ⅲ	
29	长江（金沙江）	西溪河	西溪河大桥	河流	省控	Ⅱ	Ⅱ	
30	长江（金沙江）	金阳河	木府乡仓房电站	河流	省控	Ⅱ	Ⅱ	
31	长江（金沙江）	溜筒河	拉一木入境断面	河流	省控	Ⅱ	Ⅱ	
32	长江（金沙江）	南广河	瓒滩乡	河流	省控	Ⅱ	Ⅱ	
33	长江（金沙江）	南广河	南广镇	河流	国控	Ⅱ	Ⅱ	

续表

序号	所属流域	河流湖库	断面名称	水体类型	断面级别	上年类别	本年类别	污染指标
34	长江（金沙江）	宋江河	黄泥咀	河流	省控	Ⅱ	Ⅱ	
35	长江（金沙江）	黄沙河	高店	河流	省控	Ⅱ	Ⅲ	
36	长江（金沙江）	长宁河	珙泉镇三江村	河流	国控	Ⅱ	Ⅱ	
37	长江（金沙江）	长宁河	楠木沟大桥	河流	省控	Ⅲ	Ⅲ	
38	长江（金沙江）	长宁河	蔡家渡口	河流	国控	Ⅱ	Ⅱ	
39	长江（金沙江）	红桥河	平桥	河流	省控	Ⅱ	Ⅱ	
40	长江（金沙江）	红桥河	红桥园田	河流	省控	Ⅱ	Ⅱ	
41	长江（金沙江）	绵溪河	大步跳	河流	省控	Ⅲ	Ⅲ	
42	长江（金沙江）	永宁河	观音桥	河流	省控	Ⅱ	Ⅱ	
43	长江（金沙江）	永宁河	泸天化大桥	河流	国控	Ⅱ	Ⅱ	
44	长江（金沙江）	古宋河	堰坝大桥	河流	国控	Ⅱ	Ⅱ	
45	长江（金沙江）	大陆溪	四明水厂	河流	国控	Ⅳ	1	
46	长江（金沙江）	塘河	白杨溪	河流	国控	Ⅱ	Ⅱ	
47	长江（金沙江）	御临河	双河口大桥	河流	国控	Ⅲ	Ⅲ	
48	长江（金沙江）	御临河	幺滩	河流	国控	Ⅱ	Ⅱ	
49	长江（金沙江）	大洪河	岗架大桥	河流	国控	Ⅲ	Ⅲ	
50	长江（金沙江）	大洪河	黎家乡崔家岩村	河流	国控	Ⅲ	Ⅲ	
51	长江（金沙江）	南河	巫山乡	河流	国控	Ⅲ	Ⅱ	
52	长江（金沙江）	任河	白杨溪电站	河流	国控	Ⅱ	Ⅱ	
53	雅砻江	干流	长须干马乡	河流	国控	Ⅱ	Ⅱ	
54	雅砻江	干流	呷拉乡雅砻江	河流	省控	Ⅱ	Ⅰ	
55	雅砻江	干流	雅江县城上游	河流	国控	Ⅰ	Ⅰ	
56	雅砻江	干流	柏枝	河流	国控	Ⅰ	Ⅰ	
57	雅砻江	干流	二滩	河流	省控	Ⅰ	Ⅰ	
58	雅砻江	干流	雅砻江口	河流	国控	Ⅰ	Ⅰ	
59	雅砻江	霍曲河	雄龙西沟霍曲河	河流	省控	Ⅱ	Ⅰ	
60	雅砻江	鲜水河	仁达乡水电站	河流	国控	Ⅱ	Ⅱ	
61	雅砻江	鲜水河	鲜水河	河流	省控	Ⅰ	Ⅰ	
62	雅砻江	格西沟	雅江县318国道	河流	省控	Ⅰ	Ⅰ	
63	雅砻江	理塘河	雄坝乡无量河大桥	河流	国控	Ⅱ	Ⅱ	
64	雅砻江	理塘河	理塘河入境	河流	省控	Ⅰ	Ⅰ	
65	雅砻江	卧落河	卧落河入境	河流	国控	Ⅱ	Ⅱ	
66	雅砻江	九龙河	乃渠乡水打坝	河流	国控	Ⅰ	Ⅱ	

续表

序号	所属流域	河流湖库	断面名称	水体类型	断面级别	上年类别	本年类别	污染指标
67	雅砻江	泸沽湖	泸沽湖湖心	湖库	国控	Ⅰ	Ⅰ	
68	雅砻江	二滩水库	红壁滩下	湖库	省控	Ⅱ	Ⅰ	
69	安宁河	干流	大桥水库	河流	国控	Ⅱ	Ⅱ	
70	安宁河	干流	黄土坡吊桥	河流	省控	Ⅱ	Ⅱ	
71	安宁河	干流	阿七大桥	河流	国控	Ⅱ	Ⅱ	
72	安宁河	干流	昔街大桥	河流	国控	Ⅱ	Ⅱ	
73	安宁河	干流	湾滩电站	河流	国控	Ⅱ	Ⅱ	
74	安宁河	孙水河	冕山镇新桥村	河流	国控	Ⅱ	Ⅱ	
75	安宁河	邛海	邛海湖心	湖库	国控	Ⅱ	Ⅱ	
76	赤水河	干流	清池	河流	国控	Ⅱ	Ⅱ	
77	赤水河	干流	醒觉溪	河流	国控	Ⅱ	Ⅱ	
78	赤水河	古蔺河	太平渡	河流	国控	Ⅲ	Ⅲ	
79	赤水河	大同河	两汇水	河流	国控	Ⅱ	Ⅱ	
80	岷江	干流	镇平乡	河流	国控	Ⅰ	Ⅰ	
81	岷江	干流	渭门桥	河流	国控	Ⅰ	Ⅰ	
82	岷江	干流	牟托	河流	省控	Ⅱ	Ⅱ	
83	岷江	干流	映秀	河流	省控	Ⅱ	Ⅱ	
84	岷江	干流	都江堰水文站	河流	国控	Ⅰ	Ⅱ	
85	岷江	干流	岷江渡	河流	省控	Ⅱ	Ⅱ	
86	岷江	干流	刘家壕	河流	省控	Ⅱ	Ⅱ	
87	岷江	干流	岳店子下	河流	国控	Ⅲ	Ⅲ	
88	岷江	干流	彭山岷江大桥	河流	国控	Ⅱ	Ⅱ	
89	岷江	干流	岷江彭东交界	河流	省控	Ⅱ	Ⅱ	
90	岷江	干流	岷江东青交界	河流	国控	Ⅱ	Ⅱ	
91	岷江	干流	悦来渡口	河流	国控	Ⅱ	Ⅱ	
92	岷江	干流	岷江青衣坝	河流	国控	Ⅱ	Ⅱ	
93	岷江	干流	岷江沙咀	河流	国控	Ⅲ	Ⅲ	
94	岷江	干流	月波	河流	国控	Ⅱ	Ⅱ	
95	岷江	干流	麻柳坝	河流	省控	Ⅲ	Ⅱ	
96	岷江	干流	鹰嘴岩	河流	省控	Ⅲ	Ⅱ	
97	岷江	干流	凉姜沟	河流	国控	Ⅱ	Ⅱ	
98	岷江	黑水河	色尔古乡	河流	国控	Ⅰ	Ⅰ	
99	岷江	杂谷脑河	五里界牌	河流	国控	Ⅰ	Ⅱ	

续表

序号	所属流域	河流湖库	断面名称	水体类型	断面级别	上年类别	本年类别	污染指标
100	岷江	寿溪河	寿溪水磨	河流	省控	Ⅱ	Ⅱ	
101	岷江	泊江河	安龙桥	河流	省控	Ⅱ	Ⅱ	
102	岷江	西河	泗江堰	河流	国控	Ⅱ	Ⅱ	
103	岷江	江安河	共耕	河流	省控	Ⅱ	Ⅱ	
104	岷江	江安河	二江寺	河流	国控	Ⅲ	Ⅲ	
105	岷江	走马河	花园	河流	省控	Ⅱ	Ⅱ	
106	岷江	清水河	永宁	河流	国控	Ⅱ	Ⅱ	
107	岷江	南河	百花大桥	河流	省控	Ⅱ	Ⅱ	
108	岷江	柏条河	金马	河流	省控	Ⅱ	Ⅱ	
109	岷江	府河	罗家村	河流	省控	Ⅱ	Ⅱ	
110	岷江	府河	高桥	河流	国控	Ⅱ	Ⅱ	
111	岷江	府河	永安大桥	河流	省控	Ⅱ	Ⅱ	
112	岷江	府河	黄龙溪	河流	国控	Ⅲ	Ⅱ	
113	岷江	东风渠	十陵	河流	省控	Ⅱ	Ⅱ	
114	岷江	东风渠	罗家河坝	河流	省控	Ⅱ	Ⅱ	
115	岷江	东风渠	天府新区出境	河流	省控	Ⅱ	Ⅱ	
116	岷江	东风渠	东风桥	河流	省控	Ⅱ	Ⅱ	
117	岷江	新津南河	黄塔	河流	省控	Ⅲ	Ⅲ	
118	岷江	新津南河	老南河大桥	河流	省控	Ⅲ	Ⅲ	
119	岷江	斜江河	唐场大桥	河流	省控	Ⅲ	Ⅲ	
120	岷江	出江河	桑园	河流	国控	Ⅱ	Ⅱ	
121	岷江	蒲江河	两合水	河流	国控	Ⅲ	Ⅲ	
122	岷江	蒲江河	五星	河流	省控	Ⅲ	Ⅲ	
123	岷江	临溪河	团结堰	河流	国控	Ⅱ	Ⅱ	
124	岷江	毛河	桥江桥	河流	省控	Ⅲ	Ⅲ	
125	岷江	体泉河	体泉河口	河流	省控	Ⅲ	Ⅲ	
126	岷江	丹棱河	思蒙河丹东交界	河流	省控	Ⅲ	Ⅲ	
127	岷江	思蒙河	思蒙河口	河流	省控	Ⅲ	Ⅲ	
128	岷江	金牛河	金牛河口	河流	省控	Ⅲ	Ⅲ	
129	岷江	茫溪河	茫溪大桥	河流	省控	Ⅲ	Ⅲ	
130	岷江	马边河	马边河鼓儿滩吊桥	河流	省控	Ⅱ	Ⅱ	
131	岷江	马边河	马边河河口	河流	国控	Ⅱ	Ⅱ	
132	岷江	沐溪河	沐溪河穿山坳	河流	省控	Ⅱ	Ⅱ	

续表

序号	所属流域	河流湖库	断面名称	水体类型	断面级别	上年类别	本年类别	污染指标
133	岷江	龙溪河	龙溪河河口	河流	省控	Ⅱ	Ⅱ	
134	岷江	越溪河	越溪镇	河流	国控	Ⅰ	Ⅰ	
135	岷江	越溪河	箩筐坝	河流	省控	/	Ⅲ	
136	岷江	越溪河	于佳乡黄龙桥	河流	国控	Ⅲ	Ⅲ	
137	岷江	越溪河	越溪河两河口	河流	国控	Ⅱ	Ⅱ	
138	岷江	越溪河	越溪河口	河流	国控	Ⅱ	Ⅲ	
139	岷江	紫坪铺水库	跨库大桥	湖库	省控	Ⅱ	Ⅱ	
140	岷江	黑龙潭水库	龙庙	湖库	省控	Ⅱ	Ⅱ	
141	大渡河（大金川河）	大渡河	集沐乡周山村点	河流	省控	Ⅱ	Ⅰ	
142	大渡河（大金川河）	大金川河	马尔邦碉王山庄	河流	国控	Ⅰ	Ⅰ	
143	大渡河（大金川河）	大渡河	聂呷乡佛爷岩	河流	省控	Ⅰ	Ⅰ	
144	大渡河（大金川河）	大渡河	鸳鸯坝	河流	省控	Ⅱ	Ⅰ	
145	大渡河（大金川河）	大渡河	大岗山	河流	国控	Ⅰ	Ⅰ	
146	大渡河（大金川河）	大渡河	石棉丰乐乡三星村	河流	省控	Ⅱ	Ⅱ	
147	大渡河（大金川河）	大渡河	三谷庄	河流	国控	Ⅰ	Ⅰ	
148	大渡河（大金川河）	大渡河	宜坪	河流	省控	Ⅱ	Ⅱ	
149	大渡河（大金川河）	大渡河	芝麻凼	河流	省控	Ⅱ	Ⅱ	
150	大渡河（大金川河）	大渡河	安谷电站大坝	河流	省控	Ⅱ	Ⅱ	
151	大渡河（大金川河）	大渡河	李码头	河流	国控	Ⅱ	Ⅱ	
152	大渡河（大金川河）	阿柯河	茸安乡	河流	国控	Ⅱ	Ⅱ	
153	大渡河（大金川河）	则曲河	茸木达乡	河流	省控	Ⅱ	Ⅱ	
154	大渡河（大金川河）	梭磨河	新康猫大桥	河流	省控	Ⅱ	Ⅱ	
155	大渡河（大金川河）	梭磨河	小水沟	河流	国控	Ⅰ	Ⅰ	
156	大渡河（大金川河）	绰斯甲河	蒲西乡	河流	国控	Ⅱ	Ⅱ	
157	大渡河（大金川河）	色曲河	歌乐沱乡色曲河	河流	国控	Ⅱ	Ⅱ	
158	大渡河（大金川河）	小金川河	新格乡松矶砂石场	河流	国控	Ⅱ	Ⅱ	
159	大渡河（大金川河）	尼日河	梅花乡巴姑村	河流	省控	Ⅱ	Ⅱ	
160	大渡河（大金川河）	尼日河	尼日河甘洛出境	河流	国控	Ⅱ	Ⅱ	
161	大渡河（大金川河）	峨眉河	峨眉河曾河坝	河流	省控	Ⅱ	Ⅱ	
162	大渡河（大金川河）	瀑布沟	青富	湖库	省控	Ⅱ	Ⅱ	
163	青衣江	干流	多营	河流	省控	Ⅱ	Ⅱ	
164	青衣江	干流	龟都府	河流	国控	Ⅱ	Ⅱ	
165	青衣江	干流	木城镇	河流	国控	Ⅱ	Ⅱ	

续表

序号	所属流域	河流湖库	断面名称	水体类型	断面级别	上年类别	本年类别	污染指标
166	青衣江	干流	姜公堰	河流	国控	Ⅱ	Ⅱ	
167	青衣江	宝兴河	灵鹫塔	河流	国控	Ⅱ	Ⅱ	
168	青衣江	天全河	天全河两河口	河流	国控	Ⅱ	Ⅱ	
169	青衣江	荥经河	槐子坝	河流	国控	Ⅱ	Ⅱ	
170	青衣江	周公河	葫芦坝电站	河流	国控	Ⅱ	Ⅱ	
171	沱江	干流	三皇庙	河流	省控	Ⅲ	Ⅱ	
172	沱江	干流	宏缘	河流	国控	Ⅲ	Ⅱ	
173	沱江	干流	临江寺	河流	省控	Ⅱ	Ⅱ	
174	沱江	干流	拱城铺渡口	河流	国控	Ⅱ	Ⅱ	
175	沱江	干流	幸福村（河东元坝）	河流	国控	Ⅱ	Ⅱ	
176	沱江	干流	银山镇	河流	国控	Ⅱ	Ⅱ	
177	沱江	干流	高寺渡口	河流	省控	Ⅲ	Ⅱ	
178	沱江	干流	脚仙村	河流	国控	Ⅱ	Ⅱ	
179	沱江	干流	老翁桥	河流	国控	Ⅲ	Ⅱ	
180	沱江	干流	李家湾	河流	国控	Ⅱ	Ⅱ	
181	沱江	干流	大磨子	河流	国控	Ⅲ	Ⅱ	
182	沱江	干流	沱江大桥	河流	国控	Ⅲ	Ⅲ	
183	沱江	小石河	罗万场下	河流	国控	Ⅱ	Ⅰ	
184	沱江	鸭子河	红庙子	河流	省控	Ⅱ	Ⅱ	
185	沱江	鸭子河	三川	河流	国控	Ⅲ	Ⅲ	
186	沱江	石亭江	双江桥	河流	国控	Ⅲ	Ⅲ	
187	沱江	射水河	马射汇合	河流	省控	Ⅲ	Ⅲ	
188	沱江	绵远河	清平	河流	国控	Ⅱ	Ⅰ	
189	沱江	绵远河	红岩寺	河流	国控	Ⅱ	Ⅱ	
190	沱江	绵远河	八角	河流	国控	Ⅱ	Ⅱ	
191	沱江	北河	201医院	河流	国控	Ⅲ	Ⅲ	
192	沱江	毗河	新毗大桥	河流	省控	Ⅱ	Ⅱ	
193	沱江	毗河	拦河堰	河流	省控	Ⅱ	Ⅱ	
194	沱江	毗河	毗河二桥	河流	国控	Ⅱ	Ⅱ	
195	沱江	蒲阳河	驾虹	河流	省控	Ⅱ	Ⅱ	
196	沱江	青白江	成彭高速路桥	河流	省控	Ⅱ	Ⅱ	
197	沱江	青白江	三邑大桥	河流	国控	Ⅱ	Ⅱ	
198	沱江	中河	清江桥	河流	国控	Ⅱ	Ⅱ	

续表

序号	所属流域	河流湖库	断面名称	水体类型	断面级别	上年类别	本年类别	污染指标
199	沱江	富顺河	碾子湾村	河流	国控	Ⅲ	Ⅲ	
200	沱江	绛溪河	爱民桥	河流	省控	Ⅲ	Ⅲ	
201	沱江	阳化河	红日河大桥	河流	国控	Ⅲ	Ⅲ	
202	沱江	阳化河	巷子口	河流	省控	Ⅲ	Ⅲ	
203	沱江	环溪河	兰家桥	河流	省控	Ⅲ	Ⅲ	
204	沱江	索溪河	谢家桥	河流	国控	Ⅲ	Ⅲ	
205	沱江	小阳化河	万安桥	河流	省控	Ⅲ	Ⅲ	
206	沱江	九曲河	九曲河大桥	河流	省控	Ⅲ	Ⅲ	
207	沱江	球溪河	发轮河口	河流	国控	Ⅲ	Ⅲ	
208	沱江	球溪河	球溪河口	河流	国控	Ⅲ	Ⅲ	
209	沱江	大濛溪河	肖家鼓堰码头	河流	省控	Ⅲ	Ⅲ	
210	沱江	大濛溪河	汪家坝	河流	省控	Ⅲ	Ⅲ	
211	沱江	大濛溪河	牛桥（民心桥）	河流	国控	Ⅲ	Ⅲ	
212	沱江	小濛溪河	资安桥	河流	国控	Ⅲ	Ⅲ	
213	沱江	大清流河	永福	河流	国控	Ⅲ	Ⅲ	
214	沱江	大清流河	李家碥	河流	国控	Ⅲ	Ⅲ	
215	沱江	大清流河	小河口大桥	河流	国控	Ⅲ	Ⅲ	
216	沱江	小清流河	韦家湾	河流	省控	Ⅲ	Ⅲ	
217	沱江	釜溪河	双河口	河流	省控	Ⅲ	Ⅲ	
218	沱江	釜溪河	碳研所	河流	国控	Ⅲ	Ⅲ	
219	沱江	釜溪河	宋渡大桥	河流	国控	Ⅲ	Ⅲ	
220	沱江	威远河	廖家堰	河流	国控	Ⅲ	Ⅲ	
221	沱江	旭水河	叶家滩	河流	国控	Ⅲ	Ⅲ	
222	沱江	旭水河	雷公滩	河流	省控	Ⅲ	Ⅲ	
223	沱江	濑溪河	官渡大桥	河流	省控	Ⅲ	Ⅲ	
224	沱江	濑溪河	胡市大桥	河流	国控	Ⅲ	Ⅲ	
225	沱江	高升河	红光村	河流	国控	Ⅲ	Ⅲ	
226	沱江	隆昌河	九曲河	河流	国控	Ⅲ	Ⅲ	
227	沱江	三岔湖	库中测点	湖库	省控	Ⅱ	Ⅱ	
228	沱江	老鹰水库	吉乐村	湖库	省控	Ⅲ	Ⅲ	
229	沱江	葫芦口水库	葫芦口水库	湖库	国控	Ⅱ	Ⅱ	
230	沱江	双溪水库	起水站	湖库	省控	Ⅱ	Ⅱ	
231	嘉陵江	干流	元西村	河流	国控	Ⅱ	Ⅱ	

续表

序号	所属流域	河流湖库	断面名称	水体类型	断面级别	上年类别	本年类别	污染指标
232	嘉陵江	干流	上石盘	河流	国控	Ⅱ	Ⅱ	
233	嘉陵江	干流	红岩	河流	省控	Ⅱ	Ⅰ	
234	嘉陵江	干流	金银渡（张家岩）	河流	省控	Ⅱ	Ⅰ	
235	嘉陵江	干流	沙溪	河流	国控	Ⅰ	Ⅰ	
236	嘉陵江	干流	麻柳包	河流	国控	Ⅱ	Ⅱ	
237	嘉陵江	干流	新政电站	河流	国控	Ⅱ	Ⅱ	
238	嘉陵江	干流	金溪电站	河流	国控	Ⅱ	Ⅰ	
239	嘉陵江	干流	伍嘉码头	河流	国控	Ⅱ	Ⅱ	
240	嘉陵江	干流	小渡口	河流	国控	Ⅱ	Ⅱ	
241	嘉陵江	干流	烈面	河流	国控	Ⅱ	Ⅱ	
242	嘉陵江	干流	金子	河流	国控	Ⅱ	Ⅱ	
243	嘉陵江	南河	荣山	河流	省控	Ⅰ	Ⅱ	
244	嘉陵江	南河	南渡	河流	国控	Ⅰ	Ⅱ	
245	嘉陵江	白龙江	郎木寺	河流	国控	Ⅱ	Ⅱ	
246	嘉陵江	白龙江	迭部	河流	国控	Ⅱ	Ⅱ	
247	嘉陵江	白龙江	水磨	河流	省控	Ⅰ	Ⅰ	
248	嘉陵江	白龙江	苴国村	河流	国控	Ⅰ	Ⅰ	
249	嘉陵江	包座河	川甘交界处	河流	省控	Ⅱ	Ⅰ	
250	嘉陵江	白水江	县城马踏石点	河流	国控	Ⅰ	Ⅰ	
251	嘉陵江	白河	九寨沟	河流	国控	Ⅱ	Ⅱ	
252	嘉陵江	清江河	五仙庙	河流	国控	Ⅰ	Ⅱ	
253	嘉陵江	清江河	石羊村	河流	省控	Ⅱ	Ⅰ	
254	嘉陵江	青竹江	竹园镇阳泉坝	河流	国控	Ⅰ	Ⅱ	
255	嘉陵江	白龙河	花石包	河流	省控	Ⅲ	Ⅲ	
256	嘉陵江	东河	喻家咀	河流	省控	Ⅱ	Ⅱ	
257	嘉陵江	东河	清泉乡（文成镇）	河流	国控	Ⅰ	Ⅰ	
258	嘉陵江	插江	卫子河	河流	省控	Ⅱ	Ⅱ	
259	嘉陵江	构溪河	三合场	河流	国控	Ⅱ	Ⅱ	
260	嘉陵江	西河	升钟水库铁炉寺	河流	国控	Ⅱ	Ⅱ	
261	嘉陵江	西河	西河村	河流	国控	Ⅱ	Ⅱ	
262	嘉陵江	西充河	彩虹桥（拉拉渡）	河流	省控	Ⅲ	Ⅲ	
263	嘉陵江	西溪河	西阳寺	河流	省控	Ⅲ	Ⅲ	
264	嘉陵江	长滩寺河	郭家坝	河流	省控	Ⅲ	Ⅲ	

续表

序号	所属流域	河流湖库	断面名称	水体类型	断面级别	上年类别	本年类别	污染指标
265	嘉陵江	南溪河	摇金	河流	国控	Ⅲ	Ⅲ	
266	嘉陵江	白龙湖	坝前	湖库	省控	Ⅱ	Ⅱ	
267	嘉陵江	升钟水库	李家坝	湖库	省控	Ⅱ	Ⅱ	
268	渠江	南江河	元潭	河流	国控	Ⅱ	Ⅱ	
269	渠江	巴河	手傍岩	河流	国控	Ⅱ	Ⅱ	
270	渠江	巴河	金碑	河流	国控	Ⅱ	Ⅱ	
271	渠江	巴河	江陵	河流	国控	Ⅱ	Ⅱ	
272	渠江	巴河	排马梯	河流	省控	Ⅱ	Ⅱ	
273	渠江	巴河	清河坝	河流	省控	Ⅱ	Ⅱ	
274	渠江	巴河	大蹬沟	河流	国控	Ⅱ	Ⅱ	
275	渠江	渠江	团堡岭	河流	国控	Ⅱ	Ⅱ	
276	渠江	渠江	涌溪	河流	省控	Ⅱ	Ⅱ	
277	渠江	渠江	化龙乡渠河村	河流	国控	Ⅱ	Ⅱ	
278	渠江	渠江	码头	河流	国控	Ⅱ	Ⅱ	
279	渠江	恩阳河	拱桥河	河流	国控	Ⅱ	Ⅱ	
280	渠江	恩阳河	雷破石	河流	省控	Ⅱ	Ⅱ	
281	渠江	恩阳河	小元村	河流	省控	Ⅱ	Ⅱ	
282	渠江	大坝河	鳌溪	河流	省控	Ⅱ	Ⅱ	
283	渠江	驷马河	徐家河	河流	省控	Ⅲ	Ⅲ	
284	渠江	通江	纳溪口	河流	国控	Ⅱ	Ⅱ	
285	渠江	月潭河	苟家湾	河流	国控	Ⅱ	Ⅱ	
286	渠江	小通江	邹家坝	河流	国控	Ⅱ	Ⅱ	
287	渠江	澌滩河	园门	河流	国控	Ⅱ	Ⅱ	
288	渠江	州河	张鼓坪	河流	省控	Ⅲ	Ⅱ	
289	渠江	州河	车家河	河流	国控	Ⅱ	Ⅱ	
290	渠江	州河	白鹤山（水井湾）	河流	省控	Ⅲ	Ⅲ	
291	渠江	州河	舵石盘	河流	国控	Ⅱ	Ⅱ	
292	渠江	后河	漩坑坝	河流	国控	Ⅱ	Ⅱ	
293	渠江	明月江	葫芦电站	河流	省控	Ⅲ	Ⅲ	
294	渠江	明月江	李家渡	河流	国控	Ⅲ	Ⅱ	
295	渠江	任市河	联盟桥	河流	国控	Ⅲ	Ⅲ	
296	渠江	新宁河	大石堡平桥	河流	省控	Ⅲ	Ⅲ	
297	渠江	铜钵河	上河坝	河流	国控	Ⅱ	Ⅲ	

续表

序号	所属流域	河流湖库	断面名称	水体类型	断面级别	上年类别	本年类别	污染指标
298	渠江	平滩河	牛角滩	河流	国控	Ⅲ	Ⅲ	
299	渠江	石桥河	凌家桥	河流	省控	Ⅲ	Ⅲ	
300	渠江	东柳河	墩子河	河流	省控	Ⅲ	Ⅲ	
301	渠江	流江河	开源村	河流	省控	Ⅲ	Ⅲ	
302	渠江	流江河	白兔乡	河流	国控	Ⅲ	Ⅲ	
303	渠江	清溪河	双龙桥	河流	省控	Ⅲ	Ⅲ	
304	渠江	华蓥河	黄桷	河流	国控	Ⅱ	Ⅱ	
305	涪江	干流	平武水文站	河流	国控	Ⅰ	Ⅰ	
306	涪江	干流	楼房沟	河流	国控	Ⅱ	Ⅱ	
307	涪江	干流	福田坝	河流	国控	Ⅰ	Ⅱ	
308	涪江	干流	丰谷	河流	国控	Ⅱ	Ⅱ	
309	涪江	干流	百顷	河流	国控	Ⅱ	Ⅱ	
310	涪江	干流	米家桥	河流	省控	/	Ⅱ	
311	涪江	干流	红江渡口	河流	国控	Ⅱ	Ⅱ	
312	涪江	干流	玉溪	河流	国控	Ⅱ	Ⅱ	
313	涪江	平通河	平通镇	河流	省控	Ⅱ	Ⅱ	
314	涪江	平通河	沙窝子大桥	河流	省控	Ⅱ	Ⅱ	
315	涪江	通口河	北川通口	河流	国控	Ⅱ	Ⅱ	
316	涪江	土门河	北川墩上	河流	省控	Ⅱ	Ⅱ	
317	涪江	安昌河	板凳桥	河流	省控	Ⅱ	Ⅱ	
318	涪江	安昌河	安州区界牌	河流	省控	Ⅱ	Ⅱ	
319	涪江	安昌河	饮马桥	河流	省控	Ⅱ	Ⅱ	
320	涪江	凯江	松花村	河流	国控	Ⅱ	Ⅱ	
321	涪江	凯江	凯江村大桥	河流	省控	Ⅱ	Ⅱ	
322	涪江	凯江	西平镇	河流	国控	Ⅱ	Ⅱ	
323	涪江	凯江	老南桥	河流	省控	Ⅲ	Ⅲ	
324	涪江	秀水河	双堰村	河流	国控	Ⅱ	Ⅱ	
325	涪江	梓江	先锋桥	河流	省控	Ⅱ	Ⅱ	
326	涪江	梓江	垢家渡	河流	省控	Ⅱ	Ⅱ	
327	涪江	梓江	天仙镇大佛寺渡口	河流	国控	Ⅱ	Ⅱ	
328	涪江	梓江	梓江大桥	河流	国控	Ⅱ	Ⅱ	
329	涪江	郪江	象山	河流	国控	Ⅲ	Ⅲ	
330	涪江	郪江	郪江口	河流	国控	Ⅲ	Ⅲ	

续表

序号	所属流域	河流湖库	断面名称	水体类型	断面级别	上年类别	本年类别	污染指标
331	涪江	芝溪河	涪山坝	河流	省控	Ⅲ	Ⅲ	
332	涪江	坛罐窑河	白鹤桥	河流	省控	Ⅳ	Ⅲ	
333	涪江	鲁班水库	鲁班岛	湖库	国控	Ⅲ	Ⅲ	
334	涪江	沉抗水库	沉抗水库	湖库	省控	Ⅱ	Ⅱ	
335	琼江	干流	跑马滩（新）	河流	国控	Ⅲ	Ⅲ	
336	琼江	干流	大安（光辉）	河流	国控	Ⅲ	Ⅲ	
337	琼江	蟠龙河	元坝子	河流	国控	Ⅲ	Ⅲ	
338	琼江	姚市河	白沙	河流	国控	Ⅲ	Ⅲ	
339	琼江	龙台河	两河	河流	国控	Ⅲ	Ⅲ	
340	黄河	干流	玛曲	河流	国控	Ⅰ	Ⅰ	
341	黄河	贾曲河	贾柯牧场	河流	省控	Ⅱ	Ⅱ	
342	黄河	白河	切拉塘	河流	省控	Ⅱ	Ⅱ	
343	黄河	白河	唐克	河流	国控	Ⅱ	Ⅱ	
344	黄河	黑河	若尔盖	河流	国控	Ⅱ	Ⅲ	
345	黄河	黑河	大水	河流	省控	Ⅱ	Ⅱ	

附表5　2023年四川省21个市（州）地表水水质类别占比

市（州）	优（%）	良（%）	优良率同比变化（%）
成都	76.3	23.7	0
自贡	50.0	50.0	0
攀枝花	100	0	0
泸州	61.5	38.5	7.7
德阳	57.1	42.9	0
绵阳	90.0	10.0	0
广元	94.7	5.3	0
遂宁	44.4	55.6	12.5
内江	41.7	58.3	0
乐山	85.7	14.3	0
南充	66.7	33.3	0
宜宾	81.8	18.2	0
广安	60.0	40.0	0
达州	56.5	43.5	0
巴中	90.0	10.0	0
雅安	90.0	10.0	0
眉山	53.3	46.7	0
资阳	11.8	88.2	0
阿坝	96.4	3.6	0
甘孜	100	0	0
凉山	91.7	8.3	0
四川省	73.9	26.1	0.6

附表6 2023年四川省21个市（州）集中式饮用水水源地达标率

市（州）	县级及以上城市集中式饮用水水源地达标率（%）	乡镇集中式饮用水水源地达标率（%）
成都	100	95.5
自贡	100	100
攀枝花	100	100
泸州	100	87.2
德阳	100	90.8
绵阳	100	100
广元	100	98.8
遂宁	100	100
内江	100	100
乐山	100	100
南充	100	72.8
宜宾	100	100
广安	100	100
达州	100	100
巴中	100	100
雅安	100	100
眉山	100	100
资阳	100	100
阿坝	100	100
甘孜	100	100
凉山	100	99.1
四川省	100	95.5

附表7　2023年四川省21个市（州）城市区域声环境质量监测结果

城市名称	监测路段总长（km）	昼间				夜间			
		超过70分贝路长（km）	超标比例（%）	等效声级dB（A）	质量状况	超过55分贝路长（km）	超标比例（%）	等效声级dB（A）	质量状况
成都市	663.65	129.50	19.5	67.7	好	556.03	83.8	61.0	一般
自贡市	128.07	42.02	32.8	68.5	较好	110.54	86.3	61.1	一般
攀枝花市	167.40	66.70	39.8	69.5	较好	163.40	97.6	62.2	较差
泸州市	156.80	78.63	50.1	66.5	好	115.78	73.8	61.1	一般
德阳市	155.85	15.20	10.0	66.3	好	117.90	75.6	58.3	较好
绵阳市	179.64	41.53	23.1	68.4	较好	130.49	72.6	59.3	较好
广元市	66.47	28.74	43.2	69.0	较好	51.62	77.7	59.9	较好
遂宁市	76.80	6.00	7.8	67.2	好	48.04	62.6	57.6	好
内江市	170.41	81.49	47.8	69.2	较好	140.96	82.7	60.6	一般
乐山市	72.77	13.05	17.9	67.4	好	72.77	100	63.3	较差
南充市	57.28	13.42	23.4	68.6	较好	42.25	73.8	59.8	较好
宜宾市	204.17	47.87	23.4	66.6	好	121.96	59.7	57.6	好
广安市	44.60	8.30	18.6	65.9	好	43.30	97.1	61.3	一般
达州市	212.60	83.60	39.3	69.5	较好	209.70	98.6	61.7	一般
巴中市	24.27	0.30	1.2	66.2	好	21.92	90.3	60.7	一般
雅安市	5.01	0.65	13.0	66.5	好	5.01	100	58.3	较好
眉山市	45.23	20.80	46.0	66.7	好	39.78	88.0	63.7	较差
资阳市	70.51	20.71	29.4	68.7	较好	70.51	100	59.7	较好
马尔康市	41.80	12.00	28.7	65.6	好	25.00	59.8	58.0	好
康定市	0.62	0	0	60.9	好	0	0	49.0	好
西昌市	32.67	0	0	65.3	好	5.91	18.1	54.8	好
四川省	2576.62	710.51	27.6	67.8	好	2092.87	81.2	60.4	一般

附表8　2023年四川省21个市（州）城市道路交通声环境质量监测结果

城市	网格覆盖面积（km^2）	有效测点数（个）	昼间		夜间	
			等效声级dB（A）	质量状况	等效声级dB（A）	质量状况
成都市	1262.5	202	56.0	一般	48.7	一般
自贡市	105.0	105	54.9	较好	47.7	一般
攀枝花市	65.9	155	52.7	较好	48.1	一般
泸州市	128.0	128	52.7	较好	45.9	一般
德阳市	110.2	136	54.7	较好	46.1	一般
绵阳市	107.5	168	55.0	较好	46.7	一般
广元市	36.2	144	55.6	一般	47.2	一般
遂宁市	144.2	177	56.1	一般	46.6	一般
内江市	85.0	105	54.5	较好	44.9	较好
乐山市	43.2	173	55.4	一般	49.3	一般
南充市	149.0	149	57.3	一般	46.8	一般
宜宾市	136.0	136	55.0	较好	47.6	一般
广安市	51.0	104	54.9	较好	46.6	一般
达州市	106.0	106	55.9	一般	47.4	一般
巴中市	12.7	203	55.5	一般	48.2	一般
雅安市	12.6	202	54.7	较好	45.3	一般
眉山市	85.0	105	53.1	较好	43.5	较好
资阳市	51.4	105	53.5	较好	43.5	较好
马尔康市	12.8	20	52.7	较好	44.7	较好
康定市	0.04	15	49.8	好	38.5	较好
西昌市	25.0	100	51.7	较好	45.0	较好
四川省	1463.5	2418	54.4	较好	46.1	一般

附表9　2023年四川省21个市（州）城市功能区声环境质量监测点次达标率

城市	1类区		2类区		3类区		4类区		昼间合计（%）	夜间合计（%）
	昼间（%）	夜间（%）	昼间（%）	夜间（%）	昼间（%）	夜间（%）	昼间（%）	夜间（%）		
成都市	91.7	41.7	95.0	87.5	100	87.5	81.8	52.3	91.9	72.1
自贡市	100	100	97.2	94.4	100	100	100	100	98.3	96.7
攀枝花市	100	100	100	100	100	100	100	33.3	100	80.0
泸州市	75.0	100	100	96.4	93.8	100	100	16.7	96.7	81.7
德阳市	50.0	75.0	100	100	100	100	100	100	95.0	97.5
绵阳市	100	100	100	100	100	100	100	0	100	86.7
广元市	100	100	100	100	100	100	100	62.5	100	89.3
遂宁市	100	100	100	100	100	100	100	62.5	100	93.2
内江市	83.3	91.7	100	100	100	100	100	12.5	95.0	80.0
乐山市	87.5	75.0	100	100	100	100	100	0	96.4	64.3
南充市	100	83.3	95.8	87.5	100	91.7	100	75.0	98.3	85.0
宜宾市	100	100	100	100	100	100	100	100	100	100
广安市	100	75.0	100	75.0	无	无	100	50.0	100	68.8
达州市	100	75.0	93.8	87.5	100	100	100	12.5	96.7	80.0
巴中市	100	100	100	100	100	100	100	100	100	100
雅安市	100	100	100	100	100	100	100	87.5	100	96.4
眉山市	100	100	100	100	100	100	100	37.5	100	84.4
资阳市	100	100	100	100	100	100	100	100	100	100
马尔康市	91.7	83.3	100	75.0	无	无	100	100	95.8	87.5
康定市	无	无	100	87.5	无	无	无	无	100	87.5
西昌市	100	100	100	100	无	无	100	33.3	100	71.4
四川省	94.1	87.5	98.4	94.9	99.5	97.1	95.9	52.0	97.5	85.1

附表10　2023年四川省183个县生态质量（*EQI*）评价结果

序号	行政单位	*EQI*值	*EQI*分级
1	朝天区	83.14	一类
2	荥经县	80.62	一类
3	若尔盖县	80.36	一类
4	青川县	80.29	一类
5	金口河区	79.99	一类
6	峨边彝族自治县	79.71	一类
7	石棉县	78.79	一类
8	木里藏族自治县	78.75	一类
9	天全县	78.72	一类
10	雷波县	78.57	一类
11	平武县	78.52	一类
12	旺苍县	78.44	一类
13	宝兴县	78.17	一类
14	芦山县	78.14	一类
15	沐川县	77.40	一类
16	汉源县	77.02	一类
17	南江县	76.96	一类
18	康定市	76.86	一类
19	红原县	76.81	一类
20	茂县	76.81	一类
21	冕宁县	76.75	一类
22	马边彝族自治县	76.70	一类
23	盐源县	76.58	一类
24	洪雅县	76.41	一类
25	北川羌族自治县	76.27	一类
26	屏山县	76.13	一类
27	甘洛县	75.83	一类
28	德昌县	75.46	一类
29	阿坝县	75.29	一类
30	沙湾区	75.18	一类
31	合江县	75.05	一类
32	万源市	74.54	一类
33	米易县	74.44	一类
34	剑阁县	74.31	一类

续表

序号	行政单位	EQI值	EQI分级
35	越西县	74.19	一类
36	九寨沟县	74.09	一类
37	丹巴县	74.07	一类
38	雨城区	74.05	一类
39	盐边县	73.95	一类
40	汶川县	73.53	一类
41	美姑县	73.44	一类
42	宣汉县	73.31	一类
43	喜德县	73.20	一类
44	江油市	73.06	一类
45	德格县	72.96	一类
46	金川县	72.76	一类
47	利州区	72.60	一类
48	炉霍县	72.42	一类
49	普格县	72.36	一类
50	九龙县	72.28	一类
51	叙永县	72.24	一类
52	苍溪县	72.21	一类
53	平昌县	72.09	一类
54	金阳县	72.00	一类
55	得荣县	71.98	一类
56	马尔康市	71.92	一类
57	犍为县	71.77	一类
58	恩阳区	71.77	一类
59	昭觉县	71.72	一类
60	巴州区	71.69	一类
61	黑水县	71.67	一类
62	长宁县	71.39	一类
63	兴文县	71.14	一类
64	壤塘县	71.05	一类
65	色达县	70.99	一类
66	西昌市	70.92	一类
67	松潘县	70.86	一类

续表

序号	行政单位	*EQI*值	*EQI*分级
68	通江县	70.86	一类
69	大邑县	70.81	一类
70	昭化区	70.76	一类
71	白玉县	70.75	一类
72	筠连县	70.70	一类
73	稻城县	70.47	一类
74	新龙县	70.29	一类
75	井研县	70.29	一类
76	峨眉山市	70.18	一类
77	道孚县	70.14	一类
78	五通桥区	70.07	一类
79	市中区	70.03	一类
80	乡城县	70.03	一类
81	叙州区	69.99	二类
82	阆中市	69.96	二类
83	珙县	69.94	二类
84	宁南县	69.88	二类
85	古蔺县	69.88	二类
86	雅江县	69.81	二类
87	江安县	69.73	二类
88	安州区	69.42	二类
89	纳溪区	69.34	二类
90	通川区	69.30	二类
91	泸定县	69.17	二类
92	梓潼县	69.16	二类
93	都江堰市	69.12	二类
94	会东县	69.04	二类
95	会理县	69.01	二类
96	布拖县	68.90	二类
97	理塘县	68.63	二类
98	夹江县	68.21	二类
99	小金县	67.99	二类
100	青神县	67.86	二类

续表

序号	行政单位	*EQI*值	*EQI*分级
101	武胜县	67.79	二类
102	甘孜县	67.69	二类
103	盐亭县	67.62	二类
104	蓬安县	67.29	二类
105	绵竹市	67.11	二类
106	南部县	66.94	二类
107	开江县	66.84	二类
108	理县	66.71	二类
109	巴塘县	66.69	二类
110	邻水县	66.69	二类
111	邛崃市	66.65	二类
112	达川区	66.47	二类
113	大竹县	66.46	二类
114	仁和区	66.36	二类
115	高县	66.32	二类
116	仪陇县	65.99	二类
117	石渠县	65.98	二类
118	射洪市	65.96	二类
119	渠县	65.87	二类
120	崇州市	65.46	二类
121	华蓥市	65.42	二类
122	荣县	65.12	二类
123	丹棱县	64.97	二类
124	彭州市	64.74	二类
125	三台县	64.72	二类
126	营山县	64.53	二类
127	嘉陵区	64.49	二类
128	富顺县	64.16	二类
129	仁寿县	64.01	二类
130	蓬溪县	63.91	二类
131	威远县	63.84	二类
132	泸县	63.45	二类
133	西充县	63.19	二类

续表

序号	行政单位	EQI值	EQI分级
134	游仙区	63.12	二类
135	中江县	62.48	二类
136	岳池县	62.48	二类
137	乐至县	62.42	二类
138	隆昌市	62.37	二类
139	什邡市	62.22	二类
140	顺庆区	61.83	二类
141	翠屏区	60.93	二类
142	安岳县	60.60	二类
143	简阳市	60.58	二类
144	高坪区	60.10	二类
145	大英县	60.03	二类
146	资中县	59.78	二类
147	广安区	59.58	二类
148	蒲江县	58.60	二类
149	东兴区	58.34	二类
150	金堂县	58.33	二类
151	南溪区	58.03	二类
152	雁江区	56.96	二类
153	西区	56.79	二类
154	彭山区	56.41	二类
155	贡井区	56.25	二类
156	自流井区	56.22	二类
157	新津县	55.90	二类
158	沿滩区	55.42	二类
159	罗江区	54.69	三类
160	东坡区	54.64	三类
161	前锋区	54.55	三类
162	江阳区	54.54	三类
163	名山区	54.03	三类
164	东区	53.82	三类
165	龙马潭区	53.52	三类
166	市中区	53.29	三类

续表

序号	行政单位	*EQI*值	*EQI*分级
167	船山区	52.72	三类
168	广汉市	52.09	三类
169	涪城区	51.50	三类
170	大安区	51.34	三类
171	安居区	51.21	三类
172	旌阳区	50.26	三类
173	青白江区	49.00	三类
174	双流区	47.06	三类
175	青羊区	46.35	三类
176	新都区	44.92	三类
177	郫都区	43.21	三类
178	温江区	43.10	三类
179	龙泉驿区	41.48	三类
180	金牛区	41.37	三类
181	武侯区	40.65	三类
182	成华区	40.08	三类
183	锦江区	38.44	四类

附表11　2020—2023年四川省183个县生态质量（EQI）变化结果

序号	行政单位	2020年EQI	2021年EQI	2022年EQI	2023年EQI	2022—2023年ΔEQI	2020—2023年ΔEQI
1	锦江区	37.86	37.65	37.99	38.44	0.45	0.58
2	青羊区	44.70	44.47	45.61	46.35	0.74	1.65
3	金牛区	40.74	40.72	40.89	41.37	0.48	0.63
4	武侯区	39.56	39.74	40.19	40.65	0.46	1.09
5	成华区	39.59	39.51	40.12	40.08	−0.04	0.49
6	龙泉驿区	40.92	40.81	40.74	41.48	0.74	0.56
7	青白江区	48.29	49.03	48.35	49.00	0.65	0.71
8	新都区	43.88	43.90	44.67	44.92	0.25	1.04
9	温江区	42.18	42.11	42.63	43.10	0.47	0.92
10	双流区	45.71	46.02	47.00	47.06	0.06	1.35
11	郫都区	42.93	42.84	42.85	43.21	0.36	0.28
12	金堂县	58.61	59.05	58.29	58.33	0.04	−0.28
13	大邑县	71.16	71.56	70.88	70.81	−0.07	−0.35
14	蒲江县	58.21	58.87	58.31	58.60	0.29	0.39
15	新津区	56.97	57.18	56.20	55.90	−0.30	−1.07
16	都江堰市	69.31	69.91	69.13	69.12	−0.01	−0.19
17	彭州市	65.07	65.79	64.71	64.74	0.03	−0.33
18	邛崃市	66.78	67.46	66.20	66.65	0.45	−0.13
19	崇州市	65.70	66.17	65.34	65.46	0.12	−0.24
20	简阳市	61.17	61.61	60.23	60.58	0.35	−0.59
21	自流井区	54.86	55.09	55.60	56.22	0.62	1.36
22	贡井区	55.77	55.63	56.12	56.25	0.13	0.48
23	大安区	50.45	50.38	50.70	51.34	0.64	0.89
24	沿滩区	55.50	55.59	55.48	55.42	−0.06	−0.08
25	荣县	65.29	65.72	64.98	65.12	0.14	−0.17
26	富顺县	64.67	64.93	63.71	64.16	0.45	−0.51
27	东区	53.35	53.29	53.85	53.82	−0.03	0.47
28	西区	56.78	56.69	56.82	56.79	−0.03	0.01
29	仁和区	65.90	66.00	66.29	66.36	0.07	0.46
30	米易县	74.42	74.18	74.72	74.44	−0.28	0.02

续表

序号	行政单位	2020年EQI	2021年EQI	2022年EQI	2023年EQI	2022—2023年ΔEQI	2020—2023年ΔEQI
31	盐边县	73.34	73.40	73.48	73.95	0.47	0.61
32	江阳区	53.56	54.01	54.49	54.54	0.05	0.98
33	纳溪区	68.39	68.66	69.04	69.34	0.30	0.95
34	龙马潭区	53.73	53.58	53.55	53.52	−0.03	−0.21
35	泸县	64.78	64.58	62.84	63.45	0.61	−1.33
36	合江县	74.68	75.10	74.05	75.05	1.00	0.37
37	叙永县	71.83	72.42	71.71	72.24	0.53	0.41
38	古蔺县	68.58	70.08	69.03	69.88	0.85	1.30
39	旌阳区	50.32	49.95	50.37	50.26	−0.11	−0.06
40	罗江区	54.49	54.90	54.63	54.69	0.06	0.20
41	中江县	62.98	63.40	62.46	62.48	0.02	−0.50
42	广汉市	52.23	52.15	51.36	52.09	0.73	−0.14
43	什邡市	62.58	63.08	61.50	62.22	0.72	−0.36
44	绵竹市	67.06	67.16	66.66	67.11	0.45	0.05
45	涪城区	52.30	52.32	51.66	51.50	−0.16	−0.80
46	游仙区	63.48	63.69	63.03	63.12	0.09	−0.36
47	安州区	70.69	70.88	69.95	69.42	−0.53	−1.27
48	三台县	65.38	65.69	64.62	64.72	0.10	−0.66
49	盐亭县	68.04	68.43	67.65	67.62	−0.03	−0.42
50	梓潼县	69.81	69.97	69.39	69.16	−0.23	−0.65
51	北川羌族自治县	77.15	77.65	76.94	76.27	−0.67	−0.88
52	平武县	78.42	79.05	78.67	78.52	−0.15	0.10
53	江油市	72.71	73.51	72.68	73.06	0.38	0.35
54	利州区	72.35	72.69	72.60	72.60	0.00	0.25
55	昭化区	70.25	70.24	70.13	70.76	0.63	0.51
56	朝天区	82.14	82.53	82.52	83.14	0.62	1.00
57	旺苍县	79.12	79.45	78.76	78.44	−0.32	−0.68
58	青川县	81.34	81.68	81.14	80.29	−0.85	−1.05
59	剑阁县	74.75	75.29	74.12	74.31	0.19	−0.44
60	苍溪县	72.52	72.68	71.66	72.21	0.55	−0.31
61	船山区	53.03	53.14	52.96	52.72	−0.24	−0.31
62	安居区	50.20	50.44	51.36	51.21	−0.15	1.01
63	蓬溪县	64.07	64.67	63.62	63.91	0.29	−0.16

续表

序号	行政单位	2020年*EQI*	2021年*EQI*	2022年*EQI*	2023年*EQI*	2022—2023年Δ*EQI*	2020—2023年Δ*EQI*
64	大英县	61.13	61.27	60.42	60.03	−0.39	−1.10
65	射洪市	66.27	66.60	65.56	65.96	0.40	−0.31
66	市中区	53.35	53.35	53.00	53.29	0.29	−0.06
67	东兴区	57.71	57.64	57.57	58.34	0.77	0.63
68	威远县	64.69	65.22	64.38	63.84	−0.54	−0.85
69	资中县	60.38	61.08	59.66	59.78	0.12	−0.60
70	隆昌市	63.31	63.33	61.97	62.37	0.40	−0.94
71	市中区	70.49	69.99	70.40	70.03	−0.37	−0.46
72	沙湾区	75.36	76.04	74.38	75.18	0.80	−0.18
73	五通桥区	70.71	70.86	69.66	70.07	0.41	−0.64
74	金口河区	81.54	81.41	81.07	79.99	−1.08	−1.55
75	犍为县	72.03	72.25	71.25	71.77	0.52	−0.26
76	井研县	69.80	70.52	70.02	70.29	0.27	0.49
77	夹江县	67.62	68.56	67.97	68.21	0.24	0.59
78	沐川县	78.11	78.38	76.67	77.40	0.73	−0.71
79	峨边彝族自治县	80.83	80.46	80.00	79.71	−0.29	−1.12
80	马边彝族自治县	77.54	77.81	76.76	76.70	−0.06	−0.84
81	峨眉山市	71.16	71.64	70.78	70.18	−0.60	−0.98
82	顺庆区	61.91	62.05	61.85	61.83	−0.02	−0.08
83	高坪区	59.42	60.54	60.22	60.10	−0.12	0.68
84	嘉陵区	64.24	65.15	64.80	64.49	−0.31	0.25
85	南部县	67.48	67.76	66.82	66.94	0.12	−0.54
86	营山县	64.53	64.79	64.01	64.53	0.52	0.00
87	蓬安县	67.50	67.74	67.04	67.29	0.25	−0.21
88	仪陇县	66.54	66.58	65.76	65.99	0.23	−0.55
89	西充县	63.66	64.07	63.37	63.19	−0.18	−0.47
90	阆中市	70.23	70.40	69.59	69.96	0.37	−0.27
91	东坡区	54.95	54.86	54.44	54.64	0.20	−0.31
92	彭山区	56.49	56.12	56.59	56.41	−0.18	−0.08
93	仁寿县	64.31	64.98	64.33	64.01	−0.32	−0.30
94	洪雅县	77.43	77.33	77.28	76.41	−0.87	−1.02
95	丹棱县	64.46	65.27	64.97	64.97	0.00	0.51
96	青神县	67.41	68.32	67.71	67.86	0.15	0.45

续表

序号	行政单位	2020年*EQI*	2021年*EQI*	2022年*EQI*	2023年*EQI*	2022—2023年Δ*EQI*	2020—2023年Δ*EQI*
97	翠屏区	58.78	60.58	60.54	60.93	0.39	2.15
98	南溪区	57.98	57.75	58.33	58.03	−0.30	0.05
99	叙州区	68.99	68.84	69.38	69.99	0.61	1.00
100	江安县	70.20	70.34	69.21	69.73	0.52	−0.47
101	长宁县	71.59	71.68	70.75	71.39	0.64	−0.20
102	高县	66.81	66.92	65.91	66.32	0.41	−0.49
103	珙县	69.55	70.17	69.38	69.94	0.56	0.39
104	筠连县	70.40	70.64	70.19	70.70	0.51	0.30
105	兴文县	70.81	71.39	70.40	71.14	0.74	0.33
106	屏山县	76.01	76.78	75.66	76.13	0.47	0.12
107	广安区	59.75	59.68	59.49	59.58	0.09	−0.17
108	前锋区	54.54	54.48	54.59	54.55	−0.04	0.01
109	岳池县	62.28	62.60	61.43	62.48	1.05	0.20
110	武胜县	67.17	68.05	66.76	67.79	1.03	0.62
111	邻水县	66.34	66.82	65.33	66.69	1.36	0.35
112	华蓥市	65.06	65.37	64.20	65.42	1.22	0.36
113	通川区	68.71	68.57	68.51	69.30	0.79	0.59
114	达川区	66.16	66.23	66.42	66.47	0.05	0.31
115	宣汉县	73.49	73.79	72.99	73.31	0.32	−0.18
116	开江县	67.28	67.38	66.40	66.84	0.44	−0.44
117	大竹县	66.43	66.69	65.84	66.46	0.62	0.03
118	渠县	65.95	66.10	65.45	65.87	0.42	−0.08
119	万源市	75.41	75.51	75.04	74.54	−0.50	−0.87
120	雨城区	73.57	73.63	73.87	74.05	0.18	0.48
121	名山区	53.66	53.81	54.09	54.03	−0.06	0.37
122	荥经县	81.61	81.61	81.49	80.62	−0.87	−0.99
123	汉源县	76.52	76.57	76.65	77.02	0.37	0.50
124	石棉县	77.54	77.99	78.35	78.79	0.44	1.25
125	天全县	79.37	79.76	79.25	78.72	−0.53	−0.65
126	芦山县	78.45	79.69	78.48	78.14	−0.34	−0.31
127	宝兴县	77.05	78.05	77.96	78.17	0.21	1.12
128	巴州区	71.10	71.24	71.20	71.69	0.49	0.59
129	恩阳区	71.45	71.87	71.84	71.77	−0.07	0.32

续表

序号	行政单位	2020年*EQI*	2021年*EQI*	2022年*EQI*	2023年*EQI*	2022—2023年 Δ*EQI*	2020—2023年 Δ*EQI*
130	通江县	71.65	71.62	71.26	70.86	−0.40	−0.79
131	南江县	77.51	77.76	77.20	76.96	−0.24	−0.55
132	平昌县	72.17	72.44	71.83	72.09	0.26	−0.08
133	雁江区	57.12	57.32	57.22	56.96	−0.26	−0.16
134	安岳县	60.38	61.24	60.30	60.60	0.30	0.22
135	乐至县	63.14	63.72	62.70	62.42	−0.28	−0.72
136	马尔康市	71.47	71.69	71.64	71.92	0.28	0.45
137	汶川县	72.25	73.44	73.04	73.53	0.49	1.28
138	理县	65.74	65.57	66.10	66.71	0.61	0.97
139	茂县	76.26	76.45	76.40	76.81	0.41	0.55
140	松潘县	70.24	70.47	70.47	70.86	0.39	0.62
141	九寨沟县	73.36	73.71	73.90	74.09	0.19	0.73
142	金川县	72.18	72.18	72.26	72.76	0.50	0.58
143	小金县	67.32	67.18	67.12	67.99	0.87	0.67
144	黑水县	71.13	70.97	71.32	71.67	0.35	0.54
145	壤塘县	70.63	71.00	70.89	71.05	0.16	0.42
146	阿坝县	75.29	75.23	75.24	75.29	0.05	0.00
147	若尔盖县	80.36	80.34	80.35	80.36	0.01	0.00
148	红原县	76.86	76.78	76.77	76.81	0.04	−0.05
149	康定市	76.24	76.41	76.36	76.86	0.50	0.62
150	泸定县	68.20	68.21	68.44	69.17	0.73	0.97
151	丹巴县	73.23	73.28	73.34	74.07	0.73	0.84
152	九龙县	71.45	71.16	71.58	72.28	0.70	0.83
153	雅江县	70.00	70.07	70.12	69.81	−0.31	−0.19
154	道孚县	69.73	69.83	69.83	70.14	0.31	0.41
155	炉霍县	72.17	72.36	72.08	72.42	0.34	0.25
156	甘孜县	67.73	67.86	67.26	67.69	0.43	−0.04
157	新龙县	70.36	70.48	70.34	70.29	−0.05	−0.07
158	德格县	72.97	73.08	72.74	72.96	0.22	−0.01
159	白玉县	70.55	70.83	70.68	70.75	0.07	0.20
160	石渠县	65.98	66.33	65.70	65.98	0.28	0.00
161	色达县	71.06	71.26	70.74	70.99	0.25	−0.07
162	理塘县	68.92	68.98	68.92	68.63	−0.29	−0.29

续表

序号	行政单位	2020年*EQI*	2021年*EQI*	2022年*EQI*	2023年*EQI*	2022—2023年Δ*EQI*	2020—2023年Δ*EQI*
163	巴塘县	66.70	66.93	66.63	66.69	0.06	−0.01
164	乡城县	70.36	70.62	70.37	70.03	−0.34	−0.33
165	稻城县	70.18	70.42	70.62	70.47	−0.15	0.29
166	得荣县	72.64	72.28	72.07	71.98	−0.09	−0.66
167	西昌市	71.56	70.96	71.16	70.92	−0.24	−0.64
168	木里藏族自治县	78.61	78.13	78.71	78.75	0.04	0.14
169	盐源县	76.41	75.70	76.20	76.58	0.38	0.17
170	德昌县	75.10	74.09	74.49	75.46	0.97	0.36
171	会理县	69.11	68.92	69.37	69.01	−0.36	−0.10
172	会东县	68.74	68.34	69.66	69.04	−0.62	0.30
173	宁南县	68.35	68.63	70.41	69.88	−0.53	1.53
174	普格县	72.28	71.86	72.41	72.36	−0.05	0.08
175	布拖县	68.93	68.41	68.99	68.90	−0.09	−0.03
176	金阳县	71.92	71.74	72.64	72.00	−0.64	0.08
177	昭觉县	72.10	71.44	72.20	71.72	−0.48	−0.38
178	喜德县	73.58	73.35	73.15	73.20	0.05	−0.38
179	冕宁县	76.31	75.69	75.94	76.75	0.81	0.44
180	越西县	73.96	73.34	73.55	74.19	0.64	0.23
181	甘洛县	75.87	75.70	75.69	75.83	0.14	−0.04
182	美姑县	73.60	72.93	73.34	73.44	0.10	−0.16
183	雷波县	78.45	78.51	78.40	78.57	0.17	0.12

附表12 2023年四川省生态环境质量监测点位（省控）统计

市（州）	空气					地表水								声环境			备注
	空气站	其中考核点位数（省考）	超级站	非甲烷总烃站	大气颗粒物及光化学组分监测点位	地表水点位				其中地表水考核点位（省考）				城市区域	道路交通	功能区	
						河流		湖库		河流		湖库					
						手工	自动站	手工	自动站	手工	自动站	手工	自动站				
成都	23	23	1	1	1	26	32	8	1	24		2		202	193	34	
自贡	4	4	1	1	1	4	8	1	1	2		1		105	50	15	
攀枝花	2	2	0	1		2	2	2	1	2		1		155	52	10	
泸州	4	4	1	1	1	5	10			2				128	81	15	
德阳	5	5	1	1	1	4	13			3				136	50	10	
绵阳	6	6	1	1	1	13	7	4		8		1		168	84	15	
广元	7	7	0	1		11	7	1		8		1		145	24	7	
遂宁	6	6	0	1		3	5			2				177	65	11	
内江	6	6	1	1	1	3	12			2				105	50	10	
乐山	10	10	1	1	1	14	5			8				173	32	7	
南充	6	6	1	1	1	5	10	3		3		1		149	84	15	
宜宾	9	9	1	1	1	14	13		1	12				136	82	16	
广安	5	5	1	1	1	4	7			3				104	20	4	
达州	9	9	1	1	1	10	13			8				106	36	15	
巴中	4	4	0	1		6	11	1		4				203	22	7	
雅安	8	8	0	1		11	4	2		2		1		202	16	7	
眉山	6	6	1	1	1	7	10	2		7		1		105	24	8	
资阳	2	2	0	1		6	9	3	1	6		1		105	22	7	
阿坝	13	13	0	1		23	4			11				20	11	6	
甘孜	17	17	0	1		35	10			6				15	2	2	
凉山	16	16	0	1		21	6	5		8				100	25	7	
四川省	168	168	12	21	12	227	198	32	5	131		10		2739	1025	228	

附表13　2023年各市（州）农村黑臭水体水质监测结果

城市	县（区）	水体名称	点位名称	溶解氧（mg/L）	氨氮（mg/L）	透明度（cm）	达标情况	备注
成都	龙泉驿区	百工堰教练场	—	—	—	—	—	不具备监测条件
成都	龙泉驿区	19组邓道成南侧	龙华社区19组（上）	2.4	9.66	5	达标	水深5cm
			龙华社区19组（中）	2.4	8.34	15	达标	水深15cm
			龙华社区19组（下）	2.5	3.20	15	达标	水深15cm
成都	温江区	路边沟镇子段	上游	6.5	0.44	31	达标	
			中游	6.8	0.47	29	达标	
			下游	6.4	0.42	28	达标	
成都	温江区	二支四斗镇子场段	上游	6.0	0.46	29	达标	
			中游	6.3	0.48	28	达标	
			下游	6.3	0.57	28	达标	
成都	双流区	正阳桥（柴桑河支流）	籍田七里沟粮丰村三组49号住户旁	7.3	0.04	17	达标	水深17.3cm
			籍田七里沟粮丰村四组68号住户旁	8.1	0.41	10	达标	水深10.3cm
			籍田七里沟正阳桥	5.2	0.66	17	达标	水深17.4cm
成都	双流区	牛角堰排洪沟	新兴牛角堰排洪沟麓山大道北侧	6.0	2.20	14	达标	水深14.1cm
			新兴牛角堰排洪沟汇入鹿溪河前	6.9	4.24	7	达标	水深6.5cm
成都	双流区	白河三支五斗	三支五斗（黄水）生态湿地出口	5.8	0.80	38	达标	
			三支五斗（黄水）入白河处	6.4	0.66	40	达标	
成都	郫都区	茅草堰	茅草堰蜀汉西街上游	5.4	0.20	18	达标	水深18cm
			茅草堰沙丁印象小区	5.8	0.41	55	达标	
			茅草堰沙西学苑	5.9	1.39	10	达标	水深10cm
成都	金堂县	梧桐堰	清溪河梧桐堰车站段	4.1	4.14	15	达标	水深15cm
成都	大邑县	二斗渠排洪沟	上游	6.2	0.20	10	达标	水深10cm
			中游	5.8	0.60	20	达标	水深20cm
			下游	3.7	2.23	30	达标	
成都	新津区	石马堰中沟金桥社区段	石马堰中沟金桥社区段（上游）	7.3	0.40	30	达标	
			石马堰中沟金桥社区段（中上游）	6.9	0.40	30	达标	

续表

城市	县（区）	水体名称	点位名称	溶解氧（mg/L）	氨氮（mg/L）	透明度（cm）	达标情况	备注
成都	新津区	石马堰中沟金桥社区段	石马堰中沟金桥社区段（中下游）	6.5	0.39	30	达标	
			石马堰中沟金桥社区段（下游）	6.8	0.42	30	达标	
成都	彭州市	花园河	熙玉村花园河黑臭段起点	5.9	0.41	22	达标	水深22.2cm
			熙玉村花园河黑臭段终点	6.1	0.36	22	达标	水深22cm
成都	邛崃市	宝林斗渠	—	—	—	—	—	未在第3季度开展监测
成都	崇州市	新天冬堰	天冬堰村末端	6.2	0.12	33	达标	
成都	崇州市	新天冬堰	花果山小区前端	8.0	0.20	34	达标	
			花果山小区末端	7.4	0.13	41	达标	
成都	简阳市	银锭桥社区老石养路东侧50米	银定桥社区起点	2.3	8.34	29	达标	
			银定桥社区中间点	2.3	8.40	33	达标	
			银定桥社区终点	3.2	8.34	26	达标	
成都	简阳市	石河堰	赤水燕子村石堰河—上	4.1	0.33	42	达标	
			赤水燕子村石堰河—中	3.9	0.32	43	达标	
			赤水燕子村石堰河—下	3.7	0.30	35	达标	
自贡	自流井区	原叶合村2组大兴田水塘	原叶合村2组大兴田水塘	4.2	0.73	67	达标	
自贡	自流井区	原叶合村2组小兴田水塘	原叶合村2组小兴田水塘	3.8	1.65	64	达标	
自贡	自流井区	尖山村2组红岩湾水塘	尖山村2组红岩湾水塘	2.2	3.20	45	达标	
自贡	自流井区	尖山村2组水塘	尖山村2组水塘	6.4	0.11	50	达标	
自贡	贡井区	五宝村2组粮站坎下水塘	五宝村2组粮站坎下水塘	14.4	0.17	29	达标	
自贡	贡井区	五宝村11组路边水塘	—	—	—	—	—	不具备监测条件
自贡	贡井区	王家村居民聚居点外水塘	王家村居民聚居点外水塘	1.0	6.86	26	不达标	溶解氧不达标
自贡	贡井区	重滩村1.3.3.15.16组沟渠	重滩村1.3.5.15.16组沟渠	6.1	0.30	30	达标	

续表

城市	县（区）	水体名称	点位名称	溶解氧（mg/L）	氨氮（mg/L）	透明度（cm）	达标情况	备注
自贡	贡井区	长土街沙罗村江家桥鱼子沱河鲜鱼馆背后5米左右水塘	—	—	—	—	—	不具备监测条件
自贡	沿滩区	团结村7组水塘	石梯处	2.4	0.27	59	达标	
			石梯左方	2.8	0.12	62	达标	
			石梯右方	3.8	0.22	59	达标	
自贡	荣县	曹家村一组南面50米	曹家村一组南面50米	5.4	0.88	35	达标	
自贡	荣县	子同桥4组东侧10米	—	—	—	—	—	不具备监测条件
自贡	富顺县	天洋村磨子丘堰塘	—	—	—	—	—	不具备监测条件
自贡	富顺县	万古村14组鱼塘	万古村14组鱼塘	5.8	0.19	30	达标	
绵阳	北川羌族自治县	电厂沟	电厂沟小桥	5.8	0.23	65	达标	
广元	利州区	杨家浩沟	河西街道办事处	2.9	1.34	12	达标	水深12cm
			杨家浩沟					
广元	利州区	安置点沟渠	河西街道办事处学工村安置点沟渠上游	5.4	0.08	1	达标	水深1cm
广元	昭化区	毛家沟	毛家沟	7.5	0.25	25	达标	
广元	昭化区	石板沟	石板沟	7.7	0.30	6	达标	水深15cm
广元	昭化区	肖家坡堰塘	肖家坡堰塘	9.8	0.69	15	不达标	水深40cm，故透明度不达标
广元	旺苍县	石龙村昝加沟	石龙村昝加沟	5.7	0.34	10	达标	水深10cm
广元	旺苍县	龙王沟（何家坝段）	龙王沟（何家坝段）	5.0	0.31	70	达标	
广元	剑阁县	五组茅房头	—	—	—	—	—	不具备监测条件
广元	苍溪县	郭家沟	陵江镇武当社区郭家沟	8.4	0.36	62	达标	
广元	苍溪县	陈家沟	陵江镇红旗桥社区陈家沟	5.0	0.36	49	达标	
广元	苍溪县	猫儿沟	陵江镇文焕社区猫儿沟	11.3	0.15	56	达标	
广元	苍溪县	九曲溪太平段	陵江镇太平村九曲溪太平段	11.4	0.07	60	达标	

续表

城市	县（区）	水体名称	点位名称	溶解氧（mg/L）	氨氮（mg/L）	透明度（cm）	达标情况	备注
广元	苍溪县	大堰沟元坝段	元坝镇井坝村大堰沟元坝段	5.2	0.07	53	达标	
广元	苍溪县	芦溪沟	元坝镇福兴社区芦溪沟	7.1	0.10	51	达标	
广元	苍溪县	九盘溪鲜家沟村段	元坝镇董永村九盘溪鲜家沟村段	6.4	0.16	65	达标	
广元	苍溪县	大堰沟歧坪段	歧坪镇宋水村大堰沟歧坪段	9.5	0.10	55	达标	
广元	苍溪县	王家河	白桥镇白桥村王家河	10.7	0.11	36	达标	
广元	苍溪县	王家河小龙潭	白桥镇龙江村王家河小龙潭	8.5	0.13	37	达标	
广元	苍溪县	三叉堰	龙山镇董永村三叉堰	5.8	0.10	26	达标	
广元	苍溪县	八一水库	龙山镇烟峰楼社区八一水库	16.0	0.13	51	达标	
广元	苍溪县	梅子滩河支流苍湾村段	高坡镇梅子滩河支流苍湾村段	6.4	0.12	17	达标	水深17cm
广元	苍溪县	黑桃树河	高坡镇双凤社区黑桃树河	8.3	0.19	36	达标	
广元	苍溪县	谢家湾沟	高坡镇双石社区谢家湾沟	7.1	0.83	6	达标	水深6cm
广元	苍溪县	油坊沟	高坡镇大坝村油坊沟	4.3	9.21	19	达标	水深19cm
广元	苍溪县	肖家河	高坡镇苍湾村肖家河	12.4	0.14	65	达标	
广元	苍溪县	小边沟	高坡镇柳溪村小边沟	6.1	0.17	12	达标	水深12cm
广元	苍溪县	平顶村水塘	岳东镇柳溪村平顶村水塘	4.7	0.29	59	达标	
遂宁	大英县	方平沟村3社	方平沟村3社	5.3	0.57	45	达标	
乐山	市中区	龙须沟	龙须沟汇入泥溪河前	5.0	1.63	50	达标	
乐山	犍为县	大河沟（含污里河）	大河沟	3.4	1.38	16	不达标	水深50cm，故透明度不达标
乐山	犍为县	洞子坎	洞子坎	4.4	1.46	15	不达标	水深35cm，故透明度不达标
乐山	沐川县	狄家河	狄家河1#	6.5	0.06	26	达标	
乐山	马边彝族自治县	新华村下堰	荣丁镇新华村下堰1#	7.2	0.14	10	达标	水深10cm
乐山	马边彝族自治县	建新村6钟坝儿组小沟	民建镇建新村6钟坝儿组小沟1#	6.5	0.77	5	达标	水深5cm
南充	高坪区	佛门中学背后	佛门中学背后	6.2	0.94	38	达标	
南充	阆中市	吉庆河	彭城社区	4.6	0.74	7	达标	水深10cm

续表

城市	县（区）	水体名称	点位名称	溶解氧（mg/L）	氨氮（mg/L）	透明度（cm）	达标情况	备注
南充	阆中市	朱红路三社	洪山中学	4.2	0.70	90	达标	
南充	阆中市	乡堰	峰占社区	5.5	0.70	120	达标	
南充	阆中市	乌堰	峰占社区	5.7	0.73	80	达标	
南充	阆中市	洞沟湾堰	马家湾	5.0	0.69	80	达标	
南充	阆中市	团结水库	土垭场	6.7	0.49	95	达标	
南充	阆中市	解元乡堰	解元社区	6.5	0.56	75	达标	
南充	阆中市	何家沟	东兴社区	5.6	0.59	15	达标	水深20cm
南充	阆中市	汤家河	金河园社区	5.4	0.57	60	达标	
南充	阆中市	共和场杨家河	共和村	9.1	0.44	120	达标	
南充	阆中市	荷花池堰	—	—	—	—	—	不具备监测条件
南充	阆中市	石龙河	石龙社区	6.7	0.42	10	达标	水深15cm
眉山	彭山区	龙王堰	龙王堰阿弥陀佛桥	5.7	0.63	17	达标	水深17cm
广安	广安市区	建华段土河	土河建华村断面	6.5	0.53	35	达标	
广安	岳池县	陈家沟河渠	陈家沟河渠	6.8	0.12	30	达标	
广安	邻水县	王全福后面	—	—	—	—	—	不具备监测条件
广安	邻水县	污水池	—	—	—	—	—	不具备监测条件
广安	邻水县	销洞崖	翠柏村销洞崖	7.8	0.19	40	达标	
达州	通川区	黄家坝水沟至巴彭路安置房水沟	环城路秧田大桥断面	5.3	1.95	52	达标	
达州	达川区	立人村污水处理厂	立人村污水处理厂下游	6.9	0.61	29	达标	
达州	宣汉县	明家堰塘	明家堰塘	7.2	0.74	30	达标	
达州	开江县	青堆子村、峨城社区间旱河	—	—	—	—	—	不具备监测条件
巴中	巴州区	上场口大堰塘	上场口大堰塘东侧	2.1	2.75	42	达标	
			上场口大堰塘西侧	2.0	2.54	39	达标	
			上场口大堰塘北侧	3.2	2.48	41	达标	
巴中	巴州区	联谊水库	联谊水库街对面人户处	7.6	0.48	39	达标	
			联谊水库坝处	4.3	0.54	36	达标	
			联谊水库公告牌处	3.7	0.57	34	达标	

续表

城市	县（区）	水体名称	点位名称	溶解氧（mg/L）	氨氮（mg/L）	透明度（cm）	达标情况	备注
巴中	通江县	油坊沟堰塘	油坊沟堰塘	13.6	0.50	53	达标	
			油坊沟堰塘2号点位	9.9	0.42	52	达标	
			油坊沟堰塘3号点位	9.3	0.38	58	达标	
巴中	南江县	保树沟	保树沟汇入杨家河前20米处	5.9	0.16	31	达标	
			保树沟上游	6.1	0.10	34	达标	
			保树沟中游	6.1	0.09	32	达标	
巴中	南江县	五星桥小河沟	上游	5.6	0.62	29	达标	
			五星桥小河沟中游	5.5	0.69	30	达标	
			五星桥小河沟下游	5.1	1.30	29	达标	
巴中	南江县	清泉路口沟渠	上游	6.3	0.37	31	达标	
			清泉路口沟渠中游	6.3	0.56	33	达标	
			清泉路口沟渠下游	6.1	0.57	30	达标	
巴中	平昌县	10社聚居点	1号点位	10.5	0.72	40	达标	
		堰塘	堰塘2号点位	10.7	0.71	40	达标	
			堰塘3号点位	10.7	0.65	36	达标	
巴中	巴州区	团结堰塘	团结堰塘西侧	2.9	0.30	36	达标	
			团结堰塘南侧	2.8	0.21	33	达标	
			团结堰塘北侧	2.8	0.25	32	达标	
巴中	巴州区	刘家湾堰塘	刘家湾堰塘东侧	2.5	2.03	35	达标	
			刘家湾堰塘西南侧	2.6	2.02	32	达标	
			刘家湾堰塘西北侧	2.7	1.98	34	达标	
资阳	乐至县	中天河	黄家桥下游码口	4.2	1.43	70	达标	

附表14　2023年四川省县域地表水监测断面（点位）季度评价

市（州）	县（区）	断面名称	断面类型	第1季度	第2季度	第3季度	第4季度
成都	崇州市	西河泗江堰	出境断面	Ⅱ	Ⅱ	Ⅱ	Ⅱ
成都	崇州市	西河元通	入境断面	Ⅱ	Ⅱ	Ⅱ	Ⅲ
成都	东部新区	平窝	出境断面	Ⅱ	Ⅱ	Ⅲ	Ⅲ
成都	金堂县	201医院	入境断面	Ⅲ	Ⅳ	Ⅲ	Ⅲ
成都	金堂县	毗河二桥	入境断面	Ⅱ	Ⅲ	Ⅲ	Ⅱ
成都	金堂县	清江大桥	入境断面	Ⅲ	Ⅲ	Ⅱ	Ⅱ
成都	金堂县	沱江河宏缘	出境断面	Ⅱ	Ⅲ	Ⅲ	Ⅲ
成都	龙泉驿区	山泉柏杨	入境断面	Ⅱ	Ⅰ	Ⅱ	Ⅱ
成都	龙泉驿区	西河天平	出境断面	Ⅲ	Ⅱ	Ⅲ	Ⅱ
成都	郫都区	花园	入境断面	Ⅰ	Ⅱ	Ⅱ	Ⅱ
成都	郫都区	永宁	出境断面	Ⅱ	Ⅱ	Ⅱ	Ⅱ
成都	蒲江县	团结桥	入境断面	Ⅱ	Ⅱ	Ⅱ	Ⅱ
成都	蒲江县	五星	出境断面	Ⅱ	Ⅲ	Ⅲ	Ⅱ
成都	蒲江县	长滩湖	湖库断面	Ⅱ	Ⅲ	Ⅲ	Ⅲ
成都	双流区	刘家壕	入境断面	Ⅱ	Ⅱ	Ⅱ	Ⅰ
成都	双流区	三界碑	出境断面	Ⅱ	Ⅰ	Ⅱ	Ⅱ
成都	双流区	桃荚渡	出境断面	Ⅱ	Ⅱ	Ⅲ	Ⅲ
自贡	富顺县	大磨子	出境断面	Ⅱ	Ⅱ	Ⅲ	Ⅲ
自贡	富顺县	老翁桥	入境断面	Ⅱ	Ⅱ	Ⅱ	Ⅲ
自贡	富顺县	木桥沟水库	湖库断面	Ⅲ	Ⅲ	Ⅲ	Ⅲ
自贡	贡井区	雷公滩	出境断面	Ⅲ	Ⅲ	Ⅲ	Ⅲ
自贡	贡井区	七一水库	湖库断面	Ⅴ	Ⅴ	Ⅴ	Ⅳ
自贡	贡井区	叶家滩	入境断面	Ⅲ	Ⅳ	Ⅲ	Ⅲ
自贡	荣县	双溪水库起水站	湖库断面	Ⅲ	Ⅲ	Ⅲ	Ⅱ
自贡	荣县	于佳乡黄龙桥	入境断面	Ⅲ	Ⅲ	Ⅲ	Ⅲ
自贡	荣县	越溪河两河口	出境断面	Ⅱ	Ⅱ	Ⅲ	Ⅳ
攀枝花	米易县	晃桥水库	湖库断面	Ⅰ	Ⅱ	Ⅱ	Ⅱ
攀枝花	米易县	湾滩电站	出境断面	Ⅱ	Ⅱ	Ⅱ	Ⅲ
攀枝花	米易县	昔街大桥	入境断面	Ⅱ	Ⅱ	Ⅱ	Ⅲ
泸州	合江县	沙溪口	出境断面	Ⅱ	Ⅱ	Ⅱ	Ⅱ
泸州	合江县	窑房水库	湖库断面	Ⅲ	Ⅱ	Ⅲ	Ⅱ
泸州	合江县	长江楼方岩	入境断面	Ⅱ	Ⅲ	Ⅲ	Ⅱ
泸州	江阳区	大渡口	入境断面	Ⅱ	Ⅱ	Ⅱ	Ⅱ
泸州	江阳区	手爬岩	出境断面	Ⅱ	Ⅱ	Ⅱ	Ⅱ

续表

市（州）	县（区）	断面名称	断面类型	第1季度	第2季度	第3季度	第4季度
泸州	江阳区	双河水库	湖库断面	Ⅴ	Ⅴ	Ⅳ	Ⅳ
泸州	泸县	官渡大桥	出境断面	Ⅲ	Ⅳ	Ⅲ	Ⅲ
泸州	泸县	红卫水库	湖库断面	Ⅲ	Ⅳ	Ⅲ	Ⅲ
泸州	泸县	天竺寺大桥	入境断面	Ⅲ	Ⅳ	Ⅲ	Ⅲ
德阳	广汉市	201医院	出境断面	Ⅲ	Ⅳ	Ⅲ	Ⅲ
德阳	广汉市	绵远河I	入境断面	Ⅱ	Ⅲ	Ⅱ	Ⅱ
德阳	绵竹市	绵远河出境断面（红岩寺）	出境断面	Ⅱ	Ⅲ	Ⅲ	Ⅱ
德阳	绵竹市	绵远河入境断面（清平铁索桥）	入境断面	Ⅱ	Ⅰ	Ⅰ	Ⅱ
德阳	什邡市	石亭江高景关	出境断面	Ⅲ	Ⅱ	Ⅲ	Ⅱ
德阳	什邡市	石亭江金花大桥	入境断面	Ⅱ	Ⅱ	Ⅲ	Ⅱ
德阳	中江县	普兴出境	出境断面	Ⅱ	Ⅲ	Ⅲ	Ⅲ
德阳	中江县	瓦店入境	入境断面	Ⅲ	Ⅲ	Ⅲ	Ⅱ
德阳	中江县	西平出境	出境断面	Ⅲ	Ⅳ	Ⅲ	Ⅱ
绵阳	北川羌族自治县	北川通口	出境断面	Ⅱ	Ⅱ	Ⅱ	Ⅱ
绵阳	北川羌族自治县	墩上乡（干沟河）	入境断面	Ⅱ	Ⅱ	Ⅱ	Ⅱ
绵阳	平武县	涪江楼房沟	出境断面	Ⅱ	Ⅱ	Ⅱ	Ⅰ
绵阳	平武县	涪江平武水文站	入境断面	Ⅰ	Ⅰ	Ⅰ	Ⅰ
绵阳	三台县	涪江百顷	出境断面	Ⅱ	Ⅱ	Ⅱ	Ⅱ
绵阳	三台县	涪江丰谷	入境断面	Ⅱ	Ⅱ	Ⅱ	Ⅱ
绵阳	三台县	鲁班岛	湖库断面	Ⅲ	Ⅲ	Ⅱ	Ⅱ
广元	苍溪县	金银渡	入境断面	Ⅰ	Ⅱ	Ⅰ	Ⅰ
广元	苍溪县	沙溪	出境断面	Ⅱ	Ⅱ	Ⅱ	Ⅱ
广元	青川县	水磨	出境断面	Ⅱ	Ⅱ	Ⅰ	Ⅱ
广元	青川县	姚渡	入境断面	Ⅰ	Ⅱ	Ⅱ	Ⅱ
广元	旺苍县	拱桥河	出境断面	Ⅰ	Ⅱ	Ⅱ	Ⅱ
广元	旺苍县	田河坝	入境断面	Ⅰ	Ⅰ	Ⅰ	Ⅰ
广元	旺苍县	喻家咀	出境断面	Ⅱ	Ⅱ	Ⅱ	Ⅱ
遂宁	船山区	黄连沱	入境断面	Ⅱ	Ⅱ	Ⅱ	Ⅱ
遂宁	船山区	玉溪	出境断面	Ⅱ	Ⅱ	Ⅱ	Ⅱ
遂宁	大英县	郪江口	出境断面	Ⅲ	Ⅳ	Ⅲ	Ⅲ
遂宁	大英县	象山	入境断面	Ⅱ	Ⅲ	Ⅲ	Ⅲ

续表

市（州）	县（区）	断面名称	断面类型	第1季度	第2季度	第3季度	第4季度
遂宁	射洪市	百顷	入境断面	Ⅱ	Ⅱ	Ⅱ	Ⅱ
遂宁	射洪市	红江渡口	出境断面	Ⅱ	Ⅱ	Ⅱ	Ⅱ
内江	东兴区	脚仙村（出境）	出境断面	Ⅱ	Ⅱ	Ⅲ	Ⅲ
内江	东兴区	银山镇（入境）	入境断面	Ⅱ	Ⅱ	Ⅲ	Ⅲ
内江	隆昌市	白水滩（出境）	出境断面	Ⅲ	Ⅲ	Ⅲ	Ⅳ
内江	隆昌市	古宇湖水库（湖库)	湖库断面	Ⅲ	Ⅲ	Ⅲ	Ⅲ
内江	隆昌市	新堰口（入境）	入境断面	Ⅳ	Ⅳ	Ⅴ	Ⅴ
内江	资中县	顺河场（入境）	入境断面	Ⅱ	Ⅱ	Ⅲ	Ⅱ
内江	资中县	银山镇（出境）	出境断面	Ⅱ	Ⅱ	Ⅲ	Ⅲ
乐山	峨边彝族自治县	宜坪	入境断面	Ⅱ	Ⅱ	Ⅱ	Ⅱ
乐山	峨边彝族自治县	芝麻凼	出境断面	Ⅱ	Ⅱ	Ⅱ	Ⅱ
乐山	峨眉山市	曾河坝	出境断面	Ⅲ	Ⅲ	Ⅱ	Ⅱ
乐山	峨眉山市	五七桥	入境断面	Ⅱ	Ⅱ	Ⅱ	Ⅰ
乐山	马边彝族自治县	鼓儿滩	出境断面	Ⅲ	Ⅱ	Ⅱ	Ⅱ
乐山	马边彝族自治县	挖黑口	入境断面	Ⅰ	Ⅰ	Ⅱ	Ⅱ
乐山	沐川县	沐溪河出境（炭库穿山坳）	出境断面	Ⅱ	Ⅱ	Ⅱ	Ⅱ
南充	阆中市	嘉陵江沙溪	入境断面	Ⅰ	Ⅰ	Ⅱ	Ⅱ
南充	南部县	嘉陵麻柳包	入境断面	Ⅰ	Ⅱ	Ⅲ	Ⅱ
南充	西充县	龙滩河（晏家断面）	出境断面	Ⅲ	Ⅲ	Ⅲ	Ⅲ
南充	仪陇县	嘉陵江富利镇渡口	出境断面	Ⅱ	Ⅰ	Ⅱ	Ⅱ
南充	仪陇县	嘉陵江新政电站	入境断面	Ⅱ	Ⅰ	Ⅱ	Ⅱ
宜宾	南溪区	江南镇沙嘴上	出境断面	Ⅱ	Ⅱ	Ⅱ	Ⅱ
宜宾	南溪区	李庄镇下渡口	入境断面	Ⅱ	Ⅱ	Ⅱ	Ⅱ
宜宾	叙州区	鹰嘴岩	出境断面	Ⅱ	Ⅱ	Ⅲ	Ⅱ
宜宾	叙州区	月波	入境断面	Ⅱ	Ⅱ	Ⅱ	Ⅱ
广安	广安区	七一水库	湖库断面	Ⅲ	Ⅲ	Ⅲ	Ⅲ
广安	广安区	渠江广安区出境官盛	出境断面	Ⅲ	Ⅱ	Ⅲ	Ⅲ
广安	广安区	渠江广安区入境肖溪	入境断面	Ⅲ	Ⅲ	Ⅲ	Ⅲ
广安	华蓥市	渠江华蓥市出境倒罗溪	出境断面	Ⅲ	Ⅲ	Ⅲ	Ⅱ
广安	华蓥市	渠江华蓥市入境涌溪	入境断面	Ⅱ	Ⅲ	Ⅲ	Ⅱ

续表

市（州）	县（区）	断面名称	断面类型	第1季度	第2季度	第3季度	第4季度
广安	华蓥市	天池湖	湖库断面	Ⅲ	Ⅲ	Ⅱ	Ⅲ
广安	邻水县	大洪河邻水县出境黎家崔家岩	出境断面	Ⅱ	Ⅲ	Ⅲ	Ⅲ
广安	邻水县	大洪河邻水县入境岗架大桥	入境断面	Ⅲ	Ⅲ	Ⅲ	Ⅱ
广安	邻水县	关门石水库	湖库断面	Ⅱ	Ⅲ	Ⅲ	Ⅱ
广安	邻水县	御临河邻水县出境幺滩	出境断面	Ⅲ	Ⅲ	Ⅱ	Ⅲ
广安	邻水县	御临河邻水县入境双河口大桥	入境断面	Ⅲ	Ⅳ	Ⅲ	Ⅱ
广安	武胜县	嘉陵江武胜县出境清平	出境断面	Ⅲ	Ⅱ	Ⅱ	Ⅱ
广安	武胜县	嘉陵江武胜县入境烈面	入境断面	Ⅲ	Ⅱ	Ⅱ	Ⅱ
广安	武胜县	五排水库	湖库断面	Ⅳ	Ⅳ	Ⅴ	Ⅴ
广安	岳池县	渠江岳池县出境赛龙	出境断面	Ⅱ	Ⅱ	Ⅲ	Ⅲ
广安	岳池县	渠江岳池县入境中和	入境断面	Ⅱ	Ⅱ	Ⅲ	Ⅱ
广安	岳池县	全民水库	湖库断面	Ⅲ	Ⅲ	Ⅲ	Ⅲ
达州	大竹县	矮墩子	出境断面	Ⅲ	Ⅲ	Ⅲ	Ⅲ
达州	大竹县	上河坝	入境断面	Ⅲ	Ⅲ	Ⅱ	Ⅲ
达州	大竹县	乌木水库	湖库断面	Ⅳ	Ⅲ	Ⅲ	Ⅲ
达州	万源市	漩坑坝	出境断面	Ⅱ	Ⅱ	Ⅱ	Ⅱ
达州	宣汉县	漩坑坝	入境断面	Ⅱ	Ⅱ	Ⅱ	Ⅱ
达州	宣汉县	张鼓坪	出境断面	Ⅱ	Ⅱ	Ⅲ	Ⅱ
巴中	南江县	养生潭	入境断面	Ⅱ	Ⅰ	Ⅰ	Ⅱ
巴中	南江县	元潭	出境断面	Ⅱ	Ⅱ	Ⅰ	Ⅱ
巴中	平昌县	大石盘	入境断面	Ⅱ	Ⅱ	Ⅱ	Ⅱ
巴中	平昌县	道河湾	出境断面	Ⅲ	Ⅱ	Ⅲ	Ⅱ
巴中	通江县	蟒蛇滩	入境断面	Ⅰ	Ⅱ	Ⅱ	Ⅰ
巴中	通江县	纳溪口	出境断面	Ⅱ	Ⅱ	Ⅱ	Ⅱ
雅安	宝兴县	宝兴河灵鹫塔	出境断面	Ⅱ	Ⅱ	Ⅲ	Ⅱ
雅安	石棉县	大岗山	入境断面	Ⅲ	Ⅱ	Ⅲ	Ⅱ
雅安	石棉县	三星村	出境断面	Ⅰ	Ⅱ	Ⅱ	Ⅱ
雅安	天全县	天全河禁门关断面	入境断面	Ⅰ	Ⅰ	Ⅱ	Ⅱ
雅安	天全县	天全河两河口断面	出境断面	Ⅰ	Ⅱ	Ⅱ	Ⅱ
眉山	仁寿县	黑龙滩民生隧洞	湖库断面	Ⅱ	Ⅱ	Ⅱ	Ⅱ
眉山	仁寿县	球溪河（曹家段）	入境断面	Ⅲ	Ⅲ	Ⅲ	Ⅲ
眉山	仁寿县	球溪河（发轮河口）	出境断面	Ⅲ	Ⅲ	Ⅲ	Ⅲ

续表

市（州）	县（区）	断面名称	断面类型	第1季度	第2季度	第3季度	第4季度
资阳	安岳县	龙台河龙台镇两河	出境断面	Ⅲ	Ⅳ	Ⅳ	Ⅲ
资阳	安岳县	书房坝水库	湖库断面	Ⅲ	Ⅲ	Ⅲ	Ⅲ
资阳	乐至县	八角庙水库	湖库断面	Ⅲ	Ⅲ	Ⅲ	Ⅲ
资阳	乐至县	谢家桥	出境断面	Ⅱ	Ⅲ	Ⅲ	Ⅳ
资阳	雁江区	老鹰水库	湖库断面	Ⅲ	Ⅲ	Ⅲ	Ⅲ
资阳	雁江区	临江寺	入境断面	Ⅱ	Ⅱ	Ⅲ	Ⅲ
资阳	雁江区	幸福村	出境断面	Ⅱ	Ⅱ	Ⅲ	Ⅲ
阿坝	阿坝县	阿曲河	入境断面	Ⅲ	Ⅲ	Ⅲ	Ⅱ
阿坝	阿坝县	麻尔曲河	出境断面	Ⅲ	Ⅱ	Ⅱ	Ⅱ
阿坝	黑水县	芦花镇（水）	入境断面	Ⅱ	Ⅱ	Ⅱ	Ⅱ
阿坝	黑水县	色尔古乡	出境断面	Ⅱ	Ⅰ	Ⅰ	Ⅰ
阿坝	红原县	切拉塘	出境断面	Ⅱ	Ⅱ	Ⅱ	Ⅱ
阿坝	红原县	新康猫大桥	出境断面	Ⅰ	Ⅱ	Ⅱ	Ⅱ
阿坝	金川县	集沐乡周山村	入境断面	Ⅱ	Ⅱ	Ⅱ	Ⅱ
阿坝	金川县	马尔邦碉王山庄	出境断面	Ⅱ	Ⅱ	Ⅱ	Ⅱ
阿坝	九寨沟县	红岩林场	入境断面	Ⅰ	Ⅰ	Ⅰ	Ⅰ
阿坝	九寨沟县	青龙桥	出境断面	Ⅱ	Ⅱ	Ⅱ	Ⅱ
阿坝	理县	孟屯河	出境断面	Ⅱ	Ⅱ	Ⅱ	Ⅱ
阿坝	理县	杂谷脑河	出境断面	Ⅱ	Ⅱ	Ⅱ	Ⅱ
阿坝	马尔康市	可尔因	出境断面	Ⅱ	Ⅱ	Ⅱ	Ⅱ
阿坝	马尔康市	三家寨	入境断面	Ⅱ	Ⅱ	Ⅱ	Ⅱ
阿坝	茂县	牟托	出境断面	Ⅱ	Ⅱ	Ⅱ	Ⅱ
阿坝	茂县	渭门桥	入境断面	Ⅱ	Ⅱ	Ⅱ	Ⅱ
阿坝	壤塘县	杜柯河	入境断面	Ⅱ	Ⅱ	Ⅱ	Ⅱ
阿坝	壤塘县	则曲河	出境断面	Ⅱ	Ⅱ	Ⅱ	Ⅱ
阿坝	若尔盖县	红星镇白龙江	入境断面	Ⅱ	Ⅱ	Ⅱ	Ⅱ
阿坝	若尔盖县	唐克镇黄河	入境断面	Ⅱ	Ⅱ	Ⅲ	Ⅱ
阿坝	若尔盖县	铁布镇白龙江	出境断面	Ⅰ	Ⅱ	Ⅱ	Ⅲ
阿坝	松潘县	羊洞河	入境断面	Ⅰ	Ⅱ	Ⅰ	Ⅰ
阿坝	松潘县	镇坪乡	出境断面	Ⅰ	Ⅱ	Ⅰ	Ⅰ
阿坝	汶川县	岷江河	出境断面	Ⅰ	Ⅱ	Ⅱ	Ⅱ
阿坝	汶川县	寿溪河	出境断面	Ⅰ	Ⅱ	Ⅱ	Ⅱ
阿坝	小金县	马鞍桥	入境断面	Ⅰ	Ⅰ	Ⅰ	Ⅰ
阿坝	小金县	猛固桥	入境断面	Ⅰ	Ⅰ	Ⅰ	Ⅰ

续表

市（州）	县（区）	断面名称	断面类型	第1季度	第2季度	第3季度	第4季度
阿坝	小金县	松矶砂石场	出境断面	Ⅰ	Ⅱ	Ⅱ	Ⅱ
甘孜	巴塘县	巴楚河汇入金沙江上游50米	入境断面	Ⅱ	Ⅰ	Ⅱ	Ⅱ
甘孜	巴塘县	竹巴龙乡基里村基里坝	出境断面	Ⅱ	Ⅱ	Ⅱ	Ⅱ
甘孜	白玉县	建设镇偶曲河上游	入境断面	Ⅱ	Ⅱ	Ⅱ	Ⅱ
甘孜	白玉县	建设镇偶曲河下游	出境断面	Ⅱ	Ⅱ	Ⅱ	Ⅱ
甘孜	丹巴县	聂呷乡佛爷岩	入境断面	Ⅱ	Ⅱ	Ⅱ	Ⅲ
甘孜	丹巴县	梭坡乡梭坡新桥	出境断面	Ⅱ	Ⅰ	Ⅱ	Ⅱ
甘孜	道孚县	色卡乡庆大河	入境断面	Ⅱ	Ⅱ	Ⅱ	Ⅱ
甘孜	道孚县	玉曲甘孜出境	出境断面	Ⅰ	Ⅰ	Ⅰ	Ⅱ
甘孜	稻城县	金珠镇	出境断面	Ⅱ	Ⅱ	Ⅱ	Ⅱ
甘孜	稻城县	桑堆乡	入境断面	Ⅱ	Ⅱ	Ⅱ	Ⅱ
甘孜	得荣县	古学乡七真	出境断面	Ⅱ	Ⅱ	Ⅰ	Ⅰ
甘孜	得荣县	斯闸乡断面	入境断面	Ⅱ	Ⅱ	Ⅰ	Ⅰ
甘孜	德格县	龚垭乡金沙江上游	入境断面	Ⅱ	Ⅱ	Ⅱ	Ⅱ
甘孜	德格县	龚垭乡金沙江下游	出境断面	Ⅱ	Ⅱ	Ⅱ	Ⅱ
甘孜	甘孜县	生康乡白利寺吊桥	入境断面	Ⅱ	Ⅱ	Ⅱ	Ⅱ
甘孜	甘孜县	拖坝乡拖坝吊桥	出境断面	Ⅱ	Ⅱ	Ⅱ	Ⅱ
甘孜	九龙县	乃渠乡水打坝村水打坝组	出境断面	Ⅰ	Ⅱ	Ⅱ	Ⅱ
甘孜	九龙县	汤古乡汤古村汤古组	入境断面	Ⅰ	Ⅱ	Ⅱ	Ⅱ
甘孜	康定市	黄荆坪断面	出境断面	Ⅱ	Ⅱ	Ⅱ	Ⅱ
甘孜	康定市	康定河菜园子断面	入境断面	Ⅱ	Ⅱ	Ⅱ	Ⅱ
甘孜	理塘县	禾尼乡骡子沟	入境断面	Ⅱ	Ⅱ	Ⅱ	Ⅱ
甘孜	理塘县	雄坝乡无量河大桥	出境断面	Ⅱ	Ⅱ	Ⅱ	Ⅱ
甘孜	炉霍县	达曲河昌达村国道317沿线	入境断面	Ⅱ	Ⅱ	Ⅱ	Ⅱ
甘孜	炉霍县	仁达乡鲜水河水电站	出境断面	Ⅱ	Ⅱ	Ⅱ	Ⅱ
甘孜	泸定县	大岗山坝	出境断面	Ⅰ	Ⅱ	Ⅱ	Ⅱ
甘孜	泸定县	鸳鸯坝	入境断面	Ⅰ	Ⅱ	Ⅱ	Ⅱ
甘孜	色达县	色曲河洞嘎大桥	入境断面	Ⅱ	Ⅱ	Ⅲ	Ⅱ
甘孜	色达县	色曲河色柯镇1号吊桥	出境断面	Ⅱ	Ⅱ	Ⅱ	Ⅱ
甘孜	石渠县	蒙沙乡雅砻江下游	出境断面	Ⅱ	Ⅱ	Ⅱ	Ⅱ
甘孜	石渠县	长沙贡玛乡雅砻江上游	入境断面	Ⅱ	Ⅱ	Ⅱ	Ⅱ
甘孜	乡城县	水洼乡硕曲河	入境断面	Ⅱ	Ⅱ	Ⅰ	Ⅰ

续表

市（州）	县（区）	断面名称	断面类型	第1季度	第2季度	第3季度	第4季度
甘孜	乡城县	香巴拉镇硕曲河	出境断面	Ⅱ	Ⅱ	Ⅰ	Ⅰ
甘孜	新龙县	博美乡朱倭大桥	出境断面	Ⅱ	Ⅱ	Ⅱ	Ⅱ
甘孜	新龙县	甲孜尚巴甲吊桥	入境断面	Ⅱ	Ⅱ	Ⅱ	Ⅱ
甘孜	雅江县	雅江县雅砻江上游	入境断面	Ⅰ	Ⅱ	Ⅰ	Ⅰ
甘孜	雅江县	雅江县雅砻江下游	出境断面	Ⅰ	Ⅱ	Ⅰ	Ⅰ
凉山	布拖县	特木里河勒古村三组桥	入境断面	Ⅱ	Ⅱ	Ⅱ	Ⅱ
凉山	布拖县	西溪河大桥	出境断面	Ⅱ	Ⅱ	Ⅱ	Ⅱ
凉山	甘洛县	甘洛（甘洛铁路大桥）	入境断面	Ⅱ	Ⅱ	Ⅲ	Ⅱ
凉山	雷波县	宝山镇岩脚村	入境断面	Ⅱ	Ⅱ	Ⅱ	Ⅱ
凉山	雷波县	柑子乡大岩洞	出境断面	Ⅱ	Ⅱ	Ⅲ	Ⅱ
凉山	雷波县	马湖	湖库断面	Ⅲ	Ⅱ	Ⅲ	Ⅱ
凉山	美姑县	典阿尼村小	入境断面	Ⅱ	Ⅱ	Ⅱ	Ⅱ
凉山	美姑县	牛牛坝林场	出境断面	Ⅱ	Ⅱ	Ⅱ	Ⅱ
凉山	木里藏族自治县	列瓦乡木里河断面	出境断面	Ⅱ	Ⅱ	Ⅲ	Ⅱ
凉山	木里藏族自治县	唐央乡木里河断面	入境断面	Ⅰ	Ⅱ	Ⅱ	Ⅱ
凉山	宁南县	黑水河大花地村	出境断面	Ⅱ	Ⅱ	Ⅲ	Ⅱ
凉山	宁南县	松新镇塘河村	入境断面	Ⅱ	Ⅱ	Ⅲ	Ⅱ
凉山	普格县	普格县花山乡建设村（宁南交界处）	出境断面	Ⅱ	Ⅱ	Ⅲ	Ⅱ
凉山	普格县	普格县荞窝镇中村	入境断面	Ⅱ	Ⅱ	Ⅲ	Ⅱ
凉山	喜德县	联合大桥	入境断面	Ⅱ	Ⅱ	Ⅱ	Ⅱ
凉山	喜德县	冕山新桥	出境断面	Ⅱ	Ⅱ	Ⅱ	Ⅱ
凉山	盐源县	泸沽湖	湖库断面	Ⅰ	Ⅰ	Ⅰ	Ⅰ
凉山	盐源县	雅砻江流域出境（甘塘乡）	出境断面	Ⅱ	Ⅱ	Ⅱ	Ⅰ
凉山	盐源县	雅砻江流域入境（沃底乡）	入境断面	Ⅰ	Ⅱ	Ⅱ	Ⅰ
凉山	越西县	梅花乡巴姑村	出境断面	Ⅱ	Ⅱ	Ⅱ	Ⅱ
凉山	昭觉县	昭觉河谷曲乡出域	出境断面	Ⅲ	Ⅱ	Ⅱ	Ⅱ
凉山	昭觉县	昭觉河南坪村入域	入境断面	Ⅲ	Ⅱ	Ⅲ	Ⅱ

附表15　2023年千吨万人地表水水源地监测断面季度评价情况

市（州）	县（区）	断面名称	湖库（是/否）	第1季度	第2季度	第3季度	第4季度
成都	新津区	梁伐村	否	达标	达标	达标	达标
成都	都江堰市	四通水厂（金凤）	否	达标	达标	达标	达标
成都	都江堰市	青城后山水厂	否	达标	达标	达标	达标
成都	都江堰市	向峨水厂（洞潭口）	否	达标	达标	达标	达标
成都	彭州市	彭州市白鹿镇天台村小沟集中式饮用水水源	否	达标	达标	达标	达标
成都	简阳市	柿子沟村8组	否	达标	达标	达标	达标
成都	东部新区	石盘水库	是	达标	达标	达标	达标
成都	简阳市	索溪河文会村7社	否	达标	达标	达标	达标
成都	彭州市	彭州市龙门山镇三沟村岩峰沟集中式饮用水水源	否	达标	达标	达标	达标
成都	彭州市	彭州市龙门山镇宝山村小牛圈沟集中式饮用水水源	否	达标	达标	达标	达标
成都	彭州市	彭州市小鱼洞镇（龙门山镇）杨坪村集中式饮用水水源	否	达标	达标	达标	达标
成都	彭州市	彭州市磁峰镇（桂花镇）滴水村土溪河集中式饮用水水源	否	达标	达标	达标	达标
成都	彭州市	彭州市葛仙山自来水厂牌坊沟	是	达标	达标	达标	达标
成都	新都区	大丰铁路村1社	否	达标	达标	达标	达标
成都	崇州市	三郎水厂	否	达标	达标	达标	达标
成都	崇州市	怀远水厂（怀远富丽村）	否	达标	达标	达标	达标
成都	邛崃市	高何镇高何水厂（右支莲花沟）	否	达标	达标	达标	达标
成都	邛崃市	高何镇沙坝社区9组（纸坊沟上游左支飞水上）	否	达标	达标	达标	达标
成都	邛崃市	火井镇洗甲溪龙洞沟集中式饮用水水源保护区	否	达标	达标	达标	达标
成都	邛崃市	卧龙水厂团结堰集中式饮用水水源保护区	否	达标	达标	达标	达标
成都	邛崃市	道佐乡道佐砖桥水厂五绵山支渠集中式饮用水水源保护区	否	达标	达标	达标	达标
成都	邛崃市	夹关镇夹关水厂五绵山支渠集中式饮用水水源保护区	否	达标	达标	达标	达标
成都	邛崃市	天台山镇天台水厂	否	达标	达标	达标	达标
成都	邛崃市	天台景区供水工程饮用水水源保护区	否	达标	达标	达标	达标

续表

市（州）	县（区）	断面名称	湖库（是/否）	第1季度	第2季度	第3季度	第4季度
成都	邛崃市	水口镇水口水厂（合江村新水厂）	否	达标	达标	达标	达标
成都	都江堰市	虹口水厂（香樟坪）	否	达标	达标	达标	达标
成都	都江堰市	虹口水厂（碳岩沟）	否	达标	达标	达标	达标
成都	都江堰市	虹口水厂（八一桥沟）	否	达标	达标	达标	达标
成都	都江堰市	龙池水厂	否	达标	达标	达标	达标
成都	都江堰市	大观红梅水厂	否	达标	达标	达标	达标
成都	大邑县	鹤鸣乡青龙村	否	达标	达标	达标	达标
成都	大邑县	花水湾镇	否	达标	达标	达标	达标
成都	大邑县	雾山乡两河口村	否	达标	达标	达标	达标
自贡	沿滩区	金银桥水库	是	达标	达标	达标	达标
自贡	沿滩区	高滩水库	是	达标	达标	达标	达标
自贡	贡井区	五宝偏岩洞	否	达标	达标	达标	达标
自贡	富顺县	金银窝水库	是	达标	达标	达标	达标
自贡	富顺县	锡溪河	否	达标	达标	达标	达标
自贡	大安区	龙骨山水库	是	达标	达标	达标	达标
自贡	大安区	双龙桥水库	是	达标	达标	达标	达标
自贡	富顺县	石鹿溪	否	达标	达标	达标	达标
自贡	富顺县	童寺镇上游水库	是	达标	达标	达标	达标
自贡	富顺县	木桥沟水库	是	达标	达标	达标	达标
自贡	自流井区	陡沟子水库	是	达标	达标	达标	达标
自贡	荣县	鼎新镇上游水库	是	达标	达标	达标	达标
自贡	荣县	新红光水库	是	达标	达标	达标	达标
自贡	荣县	烂壶冲水库	是	达标	达标	达标	达标
自贡	荣县	双龙水库	是	达标	达标	达标	达标
自贡	荣县	光辉水库	是	达标	达标	达标	达标
自贡	荣县	团结水库	是	达标	达标	达标	达标
攀枝花	仁和区	跃进水库	是	达标	达标	达标	达标
攀枝花	盐边县	高堰沟水库	是	达标	达标	达标	达标
泸州	纳溪区	洞沟河文昌	否	达标	达标	达标	达标
泸州	纳溪区	护国河仁桥	否	达标	达标	超标	达标
泸州	泸县	红卫水库	是	达标	达标	达标	达标
泸州	泸县	泸县长江神仙桥	否	达标	达标	达标	达标
泸州	泸县	里程滩水库	是	达标	达标	达标	达标

续表

市（州）	县（区）	断面名称	湖库（是/否）	第1季度	第2季度	第3季度	第4季度
泸州	合江县	长江瓦窑滩	否	达标	达标	达标	达标
泸州	合江县	长江滩老上	否	达标	达标	达标	达标
泸州	合江县	长江楼方岩	否	达标	达标	达标	达标
泸州	合江县	茶坪子汉溪口	否	达标	达标	达标	达标
泸州	合江县	溢洪大堰	否	达标	达标	达标	达标
泸州	合江县	大漕河铁匠屋基	否	达标	达标	达标	达标
泸州	古蔺县	观文水库	是	达标	达标	达标	达标
泸州	叙永县	天堂坝河上堤坝	否	达标	达标	达标	达标
泸州	叙永县	水流岩	否	达标	达标	达标	达标
泸州	叙永县	四坪村1社电塘子	否	达标	达标	达标	达标
泸州	叙永县	红星水库	是	达标	达标	超标	达标
德阳	绵竹市	汉旺镇群新水厂绵远河金鱼嘴电站水源地	否	达标	达标	达标	达标
德阳	绵竹市	汉旺镇马尾河老熊沟集中式饮用水水源地	否	达标	达标	达标	达标
德阳	中江县	中江县黄鹿镇黄鹿水库集中式饮用水源	是	达标	达标	达标	达标
德阳	中江县	中江县双河口水库集中式饮用水水源地	是	达标	达标	达标	达标
德阳	中江县	元兴水厂饮用水水源地	是	达标	达标	达标	达标
德阳	中江县	中江县响滩子水库集中式饮用水水源地	是	达标	达标	达标	达标
绵阳	三台县	芦溪镇兴相村永安电站引水渠	否	达标	达标	达标	达标
绵阳	三台县	塔山镇双渡村3组鸡公石山	否	达标	达标	达标	达标
绵阳	三台县	西平镇联盟村	否	达标	达标	达标	达标
绵阳	江油市	三合镇广胜村窝窝地	否	达标	达标	达标	达标
绵阳	江油市	武都镇白鱼堰	否	达标	达标	达标	达标
绵阳	安州区	晓坝水厂	否	达标	达标	达标	达标
绵阳	安州区	雎水镇自来水厂	否	达标	达标	达标	达标
绵阳	盐亭县	弥江河富驿镇红关村5组	否	达标	达标	达标	达标
绵阳	梓潼县	青安村潼江河	否	达标	达标	达标	达标
绵阳	梓潼县	场坝村天生埝水库	是	达标	达标	达标	达标
绵阳	梓潼县	清平村园窝子河水库	是	达标	达标	达标	达标
绵阳	梓潼县	回銮村潼江河	否	达标	达标	达标	达标
绵阳	三台县	鲁班镇贺家垭饮用水源保护区	是	达标	达标	达标	达标

续表

市（州）	县（区）	断面名称	湖库（是/否）	第1季度	第2季度	第3季度	第4季度
绵阳	安州区	灌滩村三组睢水河	否	达标	达标	达标	达标
绵阳	北川羌族自治县	擂鼓镇龙头村磨房沟	否	达标	达标	达标	达标
绵阳	北川羌族自治县	擂鼓镇田坝村苏保河	否	达标	达标	达标	达标
绵阳	北川羌族自治县	开茂水库	是	达标	达标	达标	达标
绵阳	涪城区	燕儿河水库	是	达标	达标	达标	达标
绵阳	涪城区	罗汉寺村7社	是	达标	达标	达标	达标
绵阳	游仙区	群益村7社	否	达标	达标	达标	达标
广元	苍溪县	马蹄滩	否	达标	达标	达标	达标
广元	苍溪县	擦耳岩	否	达标	达标	达标	达标
广元	苍溪县	铧厂沟水库	是	达标	达标	达标	达标
广元	苍溪县	伏家沟水库	是	达标	达标	达标	达标
广元	旺苍县	羊牧滩水库	是	达标	达标	达标	达标
广元	旺苍县	龙台村二社	否	达标	达标	达标	达标
广元	利州区	大石镇高坡村三岔河	否	达标	达标	达标	达标
广元	利州区	杨家岩天台水厂	否	达标	达标	达标	达标
广元	剑阁县	毛柳河	否	达标	达标	达标	达标
广元	剑阁县	流沙河石河堰	否	达标	达标	达标	达标
广元	剑阁县	平桥水库	是	达标	达标	达标	达标
广元	青川县	嘉陵江竹园镇白沙村河流型水源地	否	达标	达标	达标	达标
广元	剑阁县	刘家河	否	达标	达标	达标	达标
广元	剑阁县	战备水库	是	达标	达标	达标	达标
广元	剑阁县	武连镇西河段	否	达标	达标	达标	达标
广元	剑阁县	炭口河凤凰堰	否	达标	达标	达标	达标
广元	剑阁县	红岩水库	是	达标	达标	达标	达标
广元	剑阁县	金仙镇西河段	否	达标	达标	达标	达标
广元	剑阁县	三叉河水库	是	达标	达标	达标	达标
广元	剑阁县	杨家坝水库	是	达标	达标	达标	达标
广元	昭化区	新华水库	是	达标	达标	达标	达标
广元	昭化区	紫云水库	是	达标	达标	达标	达标
广元	昭化区	高峰水库	是	达标	达标	达标	达标
广元	昭化区	何家坝水库	是	达标	达标	达标	达标

续表

市（州）	县（区）	断面名称	湖库（是/否）	第1季度	第2季度	第3季度	第4季度
广元	昭化区	松树沟水库	是	达标	达标	达标	达标
广元	昭化区	团结水库	是	达标	达标	达标	达标
广元	昭化区	梅岭关水库	是	达标	达标	达标	达标
广元	昭化区	工农水库	是	达标	达标	达标	达标
广元	昭化区	八一水库	是	达标	达标	达标	达标
广元	昭化区	胜利水库	是	达标	达标	达标	达标
广元	剑阁县	亭坝水库	是	达标	达标	达标	达标
广元	剑阁县	二教水库	是	超标	超标	超标	超标
广元	剑阁县	张家河水库	是	达标	达标	达标	达标
遂宁	安居区	拦江镇新生水库	是	达标	达标	达标	达标
遂宁	安居区	白马镇麻子滩水库	是	达标	达标	达标	达标
遂宁	安居区	大安乡琼江河石榴坝水源地	否	达标	达标	达标	达标
遂宁	安居区	西眉镇狮子湾水库	是	达标	达标	达标	达标
遂宁	射洪市	大榆渡水源地	否	达标	达标	达标	达标
遂宁	射洪市	金华村水源地	否	达标	达标	达标	达标
遂宁	射洪市	天仙寺水源地	否	达标	达标	达标	达标
遂宁	射洪市	罗家坝水源地	否	达标	达标	达标	达标
遂宁	射洪市	华严村水源地	否	达标	达标	达标	达标
遂宁	射洪市	螺湖半岛社区水源地	否	达标	达标	达标	达标
遂宁	射洪市	杨家坝水源地	否	达标	达标	达标	达标
遂宁	船山区	桂花涪卫水源地	否	达标	达标	达标	达标
遂宁	船山区	唐家红涪水源地	否	达标	达标	达标	达标
遂宁	船山区	龙凤镇金家沟水源地	否	达标	达标	达标	达标
遂宁	蓬溪县	三五水库	是	达标	达标	达标	达标
遂宁	蓬溪县	沙坝子水库	是	达标	达标	达标	达标
遂宁	蓬溪县	高升一水库	是	达标	达标	达标	达标
遂宁	蓬溪县	高升二水库	是	达标	达标	达标	达标
遂宁	大英县	五五水库	是	达标	达标	达标	达标
遂宁	大英县	星花水库	是	达标	达标	达标	达标
内江	威远县	民新水库	是	达标	达标	达标	达标
内江	威远县	猴子沟水库	是	达标	达标	达标	达标
内江	威远县	龙奉水库	是	达标	达标	达标	达标
内江	威远县	韦家沟水库	是	达标	达标	达标	达标

续表

市（州）	县（区）	断面名称	湖库（是/否）	第1季度	第2季度	第3季度	第4季度
内江	东兴区	高崇村乌鱼石	否	达标	达标	达标	达标
内江	东兴区	上桥村猫脑壳	否	达标	达标	达标	达标
内江	东兴区	观音洞村龙爬崖	否	达标	达标	达标	达标
内江	东兴区	太和村双河口	否	达标	达标	达标	达标
内江	东兴区	团结水库	是	达标	达标	达标	达标
内江	资中县	龙结镇倒马坎	否	达标	达标	达标	达标
内江	资中县	油房湾村	否	达标	达标	达标	达标
内江	资中县	解放水库	是	达标	达标	达标	达标
内江	资中县	银山镇大佛岩	否	达标	达标	达标	达标
内江	资中县	一心村	否	达标	达标	达标	达标
内江	资中县	工农水库	是	达标	达标	达标	达标
内江	东兴区	松林水库	是	达标	达标	达标	达标
内江	资中县	双河镇吊劲坡	是	达标	达标	达标	达标
乐山	峨眉山市	黄湾新桥3组	否	达标	达标	达标	达标
乐山	峨眉山市	龙池镇白果村8组水源地	否	达标	达标	达标	达标
乐山	犍为县	三岔河水库	是	达标	达标	达标	达标
南充	顺庆区	桂花水库取水口	是	达标	达标	达标	达标
南充	顺庆区	凤山水厂取水口	否	达标	达标	达标	达标
南充	蓬安县	金溪镇唐家坝村	否	达标	达标	达标	达标
南充	蓬安县	蓬安县睦坝镇漩坝村饮用水水源地	否	达标	达标	达标	达标
南充	南部县	富利镇大树垭村（嘉陵江）	否	达标	达标	达标	达标
南充	南部县	楠木镇泸溪村（嘉陵江）	否	达标	达标	达标	达标
南充	南部县	升钟水库西水镇凤凰岛村	是	达标	达标	达标	达标
南充	南部县	升钟水库太霞乡前进村5社	是	达标	达标	达标	达标
南充	南部县	青华村青岩子（西河）	否	达标	达标	达标	达标
南充	蓬安县	罗家镇大深沟水库	是	达标	达标	达标	达标
南充	仪陇县	思德水库	是	达标	达标	达标	达标
南充	高坪区	响水滩水库取水口	是	达标	达标	达标	达标
南充	高坪区	磨儿滩水库取水口	是	达标	达标	达标	达标
南充	高坪区	小河口	否	达标	达标	达标	达标
南充	高坪区	北山水库取水口	是	达标	达标	达标	达标
南充	嘉陵区	六方碑水库 饮用水水源保护区	是	达标	达标	达标	达标
南充	西充县	槐树镇（宝马河）饮用水源地	否	达标	达标	达标	达标

续表

市（州）	县（区）	断面名称	湖库（是/否）	第1季度	第2季度	第3季度	第4季度
南充	西充县	场上水库	是	达标	达标	达标	达标
南充	西充县	双凤镇（龙滩河）饮用水源地	否	达标	达标	达标	达标
南充	仪陇县	友谊水库	是	达标	达标	达标	达标
南充	仪陇县	油房沟水库	是	达标	达标	达标	达标
南充	营山县	双流镇梅坡村一社	否	达标	达标	达标	达标
南充	营山县	盐井水库	是	达标	达标	达标	达标
南充	营山县	灵鹫镇鲁班村二社	否	达标	达标	达标	达标
南充	仪陇县	刘家沟水库	是	达标	达标	达标	达标
南充	阆中市	康垭口村	否	达标	达标	达标	达标
南充	阆中市	袁家岩村	否	达标	达标	达标	达标
南充	阆中市	小保宁村	否	达标	达标	达标	达标
南充	阆中市	临江村	否	达标	达标	达标	达标
南充	阆中市	菩提村毛家口	是	达标	达标	达标	达标
宜宾	长宁县	龙头镇武宁寨村三角坝	否	达标	达标	达标	达标
宜宾	长宁县	老翁镇马家沟水库	是	达标	达标	达标	达标
宜宾	长宁县	竹海镇二水厂	否	达标	达标	达标	达标
宜宾	高县	郝家村水库	是	达标	达标	达标	达标
宜宾	兴文县	兴江堰	否	达标	达标	达标	达标
宜宾	江安县	大堰坝水库	是	达标	达标	达标	达标
宜宾	江安县	道祝山水库	是	达标	达标	达标	达标
宜宾	江安县	堰塘溪水库	是	达标	达标	达标	达标
宜宾	江安县	仁家坝水库	是	达标	达标	达标	达标
宜宾	江安县	长寸沱水库	是	达标	达标	达标	达标
宜宾	江安县	会溪桥水库	是	达标	达标	达标	达标
宜宾	筠连县	龙碗大堰堰头	是	达标	达标	达标	达标
宜宾	叙州区	猴山村猴板沟	否	达标	达标	达标	达标
宜宾	叙州区	铁牛村红石组	否	达标	达标	达标	达标
宜宾	南溪区	丁家湾水库	是	达标	达标	达标	达标
宜宾	南溪区	幸福水库	是	达标	达标	达标	达标
宜宾	屏山县	马家沟	否	达标	达标	达标	达标
宜宾	长宁县	铜鼓镇磨儿沟水库	是	达标	达标	达标	达标
宜宾	南溪区	内扣岩水库	是	达标	达标	达标	达标
宜宾	南溪区	马耳岩水库	是	达标	达标	达标	达标

续表

市（州）	县（区）	断面名称	湖库（是/否）	第1季度	第2季度	第3季度	第4季度
宜宾	翠屏区	金秋湖	是	达标	达标	达标	达标
宜宾	翠屏区	红岩水库	是	达标	达标	达标	达标
宜宾	翠屏区	天社祠水库	是	达标	达标	达标	达标
宜宾	翠屏区	同济水站	否	达标	达标	达标	达标
宜宾	翠屏区	红场村学堂湾	否	达标	达标	达标	达标
宜宾	翠屏区	四眼桥水库	是	达标	达标	达标	达标
宜宾	翠屏区	吴场村李子滩	否	达标	达标	达标	达标
宜宾	叙州区	鲤鱼湾	否	达标	达标	达标	达标
宜宾	珙县	大桥水库	是	达标	达标	达标	达标
宜宾	珙县	龙洞村二叉河	否	达标	达标	达标	达标
广安	岳池县	杨房沟水库	是	达标	达标	达标	达标
广安	岳池县	大高滩水库	是	达标	达标	达标	达标
广安	岳池县	回龙水库	是	达标	达标	达标	达标
广安	广安区	七一水库	是	达标	达标	达标	达标
广安	广安区	花桥水库	是	达标	达标	达标	达标
广安	广安区	恒升镇杨柳凼	否	达标	达标	达标	达标
广安	武胜县	桐子壕	否	达标	达标	达标	达标
广安	武胜县	临福岩	否	达标	达标	达标	达标
广安	武胜县	二龙宝	否	达标	达标	达标	达标
广安	武胜县	石盘中学	否	达标	达标	达标	达标
广安	华蓥市	天池湖	是	达标	达标	达标	达标
广安	邻水县	石永镇高峰水库	是	达标	达标	达标	达标
广安	邻水县	荆坪水库	是	达标	达标	达标	达标
广安	邻水县	虾扒口水库	是	达标	达标	达标	达标
达州	宣汉县	普光镇后巴河龙井河坝	否	达标	达标	达标	达标
达州	宣汉县	芭蕉镇忠心水库	是	达标	达标	达标	达标
达州	宣汉县	南坝镇前河小河口	否	达标	达标	达标	达标
达州	宣汉县	南坝镇团结水库	是	达标	达标	达标	达标
达州	宣汉县	黄金镇油坊河石坝子	否	达标	达标	达标	达标
达州	宣汉县	胡家镇新桥河黑滩	否	达标	达标	达标	达标
达州	渠县	天星街道草街子渠江沿渡沱	否	达标	达标	达标	达标
达州	渠县	临巴镇渠江溪口	否	达标	达标	达标	达标
达州	渠县	土溪镇渠江铜钱扁	否	达标	达标	达标	达标

续表

市（州）	县（区）	断面名称	湖库（是/否）	第1季度	第2季度	第3季度	第4季度
达州	渠县	三汇镇巴河王坝沟	否	达标	达标	达标	达标
达州	渠县	文崇镇巴河乱石沟	否	达标	达标	达标	达标
达州	渠县	静边镇流江河凤头竹林湾	否	达标	达标	达标	达标
达州	渠县	望江乡流江河蒲家河取水点	否	达标	达标	达标	达标
达州	渠县	万寿镇流江河青龙镇瓮中村	否	达标	达标	达标	达标
达州	渠县	东安镇流溪社区渠江王家坝	否	达标	达标	达标	达标
达州	渠县	涌兴镇水源地——三汇镇巴河石佛滩	否	达标	达标	达标	达标
达州	渠县	贵福镇桂溪河上游柏林水库	是	达标	达标	达标	达标
达州	渠县	有庆镇中滩河兴隆村双河口	否	达标	达标	达标	达标
达州	渠县	鲜渡镇渠江木场溪口	否	达标	达标	达标	达标
达州	渠县	琅琊镇渠江观音坪水源地	否	达标	达标	达标	达标
达州	渠县	合力镇易家河支流刘家拱桥水库	是	达标	达标	达标	达标
达州	渠县	拱市乡中滩河衩裆河取水点	否	达标	达标	达标	达标
达州	大竹县	东柳河–清河镇龙洞坝村铁锋水库	是	达标	达标	达标	达标
达州	大竹县	芭蕉河–庙坝镇长乐村8组半边街水库	是	达标	达标	达标	达标
达州	大竹县	芭蕉河–清水镇拱桥坝村1组拱桥坝水库	是	达标	达标	达标	达标
达州	大竹县	东柳河–石河镇前锋村6组老厂沟水库	是	达标	达标	达标	达标
达州	大竹县	东河–周家镇八角村9组平桥水库	是	达标	达标	达标	达标
达州	大竹县	东河–童家镇、高明镇水源地–周家镇中和场社区青滩子水库	是	达标	达标	达标	达标
达州	大竹县	东河–杨通乡、石子镇水源地–文星镇方斗杜家村白鹤水库	是	达标	达标	达标	达标
达州	达川区	管村镇金檀社区金窝水库	是	达标	达标	达标	达标
达州	达川区	石梯镇巴河梅子树湾	否	达标	达标	达标	达标
达州	大竹县	铜钵河–石桥铺镇汤家营村11组刘家坝水库	是	达标	达标	达标	达标
达州	大竹县	铜钵河–观音镇大板村3组九龙水库	是	达标	达标	达标	达标
达州	万源市	白沙镇曹家河青龙嘴	否	达标	达标	达标	达标
达州	万源市	沙滩镇梓木沟船篷石	否	达标	达标	达标	达标
达州	万源市	草坝镇喜神河十窖田	否	达标	达标	达标	达标

续表

市（州）	县（区）	断面名称	湖库（是/否）	第1季度	第2季度	第3季度	第4季度
达州	万源市	青花镇赵家河沟	否	达标	达标	达标	达标
达州	达川区	石桥镇洛车社区巴河芦拱溪	否	达标	达标	达标	达标
达州	高新区	金垭镇州河覃家坝弯滩子	否	达标	达标	达标	达标
达州	达川区	堡子镇沙滩河水库	是	达标	达标	达标	达标
达州	开江县	任市镇徐家堡水库	是	达标	达标	达标	达标
达州	东部经开区	亭子镇大风社区明月江一碗水	否	达标	达标	达标	达标
达州	东部经开区	麻柳镇明月江九洞桥	否	达标	达标	达标	达标
达州	通川区	蒲家镇凉水村5组谭家河水库	是	达标	达标	达标	达标
达州	通川区	碑庙镇千口村10组长滩河水源地	否	达标	达标	达标	达标
巴中	南江县	官房沟水库	是	达标	达标	达标	达标
巴中	南江县	龙滩河	否	达标	达标	达标	达标
巴中	南江县	井坝水库副坝	是	达标	达标	达标	达标
巴中	南江县	老虎洞沟	否	达标	达标	达标	达标
巴中	南江县	桥沟河	否	达标	达标	达标	达标
巴中	南江县	石龙沟	否	达标	达标	达标	达标
巴中	南江县	响滩河	否	达标	达标	达标	达标
巴中	南江县	杨家沟水库	是	达标	达标	达标	达标
巴中	通江县	酒厂沟	否	达标	达标	达标	达标
巴中	通江县	流里河水库	是	达标	达标	达标	达标
巴中	通江县	祁雨河水库	是	达标	达标	达标	达标
巴中	通江县	金斗岩	否	达标	达标	达标	达标
巴中	通江县	五马奔槽水库	是	达标	达标	达标	达标
巴中	通江县	写字岩	否	达标	达标	达标	达标
巴中	通江县	金银坪	否	达标	达标	达标	达标
巴中	通江县	庙儿潭	否	达标	达标	达标	达标
巴中	南江县	空木河	否	达标	达标	达标	达标
巴中	平昌县	牛角坑水库	是	达标	达标	达标	达标
巴中	平昌县	跃进水库	是	达标	达标	达标	达标
巴中	通江县	石门子水库	是	达标	达标	达标	达标
巴中	通江县	大石桥水库	是	达标	达标	达标	达标
巴中	通江县	老木口水库	是	达标	达标	达标	达标
巴中	通江县	沙河子水库	是	达标	达标	达标	达标
巴中	通江县	郑家河（新建）	否	达标	达标	达标	达标

续表

市（州）	县（区）	断面名称	湖库（是/否）	第1季度	第2季度	第3季度	第4季度
巴中	通江县	骡马沟	否	达标	达标	达标	达标
巴中	平昌县	双桥水库（元山水厂）	是	达标	达标	达标	达标
巴中	平昌县	友谊水库	是	达标	达标	达标	达标
巴中	恩阳区	茶坝镇乌滩河	否	达标	达标	达标	达标
巴中	恩阳区	花丛镇白岩滩	否	达标	达标	达标	达标
巴中	恩阳区	柳树坝河	否	达标	达标	达标	达标
巴中	恩阳区	下八庙镇白岩滩	否	达标	达标	达标	达标
巴中	恩阳区	新桥河	否	达标	达标	达标	达标
巴中	恩阳区	叶家湾小河	否	达标	达标	达标	达标
巴中	巴州区	巴河李家坝段	否	达标	达标	达标	达标
巴中	巴州区	巴河人渡滩	否	达标	达标	达标	达标
巴中	巴州区	东溪沟水库	是	达标	达标	达标	达标
巴中	巴州区	后溪沟水库二库	是	达标	达标	达标	达标
巴中	巴州区	后溪沟水库一库	是	达标	达标	达标	达标
巴中	巴州区	龙洞沟水库	是	达标	达标	达标	达标
巴中	巴州区	上官桥河	否	达标	达标	达标	达标
巴中	巴州区	斯连水库	是	达标	达标	达标	达标
雅安	汉源县	木槿水	否	达标	达标	达标	达标
雅安	汉源县	黄砂沟	否	达标	达标	达标	达标
雅安	石棉县	美罗镇楠木沟饮用水水源保护区	否	达标	达标	达标	达标
雅安	名山区	雅安市名山区农村供水总厂	否	达标	达标	达标	达标
雅安	名山区	雅安市名山区百丈镇玉泉水厂	否	达标	达标	达标	达标
雅安	芦山县	朝阳村房基坪沟	否	达标	达标	达标	达标
雅安	天全县	天全县老场乡汤家沟集中式饮用水源地	否	达标	达标	达标	达标
雅安	天全县	天全县始阳镇集中式饮用水源保护区	否	达标	达标	达标	达标
雅安	宝兴县	灵关镇龙大沟集中式饮用水水源	否	达标	达标	达标	达标
雅安	雨城区	雨城区上里镇牛栏沟集中式饮用水水源地	否	达标	达标	达标	达标
雅安	雨城区	雨城区上里镇石梯子沟饮用水水源地	否	达标	达标	达标	达标
雅安	雨城区	雨城区碧峰峡镇王家河饮用水水源地	否	达标	达标	达标	达标
眉山	丹棱县	党仲水库	是	达标	达标	达标	达标

续表

市（州）	县（区）	断面名称	湖库（是/否）	第1季度	第2季度	第3季度	第4季度
眉山	丹棱县	玉柱溪沟	否	达标	达标	达标	达标
眉山	仁寿县	龙池寺水库	是	达标	达标	达标	达标
眉山	仁寿县	天生堰水库	是	达标	达标	达标	达标
眉山	洪雅县	东岳镇观音村大槽饮用水源地	否	达标	达标	达标	达标
眉山	洪雅县	东岳镇大沟大安村饮用水源地	否	达标	达标	达标	达标
眉山	洪雅县	总岗山水库	是	达标	达标	达标	达标
资阳	雁江区	四合水库	是	达标	达标	达标	达标
资阳	雁江区	伍隍镇双石桥水库	是	达标	达标	达标	达标
资阳	安岳县	磨滩村水库型水源地	是	达标	达标	达标	达标
资阳	安岳县	青坡村水库型水源地	是	达标	达标	达标	达标
资阳	安岳县	石狮村水库型水源地	是	达标	达标	达标	达标
资阳	安岳县	柜Ⅹ村水库型水源地	是	达标	达标	达标	达标
资阳	安岳县	大土村河流型水源地	否	达标	达标	达标	达标
资阳	安岳县	红渠村水库型水源地	是	达标	达标	达标	达标
资阳	乐至县	十里河水库	是	达标	达标	达标	达标
资阳	乐至县	猫儿沟水库	是	达标	达标	达标	达标
资阳	乐至县	黑堰塘水库	是	达标	达标	达标	达标
资阳	乐至县	油房河石河堰	否	达标	达标	达标	达标
资阳	乐至县	岔岔河水库	是	达标	达标	达标	达标
资阳	乐至县	棉花沟水库	是	达标	达标	达标	达标
资阳	乐至县	简家河水库	是	达标	达标	达标	达标
资阳	乐至县	朝阳水库	是	达标	达标	达标	达标
资阳	雁江区	滴水岩水库	是	达标	达标	达标	达标
甘孜	白玉县	河坡乡先锋沟水源地	否	达标	达标	达标	达标
甘孜	白玉县	阿察镇贡隆沟水源地	否	达标	达标	达标	达标
甘孜	白玉县	盖玉镇雄荣喜沟水源地	否	达标	达标	达标	达标
甘孜	石渠县	温波乡坑得尔河水源地	否	达标	达标	达标	达标
甘孜	雅江县	呷拉镇弯地沟水源地	否	达标	达标	达标	达标
甘孜	雅江县	苦乐沟集中式饮用水水源地	否	达标	达标	达标	达标
甘孜	石渠县	洛须镇仙仲沟水源地	否	达标	达标	达标	达标
甘孜	石渠县	德荣马乡江秋河水源地	否	达标	达标	达标	达标
甘孜	雅江县	八角楼乡日基沟水源地	否	达标	达标	达标	达标
甘孜	德格县	隆真沟集中式饮用水水源地	否	达标	达标	达标	达标

续表

市（州）	县（区）	断面名称	湖库（是/否）	第1季度	第2季度	第3季度	第4季度
甘孜	石渠县	虾扎镇孔瓦沟水源地	否	达标	达标	达标	达标
甘孜	泸定县	油榨沟水源地	否	达标	达标	达标	达标
甘孜	道孚县	协德乡卢比沟上牧村水源地	否	达标	达标	达标	达标
甘孜	色达县	洛若镇知青沟水源地	否	达标	达标	达标	达标
甘孜	色达县	翁达镇翁达沟水源地	否	达标	达标	达标	达标
甘孜	康定市	姑咱镇羊厂沟羊厂村水源地	否	达标	达标	达标	达标
甘孜	稻城县	香格里拉镇热光沟水源地	否	达标	达标	达标	达标
甘孜	稻城县	联拥沟水源地	否	达标	达标	达标	达标
凉山	普格县	龙洞河	否	达标	达标	达标	达标
凉山	普格县	荞窝镇	否	达标	达标	达标	达标
凉山	会东县	会东县龙滩水库集中式饮用水水源地	是	达标	达标	达标	达标
凉山	会东县	会东县梨园水库集中式饮用水水源地	是	达标	达标	达标	达标
凉山	会东县	会东县新华水库集中式饮用水水源地	是	达标	达标	达标	达标
凉山	金阳县	对坪镇芦茅林村	否	达标	达标	达标	达标
凉山	会理县	沙河村店子河沟水库	是	达标	达标	达标	达标
凉山	会理县	云甸镇巴松村陈家河坝	否	达标	达标	达标	达标
凉山	雷波县	额子沟	否	达标	达标	达标	达标
凉山	西昌市	长安水厂	否	达标	达标	达标	达标
凉山	西昌市	热水河	否	达标	达标	达标	达标
凉山	西昌市	礼州镇东干渠	否	达标	达标	达标	达标
凉山	西昌市	安宁镇东干渠	否	达标	达标	达标	达标

附表16　2023年农业面源污染季度评价

市（州）	县（区）	县域类型	断面名称	第1季度	第2季度	第3季度	第4季度
成都	崇州市	农村黑臭水体所在县	桤木河水质自动监测站（养殖）	清洁	清洁	清洁	轻度污染
成都	崇州市	农村黑臭水体所在县	桤木河水质自动监测站（种植）	清洁	清洁	清洁	轻度污染
成都	简阳市	粮食大县，畜牧大县	老河堰提灌站	清洁	轻度污染	严重污染	中度污染
成都	简阳市	粮食大县，畜牧大县	索溪河入河口	轻度污染	清洁	严重污染	中度污染
成都	金堂县	粮食大县，蔬菜大县，畜牧大县，农村黑臭水体所在县	蔡家河汇入口	中度污染	轻度污染	中度污染	中度污染
成都	金堂县	粮食大县，蔬菜大县，畜牧大县，农村黑臭水体所在县	金简桥	轻度污染	清洁	轻度污染	轻度污染
成都	彭州市	粮食大县	湔江罗万场下	轻度污染	轻度污染	轻度污染	轻度污染
成都	蒲江县	畜牧大县，	罗山沟入草祠沟	严重污染	中度污染	重污染	重污染
成都	邛崃市	畜牧大县	文井江入南河断面	中度污染	清洁	中度污染	中度污染
自贡	富顺县	粮食大县，畜牧大县	横溪渡口	轻度污染	轻度污染	轻度污染	轻度污染
自贡	富顺县	粮食大县，畜牧大县	怀德渡口	轻度污染	轻度污染	轻度污染	轻度污染
自贡	富顺县	粮食大县，畜牧大县	老娃山	轻度污染	轻度污染	轻度污染	轻度污染
自贡	荣县	粮食大县，蔬菜大县，畜牧大县	旭水河高滩	中度污染	轻度污染	中度污染	中度污染
自贡	荣县	粮食大县，蔬菜大县，畜牧大县	旭水河叶家滩	中度污染	轻度污染	轻度污染	中度污染
攀枝花	米易县	蔬菜大县	大凹子河坝	轻度污染	中度污染	中度污染	轻度污染
攀枝花	米易县	蔬菜大县	姚家坝子	轻度污染	轻度污染	轻度污染	轻度污染
泸州	合江县	蔬菜大县，畜牧大县	白杨溪	轻度污染	清洁	轻度污染	轻度污染
泸州	合江县	蔬菜大县，畜牧大县	赤水河曲坝子	中度污染	中度污染	中度污染	轻度污染
泸州	合江县	蔬菜大县，畜牧大县	瑞丰村沙滩子	轻度污染	清洁	清洁	清洁
泸州	江阳区	蔬菜大县，农村黑臭水体所在县	石柱房水库	轻度污染	轻度污染	轻度污染	清洁

续表

市（州）	县（区）	县域类型	断面名称	第1季度	第2季度	第3季度	第4季度
泸州	江阳区	蔬菜大县，农村黑臭水体所在县	野猪牙	轻度污染	轻度污染	轻度污染	轻度污染
泸州	泸县	粮食大县，畜牧大县	水笛滩	清洁	轻度污染	轻度污染	轻度污染
泸州	泸县	粮食大县，畜牧大县	新桥（养殖）	重污染	中度污染	未监测	未监测
泸州	泸县	粮食大县，畜牧大县	新桥（种植）	重污染	中度污染	中度污染	轻度污染
绵阳	北川羌族自治县	其他型	青片乡正河村下游500米青片河断面	清洁	清洁	清洁	清洁
绵阳	平武县	其他型	黑水村岩湾社（生活）	中度污染	轻度污染	轻度污染	中度污染
绵阳	平武县	其他型	黑水村岩湾社（种植）	中度污染	轻度污染	轻度污染	中度污染
绵阳	三台县	粮食大县，畜牧大县	绿豆河（鲁班镇同民桥下游50米）	中度污染	轻度污染	中度污染	轻度污染
绵阳	三台县	粮食大县，畜牧大县	永和埝（生活）	轻度污染	轻度污染	轻度污染	轻度污染
绵阳	三台县	粮食大县，畜牧大县	永和埝（养殖）	轻度污染	轻度污染	轻度污染	轻度污染
广元	苍溪县	畜牧大县，农村黑臭水体所在县	车家坝	清洁	清洁	轻度污染	轻度污染
广元	苍溪县	畜牧大县，农村黑臭水体所在县	范家咀	清洁	清洁	轻度污染	重污染
广元	苍溪县	畜牧大县，农村黑臭水体所在县	鼓楼荷花园	清洁	清洁	清洁	清洁
广元	青川县	农村黑臭水体所在县	木鱼	清洁	清洁	轻度污染	清洁
广元	旺苍县	农村黑臭水体所在县	木门寺大桥	清洁	清洁	轻度污染	轻度污染
广元	旺苍县	农村黑臭水体所在县	任家沟	清洁	清洁	轻度污染	轻度污染
遂宁	船山区	畜牧大县，农村黑臭水体所在县	桂鄄村4社	轻度污染	中度污染	轻度污染	中度污染
遂宁	船山区	畜牧大县，农村黑臭水体所在县	凉水井上游100米	轻度污染	轻度污染	清洁	轻度污染
遂宁	大英县	粮食大县，畜牧大县，农村黑臭水体所在县	蒋家堰	清洁	清洁	清洁	清洁

续表

市（州）	县（区）	县域类型	断面名称	第1季度	第2季度	第3季度	第4季度
遂宁	大英县	粮食大县，畜牧大县，农村黑臭水体所在县	老观滩村	清洁	清洁	清洁	清洁
遂宁	大英县	粮食大县，畜牧大县，农村黑臭水体所在县	田家坝	清洁	清洁	清洁	清洁
遂宁	射洪市	粮食大县，畜牧大县，农村黑臭水体所在县	龙归寺	清洁	轻度污染	轻度污染	轻度污染
遂宁	射洪市	粮食大县，畜牧大县，农村黑臭水体所在县	友兴水厂下游500米	轻度污染	轻度污染	轻度污染	轻度污染
遂宁	射洪市	粮食大县，畜牧大县，农村黑臭水体所在县	梓江大桥	清洁	清洁	中度污染	轻度污染
内江	东兴区	粮食大县，蔬菜大县，畜牧大县，农村黑臭水体所在县	柏梨村小竹扁	清洁	清洁	清洁	轻度污染
内江	东兴区	粮食大县，蔬菜大县，畜牧大县，农村黑臭水体所在县	顺河镇观音洞村	清洁	清洁	清洁	轻度污染
内江	东兴区	粮食大县，蔬菜大县，畜牧大县，农村黑臭水体所在县	玉泉山村三拱桥	清洁	清洁	清洁	轻度污染
内江	隆昌市	粮食大县，农村黑臭水体所在县	漏孔滩	清洁	清洁	中度污染	轻度污染
内江	资中县	粮食大县，蔬菜大县，畜牧大县，敏感水体所在县，农村黑臭水体所在县	尖峰村文江渡	中度污染	轻度污染	轻度污染	中度污染
内江	资中县	粮食大县，蔬菜大县，畜牧大县，敏感水体所在县，农村黑臭水体所在县	濛溪口村濛溪河口	轻度污染	清洁	中度污染	轻度污染
内江	资中县	粮食大县，蔬菜大县，畜牧大县，敏感水体所在县，农村黑臭水体所在县	五里店	中度污染	轻度污染	轻度污染	中度污染
乐山	夹江县	蔬菜大县	青衣江出境断面	清洁	清洁	轻度污染	轻度污染
乐山	犍为县	粮食大县，畜牧大县	龙船堰	清洁	轻度污染	轻度污染	轻度污染
乐山	井研县	粮食大县	王村镇小桥子村牛头滩水坝（养殖）	清洁	清洁	清洁	清洁
乐山	井研县	粮食大县	王村镇小桥子村牛头滩水坝（种植）	清洁	清洁	清洁	清洁
乐山	市中区	蔬菜大县	峨眉河汇入大渡河前	轻度污染	中度污染	重污染	重污染
南充	西充县	粮食大县，畜牧大县	龙滩河（晏家断面）	清洁	轻度污染	轻度污染	中度污染

续表

市（州）	县（区）	县域类型	断面名称	第1季度	第2季度	第3季度	第4季度
宜宾	南溪区	蔬菜大县	江南镇沙嘴上（农村生活）	清洁	清洁	清洁	清洁
宜宾	南溪区	蔬菜大县	江南镇沙嘴上（种植业）	清洁	清洁	清洁	清洁
宜宾	叙州区	畜牧大县	观音镇猴板沟	轻度污染	清洁	清洁	轻度污染
宜宾	叙州区	畜牧大县	马鸣溪	清洁	清洁	轻度污染	清洁
广安	广安区	畜牧大县，农村黑臭水体所在县	肖溪河肖溪镇鹅滩村（种植）	轻度污染	轻度污染	清洁	轻度污染
广安	广安区	畜牧大县，农村黑臭水体所在县	消水河花桥镇碧山村（生活）	清洁	清洁	清洁	清洁
广安	广安区	畜牧大县，农村黑臭水体所在县	渔池滩河恒升镇古城村（养殖）	清洁	清洁	清洁	轻度污染
广安	华蓥市	农村黑臭水体所在县	禄市镇月亮坡电站渠首处（生活）	清洁	清洁	清洁	清洁
广安	邻水县	粮食大县，蔬菜大县，畜牧大县，农村黑臭水体所在县	邻水县梁板镇清水村钟家湾（种植）	轻度污染	轻度污染	轻度污染	轻度污染
广安	邻水县	粮食大县，蔬菜大县，畜牧大县，农村黑臭水体所在县	御临河城南镇安丰村（生活）	轻度污染	轻度污染	轻度污染	轻度污染
广安	邻水县	粮食大县，蔬菜大县，畜牧大县，农村黑臭水体所在县	御临河柑子镇磨盘村（养殖）	轻度污染	清洁	清洁	轻度污染
广安	武胜县	畜牧大县，农村黑臭水体所在县	街子镇屏风村（生活）	轻度污染	轻度污染	轻度污染	中度污染
广安	武胜县	畜牧大县，农村黑臭水体所在县	沿口镇长滩寺河桥（养殖）	轻度污染	清洁	轻度污染	中度污染
广安	武胜县	畜牧大县，农村黑臭水体所在县	长滩寺河沿口镇高桥村（种植）	轻度污染	轻度污染	轻度污染	中度污染
广安	岳池县	粮食大县，蔬菜大县，畜牧大县，农村黑臭水体所在县	清溪河高桥（养殖）	轻度污染	清洁	清洁	清洁
广安	岳池县	粮食大县，蔬菜大县，畜牧大县，农村黑臭水体所在县	熊家沟河曾拱桥（种植）	清洁	清洁	清洁	清洁
广安	岳池县	粮食大县，蔬菜大县，畜牧大县，农村黑臭水体所在县	长滩寺河响水育苗基地（生活）	轻度污染	清洁	清洁	清洁
达州	大竹县	粮食大县，畜牧大县，	川心村3组（养殖）	轻度污染	轻度污染	清洁	中度污染
达州	大竹县	粮食大县，畜牧大县，农村黑臭水体所在县	川心村3组（种植）	轻度污染	轻度污染	清洁	中度污染

续表

市（州）	县（区）	县域类型	断面名称	第1季度	第2季度	第3季度	第4季度
达州	大竹县	粮食大县，畜牧大县，农村黑臭水体所在县	上河坝	中度污染	轻度污染	轻度污染	清洁
达州	宣汉县	粮食大县，畜牧大县，农村黑臭水体所在县	方斗村小河	清洁	清洁	清洁	清洁
达州	宣汉县	粮食大县，畜牧大县，农村黑臭水体所在县	清溪河	清洁	清洁	清洁	清洁
达州	宣汉县	粮食大县，畜牧大县，农村黑臭水体所在县	双河沟	清洁	清洁	清洁	清洁
巴中	南江县	粮食大县，畜牧大县，	恩阳河桑树坝雷坡石	清洁	清洁	轻度污染	轻度污染
巴中	南江县	粮食大县，畜牧大县，	神潭河龙门溪漫水桥	清洁	清洁	清洁	清洁
巴中	平昌县	畜牧大县，	江口街道	清洁	轻度污染	轻度污染	清洁
巴中	平昌县	畜牧大县，	龙潭社区	清洁	清洁	轻度污染	清洁
巴中	通江县	畜牧大县，	酒厂沟	清洁	清洁	轻度污染	清洁
巴中	通江县	畜牧大县，	新桥村（小河沟）	清洁	清洁	清洁	清洁
雅安	石棉县	其他型	松林河河口（农村生活）	清洁	清洁	清洁	清洁
雅安	石棉县	其他型	松林河河口（养殖）	清洁	清洁	清洁	清洁
雅安	石棉县	其他型	松林河河口（种植）	清洁	清洁	清洁	清洁
眉山	仁寿县	粮食大县，蔬菜大县，畜牧大县	龙水河（棚村村断面）	中度污染	轻度污染	严重污染	中度污染
眉山	仁寿县	粮食大县，蔬菜大县，畜牧大县	清水河（观音滩）	清洁	轻度污染	轻度污染	轻度污染
眉山	仁寿县	粮食大县，蔬菜大县，畜牧大县	元正河（兆嘉小学）	清洁	重污染	清洁	中度污染
资阳	安岳县	粮食大县，蔬菜大县，畜牧大县，农村黑臭水体所在县	解放提	轻度污染	轻度污染	重污染	重污染
资阳	安岳县	粮食大县，蔬菜大县，畜牧大县，农村黑臭水体所在县	双河口	严重污染	中度污染	重污染	严重污染
资阳	安岳县	粮食大县，蔬菜大县，畜牧大县，农村黑臭水体所在县	通贤镇三学村提灌站	清洁	清洁	中度污染	轻度污染
资阳	乐至县	粮食大县，蔬菜大县，畜牧大县，农村黑臭水体所在县	孔雀寺村十三组	清洁	轻度污染	清洁	轻度污染
资阳	乐至县	粮食大县，蔬菜大县，畜牧大县，农村黑臭水体所在县	肖家鼓堰码头	清洁	轻度污染	清洁	轻度污染

续表

市（州）	县（区）	县域类型	断面名称	第1季度	第2季度	第3季度	第4季度
资阳	乐至县	粮食大县，蔬菜大县，畜牧大县，农村黑臭水体所在县	肖家鼓堰码头（种植业）	清洁	轻度污染	清洁	轻度污染
资阳	雁江区	粮食大县，蔬菜大县，畜牧大县，农村黑臭水体所在县	巷子口（生活污染）	轻度污染	清洁	重污染	中度污染
资阳	雁江区	粮食大县，蔬菜大县，畜牧大县，农村黑臭水体所在县	巷子口（养殖业）	轻度污染	清洁	重污染	中度污染
资阳	雁江区	粮食大县，蔬菜大县，畜牧大县，农村黑臭水体所在县	巷子口（种植业）	轻度污染	清洁	重污染	中度污染
凉山	金阳县	其他型	丙底乡打古洛村嘎都日觉组	清洁	清洁	清洁	清洁
凉山	越西县	其他型	越西河（滨河路段）	清洁	轻度污染	轻度污染	轻度污染